U0265926

大湾区超限高层建筑结构设计创新与实践丛书

广东复杂结构技术创新与研究应用

主 编 陈 星 魏 琏 傅学怡 方小丹

中国建筑工业出版社

图书在版编目（CIP）数据

广东复杂结构技术创新与研究应用／陈星等主编
. — 北京：中国建筑工业出版社，2023.9
（大湾区超限高层建筑结构设计创新与实践丛书）
ISBN 978-7-112-29031-4

Ⅰ.①广⋯　Ⅱ.①陈⋯　Ⅲ.①高层建筑-建筑结构-
结构设计-研究-广东　Ⅳ.①TU973

中国国家版本馆 CIP 数据核字（2023）第 150630 号

　　本书由广东省住房和城乡建设厅组织成立的广东省超限高层建筑工程抗震设防审查专家委
员会组织编写。本书对复杂结构体系及构件连接节点、新结构计算方法、复杂空间结构、全框
支剪力墙结构、装配式建筑、减隔震设计、地基基础设计等方面的研究与应用成果分专题进行
了分析介绍，呈现了广东地区近几年在复杂结构技术创新与研究应用领域的重要成果。附录部
分对广东省有代表性的地方标准进行了概述。
　　本书作为复杂结构技术创新与研究应用的成果总结，可供从事结构设计、施工、咨询及科
研人员应用参考。

　　　　责任编辑：刘婷婷
　　　　责任校对：张　颖

大湾区超限高层建筑结构设计创新与实践丛书
广东复杂结构技术创新与研究应用
主　编　陈　星　魏　琏　傅学怡　方小丹
*
中国建筑工业出版社出版、发行（北京海淀三里河路 9 号）
各地新华书店、建筑书店经销
北京科地亚盟排版公司制版
北京盛通印刷股份有限公司印刷
*
开本：787 毫米×1092 毫米　1/16　印张：45½　字数：1136 千字
2023 年 9 月第一版　　2023 年 9 月第一次印刷
定价：**198.00** 元
ISBN 978-7-112-29031-4
（41291）

本书编写委员会

主　　编：陈　星　魏　琏　傅学怡　方小丹

编　　委：孙立德　罗赤宇　宁平华　周　定　刘维亚　唐孟雄

　　　　　王传甲　韩小雷　黄用军　黄俊光　姚永革　张建军

　　　　　谭　伟　王　森　江　毅　黄泰赟　刘付钧　王松帆

　　　　　伍永胜　王　湛　焦　柯　郑建东　林景华　区　彤

　　　　　王启文　孙文波　游　健　吴　兵　唐增洪　张小良

　　　　　林超伟　欧阳蓉　郭达文

审　　稿：罗赤宇　孙立德　韩小雷　刘维亚　孙占琦　徐其功

　　　　　黄用军　苏恒强　赵松林　王兴法　王松帆　江　毅

　　　　　刘付钧　黄泰赟　张建军　王启文

全书编辑：陈　波　谢惠坚

前　　言

21世纪以来，随着广东社会经济发展，涌现出越来越多的结构复杂和大跨度等超限高层建筑。这些高度和规则性超出规范适用范围的建筑工程，一方面对结构工程师们提出了新的挑战和机遇；另一方面，对超限高层建筑工程的抗震设防管理提出了更高的要求，应严格执行《超限高层建筑工程抗震设防管理规定》（建设部令第111号）。超限高层建筑抗震设防专项审查对提高抗震设计质量、保证高层建筑抗震安全性、推进高层建筑设计创新和实践起到了巨大的推动作用。

广东省住房和城乡建设厅组织成立的广东省超限高层建筑工程抗震设防审查专家委员会（简称"广东省超限委"）负责广东省超限高层建筑工程抗震设防专项审查工作。为了更好地指导超限高层建筑工程设计，保证结构的安全性以及抗震设防专项审查工作的规范性，广东省超限委组织编写了本书，介绍广东省近几年在复杂结构技术创新与研究应用领域的重要成果，为结构工程师们提供一些借鉴和帮助。

本书对复杂结构体系及构件连接节点、新结构计算方法、复杂空间结构、全框支剪力墙结构、装配式建筑、减隔震设计、地基基础设计等方面的研究与应用成果分专题进行了分析介绍。附录部分对广东省近几年有代表性的地方标准进行了概述。

本书作为复杂结构技术创新与研究应用的成果总结，具有较强的技术性和实用性，可供从事结构设计、施工、咨询及科研人员参考借鉴。不足之处，欢迎广大读者批评指正。

本书编写过程中得到了各参编单位和各位审稿专家的大力支持和帮助，在此表示衷心的感谢！

目　　录

第1篇 结构体系及构件连接节点
研究与应用

01 一向少墙另向剪力墙高层钢筋混凝土结构的抗震设计

魏琏，王森

（深圳力鹏工程研究结构设计事务所有限公司）

【摘要】 对近年来高层住宅中出现的一种新的结构形式——一向少墙建筑的结构构成、结构体系判别进行了分析，指出不同于多墙的剪力墙结构，少墙方向由少量剪力墙、柱（含剪力墙端柱）与梁组成的框架、墙体与楼板组成的扁柱楼板框架三部分构成结构抗侧体系。当扁柱楼板框架剪力比不超过10％时，为一般的框架-剪力墙结构；当扁柱楼板框架剪力比超过10％时，扁柱楼板框架作用较大，必须验算扁柱楼板框架的承载力，即扁柱（剪力墙面外）的抗侧能力及楼板的受弯承载能力。

【关键词】 剪力墙结构；框架-剪力墙结构；复合框架-剪力墙结构；扁柱楼板框架

1 前言

近年来，住宅建筑户型中出现了在一个方向剪力墙密集而在另一个方向剪力墙稀少的新的高层建筑结构形式，这类结构在少墙方向的抗震安全性方面存在着疑问，例如：一向少墙结构的结构体系如何判别，其抗侧力如何传递，如何保证抗震安全性等，都是亟待工程界解决的问题。本文对此进行分析论述，并对这类结构提出设计建议。

2 结构体系的判别

对于上述一向少墙的钢筋混凝土结构，一般按剪力墙结构进行设计，现行软件分析结果不能发现结构抗震承载能力是否存在问题，但实际上可能存在隐患。

《高层建筑混凝土结构技术规程》JGJ 3-2010[1]（简称《高规》）第7.1.1条明确规定，剪力墙结构"平面布置宜简单、规则，宜沿两个主轴方向或其他方向双向布置"，"抗震设计时，不应采用仅单向有墙的结构布置"。由此可见，对于一向少墙的钢筋混凝土剪力墙结构，不能在两个方向都作为剪力墙结构考虑，多墙的一向按剪力墙设计基本符合规范要求，而少墙方向按剪力墙结构考虑是不妥的。现行软件计算模型中剪力墙均按壳元处理，在整体分析中已考虑剪力墙平面外刚度，但程序中并没有对剪力墙面外的抗震承载能力进行计算，因而现行程序按剪力墙结构进行整体分析验算的结果存在缺漏和隐患，必须研究改进。

研究表明[2]，少墙方向在 X 向的抗侧由三部分结构组成：①X 向布置的剪力墙；②X 向梁和柱（含剪力墙端柱）组成的框架；③Y 向墙和楼板组成的扁柱楼板框架。

现行软件计算中，这三部分结构的刚度均已考虑在内，结构的最大层间位移角结果往往能满足要求，但框架部分的设计并未明确按框架-剪力墙结构考虑，第三部分的扁柱楼板框架的抗侧承载力并未经过验算，因此这样的设计在一定情况下可能存在安全隐患。

以图 2-1 所示某工程结构平面布置为例，经划分后 X 向结构体系如图 2-2 所示，X 向剪力墙以黑体填充表示；X 向梁柱框架以方格填充表示，框架柱截面包括 Y 向剪力墙端部一定长度，多为非矩形截面；扁柱楼板框架以斜线填充表示，其特点为扁柱楼板框架两侧的扁柱往往不在同一轴线上。由此可见，少墙方向的结构体系不能判别为剪力墙结构体系，而是一种新的框架-剪力墙结构体系，可称之为"复合框架-剪力墙结构"[3]。

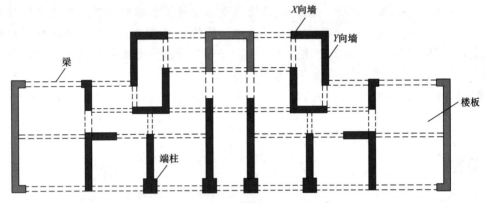

图 2-1　某工程结构平面布置示意

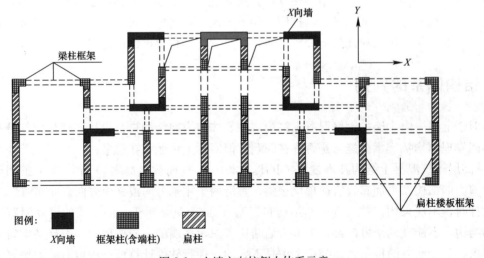

图例：　　■　　　▦　　　▨
　　　　　X向墙　框架柱(含端柱)　扁柱

图 2-2　少墙方向抗侧力体系示意

为了解决上述问题，首先需分析少墙方向的结构体系。显然它在少墙方向不是剪力墙结构，又与一般框架-剪力墙结构不同，有的框架柱是 Y 向剪力墙的端部墙段；此外，存在扁柱楼板框架参与 X 向的抗侧作用。因此，要明确 X 向的结构体系应首先明确扁柱楼板框架参与抗侧作用的程度。

3　判别剪力墙结构的条件

《高规》第 8.1.3 条规定，抗震设计的框架-剪力墙结构应根据在规定的水平力作用下结构底层框架部分承受的地震倾覆力矩与结构总地震倾覆力矩的比值，确定相应的设计方法。具体如表 3-1 所示。

布置有剪力墙的结构体系判别　　　　　　　　　　　表 3-1

框架部分承受的地震倾覆力矩与结构总地震倾覆力矩之比	结构体系
不大于 10%	剪力墙结构
大于 10%但不大于 50%	框架-剪力墙结构
大于 50%但不大于 80%	框架-剪力墙结构
大于 80%	框架-剪力墙结构

一向少墙的结构体系显然满足不了表 3-1 中剪力墙结构的规定。为了判别一向少墙结构的体系，需计算 X 向框架和扁柱楼板框架的倾覆力矩比。但目前层倾覆力矩的计算存在"抗规方法"与"轴力方法"两种不同的计算方法，计算结果可能迥异，在设计执行中尚存在一定困难。

考虑到高层结构的剪力墙在抗剪设计中起关键作用，而且竖向构件的剪力与楼层剪力的比也较易准确计算，拟建议增加剪力墙结构的剪力比作为判别的条件。

少墙结构的剪力比，由以下三部分组成：

$$\mu_w + \mu_f + \mu_{wf} = 1.0 \tag{3-1}$$

其中

$$\mu_w = V_w / V_0 \tag{3-2}$$

$$\mu_f = V_f / V_0 \tag{3-3}$$

$$\mu_{wf} = V_{wf} / V_0 \tag{3-4}$$

式中，μ_w 为剪力墙部分承担的剪力在楼层剪力中的占比；μ_f 为框架部分承担的剪力在楼层剪力中的占比；μ_{wf} 为扁柱与楼板组成的框架所承担的剪力在楼层剪力中的占比；V_w、V_f、V_{wf} 分别为结构中剪力墙、框架及扁柱楼板框架承担的剪力；V_0 为楼层剪力。

少墙结构中剪力墙的剪力比 μ_w 一般小于 0.9，不符合剪力墙结构的条件。初步建议当扁柱楼板框架的剪力比 μ_{wf} 不大于 0.1 时，为框架-剪力墙结构；当 μ_{wf} 大于 0.1 时，应考虑扁柱楼板框架的抗侧作用，为"复合框架-剪力墙结构"。

4　X 向扁柱楼板框架抗侧承载力的计算

X 向扁柱楼板框架抗侧承载力的计算包括 Y 向剪力墙（扁柱）抗侧承载力及楼板受弯承载力计算两个内容。

4.1　Y 向剪力墙面外抗侧承载力的计算

Y 向剪力墙是 Y 向抗震的主要构件，以往当 X 向有足够的剪力墙满足剪力墙结构条件时,是不需考虑面外抗侧作用的,计算结果也表明 Y 向墙的面外受力很小。但 X 向少墙时, Y 向剪力墙有可能承受较大的面外弯矩和剪力,因而必须对其面外抗侧承载力进行验算,并考虑其对 Y 向墙面内受力的不利影响。

研究表明, Y 向墙段面外的受力沿墙长分布很不均匀,将 Y 向剪力墙分为若干段扁柱进行计算是较合理的。墙端约束边缘区可作为第一段,其余墙段可视余墙长度分为 $1\sim3$ 段,每段长度取墙厚的 $3\sim4$ 倍,根据偏压或偏拉受力情况分段进行配筋设计。

4.2 楼板受弯承载力计算

地震作用下楼板在少墙方向起到框架梁的作用,因而应计算地震作用下楼板的附加弯矩,按竖向荷载和小震作用下的组合弯矩进行配筋,这与一般楼板仅考虑竖向荷载进行配筋是不同的。按中震验算时,如楼板配筋较大部分屈服时,宜适当增加抗弯配筋。

5 建议设计要点

根据上述研究结果,建议一向少墙剪力墙结构设计要点如下:

(1) 少墙方向宜尽可能多布置剪力墙,墙端宜与 Y 向剪力墙连成整体。

(2) 在两侧及内部相关部位设计形成完整的框架梁柱系统,满足框架结构设计要求。

(3) 按楼层剪力比对少墙方向的结构体系进行判定,并采取以下方法进行计算:①当扁柱(剪力墙)楼板框架的底层剪力占比小于 10% 时,应按框架-剪力墙结构进行设计,剪力墙及梁柱框架承担全部水平地震作用;②当扁柱楼板框架的底层剪力占比不小于 10% 时,除按规范中的框架-剪力墙结构承担楼层全部地震作用进行设计外,尚应对扁柱楼板框架的抗震承载力进行验算。

(4) 罕遇地震作用下的弹塑性动力分析, Y 向剪力墙面外受力按弹性分析进行。

(5) 扁柱楼板框架墙体的竖向分布钢筋的配筋率不宜小于 0.35%。

参考文献

[1] 住房和城乡建设部. 高层建筑混凝土结构技术规程:JGJ 3-2010 [S]. 北京:中国建筑工业出版社,2010.

[2] 魏琏,王森,曾庆立,等. 一向少墙的高层钢筋混凝土结构的结构体系研究 [J]. 建筑结构,2017,47(1):23-27.

[3] 深圳市住房和建设局. 高层建筑混凝土结构技术规程:SGJ 98-2021 [S]. 北京:中国建筑工业出版社,2021.

02　超高层住宅结构新体系

傅学怡[1,2]，吴兵[1]，孟美莉[1]，高颖[2]，刘云浪[2]，宁旭[2]

（1. 深圳大学建筑设计研究院有限公司；2. 悉地国际设计顾问（深圳）有限公司）

【摘要】　空间结构的重要设计理念——空间性、整体性、稳定性，同样适用于高层、超高层住宅建筑结构。建筑结构设计中如何充分发挥结构的整体空间作用，是高层、超高层住宅建筑结构设计的关键。本文结合国内若干大型超高层住宅建筑工程设计实例，提出一种新颖的超高层住宅结构体系——空间束筒-大板结构。实践证明，该体系采用剪力墙-连梁构成多束筒结构，加之大平板较高的楼盖刚度，具有良好的抗侧、抗震性能，可较好地满足超高层住宅建筑对结构的需求，有利于节约结构成本，方便施工，受到业主和建筑师的欢迎。

【关键词】　超高层住宅；结构体系；束筒结构；高宽比

1　引言

当前，城市建设用地日趋紧张，超高层住宅已成为我国住宅建设的一种需求。研究这类住宅结构体系，使之达到合理、经济、安全，十分必要。

多年来，对空间结构的理解仅局限于大跨度结构，其实，高层建筑结构就是一个竖向放置的空间结构。空间结构的重要设计理念——空间性、整体性、稳定性，同样适用于高层、超高层住宅建筑结构[1]。建筑结构设计中如何充分发挥结构的整体空间作用，是高层、超高层住宅建筑结构设计的关键。

当今世界正处在飞跃发展的时期，高度、形式、体量变化丰富的超高层住宅建筑结构层出不穷，如何更好地将空间结构理念在超高层住宅建筑结构设计中应用与发展，正是我们结构设计人员不懈奋斗的目标。下面就几个设计工程实例[2]阐述这一新型结构体系。

2　天津招商地产卫津南路超高层住宅

2.1　工程概况

项目位于天津市奥林匹克体育中心东侧，总建筑面积约 8 万 m²，由 2 栋 42 层、高度 140.1m 的超高层住宅塔楼和 2 层扩大地下室组成，建筑塔楼为矩形平面，宽 18.0m，日照、通风较好。结构高宽比达 7.8。

2.2　原设计概况

原设计建筑平面布置如图 2-1 所示，采用剪力墙结构。

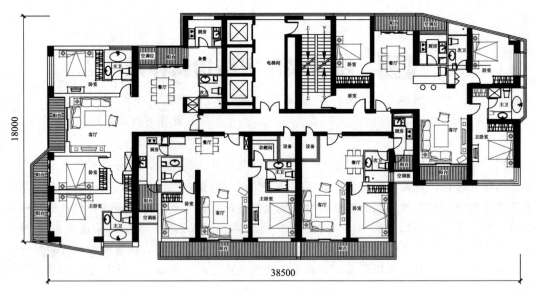

图 2-1 原设计建筑平面布置示意

原设计剪力墙布置偏东且零碎，主要剪力墙端部没有翼缘，基本为一平面抗侧力结构。工程地处抗震设防 7.5 度地区，建筑高宽比大于 6，横向内墙为 500mm 厚，仍不能满足结构在地震作用下扭转和层间水平位移规范限值要求，不能满足结构整体稳定要求，且严重影响建筑使用功能。

2.3 优化设计——空间束筒结构

优化设计后的建筑平面布置如图 2-2 所示。剪力墙均匀布置，剪力墙端部设加厚翼缘，整栋塔楼主体结构由多个束筒-连梁构成，充分发挥整体结构空间作用，从而使剪力墙厚度减小至底部 300mm、上部 200mm，减小了剪力墙面积，减轻了结构自重，并很好

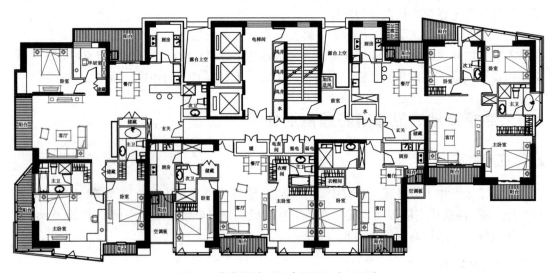

图 2-2 优化设计后的建筑平面布置示意

地满足了结构在地震作用下的扭转和层间位移要求，满足了结构整体稳定要求，满足和改善了建筑使用功能，获得业主和建筑师的赞赏。

2.4 设计效果

结构静、动力弹塑性分析计算表明，整体结构达到小震弹性、中震基本弹性、大震少量墙肢屈服的性能水准。整个工程取得良好的综合技术经济效果，已竣工投入使用 10 年，效果良好。

3 沈阳宝能金融中心住宅塔楼

3.1 工程概况

项目位于沈阳市沈河区青年大街西侧、青年公园对面，总用地面积 5.8 万 m^2，总建筑面积 107 万 m^2，5 层大底盘地下室，地面以上由 1 栋 568m 高办公楼 T1、1 栋 300m 高酒店 T2、5 栋 194.55m 高住宅和 5 层大底盘商业裙房组成，如图 3-1 所示。工程已投入使用 4 年，反映良好。

3.2 结构体系及特点

住宅部分建筑面积约 16 万 m^2，含 5 栋超高层塔楼，均采用全落地剪力墙结构体系。设有 5 层裙房，裙房高 28.00m；6 层架空层，层高 6.8m；7 层以上住宅，层高 3m；主体结构 59 层，高 194.55m。墙厚：1～6 层为 500～400mm；7 层以上外墙厚 450～300mm，其他墙厚 350～200mm。楼盖采用普通梁板结构体系，不设次梁。

图 3-1 宝能金融中心效果图

塔楼采用板楼矩形平面，日照、通风较好。塔楼高宽比为 9.5（3 号、5 号、6 号楼），8.7（7 号楼），8.1（4 号楼），如图 3-2 所示。

为提高结构的刚度，剪力墙采用均匀布置，端部设加厚翼缘，整栋塔楼主体结构由多个剪力墙-连梁构成的束筒（图 3-2 中斜线示意）组成，充分发挥整体结构空间作用，有效提高结构抗侧、抗扭刚度。

3.3 设计效果

束筒的构成使结构的整体性能较好地满足了规范要求，如图 3-3 所示。在中震不屈服组合作用下，受力较为均匀，各栋塔楼仅少量底部墙肢出现轴拉应力，最大值为 2.53N/mm^2，小于 C60 混凝土抗拉强度设计值。施工图设计时对这些出现轴拉应力的墙肢配筋予以适当加强，不需要在墙肢内置型钢，大大方便了施工，降低了结构成本。

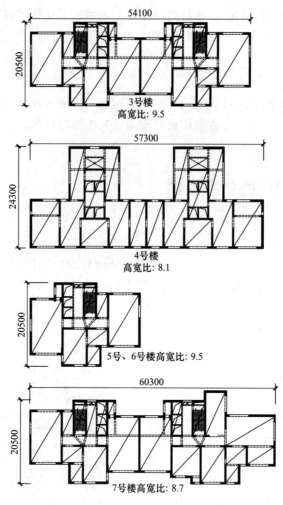

图 3-2 3~7 号楼平面示意及高宽比

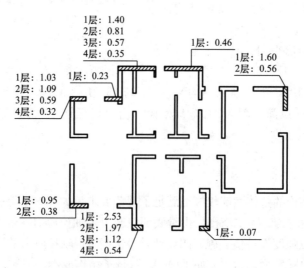

图 3-3 5 号、6 号楼中震不屈服组合作用下墙肢轴拉应力/（N/mm²）

4　武汉万达中央文化区 K2 地块住宅塔楼

4.1　工程概况

项目位于武汉市武昌区中北路沿街，总建筑面积为 16 万 m²，地下 3 层，地面以上由 2 栋 75 层、高 249.5m 剪力墙结构超高层住宅构成，如图 4-1 所示。该工程已通过湖北省及全国抗震超限审查。

图 4-1　武汉万达中央文化区
K2 地块效果图

4.2　结构布置

结构高度为 249.5m，平面长边为 62.3m，短边为 22m，长宽比为 2.83，高宽比为 12.2，如图 4-2 所示。整体结构采用剪力墙结构体系，加厚抗风、抗震效率较高的墙体，弱化、减薄效率低的墙体。下部楼层外墙厚600mm，内墙厚 500mm、450mm、400mm（1～10 层采用钢板剪力墙）；上部楼层外墙厚 300mm，内墙厚200mm。楼盖采用现浇钢筋混凝土梁板体系。

4.3　结构布置思路

（1）采用剪力墙-连梁形成多束筒组合空间结构，剪力墙既承重又抗侧，提高结构整体抗侧刚度和抗扭刚度，如图 4-3 所示。

（2）利用建筑幕墙与主体结构之间的空间，布置较厚的剪力墙墙垛，满足承载力需要，如图 4-4 所示。

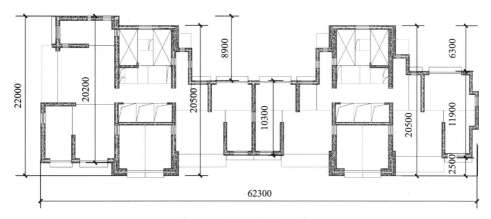

图 4-2　1 号楼结构布置示意

（3）满足承重需求，尽量减薄、弱化结构内部墙体，对剪力墙轴压比进行区别控制，如图 4-5 所示。

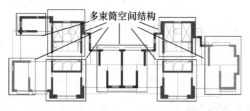

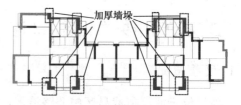

图 4-3　多束筒组合空间结构布置示意　　　图 4-4　加厚剪力墙墙垛布置示意

（4）将短而厚的墙体视为"框架柱"，按照框架-剪力墙结构进行剪力调整，如图 4-6 所示。框架承担的总剪力按 $0.15V_0$ 与 $1.5V_{max}$ 较小值调整，对纵向小墙肢配筋适当加强。

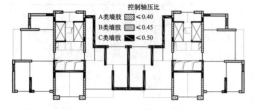

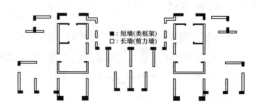

图 4-5　剪力墙轴压比控制区别化布置示意　　　图 4-6　短墙肢按框架-剪力墙结构验算

5　山东临沂绿地奥德澜泊湾超高层住宅

5.1　工程概况

项目位于山东临沂北城新区，地面以上 53 层，建筑高度为 189.8m，如图 5-1 所示。项目处于高烈度设防区域（8 度，$0.2g$），场地特征周期为 0.4s。

图 5-1　建筑效果及户型平面图

5.2　原设计概况

原设计建筑结构布置及主要结构构成截面如图 5-2 及表 5-1 所示，主体结构横向高宽比为7.2，采用框架-核心筒结构，其中1～10层采用型钢混凝土柱，结构总质量约12.3万t。

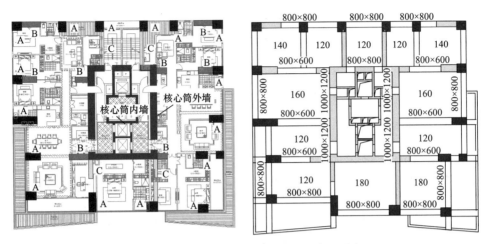

图 5-2 原设计框架-核心筒结构平面布置示意

原设计主要结构构成截面   表 5-1

楼层	核心筒及周边剪力墙/mm				框架柱/mm
	核心筒外墙	核心筒内墙	墙 B	墙 C	A
1～10	1200	400	800	600	1200×(1600～3400)
11～25	1000	300	600	500	1000×(1400～3400)
26～40	800	300	400	400	800×(1200～3000)
41～53	600	200	300	300	(800×1000)～(600×2800)

5.3 改进结构方案

结合建筑布置，改进结构方案。采用多束筒结构，结构平面布置及主要构件截面如图 5-3 及表 5-2 所示。

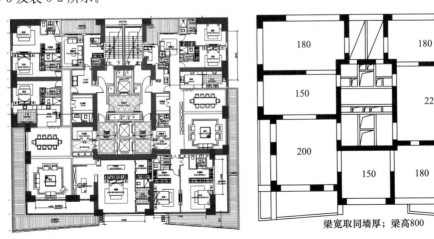

梁宽取同墙厚；梁高800

图 5-3 改进方案后多束筒结构平面布置示意

改进结构主要构件截面   表 5-2

楼层	墙厚/mm	
	外墙	内墙
1～10	900	600
11～25	700	500
26～40	500	400
41～53	400	300

5.4 改进设计效果

框架-核心筒结构与多束筒结构指标对比见表 5-3。由表可见,与框架-核心筒结构相比,多束筒结构周期有所缩短,侧向刚度提高(X 向最大位移角从 1/663 减小到 1/782,Y 向最大位移角从 1/729 减小到 1/845),结构抗扭转性能改善(X 向最大位移比从 1.25 减小到 1.2,Y 向最大位移比从 1.29 减小到 1.17);同时,减小了竖向结构构件尺寸,减少了底部竖向构件型钢用量,虽然楼板略有加厚,但结构自重有所减小(从 12.3 万 t 减小为 10.1 万 t),减少了建造成本,室内大板有利于建筑使用。该结构方案获得了业主和建筑师的高度认可。

框架-核心筒结构与多束筒结构指标对比   表 5-3

结构体系		框架-核心筒结构	多束筒结构
结构总质量/万 t		12.3	10.1
周期/s	T_1	4.2(X 向平动)	3.5(X 向平动)
	T_2	3.8(Y 向平动)	3.3(Y 向平动)
	T_3	2.13(扭转)	2.14(扭转)
最大位移角	X 向地震作用	1/663	1/782
	Y 向地震作用	1/729	1/845
	X 向风荷载	1/3764	1/4374
	Y 向风荷载	1/3750	1/3821
位移比	X 向地震作用	1.25	1.20
	Y 向地震作用	1.29	1.17

6 超高层住宅结构体系研究小结

6.1 主体结构体系

采用剪力墙-连梁构成的多束筒组成超高层住宅主体结构体系,具有良好的抗侧、抗震性能。每道剪力墙既承重又抗侧,整体结构效率高,施工便捷且经济、合理、安全。

6.2 楼盖结构体系

多束筒结构所对应的楼盖结构体系宜采用大板体系,每道连梁连接剪力墙组成了整体结构,剪力墙面外无梁,有利于剪力墙正常工作且施工方便。

大板相比普通梁板，混凝土用量略有增加，但总的楼盖结构造价并无明显增加。

大板板厚有利于楼层间隔声，室内不露梁便于使用，且有利于提高楼盖结构平面内刚度，有利于整体结构抗震、抗风。

6.3 结论

上述多束筒-大板超高层住宅结构体系能较好地满足建筑功能需求，受到业主和建筑师的欢迎。这种结构体系的本质在于，将刚度承载力最大化、结构受力均匀化、连梁延性理想化，便于建筑使用，便于施工，能实现很好的综合经济技术效益。

超高层住宅结构的布置要避免采用多层建筑结构布置的设计思路，即仅考虑承重，剪力墙布置零碎，楼面梁支承于连梁，结构刚度退化，较难发挥延性，同时剪力墙只承重不抗侧，成为结构抗震、抗侧的负担和荷载，是极其不合理的。

参考文献

［1］ 傅学怡. 空间结构理念在工程建筑中的应用与发展［J］. 空间结构，2009，15（3）：85-95.

［2］ 傅学怡. 实用高层建筑结构设计［M］. 2 版. 北京：中国建筑工业出版社，2010.

03 特殊体型超高层框架-核心筒结构设计与研究

罗赤宇，林景华，徐刚，张显裕，林昭王

（广东省建筑设计研究院有限公司）

【摘要】 钢筋混凝土框架-核心筒结构是 150～250m 超高层建筑最常用的结构体系，目前在常规矩形平面及规则竖向立面的基础上，涌现出较多特殊体型的框架-核心筒结构。本文通过归纳汇总若干类特殊体型框架-核心筒结构的特点，结合纺锤形立面、随形曲折外框柱及大收进立面等实际超限项目设计的体系研究、影响因素分析、结构设计重点及抗震性能目标进行研究分析，提出不同特殊体型框架-核心筒结构的结构控制性指标及结构加强措施，为类似超限结构设计提供参考。

【关键词】 特殊体型；超高层；框架-核心筒结构；纺锤形立面；曲折柱；大收进立面

1 引言

框架-核心筒结构是指由核心筒与外围的稀柱框架组成的筒体结构[1]，其结构外围的框架柱间距经常达到 8m 或以上。位于建筑中部的核心筒整体性较好，刚度较大，具有良好的抗弯和抗扭性能，成为结构主要的水平抗侧力构件。由于框架与核心筒二者协同受力，受力性能良好，框架-核心筒结构成为超高层建筑常用的结构形式。外框架柱常采用钢筋混凝土构件，当建筑对柱截面有限制时，常采用型钢混凝土柱或钢管混凝土柱。由于建筑功能的需求，大部分框架-核心筒结构的核心筒面积往往比结构实际需要的面积偏大，因此在前期设计阶段，结构专业应与建筑专业配合，对建筑交通空间进行优化调整。超高层建筑由于投资较大，其材料用量也经常受到各方的关注，对于 150～200m 高的框架-核心筒建筑，其总用钢量大约为 $100～120kg/m^2$[2]。

广东省 2020 年超限审查 150m 以上公共建筑共 146 栋，其中框架-核心筒结构 112 栋（图 1-1），主要的结构形式为钢筋（型钢、钢管）混凝土柱＋钢筋混凝土框架梁＋钢筋混凝土（内置型钢、钢管）筒体。柱或筒体内设置型钢或采用钢管柱，通常用于控制底部楼层构件的截面和轴压比，出于经济性考虑，上部楼层会改用钢筋混凝土柱和剪力墙。

常规体型的框架-核心筒结构通常为矩形（方形）平面或圆形平面，竖向较为规则，外框周边框架完整。部分建筑由于建筑功能的需求，取消角柱或在矩形核心筒中部的楼板开洞，以取得良好的建筑视野和空间（图 1-2）。近年来，为适应建筑多变的功能及立面造型的要求，出现了较多特殊体型的框架-核心筒结构，如：不规则平面、外框不封闭、斜柱、曲折柱、大退台收进等。

对于特殊体型的框架-核心筒结构超高层建筑，需要重点关注结构的控制性指标及特殊的抗震构造加强措施，例如：如何满足结构整体侧向刚度指标；对于无法形成封闭外框梁的框架-核心筒结构，如何将水平作用从外框传递给核心筒等。

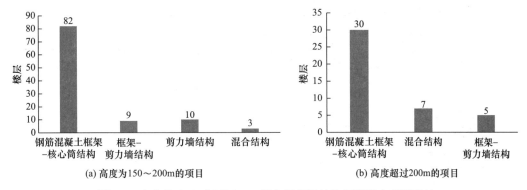

(a) 高度为150～200m的项目　　　　　　　(b) 高度超过200m的项目

图 1-1　广东省 2020 年度 150m 以上超高层结构超限审查项目统计

超高层建筑采用框架-核心筒结构时，应尽量使建筑效果与结构效率互相协调，以充分发挥核心筒的结构性能。以某会展大厦为例（图 1-3），概念方案建筑整体呈长方形，具有较好的建筑效果，但结构整体高宽比及核心筒高宽比较大；同时，由于造型的需要，每隔若干楼层建筑需要形成一个退台，导致结构外围的竖向构件不连续。方案尽管在结构上可行，但由于 X、Y 两个方向的刚度相差较大，沿 Y 向的结构构件截面较大，同时需要设置加强层，导致结构的效率偏低，工程造价较高。后期实施方案调整为常规体型的框架-核心筒结构，X、Y 向的尺寸较为接近，竖向构件也无须转换，只需要配合建筑造型，抽去角部的框架柱。

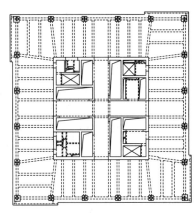

图 1-2　常规框架-核心筒结构典型平面

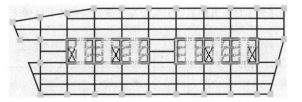
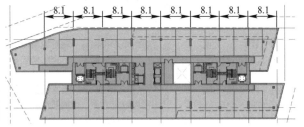

(a) 概念方案

图 1-3　某会展大厦（一）

17

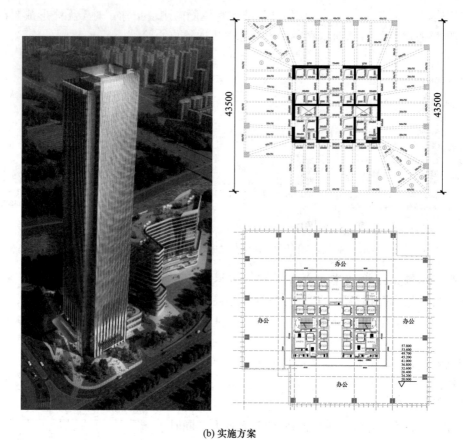

(b) 实施方案

图 1-3 某会展大厦（二）

广东省建筑设计研究院有限公司近年完成的特殊体型框架-核心筒结构项目概况如表 1-1 及图 1-4 所示。

广东省建筑设计研究院有限公司近年完成的特殊体型框架-核心筒结构项目概况　　表 1-1

工程名称	高度/m	地震烈度	场地类别	特殊体型	外框形式	核心筒形式	加强措施
沈阳华强金廊城市广场 1 号楼	300（330）	7 度（0.10g）	Ⅱ类	圆形平面纺锤形立面	钢管混凝土柱钢梁	内设钢管剪力墙钢筋混凝土剪力墙	设环桁架加强层
湛江地标商务中心	388	7 度（0.10g）	Ⅱ类	椭圆形平面单侧弧形立面	钢管混凝土柱钢梁	内设钢板剪力墙钢筋混凝土剪力墙	伸臂桁架加强层底部拱形支撑
佛山城发中心	173（185）	7 度（0.10g）	Ⅱ类	切角矩形平面扭转切割立面	钢管混凝土柱密肋楼盖	钢筋混凝土剪力墙	8 根随形巨柱
佛山宗德中心	237（254）	7 度（0.10g）	Ⅱ类	风车形平面锯齿收进立面	钢管混凝土柱钢筋混凝土梁	钢筋混凝土剪力墙	角部大跨悬臂梁收进楼层加强
横琴保险金融总部大厦	235（247）	7 度（0.10g）	Ⅲ类	矩形平面大退台立面	型钢混凝土柱钢筋混凝土梁	钢筋混凝土剪力墙	局部钢板剪力墙竖向刚度调平

续表

工程名称	高度/m	地震烈度	场地类别	特殊体型	外框形式	核心筒形式	加强措施
珠海华发广场T3塔楼	249（250）	7度（0.10g）	Ⅲ类	凹角矩形平面顶部叠级收进	方钢管混凝土柱钢梁	钢筋混凝土剪力墙	单向腰桁架顶部TLD减振
南沙时代湾区总部大厦	243（247）	7度（0.10g）	Ⅲ类	四边内弧方形两段微弯立面	钢管混凝土叠合柱混凝土梁（型钢梁）	钢筋混凝土剪力墙	斜撑转换斜柱转折加强层
广州国美信息科技中心	157（173）	7度（0.10g）	Ⅲ类	角部内切平面竖向切割立面	下部型钢混凝土柱钢筋混凝土梁	钢筋混凝土剪力墙	转折楼层加强局部预应力楼盖

(a) 沈阳华强金廊城市广场1号楼

(b) 湛江地标商务中心

(c) 佛山城发中心

(d) 佛山宗德中心

(e) 横琴保险金融总部大厦

(f) 珠海华发广场T3塔楼

(g) 南沙时代湾区总部大厦

(h) 广州国美信息科技中心

图1-4　广东省建筑设计研究院有限公司近年完成的特殊体型框架-核心筒结构项目

2 纺锤形立面框架-核心筒结构设计

2.1 沈阳华强金廊城市广场 1 号楼项目

2.1.1 工程概况

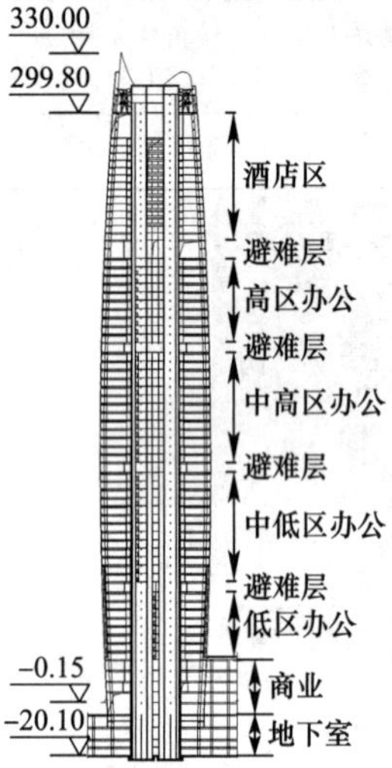

330.00
299.80

沈阳华强金廊城市广场 1 号楼建筑高度为 330m，结构高度为 299.8m，地面以上 67 层，地下 4 层，建筑立面效果详见图 1-4(a)，剖面图如图 2-1 所示。工程抗震设防烈度为 7 度，Ⅱ 类场地，设计地震分组为第一组，设计基本地震加速度为 0.10g，特征周期为 0.35s。

本工程建筑平面为圆形，外框架柱分布于首层直径为 46m 的圆上，外框筒沿竖向高度直径由 46m 逐渐扩大到 53.4m（29 层），然后逐渐收进到顶层的 42.2m，建筑外形整体呈纺锤形。核心筒外轮廓呈八角形，尺寸为 26.3m×26.3m。结构的高宽比为 6.5，核心筒高宽比为 11.2。

酒店区
避难层
高区办公
避难层
中高区办公
避难层
中低区办公
避难层
低区办公

−0.15
−20.10

商业
地下室

图 2-1 建筑剖面图

2.1.2 结构体系与结构布置

本项目结合建筑平立面造型、抗震性能要求、基础设计、施工周期及经济造价等因素[3]，采用设置环形腰桁架的钢管混凝土柱＋型钢梁框架-(钢管)混凝土核心筒结构体系（图 2-2），底部加强区剪力墙采用内置钢管剪力墙。

结构抗侧力体系由外围框架柱及其环梁（腰桁架）＋核心筒＋钢主梁共同组成（图 2-3），外框架部分在 14 层、28 层和 42 层外框架柱间设置环形带状腰桁架，8 层及以下在核心筒的剪力墙内设置钢管形成钢管混凝土剪力墙，以提高底部加强区筒体的轴压承载力及延性，其余楼层为普通钢筋混凝土剪力墙筒体。

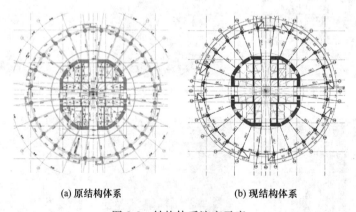

(a) 原结构体系　　　　　　　(b) 现结构体系

图 2-2 结构体系演变示意

采用混合结构及腰桁架后结构重量减轻了 15%，同时增强了结构刚度，既有利于结构基础的设计，也可以满足规范对结构剪重比的要求（图 2-4）。层间位移角（图 2-5）在三个加强层（14 层、28 层和 42 层）有明显的收进，说明腰桁架的设置能有效减小层间位移角。项目地处东北地区，冬季施工时间较长，采用混合结构，避免了大量混凝土结构在冬季无法施工的情况，可以缩短施工工期，增加经济效益。

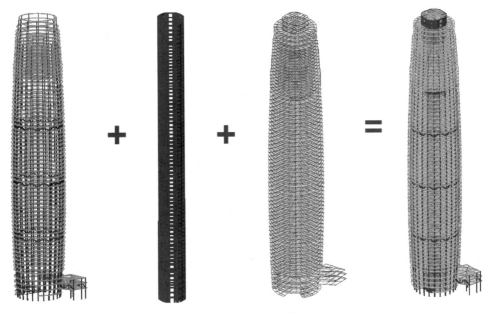

图 2-3　结构抗侧力体系

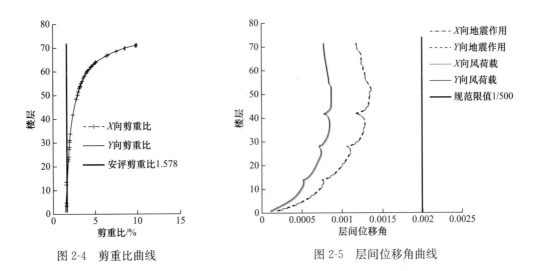

图 2-4　剪重比曲线　　　　　图 2-5　层间位移角曲线

本项目外立面为纺锤形，29 层为最大的楼层平面，上下倾角约 1.6°，外围框架柱采用随形斜柱，避免了垂直框架柱带来的各层悬挑长度不一致的问题，可以获得较好的建筑室内空间和景观效果。29 层以下为内斜柱，使核心筒承受部分竖向作用力产生的附加剪力。框架与筒体的层剪力分配如图 2-6 所示，可见楼层剪力主要由核心筒承担，大部分楼层框架部分承担剪力大于 10%，底部楼层框架分配剪力不小于 5%；倾覆弯矩则由核心筒与框架共同承担，框架倾覆弯矩比约为 20%。由于 65 层往上，外框架柱隔一抽一，框架承担剪力百分比和倾覆弯矩百分比迅速下降。为确保第二道防线的作用，对本工程各分段框架部分的楼层剪力按 $1.8V_{\text{fmax}}$ 和 $0.25Q_0$ 较小值进行调整。

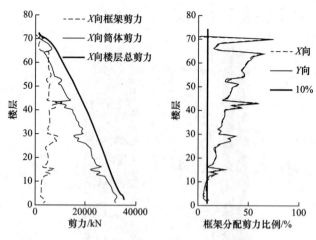

图 2-6　框架与筒体的层剪力分配

2.1.3　结构收缩徐变变形分析

本工程塔楼核心筒或柱的不均匀压缩，不论是弹性的还是非弹性的（包括混凝土的收缩及徐变），其影响在设计和施工中均要专门考虑。为准确计算各层竖向位移、位移差以及附加内力的影响，保证结构的安全性和适用性，进行了考虑长期荷载作用下材料时变特性的施工全过程跟踪模拟分析。为了避免加强层桁架产生不必要的变形作用力，在施工初期，对加强层桁架采用后连接方法，即允许加强层桁架于施工期较晚阶段连接，直至主体结构施工完成后以及大量轴向变形差产生后再进行连接。

通过分析，结构竖向变形变化规律归纳如下：

（1）不考虑收缩徐变对材料变形的影响将严重低估结构的竖向位移，误差高达 2 倍以上。

（2）边柱和剪力墙的变形基本呈现相同的规律。在结构封顶阶段，墙肢与边柱竖向位移差较小（图 2-7、图 2-8）。

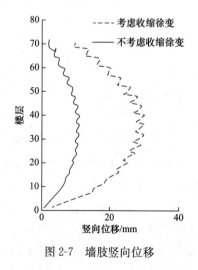

图 2-7　墙肢竖向位移

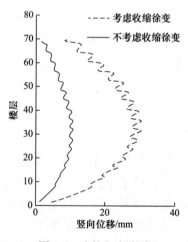

图 2-8　边柱竖向位移

（3）装修完成后，结构的竖向变形还在持续发展，因此应当考虑装修完成后 10 年为最不利情况（图 2-9）。墙柱竖向位移差的发展会增大连接剪力墙与边柱的钢梁内力，对结构造成不利影响。

（4）实际施工时，适当补偿由于长期收缩徐变影响造成的边柱与墙肢竖向变形差，根据变形差曲线，适当提升与边柱相连的梁端标高。

2.1.4 楼盖水平作用的传递

框架柱沿建筑高度呈弧形，下部楼层柱子内力大且向外倾斜，对楼盖产生拉力，考虑圆形平面和斜柱的不利影响，结构计算增加斜向受力分析。同时考虑水平楼盖的实际传力作用，分析时采用弱化楼板刚度的方式验算腰桁架等相关构件内力，并相应加强连接构造。

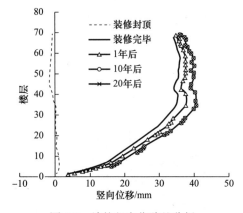

图 2-9　墙柱竖向位移差分析

考虑圆形平面和斜柱的不利影响，对外框斜柱在楼盖内产生的拉力、推力进行相应加强；受拉梁端在墙内应设置型钢。

2.2 纺锤形建筑曲线斜柱对侧向刚度影响分析

深圳大百汇主塔楼（图 2-10）建筑高度为 376m，结构高度为 316m，立面呈纺锤形，每层外框架柱均为不同角度的斜柱。该项目在总建筑面积相等、外框架柱截面相同及核心筒墙厚一致的前提下，构造出 8 个不同曲线的立面方案进行试算[4]（图 2-11）。由计算结果发现，曲线分布的斜柱提高了结构的抗侧刚度，其中第 6 种情况为底部宽度大、顶部宽度小，二次曲线峰值在下部 1/3 高度位置的结构抗侧刚度最大。前文第 2.1 节所述沈阳华强金廊城市广场 1 号楼项目外立面曲线峰值在 29 层，接近结构最大高度的 1/3 位置，与此规律较为吻合。

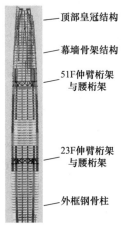

图 2-10　深圳大百汇项目建筑效果图及
结构体系立面图

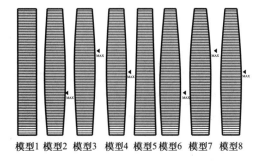

图 2-11　8 个曲线立面方案

3　曲折柱框架-核心筒结构设计

3.1 广州报业文化中心项目

3.1.1 工程概况

广州报业文化中心高度为 115m，建筑效果图如图 3-1 所示。为了适应建筑平、立面变化

（主要是阳台沿高度交错变换）的需求，各部位的外框架柱需要相应地外伸、内缩（每次外伸、内缩都利用2层高度形成斜柱，图3-2），从而形成了一种特别的"曲折柱"框架-核心筒结构[5]，保证了建筑办公区中间无柱，仅在每段过渡段（2层）有斜柱，得到了良好的建筑室内空间和视觉效果，结构立面如图3-3所示。

图3-1 广州报业文化中心项目效果图

3.1.2 塔楼斜柱区段梁柱内力分析

由于主塔楼的局部楼层存在斜柱，其倾斜角度约为17.65°，故需特别关注斜柱区段相关柱、梁、板的受力[6]。在竖向荷载作用下，斜柱对与其相连的楼层梁板产生一定的拉压作用。显而易见，越往底层，柱子受到的竖向荷载越大，因此在柱子第一次由内而外斜出时会引起最大的梁拉力，出现在与斜柱顶层相连处，即第11层；同理，当柱子由外而内斜入时，则是在与斜柱底层相连处出现最大梁拉力，即第9层。图3-4、图3-5为考虑弹性楼板和不考虑楼板时，由电算模型中提取的8～12层梁、柱轴力及弯矩图（提取位置为11层受拉力最大的框架梁，表3-1）。

(a) 直柱方案　　　　　　(b) 搭接柱转换方案　　　　　　(c) 曲折柱方案

图3-2 外框曲折柱方案的演变

由图3-4及表3-1可以看出，楼板分担了一部分由斜柱引起的楼盖水平拉力，此处为23%左右，其余少数位置甚至接近50%。由图3-5可以看出，不考虑楼板比考虑弹性楼板的梁柱弯矩要大，特别是柱的弯矩，接近1倍。在不考虑楼板的工况中，与斜柱关于核心筒对称的柱（非斜柱）在8～12层恒荷载作用下，弯矩仅为-235～-280kN·m，斜柱近乎是其10倍。

3.1.3 受拉楼层楼板应力分析

为明确塔楼斜柱对相应楼板产生的拉应力，对受斜柱影响最大的部位（即11层楼板），采用PMSAP进行各工况下的弹性楼板应力分析。分析发现，11层核心筒范围以外大部分区域的楼板拉应力小于0.6MPa（恒荷载工况）、0.2MPa（活荷载工况）、0.5MPa（X向地震作用工况）、0.3MPa（Y向地震作用工况），仅在与核心筒交界位置应力增大，较大位置出现在该平面的右上角区域；另外，在外框架与核心筒下部相连部位存在局部应力集中。板配筋时需综合考虑各荷载工况组合之后的最不利结果，并对局部应力集中部位的板配筋予以适当加强。

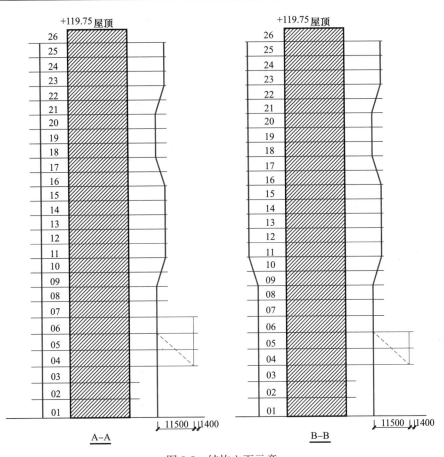

图 3-3 结构立面示意

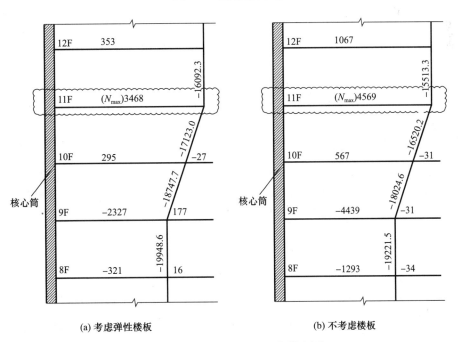

(a) 考虑弹性楼板

(b) 不考虑楼板

图 3-4 斜柱区段主要梁、柱轴力图

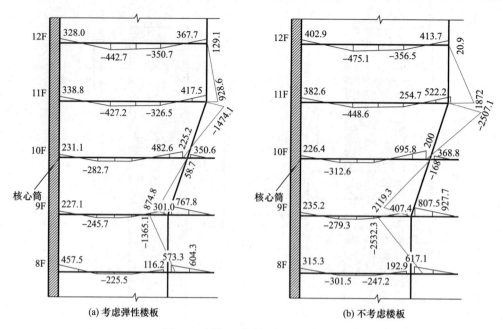

图 3-5　斜柱区段主要梁、柱弯矩图

11 层拉力最大框架梁在各工况下的轴力/kN　　　　　　　表 3-1

工况	恒荷载	活荷载	X 向地震作用	Y 向地震作用	X 向风荷载	Y 向风荷载
考虑弹性楼板	1920.7	640.3	−143.5	167.6	−12.7	72.9
不考虑楼板	2659.6	912.0	−173.4	203.0	−13.5	107.1

3.1.4　设计加强措施

考虑到斜柱、梁、板之间的传力较为复杂，以及楼盖混凝土在拉力下的徐变、塑性变形、开裂等因素，对斜柱区段重要构件采用考虑弹性楼板和不考虑楼板两个力学模型进行包络设计，以保证结构的安全可靠。一方面，径向框梁的纵筋需全额承担无楼板时该梁上的拉力，并通过柱帽与斜柱顶端可靠连接，同时要求斜柱能承受无楼板时的柱底、柱顶弯矩；另一方面，受拉楼盖全层板厚加大至 150mm，并按弹性楼板的应力结果，结合受拉梁的拉力水平，配置双层双向板筋（如 11 层板配筋为双层双向 ϕ14@150，不足处另加）。考虑到 11 层楼盖所承受的拉力最大，在上述措施的基础上进一步提高该层楼盖相关区域的抗拉能力，在受拉框梁两侧的板内各增设 2 道无粘结预应力筋（图 3-6），将直接受拉的径向框梁与间接受拉的径向次梁、楼板、预应力筋协同形成抵抗拉力的整体楼盖；斜柱顶端增设环形柱帽，进一步加强斜-直柱转折点与受拉楼盖之间的连接。

3.2　广州国美信息科技中心项目

3.2.1　结构体系

广州国美信息科技中心项目建筑高度为 173m，结构高度为 157m，其建筑立面为钻石切割竖向变化立面，建筑平面为切角变化的正方形平面，建筑效果图及剖面图如图 3-7 所示。

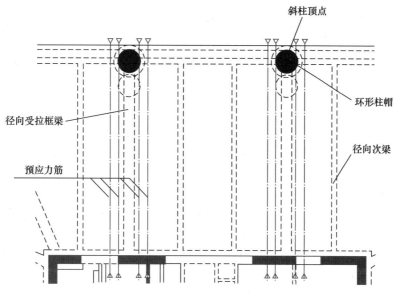

图 3-6   11 层受拉框梁两侧增设预应力筋

从图 3-7 可以看出，3 层以上角柱为分叉曲折框架柱，并在 3 层、10 层、19 层、28 层发生内倾与外倾转折交替，倾斜角度介于 7°~11°，结合建筑平面功能、立面造型、抗震（风）性能要求、施工周期以及造价等因素[7]，本项目塔楼结构体系采用钢筋（钢骨）混凝土框架-核心筒结构，结构计算模型如图 3-8 所示。1~13 层框架柱为钢骨混凝土柱，14 层及以上框架柱为钢筋混凝土柱，圆柱最大截面为 1200mm，底部加强区核心筒剪力墙内置型钢。外框架柱地震剪力占比如图 3-9 所示，可以看出，在外框架柱转折楼层，框架分担的剪力会产生突变；外框架分担地震剪力比大部分在 5%~20% 之间，多数楼层大于

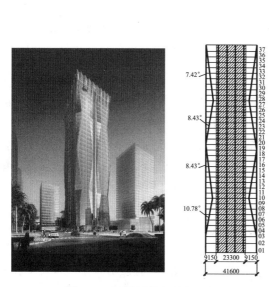

图 3-7   建筑效果图及剖面图

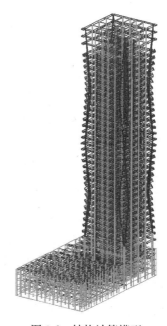

图 3-8   结构计算模型

10%，满足《住房和城乡建设部关于印发〈超限高层建筑工程抗震设防专项审查技术要点〉的通知》（建质〔2015〕67号）的要求："除底部个别楼层外，多数不低于基底剪力的8%且最大值不低于10%，最小值不宜低于5%"。外框架柱地震倾覆力矩占比如图3-10所示，可以看出，底层框架承受的地震倾覆力矩在结构总地震倾覆力矩的10%～50%之间，满足框架-核心筒结构的要求。

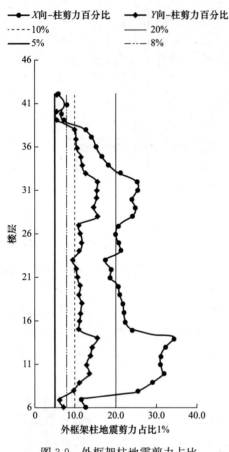

图3-9　外框架柱地震剪力占比

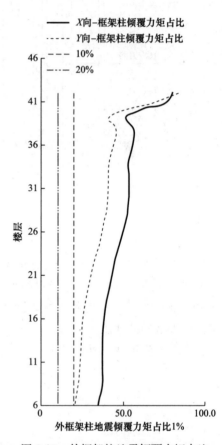

图3-10　外框架柱地震倾覆力矩占比

3.2.2　分叉曲折柱节点设计

建筑3层和19层由于斜柱转折会对相应层楼盖产生附加拉力（相应层斜柱倾斜角度为11°），根据转折受拉层的杆件受力特点，结构采用环向的结构次梁布置，如图3-11所示（以建筑3层为例）。通过环向梁的拉结效应，结合加厚楼板，合理分担斜柱转折处相关框架梁的拉力，提高结构的安全储备。同时在梁柱节点区域设置柱帽，加强相关梁柱的钢筋锚固连接。角柱空间交汇节点展开剖面大样如图3-12所示。

3.2.3　转折层梁和楼盖的受力分析

图3-13、图3-14为3层考虑弹性楼板和不考虑楼板时，在"1.35恒＋0.98活"组合作用下的框架梁轴力图，表3-2为3层拉力最大框架梁在各工况下的轴力。由图3-13、图3-14及表3-2可以看出，在转折层对框架梁产生的附加拉力最大，楼板分担了一部分受拉框梁由斜柱引起的附加拉力，分担比例为50%左右。

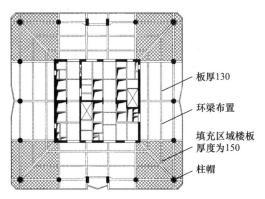

图 3-11　受拉转折层结构布置

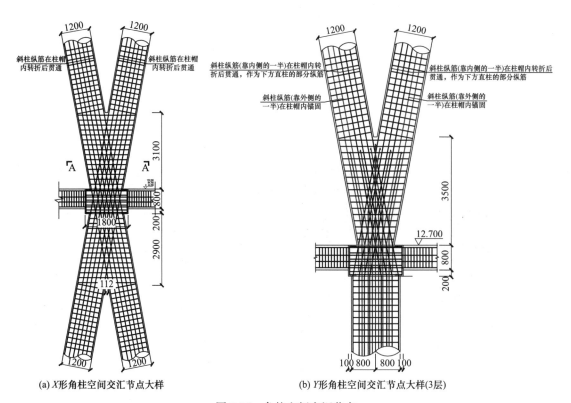

(a) X形角柱空间交汇节点大样　　　　　(b) Y形角柱空间交汇节点大样(3层)

图 3-12　角柱空间交汇节点

　　对节点及楼板的有限元分析结果（图 3-15）表明，混凝土应力状况表现为节点区域拉应力较大；在远离节点位置，拉应力状态逐渐退化，部分过渡为压应力。拉应力主要集中在梁以及周边楼板上，平均拉应力为 1.6MPa 左右。

　　为了提高结构的安全储备能力，使力的传递更直接明了，同时适当地考虑楼板对拉梁的帮助，因此在斜柱位置处，对受拉的框架梁分别进行考虑弹性楼板和不考虑楼板的分析计算，其中前者考虑梁受拉弹性，后者考虑梁受拉不屈服。通过对以上两种情况的分析计算，采用二者包络配筋进行设计，以保证结构的安全可靠。根据结构整体及有限元分析结果，在节点区设置型钢，对梁、板合理加强钢筋配置及局部楼板设置预应力筋（图 3-16），以提高节点的安全冗余度。

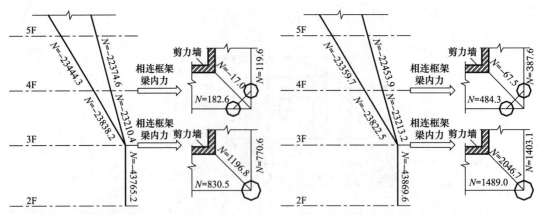

图 3-13　框架梁轴力图（考虑弹性楼板）/kN　　　　图 3-14　框架梁轴力图（不考虑楼板）/kN

3 层拉力最大框架梁在各工况下的轴力/kN　　　　　　　　　表 3-2

工况	恒荷载	活荷载	X 向地震作用	Y 向地震作用	X 向风荷载	Y 向风荷载
考虑弹性楼板	714.3	273.2	122.4	−77.0	87.7	−64.6
不考虑楼板	1215.8	413.5	311.6	−160.8	220.4	−134.3

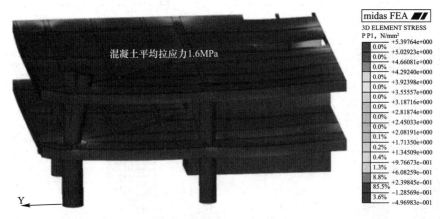

图 3-15　楼板混凝土应力云图

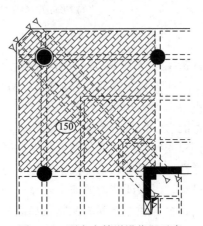

图 3-16　预应力筋增设位置示意

4 大退台立面框架-核心筒结构设计

随着建筑功能和立面的变化越来越丰富，出现了较多退台收进的超高层建筑。建筑立面上的退台带来了一系列的结构问题：①外立面的收进，经常造成外围的框架柱不连续，需要采用斜柱、托柱及搭接柱转换等多种方式解决；②结构在退台位置会产生刚度突变，需要对相关的竖向构件及楼盖进行加强；③当塔楼的收进方式不对称时，结构会出现偏心布置的情况，应尽量采取措施减小顶部结构偏心布置带来的影响，同时应注意顶部结构的鞭梢效应。

立面大退台建筑结构分析结果的特点表现在[8]：①在竖向荷载作用下可能发生较大的水平变形；②上部结构的偏心布置会引起内筒和外框变形差异放大；③分析附加水平变形时，需考虑施工过程的影响；④重心偏置的结构，其地基基础的不均匀沉降会加剧结构的整体倾斜。这类变形属于永久变形，应重视这类非荷载效应，设计上应采取措施以减小其不利影响。下面以横琴保险金融总部大厦为实例[9]，介绍大退台立面框架-核心筒结构设计中需要解决的关键问题。

4.1 工程概况

横琴保险金融总部大厦结构高度约235m，效果图及剖面图如图4-1所示。建筑平面为矩形平面，底部楼层的核心筒居中设置，在约140m高度处有较大退台式收进，单边收进约1/2平面（图4-2）。建筑整体的高宽比为5.8，收进位置的高宽比为4.8，采用钢筋混凝土框架-核心筒结构体系，底部部分楼层的框架柱及底部加强区的剪力墙内设置型钢。

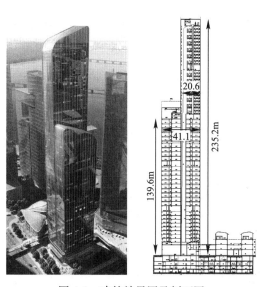

图4-1 建筑效果图及剖面图

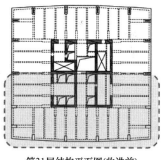

第31层结构平面图(收进前)

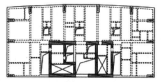

第33层结构平面图(收进后)

图4-2 建筑平面收进示意

4.2 偏心收进引起的水平变形及刚度调平

对于较规则的体型、较均匀的荷载，重力作用引起的附加水平变形幅度一般不大，往往被设计忽略。当结构布置存在偏置、体型有较大收进或者荷载存在较大的偏心等情况，引致的附加水平变形随之增大，达到一定程度后应引起设计的重视。此附加水平变形为结构永久变形，在设计中不可忽略；对于附加变形对结构带来的影响，应采取相应的措施对结构进行刚度调平[9]。

4.2.1 构件抗压刚度对水平变形的影响

偏心荷载会导致建筑周边竖向构件承担的轴力不均匀，不同位置的框架柱和剪力墙轴压比相差较大[10]，可以通过调节南、北两部分的墙柱轴压比来减小其不利影响。在结构布置上，将北半塔（高塔）的竖向构件截面尽量增大，使得轴压比超出规范限值约 0.05以上，而南半塔（低塔）的竖向构件截面则尽量接近规范限值。首层墙柱截面如图 4-3 所示，结构框架柱中，南面部分从基础到 11 层采用钢骨混凝土柱，12 层及以上楼层采用钢筋混凝土柱；北面部分从基础到 46 层采用钢骨混凝土柱，46 层及以上楼层采用钢筋混凝土柱。首层核心筒北面墙厚 1400mm，南面墙厚 900mm。北面的柱截面尺寸为 1200mm×2800mm，南面的柱截面尺寸为 800mm×2200mm。核心筒主要为钢筋混凝土剪力墙，北面部分剪力墙从基础到 9 层增设了钢骨。

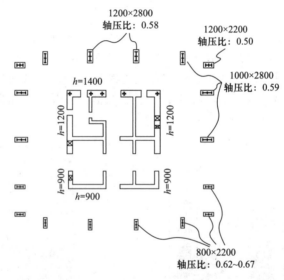

图 4-3　首层墙柱截面及轴压比

4.2.2 塔楼施工模拟对竖向和水平变形的影响

本项目因塔楼偏心收进，主体结构在竖向荷载作用下将产生不均匀的竖向和水平变形，导致主体结构构件产生附加内力，对电梯、幕墙等非结构构件都将产生不利变形影响。基于上述情况，对塔楼进行竖向施工模拟分析，目的是通过施工阶段和使用阶段（考虑收缩、徐变长期荷载效应）对墙柱压缩变形及水平变形的分析，指导后期施工阶段楼板找平，对墙柱压缩变形量提供一个更准确的评估。

长期荷载效应下，墙柱压缩变形可定义为楼板安装后 10 年期间的压缩变形，包括弹性变形、非线性徐变和收缩变形。10 年后的柱压缩变形值应扣除在楼面施工时已发生的柱压缩变形值。通常情况下，考虑施工工序的弹性压缩变形会比较大，其次为徐变和收缩。柱和墙体在施工开始后 12 年期间包括弹性变形、徐变和收缩变形的各阶段总压缩变形如图 4-4 所示，可以看出，绝大部分的压缩变形在施工开始 3 年内完成。

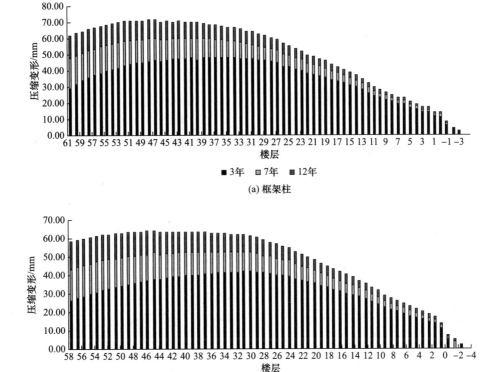

(a) 框架柱

(b) 剪力墙

图 4-4 （考虑长期荷载效应的）框架柱和剪力墙在 12 年期间的总压缩变形

由于本项目为超高层建筑，且存在较特殊的竖向体型收进，外框柱和核心筒在施工阶段必须进行标高补偿，以便在建筑物投入使用若干年后，外框柱和核心筒基本可达到楼面设计标高，从而避免由于核心筒和外框柱之间的差异压缩变形、重力荷载作用下产生过大的水平位移而造成的楼面倾斜、电梯运行障碍、幕墙和砖砌体等非结构构件开裂等问题。

图 4-5 所示为施工阶段考虑不同的施工模拟工况，竖向荷载作用下结构产生的水平变形。从图中可以看出，模拟施工 3 工况时的结构水平变形远小于一次性加载时的结构水平变形。

图 4-6 所示为各楼层在施工完成 12 年后，不同工况引起的水平变形。从图中可以看出，Y 向在竖向荷载作用下引起的水平位移较大，最大值为 79mm（建筑 44 层），约为 44 层楼面高度的 1/2313；Y 向层间位移角最大值为 1/774（建筑 31 层），位移角满足要求。

4.2.3 基础对水平变形的影响

本项目塔楼采用灌注桩基础方案，桩端持力层中风化花岗岩。塔楼偏心收进会带来两个问题：①基础压力不均衡，导致基础沉降不均匀；②竖向荷载作用下结构产生水平变形，对建筑幕墙、电梯产生不利影响。为解决上述问题，本项目基础设计以变刚度调平思路控制沉降差异变形，北半塔区域桩距进一步加密，南半塔区域桩距放宽，同时考虑桩-土-上部结构共同作用对基础沉降（图 4-7）及结构水平变形的影响（图 4-8）。从图 4-7、

图 4-8 可以看出，采用变刚度调平的思路后，塔楼范围内的沉降较为均匀，考虑桩-土-上部结构共同作用下，结构的水平位移最大值为 103mm，最大层间位移角也可满足规范要求。

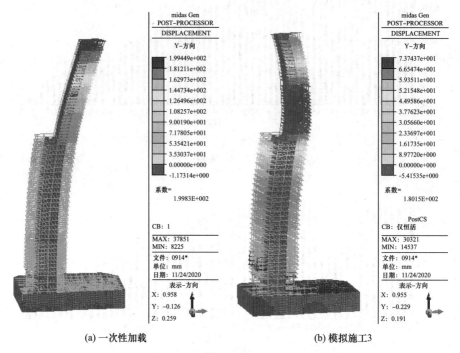

(a) 一次性加载   (b) 模拟施工3

图 4-5　竖向荷载作用下的结构水平变形

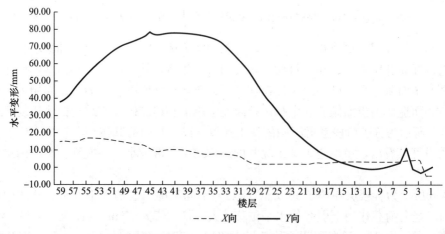

图 4-6　（考虑长期效应的）各层在施工完成 12 年后的总水平变形

4.2.4　对附加水平变形的思考

重力、水平力引起的两种水平变形，属于不同阶段、不同原因引起的变形，应该从控制结构水平位移（主要是位移角）的初衷出发评估其对建筑的实质性影响。附加水平变形加剧了结构的 P-Δ 效应，对整体稳定有着不可忽略的不利影响。刚重比验算无法考虑上述效应的影响；弹性屈曲分析已部分体现相关影响，设计时屈曲因子应保留一部分的富余。竖向荷载引起的水平位移在结构施工完成后就已基本存在，填充墙和幕墙是在此基础上再砌筑和安装上去，所以该水平变形对填充墙和幕墙的影响较小。

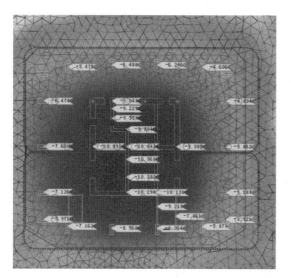

图 4-7　考虑桩-土-上部结构共同作用的基础沉降

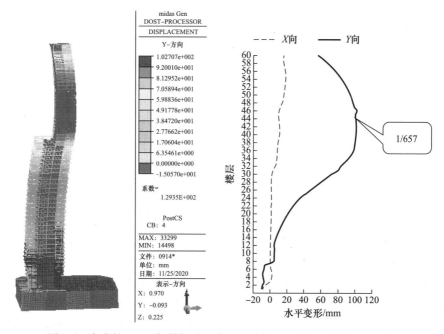

图 4-8　考虑桩-土-上部结构共同作用的结构水平变形（完工 12 年后）

4.3　偏心收进引起的刚度突变

由于收进处的刚度突变较大，造成地震响应复杂，剪力墙在收进处容易引起应力集中。为了减小刚度突变对结构的影响，设计加大了高区平面外围的框架梁截面（图 4-9），在收进位置的上、下层设置了钢板剪力墙进行加强，同时尽量均匀过渡，避免造成上、下层的刚度和承载力突变（图 4-10）。

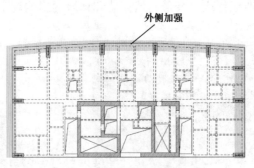

外侧加强

图 4-9　高区平面外侧框梁加强

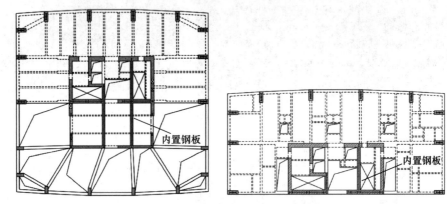

内置钢板

内置钢板

图 4-10　收进楼层钢板剪力墙布置

5　结语

（1）作为常用的超高层建筑结构体系，框架-核心筒结构体系可采用非直线随形外框架柱，以适应特殊建筑平面及特殊立面的要求。

（2）不同形式（纺锤形、曲折形等）外框架柱对结构整体刚度及变化影响不同，在外框稀柱转折楼层将对核心筒产生附加水平作用，应进行细致的传力分析并采取相应的加强措施。

（3）应重视外框架柱转折等楼层的楼盖传力，宜采用弹性楼板及无楼板模型进行分析及包络设计，楼盖拉力较大时可通过型钢混凝土构件或预应力构件提高承载力。

（4）大退台立面框架-核心筒结构应重视非荷载效应的影响，进行精细化的施工模拟分析，根据偏心效应及刚度突变等不利情况进行竖向构件的刚度协调和构造加强。

参考文献

［1］　住房和城乡建设部. 高层建筑混凝土结构技术规程：JGJ 3-2010［S］. 北京：中国建筑工业出版社，2011.

［2］　范重，马万航，赵红，等. 超高层框架-核心筒结构体系技术经济性研究［J］. 施工技术，2015，

44 (20)：1-10.

[3] 罗赤宇，杨新生，梁子彪，等. 华强金廊城市广场（一期）1 号楼超限高层建筑结构抗震设计可行性论证报告 [R]. 广州：广东省建筑设计研究院有限公司，2014.

[4] 陈学伟，黄昌靛，张梅松，等. 深圳大百汇主塔楼结构设计与分析 [J/OL]. 建筑结构. (2020-12-02) [2021-10-02]. https://kns.cnki.net/kcms/detail/11.2833.tu.20201201.1724.002.html.

[5] 罗赤宇，林景华，付进喜，等. 广州报业文化中心抗震超限设计可行性报告 [R]. 广州：广东省建筑设计研究院有限公司，2013.

[6] 林景华. 广州报业文化中心 B 区结构设计关键技术 [J]. 广东土木与建筑，2015，10 (10)：7-11.

[7] 谢一可，廖小辉，林景华，等. 国美信息科技中心项目抗震超限设计可行性报告 [R]. 广州：广东省建筑设计研究院有限公司，2017.

[8] 张文华，徐麟，隋晓，等. 445m 超高层减震核心筒收进设计难点研究 [J]. 建筑结构，2020，50 (4)：52-57.

[9] 林景华，张显裕，卢俊坤，等. 横琴保险金融总部大厦抗震超限设计可行性报告 [R]. 广州：广东省建筑设计研究院有限公司，2020.

[10] 包联进，陈建兴，王鑫，等. 退台式收进体型超高层建筑结构设计 [J]. 建筑结构，2019，49 (13)：7-12.

04　高层巨型转换桁架结构技术创新与研究应用

区彤，谭坚，张连飞，张艳辉，陈前
（广东省建筑设计研究院有限公司）

【摘要】　珠海保利国际广场二期结构体系为带巨型转换桁架的框架-剪力墙超限结构，针对转换层下部楼层存在的天然薄弱层，创新性地采用加肋钢板与型钢端柱组合的钢板混凝土组合剪力墙，解决转换层下部楼层受剪承载力和层刚度不足的问题，取得了增加下部楼层刚度而不增加地震力的效果，满足了规范层刚度比和受剪承载力要求；针对悬挑转换桁架变形过大及抗震二道防线的要求，采用布置交叉腹杆并在受压腹杆注浆的技术创新措施；对钢转换桁架进行防火计算，创新性地采用防火砂浆，可满足使用年限内免维护的要求。针对转换桁架上部悬挑楼层施工受转换桁架变形影响大的情况，通过精细的施工模拟分析确定转换桁架的卸载及悬挑端楼板后浇带封闭时间的最优施工方案；通过对强风下百叶系统风致噪声的研究应用，确定百叶的间距大小及对建筑的噪声影响，为隔声设计提供评价标准。

【关键词】　巨型转换桁架；钢板混凝土剪力墙；防火设计；施工模拟；风噪处理

1　工程概况与设计标准

1.1　工程概况

保利国际广场二期位于珠海市横琴岛，港澳大道以南、琴政路以北、琴达道以东以及琴飞道以西地区，南望天沐河，北靠小横琴山。建筑效果如图1-1所示。

图1-1　建筑效果图

保利国际广场二期主楼总建筑面积为 21.8 万 m^2，建筑高度为 100m，建筑塔楼平面外轮廓尺寸约 100m×100m（含外装饰百叶），结构地下 1 层，地上 19 层，地下室底板标高为 $-5.0m$，功能包括办事接待中心、展示中心、档案中心、信息中心、资料中心、办公用房及综合性会议室等。平面为"回"字形，长宽比（L/B）约为 1，结构高宽比为 $100/80.6=1.24$。

主楼采用带巨型转换桁架的框架-剪力墙结构，剪力墙布置在主楼 4 个角部电梯筒位置，共 4 组，每组剪力墙呈"日"字形，尺寸为 19.3m×9.9m，框架柱标准跨度为 8.4m×8.4m，结构从 3 层开始竖向外挑 11.6m，局部外挑 14.65m。3 层采用巨型转换桁架支承上部结构，转换桁架高 9m。

1.2 设计标准

1.2.1 相关标准及政府文件

国家标准《建筑抗震设计规范》GB 50011-2010、行业标准《高层建筑混凝土结构技术规程》JGJ 3-2010、广东省标准《高层建筑混凝土结构技术规程》DBJ 15-92-2013、《关于印发〈超限高层建筑工程抗震设防专项审查技术要点〉的通知》建质〔2010〕109 号、《广东省住房和城乡建设厅关于印发〈广东省超限高层建筑工程抗震设防专项审查实施细则〉的通知》（粤建市函〔2011〕580 号）。

1.2.2 设计基准期及结构设计使用年限

根据《建筑结构可靠度设计统一标准》GB 50068-2001，本工程的设计基准期为 50 年，结构的设计使用年限为 50 年。本工程建筑结构安全等级为二级，建筑结构防火等级为一级；地基基础的设计等级为甲级。

1.2.3 地震作用

本工程抗震设防烈度为 7 度，Ⅲ类场地，设计地震分组为第 1 组，设计基本地震加速度值为 0.1g，特征周期为 0.45s，地震安全性评价报告（简称"安评报告"）提供特征周期为 0.48s，抗震设防分类为乙类[1]。

安评报告提供的地震参数与规范取值对比情况如表 1-1 所示。

安评报告地震参数与规范取值对比　　　　　　　　表 1-1

概率 参数	63%（小震）		10%（中震）		2%（大震）	
	安评报告值	规范值	安评报告值	规范值	安评报告值	规范值
α_{max}/g	0.088	0.08	0.231	0.23	0.391	0.50
T_g/s	0.48	0.45	0.60	0.45	1.20	0.5
γ	0.90	0.90	0.95	0.90	1.20	0.90

根据对比结果，本工程小震按安评报告提供的参数进行计算，中震和大震按规范取值计算。

1.2.4 风荷载

按风洞试验和规范风荷载包络设计，参数详见表 1-2。风洞试验模型如图 1-2 所示。

1.2.5 阻尼比

本项目结构体系为框架-剪力墙结构，多遇地震及风荷载作用、设防地震作用和罕遇地震作用弹塑性分析时阻尼比取 0.05；风荷载作用下舒适度验算时阻尼比取 0.02。

风荷载参数 表 1-2

基本风压值 $W_o/(kN/m^2)$	基本风压重现期/年	地面粗糙度类别	体型系数	备注
0.935	50×1.1			结构承载力验算
0.85	50	B	1.3	结构水平位移验算
0.75	10			风振舒适度计算

图 1-2 风洞试验模型及试验现场

2 结构体系及技术创新研究应用

2.1 结构体系

结构高度为 100m，选用带巨型转换桁架的框架-剪力墙结构体系，剪力墙布置在电梯筒，由 4 个小的矩形筒（"日"字形）组成，布置在结构的角部（图 2-1）[2]。

结构从 3 层开始竖向外挑 11.6～14.65m，3 层采用转换桁架支承上部结构，转换桁架上、下弦采用型钢混凝土构件，斜腹杆采用钢构件，2 层高度为 13m，3 层高度为 9m，转换桁架悬挑长 11.6m，连接在剪力墙或型钢混凝土柱上；在架空层、桁架层及上一层（2 层、3 层、4 层）剪力墙内设置钢板，形成钢板混凝土剪力墙（图 2-2、图 2-3）。2 层剪力墙厚 600mm，3 层剪力墙厚 500mm，整体模型如图 2-4 所示。

本工程结构体系为框架-剪力墙结构，高度为 100m，设防烈度为 7 度，不超过《高层建筑混凝土结构技术规程》JGJ 3-2010 规定的 120m 高度，属于 A 级高度钢筋混凝土高层建筑[3]。

同时具有三项及以上不规则的高层建筑工程判别见表 2-1。

本工程不属于特殊类型高层结构，但存在扭转不规则、楼板不连续、尺寸突变、承载力突变、竖向构件不连续等不规则类型，不存在特别不规则项。

2.2 技术创新研究应用

2.2.1 巨型转换桁架下的钢板混凝土剪力墙的应用

结构体系为带巨型转换桁架的框架-剪力墙超限结构，剪力墙布置在主楼 4 个角部电

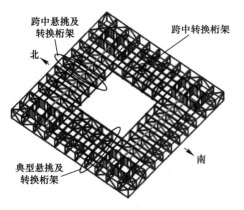

图 2-1 转换桁架层及矩形筒剪力墙轴测图

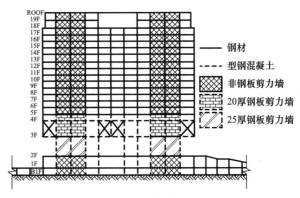

图 2-2 结构立面布置图

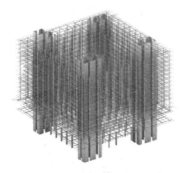

图 2-3 竖向抗侧力构件

图 2-4 结构整体模型

三项及以上不规则判别 表 2-1

序号	不规则类型	简要涵义	本工程情况	超限判别
1	扭转不规则	考虑偶然偏心的扭转位移比大于 1.2	X 向 1.18，1/1085（2 层） Y 向 1.23，1/1407（2 层）	是 计 0.5 项
2a	凹凸不规则	平面凹凸尺寸大于相应投影方向总尺寸的 30% 等	$l/B_{max}=0.25$	否
2b	组合平面	细腰形或角部重叠形	无	
3	楼板不连续	有效宽度小于 50%，开洞面积大于 30%，错层大于梁高	8 层、9 层、12 层、15 层、19 层楼板有效宽度小于 50%；12 层、15 层、19 层楼板开洞面积大于 30%	是 计 1 项
4a	侧向刚度不规则	相邻层刚度变化大于 70%，或连续三层变化大于 80%	结构侧向刚度比最小值 0.84	是 计 1 项
4b	尺寸突变	竖向构件位置缩进大于 25% 或外挑大于 10% 和 4m，多塔	是	
5	竖向构件不连续	上下墙、柱、支撑不连续，含加强层、连体类	桁架托柱转换（3 层）	是 计 0.5 项
6	承载力突变	相邻层受剪承载力变化大于 80%	最小受剪承载力比 0.54（2 层）	是 计 1 项
不规则情况总结		不规则项 4.0 项		

梯筒位置，共 4 组，每组剪力墙呈"日"字形，尺寸为 19.3m×9.9m；2 层为架空层，层高 13m；巨型转换桁架层位于 3 层和 4 层，属于高位转换结构。针对高位巨型转换桁架结构的特点，提出"强转换层及下部、弱转换层上部"和"转换层强斜腹杆、强节点"的设计思路，针对转换层下部楼层存在的天然薄弱层，在不通过增加剪力墙厚度而增加地震力的情况下，创新性地采用加肋钢板与型钢端柱组合的钢板混凝土组合剪力墙（图 2-5）来解决受剪承载力和层刚度不足的问题。结构方案选型阶段，转换桁架层下剪力墙进行了三种方案的比较，分别为普通混凝土剪力墙、钢板混凝土剪力墙和带钢支撑混凝土剪力墙（表 2-2），经计算分析，为满足受剪承载力和层刚度的要求，三种方案中，采用普通混凝土剪力墙的厚度最大且基底剪力最大，带钢支撑混凝土剪力墙厚度和基底剪力次之，钢板混凝土剪力墙厚度和基底剪力最小。采用普通混凝土剪力墙方案时剪力墙厚达到 1000mm，不仅地震力增大且影响建筑电梯间的使用面积，方案不合理；带钢支撑混凝土剪力墙方案与钢板混凝土剪力墙方案相比，剪力墙的厚度相差不大但满足受剪承载力的情况下增大了地震力，且钢支撑的布置不够灵活，受剪力墙门洞的影响较大。综上，在高位巨型转换桁架中采用钢板混凝土剪力墙的方案是比较合理的。

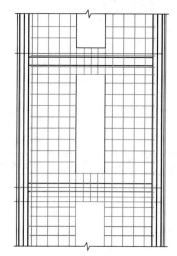

图 2-5　钢板混凝土剪力墙

三种方案整体参数对比　　　　　　　　　表 2-2

参数		普通混凝土剪力墙方案	钢板混凝土剪力墙方案	带钢支撑混凝土剪力墙方案（整体模型未建斜撑）
墙厚度变化（2层-3层-4层）/mm		1000-1000-900	600-500-500	650-550-500（钢斜撑工 800×350×35×35）
第一、第二平动周期/s		2.18	2.38	2.31
		1.74	1.87	1.82
第一扭转周期/s		1.70	1.84	1.88
第一扭转周期/第一平动周期		0.78	0.77	0.77
剪重比/%	X	2.15	1.97	1.93
	Y	2.50	2.37	2.32

续表

参数		普通混凝土剪力墙方案	钢板混凝土剪力墙方案	带钢支撑混凝土剪力墙方案（整体模型未建斜撑）
地震下基底剪力/kN	X	63842	57565	58228
	Y	75088	69313	71631
地震作用下倾覆弯矩/(kN·m)	X	3132788	2889193	2927233
	Y	3829280	3581886	3614926
地震作用下最大层间位移角	X	1/1208	1/1176	1/1153
	Y	1/1498	1/1482	1/1435
扭转位移比	X	1.35	1.18	1.19
	Y	1.38	1.23	1.25
层刚度比最小值	X	1.03	1.03	1.03
	Y	1.04	0.73	0.76
楼层受剪承载力与上层的比值	X	0.72	0.77	0.74
	Y	0.76	0.74	0.73
剪力墙中钢板及钢斜撑用钢量/t		—	715（钢板）	706（钢斜撑）

从表 2-2 可以看出，1000-1000-900 混凝土剪力墙体系整体刚度较大，导致地震作用下基底剪力和倾覆弯矩较大，而 600-500-500 钢板剪力墙体系刚度相对较柔，钢板对刚度贡献不大，与普通混凝土剪力墙的方案结果接近，地震作用下基底剪力和倾覆弯矩较小。

2.2.2 外挑转换桁架交叉受压注浆腹杆的应用

针对悬挑转换桁架变形过大及抗震二道防线的要求，采用了交叉腹杆布置并在受压腹杆注浆（图 2-6）的技术创新措施，将外挑转换桁架腹杆作为关键受力构件；为增加多道传力路径、增加结构的防连续倒塌能力，外挑桁架采用交叉腹杆的形式，并在受压腹杆中注入无收缩高强灌浆料，参数见表 2-3，在提高安全度的同时增加结构承载力。

2.2.3 巨型转换桁架防火砂浆的计算应用

考虑钢结构防火的重要性和耐久性，以及后期维护的方便性，通过计算确定了防火砂浆的厚度。考虑桁架及主梁耐火极限为 3h，次梁耐火极限为 2h，对结构桁架层进行防火

图 2-6　交叉受压腹杆注浆（一）

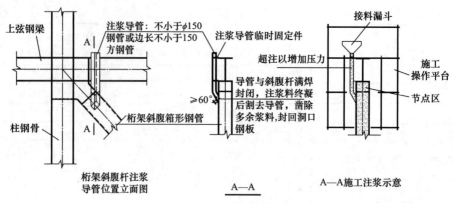

图 2-6　交叉受压腹杆注浆（二）

CGM 无收缩高强灌浆料参数　　　　　　　　　　　　　　　　　表 2-3

抗压强度/MPa	1d	≥20
	3d	≥40
	28d	≥60
流动度/mm	初始值	≥380
	30min 保留值	≥340
竖向膨胀率/%	3h	0.1～3.5
	24h 与 3h 膨胀值之差	0.02～0.5
对钢筋有无锈蚀作用	无	
沁水率	0	

保护材料厚度设计[4]。防火处理采用 M5 的水泥砂浆，以箱形截面（500mm×700mm×35mm×35mm）为例进行防火计算。

（1）临界温度的确定

根据《建筑钢结构防火技术规范》GB 51249-2017（简称《钢防火规范》）第 7.4.5 条，压弯钢构件的临界温度 T_d 可取三个临界量温度 T_d'、T_{dy}''、T_{dz}'' 中的较小者。

① 临界量温度 T_d'

截面强度荷载比 R 为：

$$R = \frac{1}{f}\left[\frac{N}{A_n} + \frac{M_y}{\gamma_y w_{ny}} + \frac{M_z}{\gamma_z w_{nz}}\right] = \frac{1}{295000}\times\left[\frac{7795.7}{0.0791} + \frac{1900.4}{1.05\times0.01523} + \frac{748.05}{1.05\times0.19853}\right] = 0.931$$

查《钢防火规范》表 7.4.1-1，截面强度荷载比 R 对应临界量温度 $T_d' = 452℃$。

② 临界量温度 T_{dy}''

$$R_y' = \frac{1}{f}\left[\frac{N}{\varphi_y A} + \frac{\beta_{my} M_y}{\gamma_y w_y(1-0.8N/N_{Ey}')} + \eta\frac{\beta_{tz} M_z}{\varphi_{bz}' w_z}\right]$$

$$= \frac{1}{295000}\times\left[\frac{7795.7}{0.975\times0.0791} + \frac{1\times1900.4}{1.05\times0.01523\times(1-0.8\times7795.7/12166084.427)}\right.$$

$$\left. + 0.7\times\frac{1\times748.05}{1\times0.01247}\right] = 0.880$$

查《钢防火规范》表 7.4.5-1，绕强轴弯曲的构件稳定荷载比 R_y' 对应临界量温度 $T_{dy}'' = 454℃$。

③ 临界量温度 T''_{dz}

$$R'_z = \frac{1}{f}\left[\frac{N}{\varphi_z A} + \eta\frac{\beta_{ty}M_y}{\varphi'_{by}w_y} + \frac{\beta_{mz}M_z}{\gamma_z w_z(1-0.8N/N'_{Ez})}\right]$$
$$= \frac{1}{295000}\times\left[\frac{7795.7}{0.094\times0.0791} + 0.7\times\frac{1\times1900.4}{1\times0.01523}\right.$$
$$\left.+\frac{1\times748.05}{1.05\times0.01247\times(1-0.8\times7795.7/7113815.103)}\right]=0.825$$

查《钢防火规范》表 7.4.5-1，绕弱轴弯曲的构件稳定荷载比 R'_z 对应临界量温度 $T''_{dz}=$ 479℃。

$T'_d < T''_{dy} < T''_{dz}$，梁的临界温度 $T_d = 452$℃。

查《钢防火规范》附录 G 可知，$B=259$W/$(\text{m}^3 \cdot$℃$)$[5]。

（2）保护层厚度的确定

M5 砂浆技术性能参数：

砂浆密度 $\rho_i = 2000$kg/m^3，砂浆导热系数 $\lambda_i = 0.9$N/（m·℃），砂浆比热容 $c_i = 1050$J/（kg·℃）。

根据《钢防火规范》第 7.1.2 节，保护层厚度 d_i 为：

$$k = \frac{c_i\rho_i}{2c_s\rho_s} = \frac{1050\times2000}{2\times600\times7850} = 0.223$$

$$d_i = \frac{-1+\sqrt{1+4k\left(\frac{F_i}{V}\right)^2\frac{\lambda_i}{B}}}{2k\frac{F_i}{V}} = \frac{-1+\sqrt{1+4\times0.223\times21.5^2\times\frac{0.9}{259}}}{2\times0.223\times21.5} = 0.0584\text{m}，即 59\text{mm}$$

设计确定桁架层防火砂浆保护层厚度为 60mm，采用双层双向挂网施工，如图 2-7 所示。

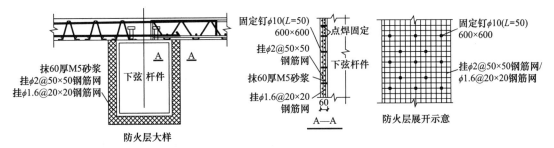

图 2-7 桁架层防火大样做法

2.2.4 详细的施工模拟及全过程施工监测的应用

桁架层的施工方案对结构成型内力影响很大，采用全过程的施工模拟分析，有利于确定桁架层的安装方案、卸载时间及外挑部位后浇带的封闭时间等，确定胎架反力大小，复核主体结构的安全性，避免施工后进行加固处理。由于桁架层变形对外挑楼板的裂缝影响很大，通过施工模拟分析，细致验算了相关楼层的裂缝情况，确保裂缝满足规范要求；对项目进行了施工阶段的长期监测，监测关键构件及杆件的应力、变形，裂缝及斜腹杆混凝土密实度等，确保施工质量和结构安全[5]。

本工程的特殊性在于桁架层悬挑端的变形引起上部楼层的裂缝，因此在施工阶段通过优化施工方案，尽量减少施工阶段引起裂缝的开展[6]。减少裂缝的措施主要是通过计算分析确定桁架层支撑胎架的卸载时间及楼层悬挑端后浇带的封闭时间。卸载及后浇带时间确定原则为：保证楼层悬挑梁根部裂缝宽度控制在规范规定范围内，并考虑实际的施工条件，尽量减少裂缝。关于桁架支撑胎架的卸载时间，可以在桁架层施工完毕后卸载，也可以在中间楼层施工完毕后卸载，甚至可以在结构封顶即 19 层完成后卸载。从受力角度而言，越晚卸载，结构的整体刚度越好，理论上桁架层的最终变形会越小，各上部楼层与桁架层实际上共同受力；从时间角度而言，越晚卸载，对支撑胎架的承载力要求越高，同时对胎架底部的基础要求也越高。

为了说明问题，假定桁架悬挑端的最终变形为 $U_{总1}$，分两种情况：一种是支撑胎架在施工完桁架层后即卸载拆除，那么 4 层悬挑端变形为 $U_{总1}$，5 层悬挑端变形为 $15U_{总1}/16$，6 层悬挑端变形为 $14U_{总1}/16$，依此类推，18 层悬挑端变形为 $2U_{总1}/16$，19 层悬挑端变形为 $U_{总1}/16$；另一种是支撑胎架在结构封顶即 19 层完成后卸载拆除，那么 4～19 层的悬挑端变形均为 $U_{总2}$。实际上，后一种情况的 $U_{总2}$ 比前一种情况的 $U_{总1}$ 小，按后一种情况施工有利于下部楼层的变形，按前一种情况施工有利于上部楼层变形。

此外，更为重要的措施是设置上部悬挑梁根部后浇带及确定封闭时间。为了有效地减少裂缝，设计中在桁架及上部楼层悬挑端根部设置了后浇带，关于后浇带的封闭时间，可以采用施工一层封闭一层流水作业，也可以采用施工几层封闭一层流水作业（按常规一般是施工三层封闭一层），甚至施工完 19 层后封闭所有后浇带。分析研究不同的封闭时间对变形及裂缝的影响，当支撑胎架施工桁架层后卸载拆除且施工一层封闭一层时，4 层悬挑端变形为 $U_{总3}$，5 层悬挑端变形为 $15U_{总3}/16$，6 层悬挑端变形为 $14U_{总3}/16$，依此类推，18 层悬挑端变形为 $2U_{总3}/16$，19 层悬挑端变形为 $2U_{总3}/16$。当支撑胎架施工桁架层后卸载拆除且施工完 19 层后封闭 4～19 层后浇带时，所有楼层悬挑端引起裂缝的变形为 0，因为桁架已经变形完成才浇筑后浇带。理想的情况是施工完 19 层后封闭所有后浇带，但实际施工中所有后浇带留至结构封顶后困难很大，一是对后浇带的支撑架要求很高，二是由于后浇带支撑架的留置封堵了施工运输的出入口，加大了施工运输困难。

因此需根据现场条件及计算结果优化桁架支撑胎架的卸载时间及后浇带的封闭时间。综合分析，将支撑胎架的卸载时间和后浇带的封闭时间对应起来，在中间某一楼层卸载桁架支撑架及封闭后浇带。这样做一方面可降低对桁架支撑胎架的要求，便于施工，另一方面减少了底部楼层的变形，达到效率与经济的统一。最终通过详细的施工模拟分析，确定 8 层作为桁架卸载及后浇带封闭的施工方案，计算分析表明，该方案能有效地控制挠度及变形[7-9]。

2.2.5 强风下百叶系统风致噪声的研究应用

横琴新区位于强台风多发地区，考虑该项目外立面幕墙采用两层形式，最外层采用水平百叶、内层采用玻璃幕墙，针对最外层百叶幕墙进行了强风下的风致噪声研究。通过建立有限元模型进行数值风洞模拟分析，选取 RNG k-e 湍流模型，取各风向上最大月平均风速换算至建筑顶部后，设定入口和出口的边界条件，并对流场进行初始化设置，设定整个流场的初始化情况，进行流场的数值模拟计算，百叶系统表面声功率级分布如图 2-8 所示。通过噪声源模拟结果选定全部百叶条作为噪声源，将稳态流场分析的工况作为初始条件，对流场进行大涡模拟（LES）获得非稳态计算结果，并考虑了最不利风向角影响，如

图 2-9 所示。进行非稳态模拟时，时间步设为 $5 \times 10^{-6}\mathrm{s}$，以捕捉人体敏感的主要声音频段，总共进行了 30000 个时间步的计算。模拟结果表明，百叶系统周围的噪声源主要来自百叶形状本身引起的流动分离，并与百叶条的间隔有关。最大声源功率级分布在从上至下第 2 百叶条，同时主要的声源功率级分布在第 1、第 2、第 8 百叶条。从模拟结果看，百叶间距越小，百叶间的风速增加，噪声源功率级越大。随着百叶与幕墙间距增大，声压衰减。百叶后方墙面处中部接收点声压大于两侧，最大总声压级为 85.4dB，A 计权声压级在 62dB 左右。根据建筑设计中定义采用的隔声评价量推算，关闭外窗后室内噪声等级满足办公楼使用要求。各接收点声压频谱图排列密集且连续、平坦，未出现特定频段上的能量集中，表明建筑周围未出现单频风致啸叫。

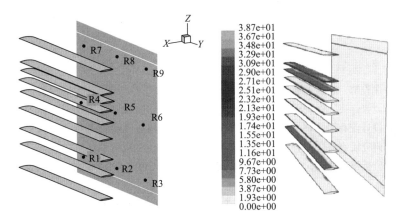

图 2-8 百叶系统表面声功率级分布/dB

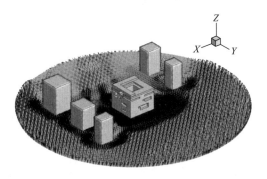

图 2-9 最不利风向角下建筑周围流场分布

3 小结

本工程单体体量大，单体建筑面积达 21.8 万 m^2，单层建筑面积超过 $8000\mathrm{m}^2$，结构形式为带巨型转换桁架的框架-剪力墙结构，结构从 3 层开始竖向外挑 11.6m，局部外挑 14.65m，转换桁架整体托住上部各楼层。针对高位巨型转换桁架结构的特点，项目的创新应用包含高位转换桁架与钢板混凝土剪力墙的组合应用、悬挑转换桁架交叉受压腹杆注浆技术的应用、巨型转换桁架层防火砂浆计算的应用、详细的施工模拟及施工全过程监测的应用，以及强风下百叶系统风致噪声的研究应用。

　　高位转换桁架与钢板混凝土剪力墙的组合应用成功地解决了巨型转换桁架层下层层刚度比和受剪承载力不满足规范要求的情况，通过内嵌钢板的组合剪力墙设计，有效提高了2层的受剪承载力，仅略微提高了层刚度，有效防止了地震力的增大，较完美地解决了受剪承载力问题；悬挑转换桁架交叉受压腹杆注浆技术的应用提高了悬挑转换桁架防连续倒塌的能力，提供了多道传力路径；详细的施工模拟及施工全过程监测的应用为巨型转换桁架层及楼板施工提供了数据支撑，确保了楼板不开裂；通过计算确定防火砂浆的厚度，并采用挂网施工技术，可以满足使用年限内钢结构防火免维护的要求；通过对强风下百叶系统风致噪声的研究应用，确定百叶的间距及对办公场地的噪声影响，为隔声设计提供了评价标准。

参考文献

[1]　住房和城乡建设部. 建筑抗震设计规范：GB 50011-2010 [S]. 北京：中国建筑工业出版社，2010.

[2]　谭坚，区彤，张连飞. 保利国际广场二期结构设计 [J]. 建筑结构. 2016，46（21）：37-45.

[3]　广东省建筑设计院有限公司. 保利国际广场二期工程结构超限设计可行性报告 [R]. 广州：广东省建筑设计研究院有限公司，2014.

[4]　中国工程建设标准化协会. 建筑钢结构防火技术规范：CECS 200：2006 [S]. 北京：中国计划出版社，2006.

[5]　谭坚，张连飞，区彤，等. 保利国际广场二期施工模拟分析与健康监测 [J]. 建筑结构. 2016，46（S2）：574-580.

[6]　扶长生，刘春明，李永双，等. 高层建筑薄弱连接混凝土楼板应力分析及抗震设计 [J]. 建筑结构，2008，38（3）：106-110.

[7]　住房和城乡建设部. 建筑工程施工过程结构分析与监测技术规范：JGJ/T 302-2013 [S]. 北京：中国建筑工业出版社，2013.

[8]　中国工程建设标准化协会. 结构健康监测系统设计标准：CECS 333：2012 [S]. 北京：中国建筑工业出版社，2012.

[9]　住房和城乡建设部. 建筑变形测量规范：JGJ 8-2016 [S]. 北京：中国建筑工业出版社，2016.

05 "曲折柱"框架-核心筒结构研究

林景华[1]，周全庄[1]，林昭玉[1]，叶冬昭[1]，曾勇[2]，黄凯亮[2]

（1. 广东省建筑设计研究院有限公司；2. 广州大学土木工程学院）

【摘要】 顺应建筑多样化造型等需求而提出了"曲折柱"框架-核心筒结构体系，依托两个工程实例以及虚构理想化模型，从结构整体特性、水平分力的传递与分配、曲折节点关键区域的细致受力等方面进行分析研究，初步总结了该类结构体系的相关力学特点与规律，为高层建筑采用同类或相似的结构形式提出指导性建议。

【关键词】 "曲折柱"框架-核心筒结构；水平分力；楼盖损伤；主应力迹线；抗连续倒塌

1 引言

当前日渐多样、创意丰富的高层建筑项目中，不少建筑方案存在切角、倾斜、平面交错变换、立面内收外伸等特色造型，常规通高直柱的结构形式已难以同时满足外观效果、内部使用、受力合理及安全、经济等综合需求。为此，可考虑将外框柱依从建筑需要，沿高度方向外伸、内缩——每次外伸、内缩都利用若干层高度形成斜柱过渡，从而生成一种特别的"曲折柱"，将其融入常规高层建筑大量采用的框架-核心筒结构[1] 中，再配合布置与"曲折柱"相适应的楼盖，便衍生出造型独特的"曲折柱"框架-核心筒结构。这类结构体系在受力方面存在某些特性，本文基于两个工程实例，结合虚构理想化模型，从结构整体特性及力的传递与分配等方面展开研究，以期为高层建筑采用同类或相似的结构形式提出指导性建议。

2 两个工程实例

两个工程项目均位于广州市海珠区琶洲，其塔楼主要建筑功能均为高档办公及商业，地下室均为车库及设备用房。结构的设计使用年限为50年，结构安全等级为二级，耐火等级为一级，地基基础设计等级为甲级。抗震设防类别为标准设防类（丙类），抗震设防烈度为7度（0.10g），设计地震分组为第一组；基本风压为0.50kPa（$n=50$），地面粗糙度类别为C类。

2.1 广州报业文化中心

广州报业文化中心项目（简称"广报中心"），建筑用地面积约5万 m^2，总建筑面积约19.4万 m^2（地上12.9万 m^2、地下6.5万 m^2）。其中T1、T2塔楼地上25层，建筑高度为115.1m（主屋面）；裙楼地上6～7层，建筑高度为30.9～35.9m；地下3层，底板面标高为-13.7m；Ⅱ类场地，特征周期取0.35s（规范值）、0.42s（安评值）[2]。

该项目外立面采用围绕整个建筑的独特带状形态，设计灵感源自城市交通运转在夜间留下的光带般的轨道，同时隐喻着网络城市中充满活力和速度的信息流动。这样的外形使塔楼建筑沿高度分为四个区段，每个区段的阳台布置都不同。

针对上述体型特点，结构上因应建筑平、立面变化，让外框柱依从阳台沿高度的变换情况而外伸、内缩（每次外伸、内缩都利用 2 层高度形成斜柱过渡）。外在的建筑外观效果和内在的结构曲折柱相互对应，从而生成了一种特别的"曲折柱"框架-核心筒结构[3]。

塔楼结构虽然高度与规则性均未超限，但考虑到"曲折柱"框架-核心筒结构有别于常规结构形式，其整体特性、传力途径以及节点细节均有着一定的特点，故将其视作超限结构进行论证并采取抗震性能化设计（性能目标 C 级）。

建筑效果图如图 2-1 所示，结构整体计算模型如图 2-2 所示，塔楼曲折柱平面布置如图 2-3 所示。

图 2-1 广报中心效果图

图 2-2 广报中心结构整体计算模型

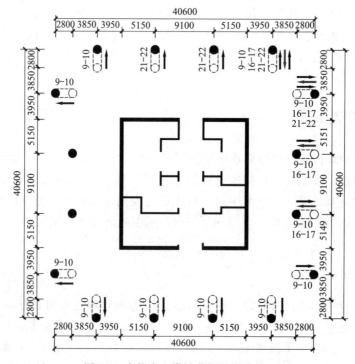

图 2-3 广报中心塔楼曲折柱平面布置

2.2 国美信息科技中心

广州国美信息科技中心（简称"国美中心"），建筑用地面积约 1 万 m^2，总建筑面积为 12.0 万 m^2（地上 8.5 万 m^2，地下 3.5 万 m^2）。塔楼地上 34 层，建筑高度为 156.7m（主屋面）；裙楼地上 4～6 层，建筑高度为 17.70～29.70m；地下 4 层，底板面标高为 −20.20m；Ⅲ类场地，特征周期取 0.45s[4]。

该项目塔楼的建筑体型源于钻石切割的几何效果，塔楼体块的四个角部采用对称转折的斜切面处理。结构上外框柱的曲折与建筑四角斜切面的体型直接呼应，在四个角部的 4 对柱子随着建筑斜切面而外伸、内缩，每个角都构成一对空间"X"形的曲折柱，从而生成了另一种"曲折柱"框架-核心简结构。

塔楼结构存在扭转不规则、楼板不连续、局部斜柱与穿层柱等三项一般不规则项，属 B 级高度的超限高层建筑。

建筑效果图如图 2-4 所示，结构整体计算模型如图 2-5 所示，塔楼曲折柱平面布置如图 2-6 所示。

图 2-4 国美中心效果图

图 2-5 国美中心结构计算模型

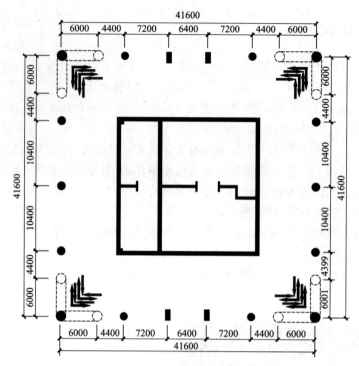

图 2-6　国美中心塔楼曲折柱平面布置

3　基于工程实例的分析研究

3.1　建立对比模型

　　基于两个工程项目的原型，将其塔楼模型进行简化（去除地下室及裙楼、替换不规则夹层、删去小次梁等），以简化后主体结构作为基准模型（"曲折柱"模型），保持所有计算参数不变的条件下，将所有曲折柱改为竖直柱，并区分竖直柱靠内或靠外布置而形成两个对比模型：沿靠内侧柱位布置全楼框架柱，形成"内直柱"模型；沿靠外侧柱位布置全楼框架柱，形成"外直柱"模型。为确保模型之间具有足够的可比性，两个对比模型与基准模型的构件尺寸及布置完全保持一致（其中"国-外直柱"模型将 8 根边柱合并为 4 根角柱，故单根角柱面积翻倍）。如图 3-1、图 3-2 所示。

3.2　结构整体特性对比

　　通过基准模型与两个对比模型之间主要结构整体指标的曲线对比可见，"曲折柱"框架-核心筒结构与常规直柱（内直柱、外直柱）框架-核心筒结构在大部分整体性能指标上，如自振周期、剪重比、刚重比、位移比、框架总倾覆力矩占比等，差异非常小；而结构的层间刚度比、层间位移角、层间受剪承载力比、框架总剪力占比等指标曲线，虽然在曲折区段（斜柱过渡楼层）存在较为明显的"波动"，但三个模型的整体趋势仍然保持着高度一致。如图 3-3、图 3-4 所示。

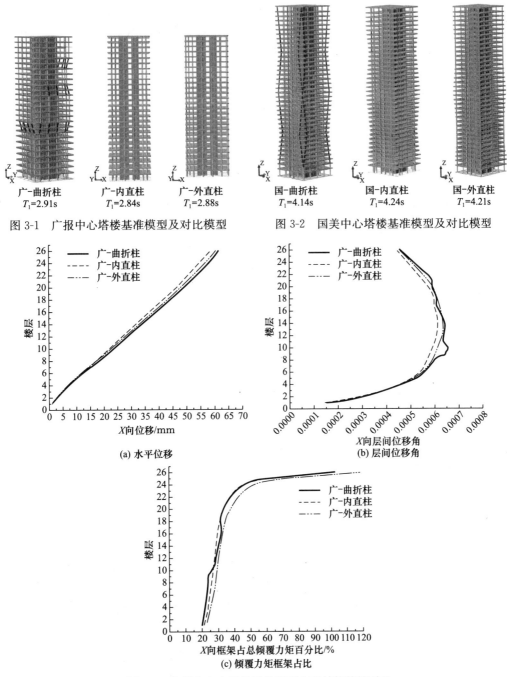

广-曲折柱
T_1=2.91s

广-内直柱
T_1=2.84s

广-外直柱
T_1=2.88s

图 3-1 广报中心塔楼基准模型及对比模型

国-曲折柱
T_1=4.14s

国-内直柱
T_1=4.24s

国-外直柱
T_1=4.21s

图 3-2 国美中心塔楼基准模型及对比模型

(a) 水平位移

(b) 层间位移角

(c) 倾覆力矩框架占比

图 3-3 广报中心水平地震作用下主要结构特性对比

　　曲折区段的斜柱数量与布置对该区段的局部结构特性存在影响，这是比较好理解的；但为何三者的整体结构力学特性趋势一致且差异很小，尚需作进一步的分析论证，详见本文第 4、第 5 节。

3.3 转折层楼盖损伤状况

　　大震作用下的动力弹塑性分析结果显示，凡曲折柱外凸转折的楼层，其楼盖梁板混凝土受拉损伤程度均明显大于其他楼层[5]。底部水平拉力较大的转折层，其混凝土损伤较明显；而且，这种损伤并非主要由地震作用引起，而是重力荷载作用下就一直存在（在地震时程开始前的第一工步，已基本显露）。如图 3-5 所示。

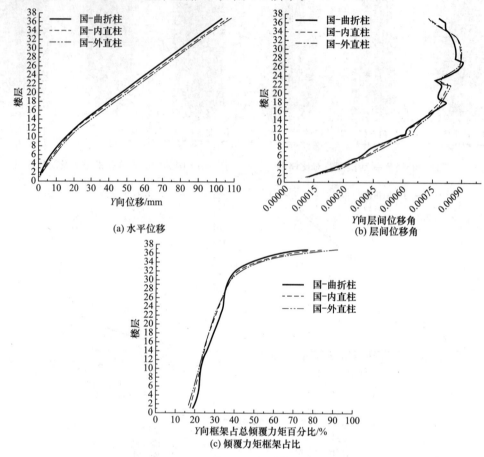

(a) 水平位移

(b) 层间位移角

(c) 倾覆力矩框架占比

图 3-4　国美中心水平地震作用下主要结构特性对比

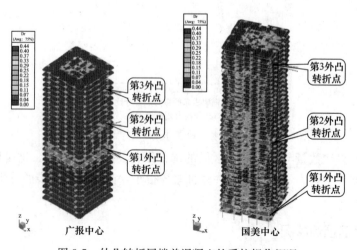

图 3-5　外凸转折层楼盖混凝土的受拉损伤概况

另外，分析楼板配筋率对混凝土受拉损伤的影响（以广报中心为例，图 3-6）可知，随配筋率增大，损伤程度得到一定缓解；但当水平拉力较大时（底部外凸转折层），即使加大至 2% 的配筋率，转折点附近区域的楼板损伤仍然较为严重。

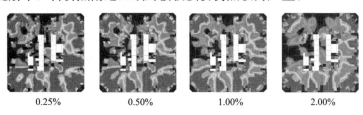

| 0.25% | 0.50% | 1.00% | 2.00% |

图 3-6 楼板配筋率对混凝土受拉损伤程度的影响

4 虚构模型

鉴于工程实例的复杂性，为排除不必要干扰因素后进一步研究"曲折柱"框架-核心筒结构的力学特性，特虚构一理想化结构模型作为研究对象。主要关注：曲折区段斜柱倾角对结构特性的影响，斜柱水平分力的传递与分配，结构是否存在新增薄弱环节，以及曲折点关键部位的细致受力状态。

虚构模型为一高层办公建筑（图 4-1），采用钢筋混凝土框架-核心筒结构，无地下室，

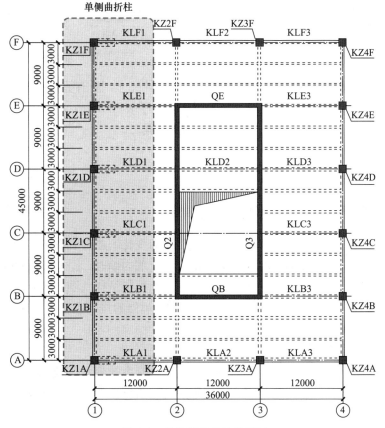

图 4-1 虚构模型的结构平面

地上 29 层，层高 5.0m（1～3 层）、4.4m（4～29 层），建筑总高度为 129.4m。丙类建筑，结构设计使用年限为 50 年，地震分组为第一组，抗震设防烈度为 7 度（0.10g），Ⅱ类场地，特征周期为 0.35s，基本风压为 0.50kPa，地面粗糙度类别为 C 类。

先构建全直柱模型作为参照，再在此基础上分两组构建单侧曲折柱模型：将①轴上的 6 根框柱做成曲折柱，以 4 层作为其曲折区段，以一层高形成斜柱过渡；其中，A 组为上部不动、下部内缩，B 组为下部不动、上部内缩；每组通过改变斜柱竖向倾角各获得 9 个分支模型（5°～45°，每 5°为 1 个，字母代表分组，数字代表斜柱倾角）。如图 4-2、图 4-3 所示。

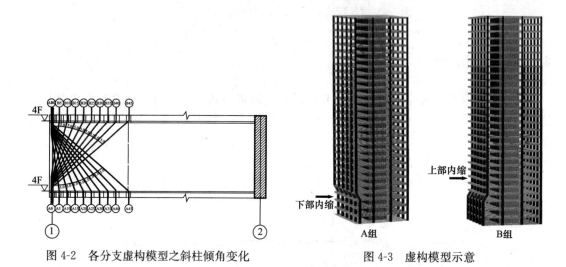

图 4-2　各分支虚构模型之斜柱倾角变化　　　　图 4-3　虚构模型示意

基于常规结构设计原则确定全直柱模型的各类构件尺寸，所有分支模型的构件尺寸均与全直柱模型保持一致，其中转折层（4 层/5 层）的板厚取 180mm，其余各层取 110mm。参考同类项目输入简化均布附加恒荷载与均布使用活荷载。

5　基于虚构模型的分析研究

5.1　曲折柱倾斜幅度对整体力学特性的影响

通过观察结构基本周期随曲折斜柱倾角的变化而变化的趋势（图 5-1），不难发现：下部内缩时，结构侧向刚度随内缩幅度增大而减小；上部内缩时，结构侧向刚度随内缩幅度增大而增大。实际上，若把这一问题退化到多层平面框架结构（图 5-2），甚至进一步退至单层门式刚架结构（图 5-3）进行对比分析，都会有类似的规律，也更好理解。

5.2　水平分力的传递与分配

墙柱不怕倾斜，而怕曲折，一旦曲折，转折处就有力的分量需要平衡；而对于混凝土楼盖，又尤其需要重视拉力问题。因此，应重点关注曲折柱外凸转折层水平分力的传递与分配状况（图 5-4）。

基于虚构模型 A30（斜柱外倾 30°），首先分析 6 根曲折柱外凸转折的楼层。一方面，观察楼板主应力迹线（图 5-5）发现，它们就像磁力线那样，从曲折柱转折点流向全层的其他墙柱；距离越近，刚度越大，对力流的吸引力越强。另一方面，观察墙柱承担水平分力的比例（图 5-6）发现，同向剪力墙承担水平力达 80%，面外剪力墙承担了 13%，而所有其他竖直框架柱承担水平力之和还不足 7%。

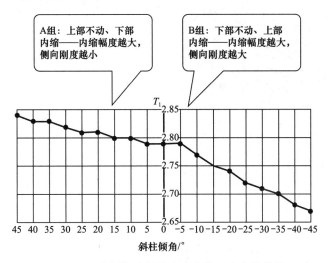

图 5-1　基本周期随斜柱角度变化而变化的趋势

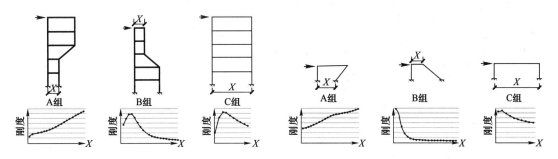

图 5-2　多层平面框架侧向刚度与内缩幅度的关系　　图 5-3　单层门式刚架侧向刚度与内缩幅度的关系

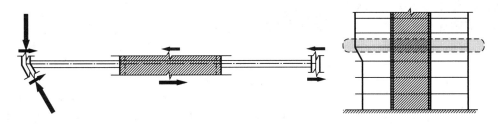

图 5-4　外凸转折层水平分力的传递与分配示意

再观察单根曲折柱时外凸转折的楼层情况，比如左下角框架柱单独曲折时，发现其后的 3 根柱共分摊仅 14%，而邻近的同向剪力墙则高达 79%；从力流上也能发现明显的规律。如图 5-7、图 5-8 所示。

然后观察Ⓑ轴边柱单独曲折时发现，其力流特别集中而直接，这是因为紧靠曲折柱后面有一片同向的剪力墙；但即使这样，还是有近 30% 的水平分力通过楼盖分散到周边。如图 5-9、图 5-10 所示。

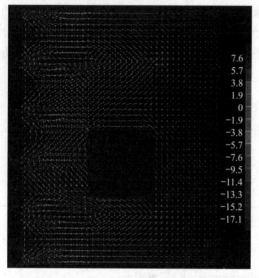

图 5-5　6 柱曲折时的楼板主应力迹线

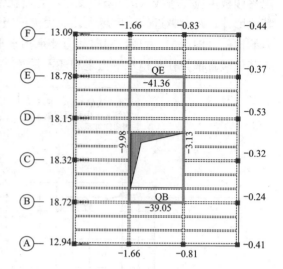

图 5-6　6 柱曲折时墙柱承担水平分力的比例/%

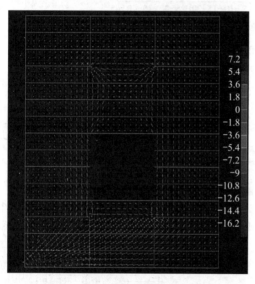

图 5-7　左下角单柱曲折时的楼板
主应力迹线

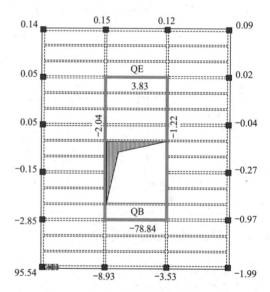

图 5-8　左下角单柱曲折时墙柱承担
水平分力的比例/%

　　继续观察Ⓒ轴边柱单独曲折时的情况，因其直接传力路线上核心筒内存在楼板大开洞，导致力流缺乏"靠山"，力流分得比较散，传播得比较广，而远、近的两片墙则起到了很大的作用。如图 5-11、图 5-12 所示。

　　最后观察Ⓘ轴边柱单独曲折时的情况，相比而言，这里表面上有拉梁直通，但实际上它正对的那根柱的贡献几乎可以忽略（仅 1.4%）；主要还是靠远、近的两片墙承担水平分力，力流仍然分得比较散。如图 5-13、图 5-14 所示。

　　通过上述观察可归纳出一般性规律：①曲折柱外凸转折层水平分力以弹性楼盖为中介传递并分配至全层的竖向构件；②竖向构件的剪切刚度大小及其与曲折点的距离对力流有着决定性影响，主应力迹线就像磁力线那样，主要流向附近的、剪切刚度大的竖向构件；

③主传力路径中的楼板大开洞会明显改变水平力的传播与扩散状况；④单纯的拉梁并不能直接主导水平分力的传递与分配。

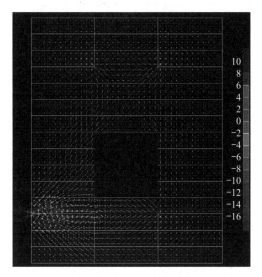

图 5-9　Ⓑ轴单柱曲折时的楼板主应力迹线

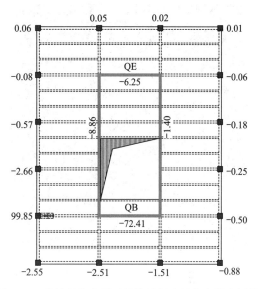

图 5-10　Ⓑ轴单柱曲折时墙柱承担水平分力的比例/%

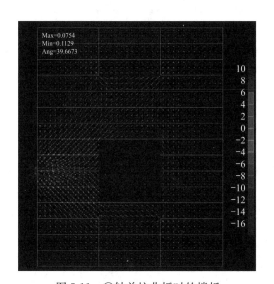

图 5-11　Ⓒ轴单柱曲折时的楼板
主应力迹线

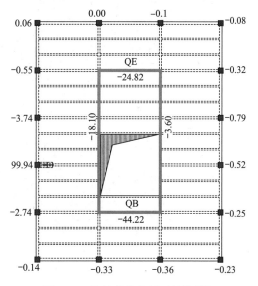

图 5-12　Ⓒ轴单柱曲折时墙柱承担
水平分力的比例/%

5.3　曲折点关键部位的细致分析

以虚构模型 A30（斜柱倾角 30°）为例，对曲折区段（4～5 层）选取最具代表性区域的结构（曲折柱、受拉区及受压区的楼盖梁板）作为分析对象。采用 ABAQUS 软件，按实际构件尺寸及主要配筋进行建模（图 5-15）。考虑材料的真实本构关系，混凝土组选用八节点线性六面体单元、缩减积分、沙漏控制的 C3D8R；钢筋均选用两节点线性三维桁架单元的 T3D2[6]；设置尽量体现分离体实际受力状态的边界条件。

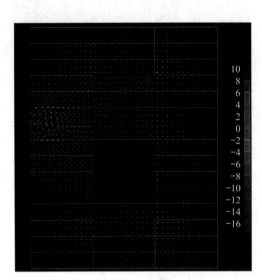

图 5-13　①轴单柱曲折时的楼板
主应力迹线

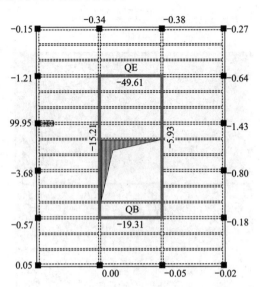

图 5-14　①轴单柱曲折时墙柱承担
水平分力的比例/%

混凝土部分

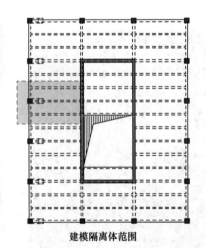

建模隔离体范围

钢筋部分

图 5-15　关键部位的实体有限元建模

　　由有限元分析的结果（图 5-16、图 5-17）可见，外凸转折节点处，在曲折柱轴力的水平分力作用下，节点周边楼盖梁板混凝土存在显著的受拉损伤，以节点为中心向外扩展，损伤程度逐渐减弱；即便节点附近的混凝土损伤严重，但节点区域楼盖仍存在着明显的应力扩散效应，梁板配筋在其中发挥了很强的作用；节点附近的拉梁纵筋及楼板双向钢筋承受了大量的拉力（部分已屈服），并迅速扩散传递至周边的钢筋及未损伤的混凝土中。

　　鉴于转折节点处存在较明显的应力集中，其混凝土损伤程度也最为严重，故特别针对此处补充了无柱帽与有柱帽的分析对比，如图 5-18 所示。分析对比的结果表明，节点处增设环抱式的柱帽有利于增强楼盖梁板与曲折柱转折节点的联系，缓解应力集中问题，减少节点周边楼盖混凝土的受拉损伤。

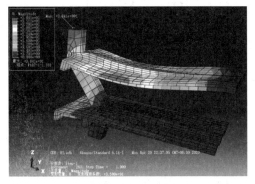 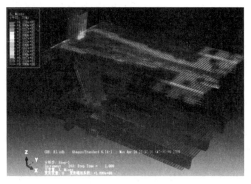

图 5-16　整体变形有限元分析结果　　　　图 5-17　钢筋应力有限元分析结果

无柱帽　　　　　　　　　　　　　　有柱帽

图 5-18　转折节点无柱帽与有柱帽对比

5.4　抗连续倒塌验算

为了检查"曲折柱"框架-核心筒结构是否存在额外薄弱部位，基于拆除构件法对其进行抗连续倒塌验算。参考文献 [7]，近似地以拆除某一构件后其相邻剩余构件内力变化比值是否大于 2.0 作为连续倒塌风险的简化判别标准。根据受力状况，选定依次拆除的构件为：拉梁 KLD1-5、压梁 KLD1-4、斜柱 Z4、下直柱 Z3。取竖直柱模型与曲折柱模型（A30），分别进行依次拆除上述构件的静力分析，并对比其相邻构件内力的变化情况。如图 5-19 所示。

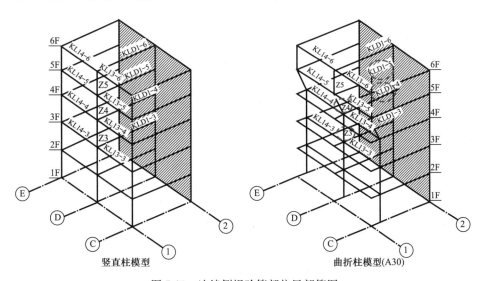

图 5-19　连续倒塌验算部位局部简图

依次拆除上述构件后，相邻剩余构件的主要内力变化比值如表 5-1 所示（仅列出曲折柱模型 A30）。可见，拆除拉梁后，与其相连的斜柱及上直柱的弯矩变化比值大于 2.0。由此可认为，一旦拉梁破坏，大概率将导致斜柱及上直柱的连锁破坏，引起连续倒塌[8]；显然，直柱结构并不存在这样的风险。因此，将曲折柱外凸转折层的受拉梁板楼盖视作"曲折柱"框架-核心筒结构中的新增薄弱环节。建议设计中将其提升至等同于框架柱的重要性，予以加强，并提高相关区域结构的冗余度，使其具有多个荷载传递路径，以防止发生连续性倒塌。

拆除构件时相邻构件弯矩变化比值（A30） 表 5-1

	拆除拉梁				拆除压梁		
构件	M_x-左	M_x-右	M_y-柱	构件	M_x-左	M_x-右	M_y-柱
KL13-5	1.66	0.36	—	KL13-4	0.96	0.83	—
KL14-5	0.17	1.49	—	KL14-4	0.79	0.97	—
Z4	—	—	2.67	Z4	—	—	1.36
Z5	—	—	2.40	Z3	—	—	1.88
	拆除斜柱				拆除下直柱		
构件	M_x-左	M_x-右	M_y-柱	构件	M_x-左	M_x-右	M_y-柱
KLCE-5	16.44	12.65	—	KLCE-4	10.94	11.11	—
KLD1-5	4.17	5.48	—	KLD1-4	6.40	23.33	—
Z5	—	—	0.62	Z4	—	—	0.39

6 结论与建议

通过研究，对于"曲折柱"框架-核心筒结构，得出以下主要结论与建议：

（1）同等条件下，外倾型曲折柱致结构侧向刚度降低、内收型曲折柱致结构侧向刚度提高；当两者规模相近且交替组合时，趋于相互抵消；核心筒水平刚度占比往往较大，外框架的曲折状况一般对结构整体抗侧刚度影响不大。

（2）对于曲折区段，应采用能真实体现楼盖弹性刚度的模型进行承载力设计；受拉梁及斜柱宜按有板-无板进行包络设计。

（3）柱曲折点的水平分力由楼盖梁板共同承担，并通过楼盖与墙柱之间的变形协调传递至全层的墙柱，最后与下曲折点的反向水平分力形成平衡。

（4）水平分力主要在本层传递与分配，但也有部分通过竖向构件"蔓延"至相邻楼层，竖向构件剪切刚度越大，"蔓延"比例越高。

（5）曲折区段内的其他墙柱承担着曲折柱水平分力所产生的附加剪力与附加弯矩。

（6）柱的曲折点为关键节点，建议设置抱箍式的柱帽，实现梁板-曲折柱之间可靠的内力传递。

（7）外凸转折层楼盖受拉，对其中楼板的实际作用应予以足够重视，建议配置适量缓粘结预应力筋，以改进其抗裂性能。

（8）受拉楼盖及曲折柱节点是这类结构的新增薄弱环节，建议补充抗连续倒塌设计并对相关重要构件进行适当加强。

7 应用与推广

7.1 两个项目的实施效果

广报中心自 2013 年开工建设，至 2018 年建成并投入使用（图 7-1）。据了解，曲折区段的斜柱并未影响租赁价格，用户对其使用效果是接受的。

图 7-1　广报中心建设过程及建成效果

国美中心自 2016 年开工建设，近期已封顶并即将投入使用（图 7-2）。空间"X"形曲折柱本身就是建筑师所要求的造型，结构与幕墙非常契合，效果良好。

图 7-2　国美中心建设过程及建成效果（一）

图 7-2　国美中心建设过程及建成效果（二）

7.2　推广应用至其他项目

上述研究成果已推广应用于部分具体工程项目实践中（图 7-3）：

　　　　　南沙时代总部　　　　　　　　　　　　　佛山城发中心

图 7-3　推广应用于其他项目

　　（1）南沙时代总部大厦项目，地上 53 层，高 243m，所有外框架柱均依从建筑体型而轻微曲折，并在中腰处集中转折，结合钢管混凝土叠合柱，形成"曲折柱"框架-核心筒结构。

　　（2）佛山城发中心项目，地上 38 层，高 196m，顺应建筑体型以及底部大堂和顶部会所的需求，采用 8 根钢管混凝土曲折巨柱＋钢骨混凝土大跨度外框架梁＋双向密肋楼盖＋

混凝土核心筒的特殊框架-核心筒结构。

8 结语

一方面，单纯从结构角度而言，与竖直柱相比，"曲折柱"框架并没有结构性能上的优势，反而存在新增薄弱环节。所以，设计人员对该结构形式并无特别的偏好，在非必要情况下不推荐优先采用。

另一方面，从项目综合效益的角度而言，这类结构能满足特定建筑外形和使用空间的需求。为了成全项目功能、成就建筑之美，当需要采用这种结构形式时，结构工程师应对其受力性状和关键环节有充分了解，掌握其规律，以同等的甚至更高的可靠度做好设计。

参考文献

[1] 住房和城乡建设部. 高层建筑混凝土结构技术规程：JGJ 3-2010 [S]. 北京：中国建筑工业出版社，2010.

[2] 罗赤宇，等. 广州报业文化中心抗震超限设计可行性报告 [R]. 广州：广东省建筑设计研究院有限公司，2013.

[3] 林景华. 广州报业文化中心B区结构设计关键技术 [J]. 广东土木与建筑，2015，（10）：7-11，26.

[4] 林景华，等. 国美信息科技中心项目抗震超限设计可行性报告 [R]. 广州：广东省建筑设计研究院有限公司，2017.

[5] 住房和城乡建设部. 混凝土结构设计规范：GB 50010-2010 [S]. 北京：中国建筑工业出版社，2010.

[6] 刘巍，徐明，陈忠范，等. ABAQUS混凝土损伤塑性模型参数标定及验证 [J]. 工业建筑，2014，44（增刊）：167-171，213.

[7] GSA. Progressive collapse analysis and design guidelines for new federal office buildings and major modernization projects. Washington D. C.：The US General Services Administration，2003，4，1-15.

[8] 陆新征，李易，叶列平，等. 钢筋混凝土框架结构抗连续倒塌设计方法的研究 [J]. 工程力学，2008，25（增刊II）：150-157.

06 已建超高层建筑拆除剪力墙的结构体系及同步拆、建技术方案的研究与应用

陈招智，陈颖，李盛勇，梁智殷，梁达琪
［广州容柏生建筑结构设计事务所（普通合伙）］

【摘要】 改建项目塔楼高 144.6m，主体结构已封顶，因建筑布局的调整，首层以上需要全楼拆除 4 片主抗侧剪力墙。充分考虑原结构刚度分布特点及改建施工要求后，结构方案采用带局部钢框架的框架-剪力墙结构体系；施工方案采用基于相互约束条件的分段及同步拆、建技术方案。结构方案除满足理论受力要求外，应以减少原结构的损伤、提高结构可靠度为目标；结构构造着重于新旧混凝土连接的可靠性，施工的可行性，且以提高施工质量保证率作为目标。施工方案需确保剪力墙拆、建施工过程有足够安全冗余度和施工质量保证率。分别采用 YJK、ETABS、SAUSAGE、MIDAS/Gen 等软件对结构方案及施工方案进行分析，结果表明，结构各项指标满足规范要求，施工方案可以满足同步拆、建过程中不同荷载工况下的受力要求，确保施工阶段安全。

【关键词】 改建；部分钢框架体系；框架-剪力墙；刚度补偿分析；拆除剪力墙；分段及同步拆、建施工方案；施工监测

1 工程概况

项目位于广东省，临近海边，总建筑面积为 21 万 m^2，包括高层住宅 12 栋、别墅 19 栋、商业大楼 1 栋，各塔楼结构均已封顶。应开发商的需要，建设方提出调整 4 号、6 号、7 号楼的户型平面，地下室层数由 1 层增加为 2 层等需求。改建前后塔楼首层均为架空层，基本信息见表 1-1，改建前项目实景见图 1-1，改建过程项目实景见图 1-2。

改建前后塔楼建筑信息　　　　　　　　　　　表 1-1

塔楼		地上层数	地下室层数	结构高度/m	标准层层高/m
4 号楼	改建前	31 层	1 层	99.40	3.10
	改建后	30 层	2 层	95.95	3.10
6 号楼	改建前	46 层	1 层	148.05	3.15
	改建后	45 层	2 层	144.60	3.15
7 号楼	改建前	46 层	1 层	148.05	3.15
	改建后	45 层	2 层	144.60	3.15

4 号、6 号、7 号楼的改建涉及拆除 4 片原结构主抗侧剪力墙，改建方案的推演、结构分析及施工方案是本文介绍的重点。各楼栋改建思路基本相同，本文以 7 号楼为例进行介绍，其改建前后建筑标准层平面布置见图 1-3、图 1-4。

图 1-1 改建前项目实景

图 1-2 改建过程项目实景

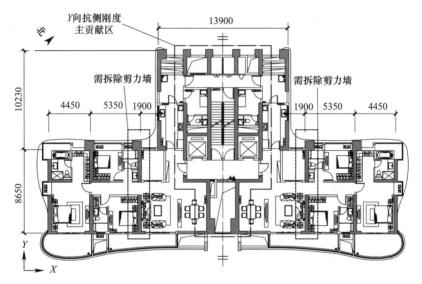

图 1-3 改建前建筑标准层平面布置

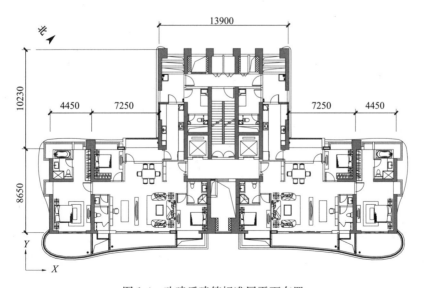

图 1-4 改建后建筑标准层平面布置

结构抗震设防烈度为 7 度，设计基本地震加速度为 0.10g，地震设计分组为第一组；50 年重现期基本风压为 0.8kN/m²，地面粗糙度类别为 B 类，体型系数为 1.4。

2 结构方案推演

2.1 混凝土结构改建方案

混凝土结构改建方案是指拆除剪力墙后，在改建后建筑平面重新布置剪力墙的方案（图 2-1）。该方案存在以下问题：①在施工顺序上，新增剪力墙是自下而上施工，剪力墙拆除是自上而下施工，施工过程需确保整体结构受力稳定，施工难度大，难以实现；②新增剪力墙需在架空层上层转换，采用改建的方式实现框支转换，可靠度低；③新旧混凝土结构连接需大量植筋，施工质量较难控制，建筑品质难以保证。

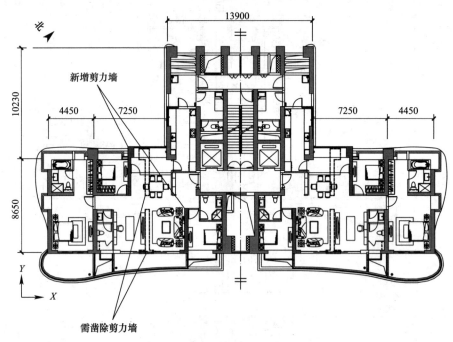

图 2-1　混凝土结构改建方案的剪力墙平面布置

2.2 钢结构改建方案

钢结构改建方案是指拆除的剪力墙及其受力的相关范围采用钢结构，与原混凝土结构共同组成混合结构体系（图 2-2）。从抗侧力体系组成的特征看，X 向为带部分钢框架的框架-剪力墙结构体系，Y 向为剪力墙结构体系。该改建方案有如下特点：①在既定梁高满足楼层净高要求下，钢结构梁能轻松实现 12m 跨度需求，无须增加竖向构件；②由于无须增加竖向构件，结合施工顺序特点，楼层自上而下地拆除与楼层钢结构安装可以同步施工；③需复核墙肢减少后对其余墙肢轴压比以及整体刚度的影响，采取合理的补偿措施；④钢梁与原结构剪力墙采用铰接设计，施工相对简单，质量易于保证。

综合上述判断，该项目拟采用钢结构改建方案，并对其做进一步的可行性分析与研究。

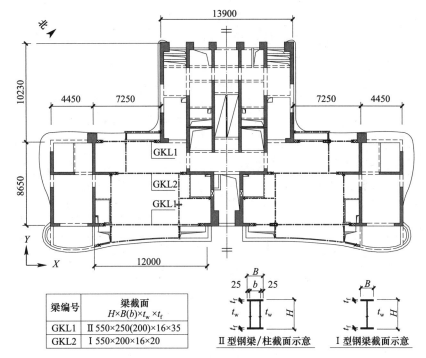

梁编号	梁截面 $H×B(b)×t_w×t_f$
GKL1	Ⅱ 550×250(200)×16×35
GKL2	Ⅰ 550×200×16×20

图 2-2 钢结构改建方案标准层结构平面布置

3 钢结构方案分析

3.1 构件承载力复核

采用 YJK 软件对改建方案结构构件进行承载力分析得到，楼层钢梁最大应力比为 0.69（图 3-1）；楼层钢梁最大挠度为 12.8mm，挠跨比为 1/888；楼层最小自振动频率为 10.64Hz，位于阳台外侧边梁位置；剪力墙的最大轴压比小于 0.46（图 3-2、图 3-3）。结构构件的各项竖向受力指标满足规范要求且有一定安全冗余度。

3.2 基础承载力复核

改建采用钢结构方案后，结构的总重量较原结构减小，恒荷载＋活荷载（D＋L）作

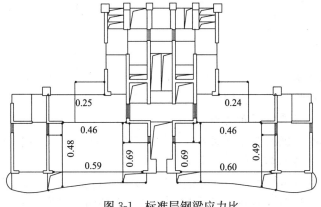

图 3-1 标准层钢梁应力比

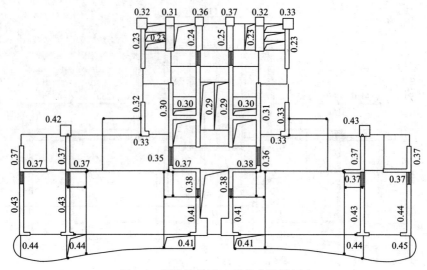

图 3-2 拆除墙肢后 2 层剪力墙轴压比

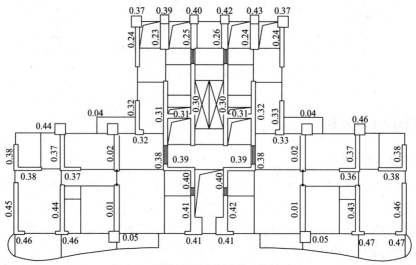

图 3-3 拆除墙肢后首层剪力墙轴压比

用下改建前后基础内力见图 3-4。可以看出，被拆除的 4 片剪力墙位置，基础内力减小，周边剪力墙基础内力增加，符合受力经验判断。经复核，原基础承载力可满足拆除剪力墙后的受力要求，基础无须加固。

3.3 刚度补偿分析

改建前结构 X 向刚度分布特点为：X 向剪力墙少，框架抗侧力贡献大，属于框架-剪力墙结构。改建仅拆除 Y 向剪力墙，拆除剪力墙后，X 向刚度减小源于 X 向框架榀数的减少。改建前结构 Y 向刚度分布特点为：Y 向主抗侧力贡献源于中部 Y 向布置剪力墙，拆除的 4 片剪力墙均不在抗侧力主贡献区（参见图 1-3）。拆除剪力墙后，结构 Y 向刚度的减小源于非 Y 向抗侧力主贡献区的 4 片剪力墙的拆除。

结合结构的刚度分布特点，刚度补偿方案采用在结构 X 向砖墙转角位设置钢柱与钢梁形成空间受力的空腹钢桁架提供 X 向抗侧刚度，钢柱向下仅落至 3 层钢梁位置；结构 Y

向在抗侧力主贡献区外围设置端柱或剪力墙（图3-5）。

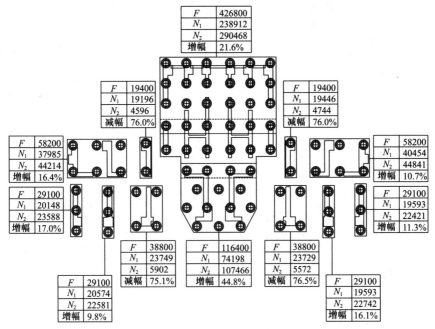

图3-4 改建前后基础内力（kN）

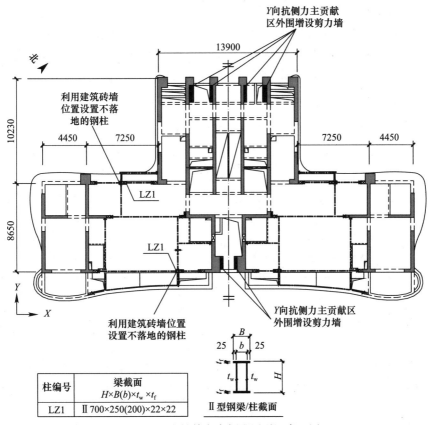

柱编号	梁截面 $H \times B(b) \times t_w \times t_f$
LZ1	Ⅱ型钢梁700×250(200)×22×22

图3-5 刚度补偿方案标准层平面布置图

从竖向受力角度看，钢梁无须钢柱支撑，结合自上而下的施工顺序并采取后安装施工方式后，底部钢柱的轴压比仅为0.01，其承担的竖向力很小，钢柱为非竖向承重构件；在抗侧受力上，钢梁与混凝土墙、柱为铰接连接，钢柱与钢梁为刚接连接，钢柱与钢梁形成空腹钢桁架参与抗侧受力，可以有效提升整体结构 X 向抗侧刚度。从施工角度看，钢梁与原结构剪力墙、柱采用铰接连接，构造简单；叠合端柱及剪力墙均在建筑外围设置，施工便利。从建筑使用角度看，由于钢柱后安装，竖向力小，有利于钢柱截面控制。

地震作用下，设置钢柱及未设置钢柱时同榀框架梁、柱弯矩分布示意图见图3-6。由图可知，设置钢柱后，钢柱及与钢柱相连钢梁在水平力作用下产生内力，为结构提供侧向刚度。

Y 向刚度补偿措施为在南北侧外围增设端柱及剪力墙；X 向刚度补偿措施为在钢框架内部增设钢柱以形成空腹受力桁架。风荷载作用下，不同刚度补偿措施时结构最大层间位移角见表3-1。可以看出，在结构双向均未采取刚度补偿措施时，结构最大层间位移角均不满足规范层间位移角限值1/800的要求；仅在 Y 向抗侧力主贡献区外围增设端柱及剪力墙后，结构 Y 向最大层间位移角明显减小，说明结构 Y 向抗侧刚度明显增大；在 X 向钢框架内部设置钢柱后，结构 X 向最大层间位移角明显减小，说明结构 X 向抗侧刚度明显增大。在结构双向均采取上述刚度补偿措施后，结构双向最大层间位移角均明显减小，且均能满足规范层间位移角限值1/800的要求。

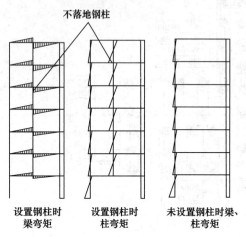

图3-6 地震作用下设置钢柱及未设置
钢柱时同榀框架梁、柱弯矩分布示意图

（图中标注：不落地钢柱；设置钢柱时梁弯矩；设置钢柱时柱弯矩；未设置钢柱时梁、柱弯矩）

风荷载作用下不同刚度补偿措施时结构的最大层间位移角　　　　表3-1

刚度补偿措施	方向	最大层间位移角
双向均采取刚度补偿措施	X 向	1/807
	Y 向	1/833
仅 Y 向采取刚度补偿措施	X 向	1/566
	Y 向	1/779
双向均未采取刚度补偿措施	X 向	1/503
	Y 向	1/571

4　结构计算与分析

采用 YJK 和 ETABS 软件对结构进行小震、中震及风荷载作用下的计算，大震弹塑性采用 SAUSAGE 软件，施工加载按实际施工方案进行准确模拟。以下简要介绍主要的分析计算结果。

结合改建结构特点，在采用 YJK 软件进行计算时，混凝土阻尼比取0.05，钢材阻尼比取

0.03，通过计算得到结构前 3 阶振型的阻尼比分别为 0.043、0.049 和 0.048，因此在小震及风荷载计算时结构计算阻尼比偏安全地取 0.04。钢梁、钢柱采用外包钢筋混凝土的方式以满足防火、防腐要求，构造示意见图 4-1。钢材重度考虑防火面层荷载的等效重度输入，偏安全地不考虑外包混凝土对钢梁、钢柱刚度的影响。

改建施工采用分段拆除、同步安装、各施工分段之间相互约束的施工方案。结构受力与施工顺序密切相关，楼层及构件的施工顺序均在软件计算中根据实际施工要求模拟。采用 YJK 和 ETABS 软件对结构进行小震及风荷载计算，主要计算结果见表 4-1 及图 4-2、图 4-3。由表 4-1 可以看出，YJK 和 ETABS 软件计算结果相近，且均满足规范要求。

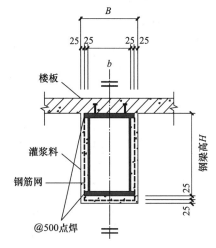

图 4-1　钢梁防火构造示意

主要计算结果　　　　　　　表 4-1

项目		YJK	ETABS
周期/s	T_1	4.49	4.25
	T_2	3.17	3.09
	T_3	2.89	3.01
周期比/(T_3/T_1)		0.64	0.71
风荷载作用下最大层间位移角	X 向	1/995	1/966
	Y 向	1/802	1/809
小震作用下最大层间位移角	X 向	1/935	1/1078
	Y 向	1/1384	1/1808
剪重比	X 向	1.32%	1.31%
	Y 向	1.75%	1.73%
扭转位移比	X 向	1.11	1.10
	Y 向	1.25	1.23

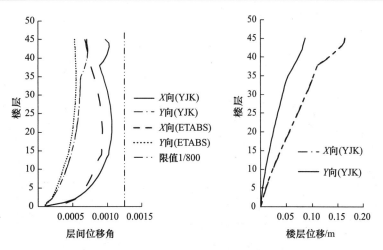

图 4-2　小震作用下结构层间位移角与楼层位移曲线

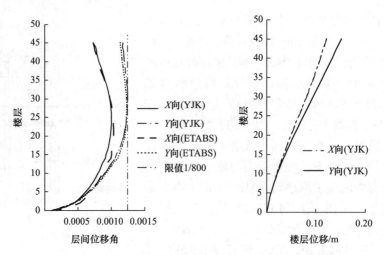

图 4-3　风荷载作用下结构层间位移角与楼层位移曲线

抗震性能目标及构件性能水准要求同原设计，按 C 级。结合改建后结构的受力特点，增加两类构件的性能水准要求：①对于钢柱，因钢柱为非承重竖向构件，性能水准同一般水平构件；②结构楼板是新旧结构连接的重要构件，性能目标按小震弹性、中震受弯不屈服、受剪弹性，大震满足受剪截面要求设计。

由于项目改建涉及主要抗侧力构件的调整，结构改建设计重新进行了超限审查，组织了专家组技术评审，评审获得通过，结构方案得到专家的一致认可。结构计算的各项指标及中震、大震的构件性能均满足规范要求，本文不再详细列举中震、大震分析结果。

5　钢梁连接节点设计

钢梁与主体结构混凝土柱、剪力墙连接节点未采用常规锚筋植入主体结构这种锚板与钢梁连接的方式，而是创新性地采用高强混凝土过渡段作为连接锚固体进行受力连接（图 5-1）。设计时考虑以下几点：①钢梁与混凝土梁头采用铰接构造，钢梁与混凝土墙、柱之间设置高强混凝土过渡段，过渡段范围内保留原框架梁纵筋，钢梁锚板锚筋与梁头保留纵筋在过渡段进行锚固；②最大程度地利用原混凝土框架梁纵筋，避免大量植筋对主体结构的损伤；③框架梁头用梯级打凿方式以提高抗剪能力（图 5-2）；④钢框梁采用

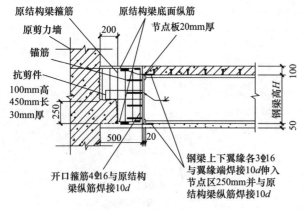

图 5-1　钢梁与混凝土结构连接节点

图 5-2　梁头打凿实景

外包钢筋混凝土作为防火层，外包混凝土完成面与节点区完成面平齐（参见图 4-1）。

6 楼层平面拆除设计

拆除顺序为：楼板→次梁→主梁→剪力墙。拆除采用碟片切割机及绳锯切割设备，保留钢筋范围用小型冲击钻设备打凿，原结构标准层平面布置见图 6-1，拆除完成后结构标准层平面布置见图 6-2。楼板新旧混凝土交界位置采用凹凸打凿方式，以增加新旧混凝土连接面接触面积，提高楼板水平力传递可靠度（图 6-3）。

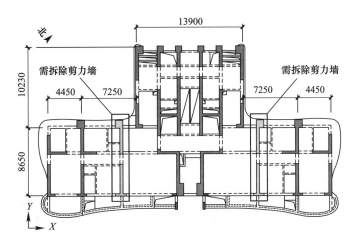

图 6-1 原结构标准层平面布置

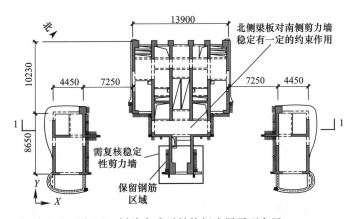

图 6-2 拆除完成后结构标准层平面布置

对于钢梁与主体结构的连接节点区，混凝土梁头采用梯级打凿的方式，以提高竖向剪力传递的可靠度（图 6-4）。为最大限度地保护钢梁连接的混凝土梁头的完整性，避免打凿过程损伤，采取了以下施工顺序（图 6-5）：工序 1（绳锯竖向切割混凝土主梁）→工序 2（绳锯水平切割梯面，或用直径 800mm 的水钻钻穿）→

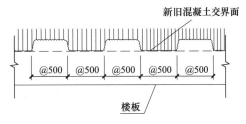

图 6-3 楼板新旧混凝土交界位置打凿要求

工序 3（用直径 80mm 的水钻钻通下梯级）→工序 4、工序 5（采用小型冲击钻分段凿除工序 2 切割面的上下区域）→工序 6（人工细凿连接面）。施工过程见图 6-6。

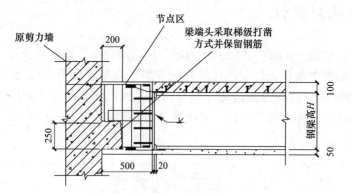

图 6-4　钢梁连接节点混凝土梁头打凿要求

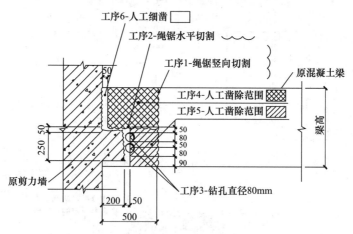

图 6-5　钢梁连接节点混凝土梁头打凿顺序

打凿放线　　　　　　　　水钻开孔　　　　　　　　打凿完成

图 6-6　钢梁连接节点混凝土梁头打凿现场

7　楼层竖向施工设计

结构拆除自上而下施工，拆、建全过程需满足结构整体稳定、抗侧刚度、承载力等需求，竖向施工方案考虑以下几点。

（1）理论上采取自上而下施工，拆除一层同步恢复一层，再向下一层进行循环施工的方式对主体结构最有利，影响也最小。但施工速度慢，无法满足工程需要。

（2）采取分段同步的施工方案。分段指一次性拆除的楼层及重建的范围；同步指各分段之间按指定约束条件同步施工，如：施工分段最多拆除的楼层数；下一分段拆除施工开始前，上一分段最少新建楼层数及钢柱封闭的楼层数等。分段同步的方式是基于全施工过程结构整体稳定、墙肢稳定、抗侧刚度、构件承载力等满足指定可靠度要求下所确定的。

（3）施工分段间的相互约束条件，本质上是拆和建之间的条件，即拆除楼层的同时必须按相应阶段恢复一定的楼层。如不带约束条件，楼层只拆除，不恢复，将导致非拆除区剪力墙失稳倒塌，结构抗侧刚度不能满足施工阶段抗风、抗震要求，存在安全隐患。以本项目塔楼为例，全楼竖向共分9个施工段，自上而下，施工段所含楼层数逐段减少，层数从7层减少至2层。施工段2、施工段8完成状态1-1剖面（剖面位置参见图6-2）示意图见图7-1，施工约束条件见表7-1。

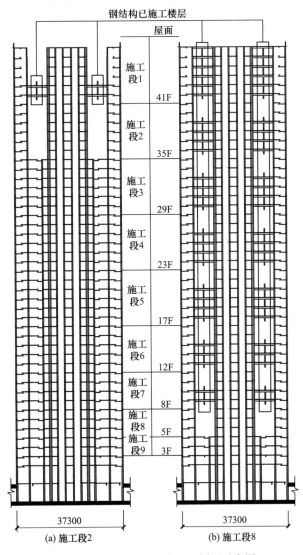

图 7-1　施工段完成状态 1-1 剖面示意图

　　施工段层数划分与剪力墙稳定受力相关，从层数划分上看，上部楼层承受的竖向力小，施工段划分的层数多；下部楼层承受的竖向力大，施工段划分的层数少。说明施工段层数的划分规则符合受力规律。

施工段2、施工段8的施工约束条件　　　　　　　　　　　　表 7-1

施工分段		施工段 2			施工段 8		
		拆除楼层	新建楼层	钢柱封闭楼层	拆除楼层	新建楼层	钢柱封闭楼层
施工段 1	屋面	$\bigcirc_1$			$\bigcirc_1$	$\triangle$	
	46	$\bigcirc_2$			$\bigcirc_2$	$\triangle$	$\square$
	45	$\bigcirc_3$			$\bigcirc_3$	$\triangle$	$\square$
	44	$\bigcirc_4$			$\bigcirc_4$	$\triangle$	$\square$
	43	$\bigcirc_5$	$\triangle_2$		$\bigcirc_5$	$\triangle_2$	$\square$
	42	$\bigcirc_6$	$\triangle_1$	$\square$	$\bigcirc_6$	$\triangle_1$	$\square$
	41	$\bigcirc_7$			$\bigcirc_7$		
施工段 2	40	$\bigcirc_8$			$\bigcirc_8$		
	39	$\bigcirc_9$			$\bigcirc_9$	$\triangle$	
	38	$\bigcirc_{10}$			$\bigcirc_{10}$	$\triangle$	$\square$
	37	$\bigcirc_{11}$			$\bigcirc_{11}$	$\triangle_4$	$\square$
	36	$\bigcirc_{12}$			$\bigcirc_{12}$	$\triangle_3$	$\square$
	35	$\bigcirc_{13}$			$\bigcirc_{13}$		
施工段 3	34				$\bigcirc_{14}$		
	33				$\bigcirc_{15}$	$\triangle$	
	32				$\bigcirc_{16}$	$\triangle$	$\square$
	31				$\bigcirc_{17}$	$\triangle_6$	$\square$
	30				$\bigcirc_{18}$	$\triangle_5$	$\square$
	29				$\bigcirc_{19}$		
施工段 4	28				$\bigcirc_{20}$		
	27				$\bigcirc_{21}$	$\triangle$	
	26				$\bigcirc_{22}$	$\triangle$	$\square$
	25				$\bigcirc_{23}$	$\triangle_8$	$\square$
	24				$\bigcirc_{24}$	$\triangle_7$	$\square$
	23				$\bigcirc_{25}$		
施工段 5	22				$\bigcirc_{26}$		
	21				$\bigcirc_{27}$	$\triangle$	
	20				$\bigcirc_{28}$	$\triangle$	$\square$
	19				$\bigcirc_{29}$	$\triangle_{10}$	$\square$
	18				$\bigcirc_{30}$	$\triangle_9$	$\square$
	17				$\bigcirc_{31}$		
施工段 6	16				$\bigcirc_{32}$		
	15				$\bigcirc_{33}$	$\triangle$	
	14				$\bigcirc_{34}$	$\triangle_{12}$	$\square$
	13				$\bigcirc_{35}$	$\triangle_{11}$	$\square$
	12				$\bigcirc_{36}$		

续表

施工分段		施工段 2			施工段 8		
		拆除楼层	新建楼层	钢柱封闭楼层	拆除楼层	新建楼层	钢柱封闭楼层
施工段 7	11				○$_{37}$		
	10				○$_{38}$	△$_{14}$	
	9				○$_{39}$	△$_{13}$	□
	8				○$_{40}$		
施工段 8	7				○$_{41}$		
	6				○$_{42}$		
	5				○$_{43}$		
施工段 9	4						
	3						

注：○表示拆除楼层位置，符号右下角数字是楼层拆除顺序；△表示新建楼层位置，符号右下角数字是楼层新建顺序；□表示完成的钢柱封闭的楼层位置。

楼层的拆除与恢复施工同步，以保证结构在施工各阶段保持稳定，同时满足抗侧刚度及构件承载力需求。施工段 2 的施工约束条件说明如下：①施工段 1 为屋面层楼面标高至41 层楼面标高范围，不包括 41 层梁板；②施工段 2 为 41 层楼面标高至 35 层楼面标高范围，不包括 35 层梁板；③41 层开始拆除前（新施工段的第一个被拆除楼层），新建 42 层（上一施工段的最后一个楼层）梁板必须施工完毕，否则不允许拆除；④38 层开始拆除前（新施工段的第一个中间拆除层），新建 43 层（上一施工段的倒数第二楼层）梁板必须施工完毕，否则不允许拆除；⑤37 层开始拆除前，新建 42 层的钢柱必须封闭，否则不允许拆除。其余施工阶段依此类推，最终完成项目的拆、建施工全过程。从施工段 8 完成状态（图 7-1）看，此阶段楼层拆除已接近完成，恢复楼层数已超过 50%。由此可见，拆、建的约束条件是施工过程结构整体稳定及安全的重要保障。施工段 1 至施工段 3 的施工现场见图 7-2～图 7-4。

图 7-2　施工段 1 施工现场

图 7-3　施工段 2 施工现场

图 7-4　施工段 3 施工现场

8 施工阶段验算

拆、建过程是主体结构在已受力状态下,受力条件、荷载条件及边界条件不断变化的过程。结构的变化过程容易出现安全隐患,施工段验算工作尤为重要。以下重点介绍施工段墙肢稳定的复核以及提高墙肢稳定性的施工措施。

8.1 墙肢稳定复核

楼层拆除过程中,中部南侧剪力墙的层高会不断增加,位置参见图6-2,墙肢及结构的稳定性复核对结构安全十分重要。荷载输入为:楼面恒荷载、活荷载按正常使用荷载(包括楼地面的附加恒荷载及砖墙荷载)取值;偏安全地考虑相应上部楼层的改建已全部完工;风荷载按10年一遇基本风压取 $0.5kN/m^2$。恒荷载、活荷载虽按楼层正常使用荷载取值,但实际施工阶段没有砖墙、楼面附加恒荷载;考虑相应上部楼层全部完工,实际情况是上部仅部分楼层恢复。可见在荷载取值上,考虑了足够的安全冗余度。

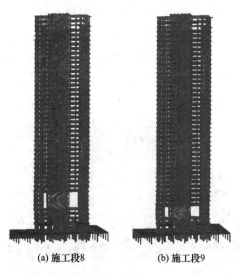

(a) 施工段8   (b) 施工段9

图8-1　施工段8、施工段9第一阶屈曲模态

墙肢稳定分析计算时,采用 MIDAS/Gen 软件分别按真实边界条件和不考虑有利约束边界条件(参见图6-2)进行模型验算,并采用规范公式进行稳定验算。

(1)采用 MIDAS/Gen 软件按真实边界条件进行整体模型验算。经分析,各施工段的墙肢屈曲模态基本相似,底部施工段8、施工段9的第一阶屈曲模态见图8-1。墙肢屈曲力与实际墙肢轴力的比值,即安全系数达 26～38,说明有足够的安全冗余。施工段6的安全系数为26;施工段6以上的施工段,安全系数随施工段位置的增高而增加;施工段6以下施工段,安全系数随施工段位置的降低而增加。施工段9～施工段5计算结果见表8-1。

(2)采用 MIDAS/Gen 软件,不考虑有利约束边界条件,即被验算剪力墙取消与北侧相连的梁、板有利约束。施工段9～施工段5计算结果汇总见表8-2。

真实边界条件时墙肢稳定分析结果　　　　　　　表8-1

施工段	实际高度/m	计算长度/m	屈曲力/kN	轴力/kN
9	9.45	7.54	2931404	76861
8	12.60	8.56	2275454	70291
7	15.75	9.50	1846755	61645
6	18.90	11.11	1352569	51405
5	22.05	11.53	1255392	39127

由表8-1、表8-2可以看出:①不考虑有利约束条件时的墙肢屈曲力为考虑真实约束条件时的 30%～50%,北侧梁、板提供的实际约束作用对墙肢的稳定有利,符合受力判

断；②在不考虑有利约束条件时，墙肢屈曲力与实际墙肢轴力的比值，即安全系数达12～18，仍然有足够的安全冗余。

不考虑有利约束边界条件时墙肢稳定分析结果　表 8-2

施工段	实际高度/m	计算长度/m	屈曲力/kN	轴力/kN
9	9.45	11.13	1346787	76861
8	12.60	13.29	944914	70291
7	15.75	15.21	721067	61645
6	18.90	16.78	592461	51405
5	22.05	17.94	518614	39127

（3）采用规范公式进行稳定验算。不考虑北侧翼墙及周边梁、板对墙肢的有利约束。验算墙肢腹板以及南侧翼墙平面内稳定，计算简图见图8-2，分析结果见表8-3、表8-4。可以看出：①按规范公式验算时，由于未考虑有利约束条件，结构安全系数减小，符合受力判断；②按规范公式验算时，墙肢屈曲力与实际墙肢轴力的比值，即安全系数为1.5～6.5，结构仍然是安全的。

不同的计算方式、不同的边界条件，且在冗余度较高的荷载工况作用下，墙肢稳定性可以满足规范要求并具有足够的安全富余。

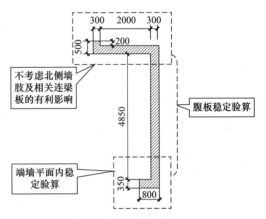

图 8-2　墙肢规范验算简图

规范公式腹板稳定验算结果　表 8-3

施工段	墙体高度/m	腹板稳定极限轴力/kN	轴力/kN	安全系数
9	9.45	147914	23065	6.412
8	12.60	136054	21046	6.464
7	15.75	87074	18366	4.741
6	18.90	60468	14817	4.081
5	22.05	44425	11242	3.951

规范公式翼墙稳定验算结果　表 8-4

施工段	墙体高度/m	腹板稳定极限轴力/kN	轴力/kN	安全系数
9	9.45	221518	53796	4.117
8	12.60	124604	49245	2.530
7	15.75	79746	43279	1.842
6	18.90	55379	36588	1.513
5	22.05	40687	27885	1.459

8.2　墙肢加强措施

考虑理论分析与实际结构可能存在的偏差，如垂直度、截面尺寸、配筋率、混凝土强度、浇筑等因素，施工时增加了临时措施（图8-3、图8-4）。考虑项目位于台风频发的沿

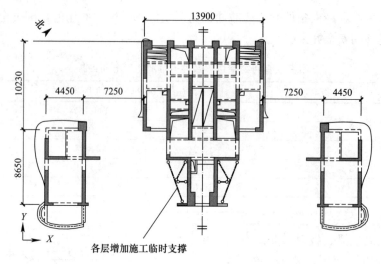

各层增加施工临时支撑

图 8-3　墙肢增加临时支撑时平面布置

各层增加临时支撑

恢复的钢结构楼层

图 8-4　墙肢临时支撑现场

海地区，为确保施工阶段的安全，设计要求改建施工期间，塔楼各层门窗不能封闭，以减小受风面积，降低施工期间风荷载效应。按相应的透风率反算，施工阶段主体结构可抵御 100 年一遇的风压。

8.3　其余复核内容

　　其余复核按各施工阶段最不利工况，采用包络设计的方法，内容包括整体刚度、基础承载力、各类构件承载力及挠度等的复核，结果均满足规范要求。针对部分构件不满足承载力要求的情况，采取相应的加固措施，加固现场见图 8-5～图 8-7。

图 8-5　连梁加固现场

图 8-6 剪力墙加固现场

图 8-7 框架柱加固现场

9 试验及监测

施工初期，委托广东省某公司对改建完成的楼层进行了现场静载试验。试验目的是验证已完工楼层在竖向荷载作用下能否满足理论计算的荷载-变形关系及规范要求的挠度限值，并验证楼面及钢梁节点裂缝的情况。

试验采用原位加载方法，加载荷载值按等效正常使用荷载工况下的钢框架梁理论挠度确定，在每根钢梁底部设置 5 个挠度测点，分别为支座点位（距离支座 500mm 位置）及支座之间 1/4 点位处，见图 9-1，加载试验现场见图 9-2。加载过程中，记录钢梁挠度，观测构件裂缝发展情况。因 GKL3 钢梁跨度最大，以 GKL3 为例，对试验情况及数据进行说明。GKL3 的加载、卸载挠度曲线见图 9-3、图 9-4。

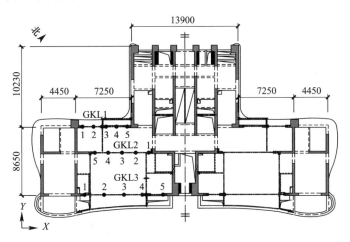

图 9-1 钢梁挠度测点平面位置

GKL3 在各级试验荷载作用下，挠度变化均匀，最大挠度值为 0.64mm。对应最大试验荷载的理论挠度值为 5.9mm，试验最大挠度远小于理论计算值。卸载过程挠度变化呈弹性状态,全部卸载完成时,残余挠度小。其余钢梁的试验结果以及数据规律与 GKL3 类似,均满足要求。

图 9-2 静载试验现场

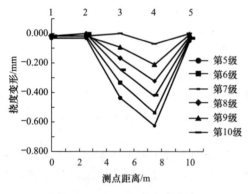

图 9-3 GKL3 加载挠度曲线

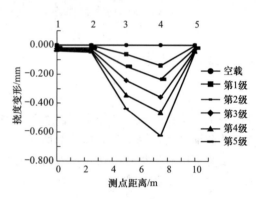

图 9-4 GKL3 卸载挠度曲线

为了确保整个拆、建过程处于安全、可控的状态,针对结构受力特点,施工全过程增加表 9-1 所示监测内容。监测设备见图 9-5。

监 测 内 容　　　　　　　　　　　　　　　　　表 9-1

监测内容	位置	监测方法	设备
沉降监测	首层拆除区周边剪力墙	人工监测	全站仪、电子水准仪
剪力墙的水平变形	首层、地下 1 层剪力墙	自动监测	激光位移监测计、墙体表面应变计
	各层拆除区周边剪力墙		
塔楼整体水平变形	塔楼外围剪力墙	人工监测	全站仪、电子水准仪

远程激光位移传感器

远程表面应变监测系统

数据采集、无线传输、监测云平台模型

图 9-5 监测设备

10 结论

接受项目的初期，设计人员曾认为这是一个不可能实现的任务。区别于一般改建项目，本项目是超高层建筑，改建涉及结构主抗侧力构件的拆改及体系变化，设计、施工难度很大，安全责任大。技术方案突破的关键在于结构方案紧密结合了原结构的刚度分布特点及拆、建施工顺序的施工可行性。

项目实施的过程，设计、施工以及业主方在高度的安全责任意识下，密切配合，严格按照既定的拆、建技术方案及关键技术要求执行，项目最终顺利完工（图 10-1）。

图 10-1 项目完工实景

07　某超高层建筑厚板转换层设计关键技术探讨

姚永革，陈焕恩，叶云青
（广州瀚华建筑设计有限公司）

【摘要】　某超高层建筑为改造项目，由原框架-核心筒办公楼改为下部框架-核心筒、上部剪力墙结构的小开间办公公寓，因上、下竖向构件基本无对应关系且柱网不平行，故采用厚板转换，以满足转换层复杂受力的需求，且避免了梁式转换所需大量采用的型钢，大幅提高施工便利性。厚板转换的详细设计国内尚无规范可循，经研究后确定了转换厚板抗震延性设计、抗冲剪设计及构造、钢管柱与厚板的板柱节点设计、冲剪计算建模时柱尺寸效应模拟等一系列关键设计技术，形成一套实用的厚板转换层设计方法，供同行参考。

【关键词】　厚板转换；钢管柱与厚板的板柱节点；柱尺寸效应模拟

1　厚板转换适用范围

提到"厚板转换"，受到以往固化观念的影响，人们常常把它与"抗震不利""浪费"等名词相关联，然而世事无绝对，在大部分适合做梁式转换的情况下，厚板确实不合适，但在一定条件下，厚板反而比梁式转换更具优势。厚板转换通常适用于转换层上下竖向结构基本无对应关系，采用梁式转换时存在多次转换、需配置大量型钢、节点复杂、不便施工等突出困难的情形，如某些转换层上部改变结构体系的改造项目、车辆段上盖全框支转换项目等，如图 1-1 所示。这些情况下采用梁式转换，转换梁布置异常复杂，梁间所剩楼板已经不多，且转换梁因抗剪不足需配较多型钢，导致节点构造复杂，施工困难。下文以某超高层建筑的厚板转换为例，探讨其设计的关键技术。

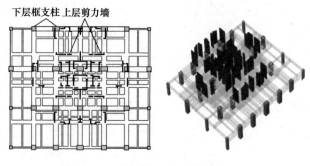

(a) 某车辆段上盖全框支转换项目

图 1-1　厚板转换适用情况示意（一）

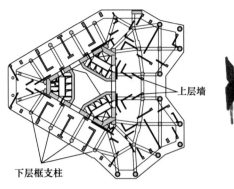

上层墙

下层框支柱

(b) 某超高层建筑改造项目

图 1-1　厚板转换适用情况示意（二）

2　工程概况

项目位于佛山市南海区，属于改造项目。原设计为集商业、办公于一体的综合性大楼，地下 4 层，地上高度为 176.2m（41 层），总建筑面积约 14.3 万 m²，采用框架-核心筒结构体系，无转换。改造前施工已完成部分地下 1 层楼盖，主体结构钢管柱则伸至地下 1 层，如图 2-1 所示。改造后，5 层楼面以下为商业、以上为小开间办公式公寓，地下 4 层，地上高度为 176.5m（49 层），总建筑面积约 14.8 万 m²，下部采用框架-核心筒体系，上部采用剪力墙结构，于 5 层楼面设厚板转换，塔楼高宽比为 3.81，核心筒高宽比为 7.46。上部公寓标准层平面有部分区域凸出原塔楼结构平面范围以外，新旧标准层轮廓变化如图 2-2 所示。结构改造的做法为：4 层及以下的塔楼竖向构件的总体布局基本同原设计不变，已建的钢管柱基本不需要加固，已建核心筒剪力墙根据功能及受力的需要进行局部删减和包大处理。新标准层外扩部分对应的原裙楼已建柱则需加固包大为框支柱。建筑效果图如图 2-3 所示，剖面图如图 2-4 所示，典型平面图如图 2-5 所示。

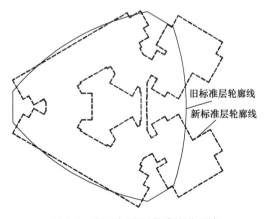

旧标准层轮廓线

新标准层轮廓线

图 2-1　改造前施工现场　　　　　　　图 2-2　新旧标准层轮廓变化示意

87

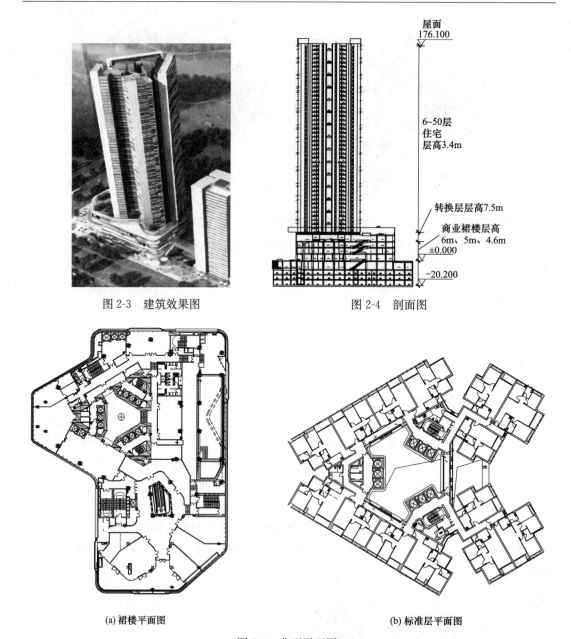

图 2-3　建筑效果图　　　　　　　　　　图 2-4　剖面图

(a) 裙楼平面图　　　　　　　　　　　　(b) 标准层平面图

图 2-5　典型平面图

3　厚板转换的优势

　　本工程上部为满足小开间办公式公寓净高及隐梁隐柱要求需采用剪力墙结构，下部为适应商业大空间需求需采用框架-核心筒结构，上、下部结构除了中部核心筒，墙柱基本无对应关系，故需在5层楼面进行结构转换。

　　本工程在超限设计时，转换层一开始采用梁式方案，如图3-1所示。梁式转换存在以下缺点：①扣除转换梁后楼板所剩不多；②梁交叉重叠传力复杂，局部实际已为二维受力，采用一维梁系分析二维传力并配置抵抗钢筋存在难度；③因抗剪需求梁需配置大量型钢，多根型钢混凝土梁多方向在节点相交，构造异常复杂、施工非常困难，将对工期和质量带来十分不利的影响；④上层存在部分钢板剪力墙，钢板在转换梁内锚固较困难；⑤转换梁高度（2500mm）较大。

针对该工程转换的特点，超限审查专家建议"采用厚板转换"。厚板转换层板厚2200mm，下部柱间设暗梁，并沿周边设边框暗梁，如图 3-2 所示。厚板转换存在以下优点：①由梁抗剪变成板抗冲切，抗冲剪截面更大，承载力更高，仅个别部位需配型钢，如图 3-3 所示；②个别部位的型钢与厚板底、面筋基本无交集（图 3-4），不存在钢筋穿型钢、与型钢焊接等问题，其余部位均为普通钢筋绑扎，施工难度小，工期短；③厚板本身是二维传力，受力清晰、配筋方向任意；④因厚板的抗冲剪承载力更高，板厚可小于转换梁高度，为2200mm。

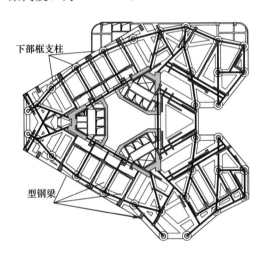

图 3-1 梁式转换层结构布置

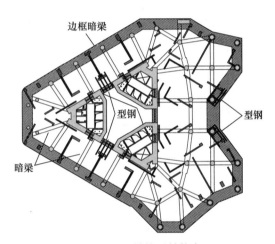

图 3-2 厚板转换层结构布置

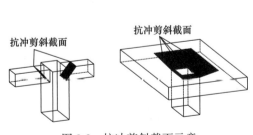

图 3-3 抗冲剪斜截面示意

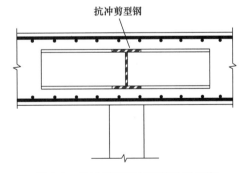

图 3-4 抗冲剪型钢与钢筋关系示意

4 厚板转换结构抗震受力特点

分别对梁式转换结构与厚板转换结构进行建模分析，转换层模型如图4-1所示。经对比，可得出本工程厚板转换相对梁式转换具有以下特点。

(a) 梁式转换(梁高2500)　　　　　　　　　(b) 厚板转换(板厚2200)

图 4-1　转换层模型

4.1　转换层的质量和地震作用略小

两个模型的质量分布对比如图 4-2 所示，可见，与人们通常的观念相反，厚板转换层质量反而比梁式转换层减小 5%，其余楼层因布置完全相同故质量相同。这是由于梁式转换层梁高为 2500mm 且扣除梁后所剩楼板不多，故平均厚度大于转换厚板 2200mm 的厚度。基于本工程这种特点，采用厚板转换质量更小、用料更省。因质量略小，相应地，厚板转换结构的转换层地震力比梁式转换约减小 5%，地震基底剪力约减小 0.8%，地震基底倾覆力矩减小 0.15%~0.25%，可认为基本相同，如图 4-3~图 4-5 所示。可知，本工程由梁式转换改为厚板转换并不会产生地震作用增加的现象。

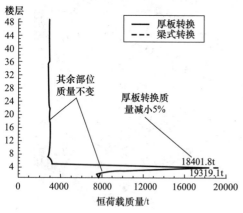

图 4-2　质量分布对比

4.2　对侧向刚度基本无影响

两个模型前 4 阶振型的周期对比如表 4-1 所示，由表可见，两模型的振型周期基本一致。

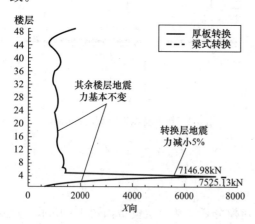 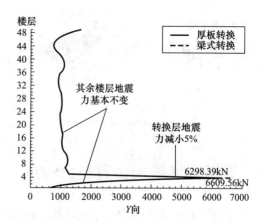

图 4-3　楼层地震力对比/kN

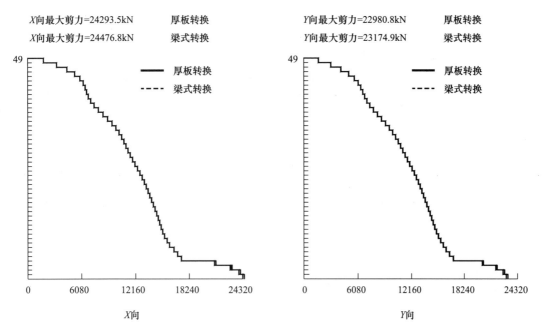

X向最大剪力=24293.5kN　　厚板转换
X向最大剪力=24476.8kN　　梁式转换

Y向最大剪力=22980.8kN　　厚板转换
Y向最大剪力=23174.9kN　　梁式转换

图 4-4　楼层地震剪力对比/kN

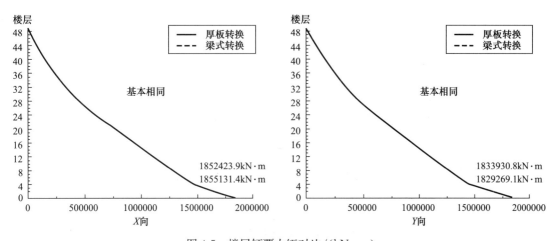

图 4-5　楼层倾覆力矩对比/(kN·m)

两个模型周期对比 表 4-1

振型号	梁式转换周期（方向因子）	厚板转换周期（方向因子）
1	5.17 (0.04，0.48，0.48)	5.16 (0.05，0.42，0.53)
2	5.05 (0.13，0.50，0.37)	5.06 (0.10，0.57，0.33)
3	4.83 (0.84，0.02，0.15)	4.83 (0.85，0.01，0.14)
4	1.50 (0.04，0.01，0.96)	1.50 (0.04，0.01，0.96)

　　两个模型的层间位移角曲线对比如图 4-6 所示，由图可见，两者层间位移角也基本一致。

　　综上可知，本工程由梁式转换改为厚板转换对结构的侧向刚度基本无影响。

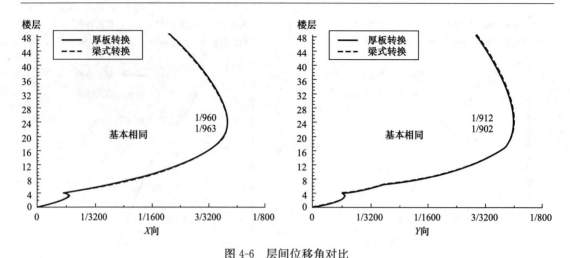

图 4-6　层间位移角对比

4.3　地震内力影响范围有限

　　分别取两个模型相同位置的 1 根典型框支柱、1 片典型落地墙和 1 片典型上部被转换剪力墙（图 4-7），对比它们在相同地震工况下的弯矩如图 4-8 所示。由图可见，对抗侧构件内力有意义的影响仅限于转换层上下各两层，或变大或变小，无固定规律，变化幅度一般在 25% 以内。

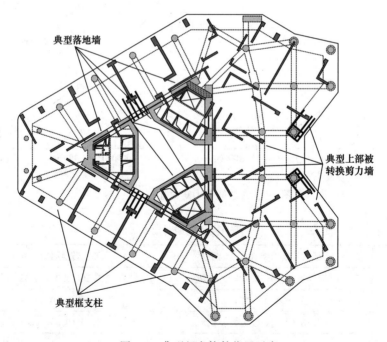

图 4-7　典型竖向构件位置示意

　　由梁式转换与厚板转换两个模型的计算结果对比可知，因厚板转换层质量、刚度变化不大，结构整体指标基本相同，构件内力影响仅限于转换层上下各两层范围，变化幅度也不大。

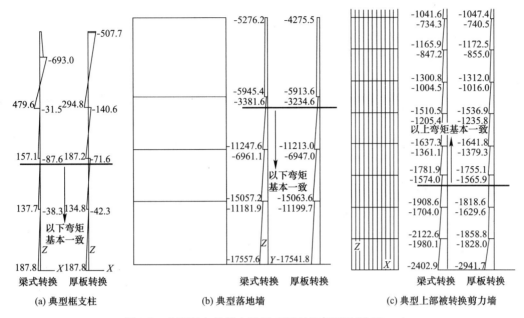

图 4-8 典型竖向构件在地震工况下的弯矩图/(kN·m)

5 厚板转换层设计难点

目前，厚板转换层的设计存在以下难点：

（1）具体设计无规范可循，软件不能对厚板内力自动进行抗震调整。行业标准《高层建筑混凝土结构技术规程》JGJ 3-2010（简称《高规》）和广东省标准《高层建筑混凝土结构技术规程》DBJ/T 15-92-2021（简称《广东高规》）中只有几款关于构造方面的笼统规定；软件不具备对板的强剪弱弯、地震内力放大等自动调整功能。

（2）规范没有明确规定厚板的抗剪截面条件，按薄板的公式则偏保守较多。

（3）抗冲剪验算时冲切锥体实际剪应力分布不均匀，与规范抗冲切公式的假定不同。

（4）以杆单元模拟柱在厚板中的冲剪应力与实际相差较大。

（5）钢管柱直接伸入厚板的节点施工难度大。

6 厚板转换层设计关键技术

6.1 厚板是"板"还是"梁"

传统意义上，"板"的特征为厚度小，面外刚度小，抗冲剪承载力低，属于二维构件；"梁"的特征为高度大，受力方向抗弯刚度大，受剪承载力较高，属于一维构件。厚板特征为厚度大，面外刚度大，抗冲剪承载力高，属于二维构件。可见，从受力方向的尺度、刚度和抗冲剪承载力的维度看，厚板是"梁"；而从受力维度看，厚板是"板"。

本工程厚板转换层本质是由梁式转换变化而来，为清晰传力和方便施工而做板式处理，它与常规薄板无梁楼盖不同之处体现在以下方面。

（1）2.2m 的厚度与转换梁高在同一水平

本工程转换厚板高跨比普遍在 1/4 左右，比转换梁 1/8～1/6 的构造要求还大，可视作将梁式所剩不多的薄板区域填平而成。

（2）冲剪应力的分布不同

常规无梁楼盖板柱节点的剪应力沿冲切临界截面四周一般是均匀分布的；而转换厚板上、下部墙柱的布置很不规则，导致剪应力分布不均匀，明显集中于上部墙柱靠近下部框支柱的一侧，具有接近梁式的方向性，如图 6-1 所示。

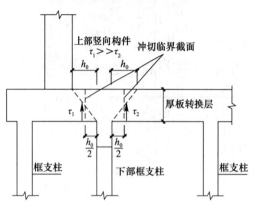

图 6-1 转换厚板冲剪应力分布不均匀示意

（3）弯矩分布不同

常规薄板无梁楼盖一般受均布荷载作用，受弯也基本均匀，沿柱上板带相对集中，跨中板带相对较小；而转换厚板上、下部墙柱布置的不规则，导致弯矩的分布也很不均匀，具有沿最短路径传力至下部竖向构件的特征，接近梁式传力的方向性，只不过梁是人为设定的传力路径，而板则自动按最短捷路径传力，因是二维构件，其传力方向可以任意变化，适合复杂传力情况。

由上述比较可知，转换厚板刚度和承载能力相当于甚至强于"梁"，传力方向的任意灵活性等同于"板"，本质为"二维受力的梁"：既有高于梁的刚度和承载力，又有二维板的传力灵活性。因此，厚板的最小抗冲剪截面、抗冲剪设计等可参照梁设计的相关公式进行。

6.2 转换层厚板的抗冲剪设计

近年来，国内发生多起无梁楼盖倒塌事故，主要破坏形态为冲切，究其原因，除了超载、混凝土强度不足的因素外，不配置抗冲切钢筋，仅靠混凝土抵抗冲切也是导致其安全度和容错度不足的重要原因。以此为鉴，承受巨大荷载的转换层厚板，须采取充分措施，确保其抗冲剪承载能力，这是保证整体结构安全的关键！

6.2.1 抗冲剪截面条件

因转换厚板冲切应力常常不均匀，某侧较大，某侧又较小，在较大一侧类似梁抗剪。为区别于常规的薄板均匀冲切，且为反映厚板"二维受力梁"的特征，本文暂以"抗冲剪"代替"抗冲切"。

（1）控制抗冲剪截面条件的机理

当剪跨比或冲跨比较小时，梁板支座附近发生斜压甚至直剪的破坏形态，表现为混凝土受压破坏，这时配再多的箍筋也不能发挥作用，故规定混凝土截面不得低于该条件。当配置型钢通过直剪截面后，相当于增大了受斜压的截面面积，因此能提高抗冲剪截面条件。

（2）厚板抗冲剪截面条件的确定

现行规范中有针对板及梁的规定，无针对厚板的规定。根据上述论证，厚板属"二维受力梁"，应可参照梁的受剪截面条件进行控制。结合控制抗冲剪截面条件的机理，对比梁与普通板的区别，梁支座混凝土在抵抗斜压受力方面较薄板有利的条件为：①截面高度及刚度较大；②配有箍筋，能约束混凝土。转换厚板第①个条件与梁一致，第②个条件通过在厚板节点区参考转换梁要求配置加强区箍筋也能保持一致，加上厚板节点区混凝土还受到四周混凝土的围压约束，故判断其受斜压承载力还会高于一般梁。因此，可参照梁的公式来确定厚板的抗冲剪截面条件，即竖向荷载组合下的抗冲剪截面条件为 $V \leqslant 0.2 f_c u_m h_0$。经查询，得知我国香港地区相关设计规范对转换层厚板的最小抗冲切截面条件就是取与梁计算公式基本一致。同时，上述厚板抗冲剪截面条件的确定方法，在本工程"厚板转换层结构设计专项论证会"也得到了专家肯定。

6.2.2　抗冲剪箍筋的配置方式

由原梁式转换布置可知，转换梁已占楼层大部分区域，对比梁箍筋配置的要求，决定在厚板全范围整体布置双向构造和受力箍筋。由于厚板双层双向拉通纵筋的间距为180mm×180mm，故双向箍筋的间距设为360mm×360mm，即每隔1根拉通筋交点对应1肢箍。施工时，通过与隔根板面拉通筋重合的架立筋将一排排肢距360mm、间距360mm的独立2肢封闭箍筋挂在厚板底、面筋之间。以该方式对"二维受力梁"的厚板配置二维箍筋，可避免由素混凝土抵抗冲剪内力，大幅提高抗冲剪安全冗余度，还可在板任意位置布置任意大小箍筋。二维箍筋布置如图6-2所示。

6.2.3　抗震构造抗冲剪箍筋

采用二维布箍方式后，可以参照梁配箍形式对厚板配置加强区和非加强区箍筋，分别对应梁的箍筋加密区和非加密区。为方便施工时工人穿行，箍筋宜保持360mm的纵横间距，不宜加密，只宜通过增加箍筋直径进行加强。具体做法如下：

（1）框支柱和落地墙周边各1.5倍板厚范围，配置加强箍筋，配箍率 $\dfrac{A_{sv1}}{s_1 \times s_2}$ 满足转换梁加密区的要求。其中，A_{sv1} 为单肢箍的面积，s_1、s_2 分别为该肢箍相邻的横向和纵向单肢箍筋间距。

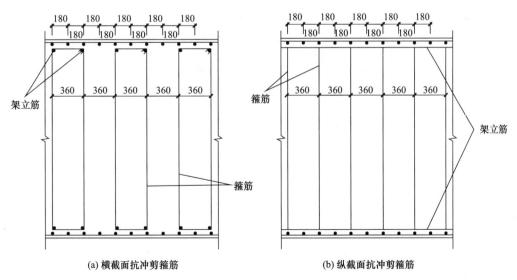

(a) 横截面抗冲剪箍筋　　　　　　　　(b) 纵截面抗冲剪箍筋

图 6-2　厚板二维箍筋布置（一）

(c) 抗冲剪箍筋施工现场

图 6-2　厚板二维箍筋布置（二）

（2）其余非加强区的箍筋则按配箍率 $\dfrac{A_{sv1}}{s_1 \times s_2}$ 不小于转换梁非加密区要求配置。

转换层厚板箍筋加强区布置如图 6-3 所示，其中阴影填充部分为箍筋构造加强区和受力所需加强区，分别参照转换梁加密区的配箍率和计算所需配置双向箍筋，其余非加强区则按转换梁非加密区的配箍率要求配置构造双向箍筋，以此保证本工程受力复杂的转换层厚板具有足够的抗冲剪冗余度。

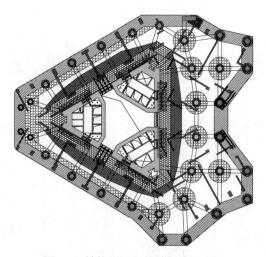

图 6-3　转换层厚板箍筋加强区布置

相比框架梁的加密区箍筋间距一般为 100mm 和 150mm，转换层厚板的箍筋间距取 360mm 能否满足抗冲剪的要求呢？事实上，箍筋抗冲剪效果与其绝对间距无关，而与间距和板厚或梁高的相对关系有关。以某一剖切面来看，360mm 的间距可保证 2200mm 板厚的冲切锥体一侧贯穿 6 排箍筋，如图 6-4 所示，与 600mm 高的梁端配置 100mm 间距的加密箍筋时，其斜截面穿过的箍筋排数相同。由此可以判断，按 360mm×360mm 间距双向布置的抗冲剪箍筋，具有足够密度，满足加强区抗冲剪需求，可以达到与 600mm 高的梁配置 100mm 间距箍筋相同的加密效果。

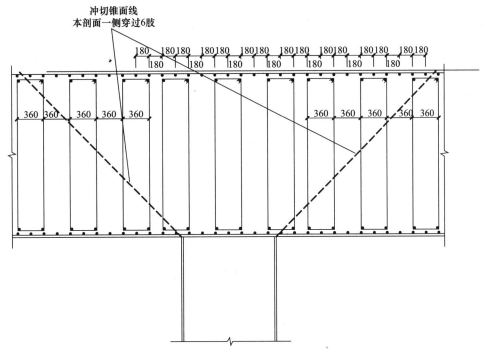

图 6-4　厚板冲切锥体穿过箍筋肢数示意

6.2.4　受力所需抗冲剪箍筋和型钢的设计

转换层厚板按受力配置双向箍筋或抗冲剪型钢时，需要把控两个关键点：一是力求避免采用型钢抗冲剪，对造价的影响还在其次，主要会大幅增加施工难度；二是对板柱节点处针对四周剪应力分布不均匀时的抗冲剪内力取法，涉及节点冲剪的安全性问题。以下分别展开论述。

（1）采取力求避免配置抗冲剪型钢的措施

为尽可能避免在厚板中配置抗冲剪型钢，本工程具体采取的措施如下。

1）在钢管混凝土框支柱顶设置环形钢牛腿，如图 6-5 所示。该措施直接扩大抗冲切锥体的范围，是提高节点抗冲剪能力的最有效措施。前提是设计时需确保环形钢牛腿竖向刚度与钢管柱相差不能过大，以保证两者接近整体协同受力。

2）柱顶部范围采用反映尺寸效应的模型进行计算模拟。钢管柱按杆单元建模时，由于作用于厚板处为无尺寸的点，导致柱顶冲切锥体范围的剪应力峰值和平均值均严重失真，比实际夸大较多。计算时需将钢管柱顶部按竖向刚度和抗弯刚度相同的原则等效为板壳单元箱筒截面进行模拟，以反映柱顶真实尺寸效应，使锥体区剪应力与实际相符。计算模型中钢管柱的箱筒等效截面模拟如图 6-6 所示。

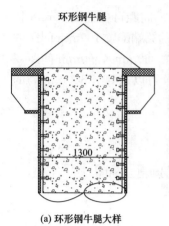

(a) 环形钢牛腿大样

(b) 环形钢牛腿施工现场

图 6-5 柱顶环形钢牛腿做法示意

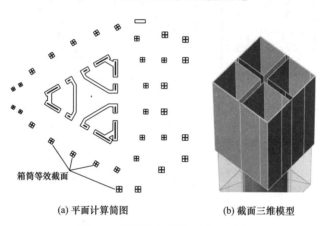

(a) 平面计算简图

(b) 截面三维模型

图 6-6 钢管柱箱筒等效截面示意

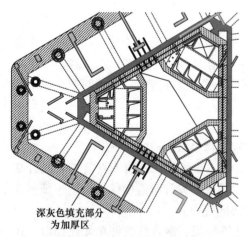

图 6-7 核心筒周边板带加厚示意图

3) 局部加厚处理。计算结果揭示，核心筒周边邻近板带受剪应力较大，而该区域下部建筑功能允许净高适当降低；对该部分板带，根据下部净空的限制情况，经与建筑专业配合后，可作不同程度的加厚，故相应减少了该部分的型钢配置。加厚区域如图 6-7 中三角形核心筒周边阴影部分所示，增加厚度为 600～1150mm。

（2）抗冲剪内力的取值

现行规范关于冲切的公式，均假定竖向冲切荷载下沿临界截面周长的剪应力分布是均匀的；而转换层厚板对应某下部框支柱冲切临界截面的四边，因至上部冲切荷载作用位置（上部竖向构件）的距离不同，使每侧临界截面处的剪应力不均匀，甚至差异巨大（参见图 6-1）。故按查取的墙柱内力和实际画出的冲切临界截面采用规范公式直接计算的方法是错误的，未考虑剪应力分布不平衡的影响。

最终以有限元计算所得剪应力为依据进行厚板抗冲剪设计，有限元结果能较真实地反映冲切临界截面四周因竖向刚度不同和至冲切荷载作用位置距离不同对剪应力的影响。当临界截面四周剪应力不均匀时，按《混凝土结构设计规范》GB 50010-2010（2015 年版）第 6.5.6 条及附录 F 的规定，取最大剪应力点在临界截面满布来考虑等效冲切荷载，这种做法是偏于安全的。

6.3 转换层厚板的抗震延性设计

抗震延性设计包含抗震等级确定，根据抗震等级进行的内力放大调整，强柱弱梁、强剪弱弯调整，抗震构造措施等与框架梁相同的一系列措施，以确保厚板抗震延性。结构软件能对梁、柱构件按规范自动进行内力调整，但对板构件却不能自动调整。

（1）抗震等级确定

偏于安全考虑，比按规范确定的转换梁抗震等级提高一级。本工程转换层厚板的抗震等级取特一级。

（2）根据抗震等级进行的内力放大调整

经核查，目前 YJK 软件不能自动对厚板地震内力按规范放大，需人工干预。根据《高规》的规定，特一级转换水平构件的地震内力需乘 1.9 增大系数。经比较发现，本工程转换层厚板配筋由竖向荷载设计值组合控制，地震内力即使放大地震组合作用也不起控制作用。

（3）强柱弱梁、强剪弱弯调整

1）强柱弱梁

经核查，YJK 软件能自动按规范要求对柱进行强柱弱梁调整，不需人工干预。根据《高规》的规定，特一级框支柱的弯矩增大系数为 1.8，剪力增大系数为 1.68，地震作用下柱轴力增大系数为 1.8。

2）强剪弱弯

目前 YJK 软件不能自动调整，需人工干预。参照特一级框架梁的规定，对厚板地震组合作用冲剪内力增大系数取 1.56。

（4）抗震构造措施

按现行规范中有关转换层厚板的规定采取抗震构造措施；对于规范没有规定的项目，则参考现行规范中有关转换梁的要求采用。

6.4 板柱节点设计

本工程下部采用钢管混凝土框支柱，为方便施工，避免切断厚板底部钢筋以及钢筋或型钢与钢管复杂的连接构造，节点采用钢管不伸入厚板的做法；同时，为有效提高节点抗冲剪承载力，以及满足柱顶局部承压要求，在柱顶设置环形钢牛腿。

（1）非等强节点做法

钢管柱顶与厚板的连接采用在混凝土芯柱内插入钢筋笼来实现，局部范围插筋间距过密时，对钢管柱顶部做扩径处理，如图 6-8 所示，一方面使插筋净距满足要求，另一方面可进一步提高节点抗冲剪承载力和局部承压能力。

柱顶插筋数量按抽取的钢管柱顶实际内力以混凝土芯柱的截面进行计算，控制小震弹

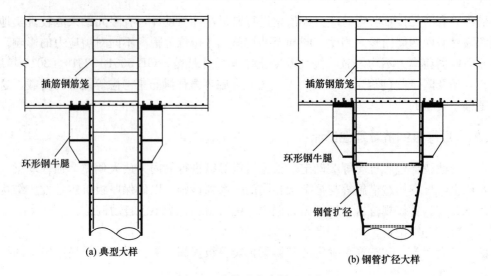

图 6-8　非等强节点做法示意

性、中震不屈服。大震及超强大震作用下可允许出现塑性铰，因厚板刚度及实际承载力均非常大，节点处无法实现强柱弱板。节点出铰后，结构发生内力重分布（图 6-9），主要使同一根柱下端及与下端相连的梁端弯矩增大，可在中震、小震阶段对柱顶设铰来包络设计相关构件，这是偏于安全的做法，以确保顶层柱下端构件不会随着柱顶端的出铰而过早屈服；同时，柱顶出铰后，侧向刚度会有较大程度退化（图 6-10），大震需考虑 $P\text{-}\Delta$ 效应。

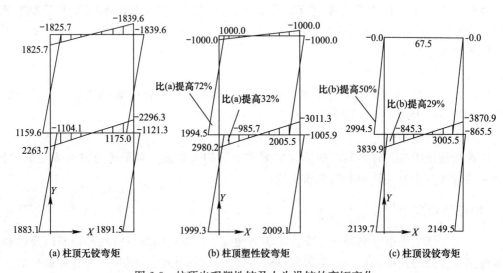

图 6-9　柱顶出现塑性铰及人为设铰的弯矩变化

（2）等强节点做法

钢管不伸入厚板也可以做到节点等强，主要利用在扩大的环形钢牛腿外围沿加劲肋位置固定连接纵筋，并锚入厚板来实现，如图 6-11 所示。这样，节点区可视作直径达到顶环板外径的钢筋混凝土柱，承载力因此大幅提高。

施工做法上，先在顶环板上固定钢筋连接器，或将开螺纹的短钢筋与顶环板进行坡口熔透的等强焊接，该部分工作在工厂完成，现场只需将连接纵筋拧紧在钢筋连接器上，或用机械套筒与短钢筋连接。

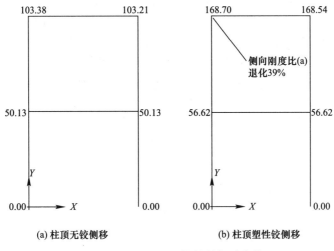

图 6-10   柱顶出现塑性铰的侧移变化

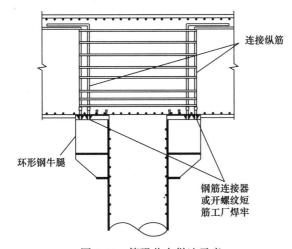

图 6-11   等强节点做法示意

由于节点处等效混凝土柱直径大幅增加，钢筋混凝土柱的拉弯与压弯承载力可以做到与钢管混凝土柱等强甚至超强。具体可借助 XTRACT 软件进行 P-M 曲线分析来实现，但应了解，即使节点与钢管柱等强，可能还是无法实现强柱弱梁（厚板），柱顶仍然会在强震作用下先行出铰。

7   总结

（1）在转换层上、下竖向构件完全无对应关系，甚至上、下柱网不平行情况下，厚板转换可能更有优势。

（2）当厚板转换为由薄板所剩不多的梁式转换变化而成时，质量、刚度变化不大，对结构整体指标及构件内力基本无影响。

（3）转换层厚板安全设计的关键在于节点的抗冲剪承载力。

（4）抗震延性设计参照转换梁，部分项目需人工干预。

（5）厚板实质相当于"二维受力梁"，按梁公式确定受剪截面条件，参照转换梁抗震构造要求，全范围双向配抗冲剪箍筋，避免由素混凝土抗冲剪。

（6）应考虑柱顶尺寸效应，以避免厚板冲剪应力与实际不符。

（7）通过设置柱顶环形钢牛腿，提高厚板抗冲剪承载力；节点采用钢管不伸入厚板，以钢筋笼连接的形式，可大幅降低施工难度。

08 某大跨度系杆拱连体结构的分析与设计方法

姚永革，叶云青，郑建东，严仕基

（广州瀚华建筑设计有限公司）

【摘要】 佛山某地标超高层项目，顶部 2 层采用大跨度系杆拱结构连接两栋高约 141.5m 对称塔楼，系杆拱的拱肋采用钢管混凝土，受拉系杆采用箱形钢梁。通过对系杆拱连体结构的一系列研究分析，包括刚性系杆刚性拱结构的优点、受力机理，拱脚铰接刚接的影响，拱推力在系杆和塔楼间的分配比例及对塔楼构件配筋的影响，连体对塔楼动力特性的影响，竖向荷载和水平荷载作用下系杆拱对塔楼的影响，考虑施工模拟与温度应力影响的系杆拱强度、变形和整体稳定性分析，防连续倒塌设计，系杆受拉变形对楼板开裂的影响，弹性时程中震楼板应力分析，拱脚节点的设计与分析等，形成一套较完整的系杆拱连体结构的设计分析流程，供同行参考。

【关键词】 系杆拱；拱结构；连体结构

1 工程概况

项目位于佛山南海大沥新轴线，为商业、办公综合体地标建筑，建筑采用门形造型，体现"南海之门"意向。总建筑面积约 11 万 m^2，高度约 141.5m，由两栋对称 41 层塔楼组成，在顶部 2 层采用三榀系杆拱将两栋塔楼连接，形成跨度 46.6m 的连体结构；结构 X 向、Y 向高宽比分别为 3.74、4.40。建筑效果图、剖面图、典型平面图和系杆拱连体三维模型如图 1-1～图 1-4 所示。广州瀚华建筑设计有限公司为该项目的结构咨询单位，项目完成时间为 2018 年。

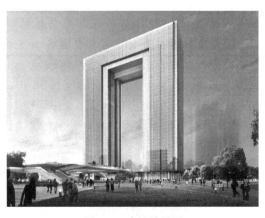

图 1-1 建筑效果图

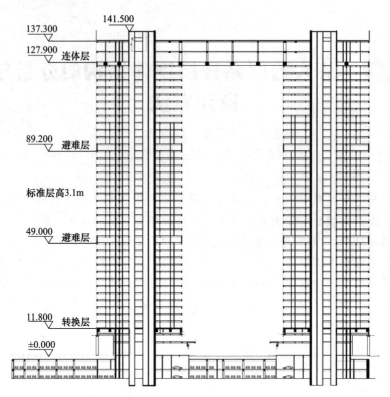

图 1-2 建筑剖面示意图

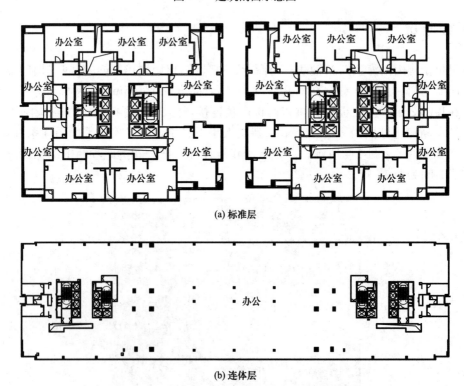

(a) 标准层

(b) 连体层

图 1-3 典型平面图

图 1-4 顶部系杆拱连体三维模型示意

2   连体结构选型

针对项目顶部 2 层的连体结构，经对 2 层整体桁架、底层桁架托换、系杆拱等方案进行技术经济对比，最终择优选取系杆拱方案。系杆拱结构以钢管混凝土拱肋受压、型钢系杆受拉的拉杆拱受力特征，充分发挥钢管混凝土材料适合受压、钢材适合受拉的各自优势，相比传统的以受弯为特征的整体桁架或托换桁架结构，具有轻巧美观、造价经济以及能较大程度满足建筑使用功能和外观要求的优点。

钢管混凝土系杆拱结构在我国桥梁领域已广泛应用，技术较成熟，但在民用建筑领域应用尚不普遍。有必要针对本项目采用的刚性系杆拱连体结构，在结构布置特点和受力机理，连体对塔楼的影响，考虑施工模拟与温度应力影响的系杆拱强度、变形和稳定性分析，防连续倒塌设计，系杆处楼板在竖向荷载和地震作用下的应力分析，关键节点的设计与分析等方面，作深入的研究、分析和探讨，以总结形成一套较完整的在民用建筑中采用系杆拱连体结构的分析和设计方法。

3   刚性系杆拱特点和受力机理分析

3.1   刚性系杆拱结构特点

系杆拱结构根据系杆相对拱肋的刚度，分为刚性系杆刚性拱、柔性系杆刚性拱和刚性系杆柔性拱三种形式。本项目采用刚性系杆刚性拱 $[1/80 \leqslant (E_{肋} I_{肋})/(E_{系} I_{系}) \leqslant 80]$ 的形式，将型钢系杆（又称系梁）设计成相对拱肋具有较大的抗弯和抗拉刚度，使它既是拱脚的拉杆又是楼盖结构的纵向主梁，如图 3-1(a) 所示。相比柔性系杆刚性拱 $[(E_{肋} I_{肋})/(E_{系} I_{系}) > 80]$，该结构有以下优点。

（1）提高了可靠性和耐久性，大幅减少使用期内的维护和更换工作。桥梁实践表明，系杆和吊索如果采用柔性的高强钢索，易发生锈蚀破断从而引发落桥事故，早年施工的钢索实际寿命仅 3～16 年。采用刚性型钢则可使系杆、吊杆的耐久年限与整体结构基本相同。

（2）可以较低代价实现抗连续倒塌能力。纵向主梁的楼盖抗连续倒塌能力较强，当某根吊杆失效时，只需复核加强跨度变大的纵梁的极限承载力即可。本项目采用的图 3-1(a) 所示方案，刚性系杆兼作楼盖纵向主梁，性价比最优；图 3-1(b) 所示横向主梁方案，一旦吊杆失效，横梁失去支承，纵向次梁因承载力不足易使楼盖掉落，且钢索系杆不能兼作纵梁，造价较高；图 3-1(c) 所示方案，虽也采用纵向主梁，但又另设钢索系杆，造价较高。

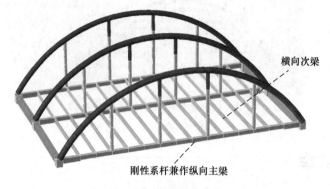

(a) 刚性系杆兼作楼盖纵向主梁(本项目采用)

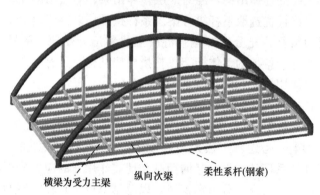

(b) 柔性系杆加横向主梁楼盖

(c) 柔性系杆加纵向主梁楼盖

图 3-1　三种系杆拱结构布置形式示意

（3）有效减小系杆的拉伸变形，减少拱推力向两端塔楼传递并使系杆上的楼板不易开裂。采用钢索系杆虽可通过主动施加预应力来平衡预设荷载下的拱脚推力，但荷载变化引起的拱推力增减几乎全部由塔楼承受，因为钢索刚度相比塔楼可以忽略不计。故柔性系杆拱结构的拱脚变形对荷载敏感性太大，会对塔楼产生反复作用的不利影响，也令其上楼盖较难适应较大的伸缩变化。

$(E_肋\ I_肋)/(E_系\ I_系)$<1/80 的刚性系杆柔性拱，拱肋的抗弯刚度远小于系杆，不承受弯矩，仅承受轴向压力，而系杆除受拉外还承受较大的弯矩，其本质属于梁，只是用拱来加强梁的抗弯能力。此外，受压的拱较柔，易发生失稳破坏，对增强梁抗弯能力贡献有限，不能发挥拱结构的优势。

3.2　系杆拱连体结构布置

系杆拱连体结构跨度为 46.6m，拱矢高 13m，矢跨比为 1/3.58，拱轴线为圆弧。

连体楼盖采用单向板钢结构梁板体系，吊杆采用 H 型钢，各层均设纵向贯通系梁与拱肋牢固连接（系梁腹板穿透拱肋保持贯通）。连体范围塔楼结构比下部塔楼退缩一跨以便设置与系杆拱结构连接的钢结构楼盖，各层型钢系梁向外伸出拱肋后，与拱脚处升起的钢柱铰接，钢柱与塔楼结构之间的钢梁均为两端铰接。拱脚处设截面较大端横梁，以平衡纵梁传来的扭矩，并为拱脚提供有效的面外约束，提高拱结构面外稳定性。连体结构如图 3-2 所示。采用 YJK 软件对结构进行整体分析，楼板在整体指标计算时采用面内刚性假定，在构件内力分析和设计时则采用弹性膜假定。

3.3　竖向传力机理

首先，系杆拱结构在竖向荷载作用下的受力特点为拱肋受压和系杆全长受拉，即拉杆拱模式；其次，因拱肋斜向上与各层纵梁相交形成相当于桁架的斜腹杆，故判断整体结构会有一定程度的空间整体桁架作用。即概念上判断系杆拱结构竖向受力同时具有拉杆拱和受弯桁架的双重特征，以拉杆拱受力为主。

YJK 软件计算结果验证概念判断基本正确，系杆拱结构的拉杆拱作用约占 72%，整体受弯桁架作用约占 28%，如图 3-3 所示。

3.4　水平传力机理

如图 3-4 所示，在水平荷载作用下，系杆拱连体结构沿 Y 向，通过连体楼板面内受弯和受剪，协同两栋塔楼共同受力；沿 X 向，通过连体楼盖面内拉压及与塔楼交接处结构作为空间空腹桁架的受弯（拱肋未伸至连体根部），协同两栋塔楼共同受力。宏观上可近似将两栋塔楼看成柱，连体结构看成梁，三者组合成一榀类似单跨框架的结构。因各层纵向系梁伸出拱肋后均与塔楼结构铰接，初步判断宏观"梁"受弯作用未必很强。

3.5　拱脚与塔楼铰接与刚接对系杆拱结构内力的影响

拱脚刚接还是铰接对施工和成本有影响，总体而言，铰接构造较复杂，采用成品铰支座时，造价较高。拱脚铰接、刚接的结构简图和节点构造如图 3-5 所示。

为考察拱脚铰接与刚接对系杆拱受力的影响，对比中间拱两种连接在竖向荷载组合（1.2D+1.4L）作用下主要杆件截面内力（关键截面编号如图 3-6 所示），详见表 3-1。可见，拱脚刚接与铰接相比，除拱脚 A 截面面外弯矩明显增大外，其余主要杆件的内力几乎相同。因此，拱脚铰接还是刚接对系杆拱的内力影响不大。为方便施工，本工程拱脚采用刚接。

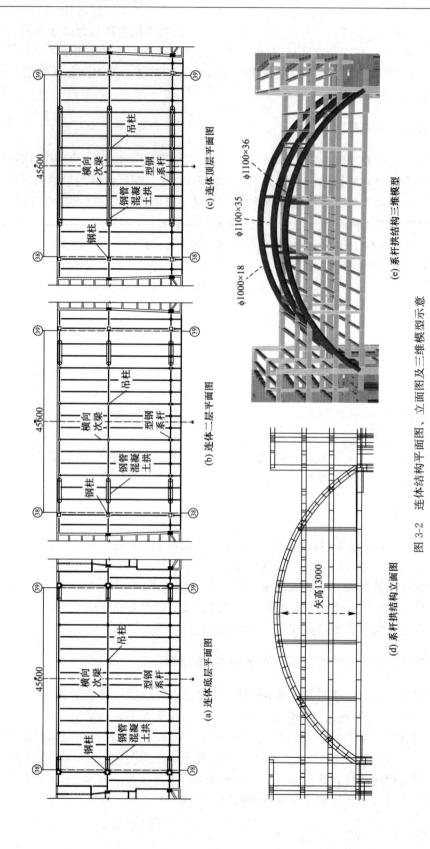

(c) 连体顶层平面图

(b) 连体二层平面图

(a) 连体底层平面图

(e) 系杆拱结构三维模型

(d) 系杆拱结构立面图

图 3-2　连体结构平面图、立面图及三维模型示意

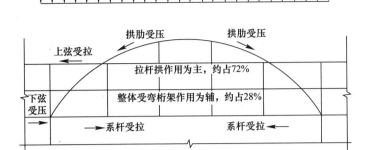

图 3-3 竖向传力示意

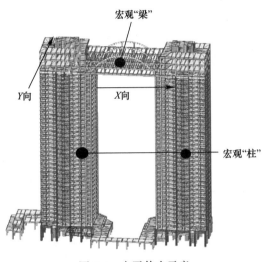

图 3-4 水平传力示意

3.6 竖向荷载作用下拱脚传递至塔楼的推力大小及影响

拱脚对塔楼的推力影响塔楼构件的受力和配筋,当推力过大时,可考虑在施工阶段采取滑动释放措施。

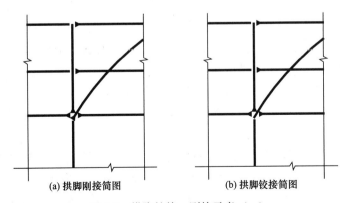

图 3-5 拱脚铰接、刚接示意(一)

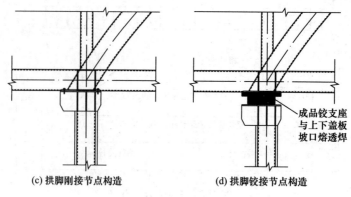

(c) 拱脚刚接节点构造   (d) 拱脚铰接节点构造

图 3-5　拱脚铰接、刚接示意（二）

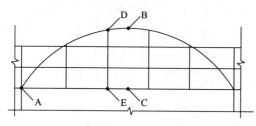

图 3-6　关键截面编号

竖向荷载组合（1.2D＋1.4L）作用下主要杆件截面内力　　　　　表 3-1

截面		A		B		C		D		E	
模型		拱脚铰接	拱脚刚接	拱脚铰接	拱脚刚接	拱脚铰接	拱脚刚接	拱脚铰接	拱脚刚接	拱脚铰接	拱脚刚接
拱肋	M_1	0	19.4	-454.3	-454.2			-6591	-6591		
	M_2	0	-1290	7.8	26.1			-1.5	25.0		
	N	-17977	-17972	-16830	16830			-16651	-16651		
	应力比	0.35	0.39	0.32	0.31			0.6	0.6		
底层系杆	M_1	-2521	-2522			1141	1141			-991.3	-991.3
	M_2	151.5	118.8			-20.5	-31.7			0.8	-10
	N	5502	5508			5506	5511			5505.7	5511.1
	应力比	0.95	0.92			0.81	0.81			0.76	0.76

　　整体模型中，中间拱在竖向荷载控制组合（1.2D＋1.4L）作用下相关构件的内力如图 3-7 所示。可见通过 3 层连接梁传递至塔楼的水平推力合力为 1626.9kN，拱的总推力需求为 15978kN，传至塔楼的推力只占拱总推力的 10.2%，大部分推力由拱系杆平衡。判断是因为塔楼接近顶部楼层处的侧向刚度较小，而型钢系杆的轴向刚度较大，故按刚度分配到塔楼的推力较小。

　　假定施工期间采取让拱脚节点自由滑动的措施以释放部分传到塔楼的推力，而拱脚需克服节点板与预埋钢板间的静摩擦力才能滑动。下面以中间拱为例，计算拱脚静摩擦力相对塔楼推力的大小（图 3-8）。吊装后，连体 2 层与顶层的楼盖暂不与塔楼相连，拱脚节点板直接放置在预埋钢板上，钢板间的静摩擦系数无润滑按 0.15，有润滑按 0.1。由拱脚的支座竖向力 14503kN，可算得无润滑时拱脚静摩擦力为 2175.5kN，大于拱脚推力 1901.8kN；有润滑时静摩擦力为 1450.3kN，接近拱脚推力的 80%，仅释放约 20% 的推力，故该措施对释放推力的作用不大，施工时将采取吊装到位后直接对拱脚进行固定的方式。

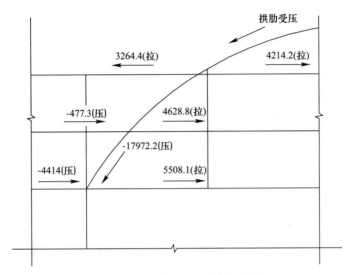

图 3-7　拱脚对塔楼推力计算简图/kN

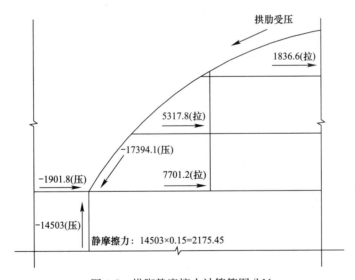

图 3-8　拱脚静摩擦力计算简图/kN

考虑竖向荷载作用下左塔楼承受拱结构传来的推力与不考虑承受推力（将系杆的拉压刚度设为无限刚而保持抗弯和抗剪刚度不变进行模拟）两种情况下，39、40 层结构构件的配筋对比如图 3-9、图 3-10 所示，图中仅显示承受推力大于不承受推力时的配筋，括号外为受推力时配筋。可见，由于推力不大，仅拱脚邻近的部分墙肢边缘构件配筋出现 1～2cm^2 的增加；梁靠近拱脚部分配筋有少量变化，远离拱脚部分配筋变化甚微，判断部分变化未必因拱推力引起。

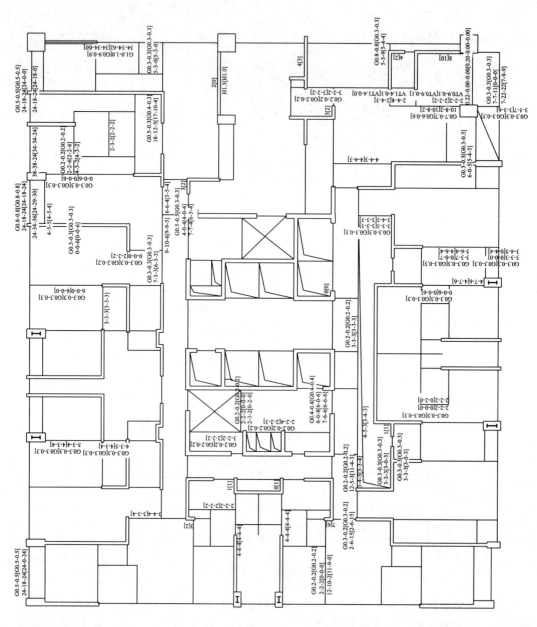

图 3-9 39 层承受拱推力构件配筋增大示意

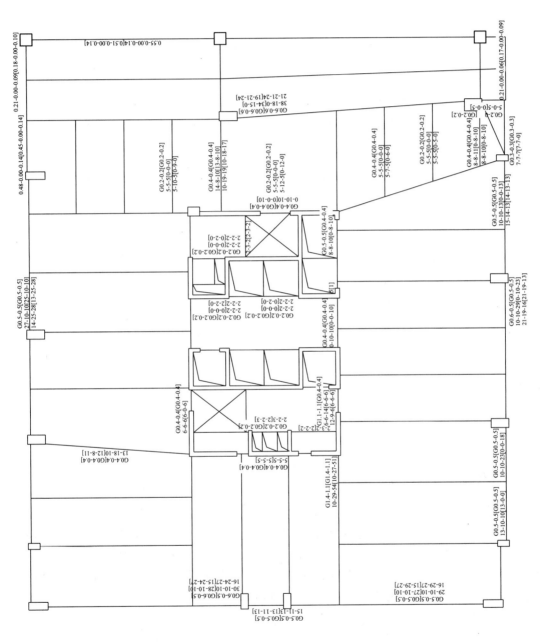

图 3-10 40层承受拱推力构件配筋增大示意

4 地震作用下连体对塔楼的影响分析

4.1 对振型与侧向刚度的影响

用作对比的单塔模型，考虑连体部分传递过来的竖向荷载，由于左右塔完全对称，计算只取左塔的结果。对比模型的动力特性见表4-1。由表可知，单塔模型第1振型周期为4.55s，以扭转为主，周期比为1.27，而双塔模型的扭转振型变成第4振型，周期为1.32s，周期比为0.34，表明连体有效提高了塔楼的抗扭刚度；两个模型的第3振型均以 X 向平动为主，周期均为3.55s，X 向基底剪力也基本相同，表明连体对结构 X 向刚度增强不明显；Y 向基底剪力双塔比两个单塔提高约13.9%，表明连体一定程度增强了结构 Y 向刚度。

双塔连体模型与单塔模型动力特性表　　　　表 4-1

模型	序号	周期/s	X 向平动比例	Y 向平动比例	扭转比例	扭转/平动周期比	X 向地震基底剪力/kN	Y 向地震基底剪力/kN
双塔连体	1	3.92	0.00	1.00	0.00	0.34	19996.3	19209.44
	2	3.62	0.10	0.60	0.30			
	3	3.55	0.91	0.06	0.03			
	4	1.32	0.03	0.01	0.96			
左塔单独（考虑连体荷载）	1	4.55	0.01	0.48	0.52	1.27	20317.9 *	16867.98 *
	2	3.57	0.05	0.54	0.41			
	3	3.55	0.95	0.05	0.01			

* 为单塔模型基底剪力乘以2的值。

4.2 与塔楼连接强弱程度分析

如果宏观上将左、右两栋塔楼视作框架柱，连接体视作框架梁，从连体对结构 X 向周期无影响和两模型 X 向地震基底剪力基本一致可以判断，整体结构相当于连体两端与塔楼铰接的排架结构。单工况 X 向地震作用下左、右塔楼的轴力合力如图4-1所示，可见左、右塔楼底部轴力合力均为较小的压力，不存在由框架效应形成的一个塔楼合力受拉、另一个塔楼合力受压而导致的倾覆力矩，进一步印证，宏观结构沿 X 向相当于排架结构，连接体相当于两端与塔楼铰接的弱连接。判断其原因可能为：①连体结构与塔楼的连接钢梁均为铰接，未形成刚接效果；②虽拱肋"斜腹杆"能形成一定的桁架效应，但连体与塔楼相连处无斜腹杆，中部区域亦无"斜腹杆"，无法形成整体桁架，故连体结构在水平荷载作用下整体抗弯刚度较弱；③与塔楼侧向刚度相比，连体结构的抗弯刚度较弱。下文关于连体在水平荷载作用下的内力分析将进一步印证其与塔楼的受弯连接较弱。

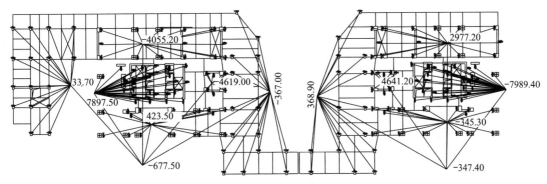

图 4-1 X 向地震工况左、右塔楼的轴力合力/kN

4.3 水平荷载作用下的内力分析

为进一步考察连体相对于塔楼的框架效应的强弱，可观察其构件在 X 向水平荷载作用下的内力情况。风荷载和地震作用下系杆拱的受力形态类似，下面仅对地震作用作具体分析。系杆拱在 X 向地震作用下的弯矩、剪力和轴力如图 4-2～图 4-4 所示，由图可知，由于钢梁铰接，拱脚立柱处的纵梁端部总弯矩约-162.9kN·m，由纵梁拉压形成的弯矩约 447.9kN·m，连体传至塔楼的端部整体弯矩仅 285kN·m，总剪力仅 38.3kN（即由框架效应传递给塔楼的轴力），可见确实接近整体与塔楼铰接状态。

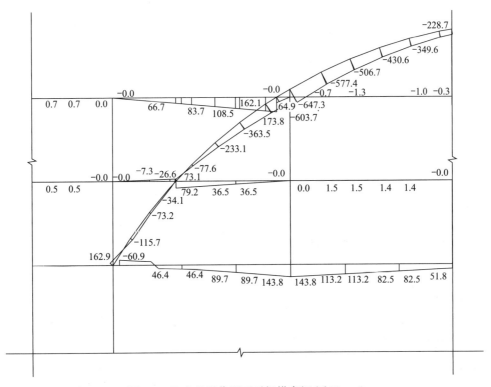

图 4-2 X 向地震作用下系杆拱弯矩/(kN·m)

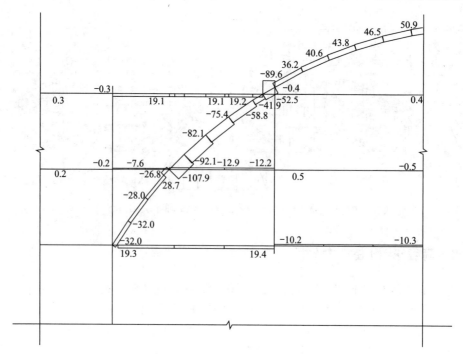

图 4-3 X 向地震作用下系杆拱剪力/kN

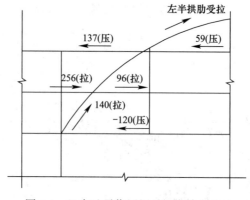

图 4-4 X 向地震作用下系杆拱轴力/kN

5 系杆拱结构的强度、变形及稳定性分析

根据《拱形钢结构技术规程》JGJ/T 249-2011（简称《拱钢规》）并参考《钢管混凝土拱桥技术规范》GB 50923-2013（简称《拱桥规》），对本项目系杆拱结构进行强度、变形和稳定性的分析验算。采用 MIDAS/Gen 建立三维有限元模型，按设计阶段初步判断的施工顺序，考虑施工模拟的影响，分别计算恒荷载、活荷载、风荷载、地震作用、温度作用和混凝土的收缩徐变作用等工况，取最大弯矩和最大轴力的基本组合内力对拱结构进行承载能力极限状态验算；取最大弯矩和最大轴力的标准或准永久组合内力对拱结构进行正常使用极限状态验算。

5.1 施工模拟分析

5.1.1 施工模拟分析的必要性

系杆拱结构在施工过程中存在着结构构件和体系的不断变化，按施工步骤分析的受力与一次性加载受力有很大不同，因此，设计计算时须将完工状态内力作为后续分析的初始状态内力。

施工单位在施工组织设计时，也应进行施工模拟分析，与设计施工模拟不同，必要时应根据实施方案做相应的调整。

5.1.2 系杆拱结构安装的考虑

考虑施工时整体吊装系杆拱钢结构。

（1）先在地面完成空钢管拱肋及其范围内的吊杆、纵向系梁和横梁的安装，使系杆拱主要体系基本成型，能承受自身重量及吊装施工附加作用，以及后续构件安装施工的荷载。

（2）空钢管系杆拱结构由于重量较大，无法采用常规塔式起重机吊装，考虑在塔楼主体结构上安装临时吊装系统，依靠主体结构承受吊装荷载。

（3）空钢管系杆拱结构整体吊装就位后，固定拱脚节点（为保证拱脚节点区混凝土质量，在吊装前先浇筑节点区混凝土），然后向拱肋内浇灌自密实混凝土；待拱肋内混凝土达到设计强度后，再安装拱肋与塔楼结构之间的钢结构及楼板。

5.1.3 施工模拟计算

采用 MIDAS/Gen 软件，计算模拟实际施工安装过程，考虑混凝土随时间变化的徐变收缩特性。施工阶段考虑 $1kN/m^2$ 的施工活荷载，层层施加，装修施工完成后考虑卸载。

（1）施工模拟的时间假定

1）塔楼施工速度按 6d/层，为简化加载步骤，偏于安全地，将外立面、砌体墙等除装修面层外的恒荷载同步施加。

2）塔楼封顶 30d 后，开始整体吊装系杆拱钢结构，并完成后续连体结构的安装步骤。

3）假定所有装修面层、楼面活荷载在连体结构完工半年后完成。计算终止时间为正常使用荷载全部施加后 10 年，从首层开始施工到荷载施加完毕的时间共计 536d，总计算时间共计 4186d，以充分考虑混凝土徐变收缩造成的影响。同时计算荷载施加完成后 3 年的情况，以对比混凝土徐变收缩影响的变化。

（2）施工模拟分析的阶段划分

施工模拟分析将结构的建造和加载划分为以下 52 个主要的施工阶段。

CS1～44：逐层完成两栋塔楼主体结构施工，封顶 30d 后吊装拱结构，持时 294d；

CS45：空钢管拱结构吊装就位并固定，持时 5d；

CS46：安装拱脚处立柱，浇灌拱肋钢管内混凝土，持时 30d，模拟混凝土从流态至达到设计强度；

CS47：完成连体各层钢结构楼盖安装，持时 18d；

CS48：同时浇筑连体 3 层楼盖的楼板混凝土，持时 3d；

CS49：砌筑连体 3 层的砌体墙及立面安装，持时 6d；

CS50：塔楼和连体所有楼层施加装修面层荷载，持时 150d；

CS51：所有楼层卸除施工活荷载，施加使用活荷载，持时 30d；

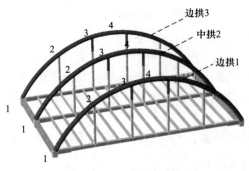

图 5-1 拱编号及控制截面位置和编号示意

CS52：分别持续计算 3 年和 10 年，计 1095d 和 3650d。

5.1.4 施工模拟结果与一次性加载结果对比

拱编号及控制截面位置和编号如图 5-1 所示。

（1）拱肋中钢管与混凝土应力分配变化

混凝土浇筑后、硬化前，钢管与混凝土未能共同工作，钢管中会产生初应力和初应变。研究表明，钢管的初应力和初应变对稳定极限承载力有较大影响，而对截面强度影响较小。由于初应力的存在，使钢管混凝土拱肋中钢管的实际应力大于按拱肋一次成型假定时的应力。以中拱 2 为例，拱肋关键点处最终钢管和混凝土应力的变化如表 5-1 所示。由表可见，考虑施工模拟后，关键点处钢管应力持时 3 年增幅约 82%～88%，持时 10 年增幅再增大 10% 左右；混凝土应力持时 3 年降幅约 57%～61%，持时 10 年降幅再增大 8.7% 左右。故施工模拟对钢管与混凝土间的应力分配影响较大。

考虑施工模拟后拱肋钢管和混凝土应力的变化　　　　表 5-1

计算模型	1—拱脚		2—拱与 2 层楼面交点处		3—拱与顶层楼面交点处		4—拱顶	
	钢管应力/MPa	混凝土应力/MPa	钢管应力/MPa	混凝土应力/MPa	钢管应力/MPa	混凝土应力/MPa	钢管应力/MPa	混凝土应力/MPa
①一次成型和加载	54.2	9.48	61.01	10.66	59.54	10.40	50.38	8.81
②按实际施工模拟 3 年	100.48	3.77	111.06	4.56	108.68	4.39	94.86	3.45
②相对①的变化幅度	85.3%	−60.2%	82.0%	−57.2%	82.5%	−57.8%	88.3%	−60.8%
③按实际施工模拟 10 年	106.22	2.96	117.71	3.64	115.07	3.49	100.13	2.69
③相对①的变化幅度	95.9%	−68.8%	92.9%	−65.9%	93.3%	−66.4%	98.7%	−69.5%

（2）拱肋内力的变化

拱肋关键点处内力的变化如表 5-2 所示。由表可见，考虑施工模拟后，拱肋关键点处持时 3 年轴力约增加 4.6%～5.6%，持时 10 年几乎不再变化；持时 3 年弯矩约增加 14%～19%，持时 10 年拱脚弯矩增幅突变至 53.9%，其余部位变化不大；剪力持时 3 年变化在 5% 以内，持时 10 年在 8% 以内。故除拱脚处弯矩外，施工模拟对拱肋内力影响不明显。

考虑施工模拟后拱肋面内内力的变化　　　　表 5-2

计算模型	1—拱脚内力			2—拱与 2 层楼面交点处内力			3—拱与顶层楼面交点处内力			4—拱顶内力		
	轴力/kN	弯矩/(kN·m)	剪力/kN	轴力/kN	弯矩/(kN·m)	剪力/kN	轴力/kN	弯矩/(kN·m)	剪力/kN	轴力/kN	弯矩/(kN·m)	剪力/kN
①一次成型和加载	14245	616.2	−965.4	16029	1864	−1693	15642	2641	2216	13237	318.8	−418.5

续表

计算模型	1—拱脚内力			2—拱与2层楼面交点处内力			3—拱与顶层楼面交点处内力			4—拱顶内力		
	轴力/kN	弯矩/(kN·m)	剪力/kN	轴力/kN	弯矩/(kN·m)	剪力/kN	轴力/kN	弯矩/(kN·m)	剪力/kN	轴力/kN	弯矩/(kN·m)	剪力/kN
②按实际施工模拟3年	14905	733.3	-980.6	16805	2125	-1766	16386	2611	2212	13984	378.2	-424.7
②相对①的变化幅度	4.6%	19.0%	1.57%	4.8%	14.0%	4.4%	4.76%	-1.2%	-0.17%	5.6%	18.6%	1.48%
③按实际施工模拟10年	14905	948.6	-1041	16819	2186	-1806	16384	2590	2221	13967	358.2	-421.6
③相对①的变化幅度	4.6%	53.9%	7.83%	4.93%	17.3%	6.67%	4.74%	-1.93%	0.23%	5.51%	12.4%	0.74%

（3）纵向系梁拉应变的变化

各层纵向系梁在拱肋处拉力的变化如表5-3所示。由表可见，考虑施工模拟后，持时3年连体底层系梁拉力增加约33%，2层系梁拉力增加约9.4%，顶层系梁拉力则减小约38%；持时10年增幅变化不大。

考虑施工模拟后纵向系梁拉力的变化 表 5-3

计算模型	连体底层系梁拉力/kN	连体2层系梁拉力/kN	连体顶层系梁拉力/kN
①一次成型和加载	4659.1	3896.7	3318.8
②按实际施工模拟3年	6186.3	4263.7	2065.7
②相对①的变化幅度	32.8%	9.4%	-37.8%
③按实际施工模拟10年	6402.2	4294.1	1980.1
③相对①的变化幅度	37.4%	10.2%	-40.3%

（4）对拱肋挠度的影响

空钢管系杆拱前期先行受力及混凝土收缩徐变的影响都使钢管混凝土拱结构最终挠度有增大的趋势。一次性加载模型计算的拱顶向下挠度为35mm；考虑施工模拟后，持时3年拱顶挠度为50mm，增幅42.9%，持时10年挠度为65mm，增幅85.7%。

结论：是否考虑施工模拟对拱肋中钢管与混凝土应力分配、拱脚弯矩、纵向系梁拉力和拱肋挠度均有较大程度的影响，而对拱肋其余内力的影响相对较小。设计时应考虑施工模拟的影响。

5.2 温度作用

考虑季节温差引起的整体温升、温降对本项目的温度作用。根据当地最低、最高基本气温，考虑结构在室内有空调的作用、在室外有维护体系的保温隔热作用时，结构温度变化有减小趋势，最终取温差±25℃对本项目进行温度效应计算。系杆拱主体钢结构不考虑折减，楼板则考虑混凝土开裂徐变等导致刚度退化的影响，对温度效应乘以0.3的折减系数。参考《拱桥规》，将温度工况产生的内力计入持久状况组合中。

限于篇幅，不列出温度计算的具体数据，根据分析结果得到以下结论：温升、温降均会导致系杆拱结构构件局部位置内力增大，应在拱结构设计中予以考虑；但对连体楼板的内力影响甚微。

5.3 承载能力极限状态计算

5.3.1 内力组合

对拱结构构件的承载能力极限状态验算，除程序按规范进行的常规基本内力组合外，尚参考《拱桥规》，增加考虑混凝土收缩徐变工况和温升、温降工况的基本内力组合。①基本组合1：1.2恒荷载+1.4活荷载+1.0收缩+1.0徐变+0.6×1.4均匀温升；②基本组合2：1.2恒荷载+1.4活荷载+1.0收缩+1.0徐变+0.6×1.4均匀温降。

5.3.2 拱肋面内整体稳定承载力计算

钢管混凝土拱肋截面一般由面内整体稳定承载力控制，面内整体稳定承载力可取半跨拱肋按压弯曲柱计算其稳定承载力，这种失稳属于极值点失稳，需要考虑变形和材料双非线性进行分析，目前大多数软件暂时没有直接计算双非失稳的功能，本项目按照《拱钢规》采用经验公式计算。

根据《拱钢规》，承受轴力和平面内弯矩共同作用的钢筋混凝土拱的平面内整体稳定承载力应符合下列规定：

当 $\dfrac{N}{N_{u}} \geqslant 2\varphi^{3}\eta_{0}$ 时，

$$\frac{N}{\varphi N_{u}} + \frac{a}{d}\left(\frac{M}{M_{u}}\right) \leqslant 1 \tag{5-1}$$

当 $\dfrac{N}{N_{u}} < 2\varphi^{3}\eta_{0}$ 时，

$$-b\left(\frac{N}{N_{u}}\right)^{2} - c\left(\frac{N}{N_{u}}\right) + \frac{1}{d}\left(\frac{M}{M_{u}}\right) \leqslant 1 \tag{5-2}$$

式中：φ——轴心受压钢管混凝土拱的稳定系数，按《拱钢规》第6.6.5条规定取值；

N——最大轴压力设计值；

M——平面内最大弯矩设计值；

η_{0}——系数，按《拱钢规》相关表格规定计算；

a、b、c、d——系数，按《拱钢规》附录K确定；

N_{u}——截面轴心受压承载力设计值；

M_{u}——截面受弯承载力设计值。

本项目对三榀系杆拱结构，取拱脚、拱顶和拱脚与拱顶之间弯矩较大的2个截面（分别为与连体2层和顶层楼盖相交处）共计4个截面为计算控制截面（编号参见图5-1，因结构对称，故只取半跨拱计算），分析最大轴力 $N_{\max}$ 和最大弯矩 $M_{\max}$ 基本组合内力，按上述公式进行拱肋面内稳定性承载力验算如表5-4～表5-6所示（限于篇幅，仅列出拱脚和拱顶截面）。表5-4为各榀拱结构仅与自身属性相关而与外力无关的参数计算值。拱肋各控制截面的面内稳定承载力均按式（5-1）计算，结果均小于1，承载力满足要求。

各榀拱结构相关参数计算值

表 5-4

拱编号	φ	η_0	a	b	c	N_u/kN	M_u/(kN·m)
边拱 1	0.632	0.310	0.752	-12.937	2.024	49470.5	6391.3
中拱 2	0.653	0.215	0.816	-10.698	1.282	69981.2	11996.7
边拱 3	0.592	0.314	0.779	-15.702	2.052	40505.3	4708.1

控制截面 1（拱脚）的最不利组合内力验算

表 5-5

拱编号	N_{max} 基本组合内力						M_{max} 基本组合内力				
	d	N/kN	M/(kN·m)	$\left(\dfrac{N}{N_u}\right)/2\varphi^3\eta_0$	适用公式	计算值	d	N/kN	M/(kN·m)	$\left(\dfrac{N}{N_u}\right)/2\varphi^3\eta_0$	适用公式	计算值
边拱 1	0.952	-15007	1090.4	1.939	式 (5-1)	0.615	0.952	-15007	1090.4	1.939	式 (5-1)	0.615
中拱 2	0.949	-19049	1630.5	2.271	式 (5-1)	0.534	0.949	-19049	1630.5	2.271	式 (5-1)	0.534
边拱 3	0.955	-9539.7	-526.8	1.802	式 (5-1)	0.438	0.955	-9435.6	1642.1	1.783	式 (5-1)	0.571

控制截面 4（拱顶）的最不利组合内力验算

表 5-6

拱编号	N_{max} 基本组合内力						M_{max} 基本组合内力				
	d	N/kN	M/(kN·m)	$\left(\dfrac{N}{N_u}\right)/2\varphi^3\eta_0$	适用公式	计算值	d	N/kN	M/(kN·m)	$\left(\dfrac{N}{N_u}\right)/2\varphi^3\eta_0$	适用公式	计算值
边拱 1	0.955	-14017	2506.5	1.811	式 (5-1)	0.781	0.955	-13881	2732.7	1.794	式 (5-1)	0.757
中拱 2	0.950	-18675	6584.8	2.226	式 (5-1)	0.880	0.950	-18571	6726.9	2.214	式 (5-1)	0.888
边拱 3	0.955	-9453.7	3097.7	1.786	式 (5-1)	0.751	0.956	-9340.8	3155.1	1.765	式 (5-1)	0.754

结论：拱肋面内整体稳定承载力满足规范要求。因未考虑连体2层和顶层楼盖对拱肋的支撑，结果是偏于安全的。

5.4 面外弹性分支点失稳验算

拱肋面外弹性分支点失稳不同于面内的极值点失稳，可通过大多数软件的屈曲分析功能进行计算。一般仅考虑轴压的弹性分支点失稳的临界荷载，远大于同时考虑轴压和弯矩、双非线性的极值点失稳的临界荷载。因拱肋面外弯矩较小，故《拱桥规》不要求计算拱肋的面外极值点失稳，而对弹性分支点失稳的临界荷载采用一个较大的特征值限值4来包住面外可能存在的少量弯矩的影响。

采用MIDAS/Gen模型进行拱结构的屈曲分析，第1屈曲模态将反映结构最容易发生的失稳形态，如图5-2(a)所示。可见第一失稳模态为拱的Y向面外失稳（图中较深颜色的拱肋表示沿Y向变形较大），其特征值为8.22，满足《拱桥规》第5.3.1条大于4的要求。同时，作为对比，在3个拱顶设置Y向水平连杆方案的计算结果如图5-2(b)所示，可见两者差别甚微，水平连杆所起作用有限，原因为当3个拱顶同时向同一方向失稳时，水平连杆起不到阻止的作用，故设计时不设该顶部连杆。

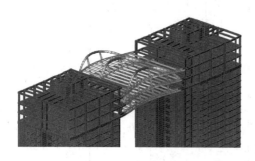 

(a) 拱顶无水平连杆，特征值=8.22　　　　(b) 拱顶有水平连杆，特征值=8.35

图5-2　拱结构屈曲模态1特征值

6　正常使用极限状态计算

6.1 内力组合

正常使用极限状态验算，除按规范进行常规内力组合外，尚参考《拱桥规》，增加考虑混凝土收缩徐变工况和温升、温降工况的标准或准永久内力组合。①标准组合1：1.0恒荷载+1.0活荷载+1.0收缩+1.0徐变+0.6均匀温升；②标准组合2：1.0恒荷载+1.0活荷载+1.0收缩+1.0徐变+0.6均匀温降；③准永久组合：1.0恒荷载+0.5活荷载+1.0收缩+1.0徐变。其中增加的标准组合用于钢管应力验算和重要施工阶段的稳定验算，准永久组合用于拱结构挠度的验算。

6.2 拱肋挠度与预拱度

参考《拱桥规》，取拱肋挠度的控制标准为：扣除预拱度后，挠度不大于$0.001l_0$。设计预拱度取考虑施工模拟的恒荷载作用下挠度并考虑混凝土收缩徐变的影响，不计入活荷载。挠度计算结果如表 6-1 所示。可见，各榀拱的挠度均能满足不大于 $0.001l_0$ 的要求，扣除预拱度后，挠度值接近 0。

各榀拱结构拱肋挠度值　　　　　　　　　　表 6-1

拱编号	计算挠度/mm	预拱度/mm	扣除预拱度后挠度 f/mm	f/l_0
边拱 1	49.8	44.2	5.6	1/8292
中拱 2	43.5	36.8	6.7	1/6975
边拱 3	48.2	42.7	5.5	1/8503

6.3　重要施工阶段验算

验算钢管内混凝土浇筑后、硬化前的钢管截面平均初应力，以及空钢管系杆拱结构此时的弹性分支点失稳特征值是否满足要求。根据 MIDAS/Gen 计算结果，各榀拱肋钢管在控制截面处的初应力如表 6-2 所示，可见初应力度均小于拱桥常见值；屈曲分析模态 1 特征值为 13.36，面内外同时失稳，满足《拱桥规》不小于 4 的要求，如图 6-1 所示。

各榀拱肋钢管在控制截面处的初应力　　　　　　　　　　表 6-2

拱编号	拱桥常见初应力度	截面 1（拱脚）		截面 2		截面 3		截面 4（拱顶）	
		初应力/MPa	初应力度	初应力/MPa	初应力度	初应力/MPa	初应力度	初应力/MPa	初应力度
边拱 1		33.6	0.114	35.3	0.12	25.7	0.09	32.9	0.11
中拱 2	0.15~0.35	21.7	0.074	23.5	0.08	17.6	0.06	21.8	0.07
边拱 3		46.8	0.150	37.7	0.12	28.5	0.09	35.3	0.11

6.4　竖向荷载作用下受拉系梁对楼板裂缝的影响

系杆拱结构中纵向系梁受拉，当楼板混凝土浇筑硬化后，楼板与系梁协调变形，将随系梁的拉伸而出现一定程度的开裂。其本质是受弯构件的受拉区开裂，对结构安全无影响，但裂缝宽度过大会影响外观和耐久性。

假定系梁影响的楼板区域能与系梁完全协调变形，则楼板及其抗裂钢筋的拉应变取与纵向系梁相同，据此计算楼板受拉裂缝，结果如表 6-3 所示。

由表 6-3 可见，相关楼板裂缝宽度远小于 0.3mm 限值，故知纵向系梁的拉伸变形对楼板开裂的影响甚微，可以忽略。原因很简单，因系梁

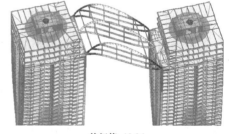

特征值=13.36

图 6-1　钢管内混凝土浇筑后、硬化前屈曲模态 1

的拉应力控制得很小，远小于一般对抗裂钢筋应力的控制值，故对应的楼板裂缝宽度也很小。

如果将楼板与系梁视作整体，共同承担拱肋传来的拉力，则楼板因刚度较大而分担大部分拉力，竖向荷载组合（D＋L）作用下连体底层楼板 X 向拉应力如图 6-2 所示，可见超过混凝土抗拉强度 2.01MPa 的范围集中在拱肋附近，最大应力达 3.4MPa，0.25％的楼

纵向系梁准永久组合下受拉指标及楼板裂缝宽度   表 6-3

拱编号	纵向系梁的位置	拉力/kN	拉应力/MPa	拉应变/(×10⁻⁴)	楼板裂缝宽度 w_{max}/mm
边拱 1	连体底层	4021.4	106.9	5.19	0.0358
	连体 2 层	2687.6	60.6	2.94	0.0203
	连体顶层	691.6	11.9	0.58	0.0040
中拱 2	连体底层	5357.9	105.9	5.14	0.0355
	连体 2 层	3527.6	68.1	3.31	0.0228
	连体顶层	1399.7	17	0.83	0.0057
边拱 3	连体底层	3180.5	115.6	5.61	0.0387
	连体 2 层	2077.8	66.5	3.23	0.0223
	连体顶层	779.9	17.8	0.86	0.0060

板构造配筋率将不能满足控制裂缝宽度不大于 0.3mm 的要求。因此，需要在拱肋与系梁的连接处楼板留设后浇带，待系杆拱连体施工完成后、地面装修前再予封闭，以尽量减小楼板所受拉力，系梁则按零楼板计算拉力。同时，设计时也在图 6-2 所示拉应力较大的楼板范围适当加强配筋，以考虑后浇带浇筑后楼板无法避免作为整体承担小部分增量荷载的影响。

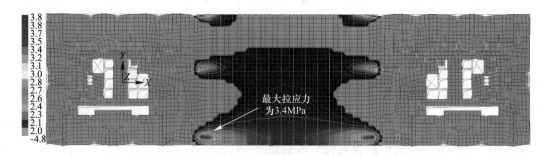

图 6-2　D+L 工况下连体底层楼板 X 向拉应力

6.5　中震作用下楼板应力分析

中震作用下分别进行反应谱法和弹性时程法的楼板应力分析，其中反应谱法采用 YJK 软件，弹性时程法采用 SAP2000 软件。

反应谱法分析结果为：除 Y 向中震作用下连体楼板因通过面内协调抑制两栋塔楼的对称扭转趋势而产生的半边受拉、半边受压外（拉应力大多小于 0.5MPa），如图 6-3 所示，其余情况连体楼板正应力和剪应力均小到可以忽略，表明反应谱法所得两栋塔楼的振动基本同向同步，未能反映两塔非同步运动情况。

弹性时程法分析结果为：①X 向中震作用下连体底层、2 层楼板 X 向整体受拉明显（底层拉应力较大区域达 4～5MPa，2 层达 3～4MPa），反映两栋塔楼存在向外反向运动的明显趋势，底层楼板拉应力如图 6-4 所示；②其余方向连体楼板的拉、剪应力虽没①集中，但仍明显体现非同向同步运动的特点；③总体上，两栋塔楼沿 X 向相向或相背运动的特征较明显，沿 Y 向相错运动的特征较弱。可见，弹性时程法能较真实地反映两栋塔楼非同向同步运动的不利影响，设计时将按时程法结果对楼板进行加强。

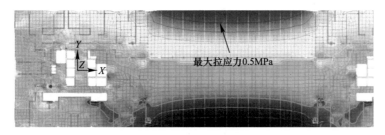

图 6-3　反应谱法 Y 向中震作用下底层连体楼板 X 向正应力

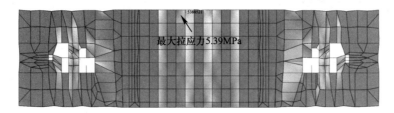

图 6-4　弹性时程法 X 向中震作用下底层连体楼板 X 向正应力

7　关键节点分析

系杆拱的拱脚节点为受力较大的关键节点，取中间拱的拱脚节点进行分析，节点大样如图 7-1 所示。对节点的有限元分析主要是了解拱脚节点处由拱肋受压转化为系杆受拉的内力传递情况，分析软件采用 MIDAS/FEA，三维实体弹塑性有限元分析主要结果如图 7-2 所示。

结论：①节点区域型钢，小震作用下处于弹性，中震作用下满足不屈服；②节点区混凝土，小震、中震作用下，管内混凝土压应变均小于混凝土考虑约束提高的极限压应变 0.031，混凝土处于弹性。

(a) 立面图

图 7-1　节点大样（一）

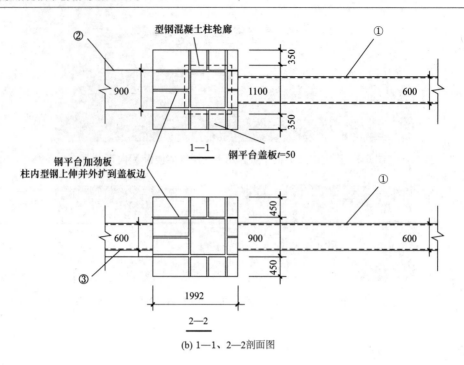

(b) 1—1、2—2剖面图

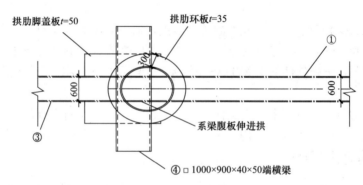

(c) 3—3剖面图

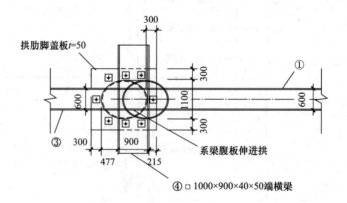

(d) 4—4剖面图

图 7-1 节点大样（二）

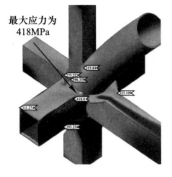 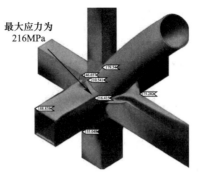 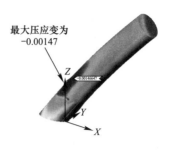

(a) 中震型钢正应力图　　　　(b) 中震型钢剪应力图　　　　(c) 中震混凝土应变图

图 7-2　节点有限元分析主要结果

8　总结

本项目系杆拱结构分析的关键结论总结如下：

（1）采用刚性系杆刚性拱结构，系杆既是拱脚拉杆又是楼盖的纵向主梁，具有拉伸变形小、抗连续倒塌能力强的优点。

（2）竖向传力机理：拉杆拱模式占 72%，整体受弯模式占 28%。水平传力机理：沿连体短向，通过连体间楼板面内的弯、剪协同两栋塔楼共同受力；沿连体长向，通过连体楼板面内拉压及与塔楼交接处结构作为空间整体桁架的面外受弯，协同两栋塔楼共同受力。连体作用明显提高结构的抗扭刚度，增强结构的 Y 向刚度，因与塔楼交接处钢梁铰接且无斜腹杆，连体对 X 向刚度增强不明显，宏观上相当于连接体两端与塔楼铰接的排架作用。

（3）拱脚与塔楼连接采用铰接还是刚接，对系杆拱的内力影响不大。

（4）施工模拟对拱肋中钢管与混凝土应力分配、拱脚弯矩、纵向系梁拉力和拱肋挠度有较大影响，对其余拱肋内力影响较小。设计应考虑施工模拟和温度作用。

（5）拱肋截面一般由面内整体稳定承载力控制，各拱肋按《拱钢规》的计算结果均满足要求。

（6）纵向系梁拉伸变形对楼板开裂的影响可以忽略，但需采取设置后浇带措施。

（7）中震作用下连体楼板的应力由弹性时程法分析结果控制，时程法能反映两栋塔楼非同向同步运动的趋势。

09　某 380m 超高层建筑结构若干关键问题的探讨

刘维亚，汝振，李明，杨志刚

（深圳千典建筑结构设计事务所有限公司）

【摘要】　本文以太子湾 DY03-06 地块项目为背景，对超高层建筑的结构体系选型的思路，加强层的设置原则、核心筒斜墙、复杂节点、塔冠设计方案以及基础选型及设计等若干关键问题进行研究和探讨。

【关键词】　350m 以上超高层；加强层；转换桁架；斜墙；塔冠

图 1-1　建筑效果图

1　概述

近 20 年来，我国超高层建筑迅猛发展，据初步统计，国内在建或已建成的 350m 以上的地标性超高层建筑已超过 40 栋。此类建筑为了突出其地标属性，建筑方案趋于差异化、特色化，也给结构设计带来了不同的挑战。然而结构设计的一些关键问题几乎在每一栋地标性塔楼中都存在，例如结构体系选型的思路，加强层的设置原则，复杂节点、塔冠设计以及基础方案等。

本文以深圳太子湾 DY03-06 地块项目为例，对结构设计的若干关键问题进行研究和探讨。项目位于深圳蛇口片区海边，地上包含 1 栋塔楼和 4 层裙房，共 5 层地下室，深 24.6m，裙房和塔楼设缝断开。塔楼高 374m，主屋面结构标高 329.24m，共 61 层，37 层以下主要为办公楼层，40~54 层为酒店楼层，57 层及以上为观光和塔冠部分，6 层、13 层、19 层、29 层、38 层、39 层、46 层、55 层、56 层和 60 层为设备或避难层。建筑效果图如图 1-1 所示，典型楼层建筑平面图如图 1-2 所示。

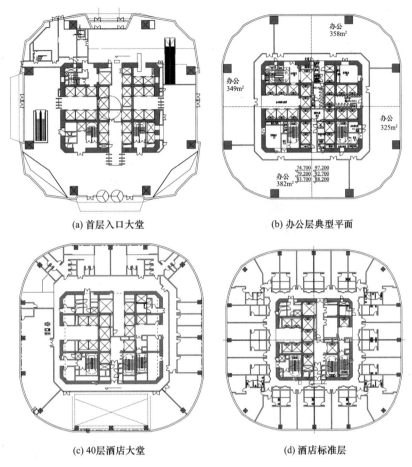

(a) 首层入口大堂   (b) 办公层典型平面

(c) 40 层酒店大堂   (d) 酒店标准层

图 1-2 典型楼层建筑平面图

2 结构体系的选型

案例塔楼沿竖向分布的建筑功能丰富，且业主和建筑师对建筑品质要求较高，结构体系研究以结构安全为前提，在保证建筑功能和品质的情况下，尽可能寻求效率高、造价低、施工便利的结构方案。

2.1 核心筒

核心筒是结构的主要抗侧力和承重系统，基于建筑布局、竖向交通和设备布置的需要，核心筒的尺寸和形状较稳定，除墙厚和结构洞口外，结构方案关于核心筒的可调整空间较小。核心筒通常采用 9 宫格布局；06 地块主塔的核心筒底层轮廓尺寸为 26m × 29.4m，42 层以上最大轮廓尺寸为 21.55m × 22.525m，利用 40～41 层酒店公区设置斜墙解决上、下核心筒外墙不对齐的问题。为腾出空间用于观光，57～58 层核心筒南侧进一步收进。59 层为通高观光层，此区段仅保留 9 宫格最中心的一格，核心筒外墙纵横交汇处退化为框架柱并继续上升到 60 层。首层最大墙厚为 1300mm（外墙）和 600mm（内墙），向上分别缩减至 700mm 和 350mm。为改善延性，同时抵抗水平力下的拉力，在底部 10

层的外墙内设置型钢。

2.2 外框柱方案比选

由于核心筒的调整空间较小，关于结构体系的研究主要围绕外框柱的数量和形式展开。对目前国内 43 栋 350m 以上的超高层结构体系调研结果表明，350m 以上的超高层建筑均采用了核心筒结构，且绝大部分为钢筋混凝土核心筒，均采用了加强层，其结构体系的主要区别在于外框柱的形式和数量，在 350～450m 高度范围内，以框架-核心筒或巨柱框架-核心筒结构体系居多，且绝大部分结构的外框柱数量全楼上下基本一致。

案例塔楼的建筑师希望办公空间和景观视线尽量开敞，希望酒店楼层的柱尽量隐藏在客房分隔墙端部，客房内避免出现竖向或斜向结构构件，墙角尽量避免较大的竖向构件突出。一般外框柱的布置以建筑师的意见为主，然而当成本和施工难度影响较大时，也会影响业主的决策，因此有必要进行比选，比选方案如表 2-1 所示。

外框柱方案对比 表 2-1

方案编号	描述	与建筑专业匹配度	第一周期/s，顶点位移/mm	单方造价/（元/m²）	施工难度与工期	结论
方案 1	办公 8 巨柱，酒店密柱	酒店公区和行政酒廊有较多柱，匹配度较差	6.562，529.7 刚度一般	2679.3	酒店钢构件多，施工复杂，工期长	不推荐
方案 2	办公 16 柱（底部 8 柱），酒店 16 柱	大柱数量多，严重影响办公区的视线，匹配度差	6.5376，535.5 刚度较好	2475.2	办公区型钢混凝土柱（SRC）数量多，且底部有大斜柱，施工较复杂，工期最长	不推荐
方案 3	办公 8 巨柱，酒店 16 柱	较好	6.576，526.2 刚度一般	2746.0	构件数量少，工期较短	优选
方案 4	办公 8 巨柱＋重力小柱，酒店 16 柱	一般	6.456，515.7 刚度好	2590.7	加强层较多，重力小柱增加了构件和节点数量，工期较长	备选

综合建筑师和业主的意见选择结构方案 3，即办公 8 巨柱、酒店 16 柱。

针对巨柱的截面形式进行综合对比分析。地标建筑最常用的柱截面形式为型钢混凝土和钢管混凝土两种，据统计，350m 以上的建筑中，两者各占 50% 左右。

表 2-2 为不同巨柱截面方案的对比，由表可见，钢管混凝土柱（CFT）受力性能好，施工简单，然而防火性能较差，且防火涂料存在老化问题，在建筑使用期内，可能需要多次维护或翻新，另外防火涂料的厚度将增加柱截面的外包尺寸。叠合柱方案经济性和柱截面尺寸有一定优势，但施工难度较大，施工质量难以保证。SRC 柱方案施工相对复杂，但技术成熟稳定，施工质量可靠性和防火性能较好，考虑选用。方案 1-2 和方案 1-1 对比表明，增加 1000 万元的钢材，柱截面仅缩小 100mm，视觉感受变化并不明显。

办公楼层 8 根型钢混凝土巨柱截面由 2.4m×2.6m 递减至 2.4m×1.65m，含钢率在 5.8% 左右，巨柱间不设重力小柱。酒店层的柱结合标准客房的分户墙布置，即尽量使框架柱"隐藏"于分户墙的端部，其中 40～46 层以酒店低区客房布局为准，采用了 16 根型钢混凝土柱，为 1.2～1.1m 方柱，含钢率在 4% 左右。47～57 层以酒店高区客房布局为

巨柱截面对比 表2-2

项目	方案1-1	方案1-2	方案2	方案3
	SRC	SRC	CFT	叠合柱
截面形式				
含钢量	5.5%~6.3%	7.2%~8.4%	5.8%~6.6%	5.4%~6.4%
综合造价/万元	5953	6833	5836	4570
施工难易程度	较复杂	较复杂	简单	最复杂
施工质量可靠性	优	优	优	难以保证
受力性能	良	良	优	良
防火性能	优	优	较差	优

准,在南北两侧各增加1根柱,共18根柱,为1~0.9m方柱。58层以上则为塔冠的斜柱,共20根柱,采用圆钢管截面,与环梁形成近似空间网格结构,详见本文第3.2节塔冠设计部分。酒店和办公楼层柱数量不同,通过38~39层的双层转换桁架过渡,这种外框方案在国内350m以上超高层建筑中尚属首例,其立面情况如图2-1所示。

2.3　加强层方案研究和伸臂桁架必要性探讨

2.3.1　单道加强层敏感性分析

由于办公和酒店外框柱数量不同,加强层的研究基于38~39层必须设置转换桁架,转换桁架兼作加强层。仅设置转换桁架的模型定义为基本模型,通过在不同的避难层设置单道腰桁架或伸臂桁架,对比周期、层间位移角、顶点位移和框架弯矩分担率的变化。如图2-2~图2-5所示。

对比结果表明:

(1)总体上,伸臂桁架与腰桁架规律基本一致,伸臂桁架效率相对较高。

(2)中区楼层,尤其29层加强层对控制周期、层间位移角和顶点位移效率最高。

(3)低区楼层,尤其13层加强层对控制底层框架倾覆弯矩分担率效率最高。

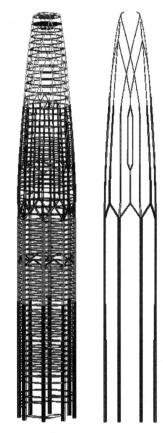

图2-1　外框立面示意

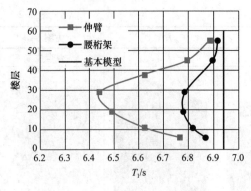

图 2-2　各方案与基本模型周期对比

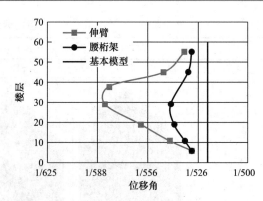

图 2-3　各方案与基本模型最大层间位移角对比

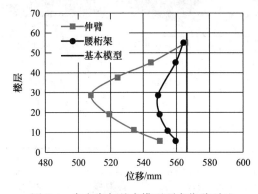

图 2-4　各方案与基本模型顶点位移对比

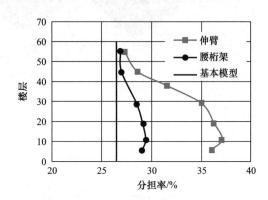

图 2-5　各方案与基本模型弯矩分担率对比

（4）38～39 层双层转换桁架存在的情况下，此处再增加伸臂桁架效率并非最优。

2.3.2　多道腰桁架分析

基于核心筒外墙厚 1.3m，在效率最高的中区设置 2 道或 3 道腰桁架进行对比分析，结果如表 2-3 所示。

多道腰桁架指标对比表　　　　　　　　　　　　　　　　　　　　表 2-3

腰桁架设置楼层	周期/s	最大层间位移角	框架弯矩分担率/%	最大墙厚/m
38～39 层	6.970	1/492	26.9	1.3
29 层＋38～39 层	6.822	1/515	28.8	1.3
38～39 层＋46 层	6.921	1/505	27.5	1.3
29 层＋38～39 层＋46 层	6.773	1/525	29.6	1.3

关于多道腰桁架的设置主要考虑如下因素：

（1）38～39 层转换桁架兼作腰桁架，必须设置。

（2）46 层上、下部为采用两种房间分隔方式，且后续房间分隔可能变动，柱位转换具有一定的不确定性，因此保留该层转换桁架，并沿周边封闭形成环带腰桁架。

（3）考虑后续对结构构件尺寸、荷载等进行优化，位移角、风振舒适度等指标可能不满足要求，为提高结构效率，且预留一定的结构富余度，保留效率最高的 29 层腰桁架。

基于以上分析，塔楼在 29 层、38～39 层和 46 层共设置 3 道腰桁架加强层。其中第 1、3 道腰桁架弦杆和斜腹杆均为工字钢；第 2 道腰桁架因转换桁架承接型钢混凝土柱，斜腹杆也采用型钢混凝土构件。腰桁架及外框形式如图 2-6～图 2-8 所示。

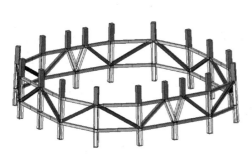

图 2-6　第 3 道腰桁架（46 层）

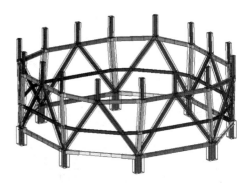

图 2-7　第 2 道腰桁架（兼转换桁架 38～39 层）

2.3.3　伸臂桁架的探讨

　　长期以来，建筑工程界关于伸臂桁架的使用存在一定争议，部分专家倾向于设置伸臂桁架，以尽可能提高结构效率，还有一部分专家认为伸臂桁架对结构受力和施工等造成不利影响，在结构刚度满足的前提下，应尽量避免采用。案例塔楼位于沿海城市的海边，水平风荷载大，结构需要较大的抗侧刚度。案例工程在方案阶段的论证

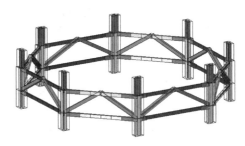

图 2-8　第 1 道腰桁架（29 层）

表明，仅设 3 道腰桁架即可满足侧向刚度要求。初设阶段有专家提出，底部楼层的外框剪力分担率偏小，外框偏弱，建议尝试设置伸臂桁架，以期加强内筒和外框的协同作用，提高结构效率。本小节对设置伸臂桁架的可行性和必要性进行探讨。

　　从图 2-9 和图 2-10 可知，巨柱柱位与核心筒外墙不能对齐，当设置伸臂桁架时，伸臂与同方向的外墙夹角约 11°，同时由于核心筒角部进行了倒角处理，导致伸臂桁架弦杆轴力传递至外墙需经过 2 次转折，受力不直接。另外，伸臂桁架的下弦平面为办公标准层的顶盖，因核心筒出风管需要，核心筒四角为双连梁，上连梁高 350mm，传递伸臂轴力所需的墙内型钢只能在四角布置，无法穿过连梁拉通。

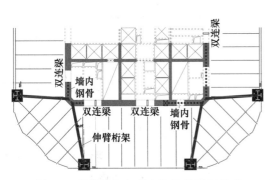

图 2-9　伸臂桁架与竖向构件的平面关系

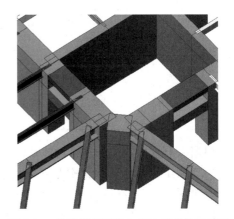

图 2-10　伸臂桁架下弦与双连梁的关系示意

为进一步考察伸臂桁架对结构的影响，分析外框与内筒协同工作的性能，进行如表2-4所示的方案对比。需要指出的是，不同于前文方案阶段的加强层研究，下文研究内容是根据专家意见采用初设阶段的计算模型进行分析。各方案主要指标如表2-5所示。

伸臂桁架设置方案 　　　　　　　　　　　　　　　　　　　　　　　　表 2-4

编号	方案简称	文字说明	备注
方案 1	现方案	实际采用的方案，在 29 层、38～39 层和 46 层设置腰桁架，无伸臂桁架	对比组
方案 2	外墙厚减小 100mm	全楼核心筒外墙厚统一减小 100mm，最大墙厚由 1.3m 减小到 1.2m，拟考察削弱核心筒后内筒和外框的分担率	减弱刚度组
方案 3	13 层加伸臂	在方案 1 的基础上增加 13 层伸臂桁架	加强刚度组
方案 4	29 层改伸臂	取消方案 1 的 29 层腰桁架，在 29 层设置伸臂桁架	
方案 5	29 层加伸臂	在方案 1 的基础上增加 29 层伸臂桁架	
方案 6	38～39 层加伸臂	根据专家意见，在方案 1 的基础上增加 38～39 层伸臂桁架	
方案 7	底部不通高	假定底部无通高大堂，层高大致为 6m，考察底部通高层对框架分担率的影响	对比现方案底部 3 层通高对外框分担率的影响

各方案主要指标 　　　　　　　　　　　　　　　　　　　　　　　　表 2-5

模型	周期（与方案 1 之比）	位移角（与方案 1 之比）	顶点位移（与方案 1 之比）	框架弯矩分担率（1 层）（与方案 1 之比）	框架剪力分担率（1 层）（与方案 1 之比）	框架剪力分担率（3 层）（与方案 1 之比）	框架剪力分担率（4 层）（与方案 1 之比）
方案 1	6.552 (100.0%)	1/463 (100.0%)	563.7 (100.0%)	27.1% (100.0%)	8.83% (100.0%)	0.63% (100.0%)	3.94% (100.0%)
方案 2	6.579 (100.4%)	1/443 (104.5%)	583.6 (103.5%)	27.3% (100.7%)	9.12% (103.3%)	0.50% (79.4%)	4.18% (106.1%)
方案 3	6.289 (96.0%)	1/473 (97.9%)	553.5 (98.2%)	30.6% (112.9%)	8.83% (100.0%)	0.63% (100.0%)	3.92% (99.5%)
方案 4	6.289 (96.0%)	1/490 (94.5%)	536.8 (95.2%)	32.5% (119.9%)	8.82% (99.9%)	0.60% (95.2%)	3.90% (99.0%)
方案 5	6.237 (95.2%)	1/494 (93.7%)	531.9 (94.4%)	33.0% (121.8%)	8.82% (99.9%)	0.59% (93.7%)	3.90% (99.0%)
方案 6	6.341 (96.8%)	1/493 (93.9%)	543.5 (96.4%)	30.5% (112.5%)	8.82% (99.9%)	0.61% (96.8%)	3.91% (99.3%)
方案 7	6.515 (99.4%)	1/463 (100.0%)	563.2 (99.9%)	27.3% (100.7%)	13.92% (157.6%)	2.83% (449.2%)	1.88% (47.7%)

根据以上分析，关于是否设伸臂桁架总结如下：

（1）按建筑高度计算的核心筒高宽比为 14.3，按主屋面计算的高宽比为 12.5，在类似高度建筑中，本塔楼核心筒尺寸相对较大，结构相对偏刚，第一周期仅 6.55s 也侧面印证了这一特征。增加 1 道伸臂不能显著改善外框分担率；削弱核心筒墙厚或者取消楼层通高状态也不能从本质上改善外框分担率偏小的情况。

（2）因核心筒角部转折和双连梁的问题，设置伸臂时伸臂构件传力条件较差。

（3）附加恒荷载、活荷载和收缩、徐变效应下，墙、柱压缩变形不均匀将导致伸臂产生过大的附加内力。

（4）伸臂桁架将导致材料和工期成本较高，同时对擦窗机的布置也有一定影响。

因此，案例塔楼不考虑设置伸臂桁架。

2.4 楼盖

塔楼核心筒内采用现浇钢筋混凝土楼盖，核心筒外采用钢梁与钢筋桁架楼承板组合楼盖。连接核心筒和外框的钢梁，除近柱端外，其余梁端均为铰接。一般楼层核心筒内板厚150mm，核心筒外120mm；腰桁架加强层上、下弦和斜墙顶楼板厚180mm。办公层典型外框梁最大跨度为21.6m、梁高880mm，楼面次梁跨度为10.5～12m、梁高500mm；酒店层楼面次梁跨度为11～13m、典型梁高650mm；以上梁高均不含板厚。为最大程度获取办公楼层的净高，外围连梁按双连梁设计，上连梁高350mm，下连梁高700mm，上、下连梁之间穿风管的洞口高700mm，当楼面次梁垂直方向搭在双连梁上时，双连梁之间设置小短柱，楼面钢梁的集中力通过短柱传至下连梁。如图2-11、图2-12所示。

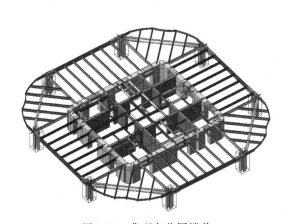

图2-11 典型办公层楼盖

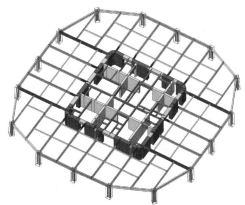

图2-12 酒店标准层楼盖

2.5 结构体系选型小结

基于上述分析和研究，06地块项目塔楼采用带加强层的巨柱框架-核心筒结构，全楼共设3道腰桁架加强层，第2道腰桁架兼作转换桁架，核心筒中区收进处采用斜墙过渡，塔冠采用斜交网格结构。如图2-13所示。

通过该项目结构体系的选择，有如下心得：

（1）结构体系的选择，首先要基于建筑使用功能和建筑条件。

（2）结构体系的选择应依据结构承载力及刚度需要，尤其是加强层的刚度提高方式，应视结构本身需要而定。以本文案例塔楼为例，由于外柱转换而设置2道腰桁架，加上效率最高的29层腰桁架，其刚度各项指标均可达到现行规范的要求，没有必要再采取其他的加强方式了，这不仅是对成本的控制，更是简化了结构本身，也方便了施工。

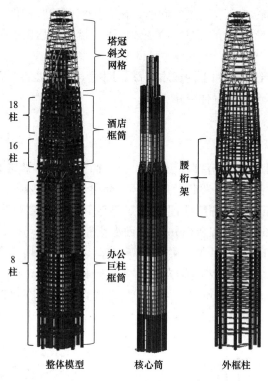

塔冠斜交网格

18柱

16柱

酒店框筒

腰桁架

8柱

办公巨柱框筒

整体模型　　　　核心筒　　　　外框柱

图 2-13　结构三维示意

3　若干重点问题探讨

3.1　综合转换区内力分析和研究

在 06 地块项目中，外框柱通过 38～39 层桁架转换，酒店和办公核心筒通过 40～41 层斜墙过渡，斜墙底的楼盖也是转换桁架的上弦楼盖。另外，角部转换桁架向外倾斜约 12°。因此，38～41 层既是建筑功能的转换区，也是结构的转换区，该区域斜墙传力、楼盖受拉、节点构造等问题均较复杂，是结构设计的重难点所在。

针对综合转换区的斜墙和转换桁架进行了荷载作用下的墙体、楼板和构件的受拉分析。根据分析结果对墙体、楼板予以加强，转换桁架弦杆和楼面钢梁承载力计算时不考虑楼板刚度的贡献。

如前所述，38～41 层既是建筑功能的转换区，也是结构受力的转换区，因此 40 层楼盖既是转换桁架的上弦楼盖，又是斜墙底楼盖，同时由于在角部转换桁架存在外倾，导致该层楼盖受力更加复杂。如图 3-1 所示。

由图 3-2 可知，重力荷载作用下斜墙表现为典型的上压下拉的应力分布趋势。斜墙顶连梁最大压应力约 4.2MPa，斜墙底部连梁最大拉应力约 1.46MPa。在斜墙底部内、外墙连梁高度范围内设置环向型钢，拉力由型钢承担，型钢截面尺寸为 H600mm×200mm×12mm×20mm，在纵横墙交叉部位设置构造型钢柱与水平型钢形成内置桁架。在不考虑型钢贡献的情况下，增加连梁和墙体分布筋，控制裂缝宽度不超过 0.3mm。

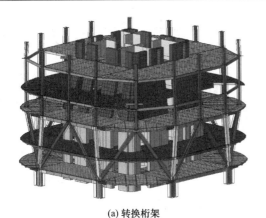
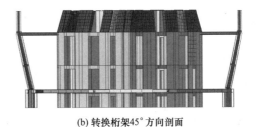

(a) 转换桁架　　　　　　　　　　　　　(b) 转换桁架45°方向剖面

图 3-1　综合转换区三维示意

-5.00　-4.46　-3.92　-3.38　-2.85　-2.31　-1.77　-1.23　-0.69　-0.15　0.38　0.92　1.46　2.00

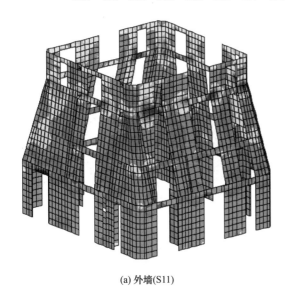
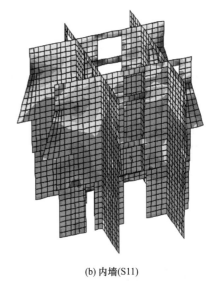

(a) 外墙(S11)　　　　　　　　　　　　　　(b) 内墙(S11)

图 3-2　"恒＋活"标准组合下斜墙墙体水平应力（压为负，拉为正）

如图 3-3 和图 3-4 所示，由于角部转换桁架外倾，楼板内存在较大拉应力，角部转换弦杆以及连接角部与核心筒的钢梁也承受较大的拉力，受拉钢梁截面设计时忽略楼板刚度的贡献，应力比控制在 0.7 以内，梁两侧一定宽度范围内的楼板钢筋沿拉力方向的配筋率不小于 1%。

从上述分析可知，对于结构中的综合转换区应重点关注以下问题：

（1）对于斜墙、斜柱、斜撑等构件，应考虑重力荷载作用下的水平分力问题。

（2）重力荷载为长期荷载，混凝土拉应力较大时，应考虑混凝土退出工作，拉应力由钢筋或型钢承担，并对裂缝宽度进行限制；对于重要的钢构件设计，建议不考虑混凝土的刚度贡献。

（3）承受轴力的楼面钢梁端部采用螺栓连接时，应考虑梁轴力引起的螺栓水平剪力。

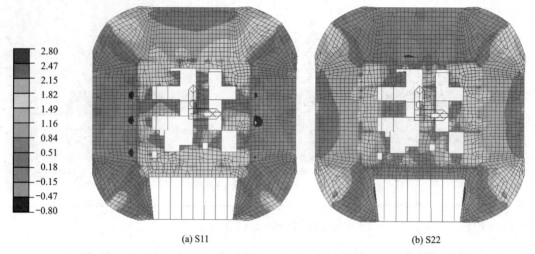

（a）S11　　　　　　　　　　　　　　　　（b）S22

图 3-3　"恒＋活"标准组合下 40 层楼板应力（压为负，拉为正）

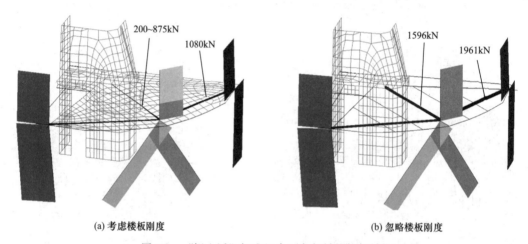

（a）考虑楼板刚度　　　　　　　　　　　（b）忽略楼板刚度

图 3-4　"恒＋活"标准组合下角部转换桁架轴力

图 3-5　塔顶建筑立面效果图

3.2　塔冠设计

　　本项目 59 层以上为塔冠部分，59 层标高 296.4m，层高 26.39m，主屋面标高 329.24m，为 35.26m 通高、部分镂空的半室外空间。秉持建筑、结构、幕墙有机结合的理念，结构骨架结合建筑立面上的脊线布置，横梁沿竖向间距与幕墙分割相融合，通高的楼层每隔 5～6m 设置 1 道水平环梁（桁架），每隔 10～12m 设置 1 道水平桁架作为幕墙支撑。斜杆和横梁形成一种近似空间斜交网格的结构体系。由于塔冠结构杆件多为曲线形态的三维空间杆件，故斜杆和环梁等主要杆件均采用圆钢管截面。主斜杆截面为 P800mm×25mm，角部支撑截面为 P500mm×18mm，环梁截面为 P600mm×20mm，水平环桁架腹杆截面为 P245mm×12mm。如图 3-5～图 3-8 所示。

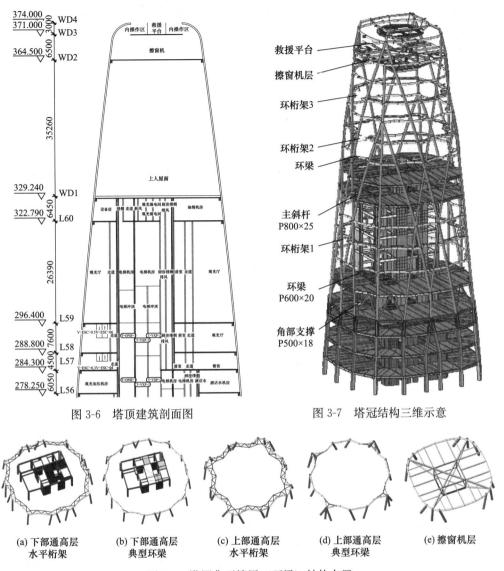

图 3-6　塔顶建筑剖面图　　　　图 3-7　塔冠结构三维示意

（a）下部通高层　　（b）下部通高层　　（c）上部通高层　　（d）上部通高层　　（e）擦窗机层
　　水平桁架　　　　典型环梁　　　　　水平桁架　　　　典型环梁

图 3-8　塔冠典型楼层（环梁）结构布置

　　图 3-9 所示为重力荷载作用下的轴力分布，分析表明，外框分担了约 56％的重力荷载、约 65％的水平剪力和 80％以上的倾覆弯矩，即外框是塔冠的主要抗重力、水平力系统。风荷载作用下侧风面斜杆（图 3-10 虚线框内）轴力最大，呈现出显著的拉、压效应，反映其对外框抗侧刚度的贡献最大。总体来看，由于核心筒大幅收进，一方面塔冠刚度整体偏弱，另一方面外框的刚度相对较大。前者带来鞭梢效应问题，后者主要涉及平面外稳定和受力的问题。

　　针对鞭梢效应问题，首先提高收进处核心筒的性能目标到中震弹性和大震不屈服；其次，按 7 条地震波平均达到反应谱基底剪力 100％水平的原则进行选波，由此确定塔顶地震力放大系数，进行中震楼层地震力调整。

　　风洞试验给出的楼层等效静荷载集中于一点，幕墙覆面风压是针对维护构件给出的极值，均不适用于塔冠通高楼层杆件分析与设计。塔冠构件设计时将总的风荷载分离为外部风荷载与内部风荷载。外部风荷载为直接作用在建筑覆面上的风压,内部风荷载为由风致振动引起的结构惯性力。

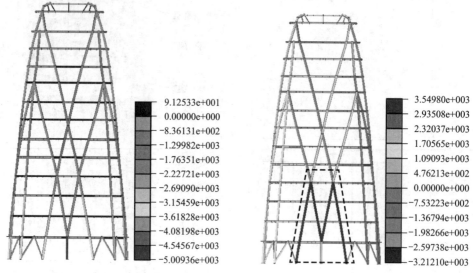

<table>
<tr><td>图 3-9　重力荷载作用下南立面轴力分布</td><td>图 3-10　X 向风荷载作用下南立面杆件轴力分布</td></tr>
</table>

图 3-9　重力荷载作用下南立面轴力分布　　图 3-10　X 向风荷载作用下南立面杆件轴力分布

　　针对面外受力问题进行分析。风荷载作用下结构变形如图 3-11 所示,通高层的层间位移角为 1/630,环梁最大水平变形为 1/1719,均满足规范要求。恒荷载、活荷载和风荷载标准组合(D+0.7L+Wy)下屈曲模态如图 3-12 所示,最小屈曲因子为 25.13,满足稳定性要求。根据屈曲分析结果,按欧拉公式反算的塔冠上部通高层斜杆计算长度系数为 1.51,下部通高层为 1.72,接近《空间网格结构技术规程》JGJ 7-2010 的建议值 1.6。计算长度法应力比云图如图 3-13 所示。

　　采用一阶弹性分析法(计算长度法)进行塔冠构件的承载力验算,同时采用直接分析法进行复核。直接分析法是一种基于非线性分析理论的系统整体分析方法,立足于反映结构体系的真实响应。该方法考虑了结构的 P-Δ 和 P-δ 效应,以及系统整体与构件局部的初始缺陷,可以较准确地反映结构受力和稳定性情况,其平衡方程建立在变形后的构形上,与一阶线性分析中不考虑变形对平衡的影响有着本质的区别。但直接分析法需考虑多种工况下的初始缺陷,并对结果进行包络。图 3-14 所示对比结果表明,一阶弹性分析法略偏安全,塔冠底部的个别杆件应力比达到 0.6~0.7,其余大部分构件应力比在 0.5 以内。

　　结合上述分析和研究,塔冠结构是整个结构设计的重要内容,设计中应考虑以下问题:

　　(1)超高层建筑的塔冠是整体造型上的亮点,塔冠高度可能较大,造型复杂,结构方案应结合建筑造型和内部功能确定。

　　(2)对于塔冠通高层或竖向长悬臂,需重点关注结构的面外稳定和抗风问题。

　　(3)对于塔冠通高层,等效静力风荷载或幕墙覆面风压均不适用,风荷载应由风洞试验专门研究。

　　(4)对于塔冠空间曲线形态的杆件,采用规范公式算法和有限元分析方法均有一定的缺陷,建议采用直接分析法复核。

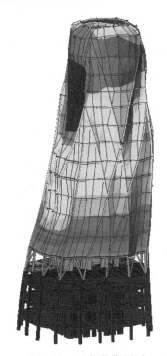

图 3-11 风荷载作用下
塔冠变形

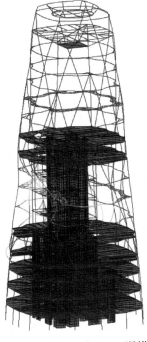

图 3-12 D+0.7L+Wy 工况塔冠
屈曲模态（屈曲因子 25.13＞10）

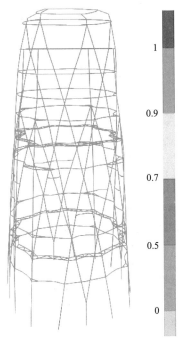

图 3-13 计算长度法应力
比云图

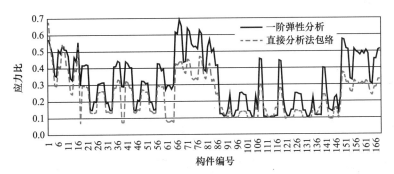

图 3-14 直接分析法与一阶弹性分析法应力比对比

3.3 复杂节点设计与分析

外框柱存在多次数量和截面形式的转换，且酒店层和塔冠区域均为空间斜柱，节点构造较复杂，以下介绍其中两个典型节点（图 3-15）的设计和分析。

3.3.1 节点设计原则

典型节点 1 和节点 6 的构造如图 3-16 和图 3-17 所示，节点设计的主要原则如下：

（1）节点按大震不屈服设计，且节点承载力应强于构件。

（2）钢板和加劲板尽量平面内对拉传力，避免通过钢板面外或抗剪传力。

（3）通过节点区设置钢板箍的方式，确保节点区钢构件的互相连接和节点区范围内混凝土的约束，也方便施工。

（4）兼顾施工便捷性和混凝土振捣的密实性，合理预留浇筑孔和排气孔。

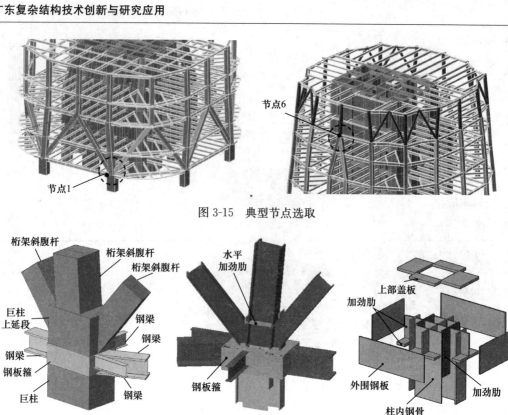

图 3-15　典型节点选取

桁架斜腹杆
桁架斜腹杆
桁架斜腹杆
巨柱上延段
钢梁
钢梁
钢板箍
巨柱
钢梁

水平加劲肋

钢板箍

上部盖板
加劲肋
外围钢板
柱内钢骨
加劲肋

(a) 混凝土部分　　　　　(b) 钢材部分　　　　　(c) 节点板构成

图 3-16　节点 1 三维示意

圆钢管　浇筑孔
钢梁上翼缘对接板
钢梁
钢板箍侧板
钢板箍侧板
SRC斜柱

钢板箍
水平加劲肋

上部盖板
外围钢板
加劲肋
下部盖板

(a) 混凝土部分　　　　　(b) 钢材部分　　　　　(c) 节点板构成

图 3-17　节点 6 三维示意

3.3.2　节点分析结果

利用 ABAQUS 软件建立节点有限元模型，以验证节点板传力的可靠性和合理性。节点按大震不屈服进行分析，结果如图 3-18、图 3-19 所示，可见节点大部分区域能通过加劲肋、翼缘和腹板均匀传力，局部板上开洞周边应力分布均匀，仅在钢板箍上盖板与上柱交汇部位存在小范围的较大应力值集中，但最大应力小于材料强度限值，满足要求。钢筋最大拉应力在 333MPa 以内，小于材料限值 400MPa，满足要求。混凝土最大压应力在 30.5MPa 以内。各节点设计满足大震不屈服的性能目标。

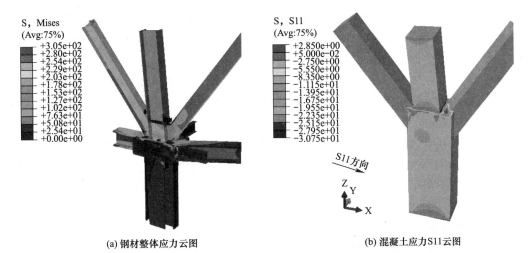

(a) 钢材整体应力云图　　　　　　　(b) 混凝土应力 S11 云图

图 3-18　节点 1 主要应力分析结果

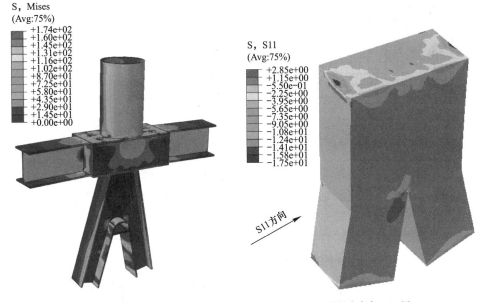

(a) 钢材整体应力云图　　　　　　　(b) 混凝土应力 S11 云图

图 3-19　节点 6 主要应力分析结果

关于节点设计和分析总结如下：

（1）节点构造的合理性、施工便捷性是节点质量的主要保障；加强层杆件往往存在多杆件交汇的情况，桁架杆件截面形式的选择和节点的初步构造应在方案阶段予以考虑，尽量避免产生过于复杂的节点构造。

（2）主要的钢骨和板件应尽量面内直接传力，局部削弱时应进行补强。

（3）钢板箍可大幅简化节点区箍筋穿钢构件的问题，同时可有效改善节点区混凝土的受力性能。

3.4　非荷载效应分析

对于总高 374m 的塔楼，按常规分析的重力荷载作用下竖向变形和受力可能存在较大误差。对结构重力荷载作用下的变形和受力分析,需考虑材料收缩徐变属性的施工模拟加载,收缩徐变采用 CEB-FIP 2010 计算模型,考虑附加恒荷载和使用活荷载实际的荷载施加方式,考虑地下室的影响,地上每 4 层划分为一个施工段。

如图 3-20 和图 3-21 所示,以装修完成 20 年为期限,主体封顶阶段结构竖向变形平均完成 42% 左右,装修完成时完成 65% 左右,投入使用 10 年时结构变形完成 92% 左右。核心筒和外框柱竖向变形规律基本一致,最大竖向位移分别为 85.6mm(顶层)和 162.8mm(56 层)。柱相对墙下沉,徐变特性进一步加剧这一趋势,最大竖向变形差为 82mm,出现在 45~55 层。墙柱竖向变形差导致的楼面坡度最大值不足 1%,基本可以忽略,但各层柱的竖向压缩变形是幕墙变形预留的重要依据。

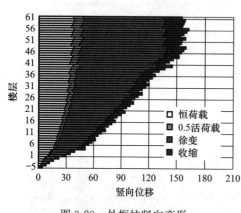

图 3-20 外框柱竖向变形

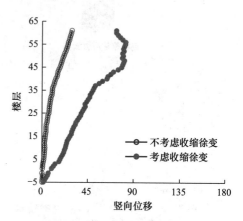

图 3-21 墙柱竖向变形差

由于塔楼未设伸臂桁架,且核心筒与外框之间绝大部分梁为铰接,内筒和外框之间的轴力重分布效应不明显,装修完成的 20 年内,墙柱轴力变化不足 2%。但竖向变形差会造成刚接的框架梁产生较大的附加弯矩,需重点关注。

关于非荷载效应分析总结如下:

(1)常规施工图设计程序能够完成简单的施工模拟分析,但无法准确考虑荷载施加进程和材料收缩徐变属性,对于 300m 以上的超高层建筑,这种误差应引起重视。

(2)非荷载效应加剧墙柱竖向压缩变形和变形差,一般表现为外框柱相对核心筒进一步下沉,变形问题主要影响幕墙变形的预留值和楼面倾斜度。竖向变形差将导致水平构件产生附加内力,当水平构件端部刚接时,其刚度越大,附加内力越大,甚至起控制作用。

(3)楼面梁刚接或铰接、是否设置伸臂等,对其自身附加内力的影响较大,前期方案决策时需加以考虑。

3.5 基础方案研究

基础方案主要取决于地质情况。据调研,350m 超高层建筑采用纯桩基方案的占比不足 30%,广东地区应用相对较多;采用筏板或桩筏基础的约占 70%,以江浙地区应用较多。

本次研究的塔楼底板下绝大部分为中、微风化花岗岩,塔楼采用天然基础方案,对于边缘存在的少量强风化部位,采用 C35 素混凝土换填方式处理,如图 3-22 所示。底板厚

3.5m，核心筒下加厚至 4.0m，混凝土采用 C45。塔楼范围外的底板下为强、中或微风化花岗岩，同样采用天然基础，底板厚 900mm，混凝土采用 C35。为缓解厚板和薄板过渡区域薄板受力突变的问题，除塔楼底板周边放坡过渡外，可再外扩 2m 设置褥垫层作为沉降过渡带。抗浮采用抗拔锚杆，杆径 180mm。基础底板平面布置如图 3-23 所示，基底反力和竖向变形云图如图 3-24 和图 3-25 所示。

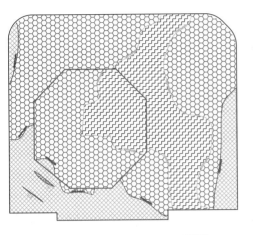

微风化　中风化　强风化　下埋碎裂岩

图 3-22　基坑底岩土层分布

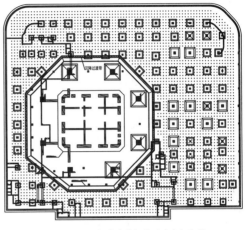

图 3-23　基础底板平面布置示意

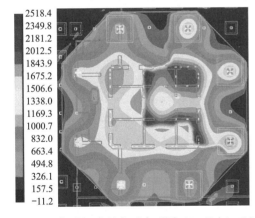

图 3-24　标准组合基底反力云图（1.0D＋1.0L）　图 3-25　基础底板竖向变形云图（1.0D＋1.0L）

　　值得注意的是，巨柱落在中风化区域时，柱下局部承载力不满足要求，参考钢柱柱脚加劲肋的概念，在地下 5 层和地下 4 层塔楼西侧、南侧巨柱和核心筒角部设置翼墙。巨柱轴力向翼墙传递时存在竖向受剪的问题，因此原则上尽量使翼墙高宽比大于 1，使压应力在混凝土刚性扩散角内传递。当翼墙高宽比小于 1 时，需考虑上部结构和基础的协同作用对翼墙受力进行复核。

　　分析结果表明，考虑基础与上部结构协同作用后，翼墙的剪压比和配筋均有所增加，与翼墙相连的人防墙剪压比超限，此类墙体可通过增加分布筋、加厚混凝土或提高混凝土强度等措施加强。

从基础方案的研究和调研结果来看，无论是 350m 以上超高层建筑还是普通超高层，基础方案主要由地质情况决定，天然基础的工期和成本具有明显优势，如受力可行，应优先考虑采用。根据调研结果，方案阶段可按每 100m 高度需要 1m 厚筏板初步估算筏板厚度，供初步确定基坑底标高参考。

4 结语

以一栋 374m 的超高层办公建筑为例，阐述了此类超高层结构体系选型的思路，紧密结合建筑功能的需要是结构选型时需考虑的主要问题。当存在核心筒缩尺和外框柱数量变化时，可分别通过斜墙和转换桁架衔接过渡，此时应重点关注斜向构件的水平分力问题，并进行相应加强。设置加强层的目的是提高结构效率，改善结构刚度，但也需基于结构体系固有的特点，关注加强层尤其是伸臂的设置条件，在设置腰桁架可满足刚度的情况下，不必盲目追求伸臂带来的高效率。

地标类超高层建筑往往具有造型复杂的通高塔冠，应重点关注构件面外受力相关的稳定性、计算长度系数、变形和承载力问题。节点设计涉及结构的安全性和施工的便利性，需在方案阶段构件截面选型时就加以考虑，应遵循构造简单、传力直接的原则。收缩徐变引起的竖向变形差将导致水平构件产生较大的附加内力，在方案阶段设置伸臂桁架或确定内框梁节点连接方式时需加以考虑。基础选型应结合工程地质特点，条件允许的情况下可尽量采用筏板，此时可通过设置翼墙等方式缓解局部基底反力集中的问题；对于翼墙应重点关注竖向受剪问题。

10　大底盘超高层项目结构设计

赵颖，江毅，易伟文，何啸，黄勇
（华南理工大学建筑设计研究院有限公司）

【摘要】 本项目地上建筑面积约 23.1 万 m^2，由一栋建筑高度为 320m 高的塔楼和 46m 高、平面尺寸约 110m×180m 的大底盘裙楼组成。塔楼采用带 1 道伸臂桁架加强层的钢管混凝土柱钢框架＋钢筋混凝土核心筒混合结构，其外框由 14 根跨度 X 方向为 9.6m、Y 方向为 14.4m 的钢管混凝土柱和四角悬挑约 11m 的钢梁组成。本项目存在扭转不规则、偏心布置、含加强层、局部穿层柱、塔楼偏置等不规则项，属超规范高度的超限结构，按照设定的性能目标，对结构进行弹性计算、中震验算并采用 PERFORM-3D、ABAQUS 软件进行了罕遇地震作用下的动力弹塑性时程分析，根据分析结果，采取了针对性的加强措施。

【关键词】 大底盘；伸臂桁架加强层；大悬挑；超限结构；动力弹塑性时程分析

1　工程概况

金融城起步区 AT090902 地块项目位于广州市天河区黄埔大道与科韵路交汇处，总建筑面积约 35.3 万 m^2，地下 6 层，面积约 12.2 万 m^2，其中地下 1 层、地下 2 层为商业用途，地下 3 层至地下 6 层为车库与设备区。地上建筑面积约 23.1 万 m^2，由一栋建筑高度为 320m 高的塔楼和 46m 高、平面尺寸约 110m×180m 的大底盘商业裙楼组成。裙楼 9 层，建筑面积约 9.6 万 m^2；塔楼位于地块的东南角，62 层，主屋面结构高度为 292.0m，其上竖向构件继续延伸，作为停机坪和幕墙的支撑，停机坪结构高度为 304.5m，幕墙构架高度为 320m。建筑效果图如图 1-1 所示，剖面图如图 1-2 所示。

图 1-1　建筑效果图

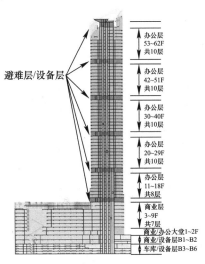

图 1-2　建筑剖面示意图

2 结构方案选型

2.1 主要设计参数

结构设计使用年限为 50 年，结构安全等级为二级，结构重要性系数 $\gamma_0 = 1.0$，抗震设防烈度为 7 度，设计基本地震加速度为 0.1g，场地类别为 II 类，特征周期 $T_g = 0.35s$，抗震设防类别为乙类，按本地区设防烈度 7 度确定其地震作用，按高于本地区设防烈度一度 8 度采取抗震措施。

本项目所在地区 50 年重现期基本风压 $W_0 = 0.50kPa$[1]，结构阻尼比为 4%。根据场地周围实际的地貌特征，地面粗糙度为 C 类。通过对比分析，本工程设计风荷载采用风洞试验结果[2-3]。

2.2 方案选型——整体结构方案

本项目整个大底盘裙楼为商业用途，中庭开大洞，且为大悬挑，典型建筑平面如图 2-1 所示，与塔楼相接部分多仅为一跨，如果在结构上沿塔楼边线进行分缝处理，裙楼结构布置不合理，将影响整个建筑的使用功能，并带来建筑构造处理的困难。综合分析，本工程的裙楼和塔楼之间不进行分缝，将塔楼和大底盘裙楼连成一体，但在结构设计中特别控制以下两点：

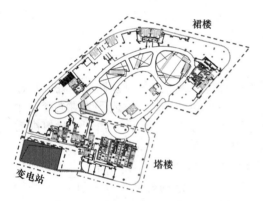

图 2-1 建筑裙楼典型平面图

（1）通过抗侧结构的合理布置，尽量减少水平荷载在塔楼和裙楼之间的传递，避免因裙楼的作用而增加塔楼竖向构件的受力负担，或裙楼竖向构件承受较大的水平荷载，以减小水平荷载作用下的楼板内力。

（2）控制大底盘的扭转位移比，减小裙楼周边构件的受力。

塔楼部分地面以上 62 层，结构高度为 292.0m，建筑平面约为 56.5m×49.9m 的近似正方形，结构高宽比约 5.85；核心筒 42 层以下尺寸约为 29.1m×19.9m，42 层以上尺寸收进为 22m×19.9m。根据建筑造型、使用功能及结构受力要求，塔楼拟采用带加强层的框架-核心筒结构。考虑到结构核心筒 X 向的尺寸较大，在不设加强层的情况下就可以满足 X 向承载力和变形的要求，故仅在 Y 向设置加强层。而大底盘裙楼建筑尺寸约为 110m×180m，地上 9 层，高度 46m，且有偏置的塔楼核心筒直落，故沿建筑周边，利用楼梯间合理设置一定数量的剪力墙，形成框架-剪力墙结构，以满足上述两项设计控制原则。

2.3 方案选型——塔楼方案

带加强层的框架-核心筒结构，加强层构件可以是外伸刚臂或环桁架，或是两者组合。

本结构南北向刚度略弱于东西向且南北向柱位与核心筒墙肢相对应，考虑在南北向外框柱与核心筒之间加设伸臂桁架。外伸刚臂[4] 是连接内筒和外柱的桁架，刚度较大，协调加强层处内筒和外柱的平面转角，通过增加外框柱轴力，从而增大外框架的抗倾覆力矩，增大结构抗侧刚度，减小侧移，其受力机理如图 2-2 所示。

根据经验，本项目最多采用 2 道加强层即可满足要求，且加强层一般布置于结构的中上部，因此选取以下三个比选方案：不带加强层的框架-核心筒（方案 A）、带 1 道加强层的框架-核心筒（方案 B）、带 2 道加强层的框架-核心筒（方案 C）。其中方案 B 加强层设置于 41 层，方案 C 加强层设置于 19 层和 41 层，加强层位置如图 2-3 所示。

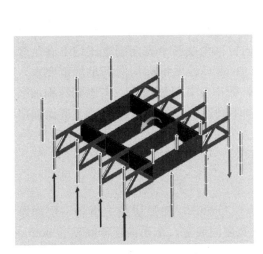

图 2-2 伸臂受力机理示意

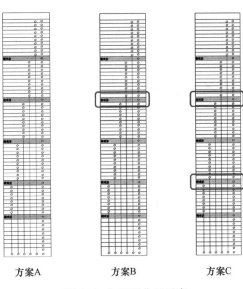

方案A　　　　　方案B　　　　　方案C

图 2-3 加强层位置示意

经计算，比选方案各基本参数对比如表 2-1 所示。

方案基本参数对比　　　　　　　　　　　　　　　　　　表 2-1

项目		计算结果	方案 A	方案 B	方案 C
自振周期（s）		T_1/s	8.8983	7.3716	7.3127
		T_2/s	7.4188	7.1284	6.6581
		T_3 (T_t) /s	4.1623	4.0759	4.0041
		T_t/T_1	0.47	0.55	0.55
风荷载	X 向	最大层间位移角 Δ_u/h	1/656（46 层）	1/673（47 层）	1/676（47 层）
		基底弯矩 $M_0/$（kN·m）	4276392	4259292	4256646
		框架柱弯矩所占比例/%	13.4	15.0	17.1
		基底剪力 Q_0/kN	24340	24248	24234
	Y 向	最大层间位移角 Δ_u/h	1/388（60 层）	1/539（42 层）	1/599（42 层）
		基底弯矩 M_0/kN·m	4799454	4788902	4764263
		框架柱弯矩所占比例/%	18.8	32.0	44.0
		基底剪力 Q_0/kN	27333	27277	27145

续表

项目		计算结果	方案 A	方案 B	方案 C
地震作用	X 向	最大层间位移角 Δ_u/h	1/565（52 层）	1/574（52 层）	1/572（52 层）
		基底弯矩 $M_0/(kN \cdot m)$	3188052	3144540	3171981
		基底剪力 Q_0/kN	19628	19464	19608
	Y 向	最大层间位移角 Δ_u/h	1/407（61 层）	1/631（58 层）	1/651（58 层）
		基底弯矩 $M_0/(kN \cdot m)$	3160467	3182207	3164316
		基底剪力 Q_0/kN	19960	19992	20119
刚重比		X 向	1.386	1.417	1.421
		Y 向	1.045	1.586	1.769
总重量（D+0.5L）/kN			2130568	2131239	2134355

计算结果显示：方案 A 抗侧刚度偏弱，Y 向位移角及两个方向刚重比均不满足规范要求，结构需采取措施提高抗侧刚度；方案 B、方案 C 各项指标均能满足规范要求，方案 C 的 2 道加强层相对于方案 B 的 1 道加强层，效率没有明显提高，考虑到结构加强层对施工难度、工期、使用空间及造价均有较大的不利影响，本项目选用带 1 道加强层的方案 B。

2.4 结构主要构件尺寸

塔楼竖向构件：塔楼外围剪力墙厚度为 800～300mm，加强层及上下各一层加厚为 800mm；内部剪力墙厚度为 500～250mm。连梁宽度同墙宽，东西向连梁高度为 900mm、1200mm，南北向外围连梁高度为 1200mm、内部连梁高度为 1500mm；外框柱采用圆钢管混凝土柱，自下而上截面直径为 1600～900mm。

裙楼竖向构件：柱距基本为 8400mm，竖向构件以钢筋混凝土柱为主，局部在电梯井及楼梯间布置剪力墙。大部分柱截面为 800mm×800mm，少数大跨度、特殊构造处的柱截面增大为 1200mm×1200mm。局部电梯井及楼梯间剪力墙厚度为 400mm。

塔楼加强层：伸臂桁架斜腹杆、下弦杆截面尺寸为 □400/500mm×1000mm×55mm×50mm，上弦杆截面尺寸为 □400/500mm×1200mm×55mm×65mm。

塔楼一般水平构件：外框架与核心筒之间 9 层以下为方便与裙楼连接采用混凝土梁板楼盖，外框梁截面为 400mm×（900～1100）mm，悬挑端为 600mm×1200mm；9 层以上为钢梁+混凝土楼板的组合楼盖，钢梁除封口梁（槽钢）外均为 H 型钢，外围钢框梁截面为 250mm×1000mm×18mm×25mm，悬挑端为 400mm×1000mm×18mm×35mm；次梁截面为 HN450mm×150mm，楼板厚度一般为 110mm；核心筒内部为普通现浇混凝土楼盖，楼板厚度一般为 120mm。伸臂上、下层楼板厚 200mm。

裙楼一般水平构件：框架梁截面一般为 300mm×700mm，悬挑梁截面一般为 300mm×900mm。部分悬挑较大或荷载较大处梁截面需要加大，但梁高控制在 1200mm 以内。

结构裙房典型平面布置如图 2-4 所示，塔楼标准层平面布置如图 2-5、图 2-6 所示，结构抗侧力体系如图 2-7 所示。

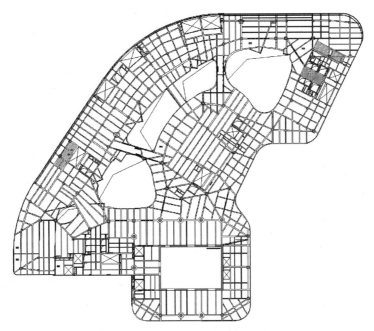

图 2-4　裙房典型平面布置示意

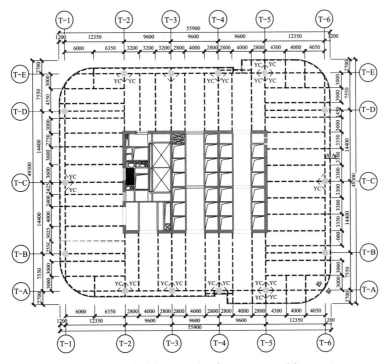

图 2-5　塔楼标准层平面布置（11~41 层）

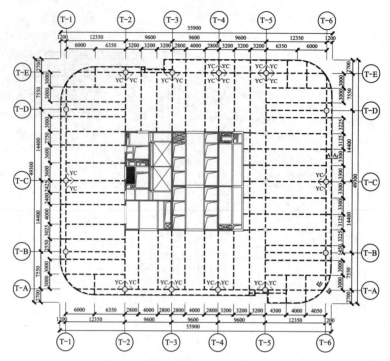

图 2-6 塔楼标准层平面布置（42 层以上）

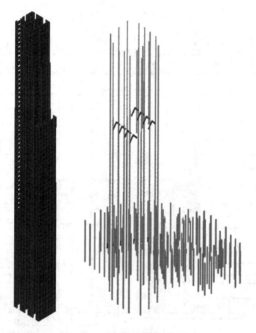

图 2-7 结构抗侧力体系

3 结构超限情况及性能目标

根据《住房和城乡建设部关于印发〈超限高层建筑工程抗震设防专项审查技术要点〉

的通知》(建质〔2015〕67 号)及《高层建筑混凝土结构技术规程》JGJ 3-2010(简称《高规》)的有关规定,本工程存在结构高度超限、扭转不规则、偏心布置、楼板不连续、刚度突变、构件间断(41 层设置伸臂桁架加强层)、承载力突变、局部不规则(1~3 层局部有穿层柱)、塔楼偏置等不规则项,属于超规范高度的超限结构。

为实现"小震不坏、中震可修、大震不倒"抗震设计目标,提高结构的抗震安全度,本工程对抗侧力结构进行性能化设计,按照《高规》性能目标设定为 C,各水准地震作用下结构构件的性能目标如表 3-1 所示。

性 能 目 标   表 3-1

地震烈度		多遇地震	设防烈度	罕遇地震
抗震性能要求		第 1 水准	第 3 水准	第 4 水准
关键构件	剪力墙(底部加强部位、加强层)	弹性	受剪弹性压弯不屈服	受剪不屈服,压弯不屈服
	框架柱(加强层)	弹性	受剪弹性	弹性
	伸臂桁架	弹性	弹性	不屈服
	楼板(加强层)	弹性	受剪不屈服拉、压不屈服	允许屈服,控制塑性变形
普通竖向构件	剪力墙(一般层)	弹性	受剪弹性压弯不屈服	部分允许屈服,但满足受剪截面要求
	框架柱(一般层)			
耗能构件	底部混凝土框架梁	弹性	受剪不屈服,受弯允许屈服,控制塑性变形	大部分允许屈服,控制塑性变形
	连梁			
钢梁		弹性	钢材受拉(压)应变 $0.004 < \varepsilon \leqslant 0.006$	钢材受拉(压)应变 $0.006 < \varepsilon \leqslant 0.008$

4 结构弹性整体分析

4.1 弹性分析结果

采用 YJK 和 ETABS 两种不同分析软件对结构进行小震和风荷载作用下的内力和位移计算。两个软件的主要计算结果,包括总质量、周期及振型、风荷载及地震作用下的基底反力及侧向位移等均比较接近,验证了分析的可靠性。

4.2 结构稳定性分析

采用 SAP2000 软件对结构进行整体稳定性屈曲分析,D+0.5L 组合下,前 3 阶屈曲模态因子分别为 10.8、12.92、15.24,对应的屈曲模态如图 4-1 所示。结构第 1 阶屈曲模态为扭转,但对应的屈曲因子 λ 大于 10。根据广东省标准《高层建筑混凝土结构技术规程》DBJ 15-92-2013(简称《广东高规》)第 5.4.5 条的规定,当有限元分析得到的屈曲因子 λ≥10 时,可认为结构的整体稳定性能够得到保证。

4.3 钢管剪力墙轴压比分析

业主希望尽可能减小剪力墙厚度以增加使用面积,为此采用内嵌钢管,将底部 8 层以下核心筒外围剪力墙厚度由 900mm 减为 800mm。内嵌钢管直径为 500mm、壁厚 12mm,

根据《广东高规》第12.4.12条的计算公式，底部钢管剪力墙的轴压比为0.50。底部剪力墙内嵌钢管如图4-2所示。

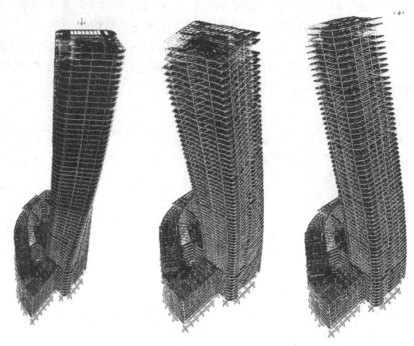

图4-1 前3阶屈曲模态

4.4 楼盖舒适度分析

本工程 X 向柱距为9.6m、Y 向柱距为14.4m，四角钢梁悬挑约11m，因净空限制，钢梁截面较小，楼盖舒适度是该项目重点关注点之一。对大跨度、长悬挑位置进行竖向振动分析，采用SAP2000软件，选取不利点施加单点激励和人群激励荷载（图4-3），对应各点的竖向振动加速度峰值如表4-1所示。

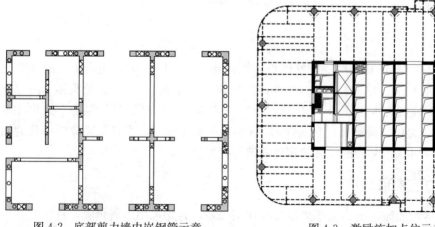

图4-2 底部剪力墙内嵌钢管示意　　　　图4-3 激励施加点位示意

楼盖竖向振动加速度峰值/(m/s²)　　　　　　　表 4-1

不利点	竖向加速度峰值		《高规》限值
	单点激励	人群激励	
1	0.01230	0.02169	0.05
2	0.01006	0.01007	0.05
3	0.00830	0.00930	0.05
4	0.00222	0.01327	0.05
5	0.00929	0.02540	0.05

5 主要结构构件性能化设计验算

5.1 核心筒剪力墙承载力验算

根据设定的抗震性能目标，对剪力墙底部加强部位、加强层部位以及普通楼层剪力墙进行受剪承载力及受弯承载力的验算。计算结果表明，通过采取合适的加强措施，墙肢抗剪、抗弯验算均满足小震弹性、中震及风荷载作用下的性能目标要求。

5.2 伸臂桁架承载力验算及节点设计

从 ETABS 软件中提取中震弹性下伸臂桁架构件内力，楼板采用弹性膜，对应的构件应力比如图 5-1 所示。由图可知，伸臂桁架各构件应力比最大为 0.807，满足中震弹性要求。

伸臂桁架典型节点连接方式如图 5-2～图 5-4 所示。

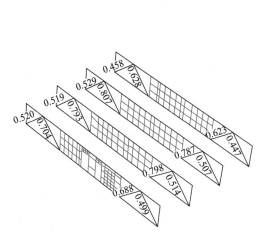

图 5-1　伸臂桁架中震作用下
应力比

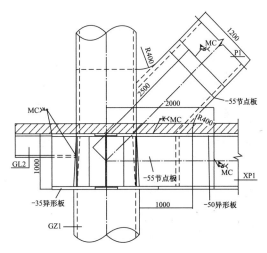

图 5-2　伸臂桁架与钢管混凝土
柱连接节点

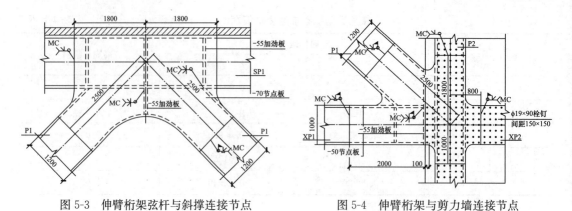

图 5-3　伸臂桁架弦杆与斜撑连接节点

图 5-4　伸臂桁架与剪力墙连接节点

6　动力弹塑性时程分析

采用 PERFORM-3D、ABAQUS 软件进行结构在罕遇地震作用下的抗震性能评估，对比某天然波作用下两个软件的结构顶点位移和基底剪力（图 6-1、图 6-2）可知，两个软件的计算结果基本一致，验证了分析的可靠性。限于篇幅，后续结果以 PERFORM-3D 为主。天然波作用下典型构件损伤图如图 6-3 所示。

图 6-1　X 向地震作用下顶点位移

图 6-2　X 向地震作用下基底剪力

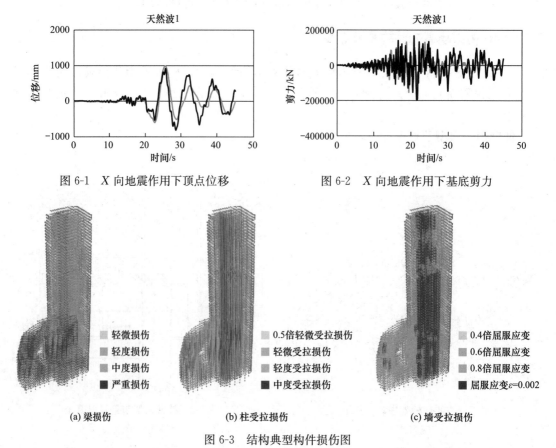

(a) 梁损伤　　　　　　　(b) 柱受拉损伤　　　　　　(c) 墙受拉损伤

图 6-3　结构典型构件损伤图

分析结果表明：

（1）罕遇地震作用下结构最大层间位移角 X 向为 1/165、Y 向为 1/142，均满足小于 1/100 的要求。

（2）罕遇地震作用下结构基底剪力约为小震的 4.08～5.80 倍，说明部分结构进入弹塑性导致刚度退化。

（3）滞回耗能约占总耗能量的 20%～25%，可认为结构在大震作用下处于弱非线性状态。在滞回能耗中，钢筋混凝土连梁、核心筒内混凝土梁及裙房混凝土梁约占 75%～85%，剪力墙约占 15%～25%，钢梁、钢管混凝土柱及钢斜撑基本不参与耗能，可见钢筋混凝土连梁、核心筒内混凝土梁及裙房混凝土梁是主要的耗能构件。

（4）混凝土连梁及混凝土框架梁基本出现塑性铰，大部分梁处于轻度损坏和中度损坏水平，极个别端部转角较大，达到严重损伤。

（5）塔楼钢梁、钢支撑在整个分析过程中均保持弹性。

（6）塔楼钢管混凝土柱基本保持弹性；裙楼钢筋混凝土柱未出现轻度以上的受拉（压）损伤。

（7）塔楼底部加强区剪力墙除个别墙肢出现轻度受压损伤外，其余墙肢均没有超过轻微、受拉（压）损伤。

（8）一般剪力墙未出现轻度或以上的受拉（压）损伤。

（9）整个分析过程中，钢筋混凝土剪力墙满足受剪不屈服要求，钢筋混凝土梁满足受剪截面限值要求。

综上所述，各类构件均满足对应的抗震性能目标。

7 结构加强措施

本工程抗震性能目标为 C 级，除按规范要求进行设计外，还需采取以下加强措施。

（1）加强塔楼核心筒

考虑塔楼结构超高，核心筒的抗震等级除满足抗震等级特一级的要求外，还采取比规范要求更为严格的措施。①控制剪力墙轴压比以保证大震时的延性，本工程底部剪力墙内嵌钢管，轴压比均不大于 0.46。②适当提高剪力墙的配筋：剪力墙的水平及竖向分布筋配筋率一般为 0.5%，暗柱配筋率一般为 1.3%；加强层及上下各一层剪力墙水平分布筋配筋率提高至 1.2%，竖向分布筋配筋率提高至 1.0%，暗柱配筋同一般剪力墙，个别暗柱配筋率取小震或风荷载以及中震包络结果；底部加强区水平分布筋配筋率提高至 0.8%，竖向分布筋配筋率提高至 0.7%，暗柱配筋率提高至 1.6%，以提高核心筒极限变形能力。③控制底部剪力墙在罕遇地震作用下的剪应力水平，满足较严格的"受弯、受剪不屈服"的性能目标要求，确保核心筒在罕遇地震作用下具有较大的承载力安全度。④增大伸臂桁架所在楼层及其上下各一层南北向核心筒外墙厚度至 800mm，控制剪力墙在罕遇地震作用下的剪应力水平，满足较严格的"受弯、受剪不屈服"的性能目标要求，确保加强层核心筒在罕遇地震作用下具有较大的承载力安全度。

（2）加强钢管混凝土柱

提高钢管混凝土柱的承载力安全度。经计算，钢管混凝土柱均能满足"中震弹性、大震不屈服"性能目标要求，且弹塑性分析表明，在罕遇地震作用下仍能保持弹性状态。

（3）加强伸臂桁架

提高伸臂桁架的承载力安全度。经计算，伸臂桁架构件均能满足"中震弹性、大震不屈服"性能目标要求，且弹塑性分析表明，在罕遇地震作用下仍能保持弹性状态。

（4）加强伸臂桁架上、下弦楼板

伸臂桁架上、下弦所在楼层楼板加厚至180mm，混凝土强度等级提高至C40，采用双层双向配筋，适当提高楼板配筋率。

（5）提高大开洞楼板配筋率

在实际结构中，楼板是保证结构各构件协同受力的关键因素。该结构局部楼层楼板开大洞，楼板的整体性受到影响。为了保证传力的可靠性，适当提高开洞楼板的配筋率；对于开洞楼板周边梁，可适当提高配筋率，加大通长钢筋的比例，提高结构安全度。

（6）加强塔楼与裙楼顶板对应上、下层相关构件

裙楼与主楼相连，主楼结构在裙楼顶板对应的上、下层受刚度与承载力突变影响较大，提高9层和10层核心筒剪力墙水平和竖向分布筋配筋率至0.7%；裙楼顶板对应的塔楼层楼板及从塔楼外延3跨且不小于20m的相关范围裙楼楼板加厚至150mm，配筋采用双层双向 $\phi12@150$。

（7）加强裙楼水平及竖向构件

本项目塔楼偏置，在裙楼引起较大的扭转效应，因此适当提高裙楼水平及竖向构件的配筋率，尤其是边梁、边柱；加强裙楼和塔楼连接部分的楼板。

8　结语

本项目地面以上由一栋建筑高度为320m高的塔楼（主屋面结构高度为292.0m）和46m高、平面尺寸约110m×180m的大底盘裙楼组成。由于结构受力特点及建筑功能需求，裙楼和塔楼之间不设缝。塔楼采用带1道伸臂桁架加强层的钢管混凝土柱钢框架＋钢筋混凝土核心筒混合结构，裙楼采用框架-剪力墙结构。结构存在扭转不规则、偏心布置、楼板不连续、含加强层、塔楼偏置等多项不规则，属超规范高度的超限高层建筑。

在结构设计过程中，充分利用概念设计进行结构方案选型分析。合理布置裙楼剪力墙，以减少裙楼和塔楼之间的水平力传递及结构扭转效应。根据塔楼两个方向不同的刚度需求及结构整体刚度需求，通过方案对比，选用满足结构受力需求、经济合理的塔楼方案。

根据抗震设计目标，对结构进行抗震性能化设计；针对结构受力特点，采取有针对性的加强措施。采用多种程序对结构进行弹性、弹塑性计算分析。分析结果表明，结构各项指标基本满足规范的有关要求，结构可达到预期的抗震性能目标C等级，结构抗震加强措施有效，本超限结构设计是安全可行的。

参考文献

［1］ 住房和城乡建设部. 建筑结构荷载规范：GB 50009-2012［S］. 北京：中国建筑工业出版社，2012.

［2］ 住房和城乡建设部. 高层建筑混凝土结构技术规程：JGJ 3-2010［S］. 北京：中国建筑工业出版社，2010.

［3］ 华南理工大学土木与交通学院. 金融城 AT090902 地块项目塔楼结构风荷载及风振响应分析报告［R］. 广州：华南理工大学，2016.

［4］ 方鄂华. 高层建筑钢筋混凝土结构概念设计［M］. 2 版. 北京：机械工业出版社，2014.

11 树根 & 三一项目超高层办公塔楼六边形斜交网格筒体结构设计

黄泰赟，边建烽，翁沉卉，符景明，程晓艳

（北京市建筑设计研究院有限公司华南设计中心）

【摘要】 树根 & 三一项目超高层办公塔楼采用六边形斜交网格筒体结构体系，与建筑方案的造型特点相融合。针对本项目的结构设计和抗震性能要点进行了归纳总结，重点介绍了结构体系和计算分析情况，并列出了摩擦延性连梁的专项设计分析，以及 5 层模块和裙楼桁架的分析介绍。

【关键词】 超高层建筑；钢框架-核心筒结构；钢管混凝土六边形框架；摩擦延性连梁

1 工程概况与设计标准

1.1 工程概况

本工程位于广州市海珠区琶洲西区 AH040125 地块和 AH040126 地块，总用地面积约 1.1 万 m^2，总建筑面积约 18.7 万 m^2，其中地上建筑面积约 15 万 m^2，地下建筑面积约 3.7 万 m^2。

项目主要由 125 塔楼、126 塔楼和连接塔楼的 3 层商业裙楼，以及 4 层地下车库、公共配套功能用房等组成。其中 125 塔楼地下 4 层，地面以上 40 层，主体屋面高度为 181.5m，塔冠顶总高度为 204m；126 塔楼地下 4 层，地面以上 36 层，主体屋面高度为 159m，塔冠顶总高度为 181.5m。两塔楼在 3~5 层采用三榀跨度 65m、高 10m 的沃伦桁架连接。竖向建筑功能分布如图 1-1 所示。

两塔楼建筑平面均为带有切角的正方形。塔楼 5 层以下楼板与周边框架柱连接；塔楼 5 层以上每 5 层为一个单元，每个单元只有最上方的节点层楼板与外框连接，并设有观景平台，节点层以下楼层楼板尺寸从上到下递减，由吊挂框架系统承担下方的楼层荷载。外围结构采用六边形框架系统，由地下 1 层往内倾斜至 5 层，在 5 层形成收腰，再由 5 层往外倾斜至 10 层，10 层以上六边形框架在平面内按每 5 层一个模块交替布置。建筑效果图如图 1-2 所示。

1.2 设计标准

本工程结构设计使用年限为 50 年，结构安全等级为二级，基础设计等级为甲级。根据《建筑抗震设计规范》GB 50011-2010（2016 年版）与《中国地震动参数区划图》GB 18306-2015，本项目抗震设防烈度为 7 度（0.10g），设计地震分组为第一组，场地类别为

Ⅱ类。整体结构按丙类抗震设防，底部加强区核心筒墙参照乙类设防要求。

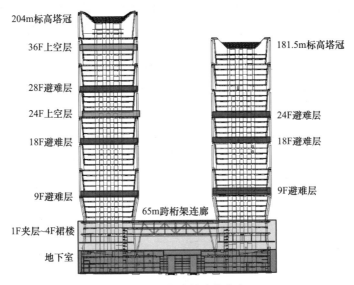

图 1-1　竖向建筑功能分布

图 1-2　建筑效果图

2　结构体系及超限情况

2.1　结构体系

结合建筑平面功能、高度、结构经济性及受力合理性，地上主体塔楼部分采用六边形网格钢管混凝土框架-钢筋混凝土核心筒结构体系，裙楼部分采用 65m 的跨层桁架在低位连接两塔楼。

2.1.1 结构抗侧力体系

主塔楼在风荷载及地震作用下产生的剪力和倾覆弯矩，由外框架与核心筒组成的抗侧力体系共同承担，其中剪力主要由核心筒承担，倾覆弯矩由外框架与核心筒共同承担。结构主要抗侧力体系如图 2-1 所示。

主塔楼核心筒居中布置于各个标准层平面，核心筒高宽比约 7.8，筒体外壁厚度由 1.0m 变化至 0.4m。外框柱采用钢管混凝土柱，柱距约 16m，与核心筒距离约 14m，柱截面由底部 1200mm×30mm 变化为顶部 1100mm×18mm。外框柱竖向走向、水平放置均以核心筒为中心呈双向对称布置，由 12 个钢管混凝土延性连梁和 H900mm×400mm×30mm×50mm 的钢梁连接在马鞍形节点楼层处。典型钢管混凝土延性连梁如图 2-2 所示。

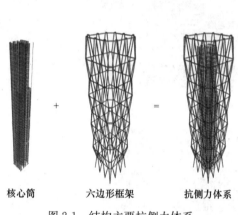

核心筒 ＋ 六边形框架 ＝ 抗侧力体系

图 2-1 结构主要抗侧力体系

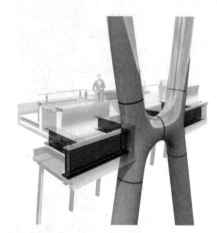

图 2-2 典型钢管混凝土延性连梁

2.1.2 楼盖结构体系

主塔楼范围内筒外功能区楼盖结构采用钢梁＋钢筋桁架楼承板结构。节点层钢梁高 900/700mm～900/650mm，板厚 150/180mm，吊挂楼层钢梁高 450～600mm，外框 650mm，板厚 120mm。典型楼层平面布置如图 2-3、图 2-4 所示。

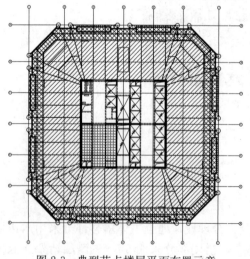

图 2-3 典型节点楼层平面布置示意

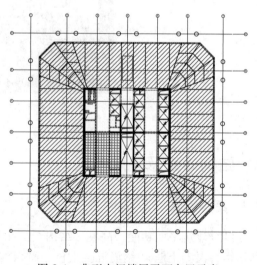

图 2-4 典型中间楼层平面布置示意

2.1.3　基础设计

本工程采用桩筏基础的结构形式，桩基采用人工挖孔桩，桩混凝土强度等级为 C45，以微风化或中风化岩为持力层，桩径 2~5m，单桩受压承载力特征值为 10000~98000kN，预估有效桩长约 15~20m。

2.2　结构的超限情况

参照《住房和城乡建设部关于印发〈超限高层建筑工程抗震设防专项审查技术要点〉的通知》（建质〔2015〕67 号）（简称《技术要点》）和《超限高层建筑工程抗震设防管理规定》（建设部令第 111 号）有关规定，结构超限情况说明如下。

（1）结构高度超限情况

根据《技术要点》和《高层建筑混凝土结构技术规程》JGJ 3-2010（简称《高规》）第 11.1.2 条，抗震设防烈度 7 度，钢管混凝土框架-钢筋混凝土核心筒的最大适用高度为 190m。本工程主塔楼结构屋面高度为 181.5m，因此本项目塔楼高度未超限。

（2）结构不规则情况

本项目 125 地块和 126 地块底部通过裙楼连接，存在偏心布置、尺寸突变不规则项；30 层以上核心筒墙体收减，存在构件间断不规则项；外框六边形网格均为斜柱，存在局部不规则项。共计 4 项不规则项。

3　结构计算分析和结论

3.1　结构计算分析

3.1.1　分析模型及软件

本工程所采用的分析软件有：①ETABS（V19），主要用于整体分析、大震弹塑性分析；②YJK-A（V3.0），主要用于双软件对比分析、构件应力校核、配筋等。限于篇幅，本文仅列出 125 地块塔楼数据。

3.1.2　抗震设防标准和性能目标

结合本工程所在场地的地震烈度、结构高度、场地条件、结构类型和不规则性情况，选用 C 级性能目标及相应条件下的抗震水准性能，具体如表 3-1 所示。

结构抗震性能目标　　　　　　　　　　　　　　　　　表 3-1

构件	抗震等级	多遇地震	设防地震	预估罕遇地震
底部加强区核心筒	特一级	无损坏（弹性）	无损坏（弹性）	轻度损坏（受剪不屈服，部分压弯可屈服，控制塑性变形）
底部加强区六边形框架柱	一级	无损坏（弹性）	无损坏（弹性）	轻度损坏（受剪不屈服，部分压弯可屈服，控制塑性变形）
六边形框架梁	二级	无损坏（弹性）	轻微损坏受剪弹性，受弯不屈服	轻度损坏（受剪不屈服，部分压弯可屈服，控制塑性变形）
节点层径向梁，吊柱	二级	无损坏（弹性）	无损坏（弹性）	轻微损坏（不屈服）

续表

构件	抗震等级	多遇地震	设防地震	预估罕遇地震
核心筒剪力墙，典型六边形框架柱	一级	无损坏（弹性）	轻微损坏受剪弹性，受弯不屈服	部分中度损坏剪压比≤0.15
连梁	同核心筒	无损坏（弹性）	部分中度损坏剪压比≤0.15	轻度损坏（部分中度受剪不屈服，部分受弯允许屈服）
六边形框架钢管混凝土延性连梁	二级	无损坏（弹性）	超80%中震剪力时允许滑动，无材料屈服	允许滑动，滑动不超过螺栓长圆孔长度，无材料屈服

3.2 分析结果

3.2.1 多遇地震作用与风荷载分析结果

多遇地震作用和风荷载作用下，分别采用 ETABS 和 YJK 软件两个不同力学模型的分析程序进行计算分析，主要计算结果对比如表 3-2 所示。计算结果表明，采用两个不同计

结构 ETABS 模型与 YJK 模型主要计算结果对比　　　　　　　　表 3-2

项目		ETABS（主要分析软件）	YJK（验证软件）
计算振型数		50	程序自动计算
第 1、2 平动周期/s		4.19（X 向）	4.20（X 向）
		3.64（Y 向）	3.54（Y 向）
第 1 扭转周期/s		2.64	2.57
第 1 扭转/第 1 平动周期		0.63	0.61
有效质量系数	X	95.96%	95.78%
	Y	90.92%	90.39%
地震作用下基底剪力/kN	X	14639.1	15192.8
	Y	17833.5	18037.1
风荷载作用下基底剪力/kN	X	14557.0	15528.1
	Y	14041.7	15370.8
结构总质量（不含地下室）/t		116494.90	115349.32
楼层单位质量/(t/m²)		1.45	1.4（节点层）/1.0（标准层）
剪重比（规范限值 1.2%）	X	1.28%	1.273%
	Y	1.56%	1.565%
地震作用下倾覆弯矩/(kN·m)	X	1791833.2	1780899.6
	Y	1827186.7	1839050.3
风荷载作用下倾覆弯矩/(kN·m)	X	1943925	2053227.9
	Y	1860279	2031191.4
50 年一遇风荷载作用下最大层间位移角	X	1/1189（$n=24$）	1/1110（$n=25$）
	Y	1/1398（$n=35$）	1/1103（$n=35$）
地震作用下最大层间位移角	X	1/1265（$n=26$）	1/1282（$n=16$）
	Y	1/1599（$n=35$）	1/1670（$n=34$）
考虑偶然偏心最大扭转位移比	X	1.12（$n=40$）	1.24（$n=40$）
	Y	1.08（$n=2$）	1.02（$n=2$）
构件最大轴压比		0.40（剪力墙）	0.35

续表

项目		ETABS（主要分析软件）	YJK（验证软件）
本层塔侧移刚度与上一层 相应塔侧移刚度的比值	X	≥1.0	≥1.0
	Y	≥1.0	≥1.0
本层受剪承载力与相邻 上层的比值	X	0.72（3层）	0.75（3层）
	Y	0.76（3层）	0.78（3层）
规定水平力框架柱及短肢墙 地震倾覆力矩百分比	X	32.4%	27.2%
	Y	26.2%	20.3%
框架柱地震剪力百分比	X	29.2%（平均值）	30%
	Y	24.5%（平均值）	12.7%
刚重比	X	2.07	2.934
	Y	2.55	3.439

算内核软件分析得到的主要结果及趋势基本吻合。结构周期比、剪重比、层间位移角、刚度比、刚重比、楼层受剪承载力等整体指标均符合规范要求，结构体系合理。

3.2.2　设防地震作用分析结果

按《高规》的等效弹性方法，利用 ETABS 软件对结构进行设防地震作用下的结构抗震性能水准 3 验算。对核心筒剪力墙进行中震不屈服的拉力验算和剪力验算，结果表明，需要在剪力墙墙肢内设置型钢。

3.2.3　罕遇地震作用下动力弹塑性分析结果

选取嵌固端以上结构作为分析对象，建立 ETABS 弹塑性有限元分析模型。按规范要求选取 7 条波进行罕遇地震动力弹塑性时程分析。但是，由于阻尼的处理方法不够完善，波形数量较少时不宜取包络结果。罕遇地震作用下弹塑性层间位移的确定方法应根据同一波形下的弹塑性位移与小震弹性层间位移的比值，乘以在同一模型中进行的反应谱分析的该部位小震层间位置，从而得到大震作用下该部位的弹塑性层间位移参考值。

表 3-3 和图 3-1 给出了在不同地震动作用下结构的弹塑性层间位移角平均值，动力弹塑性分析与反应谱法得到的各层最大层间位移角曲线分布形态基本接近。表明结构在罕遇地震作用下，没有出现明显的塑性变形集中区和薄弱区。在不同地震动作用下，结构 X 向最大层间位移角为 1/136，Y 向最大层间位移角为 1/166，小于预设的性能目标限值 1/125，满足要求。

弹塑性层间位移角　　　　　　　　　　　　　　　　　　　表 3-3

项目		第一组	第二组	第三组	第四组	第五组	第六组	第七组
楼层		18	13	23	23	23	23	23
大震弹塑性 位移角	调整前	1/183	1/198	1/164	1/172	1/161	1/148	1/155
	调整后	1/169	1/180	1/136	1/170	1/148	1/136	1/202

表 3-4 和图 3-2 给出了在不同地震动作用下结构的底部剪力和能量耗散比例。大震弹塑性和大震弹性的底部剪力的比值在 50%～90% 范围内，能量耗散在 10%～30% 范围内，表明本塔楼在大震作用下非线性行为比较明显。

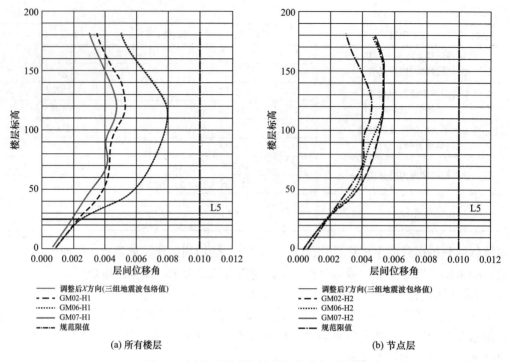

图 3-1　调整后的弹塑性层间位移角平均值

结构底部剪力 表 3-4

项目	第一组	第二组	第三组	第四组	第五组	第六组	第七组
大震弹塑性底部剪力/kN	62898	61981	54915	59641	70831	56192	50029
大震弹性底部剪力/kN	102093	95727	72730	91335	89130	89580	96235
弹塑性/弹性	62%	65%	76%	65%	79%	63%	52%
能量耗散	19.3%	13.8%	16.2%	16.2%	16.6%	27.3%	21.1%

　　大震作用下塔楼构件的塑性铰分布情况如图 3-3 所示。由图可知，部分钢筋混凝土连梁达到了屈服变形，进入塑性阶段，但是塑性转角没有超过大震不倒的抗震性能化设计限值，满足大震不倒的设计要求。带摩擦连接的钢管混凝土延性连梁在大震作用下，连接螺栓开始滑动，但并未进入屈服阶段，且塑性转角未超过中震可修的抗震性能化设计限值。外框柱、外框梁、吊柱和径向梁在大震作用下均保持弹性，满足大震作用性能目标。

　　大震作用下塔楼钢筋混凝土墙抗剪验算如图 3-4 所示。可以看出，当塔楼核心筒剪力墙底部加强区边缘构件的配筋率为 1.5%、墙肢竖向分布筋的配筋率为 0.8%、非加强区的墙肢竖向分布筋的配筋率为 0.4% 时，所有墙肢均满足抗剪要求。

3.2.4　专项分析

1. 摩擦延性连梁

　　由于建筑在六边形外框的短梁连接处有特殊的造型需求，结构将此节点处设计成延性连接，即马鞍形摩擦连接节点，如图 3-5 所示。该节点通过在中部连接处的钢板设置长圆孔和摩擦面板形成可滑动的摩擦连接，使外框短梁在抗震设计中通过剪切塑性铰提供相应的延性。该摩擦连接节点在结构的承载能力极限状态和正常使用极限状态下均保持弹性；

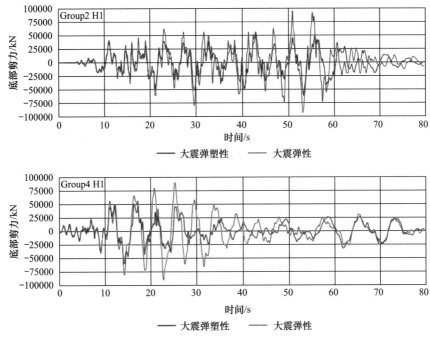

图 3-2 结构底部剪力时程曲线（共 7 条波）

当滑动摩擦力达到设防烈度地震 80% 的剪力时，节点允许出现滑移，但不出现材料屈服。摩擦连接节点的孔槽长度通过大震作用下的结构层间位移角限值（1/100）决定。摩擦连接节点螺栓计算原理如图 3-6 所示。

基于连接构件在中震作用下的最大剪力分为五组，第 10 层和第 15 层的节点为第一组，第 20 层的节点为第二组，第 25 层的节点为第三组，第 30 层的节点为第四组，第 35 层和第 40 层的节点为第五组。每一组的螺栓数量由本组中最大的 80% 中震剪力（80% 中震剪力＝1.0 恒荷载＋0.5 活荷载＋0.8 中震剪力）、螺栓的预紧力和摩擦系数计算得出，如表 3-5 所示。

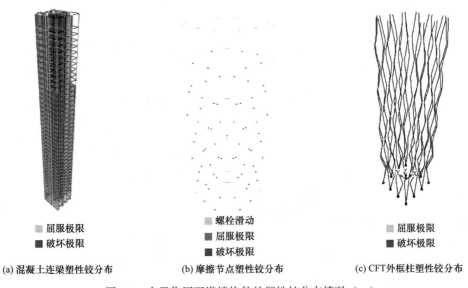

(a) 混凝土连梁塑性铰分布　　　(b) 摩擦节点塑性铰分布　　　(c) CFT 外框柱塑性铰分布

图 3-3 大震作用下塔楼构件的塑性铰分布情况（一）

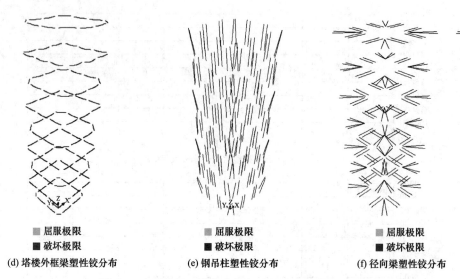

(d) 塔楼外框梁塑性铰分布　　(e) 钢吊柱塑性铰分布　　(f) 径向梁塑性铰分布

图 3-3　大震作用下塔楼构件的塑性铰分布情况（二）

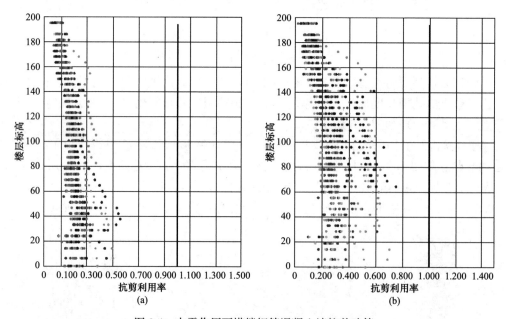

图 3-4　大震作用下塔楼钢筋混凝土墙抗剪验算

另外，对延性摩擦节点的螺栓在外力产生的轴力和弯矩作用下螺栓的受拉承载力需求进行了验算，如表 3-6 所示。考虑了四种工况：

工况 A——1.3 恒荷载＋1.5 活荷载＋温度作用（与重力方向一致）；

工况 B——1.0 恒荷载＋温度作用（与重力方向相反）；

工况 C——大震（最小压力/最大拉力）；

工况 D——大震（最大压力/最小拉力）。

采用 Strand7 软件建立摩擦连接节点有限元模型，分析网格使用 10 节点四面体单元进行建模，节点的控制工况为中震弹性，计算结果如图 3-7 所示。

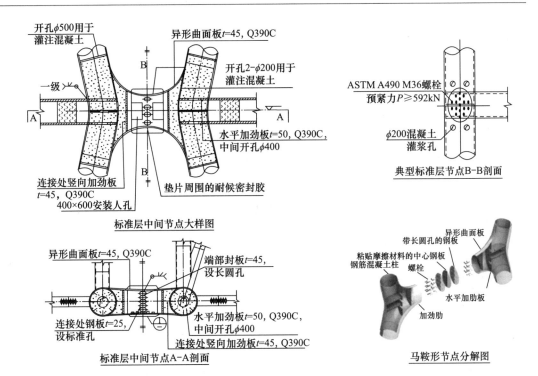

开孔φ500用于灌注混凝土

异形曲面板t=45, Q390C

开孔2-φ200用于灌注混凝土

一级

水平加劲板t=50, Q390C, 中间开孔φ400

连接处竖向加劲板 t=45, Q390C

垫片周围的耐候密封胶

400×600安装人孔

标准层中间节点大样图

ASTM A490 M36螺栓 预紧力P≥592kN

φ200混凝土灌浆孔

典型标准层节点B-B剖面

异形曲面板t=45, Q390C

端部封板t=45, 设长圆孔

连接处钢板t=25, 设标准孔

水平加劲板t=50, Q390C, 中间开孔φ400

连接处竖向加劲板t=45, Q390C

标准层中间节点A-A剖面

带长圆孔的钢板

异形曲面板

粘贴摩擦材料的中心钢板

钢筋混凝土柱

螺栓

水平加肋板

加劲肋

马鞍形节点分解图

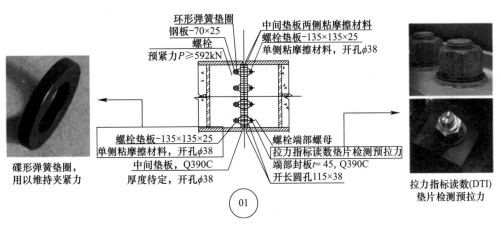

环形弹簧垫圈

钢板-70×25

螺栓

预紧力P≥592kN

中间垫板两侧粘摩擦材料

螺栓垫板-135×135×25

单侧粘摩擦材料, 开孔φ38

碟形弹簧垫圈, 用以维持夹紧力

螺栓垫板-135×135×25

单侧粘摩擦材料, 开孔φ38

中间垫板, Q390C

厚度待定, 开孔φ38

螺栓端部螺母

拉力指标读数垫片检测预拉力

端部封板t=45, Q390C

开长圆孔115×38

拉力指标读数(DTI) 垫片检测预拉力

01

图 3-5 摩擦连接节点示意

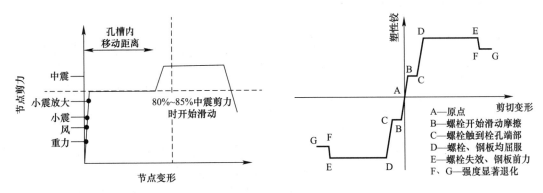

孔槽内移动距离

节点剪力

中震

小震放大

小震

风

重力

80%~85%中震剪力时开始滑动

节点变形

塑性铰

A

B

C

D

E

F

G

C

B

G

F

E

D

剪切变形

A—原点
B—螺栓开始滑动摩擦
C—螺栓触到栓孔端部
D—螺栓、钢板均屈服
E—螺栓失效、钢板前力
F、G—强度显著退化

图 3-6 摩擦连接节点螺栓计算原理示意

延性摩擦节点螺栓计算（一）　　　　　　　　　　　　　　　表 3-5

楼层	连接类型	螺栓数	连接轴力(1.0D+0.5L)/kN	滑动阻力/kN	小震放大后剪力/kN	80%中震剪力/kN	滑动阻力>小震剪力	滑动阻力>80%中震剪力
40	第五组	15	406	3382.9	2116.0	2415.1	是	是
35	第五组	15	1338	3625.4	2656.1	3303.7	是	是
30	第四组	15	1265	4043.5	3649.0	3980.3	是	是
25	第三组	15	2767	3997.0	2850.9	3726.3	是	是
20	第二组	17	2423	5283.0	4595.5	4628.9	是	是
15	第一组	17	4397	4857.8	3363.1	42747.6	是	是

延性摩擦节点螺栓计算（二）　　　　　　　　　　　　　　　表 3-6

楼层	连接类型	螺栓数	重力荷载组合轴力/kN	中震组合			大震组合		
				弯矩/(kN·m)	剪力/kN	利用率	弯矩/(kN·m)	剪力/kN	利用率
40	第五组	15	426	2528	2885	0.7	2938	3989	0.82
35	第五组	15	1445	2654	4103	0.79	3578	3986	0.88
30	第四组	15	1364	2459	4789	0.85	2814	3981	0.78
25	第三组	15	2965	2875	4623	0.84	3818	3983	0.83
20	第二组	17	2621	2879	5613	0.94	3327	4968	0.89
15	第一组	17	4707	3239	5281	0.84	4220	4952	0.82

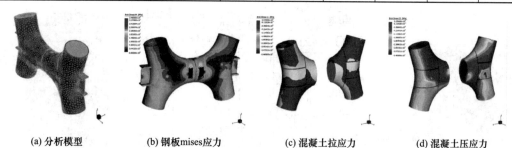

(a) 分析模型　　　(b) 钢板mises应力　　　(c) 混凝土拉应力　　　(d) 混凝土压应力

图 3-7　摩擦连接节点有限元计算结果

综上可知，节点仅在检修口周边存在应力集中，可以通过应力重分布向周边的区域转移；混凝土压应力仅在马鞍形节点与钢管柱交界处较大，接近临界值，其余区域均未超过设计值；混凝土拉应力大部分超出了限值。

2. 5 层模块研究

通过研究典型 5 层模块（图 3-8）核心筒与周边框架所承担的剪力，表明吊挂楼层的侧向力在本楼层处直接传入核心筒，在节点层有剪力的递加，核心筒所承担的剪力由上至下逐层增加。

（1）屈曲分析

由于外框柱仅在节点层有框架梁与核心筒墙连接，故无支撑长度约为 5 倍单层柱的长度，需要进行屈曲分析，得到

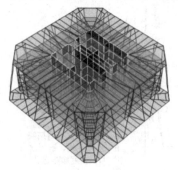

图 3-8　5 层模块计算模型

外框柱的等效长度系数 $\mu=0.66$。屈曲模态如图 3-9 所示。

（2）舒适度分析

振型质量参与系数表明振型 4 为主要的竖向振动振型（图 3-10），对应的周期为 0.209s，振动频率为 4.78Hz，大于 3Hz，满足舒适度的要求。

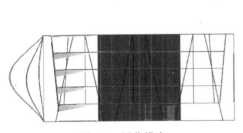

图 3-9　屈曲模态

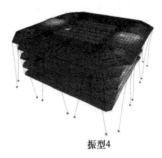

振型4

图 3-10　竖向振动振型

3. 裙楼连接桁架结构

由于裙楼桁架位于两塔楼的低位，耦合作用并不明显，以竖向荷载的作用为主，因此对其进行单独分析。桁架布置如图 3-11 所示。三榀桁架平面外在 3 层和 5 层的楼板平面内布置支撑，并将裙楼支撑延伸至两塔楼核心筒部分。

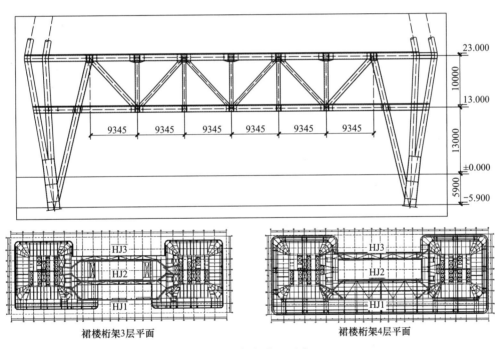

图 3-11　桁架布置示意

4　结构设计总结

本项目采用六边形斜交网格框架筒体结构，相比传统的框架-核心筒结构具有更好的抗弯性能，利用建筑外形特点设置马鞍形摩擦延性连梁增加了结构的延性，并进行了精细化的抗震性能设计。具体包括以下措施。

（1）通过马鞍形摩擦延性节点和钢筋混凝土连梁耗能，增加塔楼结构的延性，使结构在大震作用下，钢筋混凝土连梁进入塑性阶段，但并未超过塑性铰限值；摩擦连接的螺栓出现滑动，也未超过塑性铰限值；外框梁柱、吊柱和径向梁均保持弹性，可为整体结构体系提供可靠的二道防线。

（2）对于核心筒的加强措施为，根据抗震性能化设计结果，底部加强区剪力墙竖向分布筋配筋率不小于 1.2%，水平分布筋配筋率不小于 0.8%，约束边缘构件的配筋率按 1.5%，以保证在不同地震水准下作为关键构件的剪力墙能满足相应的性能目标。

（3）对于 30 层以上核心筒的构件中断，通过在局部短墙肢设置型钢以提高受剪承载力。

（4）在 3 层、5 层和各节点层设置 150mm 或 180mm 厚楼板并按 0.75% 的配筋率来承担楼板应力。

12　湛江地标商务中心办公楼

陈星，张小良，郭达文，陈蛟龙，黄佳林，张雅融，李希锴，钟健德，王建东

（广东省建筑设计研究院有限公司）

【摘要】 湛江地标商务中心办公楼建筑高度为 388m，采用钢筋混凝土框架-核心筒结构体系，属于超 B 级高度并存在楼板不连续、构件间断、局部穿层柱等不规则项的超限高层建筑。针对该项目基础沉降不均匀、加强层设置、底部斜拱转换等关键技术难点，采取了在核心筒周边设置翼墙的措施，并加强层设置的敏感性分析、斜拱相关构件和关键节点有限元分析。研究结果表明，塔楼结构能够较好地满足结构安全性要求，达到设定的抗震性能目标要求。

【关键词】 B 级超高层结构；钢管柱框架-排钢管钢板剪力墙；关键节点

1　工程概况

湛江地标商务中心办公楼位于湛江市坡头区海东新区沿海大道以东，金湾南路以南，柏西路以西，规划道路北侧。基地西侧地块规划为商业用地，东侧地块规划为居住用地。拟建场地原始地貌类型属缓坡台地，地势较平缓，东高西低，大部分为坡地；西侧局部低洼，原为海滩，已回填平整。目前场地较为平坦，场地土对钢结构及混凝土结构具微腐蚀性。本场地特殊性岩土为黏性土及砂组成的人工填土，压缩变形较大，承载力低，有一定的湿陷性和不均匀性。

湛江地标商务中心办公楼建筑面积为 172513.43m²，高度为 388m，共 84 层。该区工程抗震设防烈度为 7 度（在确定抗震构造措施时所采用的抗震设防烈度为 8 度），场地类别为 Ⅲ 类，设计地震分组为第一组，设计基本地震加速度值为 0.10g，场地特征周期为 0.45s。结构的设计使用年限为 50 年。本工程建筑结构安全等级为二级，重要性系数为 1.0（关键构件为一级，重要性系数为 1.1），建筑结构耐火等级为一级；地基基础的设计等级为甲级，抗震设防类别为乙类，人防抗力等级为核 5 常 5 级、核 6 常 6 级。

建筑效果图如图 1-1 所示，建筑总平面图如图 1-2 所示。

图 1-1　建筑效果图

图 1-2　建筑总平面示意图

2　结构体系及关键技术分析

2.1　结构体系

结合建筑平面功能、立面造型、抗震（风）性能要求、施工周期以及造价合理等因素，本商务中心办公楼结构采用钢筋混凝土框架-核心筒结构体系（图 2-1），典型楼层的结构平面布置如图 2-2 所示，核心筒区域墙柱平面布置如图 2-3 所示。

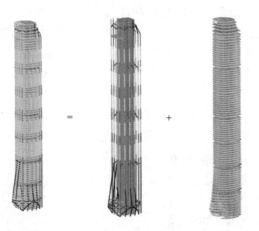

结构体系=[钢管混凝土柱+钢筋混凝土(内置钢板)核心筒]+钢筋混凝土楼盖

图 2-1　结构体系示意

重力荷载通过楼面水平构件传递给核心筒和外框柱，最终传递至基础。水平荷载产生的剪力和倾覆弯矩由剪力墙承担。

2.2　基础设计

2.2.1　基础设计方案

基础设计时，根据规范规定以及专家的意见，对筏板采用刚性板假定。塔楼桩直径均为 1m，采用桩端注浆施工工艺。核心筒区域桩长约 80m，单桩受压承载力（特征值）为 14500kN；核心筒与外框柱间范围桩长约 70m，单桩受压承载力（特征值）为 11500kN。外框柱区域桩长约 60m，单桩受压承载力（特征值）为 8500kN。基础采用梅花桩形布置，桩距 3.0m。

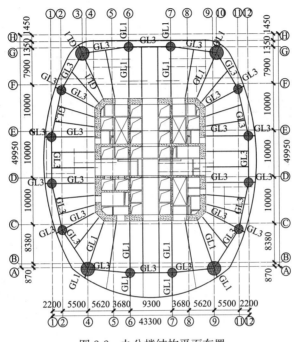

图 2-2　办公楼结构平面布置

由于核心筒下冲切力较大，基础体系采用带有 8 道翼墙的桩筏基础。其中筏板厚 5m，在巨柱和核心筒之间，各方向设置 2 道 3 层高的混凝土翼墙以增强底板刚度，减少不均匀沉降，并且将部分核心筒的荷载传递到核心筒区域外。办公楼结构基础平面布置如图 2-4 所示。

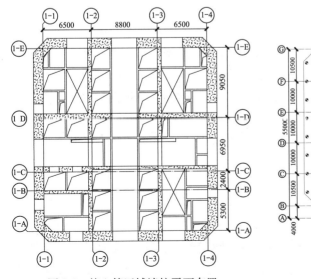

图 2-3　核心筒区域墙柱平面布置

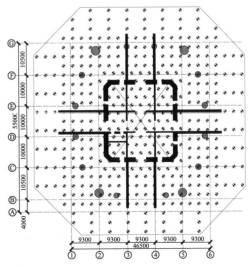

图 2-4　办公楼结构基础平面布置

2.2.2 翼墙设置的研究

基础设计时，建立两个全楼 YJK 模型进行对比模拟分析，以分析设置混凝土翼墙对基础的影响。两个模型上部结构布置及荷载相同，不同之处在于地下室巨柱和核心筒之间，各方向是否设置 2 道 3 层高的混凝土翼墙。YJK 有限元计算得到基础的沉降位移如图 2-5、图 2-6 所示。

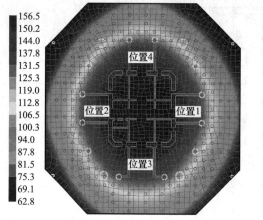

图 2-5　有翼墙基础沉降位移/mm

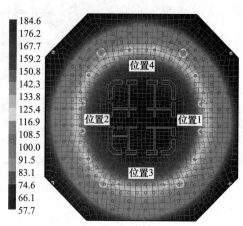

图 2-6　无翼墙基础沉降位移/mm

根据以上对有无混凝土翼墙的对比分析，基础在核心筒内外的沉降差如表 2-1 所示。

基础沉降差对比

表 2-1

对比点位	有翼墙沉降位移/mm			无翼墙沉降位移/mm			有翼墙/无翼墙
	核心筒内部	核心筒外部	沉降位移差	核心筒内部	核心筒外部	沉降位移差	
位置 1	153	141	12	180	158	22	0.545
位置 2	153	141	12	179	159	20	0.600
位置 3	155	144	11	181	154	27	0.407
位置 4	153	140	13	179	153	26	0.500

分析结果表明，在地下室巨柱和核心筒之间，各方向设置 2 道 3 层高的混凝土翼墙能有效增加筏板的整体刚度，减少塔楼的不均匀沉降。

本工程基础底板设计计算分析采用 YJK 软件和 GTS 软件，并根据《建筑桩基技术规范》JGJ 94-2008 的沉降计算公式补充手算计算结果。塔楼筏板东西向及南北向最长约为 76m。塔楼计算结果反映出底板变形为核心筒区中部下沉量较大、边缘下沉量较小的典型盆式沉降。基础的最大沉降为 180mm。

2.3 加强层设置的研究

2.3.1 加强层的选择

对比加强层所在层数对结构的影响，通过将不同避难层是否设置加强层（伸臂桁架层、腰桁架层）进行组合，以满足规范位移角限值为指标，考核加强层设置所在避难层数对结构的影响。伸臂桁架层及腰桁架层的位置如图 2-7、图 2-8 所示。

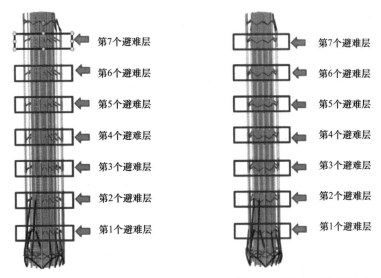

图 2-7 伸臂桁架层位置示意　　　　图 2-8 腰桁架层位置示意

加强层对本办公楼结构影响的主要因素为设置加强层的数量及加强层的位置。综合本办公楼的避难层所在位置，对本办公楼加强层所在位置的层数进行组合分析计算，选取具有代表性的组合方案如表 2-2、表 2-3 所示。

结构组合方案（伸臂桁架）　　　　　　　　　　　　　　　　表 2-2

组合方案	伸臂桁架层位置
方案 A	在第 2、4、6 个避难层
方案 B	在第 3、5、7 个避难层
方案 C	在第 1、3、5 个避难层
方案 D	在第 2、4、5、6 个避难层
方案 E	在第 1、3、5、6 个避难层
方案 F	在第 1、3、5、7 个避难层
方案 G	在第 1、2、4、5、6 个避难层
方案 H	所有避难层

结构组合方案（腰桁架）　　　　　　　　　　　　　　　　　表 2-3

组合方案	腰桁架层位置
方案 A	在第 2、4、6 个避难层
方案 B	在第 1、3、5 个避难层
方案 C	在第 3、5、7 个避难层
方案 D	在第 2、4、5、6 个避难层
方案 E	在第 2、4、5、7 个避难层
方案 F	在第 1、3、5、7 个避难层
方案 G	在第 1、4、5、6 个避难层
方案 H	在第 1、2、4、5、7 个避难层
方案 M	所有避难层

本结构计算所得的 X 向（弱向）最大位移角曲线如图 2-9、图 2-10 所示。

注：本结构 X 向为弱向，Y 向为强向，结构位移角仅表示结构 X 向的位移角曲线。

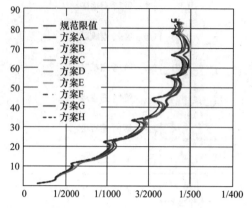
图 2-9　结构 X 向层间位移角曲线（伸臂桁架）

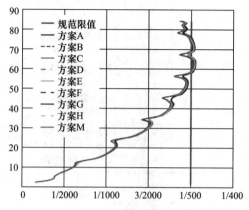
图 2-10　结构 X 向层间位移角曲线（腰桁架）

根据伸臂桁架 X 向层间位移角曲线及 X 向最大层间位移角对比发现：

（1）设置 3 道伸臂桁架层时，在第 2、4、6 个避难层设置伸臂桁架，结构的层间位移角最小。

（2）设置 4 道伸臂桁架层时，在第 2、4、5、6 个避难层设置伸臂桁架，结构的层间位移角最小。

（3）在适当位置设置 3 道或 4 道伸臂桁架层，对结构的竖向刚度增加较为明显；设置 4 道伸臂桁架层后，再增加伸臂桁架层，对结构的影响已不明显，只能增加小部分的竖向刚度，但工程费用、工期也会相应增加。

综上考虑，本工程设置 3～4 道伸臂桁架层经济适用性最高，其中在第 2、4、6 个避难层设置伸臂桁架，对结构的刚度影响较大。

2.3.2　设置伸臂桁架与腰桁架比较

在相同的避难层，分别设置伸臂桁架与腰桁架（表 2-4），对比其对结构刚度的影响。计算所得的最大层间位移角如表 2-5 所示，X 向（弱向）最大位移角曲线如图 2-11 所示。

结构组合方案比较　　　　表 2-4

层位置	伸臂桁架	腰桁架
在第 2、4、6 个避难层	方案 A	方案 B
在第 2、4、5、6 个避难层	方案 C	方案 D
在第 3、5、7 个避难层	方案 E	方案 F

结构最大层间位移角　　　　表 2-5

最大层间位移角	方案 A	方案 B	方案 C	方案 D	方案 E	方案 F
X 向	1/509	1/489	1/518	1/492	1/503	1/487
Y 向	1/608	1/606	1/616	1/619	1/611	1/602

根据以上结果对比可知，设置伸臂桁架对结构的刚度影响较大，且设置伸臂桁架能满足规范的位移角要求，而设置腰桁架不能满足规范的位移角要求。因此，本项目选择在第 2、4、6 个避难层设置伸臂桁架层，在顶部设置一个腰桁架层。

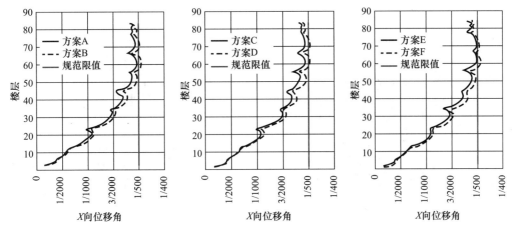

图 2-11 伸臂桁架与腰桁架 X 向位移角曲线

2.4 斜拱转换分析

2.4.1 斜拱关键节点的分析

节点是整体结构功能得以实现的基本保证，设计时针对斜拱转换的关键节点进行了研究和探讨，关键节点位置及连接如图 2-12 所示，图中节点①为巨柱-拱撑底部相交节点，节点②为巨柱-环带斜撑连接节点（区域）。限于篇幅，本文仅就节点①的连接构造、受力形态进行模型试验和数值模拟。

（1）节点设计原则

为便于整体结构中各主要构件在节点处连接为一个整体，需要对各相连构件（尤其是巨柱）的构件形式、传力模式和节点构造进行综合考虑，以实

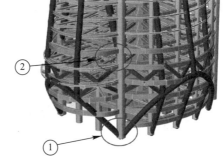

图 2-12 关键节点位置及连接示意

现传力明确、节点构造简洁、节点强度和刚度满足安全性要求、施工方便的设计目标。具体要求如下：

1）保证在正常使用状态下和风荷载作用下节点处于弹性状态。

2）在设防烈度作用下，节点保持弹性（中震下内力校核）。

3）在罕遇地震作用下，节点不破坏，相连环带桁架不屈服，但允许个别节点进入屈服工作阶段。

4）地震作用下保证"强节点弱杆件"的失效机制，即在频遇地震作用下节点极限承载能力高于相邻构件的极限承载能力。

5）节点构造处理应满足传力合理、平顺，便于施工且与施工过程相协调的要求。

（2）节点结构分析

为达到上述设计原则和要求，本项目采用有限元软件 ABAQUS 进行节点分析与设计。节点①的网格划分如图 2-13 所示，节点构件如图 2-14 所示。钢材部分采用四面体三维应力单元 C3D10，混凝土采用六面体三维应力单元 C3D8R，单元总数为 42145。节点①在大震作用下各构件所承担的内力如表 2-6 所示。

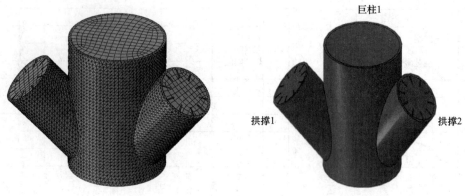

图 2-13　节点网格划分　　　　　　　　图 2-14　节点构件示意

大震构件内力　　　　　　　　　　　　　　　　　　　表 2-6

构件	轴力 N/kN	剪力 V_x/kN	剪力 V_y/kN	弯矩 M_x/ (kN·m)	弯矩 M_y/ (kN·m)	扭矩 T/ (kN·m)
巨柱 1	341518	5732.4	3787.1	27232	30036	1394
拱撑 1	113076	8370.6	887.1	10867.3	16583.8	1113.4
拱撑 2	43648.5	7363	2758	7524.6	18460.2	748.4

　　图 2-15 所示为节点混凝土应力云图。可以看出，节点中的巨柱内部与拱撑底部的混凝土主要受压应力作用，支撑边缘处出现较小的偏拉，即 0.74MPa 的拉应力，未超过受拉强度，未出现受拉破坏现象。混凝土的受压区域位于柱及拱撑下部，柱底部应力约45MPa，边缘有局部的应力集中。

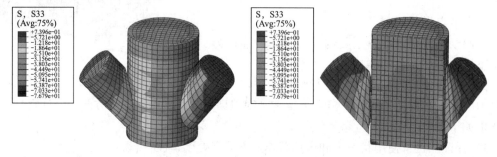

图 2-15　节点混凝土应力云图

　　图 2-16 所示为节点的钢管 Mises 应力云图。可以看出，节点的巨柱与拱撑交接处底部出现较为明显的应力集中，交接处的上部亦有部分区域有较大应力，但未超过限值350MPa，且区域较小。其余部分的应力均未超过限值。

2.4.2　水平构件拉应力分析

　　为了考察斜柱转换层楼板在不同工况作用下的平面内受力情况，使用 YJK 软件，采用弹性板 6 模拟斜柱转换层楼板进行楼板应力分析。分析结果如图 2-17～图 2-20 所示。

　　从楼板应力分析结果可以看出，大部分楼板应力小于混凝土的拉应力（C35 混凝土允许拉应力为 1.43MPa）。在 3～5 层东、西两侧及 4 层南侧有局部应力值偏大的情况，可在设计中增大配筋并采用后浇的方式进行改善。由图 2-21～图 2-24 可以发现，采用后浇式后，应力集中的情况得到明显改善。

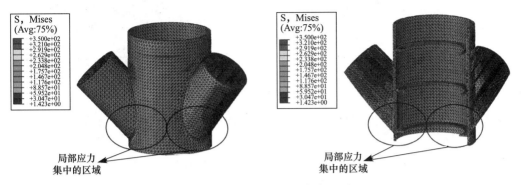

图 2-16 节点钢管 Mises 应力云图

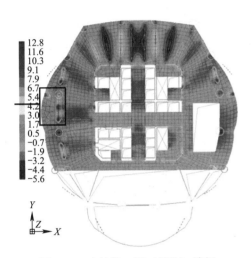

图 2-17 建筑第 3 层（斜柱）楼板
σ_{XX} 应力分布

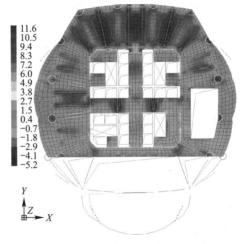

图 2-18 建筑第 3 层（斜柱）楼板
σ_{YY} 应力分布

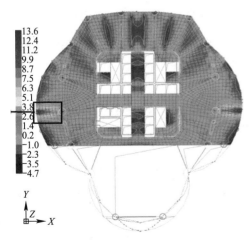

图 2-19 建筑第 5 层（斜柱）楼板
σ_{XX} 应力分布

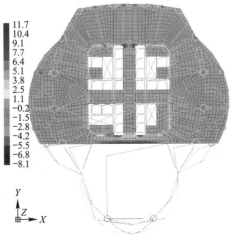

图 2-20 建筑第 5 层（斜柱）楼板
σ_{YY} 应力分布

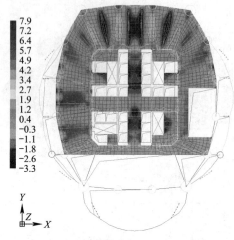
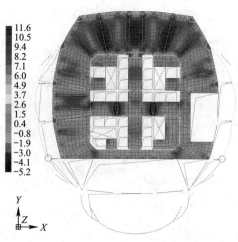

图 2-21　建筑第 3 层（斜柱）楼板　　　　图 2-22　建筑第 3 层（斜柱）楼板
σ_{XX} 应力分布（后浇）　　　　　　　　σ_{YY} 应力分布（后浇）

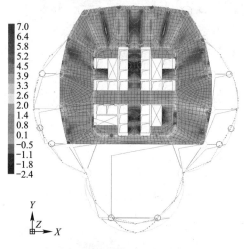
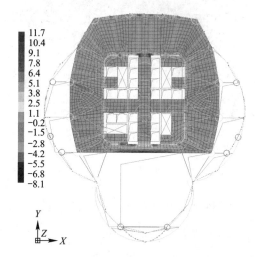

图 2-23　建筑第 5 层（斜柱）楼板　　　　图 2-24　建筑第 5 层（斜柱）楼板
σ_{XX} 应力分布（后浇）　　　　　　　　σ_{YY} 应力分布（后浇）

2.5　结构超限情况及抗震性能目标

结合平面造型及计算结果，本塔楼采用常规的结构体系，建筑体型较规则，高度超过 B 级高度的规定限值，属于超 B 级高度并存在楼板不连续、构件间断、局部穿层柱等不规则项的超限高层建筑。

综合考虑抗震设防类别、设防烈度、场地条件、结构自身特性等因素，塔楼的结构抗震性能目标定为 C 类：小震时完好、无损伤；中震时轻度损坏；大震时中度损坏。各主要结构构件的抗震性能目标如表 2-7 所示。

2.6　罕遇地震作用下动力弹塑性分析

采用 YJK 软件与 SAUSAGE 软件分别进行罕遇地震作用下的动力弹塑性时程分析，

从整体性能（结构弹塑性层间位移角、楼层剪力、剪重比等）、构件性能（结构构件的损伤情况、应力大小和屈服程度等）和结构能量平衡关系三个方面评估结构抗震性能，判断结构的抗震薄弱部位以及结构屈服、耗能机制的合理性。

结构构件抗震性能目标 表2-7

地震烈度		小震	中震	大震
结构抗震性能水准		1	3	4
宏观损坏程度		完好、无损坏	轻度损坏	中度损坏
层间位移角限值		1/500	—	1/100
关键构件	底部加强区剪力墙	无损坏	轻微损坏；满足《高层建筑混凝土结构技术规程》JGJ 3-2010（简称"《高规》"）式（3.11.3-1）的要求	轻度损坏；满足《高规》式（3.11.3-2）的要求
	底部加强区钢管混凝土柱			
	3～7层框架部分及大悬臂桁架			
	1～5层三面斜拱及其框架部分，斜柱及其框架部分			
	伸臂桁架层、腰桁架层及上、下层剪力墙			
	伸臂桁架层、腰桁架层外框架及上、下层钢管柱			
	穿层柱、墙			
普通竖向构件	其他部位框架柱	无损坏	轻微损坏；满足《高规》式（3.11.3-1）的要求	部分构件中度损坏
	其他部位剪力墙			
	斜撑			
耗能构件	其他框架梁	无损坏	轻度损坏，部分中度损坏；满足《高规》式（3.11.3-1）的要求	中度损坏，部分较严重损坏
	其他剪力墙连梁			

地震波包括 5 组天然波（NOKK260450、NONG161013、NONI111446、NOSI111515、NONG111446）和 2 组人工波（AR25_1449_1_M、AR25_1449_3_M），按顺序自定义为 GM1～GM7；地震采用双向输入，主、次方向幅值比为 1:0.85。墙、柱、梁构件全部采用纤维截面模拟。

结构在双向罕遇地震作用下动力弹塑性时程分析的层间位移角曲线如图2-25、图2-26所示，SAUSAGE 与 YJK 计算的结构自振周期及质量对比如表2-8所示。

根据计算结果，在罕遇地震作用下，性能点最大层间位移角均小于 1/100，动力弹塑性分析的最大位移角分别为 1/134 和 1/161，满足规范要求；大部分构件均无损伤—轻微损伤；连梁损伤较重，处于重度损伤。结构耗能机制合理，满足性能目标要求，建筑物可实现"大震不倒"的抗震设防目标。

2.7 主要抗震设计加强措施

根据塔楼的结构特点、超限情况、弹性及弹塑性分析结果，针对薄弱部位，在结构设计中主要采取以下加强措施：

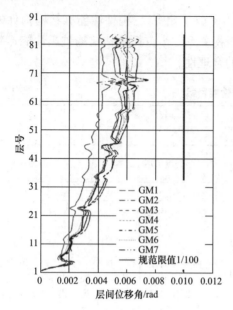

图 2-25 0°工况下结构大震弹塑性
层间位移角曲线

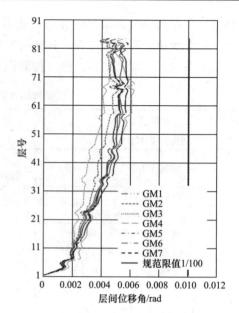

图 2-26 90°工况下结构大震弹塑性
层间位移角曲线

结构整体计算结果对比 表 2-8

项目		YJK 软件	SAUSAGE 软件	误差
周期	第 1 周期/s	6.805 (0°)	6.980 (0°)	2.6%
	第 2 周期/s	6.670 (90°)	6.892 (90°)	3.3%
	第 3 周期/s	2.775 (扭转)	2.965 (扭转)	6.9%
质量	U_z/kN	3491879	3592305	2.9%

（1）底部加强区核心筒墙身水平及竖向分布筋配筋率提高至 0.6%。

（2）对避难层及其相邻楼板进行加强处理。避难层板厚 150mm，楼板采用水平力、竖向地震作用、竖向荷载等组合进行包络配筋。

（3）避难层及其上、下一层，抗震等级提高一级，周边剪力墙边缘构件按框架柱构造加强。

（4）对于楼板局部不连续区域，根据应力分析结果，对薄弱部位楼板的厚度及配筋进行适当加强。

（5）根据中震作用下的等效弹性分析结果，对结构薄弱部位、关键部位进行适当加强。

（6）根据大震作用下的弹塑性动力分析结果及中震、大震作用下的等效弹性分析结果，对结构薄弱部位、关键部位进行适当加强，使抗侧刚度和结构延性更好地匹配，达到有效协同抗震。

（7）针对 4～6 层大悬挑的位置，在其立面方向增加 4～5 层的斜撑桁架作为二道防线。

3 结论

本工程属于超 B 级高度并存在楼板不连续、构件间断、局部穿层柱等不规则项的超限高层建筑，在设计中对关键构件设定抗震性能化目标，保证结构在小震作用下完全处于弹性阶段，同时，补充了关键构件在中震和大震作用下的验算。在设计中针对项目的关键技术进行分析，采取了相应的措施：

（1）塔楼及裙楼的基础沉降不均匀，设计中考虑不同部位桩筏基础中桩的长度不同，并在巨柱和核心筒的基础之间设置翼墙。

（2）对结构在不同层设置加强层进行对比分析，确定最优的加强层布置方案。

（3）对底部斜拱转换节点进行有限元分析，并对斜拱转换层水平构件拉应力进行分析，采用后浇的措施减小水平构件的拉应力。

（4）对结构进行弹塑性全过程极限承载力分析，结果表明结构具有较好的极限承载能力和延性，满足规范限值要求。

13 某多重复杂空间超限高层结构设计研究

谭伟[1]，王文涛[1]，孙素文[1]，李文斌[1]，王森[2]，刘冠伟[2]，

黄建羽[1]，高亚汉[1]，邵麟捷[1]，孙嘉辛[1]

（1. 悉地国际设计顾问（深圳）有限公司；2. 深圳市力鹏工程结构技术有限公司）

【摘要】 盛和湾区大厦工程主体结构高 144.45m，塔楼总体平面尺寸为 60.0m×37.4m，结构整体高宽比为 3.86，在约 100m 高度位置根据建筑功能划分为下部大跨度办公区和上部小柱网公寓两部分，办公区采用稀柱钢框架-双混凝土筒体混合结构体系，顶部公寓区过渡为钢框架-支撑-剪力墙结构体系。大跨度办公区为长边带凹口的平面，公寓为退台型"回"字形平面，二者之间采用斜向空间跨层转换桁架托换，同时存在平面及高度不同位置的多楼层桁架或分叉柱转换、核心筒高区收进、大跨度及长悬挑等多项不规则，属于特别不规则超限高层建筑工程。在整体结构设计分析基础上，重点阐述了斜向空间跨层转换桁架及相关水平和竖向构件受力、楼板刚度退化对结构的影响、施工模拟、防连续倒塌、核心筒高区收进、大跨度及长悬挑舒适度等关键问题。分析结果表明，设计采取的加强措施充分、有效，使结构达到了安全可靠的预期性能目标。

【关键词】 斜向空间跨层转换桁架；分叉斜柱；施工模拟；核心筒收进；大跨度及长悬挑

1 工程概况

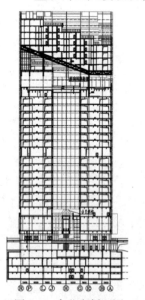

图 1-1 南北向剖面图

盛和湾区大厦项目位于东莞市南城街道东莞国际商务区经七路与纬二路交汇处。建筑方案底部 2 层通过大悬挑实现自然通透，3~4 层通高设置景观大堂；塔楼办公层部分通过凹进处理，使每户均朝向景观面；柱子全部布置在外围，形成无柱大跨度空间；顶部公寓采用叠台合院形成院落空间，自然形成"城市之冠"的独特标志。主体结构高 144.45m，地上 31 层（屋顶机房及幕墙构架层在结构计算中为 32 层），地下 4 层，地上总建筑面积约 5 万 m²。塔楼总体平面为长边凹口的矩形，尺寸为 60.0m×37.4m，结构整体高宽比为 3.86。为实现建筑效果及功能，项目存在较多的长悬挑、大跨度、平面及高度不同位置的多楼层转换、斜向跨层转换、多重转换等多项不规则和复杂点，空间关系复杂，办公区选用了钢框架-双混凝土筒体混合结构体系，顶部公寓层由于建筑体型变化过渡为钢框架-支撑-剪力墙结构体系。本项目抗震设防烈度为 6 度（0.05g），设计地震分组为第一组，场地类别为 Ⅱ 类。

图 1-1~图 1-4 所示分别为塔楼南北向剖面图、办公标准层平面示意图、公寓标准层平面示意图及建筑效果图。

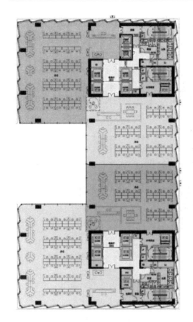

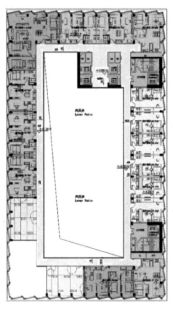

图 1-2　办公标准层平面示意图　　图 1-3　公寓标准层平面示意图　　图 1-4　建筑效果图

2　结构体系及特点

2.1　结构体系

鉴于建筑竖向交通核以及释放景观面需求，设置偏置的双混凝土核心筒，核心筒高宽比约为 7.43，可以作为结构的主要抗侧力构件。办公、商业等需要大空间，因此围绕建筑外围适当布置框架柱，形成稀柱钢框架-核心筒竖向承重及主抗侧力体系。图 2-1～图 2-3 所示分别为主体结构的三维模型、主要竖向构件以及高区结构模型。

由于底部商业楼层存在较多的大跨度和长悬挑，办公标准层跨度较大且建筑净高要求较高，上部楼层也存在较多的转换，特别是斜向跨层转换桁架跨度达到 30m，桁架高度因为立面需求控制外轮廓尺寸不大于 2.5m，而该转换桁架正下方为塔楼平面凹口位置，从提高建筑品质、减轻结构自重、减小转换负荷、方便施工等方面考虑，框架部分选择钢框架＋支撑体系，主框架柱采用钢管混凝土柱以减小截面尺寸并提高结构刚度。部分转换桁架与核心筒的连接，考虑到提高节点承载力以及保证桁架传力连续，在核心筒墙上设扶壁型钢混凝土柱。

2.2　结构特点

从建筑平面功能分布来看，本工程底部 5 层为商业、办公大堂和架空避难层，6～20 层为办公标准层，13 层、21 层为避难层，22～23 层为空中泳池和公寓大堂、会所、架空公共空间，24 层～屋顶为公寓。

由于建筑空间需求的不断变化，考虑立面造型及效果，要求竖向构件的布置有适度变化以适应建筑功能，因此本项目采用了较多的分叉斜柱转换、桁架梁式转换、整层桁架转换、跨层桁架转换、空间斜向跨层桁架转换等复杂处理手段。图 2-4～图 2-9 所示为本项目主要转换位置的结构布置。

图 2-1 主体结构三维模型示意

图 2-2 竖向构件示意

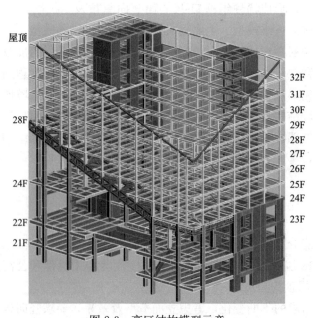

图 2-3 高区结构模型示意

办公大堂楼面（3层）原为 14.35m 的悬挑结构，结构布置如图 2-10 所示。由于建筑师不希望立面出现竖向和斜向的杆件，保证立面的通透性，因此未采用常见的桁架或空腹桁架悬挑或吊挂，而是直接采用了变截面钢梁悬挑，悬挑梁截面尺寸为 H（1500～800）mm×400mm×25mm×40mm。办公大堂两层通高，屋顶（5层）有 300～500mm 的景观覆土，荷载相比大堂楼面更大。为了减小悬挑梁的截面尺寸，通过与建筑师沟通，中间 J 轴和 G 轴两根柱子上设置拉杆，拉杆从 6 层楼面斜拉到 5 层楼面 1 轴的主框梁，将悬挑跨度减小到 10.8m，截面尺寸同大堂楼面悬挑梁。

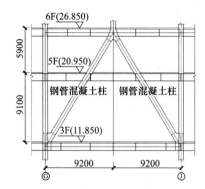

图 2-4　3～6 层 3 轴和 8 轴分叉斜柱示意

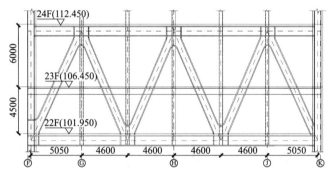

图 2-5　22～24 层 6 轴托公寓柱转换桁架示意

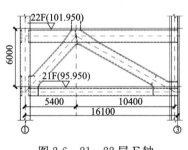

图 2-6　21～22 层 E 轴桁架托柱转换示意

办公标准层除核心筒外，共设置 14 根钢管混凝土柱传递竖向荷载，结构布置如图 2-11 所示。钢管混凝土柱尺寸为 700mm×1100mm，壁厚 30mm，楼面梁典型跨度为 15.9m 和 19.45m。为了提升办公空间档次和建筑净高，并保留以后空间改造及设备管线安装的灵活性，采用了圆形孔洞蜂窝梁的截面形式，钢梁截面尺寸分别为 H800mm×250mm×12mm×16mm、H1000mm×250mm×14mm×18mm；圆形洞口间距 1.2m，直径分别为 500mm 和 600mm。

24 层为公寓起始楼层，也是结构主要的转换层以及空间斜向跨层转换桁架起步端楼层，结构布置如图 2-12 所示。考虑到空间跨层斜桁架可能存在的下滑力，在桁架起始位

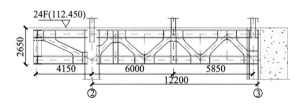

图 2-7　24 层 A 轴托公寓柱转换桁架示意

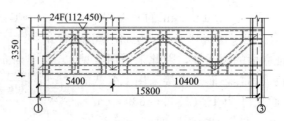

图 2-8 24 层 L 轴桁架托柱转换示意

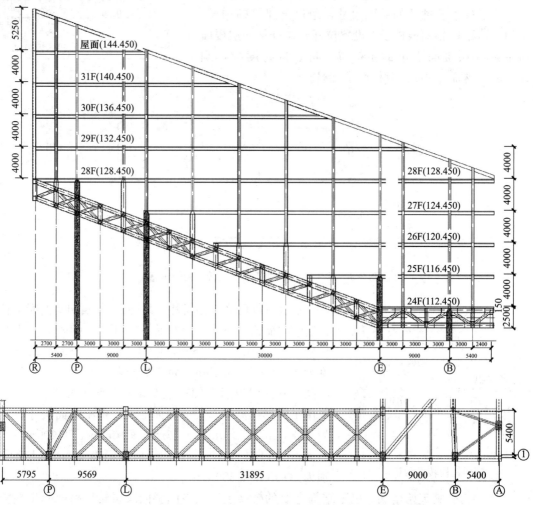

图 2-9 24~28 层斜向跨层桁架转换及桁架平面（斜）布置示意

置楼面内设置交叉水平撑，以加强楼盖整体刚度，将可能的荷载传递到东侧核心筒。出于同样的考虑，在空间跨层斜桁架顶端 28 层设平面内桁架，延伸至与 3~4 轴核心筒覆盖范围内，确保可能的下滑力传递到剪力墙。

30 层为公寓典型楼层（叠台楼院逐跨退台），核心筒存在墙体收进的情况。公寓收进后西侧和南侧肢甩出核心筒较长，考虑设置柱间支撑以提高结构冗余度，改善局部刚度及抗震性能。高区公寓层数为 5~8 层，单肢高宽比不大于 4，增设支撑后有充足的刚度和承载力抵抗水平力。结构布置如图 2-13 所示。

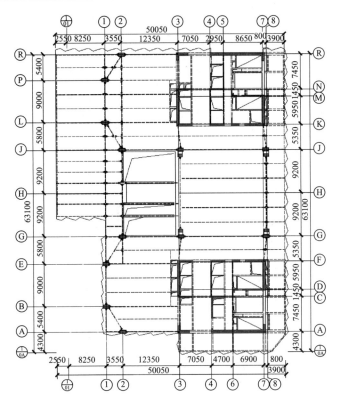

图 2-10 办公大堂 3 层结构布置

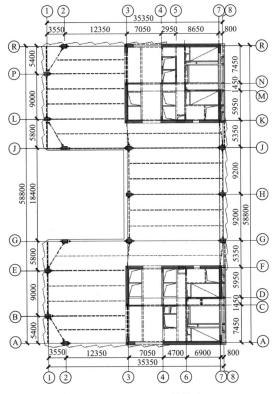

图 2-11 办公标准层结构布置

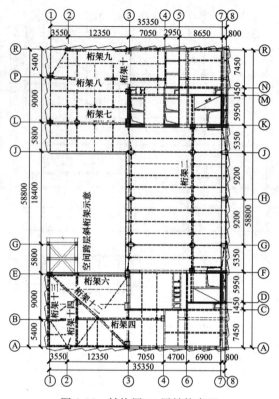

图 2-12　转换层 24 层结构布置

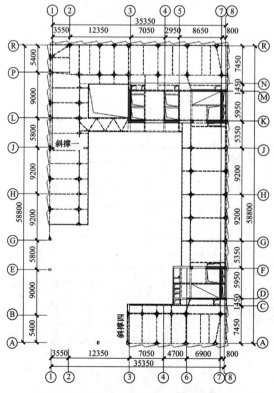

图 2-13　公寓典型层 30 层结构布置

3 主要构件截面尺寸及材料等级

主要构件截面尺寸及材料等级如表 3-1 所示。

主要构件截面尺寸及材料等级

表 3-1

构件		构件尺寸/mm	材料等级
核心筒		外墙 600,内墙 300	C60~C50
连梁		墙厚×800/1000	C60~C50
楼面梁	3 层、5 层悬挑梁	H (1500~800) ×400×25×40	Q355B
	办公主梁	H1000×300×25×30/H800×250×18×20	Q355B
	办公次梁	H1000×250×14×18/H800×250×12×16	Q355B
	公寓主梁	H400×200×10×14/H350×200×10×12	Q355B
框架柱	办公钢管混凝土柱	矩形 700×1300 (t=50/40/30)	Q355B
	扶壁型钢混凝土柱	SRC1000×1000 (H700×700×40×40)	Q355B
	公寓钢柱	矩形 350×400 (t=20)	Q355B
楼板		120/150/180	C30
空间斜向跨层转换桁架	上下弦杆	矩形 600×600 (t=60)	Q420GJC
	腹杆	矩形 400×400 (t=40)	Q420GJC

4 结构超限情况

主体结构采用钢框架-双混凝土筒体混合结构体系,高度为 144.45m,满足《高层建筑混凝土结构技术规程》JGJ 3-2010(简称《高规》）表 11.1.2 的高度要求。主要超限情况为：25 层由于空间斜向跨层转换桁架偏置导致扭转不规则,Y 向最大扭转位移比为 1.63,对应楼层层间位移角为 1/6087；塔楼 X 向有较大的凹进,大于该相应边长 35%,平面凹凸不规则；4 层中庭开洞面积大于楼面面积的 30%,27 层以上楼面大开洞成"回"字形平面,楼板不连续；22 层桁架转换导致 21 层与上一层的层刚比偏小,刚度突变；23 层与 24 层的 Y 向受剪承载力比为 0.62,小于 0.8(有斜腹杆楼层),受剪承载力突变；22 层和 24 层公寓柱转换,构件间断；1~3 层穿层柱、24~28 层穿层柱,3~6 层分叉柱转换。

5 性能目标

在满足国家及地方相关规范要求的同时,根据性能化抗震设计的概念进行设计,综合考虑设防类别、设防烈度、建造费用、结构安全性及特点,将整体性能目标定为 C 级；但21 层以上结构和节点按性能目标细化后,实际上在性能目标 C 级的基础上做了加强,满足抗震性能 B 级的要求。结构性能目标如表 5-1 所示,普通构件和耗能构件的性能水准及相关要求参见《高规》。

结构性能目标　　　　　　　　　　　　　　　　　表 5-1

地震水准		多遇地震	设防地震	罕遇地震
性能水准		1	3	4
位移角限值		1/650	—	1/125
关键构件	底部加强区核心筒墙体、24 层核心筒墙体	受弯	弹性	不屈服	少量屈服
		受剪	弹性	弹性	不屈服
	3 层、5 层左侧悬挑梁及支承悬挑梁的主框架梁和框架柱 3~6 层（3 轴/7 轴）分叉转换柱及 3 层的拉梁 22 层（E 轴）转换桁架及转换柱 24 层（B 轴/L 轴/2 轴）转换桁架及转换柱 24 层（6 轴）跨层转换桁架、转换墙体内暗柱 24~28 层空间斜向跨层转换桁架、转换柱	受弯	弹性	弹性	不屈服
		受剪	弹性	弹性	不屈服
	桁架上、下弦，细腰及弱连接楼盖	受弯	弹性	弹性	受拉不屈服
		受剪	弹性	弹性	弹性

6 结构小震、中震、大震分析结果

采用 YJK 软件进行小震、中震分析和设计，并采用 ETABS 软件进行校核，总体指标计算结果如表 6-1 所示。

结构小震总体指标计算结果　　　　　　　　　　　表 6-1

项目		ETABS			YJK		
周期折减系数		0.85			0.85		
单位面积质量/（t/m²）		1.785			1.787		
风荷载	X 向	18850.6			19663.9		
	Y 向	11124.5			11658.2		
地震剪力/剪重比（规范限值）	X 向	5608.70/0.685%（0.80%）			5631.15/0.687%（0.80%）		
	Y 向	5287.65/0.646%（0.80%）			5712.62/0.697%（0.80%）		
周期和振型		周期/s	振型质量参与系数/%		周期/s	平动系数/扭转系数		
		$T_1=2.926$	0.852	0.086	0.062	$T_1=2.9110$	0.92	0.04	0.05
		$T_2=2.718$	0.131	0.788	0.081	$T_2=2.6527$	0.05	0.93	0.02
		$T_3=2.264$	0.037	0.139	0.824	$T_3=2.2602$	0.05	0.04	0.91
		$T_4=0.89$	0.718	0.263	0.019	$T_4=0.8728$	0.95	0.04	0.01
		$T_5=0.852$	0.268	0.695	0.037	$T_5=0.7924$	0.03	0.82	0.14
		$T_6=0.754$	0.013	0.064	0.922	$T_6=0.6694$	0.02	0.20	0.79
扭转周期比	T_t/T_1	0.77			0.78		
地震倾覆力矩/（kN·m）	X 向	454175.8			455369.4		
	Y 向	447841.3			474843.2		
最大层间位移角（楼层）	X 向震	1/3460（22 层）			1/3044（15 层）		
	Y 向震	1/3906（13 层）			1/3404（13 层）		
	X 向风	1/665（25 层）			1/660（32 层）		
	Y 向风	1/1041（28 层）			1/988（28 层）		

项目		ETABS	YJK
地震最大 扭转位移比	X向5%	1.223（23层，位移角 1/3583）	1.38（21层，位移角 1/3262）
	Y向5%	1.218（5层，位移角 1/6202）	1.63（25层，位移角 1/6087）
柱倾覆力矩 百分比	X向	12.40%（1层）	11.30%（1层）
	Y向	18.10%（1层）	17.50%（1层）

上述计算结果表明，小震作用基底剪力约为风荷载作用的 1/3 左右，因此本项目小震设计为风荷载控制。中震作用约为小震的 3 倍，也就是说中震作用与风荷载总的基底剪力基本接近，因此正常情况下，可以推断结构基本能够满足中震弹性的性能水准。实际的分析结果也能证明该推论的正确性。

采用 SAUSAGE 软件进行大震弹塑性时程分析，结果显示塔楼最大层间位移角为 X 向 1/181（28 层）、Y 向 1/192（28 层），均满足规范 1/125 的限值要求。结构高区与低区存在明显的体型变化、核心筒收进及刚度变化，结构的最大位移角出现在高区公寓楼层。

结构非线性反应主要表现为连梁的塑性开展及核心筒墙体的受拉损伤，钢框架梁柱、转换桁架等构件基本没有出现塑性应变。墙体在高区收进附近位置混凝土受拉损伤相对较大，受拉损伤因子最大约为 0.44，但钢筋尚未屈服，如图 6-1 所示。斜向跨层转换桁架上托公寓层，下端楼板（24 层）作为桁架的水平弹性约束，地震作用下楼板平面内剪力相对较大，导致楼板损伤较大，将楼板加厚到 150mm 并采用双层双向配筋 ϕ12@150 后，可控制楼板损伤程度（图 6-2），满足预定性能目标。

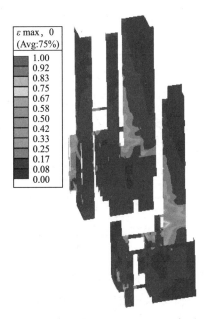

图 6-1 高区楼层（21～32 层）大震
墙体受拉钢筋应变

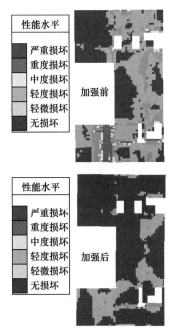

图 6-2 24 层楼板采取加强措施前后
性能水平对比

7 结构重难点分析

7.1 24～28层空间斜向跨层转换桁架

7.1.1 施工模拟

本工程在24～28层存在大跨度斜向跨层转换桁架，承托上部5～6层公寓。考虑转换桁架重要性，本工程需真实模拟施工顺序，以反映结构刚度形成过程及实际荷载加载顺序的准确性。

本项目采用YJK和SAP2000软件进行施工模拟分析，互相校核，确保关键位置关键构件计算结果的正确性。由于空间斜向跨层转换桁架在E～L轴投影范围为透空的凹口，没有可以作为施工平台的主体结构，高空散装的代价相对较大，因此拟采用的施工方式为先施工24～28层E～L轴范围之外的主体结构以及斜桁架，此部分斜桁架采用楼面散装的方式；E～L轴之间的桁架采用地面整体拼装，滑移就位后焊接固定，然后依次施工上部支承公寓主体结构。施工步骤如图7-1所示。

第1步：24层及斜桁架　　　第2步：25～27层施工　　　第3步：28层及斜桁架　　　第4步：斜桁架中间
下端延伸跨施工完成　　　　　　　　　　　　　　上端延伸跨施工完成　　　段组装就位

图7-1　24～28层空间斜向跨层换桁架施工模拟

YJK和SAP2000软件的施工模拟计算结果对比如表7-1所示。可以看到，两种软件施工模拟计算结果误差很小，计算结果可靠，后续可以此为前序工况进行相应的设计。

施工模拟计算结果对比　　　　　　　　　　　　　　　　　　表7-1

项目	下弦杆轴力/kN	上弦杆轴力/kN	斜腹杆1轴力/kN	斜腹杆2轴力/kN	上端柱1轴力/kN，弯矩/(kN·m)	下端柱2轴力/kN，弯矩/(kN·m)	竖向位移/mm
YJK	10293.2	-9205.3	2493.0	2551.0	1541.9，1212.5	8939.3，2706.0	36.45
SAP2000	10202.8	-9150.5	2447.4	2467.0	1585.99，1240.7	9161.77，2789.7	36.30
误差百分比	0.9%	0.6%	1.9%	3.4%	-2.8%，-2.3%	-2.43%，3.1%	0.4%

7.1.2 桁架及支承柱受力

公寓楼层竖向荷载通过钢柱传至空间斜向跨层转换桁架上弦杆，转换桁架下方由8根钢管混凝土柱支承，其中内榀桁架（2轴右侧）两根支承柱在24层E轴、L轴通过平面桁架转换，桁架两端分别支承在外框柱和核心筒扶壁柱（劲性混凝土柱）上，进而传递至基础。空间斜向跨层转换桁架布置参见图2-9。

为考察桁架及相关支承构件内力组成，提取各单工况内力如表7-2所示。可以看到，桁架杆件控制工况为 1.3D＋1.5L＋0.99WY 组合，竖向荷载产生的内力占比超过 90%。桁架杆件水平小震单工况内力仅为恒荷载工况的 5%，竖向小震作用下内力仅为恒荷载单工况的 2%，桁架杆件地震组合不起控制作用，大震作用下的应力比也不大。竖向荷载作用下，转换桁架支承柱剪力较小，最大组合剪力不超过 600kN，水平小震工况剪力仅为 100kN 左右，大震弹性组合剪力不超过 900kN，远小于构件承载力。

空间斜向跨层转换桁架 1 轴（HJ12）杆件轴力标准值 表 7-2

<table>
<tr><th colspan="2">工况</th><th>恒荷载</th><th>活荷载</th><th>X 向风荷载</th><th>Y 向风荷载</th><th>X 向地震作用</th><th>Y 向地震作用</th><th>竖向地震</th></tr>
<tr><td>下弦杆</td><td>轴力/kN</td><td>5654.78</td><td>1100.51</td><td>-418.25</td><td>275.51</td><td>108.99</td><td>120.23</td><td>43.41</td></tr>
<tr><td>上弦杆</td><td>轴力/kN</td><td>-4911.25</td><td>-936.92</td><td>333.09</td><td>458.68</td><td>96.36</td><td>182.54</td><td>38.34</td></tr>
<tr><td>斜腹杆</td><td>轴力/kN</td><td>-2120.09</td><td>-367.92</td><td>667.60</td><td>31.79</td><td>109.91</td><td>33.36</td><td>13.68</td></tr>
<tr><td rowspan="3">上端框架柱</td><td>轴力/kN</td><td>-5792.82</td><td>-953.26</td><td>1890.61</td><td>2.77</td><td>306.29</td><td>57.78</td><td>28.36</td></tr>
<tr><td>剪力/kN</td><td>341.70</td><td>69.88</td><td>60.80</td><td>48.89</td><td>12.10</td><td>16.62</td><td>2.72</td></tr>
<tr><td>弯矩/(kN·m)</td><td>1775.66</td><td>358.96</td><td>232.24</td><td>267.94</td><td>48.64</td><td>89.34</td><td>14.35</td></tr>
<tr><td rowspan="3">下端框架柱</td><td>轴力/kN</td><td>-6333.17</td><td>-1243.54</td><td>1098.05</td><td>208.37</td><td>197.41</td><td>71.12</td><td>30.81</td></tr>
<tr><td>剪力/kN</td><td>-373.40</td><td>-55.46</td><td>176.65</td><td>201.96</td><td>32.02</td><td>60.40</td><td>2.58</td></tr>
<tr><td>弯矩/(kN·m)</td><td>-2214.67</td><td>-376.99</td><td>847.64</td><td>899.36</td><td>154.92</td><td>269.87</td><td>14.97</td></tr>
</table>

7.1.3 桁架可能的下滑力分析

与常规平面转换桁架或空间正向桁架相比，竖向荷载作用下，空间斜向跨层转换桁架可能存在下滑趋势，因而带来支承柱剪力增大、楼板平面内剪力增大等不可控因素。这是本项目设计最大的特点和难点，因此针对该问题进行了细致的分析。

考察竖向荷载作用下的水平变形，计算结果如图 7-2 所示。可以看到，桁架跨中最大存在约 8.4mm 的水平位移，主要影响 25 层、26 层的楼面变形。支承斜桁架的柱顶水平绝对位移为 3.3～6.1mm，基本沿着下滑方向变位，柱顶剪力最大为 390kN 左右（图 7-3），表明桁架在竖向荷载作用下的下滑力对柱影响较小。

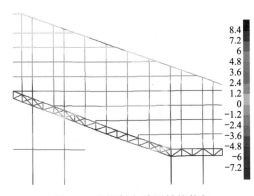

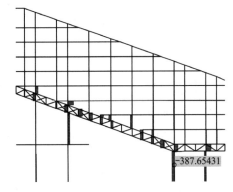

图 7-2 空间斜向跨层转换桁架
竖向荷载作用下的水平变形

图 7-3 空间斜向跨层转换桁架
支承柱恒荷载工况剪力

7.1.4 楼板应力及加强措施

竖向荷载作用下，桁架的下滑以及上、下弦拉压变形，都会在楼盖内产生一定的水平力，该水平力通过楼盖协调传递至远端的核心筒，因此楼盖的承载力和刚度对桁架的整体性以及内力产生一定的影响。图 7-4 所示为相关楼层楼板剪应力（S12）云图及截面切割内力结果，可以看到，25 层、26 层、28 层三个楼层的剪应力水平相对较高，与前面水平变形计算结果匹配。其中 25 层、28 层剪应力接近 1MPa，26 层弱连接位置剪应力接近 3MPa。

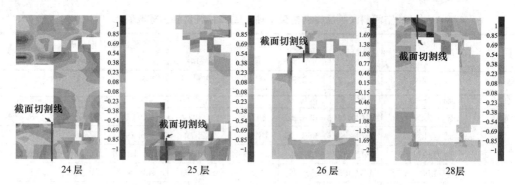

图 7-4　空间斜向跨层转换桁架相关楼层竖向荷载作用下楼板剪应力云图

根据截面切割楼板平均剪应力统计结果，除 26 层楼板外，其余楼层通过加大楼板厚度和提高楼板配筋率，能够保证楼板满足抗剪的性能目标要求，抗剪利用率最大为 0.54。对于 26 层弱连接位置楼板，考虑在平面内设置水平撑承担全部剪力，水平撑截面为 H350mm×200mm×8mm×12mm，并考虑相应位置楼板后浇，防止开裂。弱连接楼盖两侧钢梁均采用方通，提高钢梁在板面内的受弯承载力。

统计斜桁架上方所托楼层楼板的轴向应力（S22）如表 7-3 所示。可以看到，由于桁架跨高比相对较大，桁架上方的楼层存在一定空腹桁架效应，上托楼层楼板在竖向荷载作用下存在拉压应力，桁架上两层，即 25 层、26 层的楼板处于受拉状态，最大拉应力为 2.99MPa；27～32 层楼板处于受压状态，最大压应力为 1.29MPa。对受拉楼层楼板采取加厚及双层双向配筋 $\phi12@150$ 的措施进行加强。

空间斜向跨层转换桁架上托楼层楼板轴向应力　　　　　　　　　　　　表 7-3

楼层	25 层	26 层	27 层	28 层	29 层	30 层	31 层	32 层
应力/MPa	2.99	1.00	-1.29	-1.18	-0.32	-0.34	-0.69	0.03

7.1.5　楼板刚度退化对比分析

前面的分析结果表明，由于空间斜向跨层转换桁架跨高比较大，竖向变形后上部两层楼板存在一定的拉应力，长期荷载作用下楼板受拉可能造成刚度退化，桁架及上部钢框架相关构件可能出现内力重分布。

按楼板刚度完全退化计算，与未退化前的计算结果进行包络设计，如图 7-5 所示。可以看到，考虑楼板刚度退化前所有杆件应力比均小于 1.0；考虑楼板刚度退化后，上部公寓楼层部分杆件在竖向荷载作用下应力比超限，大部分杆件应力比增大 30%～60%，个别杆件应力比增大 120%，桁架杆件应力比仍比较小。偏安全设计，考虑楼板刚度退化后公寓楼层杆件截面需做加强处理。

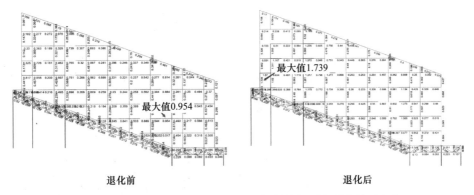

退化前　　　　　　　　　　　　　　　退化后

图 7-5　空间斜向跨层转换桁架及上托构件楼板刚度退化前后应力比

7.2　3～6 层分叉斜柱转换分析

7.2.1　杆件内力及稳定性

为满足建筑效果及功能需求，6 轴和 8 轴处两根中柱不能落地，采用了分叉斜柱转换的方式。分叉斜柱的设计主要关注内力的传递路径、斜柱稳定性及计算长度、斜柱竖向荷载作用下产生的杆件拉力及楼板拉应力、节点构造及节点承载力验算等内容。

提取分叉斜柱相关构件单工况内力如表 7-4 所示。

分叉斜柱相关构件内力　　　　　　　　　　　　　　表 7-4

构件		恒荷载	活荷载	Y 向风荷载	Y 向小震作用
下弦杆（3 层梁）	轴力/kN	1127.58	380.72	15.11	13.53
上弦杆（6 层梁）	轴力/kN	57.64	32.87	657.05	198.86
斜柱	轴力/kN	-9983.33	-3272.03	-4714.6	1400.54
斜柱下端落地框架柱	轴力/kN	-24355.45	-7812.78	-2772.34	840.23
	轴力/kN	212.15	70.98	110.15	33.25
	弯矩/（kN·m）	684.19	254.56	-346.92	104.53

根据上述统计结果，分叉斜柱转换杆件内力由 1.3D＋1.5L＋0.99WY 组合控制，竖向荷载占比超过 82％；竖向荷载作用下，上弦杆轴力较小，下弦杆轴拉力较大，需要按拉弯构件进行承载力验算；斜柱下端落地框架柱剪力较小，小震水平地震单工况剪力为恒荷载单工况的 15％左右，控制工况基本为 1.3D＋1.5L＋0.99WY，最大组合内力与竖向荷载组合基本接近。

底部分叉斜柱跨层通高而且轴力较大，需验算构件的稳定性和大震作用下的承载力。采用在分叉斜柱顶局部加载的方式，续接施工模拟的结构刚度，进行屈曲分析。根据屈曲分析计算结果，分叉斜柱临界屈曲承载力约为 773220kN，大震工况下分叉斜柱轴力约为 29699kN，分叉斜柱临界屈曲承载力远大于大震工况下轴力，能保证大震作用下的稳定性。杆件计算长度根据欧拉临界屈曲承载力公式反算，分叉柱计算长度系数为 1.2。

7.2.2　楼板应力

竖向荷载作用组合设计工况下，桁架下弦楼层 3 的楼板平均拉应力为 2.9MPa；桁架上弦楼板拉应力较小，最大约 0.4MPa。对桁架范围内楼板增加 $\phi 10@150$ 双层双向配筋。

下弦杆楼层楼板拉应力较大位置，除增大楼板配筋外，同时采用增设后浇带释放拉应力的措施避免楼板开裂，如图 7-6 所示。

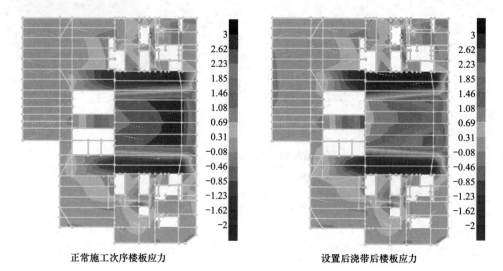

正常施工次序楼板应力　　　　　　　　设置后浇带后楼板应力

图 7-6　分叉斜柱下弦楼层楼板应力

7.2.3　楼板刚度退化对比分析

前面的分析结果表明，竖向荷载作用下，下弦楼层楼板拉应力较大，最大拉应力超过楼板混凝土材料抗拉强度设计值，长期拉力作用下楼板可能存在刚度退化，因此考虑楼板刚度退化为零后各相关构件内力，按包络设计的思想进行设计和验算。

如表 7-5 所示，与楼板刚度退化前相比，桁架下弦杆轴力有较大程度的增加，接近退化前的 2.7 倍。上弦杆的轴力有所增大但仍然较小。斜柱及斜柱下端落地柱轴力基本没有变化，落地柱的剪力和弯矩增大了 40% 左右。下弦杆需要按拉弯构件进行设计，其余构件按退化后的构件内力进行承载力验算，满足设计要求。

楼板刚度退化前后分叉斜柱相关构件内力（1.3D＋1.5L 组合）　　　表 7-5

构件		退化前	退化后	增长比例
下弦杆（3 层梁）	轴力/kN	2036.92	5493.95	169.7%
上弦杆（6 层梁）	轴力/kN	124.23	190.85	53.6%
斜柱	轴力/kN	−17885.81	−17493.09	−2.2%
斜柱下端落地框架柱	轴力/kN	−42735.4	−42614.85	−0.3%
	剪力/kN	382.27	536.38	40.3%
	弯矩/（kN·m）	−1271.28	−1788.01	40.6%

7.2.4　抗连续倒塌分析

本塔楼存在斜柱转换、桁架转换、大跨度斜向桁架转换等，这些构件对于重力荷载的传递起着至关重要的作用，因此对这些位置采用拆除构件的方法进行抗连续倒塌设计。

对与失效构件直接相连的构件，设计时所采用的荷载组合为"2×（恒＋0.5 活）＋0.2风"；对其余构件，计算时所采用的荷载组合为"（恒＋0.5 活）＋0.2 风"。根据《高规》第 3.12.5 条，抗连续倒塌设计中，构件截面承载力计算时，混凝土强度可取标准值；钢材强度，正截面承载力验算时取标准值的 1.25 倍，受剪承载力验算时可取标准值。程序中构件验算时，钢材设计值为标准值，考虑上述规范规定，对于中部水平构件，其应力比控制值为 1.25/0.67＝1.87，其他构件应力比控制值为 1.25。

篇幅所限，选取 3～6 层（3 轴/7 轴）分叉转换部分杆件失效情况进行分析，如图 7-7 所示。

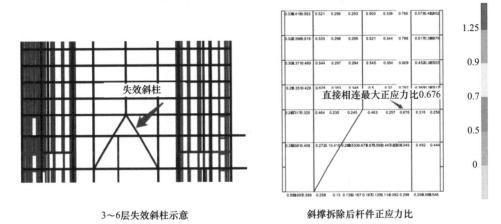

图 7-7　分叉斜柱抗连续倒塌分析

根据计算结果，本工程相关转换构件的设计具有适当的安全余量和冗余度，荷载传递路径是多重的。在所模拟的可能出现的失效情况下，结构均能进行有效的内力重分布。各种形式关键构件失效后最大弯曲正应力比为 0.851，与直接失效杆件相连杆件最大正应力比为 0.676，剪应力比为 0.501；间接连接构件应力比均满足要求。对于考虑的失效工况，现有设计的剩余构件都可以承担重分布后的荷载，整体结构具有抗连续倒塌的能力。

7.3　公寓层支撑设置对比分析

塔楼高区建筑功能为公寓，结构核心筒收进，且中间存在中庭形成"回"字形平面（考虑"回"字形平面风荷载的放大效应）。建筑 25 层以上平面造型层层退台，局部薄弱连接或完全断开，导致结构单肢形成局部单跨框架结构。从概念设计角度出发，在西侧肢的 J 轴、G 轴以及南侧肢的 2 轴、3 轴增设了 4 道斜撑，如图 7-8 所示，斜撑沿公寓楼层连续布置，以增大结构冗余度，提高公寓的抗震和抗风性能。

斜撑对结构整体周期基本无影响，对位移角的影响如图 7-9 所示。可以看到，风荷载作用下，有无斜撑对高区结构位移角影响较小。地震工况下 X 向位移角最大为 1/2466，出现在 29 层，设置斜撑后减小约 22%，有无斜撑对 X 向地震工况结构上部楼层影响较大。后续分析表明，由于斜撑落地在转换桁架上（即支座刚度有限），同时公寓单跨钢框架自身抗侧刚度较大（由于实际的空腹桁架效应，导致重力荷载作用下单跨钢框架已经需要一定的截面尺寸），即使进一步增大斜撑截面尺寸，实际对提高结构刚度影响较小，仅从避免单跨框架、提高结构冗余度的结构概念设计出发，本工程保留斜撑设计。

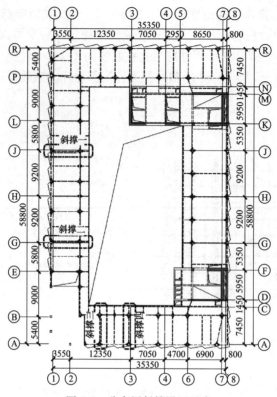

图 7-8 公寓层斜撑设置示意

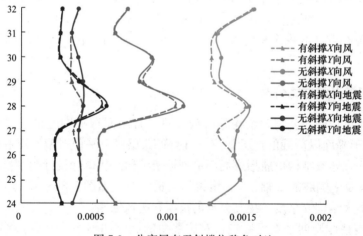

图 7-9 公寓层有无斜撑位移角对比

7.4 核心筒高区收进专项分析

本工程在高区存在剪力墙收进的不利因素，分别对中震和大震工况下收进位置的剪力墙和楼板承载力进行了分析，如图 7-10 所示。

从应力图来看，在高区剪力墙收进位置附近，截面的剪应力和正应力均有一定突变，需特别关注此处剪力墙的承载力验算。构件层面验算构件承载力，对比突变楼层和下一层墙体剪力变化情况如表 7-6 所示。

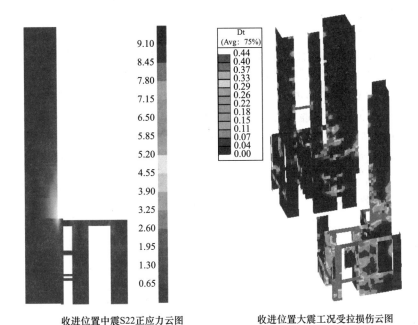

收进位置中震S22正应力云图   收进位置大震工况受拉损伤云图

图 7-10　核心筒高区收进分析

核心筒突变楼层和下一层墙体剪力对比   表 7-6

墙肢编号	所在楼层	组合内力			墙厚/mm	墙长/m	水平筋配筋率	受剪承载力/kN	设计值/受剪承载力	剪压比
		N/kN	V_y/kN	M_x/(kN·m)						
WX6	23	−7522	1283	1657	600	5.0	0.25%	4951	0.26	0.019
WY9	23	−16209	4417	5051	600	6.5	0.25%	6054	0.73	0.037
WY10	23	−11405	2369	4130	600	5.7	0.25%	5776	0.41	0.032
WX6	24	−5760	651	1804	600	4.0	0.25%	3949	0.16	0.012
WY9	24	−13310	981	1550	600	6.5	0.25%	5929	0.17	0.012
WY10	24	1210	800	8511	600	5.0	0.25%	4702	0.17	0.012

　　分析结果如下：①核心筒高区收进处上下几层应力云图变化明显，墙体内力存在明显突变。考虑 23 层和 24 层墙体水平分布筋配筋率提高到 0.35%。②收进楼层及下层墙体的受剪承载力满足要求，剪压比不大于 0.04。相关墙体满足中震受剪弹性的性能目标。

7.5　大跨度及长悬挑

7.5.1　舒适度分析

　　本项目楼面采用钢梁＋钢筋桁架楼承板体系，根据建筑特点，存在较多大跨度和长悬挑，这些区域的楼板自振周期明显长于普通跨度钢筋混凝土梁板系统，行人激励下容易造成楼板的大幅振动，引起人们的不适，因此对大跨度楼板进行舒适度分析是本项目结构设计中重点关注的问题之一。

　　采用时程分析方法进行补充验证，施加不同的人行激励，进行楼盖竖向振动加速度的评估。舒适度计算模型恒荷载除结构构件自重外,按照现有建筑条件附加荷载;活荷载取有效分布活荷载。办公区人数按 $10m^2$/人计算,人群的有效激振人数为 $\sqrt{N}$(N 为人群范围的总人数)。人行频率取 $1.0\sim2.5Hz$,单个人体质量取 $70kg$,楼盖阻尼比取 2%。

2 层 G~J 轴建筑功能为商业连接通道,结构跨度为 18.4m,覆土厚 400mm,梁截面为 H1000mm×250mm×14mm×18mm,楼盖第 1 阶竖向自振频率为 3.27Hz。3 层 G~R 轴交 1/01~1 轴建筑功能为办公大堂,结构悬挑 10.8m,悬挑梁截面为 H1500mm×400mm×25mm×40mm,楼盖第 1 阶竖向自振频率为 3.48Hz。分别采用 6 人连续行走、4 人同步跑动两种模式进行加载激励,加速度计算结果如图 7-11 和图 7-12 所示。可以看到,两个区域最大加速度计算结果分别为 16.8gal 和 13.1gal,限值根据频率插值分别取 17.5gal 和 16.9gal,舒适度满足要求。以上为理论计算结果,后续根据现场实测相应转换范围楼层及大跨度悬挑结构舒适度,可考虑增设 TMD 减振方案。

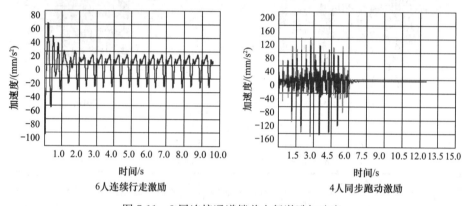

图 7-11　2 层连接通道楼盖人行激励加速度

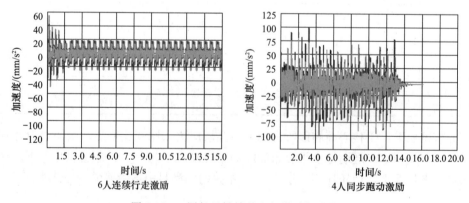

图 7-12　3 层长悬挑楼盖人行激励加速度

7.5.2　蜂窝梁设计

本项目在办公楼层标准层跨度较大,层高 4.5m,建筑师要求建筑净空为 3.1m,因此采用了开圆形孔的蜂窝梁。在跨度大和净高要求高的条件下,蜂窝梁充分利用了钢材强度,腹板孔洞有利于设备管道的通过,梁高度增大有利于提高楼盖舒适度。为了研究蜂窝梁开洞对于构件刚度的影响,便于整体模型计算及构件设计,对比蜂窝梁和普通梁的电算结果,并与手算结果进行校核,给出蜂窝梁刚度折减系数。手算抗弯刚度比蜂窝梁开洞位置，最小截面惯性矩与实腹梁截面惯性矩之比为 0.92，即蜂窝梁的刚度相对实腹梁最大折减约 8%，与有限元计算结果基本匹配。

8 小结

由于建筑造型和使用功能需要，造成结构存在多个不规则项，特别是空间斜向跨层转换桁架，与传统的转换存在差异。本项目从简化模型和结构概念着手，分析了空间斜向跨层转换桁架和其他各类转换带来的影响，通过多种软件对比分析，多种工况包络设计，论证了结构抗震和受力性能满足要求。对关键构件进行性能化设计，并采取有效的抗震措施，确保本项目结构的安全性和抗震可靠性。

14 中国电子深圳湾总部基地超限结构设计

张建军，刘伟，孙煜坤，徐凯，郑庆星，王益山

（深圳市建筑设计研究总院有限公司）

【摘要】 高层连体结构因其独特的建筑效果和良好的使用功能，已成为较常见的建筑形式之一。拟建的中国电子深圳湾总部基地项目，在标高 59.85m 处 4 栋塔楼通过 4 个连接体依次相连，形成一个巨大的环形观光平台，并形成较为复杂的环形多塔连体结构。本文介绍了此复杂多塔连体结构的建筑和结构特点，归纳了结构整体指标和各工况下的结构响应，进行了连体自身和周边关键构件的承载能力验算、连体结构的舒适度验算和连体结构楼板应力分析，并采取了有效的抗震加强措施，充分分析论证了该结构的可行性。

【关键词】 连体；多塔；舒适度

1 前言

高层建筑连体结构是近十几年来采用较多的一种新型结构形式，连体结构不仅连接了建筑物之间的交通，也提供了独特的视觉美感，大大丰富了使用者的使用体验。随着建筑形式的逐渐丰富，连体建筑形式也向着大跨度、多塔、不对称等复杂化的方向发展，给连体结构的设计提出了越来越多的挑战。

连体结构因连接了多栋塔楼，不仅对塔楼的受力情况和动力特性造成影响，连体本身也是结构受力的关键部位。一般来说，在连体高层建筑结构中应重点关注三个问题：①塔楼扭转问题；②连体与塔楼连接问题；③连体的受力、舒适度和楼板应力问题。本文选取的工程案例属于环形复杂多塔连体结构，4 栋塔楼通过 4 个连接体依次相连。本项目的复杂点在于 4 栋塔楼高度不一致、连体与塔楼连接不对称、连体跨度大、连体刚度较弱等。针对以上问题，本项目进行了连体结构受力特性分析、连体结构与单塔的对比分析、连体自身和周边关键构件的承载能力验算、连体舒适度验算和楼板应力分析，并采取了有效的抗震加强措施。

2 工程概况与设计标准

中国电子深圳湾总部基地位于深圳市南山区，南邻滨海大道，北接白石支四街，东侧为深湾四路，西侧与深湾支二街相邻，项目北侧与地铁 9 号线深湾站相接。

本工程由坐落于北地块及南地块的 4 座塔楼 T1～T4 构成，总建筑面积约 19.7 万 m²。T1 位于西北角，建筑高度为 158.70m，主要功能为中国电子总部、自持租赁办公、商业及文化休闲等；T2 位于东北角，建筑高度为 105.00m，主要功能为自持租赁办公、销售

办公、商业、文化休闲等；T3 位于东南角，建筑高度为 64.20m，主要功能为销售办公及商业；T4 位于西南角，建筑高度为 64.20m，主要功能为酒店、销售办公及商业。设 2 层地下室，主要功能为商业、设备用房及车库，南北两个地块均有通往地面层的下沉广场联系地上及地下商业空间。各塔楼在 13 层（标高 55.35m）和 14 层（标高 59.85m）两两相连形成连体结构。项目总平面示意图如图 2-1 所示，建筑效果图如图 2-2 所示。

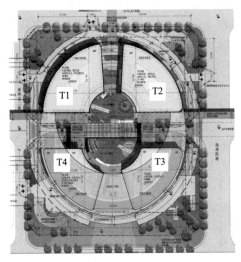 

图 2-1　总平面示意图　　　　　　　图 2-2　建筑效果图

本工程结构设计使用年限为 50 年，结构安全等级为二级，基础设计等级为甲级。本工程抗震设防烈度为 7 度（0.10g），设计地震分组为第一组，场地类别为Ⅱ类，属于标准设防类。

3　结构体系及超限情况

3.1　结构体系

本工程 4 栋塔楼呈环形分布，均采用框架-核心筒结构，各塔楼主要信息见表 3-1。

各塔楼主要信息　　　　　　　　　　　　　　　　　表 3-1

塔楼	结构高度/m	层数	标准层高/m	结构高宽比	核心筒高宽比
T1	154.35	33	4.5	4.3	12.4
T2	96.15	21	4.5	2.6	7.7
T3	59.85	13	4.45	1.9	5.5
T4	59.85	13	4.5/3.8	2.0	6.0

T1 塔楼在底部部分楼层采用型钢混凝土柱，直径 1.5m，内设十字型钢，上部采用混凝土柱，直径 1.5~1.1m；核心筒剪力墙厚 900~300mm；竖向构件混凝土强度等级为 C60~C30。

T2~T4 塔楼在与连体相连的位置采用型钢混凝土柱，其他位置采用混凝土柱，直径

1.5～1.1m；核心筒剪力墙厚 500～300mm；竖向构件混凝土强度等级为 C50～C30。

项目采用钢筋混凝土梁板体系，核心筒内楼板厚 150mm，标准层板厚 110mm，连体部位采用钢梁＋钢筋桁架组合楼板，板厚 150mm。

在 13 层（标高 55.35m）和 14 层（标高 59.85m），4 栋塔楼连成一体。连接体采用钢结构，与两侧塔楼刚接，整体结构模型如图 3-1 所示，连体层平面如图 3-2 所示，各塔楼间连体布置如图 3-3～图 3-6 所示。各连接体主要靠主钢梁承担竖向荷载。为提高连体的舒适度，T3—T4 之间连体设有竖杆，该竖杆在 13 层和 14 层连体钢梁施工完毕后安装。为减小楼板内的钢筋应力，连体平面内设水平支撑。

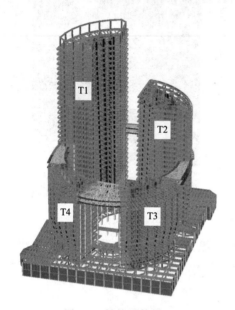

图 3-1　结构整体模型

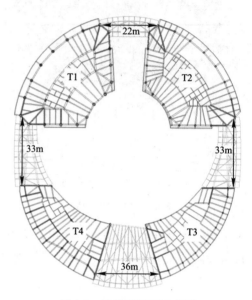

图 3-2　连体层平面示意图

图 3-3　T4—T1 连体

图 3-4　T2—T3 连体

3.2　抗震等级

本项目 4 栋塔楼主要建筑功能为办公，通过连接体在 13 层和 14 层连为一体，但各栋塔楼可独立疏散到地面，每栋塔楼为一个区段，单塔面积最大为 7.03 万 m^2，小于 8 万 m^2，为标准设防类（丙类）建筑。本工程抗震设防烈度为 7 度（0.10g），T1 塔楼为 B 级高度，其余为 A 级高度。根据《高层建筑混凝土结构技术规程》JGJ 3-2010（简称《高规》），结构抗震等级如表 3-2 所示。

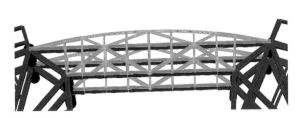

图 3-5　T1—T2 连体

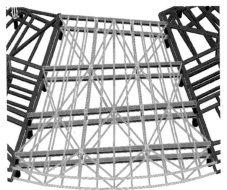

图 3-6　T3—T4 连体

结构抗震等级　　　　　　　　　　　　　　　　　　　　　　表 3-2

	楼层	B2～屋顶（除连体层及连体上、下层外）		连体层及连体上、下层		
T1 塔楼	结构部位	框架柱	剪力墙	框架柱、与连体相连的框架梁	剪力墙	其他框架
	抗震等级	一级	一级	特一级	特一级	一级
	构造措施对应的抗震等级	一级	一级	特一级	特一级	一级
	楼层	B2～屋顶（除连体层及连体上、下层外）		连体层及连体上、下层		
T2～T4 塔楼	结构部位	框架柱	剪力墙	框架柱、与连体相连的框架梁	剪力墙	其他框架
	抗震等级	二级	二级	一级	一级	二级
	构造措施对应的抗震等级	二级	二级	一级	一级	二级

注：连接体钢结构的抗震等级为二级。T1、T2 塔楼底部加强区为 1～3 层，T3、T4 塔楼底部加强区为 1～2 层。

3.3　结构超限项判定及抗震设防性能目标

根据《住房和城乡建设部关于印发〈超限高层建筑工程抗震设防专项审查技术要点〉的通知》（建质〔2015〕67 号），本工程存在高度超限（T1 塔楼 B 级高度），以及扭转不规则、楼板不连续、承载力突变、构件间断、穿层柱和斜柱 5 项一般不规则，还存在复杂连接，属于 B 级高度的特别不规则建筑，应进行超限高层建筑工程抗震设防专项审查。

根据超限情况，结合结构的经济性要求，本工程整体选择 C 级抗震性能目标，在多遇地震作用下，结构满足性能水准 1；在设防烈度地震作用下，结构满足性能水准 3；在预估罕遇地震作用下，结构满足性能水准 4。具体的性能目标见表 3-3。

抗震设防性能目标　　　　　　　　　　　　表 3-3

项目	多遇地震	设防烈度地震	罕遇地震
规范抗震概念	小震不坏	中震可修	大震不倒
性能水准	性能水准 1	性能水准 3	性能水准 4
宏观损坏程度	完好	轻度损坏	中度损坏
继续使用可能性	不需要修理，可继续使用	一般修理后可继续使用	修复或加固后可继续使用
层间位移限值	1/650	—	一般层：1/100
主要整体计算方法	弹性反应谱 弹性时程分析	弹性反应谱	弹性反应谱 动力弹塑性分析
分析软件	YJK、ETABS	YJK	YJK、PERFORM-3D

			多遇地震	设防烈度地震	罕遇地震
性能目标	关键构件/特殊构件	底部加强部位剪力墙、柱	弹性	受弯不屈服 受剪弹性	受弯不屈服 受剪不屈服
		连接体构件、与连接体相连的楼面大梁	弹性	受弯不屈服 受剪弹性	受弯不屈服 受剪不屈服
		与连接体、连接体相连的楼面大梁连接的框架柱	弹性	受弯不屈服 受剪弹性	受弯不屈服 受剪不屈服
		连接体所在层及上、下一层的竖向构件（不包含与连接体及与连接体相连的楼面大梁连接的框架柱）	弹性	受弯不屈服 受剪弹性	受弯不屈服 受剪不屈服
		穿层柱、斜柱、转换柱	弹性	受弯不屈服 受剪弹性	受弯不屈服 受剪不屈服
		穿层柱顶部框架梁、与斜柱相连的框架梁、转换梁	弹性	受弯不屈服 受剪弹性	受弯不屈服 受剪不屈服
	普通构件	普通剪力墙	弹性	受弯不屈服 受剪弹性	部分中度损坏 满足截面受剪条件
		普通框架柱	弹性	受弯不屈服 受剪弹性	部分中度损坏 满足截面受剪条件
	耗能构件	连梁	弹性	部分受弯屈服 受剪不屈服	中度损坏，部分比较严重损坏 满足截面受剪条件
		普通框架梁	弹性	部分受弯屈服 受剪不屈服	中度损坏，部分比较严重损坏 满足截面受剪条件
	楼板		楼板钢筋弹性	楼板钢筋不屈服 受剪不屈服	满足截面受剪条件

4　主要分析结果及抗震加强措施

4.1　主要分析方法

（1）多遇地震作用下的振型分解反应谱分析。采用 YJK 和 ETABS 软件进行对比分析，考察结构整体模型和各塔楼模型的计算指标；采用 YJK 软件补充多遇地震弹性时程分析，对比反应谱法和弹性时程法的计算结果，按照两种分析结果进行包络设计。

（2）采用 YJK 软件进行设防地震验算。通过调整连梁折减系数和阻尼比，以考虑结构在设防地震作用下部分耗能构件屈服后对结构的影响，分别验算中震不屈服和中震弹性两种工况，复核不同构件的中震性能水准，作为调整构件截面、配筋的设计依据。

（3）采用 YJK 进行罕遇地震等效弹性验算。通过调整连梁折减系数和阻尼比，以考虑结构在罕遇地震作用下部分耗能构件屈服后对结构的影响，验算罕遇地震不屈服工况，复核不同构件的大震性能水准，作为调整构件截面、配筋的设计依据。

（4）采用 PERFORM-3D 进行罕遇地震动力弹塑性时程分析。分析结构在罕遇地震作用下的变形、构件塑性发展及分布情况，验证大震不倒的整体目标和各类构件的大震性能水准。

4.2 主要分析结果

4.2.1 多遇地震作用与风荷载分析结果

采用 YJK 和 ETABS 软件分别进行结构分析，结构重量的分析结果见表 4-1，周期和振型的分析结果见表 4-2。可以看出，结构周期比满足规范要求，两个软件的计算结果较为接近。

结构重量/kN　　　　　　　　　　　　　　　　　　　　表 4-1

模型	类别	YJK	ETABS	误差
连体整体结构	结构总恒荷载 DL	3555435	3464033	-3%
	结构总活荷载 0.5LL	301113	290139	-4%
	重力荷载代表值 DL+0.5LL	3856548	3754173	-3%
单塔-T1	结构总恒荷载 DL	1404778	1408480	0%
	结构总活荷载 0.5LL	99361	95718	-4%
	重力荷载代表值 DL+0.5LL	1504139	1504198	0%
单塔-T2	结构总恒荷载 DL	992912	986188	-1%
	结构总活荷载 0.5LL	94558	92903	-2%
	重力荷载代表值 DL+0.5LL	1087469	1079091	-1%
单塔-T3	结构总恒荷载 DL	567761	558164	-2%
	结构总活荷载 0.5LL	52305	51057	-2%
	重力荷载代表值 DL+0.5LL	620066	609222	-2%
单塔-T4	结构总恒荷载 DL	580161	574464	-1%
	结构总活荷载 0.5LL	49337	48963	-1%
	重力荷载代表值 DL+0.5LL	629498	623427	-1%

小震及风荷载作用下连体整体模型的主要分析结果如表 4-3 所示。表中数据为采用连体整体模型计算所提取的各单塔结果，表中的 X 向、Y 向如图 4-1 所示。

结构周期和振型

表 4-2

模型	振型号	YJK				振型号	ETABS				误差
		周期/s	平动系数				周期/s	平动系数			
			X向	Y向	X+Y			X向	Y向	X+Y	
连体整体结构	1	3.1424	0.63	0.37	1.00	1	3.161	0.58	0.41	1.00	0.59%
	2	2.5356	0.34	0.62	0.96	2	2.467	0.39	0.54	0.93	-2.71%
	3	2.0261	0.15	0.30	0.45	3	1.926	0.08	0.18	0.25	-4.94%
	4	1.6543	0.06	0.35	0.41	4	1.558	0.02	0.23	0.26	-5.82%
	5	1.3174	0.87	0.10	0.97	5	1.299	0.80	0.11	0.92	-1.40%
	6	1.1113	0.19	0.33	0.52	6	1.084	0.06	0.19	0.25	-2.46%
		$T_t/T_1=0.64$					$T_t/T_1=0.61$				—
单塔 T1	1	3.830	0.57	0.43	1.00	1	3.950	0.55	0.45	1.00	3.1%
	2	2.807	0.02	0.07	0.09	2	2.613	0.00	0.01	0.01	-6.9%
	3	2.606	0.41	0.5	0.91	3	2.535	0.45	0.54	1.00	-2.7%
	4	0.993	0.48	0.52	1.00	4	1.009	0.45	0.55	1.00	1.7%
	5	0.959	0.01	0.01	0.02	5	0.892	0.00	0.00	0.00	-7.0%
	6	0.831	0.51	0.47	0.98	6	0.782	0.54	0.45	1.00	-5.9%
		$T_t/T_1=0.73$					$T_t/T_1=0.66$				—
单塔 T2	1	2.751	0.62	0.29	0.91	1	2.882	0.58	0.15	0.73	4.8%
	2	2.586	0.07	0.54	0.61	2	2.704	0.24	0.76	1.00	4.6%
	3	2.480	0.31	0.18	0.49	3	2.486	0.19	0.09	0.27	0.2%
	4	0.826	0.2	0.08	0.28	4	0.898	0.37	0.30	0.67	8.7%
	5	0.797	0.27	0.46	0.73	5	0.789	0.10	0.26	0.36	-1.0%
	6	0.656	0.52	0.46	0.98	6	0.651	0.53	0.45	0.98	-0.8%
		$T_t/T_1=0.90$					$T_t/T_1=0.86$				—

续表

模型	振型号	YJK				振型号	ETABS				误差
		周期/s	平动系数				周期/s	平动系数			
			X向	Y向	X+Y			X向	Y向	X+Y	
单塔T3	1	1.605	0.60	0.36	0.96	1	1.579	0.51	0.43	0.93	-1.6%
	2	1.415	0.37	0.41	0.78	2	1.403	0.48	0.36	0.84	-0.8%
	3	1.246	0.03	0.23	0.26	3	1.195	0.02	0.22	0.23	-4.1%
	4	0.407	0.79	0.17	0.96	4	0.392	0.55	0.33	0.88	-3.6%
	5	0.384	0.10	0.42	0.52	5	0.379	0.38	0.26	0.64	-1.2%
	6	0.357	0.11	0.39	0.50	6	0.337	0.08	0.40	0.48	-5.6%
	$T_t/T_1=0.77$						$T_t/T_1=0.76$				—
单塔T4	1	1.794	0.74	0.25	0.99	1	1.783	0.78	0.21	1.00	-0.6%
	2	1.533	0.17	0.57	0.74	2	1.626	0.13	0.60	0.73	6.1%
	3	1.339	0.09	0.17	0.26	3	1.316	0.09	0.19	0.28	-1.7%
	4	0.448	0.92	0.06	0.98	4	0.453	0.72	0.09	0.81	1.0%
	5	0.422	0.02	0.66	0.68	5	0.437	0.23	0.61	0.84	3.5%
	6	0.360	0.07	0.26	0.33	6	0.353	0.08	0.29	0.37	-2.1%
	$T_t/T_1=0.75$						$T_t/T_1=0.74$				—

整体模型主要分析结果　表4-3

主要结果		T1塔楼	T2塔楼	T3塔楼	T4塔楼
总质量（恒+0.5活）/kN		1504139	1087469	620066	629498
基底总剪力/(kN)	地震作用	X向：10422	X向：9281	X向：9281	X向：7314
		Y向：9118	Y向：8088	Y向：8088	Y向：7517
	风荷载	X向：10979	X向：7402	X向：7402	X向：9331
		Y向：9942	Y向：10334	Y向：10334	Y向：8211

续表

主要结果		T1塔楼	T2塔楼	T3塔楼	T4塔楼
基底总弯矩/(kN·m)	地震作用	X向: 622300 Y向: 580455	X向: 519881 Y向: 478849	X向: 519881 Y向: 478849	X向: 512135 Y向: 46500
	风荷载	X向: 700654 Y向: 798907	X向: 533622 Y向: 733892	X向: 533622 Y向: 733892	X向: 586016 Y向: 658511
振型有效质量参与系数		X向: 90.08% Y向: 91.01%	X向: 90.99% Y向: 90.05%	X向: 91.69% Y向: 90.25%	X向: 91.99% Y向: 90.60%
最大层间位移角 (不考虑偶然偏心)	地震作用	X向: 1/2009 (17层) Y向: 1/1925 (14层)	X向: 1/3296 (5层) Y向: 1/2256 (11层)	X向: 1/3296 (5层) Y向: 1/2256 (11层)	X向: 1/2861 (2层) Y向: 1/2536 (8层)
	风荷载	X向: 1/1358 (14层) Y向: 1/1908 (8层)	X向: 1/3434 (6层) Y向: 1/2493 (7层)	X向: 1/3434 (6层) Y向: 1/2493 (7层)	X向: 1/3392 (5层) Y向: 1/2410 (7层)
最大位移比（考虑偶然偏心）结果		X向: 1.13 (16层) Y向: 1.18 (16层)	X向: 1.22 (2层) Y向: 1.16 (23层)	X向: 1.06 (11层) Y向: 1.12 (5层)	X向: 1.18 (1层) Y向: 1.15 (11层)
楼层最小剪重比（调整前）		X向: 1.54% (12层) Y向: 1.43% (12层)	X向: 1.44% (1层) Y向: 1.26% (1层)	X向: 1.56% (5层) Y向: 1.36% (2层)	X向: 1.28% (2层) Y向: 1.34% (1层)
楼层侧向刚度比最小值 (本层/相邻上一层/0.9)		X向: 1.1523 (20层) Y向: 1.1381 (13层)	X向: 1.19 (18层) Y向: 1.105 (16层)	X向: 1.137 (10层) Y向: 1.708 (5层)	X向: 1.0942 (5层) Y向: 1.1603 (5层)
最小楼层抗剪承载力比 (本层/相邻上一层)		X向: 0.77 (2层) Y向: 0.75 (2层)	X向: 0.77 (2层) Y向: 0.81 (1层)	X向: 0.82 (1层) Y向: 0.81 (1层)	X向: 0.80 (10层) Y向: 0.82 (10层)
刚重比		X向: 7.926 Y向: 4.849	X向: 7.919 Y向: 3.661	X向: 6.581 Y向: 3.885	X向: 7.215 Y向: 3.982
底层柱倾覆弯矩百分比		X向: 17%; Y向: 22%	X向: 25%; Y向: 31%	X向: 26%; Y向: 29%	X向: 29%; Y向: 32%

　　计算结果表明，结构周期比、剪重比、层间位移角、刚度比、刚重比、楼层受剪承载力等整体指标均符合规范要求。

　　为研究连体对塔楼的剪力和弯矩分布的影响，提取了小震和风荷载作用下的层剪力和倾覆弯矩结果，如图 4-2 和图 4-3 所示。图中，"单塔-T1"指按单塔建模计算所得到的计算结果，"连体-T1"为按连体整体模型建模计算所直接得到的结果，"连体-T1-单塔"为按连体整体模型建模计算，但是在提取数据时，采用围区提取的 T1 局部部分的计算结果。可以看出，对于 T1 和 T2 塔楼在连体层以下各层的剪力，连体模型计算结果较单塔模型小；而T3 和 T4 塔楼连体结构模型的计算结果较单塔模型大，说明连体层可发挥协调各塔楼变形从而协调其剪力分配的作用。

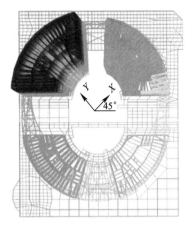

图 4-1　结构主方向

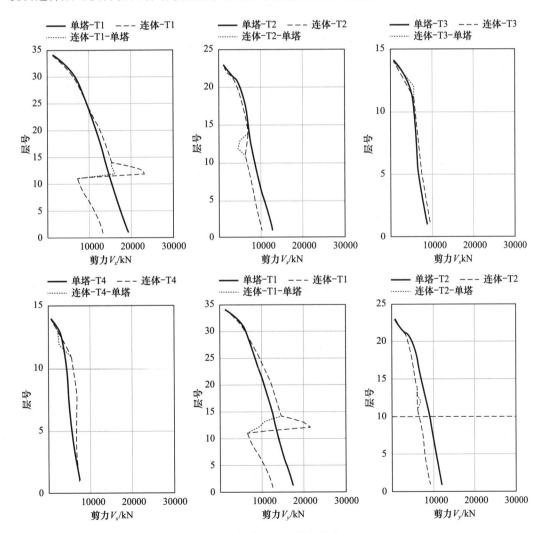

图 4-2　地震作用下层剪力分布（一）

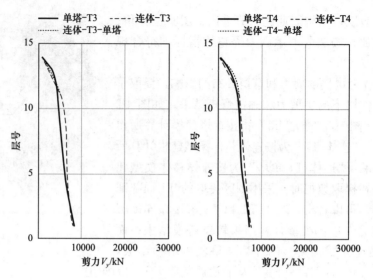

图 4-2　地震作用下层剪力分布（二）

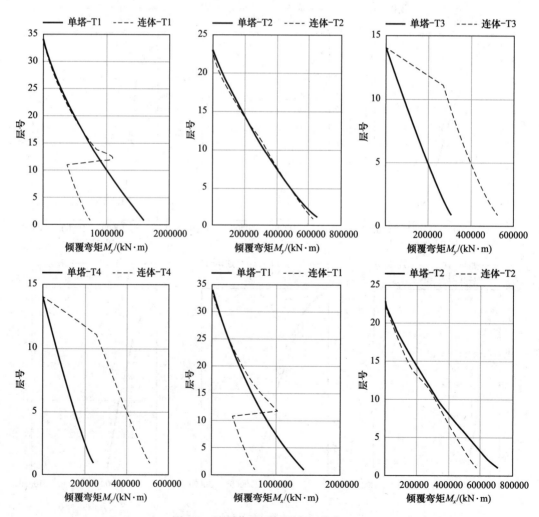

图 4-3　地震作用下倾覆弯矩分布（一）

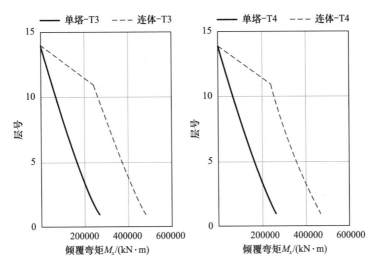

图 4-3　地震作用下倾覆弯矩分布（二）

4.2.2　设防地震作用分析结果

根据设防地震作用下结构抗震性能目标的要求，采用 YJK 软件对结构进行设防地震作用下的构件抗震性能验算，中震弹性和不屈服计算参数如表 4-4 所示。因连接体的楼板在设防地震作用下可能发生一定程度的损坏，因此在分析时，偏安全地考虑楼板的刚度退化，不计入楼板的有利作用。对连体、斜柱部分考虑局部竖向地震作用。

设防地震计算主要参数表　　　　　　　　　　　　　　　　表 4-4

计算参数	中震弹性	中震不屈服
材料强度系数	设计值	标准值
风荷载计算	不计算	不计算
地震最大影响系数	0.23	0.23
特征周期	0.35	0.35
周期折减系数	1.0	1.0
结构阻尼比	0.05	0.05
连梁刚度折减系数	0.6	0.6
与抗震等级有关的内力增大系数	不考虑	不考虑
承载力抗震调整系数	同小震弹性验算	1.0

设防地震作用下各构件的承载力验算表明，个别剪力墙出现拉力，但拉应力均小于混凝土强度标准值，框架柱未出现拉力；剪力墙、框架柱、转换柱和转换梁、与跃层柱相连的框架梁均满足中震受剪弹性和受弯不屈服；连梁满足中震下受剪不屈服，少数受弯屈服；框架梁满足中震受剪不屈服，少数受弯屈服；剪力墙满足面外稳定。各构件均可满足预设的性能目标要求，结构整体上满足设防地震作用下性能水准 3 的要求。

4.2.3　罕遇地震作用下动力弹塑性分析结果

本工程在罕遇地震作用下的弹塑性动力时程分析采用 PERFORM-3D 软件。根据《建筑抗震设计规范》GB 50011-2010（2016 年版）的有关要求，本工程选取 2 条天然波和 1

条人工场地波进行罕遇地震动力弹塑性时程分析。采用三向地震波输入，三向地震输入的地震波峰值比分别为 $X:Y:Z=1:0.85:0.65$ 和 $X:Y:Z=0.85:1:0.65$，地震波峰值加速度取 220cm/s^2。地震波输入选取地震作用最不利方向。

YJK 弹性分析模型与 PERFORM-3D 非线性模型的质量和周期对比结果如表 4-5 所示，质量和前三阶周期的误差均较小。

罕遇地震作用下质量和周期对比结果　　表 4-5

对比指标		YJK	PERFORM-3D	相差
周期/s	1	3.197	3.295	3.07%
	2	2.539	2.679	5.51%
	3	2.059	2.180	5.88%
总质量/t		385661	392045	1.70%

结构罕遇地震作用下弹性响应与弹塑性响应对比如表 4-6、表 4-7 所示。由表可知，在 X 方向，罕遇地震弹塑性和弹性的顶点位移比值在 $0.84\sim1.38$ 之间，基底剪力比值在 $0.66\sim1.02$ 之间；在 Y 方向，罕遇地震弹塑性和弹性的顶点位移比值在 $0.68\sim1.05$ 之间，基底剪力比值在 $0.61\sim0.85$ 之间。表明结构在罕遇地震作用下，X 向和 Y 向均有一定的非线性特征，地震能量有所消散。

罕遇地震作用下弹性与弹塑性基底剪力对比结果　　表 4-6

工况		X 向地震			Y 向地震		
塔号	地震波	弹性/kN	弹塑性/kN	弹塑性/弹性	弹性/kN	弹塑性/kN	弹塑性/弹性
T1	GM1	83365	63330	0.76	83867	50825	0.61
	GM2	111240	78792	0.71	103367	67950	0.66
	RM1	85576	62805	0.73	120854	72997	0.60
T2	GM1	51286	38698	0.75	51883	38196	0.74
	GM2	68326	53314	0.78	61689	40380	0.65
	RM1	55859	43291	0.78	56593	47926	0.85
T3	GM1	50742	46049	0.91	39713	33179	0.84
	GM2	49986	41599	0.83	40773	32563	0.80
	RM1	37792	25054	0.66	40201	30341	0.75
T4	GM1	34821	33324	0.96	32997	26674	0.81
	GM2	34856	35606	1.02	42078	29632	0.70
	RM1	36304	25363	0.70	46304	34337	0.74

罕遇地震作用下弹性与弹塑性位移对比结果　　表 4-7

工况		X 向地震			Y 向地震			最大层间弹塑性位移角	
塔号	地震波	弹性/mm	弹塑性/mm	弹塑性/弹性	弹性/mm	弹塑性/mm	弹塑性/弹性	X 向（楼层）	Y 向（楼层）
T1	GM1	441	415	0.94	515	362	0.70	1/254（20）	1/276（24）
	GM2	512	501	0.98	544	369	0.68	1/212（21）	1/245（27）
	RM1	401	424	1.06	465	423	0.91	1/279（25）	1/237（23）

续表

工况		X 向地震			Y 向地震			最大层间弹塑性位移角	
塔号	地震波	弹性/mm	弹塑性/mm	弹塑性/弹性	弹性/mm	弹塑性/mm	弹塑性/弹性	X 向（楼层）	Y 向（楼层）
T2	GM1	204	212	1.04	154	160	1.04	1/367 (17)	1/430 (17)
	GM2	248	256	1.03	171	172	1.01	1/312 (15)	1/403 (17)
	RM1	220	184	0.84	197	193	0.98	1/394 (10)	1/429 (10)
T3	GM1	85	100	1.17	118	98	0.83	1/486 (4)	1/439 (10)
	GM2	111	142	1.28	98	103	1.05	1/376 (5)	1/459 (9)
	RM1	95	112	1.18	121	117	0.97	1/479 (5)	1/474 (5)
T4	GM1	84	97	1.16	117	81	0.69	1/527 (7)	1/640 (10)
	GM2	102	141	1.38	125	96	0.77	1/384 (7)	1/530 (11)
	RM1	93	109	1.17	122	125	1.02	1/459 (9)	1/449 (11)

罕遇地震作用下结构 X 向和 Y 向的最大层间位移角均出现在 T1 塔楼，结构 X 向最大层间位移角为 1/212，为天然波 2 计算结果；Y 向最大层间位移角为 1/237，为人工波 1 计算结果；均小于《高规》第 3.7.5 条规定的框架-核心筒结构弹塑性层间位移角限值 1/100。

通过对剪力墙、框架柱、框架梁和连梁的损伤情况检查表明，结构在罕遇地震作用下未出现明显的塑性变形集中区和薄弱区，各类构件满足预设的性能目标要求，结构整体上满足罕遇地震作用下性能水准 4 的要求。

4.2.4 结构典型专项分析

（1）连体结构分析

以 T1 和 T2 之间的 13 层连接体为例，说明对连体结构的主要分析。

为考查连体结构的传力路径，分析了在水平荷载作用下连体结构的轴力分布情况。X 向地震作用下的连体结构轴力分布如图 4-4 所示（图中 1 号杆件受拉，2 号杆件受压），主要传力路径如图 4-5 所示，在水平荷载作用下，轴力主要由主梁及其间的斜梁承担。

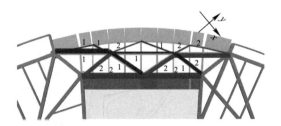 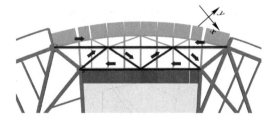

图 4-4　X 向地震作用下的轴力分布　　　　图 4-5　水平荷载作用下的主要传力路径

分别考察了在小震和风荷载作用下、中震作用下连接体各构件的应力分布情况。对于中震工况的计算，计算模型考虑楼板刚度退化，不计入楼板刚度的有利影响。以 T1 和 T2 之间的 13 层连接体为例，其应力地分布如图 4-6、图 4-7 所示，主梁及斜梁的应力比均小于 1.0，满足性能目标要求。

通过风洞试验，给出了不同风向角下连体的局部风体型系数（图 4-8、图 4-9），选取连体结构局部体型系数较大的两个方向（60°和 210°）进行验算，考察连体结构在小震和风荷载作用下的应力比分布（图 4-10、图 4-11）。

为保证连接体的正常使用，考察了在"恒＋活"工况以及活荷载工况下连接体的变形情况；为了使连接体中水平荷载能够有效传递到塔楼的竖向构件，考察了主体结构中与连体接相连的框架梁和框架柱的受弯、受剪承载能力。

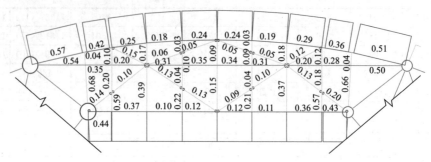

图 4-6　小震和风荷载作用下应力比分布

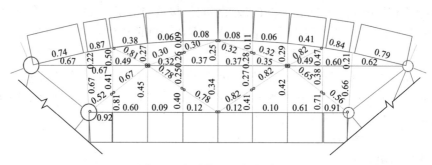

图 4-7　中震作用下应力比分布

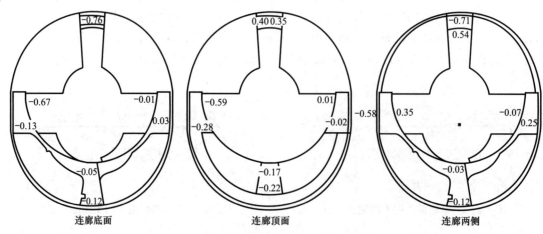

连廊底面　　　　　　　　连廊顶面　　　　　　　　连廊两侧

图 4-8　60°风向角连廊底面、顶面及两侧体型系数

（2）连体楼盖舒适度分析

采用 MIDAS/Gen 对连接体楼盖进行舒适度分析。根据《建筑楼盖结构振动舒适度技术标准》JGJ/T 441-2019（简称《舒适度标准》）和广东省标准《高层建筑混凝土结构技术规程》DBJ 15-92-2013（简称《广东高规》），结合连体结构的建筑功能，将连体结构楼盖作为室内连廊进行人行舒适度分析与控制，基本计算参数如表 4-8 所示。分别采用多点单

人连续行走、人流同步行走和人群均布激励等荷载工况进行楼盖振动加速度的分析与验算。

　　各连体楼盖振动模态如表 4-9 所示，T1—T2、T3—T4 和 T4—T1 连体楼盖竖向一阶自振频率在 3Hz 以上，满足规范要求；T2—T3 连体接近 3Hz，各连体走廊第一阶横向频率相对较高，均在 3.6Hz 以上，不易发生横向共振，根据《舒适度标准》规定，无须验算横向振动加速度。进一步对行人振动加速度进行分析和验算。

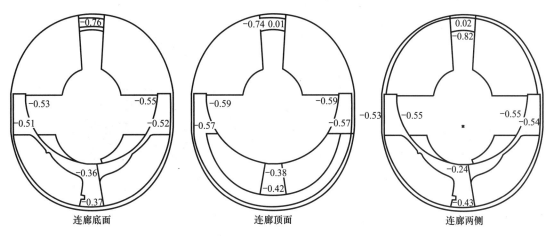

图 4-9　210°风向角连廊底面、顶面及两侧体型系数

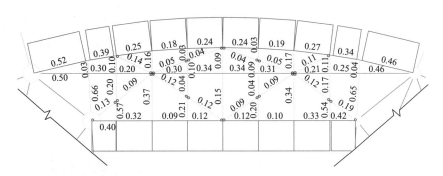

图 4-10　小震及 60°风荷载组合作用下应力比分布

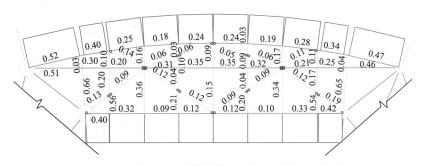

图 4-11　小震及 120°风荷载组合作用下应力比分布

连体楼盖舒适度分析的计算参数　　　　　　　　　　　表 4-8

计算阻尼比	混凝土弹性模量放大系数	活荷载取值	单人体重	时间步长	时程分析时长
0.01/0.02	1.35	0.35kN/m²	0.75kN	0.003s	15s/30s

对连体楼盖进行多个工况激励下的舒适度分析。工况一：选择多个振动不利点施加单人连续行走激励；工况二：施加单人沿不利路径行走激励；工况三：在楼盖上施加均布面荷载的时程激励，考察人群均布荷载激励对连体楼盖舒适度的影响。各工况下楼盖挠度最大处的峰值加速度如表 4-10 所示，均满足《舒适度标准》的要求。

各连体楼盖振动模态 表 4-9

连体位置	频率/Hz	模态
T1—T2 连体	3.9824	
T2—T3 连体	2.9511	
T3—T4 连体	3.0278	
T4—T1 连体	3.0773	

连体楼盖挠度最大处的峰值加速度/(m/s²)　　　　　　表 4-10

连体位置	工况			加速度限值
	工况一：连续行走	工况二：人流同步行走	工况三：人群竖向一阶荷载	
T1—T2	0.1275	0.0236	0.1104	0.15
T2—T3	0.0146	0.0635	0.0885	0.15
T3—T4	0.0086	0.0138	0.0617	0.15
T4—T1	0.0158	0.0298	0.0866	0.15

（3）连体楼板应力分析

本项目采用 YJK 软件针对典型楼层分别进行小震、风荷载、中震、大震和温度作用下的楼板应力分析，通过应力分布图得出楼板受力集中与相对薄弱的部位，利用截面切割获取各工况下楼板薄弱部位的内力，并验算楼板配筋是否满足各性能目标下的承载力要求。从分析工况来看，多数楼层在"恒+活"荷载组合、小震组合、风荷载组合和中震组合工况下，正应力和剪应力均较小，除少数应力集中点外，均满足抗拉强度要求。图 4-12、图 4-13 给出了连体所在层楼板在大震组合工况下的面内应力分布。可以看出，大部分楼板应力小于混凝土抗拉强度标准值 2.01MPa（C30 混凝土）。连体楼层楼板是受力薄弱部位，须进行承载力验算并加强楼板配筋。

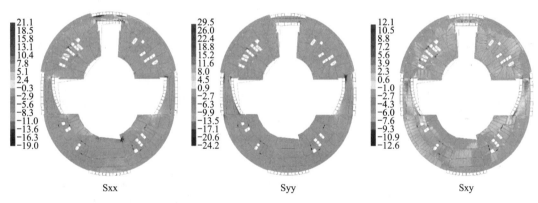

图 4-12　X 向大震组合工况下 14 层楼板板中应力

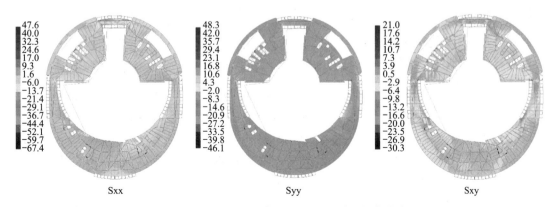

图 4-13　X 向大震组合工况下 15 层楼板板中应力

表 4-11 和表 4-12 为中震组合下楼板钢筋抗拉验算和受剪不屈服验算结果，验算截面位置如图 4-14 所示。可见连体层楼板满足设计性能目标要求。

中震组合下楼板钢筋抗拉验算　　　　　　　　　表 4-11

第 14 层	切割板长 B/mm	切割板厚 h/mm	轴力配筋/(mm^2/m)	弯矩配筋/(mm^2/m)	钢筋强度/MPa	单侧需配筋/(mm^2/m)	实际配筋/(mm^2/m)	是否满足
切割面 1	2800	150	451.39	44.44	400.00	495.83	不小于 1131 ($\phi12@100$)	满足
切割面 2	2800	150	1058.78	27.78	400.00	1086.56	不小于 1131 ($\phi12@100$)	满足
切割面 3	6000	150	518.63	25.00	400.00	543.63	不小于 1131 ($\phi12@100$)	满足
切割面 4	3200	150	563.02	31.67	400.00	594.69	不小于 1131 ($\phi12@100$)	满足

中震组合下楼板钢筋受剪不屈服验算　　　　　　　　　表 4-12

第 14 层	切割板长 B/mm	切割板厚 h/mm	V	$0.2\beta_{c}f_{ck}Bh$	受剪承载力/MPa	截面验算	承载力验算
切割面 1（受拉）	2800	150	784.93	1688.40	1232	满足	满足
切割面 2（受拉）	2800	150	419.53	1688.40	1072	满足	满足
切割面 3（受拉）	6000	150	841.50	3618.00	2602	满足	满足
切割面 4（受拉）	3200	150	433.28	1929.60	1374	满足	满足

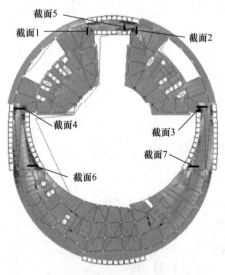

图 4-14　连体层楼板承载力验算位置

经计算，考虑混凝土楼板收缩当量温差和混凝土应力松弛系数后的计算温差为升温 1.82℃、降温 10.14℃，图 4-15 给出了 14 层、15 层（连体所在层）楼板在降温温度作用下的面内应力分布。从图中可以得知，在降温工况下，绝大多数楼板应力小于混凝土抗拉强度设计值 1.43MPa，由混凝土即可承担该处的温度应力。应力大于 1.43MPa 的楼板如图 4-15 中虚线框部分所示。对于温度应力较大的楼板，可采用附加温度钢筋的措施。

4.3　主要抗震加强措施

通过分析表明，本工程可满足设定的性能目标要求。针对本工程超限情况、结构计算分析结果及抗震概念设计，主要采用以下技术加强措施：

（1）对于小偏心受拉的剪力墙，采用特一级抗震构造措施；T1 塔楼在剪力墙约束边缘构件层与构造边缘构件层之间设 2 层过渡层。

（2）连体部分、与连体相连的构件在连体高度范围内及其上、下层，抗震等级提高一级。

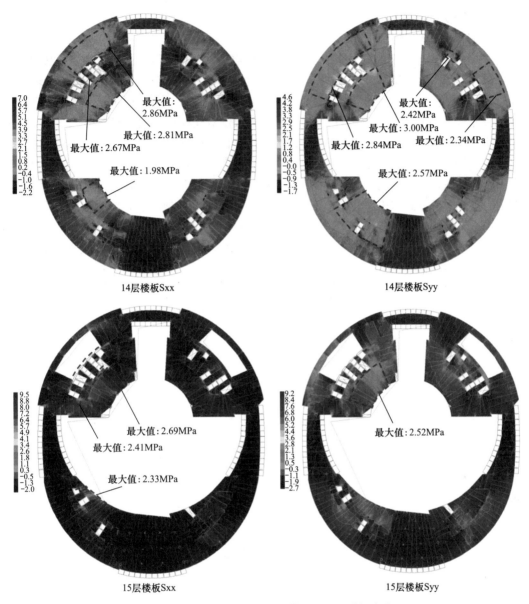

图 4-15 降温温度作用下连体所在层的楼板应力

（3）与连体相连的框架柱在连体高度范围内及其上、下层，箍筋全柱加密配置；与连体相连的剪力墙在连体高度范围内及其上、下层设置约束边缘构件。

（4）3～5 层斜柱按提高一级抗震等级的构造要求配筋，箍筋全高加密，以提高抗震延性；适当提高 T1 和 T2 塔楼 3 层～屋面层的斜柱配筋率；6 层斜柱柱顶的框架梁设为型钢混凝土梁，并在与该型钢混凝土梁相连的剪力墙内设型钢混凝土边框梁，以有效传递拉力；3～6 层与斜柱相连的框架梁，纵筋通长配置；跃层柱箍筋全高加密，以提高抗震延性。

（5）T3 和 T4 塔楼，11 层转换柱和转换梁抗震等级提高为一级，转换梁箍筋全长加密；与转换梁相连的剪力墙内增设型钢，以保证与转换梁内型钢的连接，并提高剪力墙面外受弯承载力。

（6）墙体收进位置上、下层剪力墙设置约束边缘构件。

（7）面外支撑框架梁的剪力墙按"梁宽＋2倍墙厚"范围设置暗柱，暗柱配筋按框架柱计算，同时满足一级框架柱（T1塔楼）或二级框架柱（T2～T4塔楼）的构造措施要求。

（8）地下1层楼板双层双向配筋，配筋率不小于0.25％，板厚180mm；地下室顶板非人防区板厚取200mm，人防区板厚250mm，楼板双层双向配筋，配筋率不小于0.25％。其中，中庭连廊楼板配筋不小于ϕ12@180；2层（开洞率超过30％层）全层板厚取150mm，双层双向配筋，配筋率不小于0.25％；3层（跃层柱顶层、斜柱底层）与斜柱和跃层柱相连的楼板，板厚取150mm，双层双向配筋，配筋率不小于ϕ10@150，本层T1塔楼自动扶梯开洞周边右侧和上部一跨以内配筋不小于ϕ10@100；6层（斜柱顶层）与斜柱相连的楼板，板厚取150mm，双层双向配筋，该层四个核心筒内楼板、外围斜柱与核心筒相连的楼板配筋不小于ϕ12@180；连体所在的13层、14层核心筒内楼板，板厚取180mm，其他位置楼板厚度均取150mm，采用双层双向配筋，连体部分以及各塔楼与连体相连的一个柱跨范围内，楼板配筋不小于ϕ12@100，其他部位配筋率不小于0.30％；剪力墙收进楼层22层楼板，板厚取150mm，双层双向配筋，配筋率不小于0.25％。

15 四肢钢管组合柱在大跨空间结构中的应用研究

游健，李威，李松柏，李力军

（广州华森建筑与工程设计顾问有限公司）

【摘要】 大跨公共建筑中竖向构件截面尺寸和造型要求较高，某文化中心建筑采用四肢细圆柱。结构设计为四肢钢管组合柱，单肢管截面 ϕ245mm×35mm，肢距500mm，柱净高5～20m 不等。针对不同的柱高采用适宜的加劲肋方案，在钢管柱之间增设缀板，将四肢圆柱格构为组合柱截面，通过 SAP2000 软件进行强度及稳定性分析、通过 ABAQUS 软件进行上端多腔钢管柱连接节点分析以及柱脚埋件节点分析。分析结果表明，结构设计方案能有效控制单肢柱的长细比和计算长度，增强四肢柱的整体协同弯曲变形能力。

【关键词】 四肢钢管组合柱；长细比；缀板

1 工程概况及研究背景

1.1 工程概况

本项目拟建场地位于佛山市南海区桂城海五路南侧、千灯湖公园西侧、南六路东侧、海四路北侧。占地面积约 5.6 万 m^2，总建设面积约 17 万 m^2。项目由图书馆、非遗文创馆、美术馆、科技馆、裙楼以及 2 层地下室组成。图书馆 7 层（局部 8 层），高 46.2m；非遗文创馆 5 层（局部 6 层），高 30.8m；美术馆 5 层（局部 6 层），高 40.8m；科技馆 8 层，高 51.0m；裙楼 4 层，高 20.4m。地下 2 层，埋深 10.0m，地下 2 层全层、地下 1 层局部为甲类防空地下室，地下 2 层设有核六常六、核五常五防护单元；地下 1 层局部设核六常六防护单元。本项目效果图如图 1-1 所示。

图 1-1 项目效果图

1.2 研究背景

四肢钢管组合柱效果图如图 1-2 所示。因为管径小，设计采用无缝钢管。为配合建筑方案的需要，单肢管径采用 ϕ245mm，壁厚 16～35mm，双向管中心距均为 500mm，单肢管最大长细比约 250，通过缀板将四肢柱格构化，降低柱长细比，以满足受力需要。

四肢柱底部由楼面梁转换，顶部形成多腔钢管柱，分别由"田"字形变化为"L"形、"日"字形，最后剩下 1/4 的小正方形，分别与四个 6m×6m 变高度钢屋盖结构单元对应。

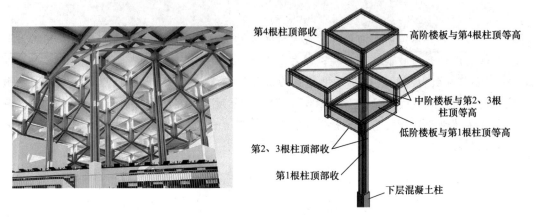

图 1-2 四肢钢管组合柱效果图

2 关键技术分析

2.1 长细比控制

根据《钢结构设计标准》GB 50017-2017 的要求，重要构件长细比不宜大于 120。考虑本工程的重要性，以及幕墙和屋盖结构的特殊性，四管间缀板最大间隔按 3.120m 设计，四肢钢管组合柱的长细比按 60～100 控制。

缀板设计：四肢柱柱脚、柱顶采用 2 道缀板加密，间距 2m×0.52m，其间距根据柱高等分，但不大于 3.120m，即不大于 6m×0.52m。0.52m 是本工程层高 5.20m 的 1/10，也是本工程采用的建筑模数。

应力比控制：特别重要部位，如科技馆支承 36m 大跨度桁架的四肢柱，其应力比按 0.7 控制，其余部位按 0.85 控制。

连接的设计：四肢柱的下端柱脚分为两类，一类由双 H 型钢的钢骨转换梁支承；另一类由钢骨柱支承。柱内钢骨也分为两类，即方钢管和十字钢骨。连接节点能否起到嵌固作用是关键。四肢柱上端与钢屋盖采用多腔柱连接。通过有限元分析，制订上、下节点的加强措施，满足节点刚度和受力需要，提高节点的可靠性。

2.2 四肢柱整体分析

根据工程特点，选取 3 根四肢柱，其一是图书馆 B 轴×11 轴四肢柱，特点是加劲肋间距较大，柱高 11.433m，加劲肋 3.118m；其二是美术馆 P 轴×24 轴四肢柱，特点是柱高较大，为 19.09m，中部加劲肋间距为 2.835m；其三是科技馆 L 轴×44 轴四肢柱，为 36m 大跨度屋盖支承柱，该柱 8 层悬挂球体。

2.2.1　图书馆 B 轴×11 轴四肢柱

该四肢柱底标高为 31.100m，顶标高为 42.533m，柱净高 11.433m，中间布置 6 道加劲肋，配合建筑方案采取的加劲肋（板厚 50mm）间距自柱底标高起，依次为 0.52m、0.52m、3.118m、3.118m、3.118m、0.52m。四肢柱位置及几何模型如图 2-1 所示，四肢柱截面为 ϕ245mm×35mm，采用 Q355B。

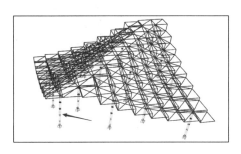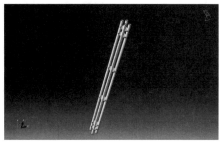

图 2-1　图书馆 B 轴×11 轴柱位及几何模型

输入 ABAQUS 软件的内力提取自 SAP2000 整体屋盖模型计算结果，分析结果如图 2-2 所示，四肢柱整体应力水平处于较低水平，与 SAP2000 应力接近。加劲肋与四肢柱相交处有应力集中，其应力分析云图呈蝴蝶状。四肢柱呈现出整体弯曲变形特性，表明该加劲肋有效减小了单肢柱的计算长度和长细比，增强了四肢柱整体协同受力。

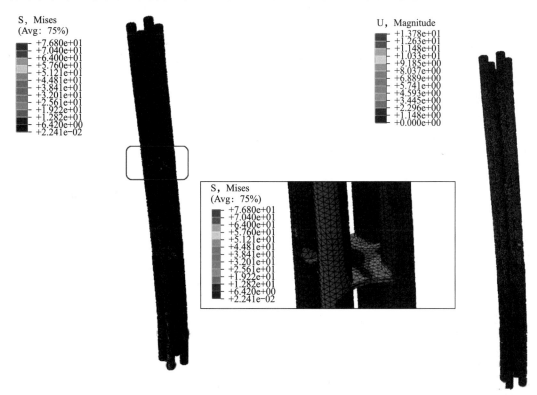

图 2-2　图书馆四肢柱 ABAQUS 模型分析结果

2.2.2 美术馆 P 轴 × 24 轴四肢柱

该四肢柱底标高为 20.700m，顶标高为 39.830m，柱净高 19.090m，中间布置 9 道加劲肋，配合建筑方案采取的加劲肋（板厚 50mm）间距自柱底标高起，依次为 0.52m、0.52m、2.835m、2.835m、2.835m、2.835m、2.835m、2.835m、0.52m、0.52m。四肢柱位置及几何模型如图 2-3 所示，四肢柱截面为 $\phi 245mm \times 35mm$，采用 Q355B。

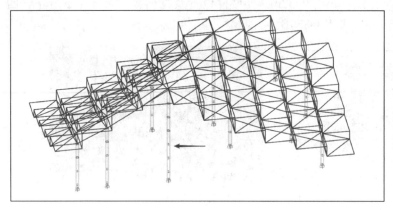

图 2-3　美术馆 P 轴 × 24 轴柱位及几何模型

美术馆四肢柱有限元分析结果如图 2-4、图 2-5 所示。四肢柱呈现侧弯特点，受力最大的单肢柱整体应力在 100MPa 左右，其余三肢柱应力在 60MPa 左右。应力水平不高，层间位移角满足使用要求。四肢柱具备一定的应力安全储备。

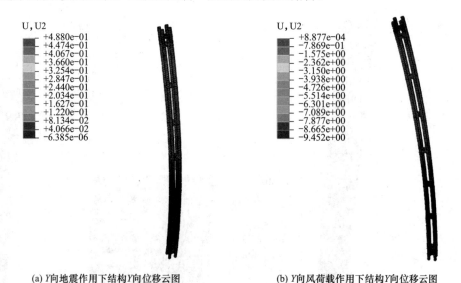

(a) Y 向地震作用下结构 Y 向位移云图　　　　　　(b) Y 向风荷载作用下结构 Y 向位移云图

图 2-4　美术馆四肢柱 ABAQUS 模型位移分析结果

2.2.3 科技馆 L 轴 × 44 轴四肢柱

该四肢柱底标高为 35.600m，顶标高为 45.765m，柱净高 10.165m，中间布置 6 道加劲肋，配合建筑方案采取的加劲肋（板厚 50mm）间距自柱底标高起，依次为 0.52m、0.52m、2.695m、2.695m、2.695m、0.52m。四肢柱位置示意及几何模型如图 2-6 所示，四

肢柱截面为 ϕ245mm×35mm，采用 Q355B。

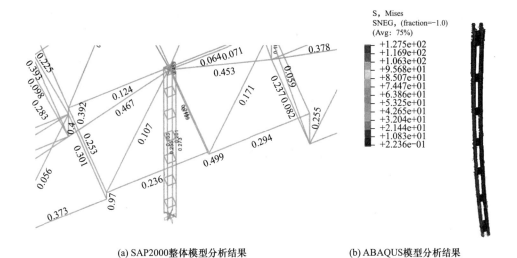

(a) SAP2000整体模型分析结果   (b) ABAQUS模型分析结果

图 2-5   美术馆四肢柱有限元模型应力分析结果

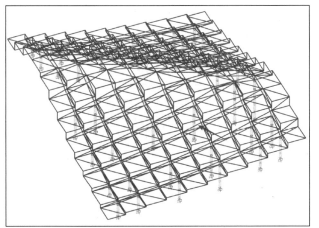

图 2-6   科技馆 L 轴×44 轴柱位及几何模型

科技馆四肢柱 ABAQUS 模型分析结果如图 2-7 所示。分析结果表明，四肢柱最大应力为 80MPa，与 SAP2000 分析结果基本一致。加劲肋与四肢柱相交处出现了应力集中，应力云图呈蝴蝶状。四肢柱呈现出整体弯曲变形模式，表明该加劲肋有效减小了单肢柱的计算长度和长细比，为四肢柱整体协同受力提供了保障。

2.3   四肢柱上下端转换节点分析

2.3.1   科技馆 S 轴×44 轴上端屋盖节点

该节点有 16 根钢管沿 X、Y 向和斜线并沿不同高度交汇。采用 ABAQUS 软件进行节点有限元分析。全部单元采用四面体单元 C3D4，通过细分网格得到较好的分析结果。在钢管端部建立与端部截面完全关联的参考点，在各参考点上施加荷载。对四根圆钢管柱底面施加固定的边界约束。屋盖节点的有限元模型如图 2-8 所示。

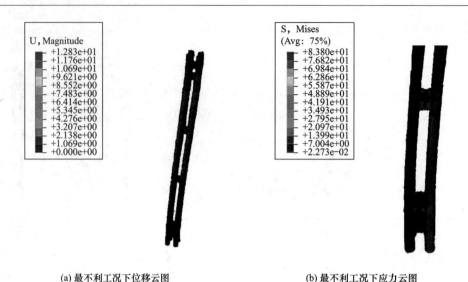

(a) 最不利工况下位移云图　　　　　　　(b) 最不利工况下应力云图

图 2-7　科技馆四肢柱 ABAQUS 模型分析结果

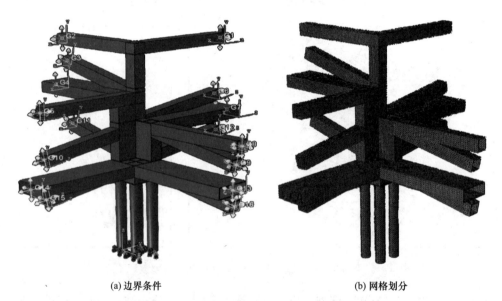

(a) 边界条件　　　　　　　　　　　　(b) 网格划分

图 2-8　科技馆 S 轴×44 轴上端屋盖节点 ABAQUS 有限元模型

　　施加的外荷载采用 YJK 软件分析得到的各工况下的内力标准值,在 ABAQUS 软件中进行荷载工况的组合。杆件从上到下依次编号为 G1~G16,表 2-1 列出了各杆件的截面尺寸以及杆件与节点相连截面上的内力标准值,包括轴力、剪力和弯矩。荷载组合分项系数参见《高层建筑混凝土结构设计规程》JGJ 3-2010,ABAQUS 分析中所采用的分项系数控制组合参见 YJK 各构件输出文件。

　　应力分析结果如图 2-9 所示,当单肢管截面为 $\phi 245\text{mm} \times 16\text{mm}$ 时,单肢管应力 382.1MPa>355MPa,不满足设计要求,且四肢柱受力分布极不均匀;当单肢管截面改为 $\phi 245\text{mm} \times 28\text{mm}$ 并增设加劲肋,应力 334.9MPa<355MPa,四肢柱呈现整体弯曲效果,满足设计要求。

杆件截面尺寸及各工况下内力（节选） 表 2-1

杆件编号	截面尺寸（mm）	内力	恒荷载	活荷载	X向地震作用	Y向地震作用	竖向地震作用	+X向风荷载	-X向风荷载	+Y向风荷载	-Y向风荷载
G1	300×300×20×20	M_x/(kN·m)	-78.2	-5.4	-4.5	4.9	-12.5	-0.1	0.4	0	0.3
		M_y/(kN·m)	—	—	9	-4.3	—	-0.2	-0.2	-0.3	-0.2
		V_y/kN	-33	-2	2.5	-2.4	-4.8	-0.1	0.1	-0.1	0.1
		V_x/kN	—	—	-2.4	-1.6	—	-0.1	-0.1	-0.1	-0.1
		N/kN	-67.8	-8.4	-41.4	38.7	-10.6	4.7	4.5	4.7	4.4
G2	300×300×20×20	M_x/(kN·m)	-39	-2.1	-2	-1.8	-6	-0.3	-0.4	-0.3	-0.3
		M_y/(kN·m)	—	—	-15.4	35	—	0.3	0.4	0.4	0.3
		V_y/kN	-21.2	-0.9	-0.5	0.7	-2.8	-0.1	-0.1	-0.1	-0.1
		V_x/kN	—	—	-5.1	10.7	—	0.1	0.1	0.1	0.1
		N/kN	-52	-2.2	-9.2	-18.4	-7.2	2.1	2.3	2.3	2.1

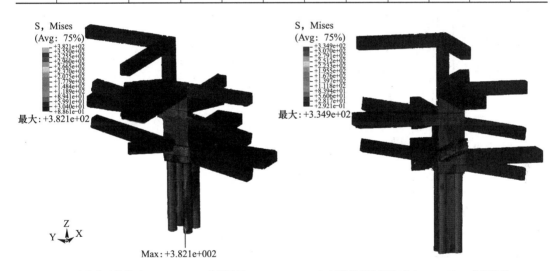

(a) 四肢柱单肢管截面ϕ245mm×16mm分析结果   (b) 四肢柱单肢管截面ϕ245mm×28mm分析结果

图 2-9 屋盖节点 ABAQUS 模型应力分析结果

2.3.2 科技馆四肢柱柱脚转换节点

科技馆屋面四肢钢管柱转换节点由环梁、悬臂梁和钢骨（钢管）混凝土转换柱交汇而成，节点的空间位置如图 2-10 所示，钢材为 Q355B，混凝土强度等级为 C50。节点分为有斜梁和无斜梁两种类型，其中节点 1 和节点 3 是有斜梁的节点，节点 2 和节点 4 是无斜梁的节点。

图 2-11～图 2-13 所示为四肢柱柱脚转换节点构造细部大样。采用 ABAQUS 软件建立节点有限元模型，全部钢部件采用实体单元 C3D8R，混凝土部件采用实体单元 C3D4，钢部件嵌入混凝土部件，如图 2-14 所示。在梁端和圆钢管柱上端建立与端部截面完全关联

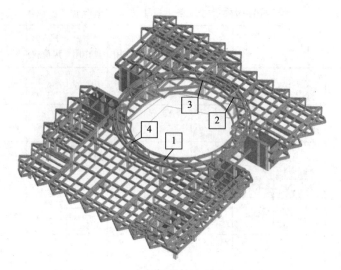

图 2-10 四肢柱柱脚转换节点位置示意

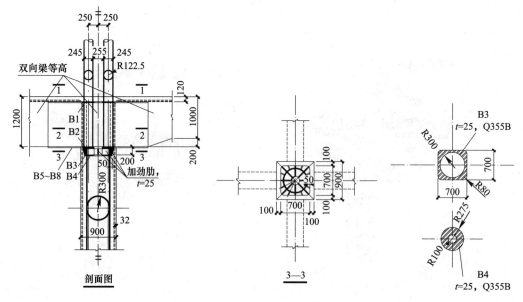

图 2-11 四肢柱柱脚转换节点大样 (一)

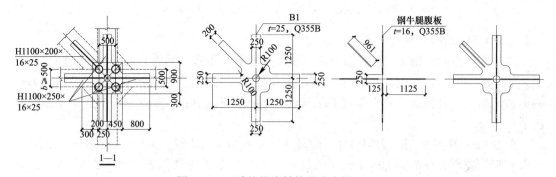

图 2-12 四肢柱柱脚转换节点大样 (二)

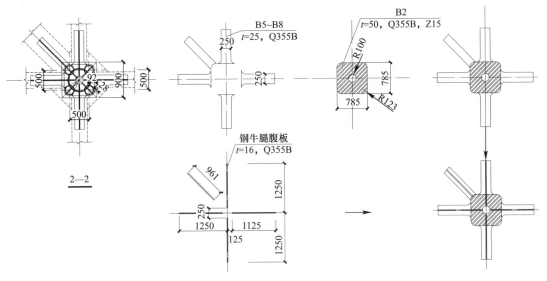

图 2-13 四肢柱柱脚转换节点大样（三）

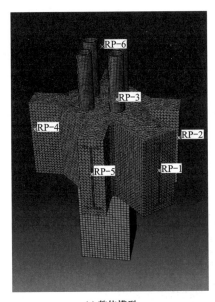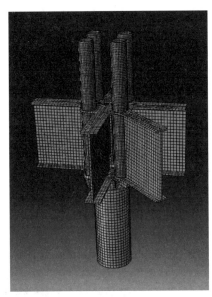

(a) 整体模型   (b) 内嵌钢骨模型

图 2-14 四肢柱柱脚 ABAQUS 有限元分析模型

的参考点，在各参考点上施加荷载。对转换柱底面进行完全固定的边界约束。应力分析结果如图 2-15 所示。

针对节点有限元分析中出现的四肢圆钢管应力过高的问题，采取以下改进措施：将四肢柱的壁厚由 16mm 加大至 28mm，并在柱肢之间加焊 20mm 厚的钢板，以加强四根钢管柱的空间整体受力性能。图 2-16 所示为加强后的节点 2（原钢管柱应力最大的节点）的应力云图，圆钢管柱的应力由 469.7MPa 减小至 217.3MPa。节点在设计荷载下的强度满足要求，说明这种加强措施是有效的。

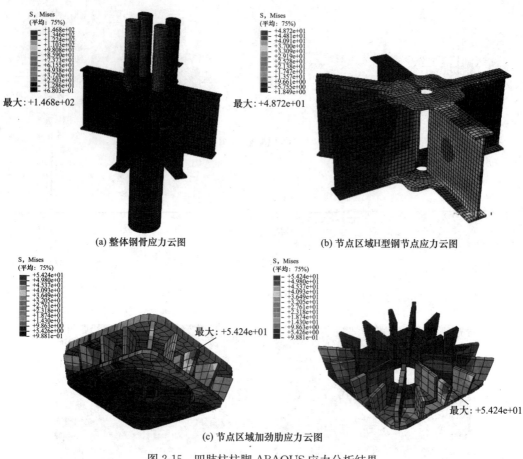

(a) 整体钢骨应力云图　　　　　(b) 节点区域H型钢节点应力云图

(c) 节点区域加劲肋应力云图

图 2-15　四肢柱柱脚 ABAQUS 应力分析结果

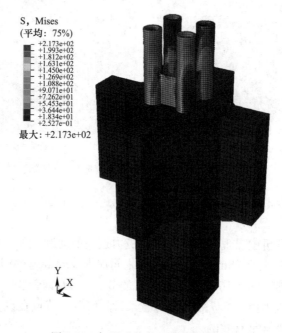

图 2-16　加强后节点 2 位置应力云图

3　总结

四肢钢管柱分布于方形截面四角，受弯和受剪均合理，且具有良好的抗震性能。与单一钢管柱相比，四肢柱更显纤细，更简洁、美观。根据建筑方案的要求，针对不同的柱高制订适宜的加劲肋方案，有效控制单肢柱的长细比和计算长度，增强四肢柱的整体协同弯曲变形能力。

采用 ABAQUS 软件对四肢柱的柱脚节点和顶部多腔钢管柱节点进行有限元分析，采取加强措施，降低应力水平，提高节点的受力可靠性。

16 某超高层建筑若干关键技术探究

刘维亚[1]，梁鹏飞[1]，汝振[1]，黎少峰[1]，陈星[2]，卫文[2]，任恩辉[2]

（1. 深圳千典建筑结构设计事务所有限公司；2. 广东省建筑设计研究院有限公司）

【摘要】 本文以深圳前海冠泽金融中心项目为例，对巨型框架-核心筒结构中巨柱的计算长度、异型巨柱搭接转换节点、减震（振）技术进行了研究。对巨柱框架-核心筒结构和一般框架-核心筒结构的梁柱线刚度比进行了对比分析，建议框梁框柱线刚度比大于0.04时，可确定为一般框架-核心筒结构，线刚度比介于$10^{-4}\sim1.5\times10^{-3}$时，应按巨柱框架-核心筒结构计算。根据对异型巨柱搭接转换节点的研究，指出该类型节点设计的关键问题及解决思路，并通过有限元软件进行模拟分析，论证搭接转换节点在大震作用下的可靠性。采用黏滞阻尼器解决结构风振加速度的问题，对阻尼器的布置、参数取值、风荷载作用下的减振效果以及地震工况下的减震效果进行了对比研究。

【关键词】 异型巨柱；搭接转换；黏滞阻尼器；巨柱计算长度

1 概况

广东沿海台风多发地区，超高层建筑应用巨型框架-核心筒结构比较常见，在相关的设计与应用过程中，也出现了一些新问题。比如，带加强层的巨柱-核心筒结构，与常规的框架-核心筒结构不同，巨柱刚度显著大于框梁刚度，框梁对巨柱的约束作用有限，巨柱的计算长度如何确定？另外，在过往的超高层建筑中，梁式转换和桁架转换较普遍，框柱的搭接转换相对少见，尤其是结构底部框柱的搭接转换。搭接转换对竖向荷载传递及结构抗震均有一定不利性，如何妥善处理相关问题？超高层建筑顶部风振加速度超过规范限值时有发生，为减少对建筑功能和空间使用的影响，一般优先结合避难层设置黏滞阻尼器，阻尼器如何布置？参数如何选择？阻尼器对抗震有何影响？本文以深圳前海冠泽金融中心项目为例，对上述问题进行分析。

冠泽金融中心地上建筑面积约15万m^2，原设计建筑高293.2m（61层），施工图完成后因航空限高的原因，该建筑主屋面高度调整为273m（56层），其中1～3层为通高大堂，4～13层为商业，8层、10层、13层为商业上空；建筑35层设置空中大堂，局部透空；建筑11层、22层、33层、44层、53层为避难层兼设备层，层高5m，其余层为办公层。

本项目设置4层地下室，深度为-22.70m，其中地下4层、地下3层层高均为4.1m，功能为车库；地下2层、地下1层层高分别为6.0m、8.3m，功能为商业。

塔楼沿外立面逐层双向收进，平面尺寸由51.9m×51.9m收进至50.5m×50.5m，结合建筑及结构需求，结构沿立面共设置6道腰桁架，将立面划分为7个区。塔楼建筑效果图如图1-1所示，竖向布置及分区如图1-2所示，各分区典型平面如图1-3所示。

图 1-1 塔楼建筑效果图

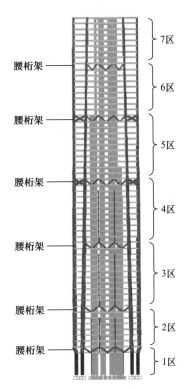

图 1-2 塔楼结构竖向布置及分区

本项目 1～3 区腰桁架在两个方向设置，但在角部不封闭；4～5 区腰桁架双向封闭布置；由于高区 Y 向核心筒收进，导致 Y 向刚度有所削弱，故在 6 区设置 Y 向腰桁架。2～4 区由于外框梁跨度较大，设置重力小柱；5 区及以上，取消重力小柱，形成外框大跨空间。

该项目设计中，对如下关键技术进行了分析与研究：

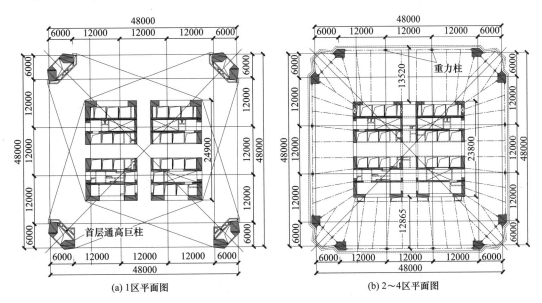

(a) 1 区平面图   (b) 2～4 区平面图

图 1-3 各分区典型平面图（一）

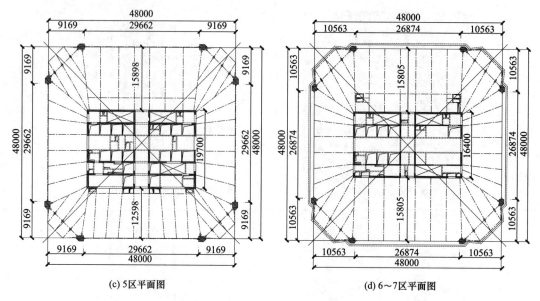

(c) 5区平面图　　　　　　　　　　　　　(d) 6~7区平面图

图 1-3　各分区典型平面图（二）

（1）巨柱框架-核心筒结构中巨柱计算长度的研究；

（2）异型巨柱及搭接转换节点研究；

（3）减震（振）技术应用研究。

2　巨柱框架-核心筒结构中巨柱计算长度的研究

超限高层建筑中，外框柱计算长度的确定对结构安全至关重要。广东省标准《高层建筑混凝土结构技术规程》DBJ/T 15-92-2021 第 10 章规定，"巨型柱的计算长度由稳定分析确定"。进行弹性稳定屈曲分析时，一般采用整体模型，为提高计算效率，也可采用局部简化模型。

对巨柱框架-核心筒结构来说，结构外框柱从下往上，截面逐渐减小，刚度也随之减小，在结构高区，框梁对柱的约束作用提高，其体系更接近于一般的框架-核心筒结构。究竟如何根据梁柱线刚度比来区分巨柱框架-核心筒结构和一般框架-核心筒结构？

本节主要对上述问题进行研究。

2.1　梁柱线刚度比的讨论

梁对柱的约束能力大致可以由梁柱线刚度比来反映，巨柱框架-核心筒结构体系与普通框架-核心筒结构体系的梁柱线刚度比差异较大。本文对三个普通框架-核心筒结构及两个巨柱框架-核心筒结构的梁柱线刚度比进行了统计，结果如表 2-1 所示。

普通框架-核心筒结构与巨柱框架-核心筒结构梁柱线刚度比统计　　　　　　表 2-1

项目名称	高度及类型	梁柱线刚度比 K
南方国际金融传媒大厦	$H=180\mathrm{m}$，框架-核心筒结构	0.043~0.103
香江国际金融大厦	$H=150\mathrm{m}$，框架-核心筒结构	0.110~0.188

项目名称	高度及类型	梁柱线刚度比 K
鸿荣源前海 2 栋 TB 办公塔楼	$H=164m$，框架-核心筒结构	$0.081 \sim 0.173$
深圳华侨城大厦	$H=277m$，带加强层巨柱框架-核心筒结构	1.2×10^{-4} 左右
深圳湾汇云中心 T1 塔楼	$H=335m$，带加强层巨柱框架-核心筒结构	$2.033 \times 10^{-4} \sim 1.466 \times 10^{-3}$

注：梁柱线刚度比 K 的计算参考《钢结构设计标准》GB 50017-2017（简称《钢标》）附录 E 的做法，$K=(\sum EI_b/L_b)/(\sum EI_c/L_c)$，其中，$\sum EI_b/L_b$ 表示梁线刚度之和；$\sum EI_c/L_c$ 表示柱线刚度之和。

从表 2-1 可以看出，普通框架-核心筒结构的梁柱线刚度比大致在 $0.04 \sim 0.20$ 之间，此时，梁对柱的约束能力非常明显，分析柱的稳定性时，不可忽略梁的作用。而对巨柱框架-核心筒结构，梁柱线刚度比大致为 $1 \times 10^{-4} \sim 1.5 \times 10^{-3}$，梁对框柱的约束较小，梁的作用基本可以忽略。

针对本项目，梁柱线刚度及线刚度比计算汇总如表 2-2 所示。

框梁与框柱线刚度及线刚度比 表 2-2

位置	$\sum EI_b/L_b/(N \cdot mm)$	$\sum EI_c/L_c/(N \cdot mm)$	线刚度比/K
2 区	5.97×10^{10}	5.33×10^{13}	1.12×10^{-3}
3 区	6.79×10^{10}	3.67×10^{13}	1.85×10^{-3}
4 区	8.75×10^{10}	2.12×10^{13}	4.13×10^{-3}
5 区	3.44×10^{11}	8.13×10^{12}	4.23×10^{-2}
6 区	5.32×10^{11}	4.67×10^{12}	0.114
7 区	6.08×10^{11}	2.85×10^{12}	0.213

由表 2-2 可知，从 2 区至 7 区，梁柱线刚度比逐渐增大，一般层框梁对外框柱的约束逐渐明显。具体来说，2 区、3 区，梁柱线刚度比基本小于或略大于 1.5×10^{-3}，结构体系为巨柱框架-核心筒结构，梁对巨柱稳定所起的作用较小，在巨柱稳定性分析时，一般层可忽略梁的作用，由此带来的误差分别为 6.5% 及 5%。4 区，梁柱线刚度比为 4.13×10^{-3}，界于巨柱框架-核心筒结构与一般框架-核心筒结构之间，是否考虑一般梁作用对柱计算长度系数的影响为 15% 左右，故建议考虑梁的作用。5~7 区，梁柱线刚度比大于 0.04，结构近似于一般框架-核心筒结构，此时，应考虑梁的作用。

参考《钢标》附录 E，根据 K 值，查得 5 区、6 区、7 区计算长度系数分别为 0.47、0.355、0.27，而根据局部模型的计算结果，其计算长度系数分别为 0.38，0.36，0.28，较为接近。相比 6 区和 7 区，5 区一般梁对框柱约束较小，而腰桁架约束较大，故其模型计算值与规范计算值偏差略大。另外，6 区虽然含有单方向的腰桁架，但由于一般梁对框柱约束较大，腰桁架所起作用较小。

2.2 整体模型与分区模型计算结果对比

按 D+0.5L 工况对整体模型进行计算，并与分区模型计算结果对比，结果如表 2-3 所示。

从表 2-3 可以看出，分区模型的计算结果均不大于整体模型计算结果，但也比较接近，说明采用分区模型的方法是可行的，且模型底部模拟为固定支座也是合理的。同时应注意到，柱底并非完全嵌固，所以局部模型的计算长度系数比整体模型的偏小。为安全起见，在构件设计时，实际采用的计算长度系数应在分区模型计算系数的基础上适当放大 10%。

整体模型与分区模型计算结果对比　　　　　　　　　　　　　表 2-3

位置	整体模型计算系数	分区模型计算系数
6 区	0.38	0.36
5 区	0.38	0.38
4 区	0.48	0.47
3 区	0.56	0.53
2 区	0.68	0.62
1 区	0.76	0.75

2.3　小结

对含加强层的巨柱框架-核心筒结构，巨柱的计算长度应由稳定分析确定。

对巨柱框架-核心筒结构来说，结构外框柱从下往上，截面逐渐减小，刚度也随之减小，在结构高区，框梁对框柱的约束作用提高，其体系更接近于一般的框架-核心筒结构。根据本文的研究，框梁框柱线刚度比大于 0.04 时，可确定为一般框架-核心筒结构；线刚度比介于 $10^{-4} \sim 1.5 \times 10^{-3}$ 时，应按巨柱框架-核心筒结构计算。

3　异型巨柱及搭接转换节点研究

框架-核心筒结构外框柱上下不连续时，需采用转换结构进行过渡，实际工程中采用的转换结构有转换梁、转换桁架、斜柱及搭接柱。典型的搭接柱转换立面如图 3-1 所示。搭接柱节点根据上柱与下柱的关系，可分为内收搭接与外挑搭接两种。

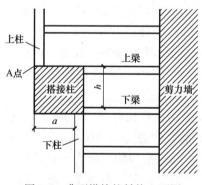

图 3-1　典型搭接柱转换立面图

过往的搭接柱转换节点主要限于钢筋混凝土结构，受力及节点构造均相对简单。结构传力主要通过增加搭接节点配筋的方式予以解决。但对高度 250m 以上的超高层建筑，普遍采用混合结构（型钢混凝土柱，钢梁＋钢筋桁架楼承板），搭接转换节点受力及构造更加复杂。这些复杂问题主要包括：位于结构底部区域的搭接转换会在柱节点位置形成巨大的偏心弯矩，对外框柱受力不利；如外框柱采用型钢混凝土柱，柱内型钢在搭接位置难以可靠连接，钢板难以连续贯通，容易形成受力薄弱环节；如框架梁采用钢梁或 SRC 梁，框梁与框梁连接关系复杂；在节点连接位置，涉及主受力钢构件、水平及竖向加劲板、框梁钢构件及纵筋、上下柱纵筋、柱箍筋等，相关构件摆放及连接困难；框柱型钢与框梁型钢在节点范围容易形成多腔空间，现场安装及焊接非常困难。

本节主要对上述问题进行研究。

3.1　异型巨柱

结合建筑要求及结构柱与周边框梁之间的连接关系，实际外框柱均为异形截面，为控制截面大小，外框柱设有钢骨。设置钢骨时，考虑到与周边钢梁的连接便利性，钢骨腹板尽量与钢梁腹板对应，形成穿心节点，提高抗震延性。典型外框柱截面如图 3-2 所示。

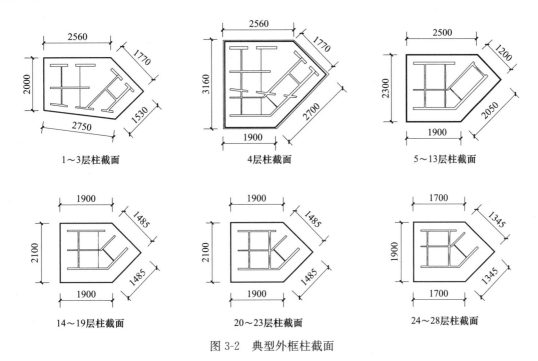

图 3-2　典型外框柱截面

由于建筑功能和美学要求，1～3 层巨柱与 5 层巨柱存在错位，为保证巨柱传力的可靠性，4 层巨柱截面包络 3 层及 5 层巨柱平面，即形成搭接转换（图 3-3）。在转换位置，上、下柱实际为偏心布置，4 层柱顶及柱底存在较大的轴向拉压力，为平衡此轴力，同时保证巨柱搭接转换的整体稳定性，在 4 层设置腰桁架。

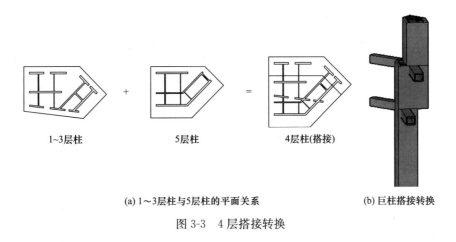

(a) 1～3 层柱与 5 层柱的平面关系　　(b) 巨柱搭接转换

图 3-3　4 层搭接转换

3.2　搭接转换节点

外框巨柱在 4 层设置了搭接转换节点（内设钢骨），该节点同时与腰桁架上下弦杆及

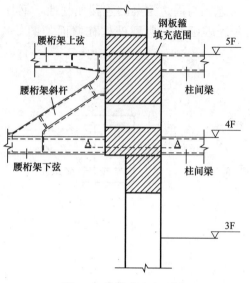

图 3-4 搭接节点立面图

斜腹杆、柱间钢梁、核心筒之间的型钢混凝土梁相连，连接关系及受力较复杂。为保证连接节点传力的可靠性及大震作用下的延性性能，在节点相关范围设置钢板箍，如图 3-4 所示，节点与周边梁的连接关系如图 3-5 所示。

另外，4 层及 5 层标高范围，角部框架柱间距为 2.5m 左右，设计双箱形钢梁拉结共同受力，则该搭接转换柱节点实际为角部双框柱、柱间双箱形钢梁形成的搭接柱组合节点（图 3-6）。

3.3 节点分析

采用大型通用有限元软件建立节点分析模型如图 3-7 所示，模型中节点上、下柱段均取至反弯点：上柱取层高 1/2 处、下柱取层高 1/3 处。经分析，大震组合工况下受力最不利，以下给出此工况的分析结果。

由图 3-8 可知，搭接柱组合节点的两框柱变形基本一致，均为偏心方向的整体弯曲，柱间相对位移较小，忽略非约束自由端外，搭接柱组合节点区变形量最大值约为 30mm，与 YJK 软件大震等效弹性计算结果（33mm）相当。混凝土压应力分布图显示，在搭接位置，压应力沿斜向传递，传递路径可靠。

由图 3-9 可知，除局部应力集中区域外，混凝土损伤因子均小于 0.2（对应 C60 混凝土的压应力标准值 38.5MPa），达到受压不屈服的性能要求。

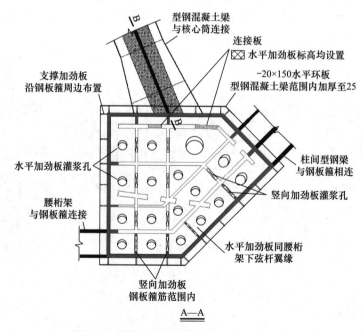

图 3-5 搭接节点与周边梁的连接示意（一）

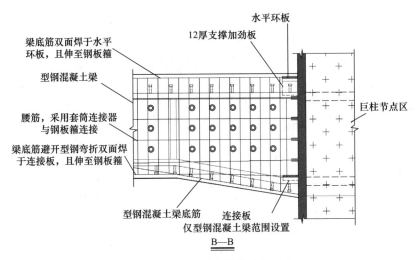

图 3-5 搭接节点与周边梁的连接示意（二）

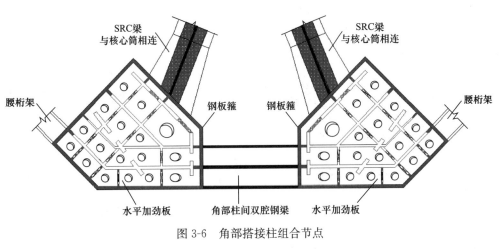

图 3-6 角部搭接柱组合节点

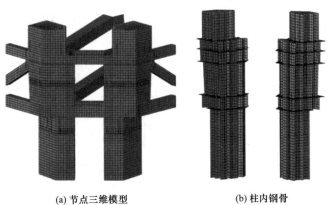

(a) 节点三维模型   (b) 柱内钢骨

图 3-7 搭接柱组合节点分析模型

由图 3-10、图 3-11 可知，除应力集中外，柱内钢骨、柱外侧钢板箍最大 Mises 应力均在 275MPa 以下，钢材未进入塑性，未出现塑性变形；角部双箱形钢梁端部仅局部出现微小塑性应变，可达到不屈服的性能要求。

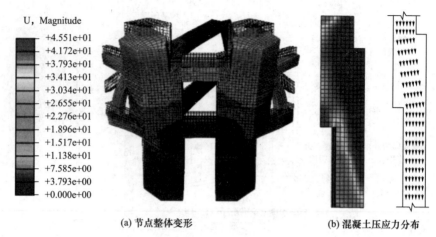

(a) 节点整体变形　　　　　　　　　　　(b) 混凝土压应力分布

图 3-8　搭接柱组合节点有限元分析结果

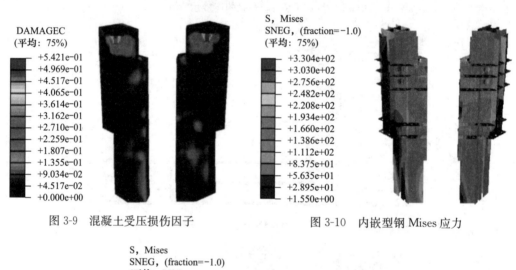

图 3-9　混凝土受压损伤因子　　　　　　　　　图 3-10　内嵌型钢 Mises 应力

图 3-11　钢板箍 Mises 应力

3.4　小结

巨柱搭接应充分考虑竖向荷载作用下附加偏心弯矩的影响，并采取措施保证搭接柱的整体稳定性，这些措施包括：设置周圈腰桁架、巨柱与核心筒之间拉结型钢混凝土梁，角部巨柱之间设置双腔钢梁。为提高节点连接的可靠性及抗震延性，钢骨腹板尽量与钢梁腹板对应，形成穿心节点；节点外侧可采用钢板箍并取消箍筋，降低施工难度。本文以实际案例分析表明，巨型框架-核心筒结构底部巨柱搭接，在大震作用下，变形稳定，受力可靠。

4 减震（振）技术应用研究

随着民众对舒适度要求的提高，减震（振）技术在超高层建筑中逐步得到推广。本节以深圳前海冠泽金融中心项目为例，对黏滞阻尼器的应用进行了研究。

根据广东省建筑科学研究院提供的风洞分析结果，前海冠泽金融中心主塔楼在 10 年一遇风荷载作用下结构主屋面加速度为 0.268m/s^2，大于规范限值 0.25m/s^2。同时，为了提高本项目的使用品质，拟采用黏滞阻尼器改善结构的动力响应，降低风振加速度。

4.1 阻尼器布置方案

为减少对建筑功能和空间使用的影响，阻尼器仅考虑在避难层中设置。由于避难层外框已布置腰桁架（图 4-1），因此，在楼层平面内，选择在巨柱与核心筒之间布置阻尼器。如此设置后，阻尼器的数量是有限的；为充分发挥阻尼器的作用，研究采用效率较高的剪刀撑式 [图 4-2(a)] 及套索式 [图 4-2(b)] 连接方式。表 4-1 列出了五种减振方案，阻尼器的阻尼系数均设定为 $C = 5000 \text{kN/(m/s)}^{0.3}$，阻尼指数 $\alpha = 0.3$。

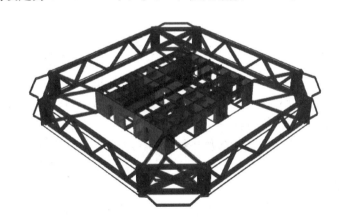

图 4-1 避难层结构三维模型

(a) 剪刀撑连接   (b) 套索连接

图 4-2 阻尼器连接方式

减振方案	阻尼器总数	布置楼层（各层布置个数）	连接方式
方案一	40	11层、22层、33层、44层、53层（8个）	剪刀撑
方案二	32	22层、33层、44层、53层（8个）	剪刀撑
方案三	24	33层、44层、53层（8个）	剪刀撑
方案四	32	22层、33层、44层、53层（8个）	套索
方案五	24	33层、44层、53层（8个）	套索

阻尼器结构减振方案   表 4-1

4.2 附加阻尼比计算方法及对比

附加阻尼比的算法一般有规范法、能量法和对数衰减法三种。以下以方案一模型为分析对象，用三种方法分别研究小震作用下结构附加阻尼比的计算，振型阻尼比按规范建议取为 4%。

4.2.1 规范法

规范法如式（4-1）～式（4-3）所示，主要考察结构在预定层间位移下阻尼器的耗能能力，以单圈耗能近似计算，用于初步判断阻尼器附加给结构的阻尼比大小，图 4-3 给出某个具有代表性阻尼器的单圈滞回曲线。采用规范法计算阻尼器在结构预期层间位移下单圈阻尼器总耗能为 249kN·m，相应的结构总应变能约为 1021kN·m，折算附加阻尼比为 1.93%。

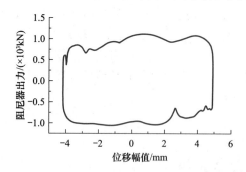

图 4-3 阻尼器单圈滞回曲线

$$\xi_a = \sum_j W_{cj} / (4\pi W_s) \tag{4-1}$$

$$W_s = \frac{1}{2} \sum_j F_i u_i \tag{4-2}$$

$$W_{cj} = A_j \tag{4-3}$$

式中，ξ_a 为消能减震结构的附加阻尼比；W_{cj} 为第 j 个消能部件在结构预期位移下往复循环一周所消耗的能量；W_s 为设置消能部件的结构在预期位移下的总应变能；F_i 为质点 i 的水平地震作用标准值；u_i 为质点 i 对应于水平地震作用标准值的位移。A_j 为第 j 个阻尼器的恢复力滞回环在相对水平位移时的面积。

4.2.2 能量法

基于特定工况给出结构在整个振动过程中不同耗能部分的能量耗散，可根据耗能比例较准确地确定阻尼器的附加阻尼比。附加阻尼比的基本计算式为：

$$附加阻尼比 = \frac{阻尼器耗能}{结构模态耗能} \times 结构模态阻尼比$$

结构的能量图如图 4-4 所示，小震作用下结构模态阻尼比为 4%，折算出附加阻尼比为 2%。

4.2.3 对数衰减法

由单自由度系统的自由振动推导得出，计算式如（4-4）～式（4-9）所示。

$$u_P / u_Q = e^{\xi \omega_n T_d} \tag{4-4}$$

$$\delta = \ln(u_P / u_Q) = \xi \omega_n T_d \tag{4-5}$$

$$T_d = 2\pi / (\omega_n \sqrt{1-\xi^2}) \qquad (4\text{-}6)$$

由式 (4-5) 和式 (4-6) 可得:

$$\delta = \xi \omega_n T_d = 2\pi \xi / \sqrt{1-\xi^2} \qquad (4\text{-}7)$$

弱阻尼时 ($\xi < 0.2$) 近似有:

$$\delta \approx 2\pi \xi \qquad (4\text{-}8)$$

$$\xi = (1/2\pi) \ln(u_P / u_Q) \qquad (4\text{-}9)$$

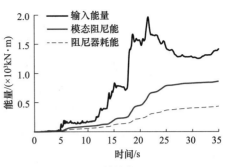

图 4-4　结构能量图

式中, u_P、u_Q 分别为结构往复一周开始和结束时的位移幅值; ω_n 为无阻尼固有圆频率; T_d 为阻尼固有周期; δ 为对数衰减率。

由于阻尼器耗能与结构振动幅值有关, 所以, 用对数衰减法计算得出的阻尼比会随结构振动幅值的变化而变化。图 4-5 为采用对数衰减法换算得到的等效阻尼比—位移幅值曲线。结构在小震作用下顶点位移幅值为 184mm, 对应等效阻尼比为 5.83%, 即阻尼器的附加阻尼比为 5.83%-4.00%=1.83%。

三种计算方法得出的附加阻尼比较为接近, 结构层间位移角对比如图 4-6 所示; 三种计算方法得出的层间位移角曲线也基本吻合。鉴于规范法与对数衰减法的计算过程较为复杂, 故后续分析采用能量法。

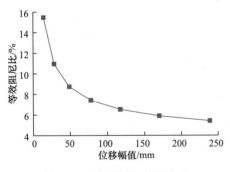

图 4-5　对数衰减法换算曲线

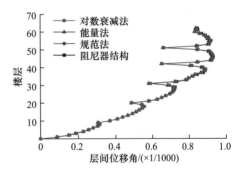

图 4-6　层间位移角对比

4.3　阻尼器主要参数研究

以方案一为例, 阻尼系数 C 和指数 α 与阻尼比的关系曲线如图 4-7 所示, 其中附加阻尼比的计算方法采用能量法。可以看出, 二者曲线变化有相同的规律: ①阻尼器指数 α 保持不变, 阻尼器附加阻尼比与阻尼系数 C 近似呈线性关系, C 越大附加阻尼比越大。②阻尼系数 C 保持不变, 指数 α 减小时附加阻尼比明显增大, $0.2 < \alpha < 0.4$ 时, 附加阻尼比变化较快; $0.4 < \alpha < 0.6$ 时变化则较为稳定。国内外研究表明, 当附加阻尼比不大于 20% 时, 强行解耦与精确解的误差基本控制在 5% 以内, 因此建议附加阻尼比不大于 20%。由图 4-7 可知, 附加阻尼比均在 20% 以下, 各参数取值可满足计算精度要求。

图 4-8 为某典型阻尼器参数与阻尼器出力、位移的关系曲线。一般建议, 阻尼指数 α 取为 0.3~0.4, 当取为 0.3 时, 从图 4-8(a) 可以看出, 随着阻尼系数增大, 阻尼器出力也增大, 但位移减小, 两曲线在 [4000, 6000] 有交点, 在此区间, 阻尼器出力及位移较为均衡, 因此, C 的合理取值区间为 [4000, 6000]。将 C 取为 5000 可得图 (b), 可以发

现 α 的合理取值区间为 $[0.3，0.4]$。

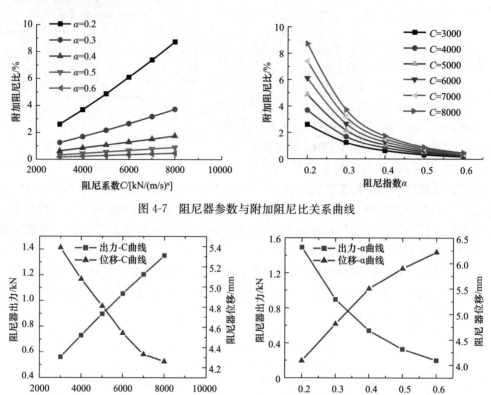

图 4-7　阻尼器参数与附加阻尼比关系曲线

图 4-8　阻尼器参数与阻尼器出力、位移关系曲线

根据上述分析结果，并参考相关文献和其他工程经验，设定阻尼器的阻尼系数 $C=5000\mathrm{kN/(m/s)^{0.3}}$，阻尼指数 $\alpha=0.3$，并将其应用于其他方案对比中。

4.4　风荷载作用减振效果对比

风荷载作用下顶点加速度减振效果对比见表 4-2，可以看出：①与无控结构相比，阻尼器结构的顶点加速度明显下降；②方案一至方案三阻尼器布置方式一致，仅改变阻尼器的个数，可以发现，去掉中低区阻尼器对结构顶点加速度的减振效果仅减小 6%，而阻尼器数量减少了 16 个，经济效益明显提升；③从提高阻尼器减振效率来看，采用套索连接方式的减振效果优于剪刀撑连接。

顶点加速度减振效果对比　　　　　　　　　　　　　　　　表 4-2

方案	顶点加速度		
	无控结构/(m/s²)	有控结构/(m/s²)	减振率/%
方案一	0.268	0.181	32
方案二	0.268	0.187	30
方案三	0.268	0.199	26
方案四	0.268	0.132	51
方案五	0.268	0.145	46

风荷载作用下分析计算结果如图 4-9～图 4-12 所示。图 4-9 的对比结果表明：①原结构下，结构楼层加速度沿高度增大而增大，变化较为平缓，其中高层加速度较大，已超过规范限值。②各减振方案对结构楼层的加速度有良好的控制效果，加速度均小于规范限值。③方案一至方案三曲线变化规律一致，减振效果相当，表明低区布置的阻尼器对降低顶层加速度的效果一般。④方案四沿高度均匀布置阻尼器，减振效果最佳，曲线平缓，无明显突变。⑤方案五在 33 层以上开始布置阻尼器，曲线在该层附近有明显收进，对加速度的减振效果与方案四接近。

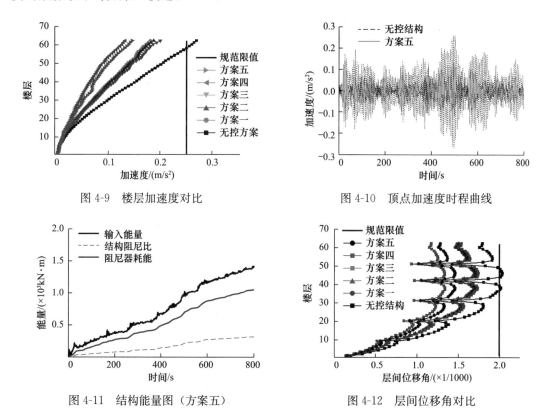

图 4-9　楼层加速度对比　　　　　　　　图 4-10　顶点加速度时程曲线

图 4-11　结构能量图（方案五）　　　　　图 4-12　层间位移角对比

图 4-10 和图 4-11 的结果表明，方案五与无控结构的顶点加速度变化趋势一致，且方案五的结构顶点加速度明显降低。阻尼器在整个时程分析中耗散了大部分输入能量，显著提升结构在风荷载作用下的附加阻尼比。

图 4-12 所示为 50 年一遇风荷载作用下的结构层间位移角对比，其中，无控结构层间位移角超过规范限值。增设阻尼器后层间位移角均有明显降低，方案一、方案二、方案三的减振效果较为接近，减振率为 16%～19%，而采用套索连接方式的方案四和方案五减振效果更佳，减振率为 38%～51%。以上各有控方案均满足规范要求，综合考虑减振效果与经济性，方案五最好。

4.5　地震工况减震效果对比

图 4-13 所示为小震、中震作用下各方案结构层间位移角对比，图 4-14 所示为方案五小震、中震工况下的结构耗能对比。对比结果表明：①在地震工况下，有控结构层间位移

角较无控结构有所减小，表明阻尼器能够提升结构的抗侧能力。②由于结构高区核心筒有较大削弱，削弱处层间位移角最大，在高区避难层增加了相应的阻尼器后，结构沿高度的变形趋向均匀。③小震作用时阻尼器耗能接近结构自身的阻尼能，显著提升了结构的耗能能力；中震作用下的阻尼器耗能明显大于小震，耗散能量作用明显，同时输入的地震能量也大幅增加，导致阻尼能占总输入能量比例有所下降。

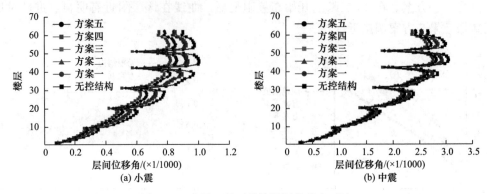

图 4-13　地震工况下结构层间位移角对比

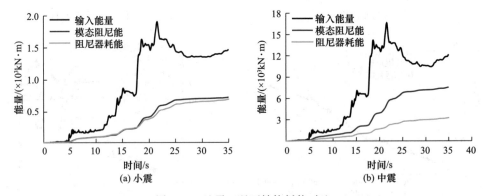

图 4-14　地震工况下结构耗能对比

　　限于篇幅，表 4-3 仅列出方案五与无控结构地震工况的结果对比。可以看出，对于结构的地震作用效应，阻尼器也有一定的减震效果，可在一定程度上降低结构的基底剪力以及倾覆力矩，同时，可降低墙肢拉力，提高结构的安全度。从减震角度来看，阻尼器在小震作用下的效果比中震明显。

<table>
<tr><td colspan="2" align="center">地震工况结果对比</td><td></td><td align="right">表 4-3</td></tr>
</table>

工况	工况内力	无控结构	方案五	减震率/%
小震	基底倾覆力矩/$(\times 10^6 kN \cdot m)$	3.98	3.32	16.6
	底部墙肢拉力/$(\times 10^4 kN)$	2.37	1.94	18.2
	基底剪力/$(\times 10^4 kN)$	2.13	1.64	23.3
中震	基底倾覆力矩/$(\times 10^6 kN \cdot m)$	10.68	9.96	6.7
	底部墙肢拉力/$(\times 10^4 kN)$	6.16	5.72	7.1
	基底剪力/$(\times 10^4 kN)$	6.69	5.59	16.3

4.6　小结

在原结构中增设阻尼器之后，结构顶点加速度明显下降，进一步对比发现，中低区设置阻尼器对结构顶点加速度的减振效果影响较小；套索连接方式的减振效果优于剪刀撑连接。能量分析表明，阻尼器在整个风时程分析中耗散了大部分输入能量，显著提升了结构在风荷载作用下的附加阻尼比，进而改善结构的风振舒适度。

阻尼器对 50 年一遇风荷载作用下的结构层间位移角也有一定减振效果，剪刀撑连接的减振率约为 17%，套索连接约为 45%。同时，阻尼器对结构的小震及中震作用均有一定的减震效果，可适当提高结构的抗震安全度。

5　结论

（1）本文对巨柱计算长度进行了研究，并对巨柱框架-核心筒结构和一般框架-核心筒结构的梁柱线刚度比进行了对比分析，建议框梁框柱线刚度比大于 0.04 时，可确定为一般框架-核心筒结构；线刚度比介于 $10^{-4} \sim 1.5 \times 10^{-3}$ 时，应按巨柱框架-核心筒结构计算。

（2）结合建筑要求，本文创新性地运用了异型巨柱搭接转换节点，并对相关节点构造及计算中的关键问题进行了阐述，结果表明，该节点受力可靠。

（3）针对结构顶点风振加速度超限的问题，本文对不同黏滞阻尼器布置方案、阻尼比计算方法、阻尼器参数及减振效率进行了对比研究，同时研究了黏滞阻尼器的减震效果。对黏滞阻尼器的应用推广具有一定参考价值。

17　一种新型弱连接技术在特定连体结构中的应用

孙文波，周伟坚

（华南理工大学建筑设计研究院有限公司）

【摘要】　为了解决多塔楼和雨篷的相互影响，创新性地对雨篷周边支座进行了研发，提出一种具有"相对隔离"和"保险丝"作用的U形钢板支座。采用通用有限元软件Strand7，在竖向荷载、水平风荷载、温度及地震作用下对雨篷进行了承载能力极限状态分析和正常使用极限状态分析。计算结果表明，在应用U形钢板支座的情况下，雨篷不仅具有良好的承载能力和变形性能，同时最大限度地隔离了对塔楼的影响。这种节点为解决同类问题提供了一种高效、经济且简单的解决方案。

【关键词】　雨篷；弱连接支承节点；单层网格；U形钢板支座

1　引言

随着经济的日益高速发展，建筑结构的体型已经越来越复杂，连体结构也日益涌现，如苏州的东方之门、北京的中央电视台大楼、重庆的来福士广场及吉隆坡的双子塔等（图1-1～图1-4）。

图1-1　苏州东方之门

图1-2　北京央视大楼

连体结构受力性能复杂，影响因素众多，如塔楼的数量、分布和结构形式，连体的数量、刚度及位置，塔楼与连体的连接强弱等。根据连体与塔楼连接强弱程度的不同，连体结构可以分为强连接方式（或刚性连接方式）及弱连接方式（或柔性连接方式）[1]。当连体自身刚度大，能够协调两边塔楼的内力和变形时，可以选择刚性连接，如两端刚接、两端铰接或一端刚接一端铰接；当连体自身刚度和强度不足以协调两个塔楼之间的扭转变形时，可采用柔性连接，如一端铰接一端滑动连接或两端滑动连接[2]。采用刚性连接时，连体不仅要承受自身的竖向荷载，更要协调塔楼的不均匀变形，同时会造成连体及两端的结构刚度突变，扭转振型丰富，增加结构复杂性。采用柔性连接时，连体受力较小，两个主体结构之间相互影响很小，可以各自独立变形，有效避免因刚性连接所造成的局部应力集中、受力过大问题，但是两端搁置处支座需具有一定的滑移量并设置防滑落措施[3]。

图 1-3　重庆来福士广场

图 1-4　吉隆坡双子塔

2　新型弱连接技术

2.1　介绍

连体的传统弱连接方式为可动铰支座。可动铰支座是一种限制了竖直方向位移，但可以沿水平方向运动和转动的支座形式，通常包括弹性支座和滑动支座。弹性支座一般是水平方向具有明确弹性刚度的弱连接铰支座，如橡胶支座；滑动支座则是允许支座部件间发生滑动变形差的支座，通常只需要克服很小的滑动摩擦力。弹性支座和滑动支座各有特点，早已在大量工程中得到广泛应用。不过，对于某些特殊情况，常规的弱连接支座虽然也能解决工程需求，但不一定能够很好地满足建筑的外观要求和造价控制需求。本文综合弹性支座及滑动支座的特性，针对特定连体结构提出了一种新型弱连接构造技术，即带 U 形钢板支承节点的新型弱连接。

2.2　新型弱连接技术的核心原理及构造

带 U 形钢板支承节点的新型弱连接技术起源于多栋超高层塔楼间的玻璃雨篷（单层空间网格结构连接体）的连接问题，这种新型弱连接技术的主要特征为由吊杆（或牛腿）提供的竖向防坠落支承构件，以及由薄壁 U 形钢板组件提供的水平支撑组件所构成的具有"相对隔离"和"保险丝"作用的弱连接。下文以图 2-1 所示项目为例，具体阐述其原理。

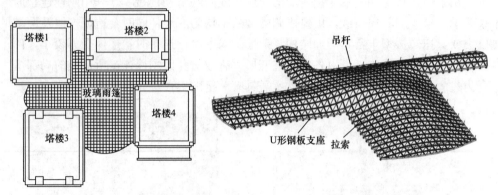

图 2-1　多个高层塔楼间的连体玻璃雨篷

某办公楼群由 4 栋（超）高层塔楼组成，镶嵌其间的中央庭院的上部覆盖玻璃雨篷，形成全天候的半开敞休闲空间。玻璃雨篷平面近似呈"十"字形，顶部为自由曲面，建筑面积约 3000m²，东西向总长约 104m，南北向总长约 73m；最高点标高约 29.3m，最低点标高约 23.5m。玻璃雨篷最大跨度为 36m，最小跨度为 9m。

弱连接支承节点的主体包括 U 形钢板组件和吊杆，U 形钢板组件提供水平支撑刚度并传递水平荷载，适应塔楼间的水平位移差，吊杆则将连接体的竖向荷载传递至周边塔楼。当 U 形钢板组件变形较小（即建筑物之间的相对位移较小）时，其受力与变形的关系为线弹性，同时，由于 U 形钢板组件采用薄壁钢板弯制而成，刚度可以设计得相对较小，为连体结构和多塔楼结构的相对水平变形差提供足够的缓冲，从而在连体和多塔楼结构之间起到"相对隔离"的作用。如图 2-2 所示。

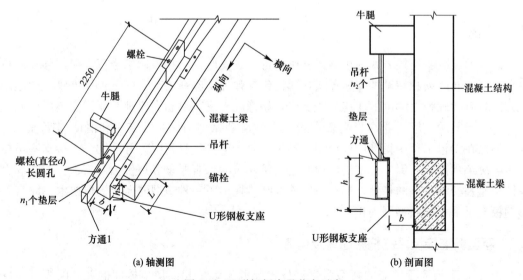

(a) 轴测图　　　　　　　　　　　(b) 剖面图

图 2-2　U 形钢板支承节点示意

在某些特殊情况下（比如罕遇地震），当 U 形钢板组件变形大到某一程度（即建筑物之间的相对位移变大到某一数值）后，U 形钢板组件将可能进入弹塑性状态，此时可以通过 U 形钢板组件的弹塑性变形为连体结构和多塔楼结构等更为重要的结构提供足够的缓冲变形空间，从而起到"保险丝"的作用。即使部分 U 形钢板组件发生了塑性破坏，但其构造简单、造价低廉，竖向荷载又是直接由吊杆悬挂，只需在震后直接拆除替换，即可重新投入使用。为了充分发挥 U 形钢板组件在法向的"相对隔离"和"保险丝"作用，还需要释放沿 U 形钢板组件轴线方向的水平剪力。此时可通过在 U 形钢板组件翼缘中设置长条安装孔，并在与连体结构接触面间铺设聚四氟乙烯垫层实现。长条安装孔的形状尺寸可以根据结构的相对位移量确定。

2.3　新型弱连接的技术特点

（1）构造简单，施工方便。整个支承节点主要由 U 形钢板、锚栓、螺栓、聚四氟乙烯平板和吊杆组成；U 形钢板组件由钢板弯折而成，与连体结构（多塔楼结构）直接通过螺栓（锚栓）连接，不需要现场焊接，施工简单，操作简便。

（2）受力简单、合理。吊杆承担连体结构的全部竖向荷载，通过在沿 U 形钢板组件轴线方向设置长条安装孔释放了水平剪力，垂直 U 形钢板组件轴线方向承受一定的水平荷载，故水平方向表现为单向受力。

（3）小震可恢复，大震可修。在多遇地震作用下，U 形钢板组件发生小变形，此时处于弹性阶段，变形呈线弹性，震后可恢复到原来的形状且可继续使用。罕遇地震作用下，U 形钢板组件可能发生较大变形，部分支座有可能进入弹塑性状态。由于带 U 形钢板组件的支承节点与连体结构和多塔楼结构连接简单，震后维修替换也非常方便。

（4）兼具"相对隔离"和"保险丝"的作用。采用弱连接后，多塔楼结构和连体结构间的相互作用很小，对连体结构和塔楼结构都起到了很好的保护作用。在大多数情况下，由于相互之间的作用很小，塔楼结构和连体部分可以相互独立地进行设计，大大简化了设计流程，改善了结构受力特征。

（5）造价低廉。由于构造简单、施工方便，所用材料少，所以该支座节点造价较低。

（6）其他作用。通常玻璃雨篷周边需要设置排水天沟，U 形支座组件可以兼作天沟的支承单元与其无缝连接，外观效果良好。

2.4　设计原则

U 形钢板组件的横截面为 U 形或槽形，U 形或槽形的开口上端设有两个反边翼缘，一个翼缘设置在连体结构上，另一个翼缘设置在多塔楼结构上。U 形钢板组件在法向将连体与塔楼结构联系起来。

吊杆下端与连体结构连接，上端与多塔楼结构牛腿连接。吊杆传递连体的竖向荷载至塔楼结构。

U 形钢板组件与连体结构连接的翼缘上沿轴线方向设有长条安装孔，并通过螺栓或锚栓在长条安装孔处与连体结构连接；U 形钢板组件另一侧翼缘通过螺栓或锚栓与多塔楼结构连接。

U 形钢板组件的宽度 b 和高度 h 根据建筑功能需求、排水沟尺寸及受力性能共同确定，同时，宽度 b 不宜小于罕遇地震作用下连体标高（H）位置处的弹塑性层间位移限值，条件允许时，b 可以偏保守地按照《建筑抗震设计规范》GB 50011-2010 规定的弹塑性层间位移角选取（例如框剪结构取 $H/100$），以确保连体在罕遇地震作用下不会与塔楼发生碰撞。U 形钢板组件厚度 t 根据强度准则由式（2-1）确定，以保证 U 形钢板组件在风荷载及多遇地震作用下仍然能处于线弹性状态。

$$t \leqslant \frac{f_y h (4h + 6b)}{3E\Delta} \tag{2-1}$$

式中，f_y 为 U 形钢板组件钢材的屈服强度，E 为钢材的弹性模量，Δ 为连体与塔楼结构之间的最大弹性相对位移，取自于独立塔楼模型在水平风荷载或多遇地震作用下的位移计算值；

根据纵向滑动释放的要求，U 形钢板组件的总长度 L 最小值应为 $6d + n_1 \Delta \times 2 + 3(n_1 - 1)d$。

U 形钢板组件与连体结构之间设有聚四氟乙烯平板，并设置长圆孔。长圆孔在 U 形钢板组件翼缘中部沿纵向一排间隔布置，孔间净距以及长条安装孔的孔边缘至支座边缘的距离都不小于 $3d$，d 为螺栓或锚栓的直径；长条安装孔的长圆孔在长度方向应不小于连体结构与多塔楼结构之间的最大相对位移；长条安装孔的宽度根据螺栓直径 d 确定；长条安装孔个数（即螺栓数量）设为 n_1，可以根据 U 形钢板组件法向受力等效原则，按式（2-2）确定。

$$n_1 = \frac{\Delta E L t^3}{N_v^b h^2 (8h + 12b)} \tag{2-2}$$

$$N_v^b = \frac{\pi d^2}{4} f_v^b \tag{2-3}$$

式中，N_v^b 为螺栓的受剪承载力设计值，f_v^b 为螺栓的抗剪强度设计值。

吊杆的截面面积 A 按式（2-4）确定。

$$A \geqslant \frac{G}{n_2 f_y} \tag{2-4}$$

式中，G 为吊杆承担连体结构的竖向荷载，n_2 为吊杆总根数，f_y 为吊杆的屈服强度。

3　工程应用

3.1　工程概况

以 2.2 节所示项目为例，玻璃雨篷骨架采用单层空间网格钢结构体系，上部覆盖夹胶安全玻璃。平面投影以标准方格为基本单元，竖向依缓和的曲率起拱，中部呈上凸状，构成优雅、理性的建筑体型，雨篷平面尺寸如图 3-1 所示。雨篷镶嵌在 4 栋塔楼之间，如何解决雨篷结构与周边塔楼的边界协调成为本项目结构设计的关键。

3.2　玻璃雨篷结构体系

3.2.1　结构布置和选型

雨篷单层网格结构的标准网格平面投影尺寸为 2.25m×2.25m。单层网格结构的主要构件均为焊接箱形钢构件，截面尺寸为□400mm×125mm×(8～30)mm(高×宽×壁厚）。为了保证单层网格的局部稳定性，每个网格之间设置斜向撑杆。斜向撑杆的截面为□150mm×150mm×6mm（高×宽×壁厚）。大部分构件的材质为Q345B，局部采用Q420B。雨篷跨度分别为 36m、17.1m 及 9m。为了减小支座的水平变形，在跨度较大处设置 6 根预应力水平平衡拉索，拉索直径为 57mm，采用带 GALFAN 涂层的拉索（高钒索），索体极限抗拉强度为 1670MPa。结构模型如图 3-2 所示。

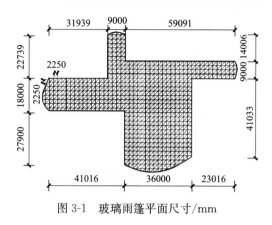

图 3-1　玻璃雨篷平面尺寸/mm

3.2.2　新型弱连接技术

（1）U 形钢板支承节点构造

U 形钢板支承节点主要由 U 形钢板支座、垫层、长条安装孔和吊杆组成。单层网格结构通过周边 64 根吊杆悬挂于四周的钢筋混凝土结构伸出的牛腿上，使钢结构的竖向荷载传递至周边塔楼的钢筋混凝土结构，吊杆间距为 5m，吊杆直径为 40mm 或 50mm，吊

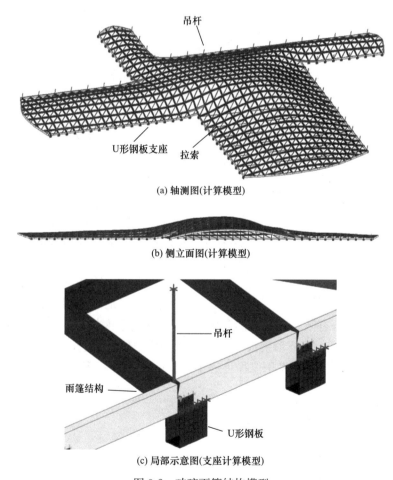

(a) 轴测图(计算模型)

(b) 侧立面图(计算模型)

(c) 局部示意图(支座计算模型)

图 3-2　玻璃雨篷结构模型

杆材质为 Q650B 的钢拉杆。玻璃雨篷与塔楼之间设置由不锈钢钢板组成的 U 形钢板支座，间距 2.25m。U 形钢板支座与玻璃雨篷连接的翼缘上沿轴线方向设有长条安装孔，并通过螺栓或锚栓在长条安装孔处与玻璃雨篷连接，中间设置聚四氟乙烯滑动层，释放沿 U 形钢板组件轴线方向的水平剪力及位移；U 形钢板组件另一侧翼缘通过螺栓或锚栓与多塔楼结构连接。长条安装孔的形状尺寸将根据结构的实际位移量确定。

结合建筑天沟的需求，本项目 U 形钢板组件的宽度 b 为 250mm，高度 h 为 500mm，厚度 t 为 12mm。U 形钢板支承节点大样参见图 2-2。

（2）U 形钢板支座与玻璃雨篷整体建模计算

采用通用有限元计算软件 Strand7，通过整体建模方式对雨篷结构及 U 形钢板支座进行模拟计算分析［图 3-2(c)］。其中，雨篷结构的主要构件采用 2 节点 beam 单元，拉索及吊杆采用只考虑轴向拉力的桁架杆单元，U 形钢板组件采用三维壳单元。雨篷的荷载通过导荷载面单元作用于构件处。与周边塔楼相连接的吊杆及 U 形钢板组件的一端或一侧设置固定支座，U 形钢板组件另一侧采用 rigid-link 单元与雨篷构件相连接，并释放纵向约束。

（3）罕遇地震作用下 U 形钢板支座对玻璃雨篷连接体的影响预估

主体结构的初步计算显示，在罕遇地震作用下，周边 4 栋超高层塔楼在玻璃雨篷标高处的位移最大值为 90mm。本文仅列出当 4 栋塔楼相互靠近对玻璃雨篷连接体产生挤压作用（即考虑每个 U 形钢板支承节点支座发生 90mm 横向/法向位移这一单独工况）时，玻璃雨篷及 U 形钢板组件的受力情况。其他变形情况下的受力通常更小，故不赘述。

计算结果表明，在玻璃雨篷平面阴角位置附近，主体结构方钢管的最大纤维应力为 35.7MPa（图 3-3），远小于方钢管的设计强度 295MPa。

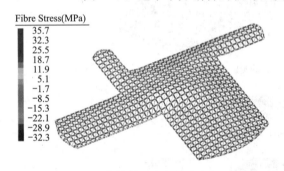

Fibre Stress(MPa)

| 35.7 |
| 32.3 |
| 25.5 |
| 18.7 |
| 11.9 |
| 5.1 |
| -1.7 |
| -8.5 |
| -15.3 |
| -22.1 |
| -28.9 |
| -32.3 |

图 3-3　雨篷构件最大纤维应力/MPa

单个 U 形钢板支座的水平反力，即塔楼对玻璃雨篷的水平推力为 9.1~15.2kN。4 栋塔楼对玻璃雨篷的水平总推力分别为 192kN、248kN、256kN 及 287kN。4 栋塔楼均为高层和超高层建筑，此水平力与罕遇地震作用下主体结构的层剪力相比是非常小的。

以上结果表明，即使周边 4 栋超高层塔楼在罕遇地震作用下相互靠近，对玻璃雨篷的挤压作用也十分有限。主要原因是 U 形钢板支座刚度较小，玻璃雨篷受到周边混凝土结构的影响也较小，即 U 形钢板支座能起到"相对隔离"的作用。同时，由于 4 栋塔楼在多遇地震或风荷载作用下发生位移将远小于 90mm，则 U 形钢板支座的"相对隔离"作用会更为显著。

3.3　玻璃雨篷连接体的分析与设计

3.3.1　结构设计标准及荷载

（1）结构设计指标

根据相关要求，玻璃雨篷最大跨度为 36m，不大于 60m，故其安全等级为二级，重要

性系数 γ_0 为 1.0；玻璃雨篷的设计使用年限为 50 年。在正常使用极限状态下，玻璃雨篷挠度控制为结构跨度的 1/250。在承载力极限状态下，玻璃雨篷网格结构构件应力比控制在 0.9 以下。

(2) 荷载作用

① 恒荷载和活荷载

玻璃采用夹胶安全玻璃，考虑玻璃自重、玻璃框自重及安装的金属配件等，单层网格结构的附加恒荷载为 $0.6kN/m^2$。不上人屋面活荷载为 $0.5kN/m^2$。

② 风荷载

广州市 50 年一遇的基本风压为 $0.50kN/m^2$，100 年一遇的基本风压为 $0.60kN/m^2$；地面粗糙度类别为 B 类，风荷载体型系数、风振系数和风压高度变化系数按《建筑结构荷载规范》GB 50009-2012 相关规定确定。

③ 地震作用

根据《建筑抗震设计规范》GB 50011-2010（2016 年版），广州位于 7 度区，设计基本地震加速度值为 $0.10g$，场地土为 II 类，抗震设计分组为第一组，考虑下部结构，阻尼比取 3%，场地特征周期为 0.35s，地震影响系数最大值为 0.08。

④ 温度作用

钢构件均匀温度作用标准值取 ±25℃。

3.3.2 结构计算分析

(1) 结构计算模型

由前述分析可知，由于弱连接的作用效应，玻璃雨篷的主体结构分析设计时可以不考虑周边混凝土结构刚度及变形。但玻璃雨篷作为相对柔性的结构，在分析设计过程中需要考虑几何非线性的影响。

(2) 计算结果

在恒荷载和活荷载基本组合作用下，主体结构构件的最大纤维应力为 280.7MPa。在恒荷载和活荷载标准组合作用下，主体结构的最大位移 $w=132mm$，最大位移发生在最大跨度单层网格处，结构短向跨度 $L=36m$，$w/L=1/272<1/250$，满足规范要求。结果表明，结构在竖向荷载（恒荷载＋活荷载）作用下结构的变形较小，主体结构具有良好的竖向刚度。

在风荷载作用下，主体结构构件的最大纤维应力为 20.1MPa。主体结构的最大 Y 向位移为 24mm，U 形钢板支座最大水平反力为 2.5kN，最大应力为 106.7MPa，小于材料的屈服强度。

在 X 向多遇地震（单工况）作用下，主体结构构件的最大纤维应力为 6.34MPa，U 形钢板组件的钢板部分应力为 95.6MPa，主体结构的 X 向变形仅为 21.7mm；在 Y 向多遇地震（单工况）作用下，主体结构构件的最大纤维应力为 12.9MPa，U 形钢板组件的钢板部分应力为 77.9MPa，主体结构的 Y 向变形仅为 18.0mm；在双向地震作用下，主体结构构件的最大纤维应力为 12.5MPa，U 形钢板组件的钢板部分应力为 98.6MPa，主体结构的水平变形仅为 26.3mm；在竖向地震作用下，构件的最大纤维应力为 14.3MPa，U 形钢板组件的钢板部分应力为 11.6MPa，主体结构的最大位移仅为 7.6mm。

水平荷载作用下主体结构构件的应力及变形情况表明：①U 形钢板支座具有足够的弹性

刚度，能约束玻璃雨篷在风荷载和地震作用下的位移。②通过 U 形钢板支座的"相对隔离"作用，玻璃雨篷主体结构在风荷载和地震作用下保持良好的受力性能，可确保安全性。

在温度作用下，主体结构构件的最大纤维应力为 1.8MPa，X、Y 向的最大变形为 16.7mm。由于 U 形钢板组件的弹性支承能力，使钢结构能够较为自由地变形，故温度作用对钢结构雨篷的影响较小，在本项目中可忽略不计。

在最不利罕遇地震（Y 向）标准组合作用下（$S_{GE}+S_{ehky}^{*}+0.4S_{evk}^{*}$ 工况，其中 S_{GE} 为重力荷载代表值，S_{ehky}^{*} 为 Y 向水平地震作用标准值，S_{evk}^{*} 为竖向地震作用标准值），当周边塔楼相互靠近，对玻璃雨篷产生挤压作用时，连接体雨篷方钢管的最大纤维应力为 229.4MPa，吊杆最大纤维应力为 381.6MPa，拉索最大纤维应力为 339.7MPa，各构件均处于弹性范围内。

同样，在上述标准组合作用下，当周边塔楼相互分离，对玻璃雨篷产生拉伸时，方钢管的最大纤维应力为 224.1MPa，吊杆最大纤维应力为 380.2MPa，拉索最大纤维应力为 339.7MPa，各构件同样处于弹性范围内。

计算结果表明，在 U 形钢板组件发生受压或受拉的情况下，雨篷连接体构件的应力几乎保持一致，这也间接证实了在预估的罕遇地震作用下，U 形钢板支座具有良好的隔离"保险丝"作用，主体结构的主要构件均处于稳定的未屈服状态，具有良好的抗震承载能力。

4　结语

在多遇地震和风荷载作用下，U 形钢板组件的性能目标为弹性状态，这一点是非常容易满足的；在设防地震和罕遇地震阶段，U 形钢板组件允许进入局部损伤的屈服状态，但由于构造非常简单，替换作业也比较方便。

新型弱连接技术（U 形钢板支座）具有"相对隔离"和"保险丝"作用，其节点形式及传力直接简单，同时能满足消能减震的结构要求。

在采用新型弱连接技术的情况下，连体具有良好的承载能力和变形性能，结构构件均能满足相关规范要求。

参考文献

[1] 徐培福，傅学怡，王翠坤，等. 复杂高层建筑结构设计 [M]. 北京：中国建筑工业出版社，2005.
[2] 代勋. 连接方式对双塔连体结构动力性能及地震反应的影响分析 [D]. 重庆：重庆大学，2009.
[3] 吴剑滨，林颖孜，陈金春，等. 某连体建筑柔性连接的结构设计与分析 [J]. 建筑结构，2021 (S1)：183-187.

18 钢结构节点性能研究及其数据库的开发与应用

王湛

（华南理工大学土木与交通学院）

【摘要】 为厘清钢框架中半刚性梁柱连接节点力学性能以及节点构造参数对节点性能的灵敏度，从节点参数相关性分析出发，给出节点参数相关性分析方法，量化节点构造参数对节点性能的灵敏度，可有效提高参数选择效率，根据目标性能快速得到相应的节点构造。为提高节点转动刚度计算精度，利用板壳理论构造面外变形板件的边界条件，提出物理概念清晰、计算精度高的节点初始转动刚度计算方法。为了提高计算效率，开发了钢结构梁柱节点关键力学性能数据库及其辅助设计软件，利用该软件可高效、便捷地得到高精度的节点转动刚度。

【关键词】 半刚性节点；参数相关性；节点转动刚度；板壳理论；数据库

1 引言

建筑结构体系中连接节点的信息是建筑结构设计的前提，只有把节点本构厘清，才能进一步进行结构优化，才能真正体现土木工程结构体系的高性能，《钢结构设计标准》GB 50017-2017[1] 第 5.1.4 条规定，"梁柱采用半刚性连接时，应计入梁柱交角变化的影响，在内力分析时，应假定连接的弯矩-转角曲线，并在节点设计时，保证节点的构造与假定的弯矩-转角曲线符合。"然而，在目前的土木工程领域中，大部分设计师未深究节点信息，一开始建模便埋下了问题，致使所设计的结构体系可靠性不均。尽管形式上达到了相应的可靠性指标，然而由于木桶效应使得整体结构体系可靠性降低。因此，清晰的节点本构是高性能结构体系设计的前提。从过去的研究发现，节点问题十分复杂，这也是该问题至今不能解决的主要原因。

常规结构设计通常会把钢结构节点假定为理想刚接或者铰接来进行处理，随着国内外众多学者对节点分析研究的深入，学术界普遍认为钢节点是具有一定转动刚度的。欧洲规范 EC 3[2] 中率先将其列为规范性的条文并应用于结构设计。

节点的本构关系主要通过弯矩-转角关系体现，而节点域的构造形式或者外部荷载的施加条件都会对节点的本构关系产生影响。基于梁柱半刚性连接节点的复杂性，本文从参数相关性及组件法两个维度展开相关的研究，为提高节点转动刚度的计算精度提出相应的计算模型。

2   基于相关性分析的节点参数灵敏度分析方法

在节点弯矩-转角的模型研究中，国外学者提出了多种模型，常见的有多项式模型[3]、线性模型[4]、幂函数模型[5-6]、B样条模型[7]及指数模型[8]等。这些模型均存在一些缺陷，例如线性模型在转折点处出现刚度突变；多项式模型会出现峰值，导致刚度出现负值，与实际不符；B样条模型虽然准确，但需要大量的数据，而且经过数据拟合得到的公式中的参数不具有明确的物理意义，无法确定节点构造参数对节点性能的灵敏度。

变量间的关系分为确定性关系和非确定性关系。确定性关系是通常所说的函数关系，即变量间可以用一个数学表达式表示，例如 $f(x,y)=0$；非确定性关系就是相关关系，即变量间的关系确实存在，但关系数值是不固定的相互依存。相关性分析用于描述变量之间的密切程度，一般在统计学回归分析中应用，常利用相关系数定量地描述变量之间关系的紧密程度。在计算相关系数时，常常根据样本推断总体的相关情况，样本太小时可能出现较大的误差，所以通常首先要判断样本数是否满足容许误差的要求。

2.1   相关性分析基本步骤

ANSYS 软件中基于有限元概率设计分析的过程主要包括以下步骤：

（1）创建概率设计需要的分析文件，分析文件包含完整的仿真分析过程。

① 参数化有限元建模；

② 求解；

③ 提取数据并存储到指定的参数中，供概率设计过程中随机输入参数和随机输出参数。

（2）在 ANSYS 环境中执行分析文件，初始化概率设计，建立概率设计的有限元数据库和所有参数。

（3）进入处理器并指定所用的分析文件。

① 定义随机输入参数；

② 定义随机输入参数间的相关性；

③ 定义随机输出参数；

④ 选择概率设计工具或方法；

⑤ 执行概率设计分析指定的仿真循环；

⑥ 拟合响应表面（如果不使用蒙特卡罗模拟技术）；

⑦ 观察概率设计分析结果。

2.2   外伸端板连接的节点参数相关性分析

基于参数相关性，课题组以端板为例，提出了如图 2-1 所示的外伸端板连接节点的参数相关性分析方法[9]。

2.2.1   节点参数化分析

梁柱连接节点的相关性分析步骤为：

（1）利用我国标准的轧制型钢参数分析型钢截面尺寸之间的相关性。

（2）利用表 2-1 中的参数作为梁柱节点初始参数，并以基于型钢截面尺寸之间的相关系数作为型钢梁的变参数约束条件，利用 ANSYS 软件建立外伸端板连接节点的参数化模型并分析。

（3）输出节点弯矩、转角以及对应的连接参数。

（4）分析节点参数对转角的灵敏度。

2.2.2　外伸端板连接的节点参数相关性分析

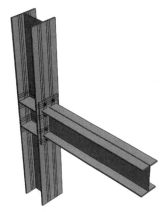

图 2-1　外伸端板连接节点

由 ANSYS PDS 模块分析得到的节点参数灵敏度如表 2-2 所示，可以看出，T_BEAM、TW_BEAM 及 B_BOLT 数值较小，表明其对梁柱相对转角影响较小，故可以忽略，其中 F_BEAM 为梁端荷载。

在进行传统的节点参数分析时，一般只能得到节点某个性能随节点某个构造参数的增加而增加或减小，无法确定各参数对该性能影响的大小的顺序。而对参数进行灵敏度分析后，可量化节点构造参数对节点性能的影响程度，并进行排序。如图 2-3 所示，节点各构造参数对节点转角灵敏度绝对值按大小排序为：HUP_BOLT＞H_BEAM＞B_BEAM＞TH_PLATE＞HMID_BOLT，即顶层螺栓到梁纵轴线的距离（HUP_BOLT）对节点转动的灵敏度最大，且与节点转角呈正相关关系，其余参数与节点转角呈负相关关系。基于此，可在设计端板连接节点时优先调整螺栓位置来得到目标的节点转动刚度。

<table>
<tr><td colspan="6">输 入 参 数</td><td>表 2-1</td></tr>
<tr><td>组件</td><td colspan="4">型钢梁/mm</td><td colspan="2">端板厚度/mm</td></tr>
<tr><td>参数变量名</td><td>H_BEAM</td><td>B_BEAM</td><td>T_BEAM</td><td>TW_BEAM</td><td colspan="2">TH_PLATE</td></tr>
<tr><td>初始值</td><td>300</td><td>150</td><td>11</td><td>7</td><td colspan="2">10</td></tr>
<tr><td>组件</td><td colspan="4">螺栓位置/mm</td><td colspan="2">荷载/kN</td></tr>
<tr><td>参数变量名</td><td>HLOW_BOLT</td><td>HMID_BOLT</td><td>HUP_BOLT</td><td>B_BOLT</td><td colspan="2">F_BEAM</td></tr>
<tr><td>初始值</td><td>105</td><td>100</td><td>190</td><td>45</td><td colspan="2">25</td></tr>
</table>

注：H_BEAM 为梁高，B_BEAM 为梁翼缘宽，T_BEAM 为梁翼缘厚度，TW_BEAM 为梁腹板厚度，B_BOLT 为螺栓到腹板竖向轴线的距离，HLOW_BOLT 为底层螺栓到梁纵轴线的距离（图 2-2 中受压翼缘内侧的⑤、⑥号螺栓），HMID_BOLT 为中层螺栓到梁纵轴线的距离（图 2-2 中受拉翼缘内侧的③、④号螺栓），HUP_BOLT 为顶层螺栓到梁纵轴线的距离（图 2-2 中受拉翼缘外侧的①、②号螺栓）。

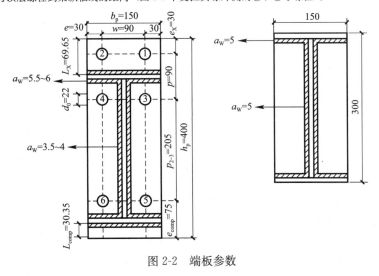

图 2-2　端板参数

节点参数灵敏度   表 2-2

BEAM				PLATE	BOLT			F _ BEAM
H	B	T	TW	TH	HMID	HUP	B	
-0.651	-0.510	-0.044	-0.170	-0.369	-0.340	0.671	0.151	0.328

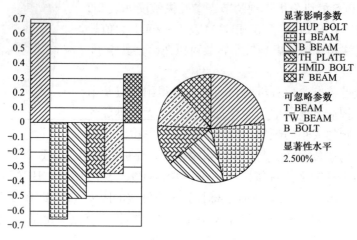

图 2-3　节点参数灵敏度

综上，通过对端板连接节点的参数进行相关性分析后，可量化节点参数对节点转角的灵敏度，从而更直观地体现节点参数对节点性能的影响程度，对节点构造参数的选择具有指导意义。

3　基于组件法的节点初始转动刚度计算方法

组件法是由欧洲规范 EC 3 提出的一种基于钢结构裸节点本构关系（$M-\theta$ 曲线）的研究方法，并在欧洲规范 EC 4 中考虑组合楼板的组合效应。组件法认为，钢结构节点域在承受荷载时可以分为三个区域：受拉区、受压区、受剪区，每个区域都有若干受力组件配合整个节点域的力学响应。这些组件的受力状态可以简化为较简单的受拉、受压或者受剪的一维模式，从而将节点受弯这种二维的力学模型转化为一维的力学模型进行分析。

组件法的基本思路可以分为三个步骤：①节点域拆分，确定节点域中的有效力学组件；②分析各组件的力学特性，通过力学理论确定每个组件的力学参数（刚度、承载力），给出各组件的弹簧模型表达式；③对弹簧进行组合，通过组合的弹簧体系计算出节点域的初始转动刚度和受弯承载力。

3.1　传统的节点面外变形组件刚度计算方法

对于钢结构节点中柱腹板、端板等面外变形组件，大多简化为 T 形件或者板件，通过对 T 形件或者板件的面内、面外力学性能分析来计算组件刚度，具体计算方法如下。

（1）陈士哲[10]、Stamatopoulos 等[11] 将节点的面外变形组件等价为 T 形件来分析，再将 T 形件等效为图 3-1 所示的多段半固支梁，利用结构力学的位移法对半固支梁进行分析，求得梁的变形刚度，再将半固支梁进行组合，从而得到 T 形件的变形刚度。

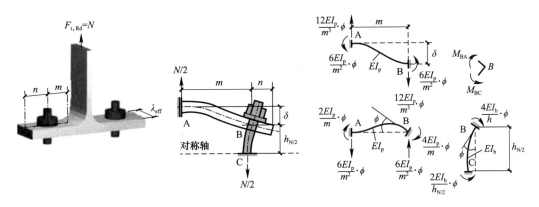

图 3-1　半固支梁计算模型

（2）高婧等[12]、Beg 等[13] 将 T 形件等价为图 3-2 所示的两端固支梁进行计算。主要的分析过程为，假定外力通过 T 形件的腹板作用于 T 形件翼缘；对于螺栓所在位置以及 T 形件边缘处，则通过建立边界固接的边界条件进行分析，最终可算得 T 形件的变形刚度。

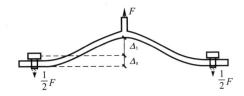

图 3-2　固支梁计算模型

（3）Lemonis 等[14]、郭兵等[15] 将 T 形件进行了图 3-3 所示的简化，通过假定端板外边缘处的刚性链杆来考虑端板撬力的影响，考虑到螺栓可拉伸变形，因而将其假定为弹簧支座，采用滑动边界来模拟 T 形件腹板侧变形约束条件，最后采用结构力学的计算方法可计算得到 T 形件端板的弯曲变形刚度。

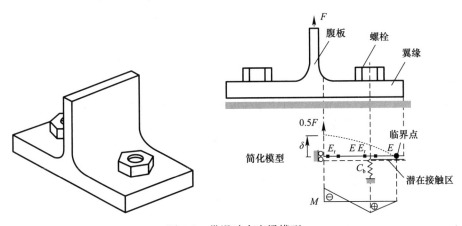

图 3-3　带滑动支座梁模型

（4）王素芳等[16]、Shi 等[17] 将 T 形件等价为带弹簧支座简支梁模型，如图 3-4 所示。考虑到螺栓具有一定的变形能力，因此假定螺栓位置为弹簧支座；由于端板外侧具有转动能力及撬力作用，因而将端板外侧假定为铰接连接，其最终利用普通简支梁理论可求得 T 形件的变形刚度 K_T。

267

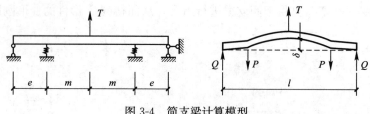

图 3-4　简支梁计算模型

（5）施刚等[18] 将端板与梁腹板及梁翼缘的焊接处的边界条件假定为固接边界，考虑螺栓对端板的约束作用，将螺栓与梁翼缘、螺栓与梁腹板垂线假定为固接边界条件，然后将该隔板间等价为两个对边固接的板件进行分析，从而推导出端板变形的弹簧刚度。计算模型如图 3-5 所示。

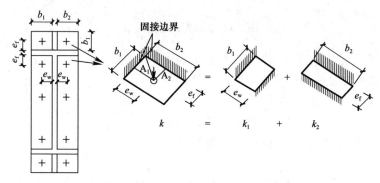

图 3-5　固支板计算模型

3.2　基于板壳理论的计算方法

第 3.1 节对节点组件的边界条件进行了过度简化，导致假设组件的受力状态与实际受力状态存在一定的误差，故而利用板壳理论来构造面外变形板件的边界条件，使计算结果更接近实际情况。

3.2.1　节点板件的面外变形计算

（1）A 区域的面外变形计算

对于外伸端板梁柱连接节点，为计算端板的变形，可将端板区域划分为图 3-6 所示的 A、B 区域，再分块计算节点板的刚度及变形。取图 3-6 中 A 区域进行计算，其计算简化模型如图 3-7 所示。

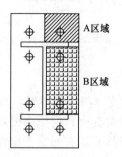

图 3-6　端板区域划分

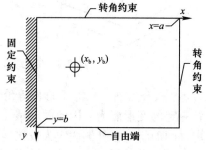

图 3-7　A 区域节点板计算模型

在 $x=0$ 截面，由于梁翼缘的约束作用，取其为固定约束；在 $x=a$ 截面，考虑到撬力的影响，将其假设为滑动约束边界；由于在端板宽度方向受两个对称的螺栓力作用，因此可利用对称边界条件将 $y=0$ 截面假设为滑动约束边界条件；$y=b$ 截面为自由边界条件。因此板的边界条件为：

① $x=0$ 时，$\omega=0$，$\dfrac{\partial\omega}{\partial x}=0$；

② $x=a$ 时，$Q=0$，$\dfrac{\partial\omega}{\partial x}=0$；

③ $y=0$ 时，$Q=0$，$\dfrac{\partial\omega}{\partial y}=0$；

④ $y=b$ 时，$Q=0$，$M=0$。

板壳理论中将截面的扭矩变换为等效剪力，与截面横向剪力合并为一个剪力，因此有：

① $Q_{x=a}=\left[\dfrac{\partial^3\omega}{\partial x^3}+(2-\nu)\dfrac{\partial^3\omega}{\partial x\partial y^2}\right]_{x=a}$；

② $Q_{y=0}=\left[\dfrac{\partial^3\omega}{\partial y^3}+(2-\nu)\dfrac{\partial^3\omega}{\partial x^2\partial y}\right]_{y=0}$；

③ $Q_{y=b}=\left[\dfrac{\partial^3\omega}{\partial y^3}+(2-\nu)\dfrac{\partial^3\omega}{\partial x^2\partial y}\right]_{y=b}$；

④ $M_{y=b}=\left[\dfrac{\partial^2\omega}{\partial y^2}+\nu\dfrac{\partial^2\omega}{\partial x\partial y}\right]_{y=b}$。

在螺栓力作用的螺孔附近，由板壳理论得，该区域表面的静力边界条件有 $\nabla^4\omega=\dfrac{q}{D}$

（q 为板上均布力，在单位螺栓力作用下 $q=\dfrac{4}{\pi d^2}$，d 为螺栓有效直径），其中 $D=$

$\dfrac{Et^3}{12\,(1-\nu^2)}$（$t$ 为端板厚度），其他非螺栓作用位置 $q=0$，即 $\nabla^4\omega=0$。其中 $\nabla^4\omega=\dfrac{\partial^4\omega}{\partial x^4}+$

$2\dfrac{\partial^4\omega}{\partial x^2y^2}+\dfrac{\partial^4\omega}{\partial y^4}$。

由于节点板边界条件较为复杂，要找到满足以上边界条件的方程解析式并不容易，因此可采用数值法对节点板的方程进行数值求解；采用有限差分公式计算在单位螺栓力作用下螺栓孔位置变形 ω_{ep}。

（2）B 区域的面外变形计算

对于端板的 B 区域，可将其边界条件等价为图 3-8 所示计算模型。

同样地，可利用板壳理论得到其边界条件对应的表达式：

① $x=0$ 时，$\omega=0$，$\dfrac{\partial\omega}{\partial x}=0$；

② $x=a$ 时，$\omega=0$，$\dfrac{\partial\omega}{\partial x}=0$；

③ $y=0$ 时，$\omega=0$，$\dfrac{\partial\omega}{\partial y}=0$；

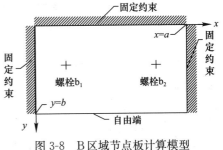

图 3-8　B 区域节点板计算模型

④ $y=b$ 时，$Q=0$，$M=0$。

因此可用抛物线差分法求得在螺栓 b_1 处作用单位力时，b_1、b_2 点处的挠度 ω_{epBb1}、ω_{epBb2}。

（3）柱翼缘板变形计算

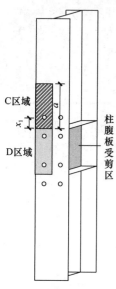

图 3-9　柱翼缘板
　　　区域划分

可将柱翼缘板划分为 C、D 区域及柱腹板受剪区，如图 3-9 所示。对于 C 区域，取 a 为 10 倍 x_1，则可将边界 $x=0$，$x=a$，$y=b$ 与端板 A 区域等价，将 $y=0$ 边界改为固定约束；D 区域同端板 B 区域计算方法。因此，可利用板壳理论及抛物线差分法求得螺栓作用点的挠度 ω_{cfC}，ω_{cfDb1}，ω_{cfDb2}。

3.2.2　柱在剪力作用下的变形

欧洲规范 EC 3 将柱腹板的剪切刚度假设为无穷大，但在实际分析中，尤其对于边柱，柱腹板剪切变形不可忽略。根据王素芳[16]的研究，将柱受剪变形分为两个部分（柱腹板剪切变形及柱翼缘弯曲变形），可用式（3-1）计算。

$$k_{cs}=\frac{1}{(1-\rho)(h_b-t_{bf})}\left[GA_{cw}+\frac{12E(I_{cf1}+I_{cf2})}{(h_b-t_{bf})^2}\right] \quad (3-1)$$

式中，h_b 为梁高，t_{bf} 为梁翼缘厚度，G 为钢材剪切模量，A_{cw} 为主腹板界面积，I_{cf1}、I_{cf2} 为柱前、后翼缘截面惯性矩，E 为钢材弹性模量。引入参数 ρ 以考虑柱子传来的剪力影响，$\rho=\dfrac{(h_b-t_{bf})}{H_c}$，$H_c$ 为柱高，由于柱高较大，可忽略其影响，取 $\rho=0$。

EC 3 假设柱腹板有水平加劲肋时其受压刚度无穷大，但与实际不符，在实际计算柱转动刚度时应考虑柱受压变形的影响，根据文献 [19]，可用式（3-2）计算其受压变形刚度。

$$k_{cwc}=E\frac{2t_{cw}(t_{cf}+t_{ep})+t_{cs}(b_{cf}-t_{cw})}{h_c-t_{cf}} \quad (3-2)$$

式中，t_{cw} 为柱腹板厚度，t_{cf} 为柱翼缘厚度，b_{cf} 为柱截面宽度，h_c 为柱截面高度，t_{ep} 为端板厚度，t_{cs} 为柱腹板水平加劲肋厚度。

柱的变形由两部分组成，即压缩变形和剪切变形，因而其变形位移可由式（3-3）计算。

$$\omega_c=\frac{1}{k_{cs}}+\frac{1}{k_{cwc}} \quad (3-3)$$

3.2.3　螺栓变形

螺栓在节点中属于受拉组件，而 EC 3 中提出螺栓的拉伸变形应考虑其撬力影响，因此引入抗拉刚度系数 1.6，螺栓在单位力作用下的变形可由式（3-4）计算。

$$\omega_b=\frac{L_b}{1.6EA_s} \quad (3-4)$$

式中，L_b 为螺杆长度（垫片厚度＋端板厚度＋柱翼缘厚度＋螺帽总厚度的一半），A_s 为螺杆截面积。

3.2.4　节点初始转动刚度的计算

节点转动变形计算模型如图 3-10 所示：

假设柱剪切变形的剪力主要由第 1、2 排螺栓提供，梁下翼缘柱受压力与剪力相等，因此每排螺栓处的位移可由式（3-5）～式（3-7）计算得到。

$$\Delta_1 = F_1\omega_b + F_1\omega_{epA} + F_1\omega_{cfC} + 2(F_1+F_2)\omega_c\frac{h_1}{h_b} \tag{3-5}$$

$$\Delta_2 = F_2\omega_b + F_2\omega_{epB1} + F_2\omega_{cfDb1} + F_3\omega_{epB2}$$
$$+ F_3\omega_{cfDb2} + 2(F_1+F_2)\omega_c\frac{h_2}{h_b} \tag{3-6}$$

$$\Delta_3 = F_3\omega_b + F_3\omega_{epB1} + F_3\omega_{cfDb1} + F_2\omega_{epB2}$$
$$+ F_2\omega_{cfDb2} + 2(F_1+F_2)\omega_c\frac{h_3}{h_b} \tag{3-7}$$

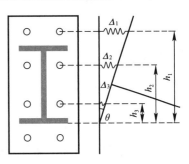

图 3-10 端板连接节点
转动变形计算模型

该节点初始阶段梁端截面变形较小，可假设其保持平截面假定，由变形协调条件及力的平衡条件得到关于 F_1、F_2、F_3 的方程组为：

$$\begin{cases} \dfrac{\Delta_1}{h_1} = \dfrac{\Delta_2}{h_2} = \theta \\ \dfrac{\Delta_1}{h_1} = \dfrac{\Delta_3}{h_3} = \theta \\ 2F_1h_1 + 2F_2h_2 + 2F_3h_3 = M \end{cases} \tag{3-8}$$

在单位弯矩作用下，可求得式（3-8）中各排螺栓力 F_1、F_2、F_3。因此可由式（3-9）求得节点初始转动刚度。

$$R_{ini} = \frac{M}{\theta} \tag{3-9}$$

4 节点数据库开发与应用

为了更好地计算节点的力学性能，利用 Python 语言开发了"钢结构梁柱节点关键力学性能数据库及其辅助设计软件"（登记号：2021SR1530822），该软件主要用于辅助钢结构梁柱节点的构造设计，计算其力学性能，解决该节点受力一直不明确而影响结构设计精度的问题。

软件的主要功能包括：

（1）针对不同梁柱型号，可辅助节点设计，给出节点构造参数。

（2）针对不同梁柱尺寸、不同节点连接形式、不同节点连接参数等，通过理论计算，得到节点的转动刚度。

（3）利用有限元分析得到国标上轧制型钢的不同梁柱组合下端板连接节点的力学性能，通过本软件建立该节点数据库，最终可直接给出不同节点的节点转动刚度及节点塑性承载力。

软件的技术特点为：

（1）根据国家标准及地方标准，为节点设计给出相关构造参数。

（2）基于组件法及板壳理论计算节点组件刚度，所得到的节点初始转动刚度精度较高。

（3）利用有限元分析得到的节点力学性能精度较高。

4.1　程序计算方法

程序根据用户使用"轧制型钢梁柱"或"组合截面梁柱"进行节点性能计算（图 4-1），其中"轧制型钢梁柱"基于有限元软件 ABAQUS 分析得到节点的初始转动刚度。"轧制型钢梁柱"与"组合截面梁柱"有着不同的适用性：

（1）组合截面梁柱，适用于组合截面梁柱节点，用户需先设计完整的节点构造，根据节点的构造计算节点的初始转动刚度。

（2）轧制型钢梁柱，仅适用于标准轧制型钢梁柱连接节点，用户仅需确定所需的柱截面尺寸，程序可推荐相对应的梁尺寸，并在确定梁柱截面后给出相对应的多组节点构造供用户选择，最终根据用户选择给出节点初始转动刚度、节点屈服承载力以及塑性承载力等力学性能，并给出相应的弯矩-转角曲线。

4.2　组合截面梁柱理论计算

当用户选择理论计算时，首先需确定梁柱的截面尺寸及梁柱连接形式（主要包括端板连接、T 形件连接以及顶底角钢连接），如图 4-2 所示。

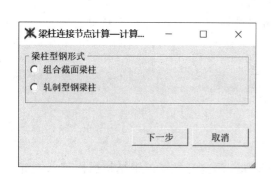

图 4-1　型钢截面形式　　　　　　　图 4-2　梁柱参数

（1）柱钢材：Q235，Q345，Q420，Q450，Q690。

（2）梁钢材：Q235，Q345，Q420，Q450，Q690。

（3）柱型号：选自《热轧 H 型钢和剖分 T 型钢》GB/T 11263-2017 给出的 H 型钢截面。

（4）梁型号：根据柱型号，给出对应的梁型号供用户选择，梁型号选自《热轧 H 型钢和剖分 T 型钢》GB/T 11263-2017 给出的 H 型钢截面。

（5）连接形式：端板连接，顶底角钢连接，T 形件连接。

对于不同的连接形式，可以输入对应节点参数用于计算节点性能。以端板连接节点为例（图 4-3），输入参数结果后，点击"下一步"便可得到对应节点的计算结果，如图 4-4 所示。

4.3　轧制型钢梁柱节点计算

当节点计算方法选择"轧制型钢梁柱"时，程序会跳转至"节点计算—连接参数"界面，如图 4-5 所示，供用户选择节点构造参数。

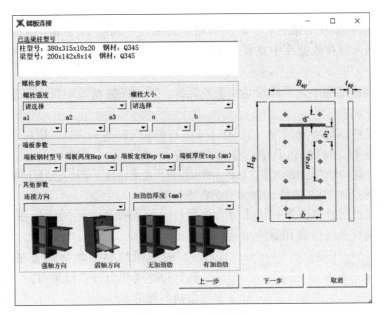

图 4-3　端板连接参数

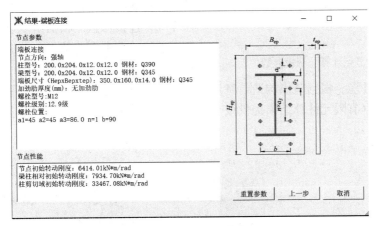

图 4-4　节点性能计算结果

(a) 选择柱型号前　　　　　　　(b) 选择柱型号后

图 4-5　节点计算—连接参数

数据库的梁柱采用以标准轧制型钢为基础，给出了不同梁柱组合下端板节点构造及其力学性能。

（1）在 H 型钢梁柱框架中，一般柱采用宽翼缘或中翼缘 H 型钢，梁采用中翼缘、窄翼缘或者 I 型钢，即在数据库中宽翼缘或中翼缘 H 型钢用作柱，中翼缘、窄翼缘或者 I 型钢用作梁。

（2）一般梁柱结构中，梁翼缘均小于柱翼缘，因此在数据库中仅计算梁翼缘小于柱翼缘部分。

（3）对于大柱匹配小梁情况（如 502×470 柱匹配 100×50 梁），梁柱差异较大，因此数据库中不计算 $H_c > 4H_b$ 以及 $B_c > 4B_b$ 的情况。

说明：由于数据库需要大量的有限元分析，暂时仅提供端板连接、梁柱及端板的钢材强度为 Q345、10.9 级螺栓、无加劲肋的计算结果。其他结果仍在补充中。

根据上文所选的连接参数，给出可与该梁柱及相关参数匹配的端板参数供用户选择，端板参数包括端板几何参数和螺栓型号，如图 4-6 所示。

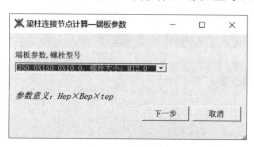

图 4-6 节点计算—端板参数

根据梁柱界面参数以及节点连接构造参数，程序会弹出计算结果窗口（图 4-7），主要包括三部分：

（1）构造参数示意图。根据前面步骤选择的连接形式，给出该连接构造的参数示意图。

（2）连接参数。根据用户设计，将前面步骤已选的梁柱参数及节点参数进行整理，供用户使用。

（3）力学性能。根据节点构造，将计算得到的节点性能进行展示，供用户使用。

此外，根据有限元计算结果提供该节点的弯矩-转角数据供用户使用，如图 4-8 所示。

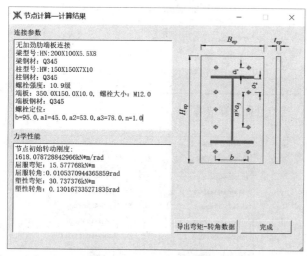

图 4-7 节点计算—计算结果

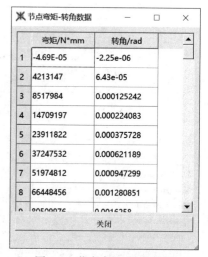

图 4-8 节点弯矩-转角数据

4.4 节点初始转动刚度计算的算例分析

利用基于板壳理论的节点初始转动刚度计算方法开发程序，对表 4-1 所示无加劲肋的端板连接边柱节点构造进行计算，得到节点的初始转动刚度与试验值的对比结果如表 4-2 所示。

端板连接节点构造 表 4-1

节点编号	柱截面	梁截面	端板	t_{ep}	D_{bolt}	a_1	b	数据来源
EP1	350×350×12×19	200×200×8×12	500×250	12	16	45	120	文献[20]
EP2	350×350×12×19	200×200×8×12	500×200	12	16	45	120	
EP3	350×350×12×19	200×200×8×12	500×300	12	16	45	120	
EP4	350×350×12×19	200×200×8×12	500×250	12	16	45	100	
EP5	350×350×12×19	200×200×8×12	500×250	12	16	45	140	
EP6	350×350×12×19	200×200×8×12	500×250	8	16	45	120	
EP7	350×350×12×19	200×200×8×12	500×250	10	16	45	120	
EP8	350×350×12×19	200×200×8×12	500×250	14	16	45	120	

注：表中参数意义如图 4-9 所示，令 $a_2 = a_1$，单位为 mm。

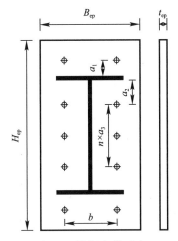

图 4-9　端板参数示意

节点的初始转动刚度与试验值的对比结果 表 4-2

节点编号	试验（有限元）值	理论值	理论/试验（有限元）
EP1	10570.83	9829.20	0.9298
EP2	9783.80	9930.38	1.0150
EP3	9538.01	9565.37	1.0029
EP4	10470.66	10011.23	0.9561
EP5	10282.33	9642.73	0.9378
EP6	6691.91	6745.91	1.0081
EP7	8344.28	8515.28	1.0205
EP8	9826.92	10830.72	1.1021

表 4-2 表明，基于板壳理论的节点初始转动刚度计算方法开发的计算程序可以很好地预测节点初始转动刚度。

5　结论

在进行钢框架设计时，面临着节点构造参数选择及节点转动刚度如何取得两个问题，本文针对两个问题展开了研究，得到以下成果：

（1）提出节点参数相关性分析方法。可利用该方法量化节点构造参数对相应节点性能的灵敏度，依据参数灵敏度，可定向、高效地选择相应的节点构造参数，以快速得到预期性能相应的节点构造。

（2）基于组件法，提出利用板壳理论构造节点面外变形组件边界条件的方法，进而提出高精度的节点初始转动刚度计算方法。

（3）根据已有数据分析结果，基于板壳理论的节点初始转动刚度计算方法，开发了"钢结构梁柱节点关键力学性能数据库及其辅助设计软件"，利用该程序可快速、高效、便捷地得到节点关键力学性能。

参考文献

［1］　住房和城乡建设部. 钢结构设计标准：GB 50017-2017［S］. 北京：中国建筑工业出版社，2017.

［2］　European Committee for Standardization Eurocode 3：Design of Steel Structures-Part 1-8：Design of Joints［S］. Brussels，2003.

［3］　Frye M J，Morris G A. Analysis of Flexibility Connected Steel Frames［J］. Canadian Journal of Civil Engineering，1975，2（3）：280-291.

［4］　丁洁民，沈祖炎. 一种半刚性节点的实用计算模型［J］. 工业建筑，1992，（11）：29-32.

［5］　ANG K M，MORRIS G A. Analysis of Three-Dimensional Frames with Flexible Beam-Column Connections.［J］. Canadian Journal of Civil Engineering，1984，11（2）：245-254.

［6］　COLSON A，LOUVEAU. Connections Incidence on the Inelastic Behavior of Steel Structures［J］. Euromech Colloquium，1983：174-180.

［7］　JONES S W，KIRBY P A，Nethercot D A. Columns with Semirigid Joints［J］. 1982，108（ST2）：361-372.

［8］　LUI E M，CHEN W F. Analysis and Behaviour of Flexibly-Jointed Frames［J］. Engineering Structures，1986，8（2）：107-118.

［9］　潘建荣. 基于相关性的框架节点半刚性分析方法研究［D］. 汕头：汕头大学，2009.

［10］　陈士哲. 对组件法的修正与改进及其在钢结构节点本构关系研究中的应用［D］. 广州：华南理工大学，2015.

［11］　STAMATOPOULOS G N，ERMOPOULOS J C. Influence of the T-Stub Flexibility On its Strength［J］. International Journal of Steel Structures，2010，10（1）：73-79.

［12］　高婧，石文龙，李国强，等. 平端板连接半刚性梁柱组合节点的初始转动刚度［J］. 工程力学，2011，28（03）：55-61.

［13］　BEG D，ZUPANI E，VAYAS I. On the Rotation Capacity of Moment Connections［J］. Journal of Constructional Steel Research，2004，60（3-5）：601-620.

［14］　LEMONIS M E，Gantes C J. Mechanical Modeling of the Nonlinear Response of Beam-to-Column Joints［J］. Journal of Constructional Steel Research，2009，65（4）：879-890.

［15］ 郭兵，柳锋，顾强. 梁柱端板连接的破坏模式及弯矩转角关系［J］. 土木工程学报，2002，（05）：24-27.

［16］ 王素芳，陈以一. 梁柱端板连接节点的初始刚度计算［J］. 工程力学，2008，（08）：109-115.

［17］ SHI Y J，CHAN S L，WONG Y L. Modeling for Moment-Rotation Characteristics for End-Plate Connections［J］. Journal of Structural Engineering，1996，122（11）：1300-1306.

［18］ 施刚. 钢框架半刚性端板连接的静力和抗震性能研究［D］. 北京：清华大学，2005.

［19］ FAELLA C，PILUSO V，RIZZANO G. Structural Steel Semirigid Connections：Theory，Design，and Software［M］. CRC Press，1999.

［20］ PAN J，CHEN S，WANG Z，et al. Initial Rotational Stiffness of Minor-Axis Flush End-Plate Connections［J］. Advances in Mechanical Engineering，2018，10（1）：1-9.

第 2 篇　新结构计算方法研究

19 细腰型楼盖地震作用效应分析新方法

傅学怡，吴兵，孟美莉，黄船宁，冯叶文

（深圳大学建筑设计研究院有限公司）

【摘要】 细腰型平面常见于高层及超高层住宅。结构设计应通过计算分析得到地震作用下细腰型楼盖内力，并使其具有足够的承载能力，保证整体结构可靠工作。现行规范对细腰楼盖平面不规则结构给出了概念设计及对应的构造措施，但并未给出明确的计算分析方法，反应谱分析法及时程分析法尚不能得到细腰型楼盖相连的结构相互错动产生的楼盖面内剪力和弯矩，存在安全隐患。本文在美国《国际建筑规范》IBC 2003 基础上，提出了一种更合理的细腰型楼盖地震作用效应分析的新方法，已推广应用于国内一批工程，为提高含细腰型楼盖的高层及超高层建筑结构抗震安全性做出了重要贡献。

【关键词】 细腰型楼盖；平面不规则；地震效应；地震剪力系数

1 引言

细腰型平面常见于高层及超高层住宅建筑（图 1-1），为平面不规则结构。设计需考虑其对结构抗震产生的不利影响，并应通过计算分析得到地震作用下细腰型楼盖内力，使其具有足够的承载能力，保证整体结构可靠工作。现行规范对细腰型楼盖给出了概念设计及对应的构造措施[1-2]，但对如何通过计算得到比较合理的细腰型楼盖地震作用效应，尚未给出明确的计算方法。

图 1-1　常见细腰型平面

2 细腰楼盖的重要性

选取典型算例，平面如图 2-1 所示。按 7 度设防，Ⅱ类场地，特征周期 0.4s，剪力墙结构体系，其中左、右侧细腰连接楼盖宽 2.0m；层高 3m，选取 10 层、20 层、30 层、40 层、50 层模型分析，不同楼层的模型结构平面布置相同，仅改变墙厚（200～350mm）和连梁宽度。分别计算对比了整体结构和右侧单独结构的性能指标（表2-1）及典型墙体配筋。

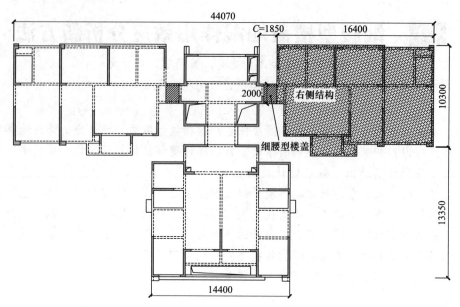

图 2-1 典型算例平面示意

整体结构和右侧单独结构性能指标对比   表 2-1

指标		50 层模型		40 层模型		30 层模型		20 层模型		10 层模型	
		整体	右侧	整体	右侧	整体	右侧	整体	右侧	整体	右侧
周期/s	T_1	3.92(Y)	5.25(Y)	2.85(Y)	3.66(Y)	1.98(Y)	2.54(X)	1.16(X)	1.51(X)	0.51(X)	0.68(X)
	T_2	3.29(T)	4.30(X)	2.55(T)	3.26(X)	1.90(X)	2.36(Y)	1.08(Y)	1.22(Y)	0.40(Y)	0.43(Y)
	T_3	3.20(X)	2.31(T)	2.45(X)	1.84(T)	1.80(T)	1.40(T)	1.02(T)	0.84(T)	0.39(T)	0.34(T)
总重/kN		407587	111211	319133	86678	230679	62145	153786	41429	76893	20715
X 向地震作用基底剪力/kN（剪重比）		5692 (1.40%)	1362 (1.23%)	4819 (1.51%)	1173 (1.35%)	4069 (1.76%)	900 (1.60%)	3954 (2.57%)	888 (2.15%)	3832 (4.98%)	872 (4.21%)
Y 向地震作用基底剪力/kN（剪重比）		5646 (1.40%)	1379 (1.24%)	5061 (1.60%)	1264 (1.46%)	4456 (1.93%)	1035 (1.67%)	4378 (2.85%)	1017 (2.46%)	4427 (5.76%)	1017 (5.18%)
X 向地震作用最大层间位移角		1/1512	1/901	1/2093	1/1142	1/2542	1/1636	1/2731	1/2011	1/3217	1/2391
Y 向地震作用最大层间位移角		1/1066	1/683	1/1533	1/955	1/2121	1/1694	1/2889	1/2440	1/5457	1/3599

由表 2-1 可以看到，单侧结构两个主轴方向的结构抗侧刚度有较大幅度的减小；结构周期增大 20%～40%；层间位移角增大 18%～83%；剪重比减小 8%～15%。

以 40 层模型为例，地震作用下整体结构和单侧结构典型墙肢轴力及组合内力下的配筋如图 2-2、图 2-3 所示。

可以看出，单侧结构与整体结构相比：

（1）墙肢面内剪力、弯矩有所增大。

（2）墙肢轴力增大；特别是单侧结构与整体结构相连区，由于没有整体结构参与工作，单侧结构墙肢轴力增大 5～7 倍。

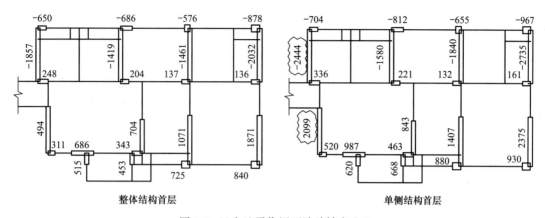

图 2-2　Y 向地震作用下墙肢轴力/kN

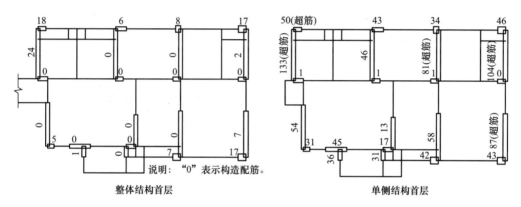

图 2-3　首层墙肢纵筋计算结果/cm²

（3）单侧结构较多墙肢出现超筋，超出规范限值 2～3 倍，不能独立正常工作。

小结：

（1）细腰型楼盖连接构成的整体结构，能够正常工作。

（2）细腰型楼盖应成为整体结构关键构件，需采取有效措施确保地震发生时，细腰型楼盖能有效、可靠地传递所受到的地震作用，保证整体结构协同工作，避免一侧弱结构在地震作用下率先破坏倒塌。

（3）捕捉细腰型楼盖地震作用下的受力并予以加强，对确保整体结构抗震性能至关重要。

3　现有计算方法及存在的问题

现有方法采用整体结构振型分解反应谱法和时程分析法计算细腰连接体的地震作用效应，即使采用弹性楼盖假定或者分块刚性假定，仍无法得到细腰型楼盖相连的两侧结构在地震作用下错动产生的楼盖面内剪力和弯矩。这是因为整体结构各方向前几个质量参与较多的主振型，一般表现为整体平动和整体转动，高振型质量参与较小，得不到细腰型楼盖相连的两侧相对错动产生的效应，也得不到细腰楼盖这一抗震关键构件的面内剪力和弯矩，存在安全隐患。

4 美国规范方法

美国《国际建筑规范》IBC 2003 第 1620.4.3 款及美国《建筑设计荷载规范》ASCE 7-02 第 9.5.2.6.4.4 款[3]，对判别为平面凹凸不规则、楼板不连续不规则结构，专门提出地震作用下楼盖受力的计算式为：

$$F_{px} = \frac{\sum\limits_{i=x}^{n} F_i}{\sum\limits_{i=x}^{n} W_i} W_{px} \tag{4-1}$$

式中：F_{px}——地震作用下 x 层楼盖受到的面内剪力；

$\quad F_i$——i 层结构受到的水平地震力；

$\quad W_i$——i 层质量；

$\quad W_{px}$——x 层质量。

式（4-1）的物理意义为：地震作用下 x 层楼板受到的面内剪力等于 x 层以上结构受到的总水平地震力除以 x 层以上结构总质量（即 x 层的剪重比）再乘以 x 层整层质量。该方法得到的细腰型楼盖面内剪力为整体结构整层的地震剪力，明显偏大，且不符合地震作用下楼盖传力的实际情况。

5 改进新方法

改进计算式为：

$$F_{px}^* = \frac{\sum\limits_{i=x}^{n} F_i}{\sum\limits_{i=x}^{n} W_i} W_{px}^* \tag{5-1}$$

式中：F_{px}^*——地震作用下 x 层细腰型楼盖受到的面内剪力；

$\quad W_{px}^*$——弱侧 x 层质量；

F_i、W_i 含意同式（4-1）。

改进方法的实质：连接楼盖受到的面内剪力等于整体结构该层剪重比乘以弱侧结构该层质量。该方法物理意义比较符合实际，地震作用下，细腰型楼盖承受的面内剪力最大为弱侧结构该层的地震惯性力；惯性力作用点为弱侧结构的质心，将面内剪力乘以质心至细腰型楼盖边缘的距离即可得到该层细腰型楼盖在地震作用下的面内弯矩，如图 5-1 及式（5-2）所示。

$$M_x = F_{px}^* \cdot C_x \tag{5-2}$$

式中：C_x——x 层弱侧结构质心至细腰型楼盖边缘的距离；

$\quad M_x$——x 层细腰楼盖面内弯矩。

采用改进新方法得到的计算结果补充设计细腰型楼盖结构，有利于保证整体结构具有适宜的抗震安全度。

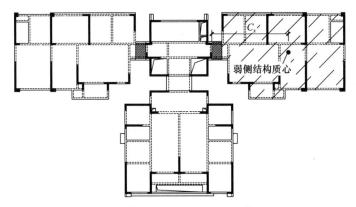

图 5-1　典型算例细腰型楼盖计算示意

6　算例对比

对整体结构分别采用弹性楼盖反应谱法、美国规范方法及本文建议的改进新方法，对比小震作用下细腰型楼盖的面内剪力。算例平面参见图 2-1，分别选取 50 层、40 层、30 层、20 层模型进行对比。各种方法计算得到的细腰型楼盖面内剪力对比如图 6-1～图 6-4 所示。

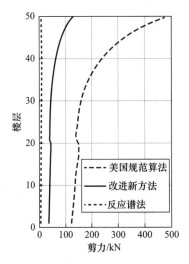

图 6-1　50 层模型楼盖剪力

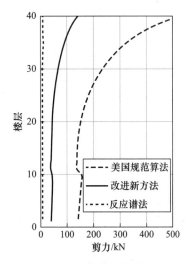

图 6-2　40 层模型楼盖剪力

小结：

（1）弹性楼盖反应谱法得到的细腰型楼盖面内剪力极小，如直接用于细腰型楼盖抗震设计，不利于保证结构抗震安全性。

（2）美国规范方法得到的细腰型楼盖面内剪力偏大。

（3）改进新方法得到的细腰型楼盖面内剪力较为合理，以此附加内力组合补充设计细腰型楼盖结构，有利于保证结构抗震安全性。

（4）地震作用下细腰型楼盖面内剪力在上部楼层大、下部楼层小，符合地震作用的一般规律。

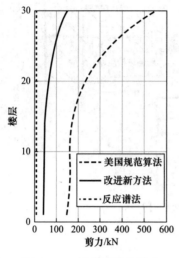

图 6-3　30 层模型楼盖剪力

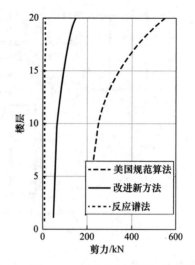

图 6-4　20 层模型楼盖剪力

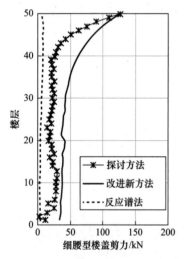

图 7-1　探讨方法与改进
新方法结果对比

7　探讨方法

从剪重比定义出发，可以采用如下方法计算：

$$F_{px}^* = \frac{\sum_{i=x}^{n} F_i}{\sum_{i=x}^{n} W_i} \sum_{i=x}^{n} W_{px}^* - \frac{\sum_{i=x+1}^{n} F_i}{\sum_{i=x+1}^{n} W_i} \sum_{i=x+1}^{n} W_{px}^* \qquad (7-1)$$

式中各符号含意同式（4-1）、式（5-1）。

探讨方法的实质：连接楼盖受到的地震作用等于"整体结构该层剪重比乘以该层及以上一侧结构质量"减去"整体结构上一层剪重比乘以上一层及以上一侧结构质量"。但该方法得到的地震作用下细腰型楼盖面内剪力较上述改进新方法偏小（图 7-1），特别是中下部楼层偏小较多，不利于控制细腰型楼盖抗震安全性。

8　细腰型楼盖抗震设计

以上方法可得到水平地震作用下细腰型楼盖的面内剪力和弯矩；细腰型楼盖面内的拉压轴力可通过弹性楼盖反应谱分析法计算直接得到。

设计可进一步计及中震、大震双向地震作用下细腰型楼盖拉、压、弯、剪组合内力效应。细腰型楼盖作为整体结构抗震关键构件，其性能目标应达到中震弹性、大震不屈服；细腰型楼盖构件正、斜截面承载力及配筋等可按平面深受弯构件设计。

取 50 层模型为例，50 层楼盖水平地震作用下的受力见表 8-1，其中，中震效应取小震效应放大 2.85 倍，等效弹性大震效应可取小震效应放大 5.0 倍。

50 层模型细腰型楼盖水平地震作用下的受力　　　　表 8-1

内力	小震作用	中震作用	大震作用
面内剪力/kN	127	362	635
面内弯矩/(kN·m)	1143	3258	6075
轴力/kN	111	318	558

本算例细腰型楼盖板厚 130mm，经内力组合补充计算，板厚增大至 180mm，配筋需增大至双层双向 $\phi12@100$；边梁配筋亦需有所加强。

9　结论

(1)《高层建筑混凝土结构技术规程》JGJ 3-2010 第 3.4.6 条及第 3.4.7 条的概念设计、构造做法均合理、安全、可行。

(2) 本文提出的改进新方法用于细腰型楼盖地震作用下的面内剪力、弯矩补充计算，较为合理，偏于安全，此补充设计有利于提高整体结构抗震安全性。

参考文献

[1] 住房和城乡建设部. 高层建筑混凝土结构技术规程：JGJ 3-2010 [S]. 北京：中国建筑工业出版社，2010.

[2] 住房和城乡建设部. 建筑抗震设计规范：GB 50011-2010（2016 年版）[S]. 北京：中国建筑工业出版社，2016.

[3] 徐培福，傅学怡，等. 复杂高层建筑结构设计 [M]. 北京：中国建筑工业出版社，2005.

20　超限高层结构优化分析新方法研究

焦柯，吴桂广，彭子祥，赖鸿立

（广东省建筑设计研究院有限公司）

【摘要】　介绍了当前主流的结构优化算法原理以及相关商业软件优化功能的特点，提出了基于二次响应面的结构抗震优化方法，采用内点法完成二次规划迭代搜寻最优解，并由此研发了结构优化设计软件 GSOPT。连体结构性能优化和剪力墙结构位移比优化两个算例表明，基于响应面的优化算法适用于大型复杂建筑结构设计优化，可有效改善结构抗震力学性能指标。同时，以结构的动力特性优化为目标，提出了结构振型优化算法，从结构应变能的角度一次性建立了结构各构件对某阶振动频率贡献度的量化关系，并基于此研发了结构振型优化分析软件 SDMO，以某雷达站高层结构动力优化为例，通过该软件快速确定了控制结构基频的关键构件及其贡献度分布情况，取得了良好的优化效果和经济效益。

【关键词】　结构优化算法；响应面法；二次规划；敏感度分析；应变能；振型优化

1　前言

随着计算机技术的发展，结构优化设计出现了新的思路，即在结构计算的基础上，将工程师的工程经验和结构概念通过数学的形式在计算机中表达，结合成熟的结构优化算法或优化准则[1]，运用优化软件自动进行方案比选，完成结构的自动优化。结构优化软件的优点主要有两点：第一，对于设计变量较多的结构，运用计算机较强的计算能力可以对更多的设计方案进行比较遴选；第二，在优化设计中，多个变量之间可能会存在耦合，各变量之间的相互关系较为复杂，往往超出工程师的判断能力，运用成熟的优化算法可以对复杂的变量关系进行定量分析，得出合理的解决方案。

在结构设计过程中，结构工程师所面临的问题主要有结构布置选择、整体抗震（风）性能及构件截面设计等[2]。从结构优化角度来说，结构布置对结构性能和造价的影响最为明显，也最为复杂，因为它蕴含了结构工程师丰富的设计经验及设计概念，并且受甲方及建筑等专业影响较大。结构布置包括体系选择、传力路径及构件截面选择，优化软件可对结构构件截面选择提供建议。结构优化软件所参与的工作主要在结构整体抗震（风）性能和构件截面设计等方面。在结构整体性能设计阶段，结构工程师可运用优化软件进行结构方案比选和布置优化，得到结构性能与造价的最优结合点；在构件设计阶段，优化软件可结合构件受力特点自动优化构件尺寸。

目前，数值优化理论已被引入多款结构优化设计软件中。国际上比较知名的优化软件有德国 FE—DESIGN 公司的 Tosca、美国 Altair 公司的 OptiStruct 和 HyperStudy、美国 ANSYS 公司的 ANSYS 优化模块等。Tosca 和 OptiStruct 同为国际上先进的无参结构优化软件，都具备对复杂结构进行拓扑、外形和条纹优化的能力，可以对任意荷载工况的有限元模型进行优化，两者在优化算法方面不相上下，但在分析能力、支持单元类型以及性能、使用性方面，前者均要优于后者。HyperStudy 主要用于 CAE 环境下的 DOE 分析，也可用于参数形状优化，但需要提前定义形状基础向量，由于其采用了响应面优化算法，因此需要更多的优化周期，求解具有很多设计变量的大型 3D 形状优化问题比较困难。ANSYS 软件的优化模块集成于 ANSYS 软件中，必须和参数化设计语言完全集合在一起才能发挥其优化设计功能，即 APDL 是优化设计的一个核心步骤，因此它的优化结果能支持的接口较少，优化成果不易导入其他软件进一步使用，且在拓扑优化的分析能力、支持的单元类型，以及优化算法、性能及后处理等其都不具备优势。此外，谢亿民院士提出双向渐进结构优化法（BESO），研发了基于该算法的拓扑优化设计软件 Ameba，用户可根据设计需要，对初始设计区域施加力学等边界条件，通过软件计算进行优化，求解时设计区域会像变形虫那样进化成各种形状，最终获得传力合理且仿生的形态。该软件具备独立优化计算库、开源的前后处理格式、优秀的拓展性能，可灵活连接外部软件。也有学者借助一些参数化平台，如 Rhino Grasshopper 或结构分析软件的 API 接口，结合相关算法研发了可实现特定功能的结构优化软件，如 Karamba3D 等。本文介绍了作者开发的用于高层结构抗震性能优化的软件 GSOPT 和用于结构振型优化的软件 SDMO。

2　常用优化算法比较

优化算法是结构优化软件的核心部分，也是与结构设计软件的区别所在。结构优化算法种类繁多，大致可以归纳为三种：力学准则法、数学规划法和仿生学法[1]。无论基于何种优化算法，优化问题的基本数学方程式为：

$$
\begin{aligned}
&\min & & f(X) \\
&\text{s. t.} & g_j(X) \leqslant 0 & \quad (j=1,\ 2,\ \cdots,\ m) \\
& & h_k(X)=0 & \quad (k=m+1,\ m+2,\ \cdots,\ p) \\
& & X=(x_1,\ x_2 \cdots x_n)^{\mathrm{T}} & \quad X \in R^n
\end{aligned}
\tag{2-1}
$$

式中，$f(X)$ 为目标函数；X 为优化变量；$g(X)$、$h(X)$ 分别为优化变量的不等式约束和等式约束。优化问题因此表述为在优化变量的设计空间内寻找目标函数的极值问题。

常规的单目标优化算法主要有自适应响应面法、可行方向法、序列二次规划法、遗传算法等；多目标算法主要有多目标广义梯度法、多目标遗传算法等。

2.1　自适应响应面法

自适应响应面法（ARSM）的基本思路是通过近似构造一个具有明确表达式的多项式来表达约束和目标，它是数学方法和统计方法结合的产物。对于受多个变量影响的问题，利用响应面法可以得出其变化规律并建立数学模型。本质上来说，利用响应面法进行优化的过程就是利用足够的响应和变量数值点拟合函数，然后对函数求极值。响应面法是一套统计方法，用这种方法可以寻找函数的极值。

响应面法是一种数据处理方法，具体的拟合方法是根据观测数据在坐标纸上描出 n 个采样点坐标 $(x_i,\ y_i,\ i=1,\ 2 \cdots n)$，构造响应面函数为：

$$
f(x)=c_0+c_1\varphi_1(x)+c_2\varphi_2(x)+\cdots+c_n\varphi_n(x)
\tag{2-2}
$$

式中，c_0 为常数；c_1、$c_2 \cdots c_n$ 均为待定系数；$\varphi_k(x)$ 为某一简单函数 （$k=1$，$2 \cdots n$）。为了使构造函数 $\varphi_k(x)$ 更好地反映响应面函数 $f(x)$ 的整体形态，要求 $\varphi_k(x)$ 函数使其在各点偏差的平方和 R 为最小，即：

$$\min R = \sum_i^n \left[\varphi(x_i) - y_i\right]^2 \tag{2-3}$$

得到响应面函数后，对响应面函数在可行的变量范围内求响应面函数的极值，可得问题的最优解。

2.2 遗传算法

遗传算法（GA）最初由美国密歇根大学的 J. Holland 教授于 1975 年首先提出，后被广泛应用于自动控制、计算科学、模式识别、工程设计、智能故障诊断管理科学和社会科学领域，用于解决复杂的非线性和多维空间寻优问题，而用于求函数极值是遗传算法一种较为简单的应用。用遗传算法进行函数极值求解，搜索过程既不受求解函数的连续性约束，也没有求解函数导数必须存在的要求，同时对函数的性态无要求，具有较好的普遍性和较高的计算速度，所以遗传算法在求函数极值方面有较广泛的应用。

遗传算法通过模拟生物进化过程发展而来，通过迭代不断更新最优解的群体进行函数极值求解。遗传算法进行函数极值求解时，一开始会随机产生 N 个群体，通过迭代计算个体的适应度，淘汰适应度较低的个体，保留适应度较高的个体，更新群体 N_s，重新计算个体的适应度，最终得到函数的最优解。

2.3 可行方向法

可行方向法（MFD）可看作无约束下降算法的自然推广，其典型策略是从可行点出发，沿着下降的可行方向进行搜索，求出使目标函数值下降的新的可行点。可行方向法是求解约束优化问题较为有效的方法之一，这个方法的基本思路是从一个给定的可行初始点出发，沿可行的方向和一定的步长移动到另一个可行点，一步一步地逼近最优点，所以该方法收敛速度较快，但是程序算法较复杂。

2.4 序列二次规划法

序列二次规划法（SQP）是当前公认的处理中、小规模非线性规划问题最优秀的算法之一。该算法通过将原问题转化为一系列二次规划子问题的求解来获得原问题的最优解；对拉格朗日函数取二次近似，从而提高二次规划子问题的近似程度，对非线性较强的优化问题也能进行计算。

下面通过一个算例比较 ARSM、GA、MFD、SQP 这四种优化算法在结构优化设计中的效率。图 2-1 所示 5 层框架结构，除首层层高为 4.5m 外，其余层高为 3.6m，总高为 18.9m，平面尺寸为 12.9m×8.8m。结构的柱尺寸主要为 500mm×500mm，梁尺寸为 250mm×600mm，板厚 100mm，混凝土强度等级均为 C30。

图 2-1　结构三维图

通过约束梁的剪压比、柱的轴压比、位移比来优化结构 Y 向的地震力。优化目标为结构的基底剪力最小，约束条件设定为柱的轴压比不大于 0.3，梁的剪压比不大于 0.1，位移比不大于 1.2。四种优化算法的计算结果如表 2-1 所示。

四种优化算法结果比较

表 2-1

算法	目标函数	约束条件			求解次数
	Y 向基底剪力/kN	柱最大轴压比	梁最大剪压比	位移比	
ARSM	320	0.189	0.04	1.13	25
GA	379	0.131	0.04	1.14	4881
MFD	541	0.126	0.03	1.1	38
SQP	541	0.126	0.03	1.1	23

ARSM 的最大优点就是迭代收敛快，只需要有足够的实验点，构造出响应面函数，然后可求得响应面函数的最优解，此法在建筑优化设计中的适用性较强。GA 要在每一次的迭代中寻找最优解，通常一次迭代计算包含了上百次的循环计算，求解的运算量较大，对于计算规模较大的建筑结构此法的适用性不强。MFD 和 SQP 这两种算法不支持离散型变量计算，它们的搜索计算较为敏感，每一步变量取值较小，如果变量对于目标的敏感程度较低，搜索计算几次后即停止计算，得到的结果不合理。对于设计变量相对较少、变量对优化目标较为敏感的问题，MFD 和 SQP 这两种算法的适用性较强，而对于计算规模庞大、复杂的建筑结构优化适用性则较弱。

3　基于响应面法的抗震优化方法

一个结构设计优化问题由设计变量、优化目标和约束条件组成。响应面法是一种统计学与数值方法结合的算法，对于实验数据的数量和质量会显得比较敏感，因此通过尽可能少的实验次数，获得尽可能高质量的实验数据，能提高一个算法流程的效率。

3.1　数据拟合方法

假设采用二次响应面，并通过用向量来表达响应面的方式对数据进行处理和运算。首先规定二次响应面的统一表达方式为：

$$y = c + \sum_{i=1}^{n} a_i x_i + \sum_{j=1}^{n-1} \sum_{\substack{k=1 \\ k \neq j}}^{n} a_{jk} x_j x_k + \sum_{i=1}^{n} a_l x_l^2 \tag{3-1}$$

式（3-1）中对应各变量（包括线性项、交互项以及二次项）的系数用向量 $\boldsymbol{A}$ 来储存，代表一个响应面。规定了系数顺序之后，把所得 n 次实验数据代入式（3-1）中，将变量值统一放在矩阵 $\boldsymbol{X}$ 中，并改用矩阵表达，即将式（3-1）改写为：

$$\boldsymbol{Y} = \boldsymbol{XA} \tag{3-2}$$

为求得向量 $\boldsymbol{A}$，通过最小二乘法求误差最小值，令 σ 为响应面数值与实验值 $\overline{\boldsymbol{Y}}$ 的误差，可得：

$$\sigma = \boldsymbol{XA} - \overline{\boldsymbol{Y}} \tag{3-3}$$

以系数向量 $\boldsymbol{A}$ 为变量，利用式（3-4）对误差平方求导，可求误差的平方最小值，从而得出式（3-5）的系数向量。

$$\nabla S(\boldsymbol{A}) = \nabla(|\sigma|^2) = \nabla((\boldsymbol{XA} - \boldsymbol{Y})^{\mathrm{T}}(\boldsymbol{XA} - \boldsymbol{Y})) = 2(\boldsymbol{XA} - \boldsymbol{Y})^{\mathrm{T}}\boldsymbol{X} = 0 \tag{3-4}$$

$$\boldsymbol{A} = (\boldsymbol{X}^{\mathrm{T}}\boldsymbol{X})^{-1}\boldsymbol{X}^{\mathrm{T}}\boldsymbol{Y} \tag{3-5}$$

3.2 二次规划

本文中二次规划主要采用内点法，即在可行域内选取一个初始点，并在可行域边界上设置一道屏障，当迭代过程靠近可行域的边界时，新的目标函数值迅速增大，从而在边界处斜率陡然变大，程序停止往边界搜寻，而转往其他下降方向搜寻。假设有目标函数 $f(X)$，同时有不等式约束集 $g(X) \geqslant 0$，搜寻目标函数的最小或最大值，构造新的函数形式为：

$$F(x, r^k) = f(x) + r^k \sum \frac{1}{g(x)} \tag{3-6}$$

当变量远离边界时，惩罚项 $\sum \dfrac{1}{g(x)}$ 的值很小，使 $F(X)$ 基本接近于 $f(X)$。一旦变量靠近约束边界时，惩罚项会迅速增大。惩罚系数 r 的意义是当极小点落在边界时，惩罚函数的存在可能会使搜索点无法到达边界，那么 r 会在每一次迭代后乘以一个衰减系数 c，即 $r^{(k+1)} = cr^{(k)}$，使惩罚项每次迭代后作用减弱，直到函数最后收敛在边界。

二次规划中还需要解决壁垒厚度、多极值、数值求导、起始点不在可行域等问题[3]。

3.3 GSOPT 软件研发

GSOPT 优化软件由三部分组成：建模、计算分析和设计、优化计算，如图 3-1 所示。建模模块包括结构建模、整体计算参数设置和构件优化分组功能，是对结构优化设计的前处理；计算分析和设计模块则是根据规范要求进行结构抗震计算和构件设计，得出结构性能指标，作为优化计算的依据；优化计算模块则是优化软件的核心，通过迭代计算，得出结构最优结果，并自动修改结构模型。

GSOPT 主要功能包括构件敏感度分析、自动调整尺寸对结构整体指标进行优化、对结构构件截面尺寸进行经济分析和优化、综合造价优化[4]。优化目标由用户选择设定，可以是总重量、基底地震剪力、周期比等（图 3-2）；约束条件可以是位移角、位移比、轴压比、承载力比等（图 3-3）；优化变量设置前首先需要对构件进行分组，减少变量个数以提高优化效率，每个变量的上、下限值可以指定（图 3-4）。

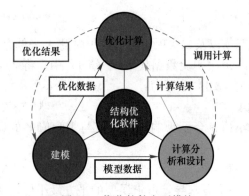

目标函数	目标值	层号
位移角-地震	1/800	
位移角-风	1/800	
位移比	1.2	
刚度比	1	
承载力比	0.75	
周期比	0.9	

图 3-1 优化软件主要模块　　　　　　图 3-2 优化目标设定对话框

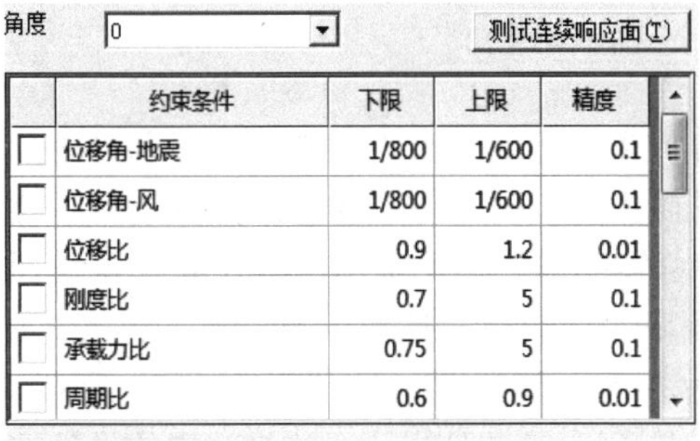

	约束条件	下限	上限	精度
☐	位移角-地震	1/800	1/600	0.1
☐	位移角-风	1/800	1/600	0.1
☐	位移比	0.9	1.2	0.01
☐	刚度比	0.7	5	0.1
☐	承载力比	0.75	5	0.1
☐	周期比	0.6	0.9	0.01

图 3-3　约束条件设定对话框

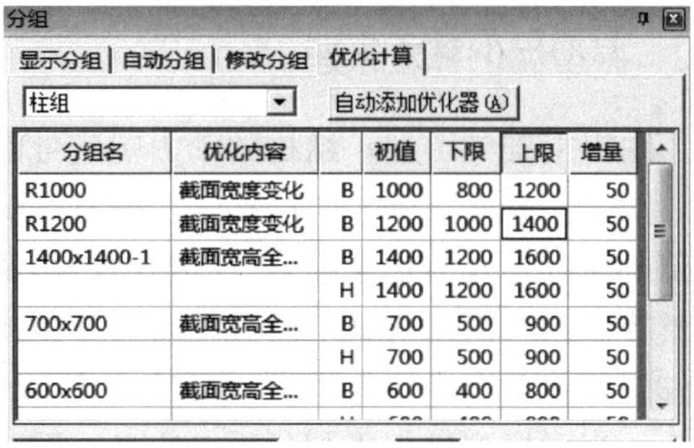

分组名	优化内容		初值	下限	上限	增量
R1000	截面宽度变化	B	1000	800	1200	50
R1200	截面宽度变化	B	1200	1000	1400	50
1400x1400-1	截面宽高全...	B	1400	1200	1600	50
		H	1400	1200	1600	50
700x700	截面宽高全...	B	700	500	900	50
		H	700	500	900	50
600x600	截面宽高全...	B	600	400	800	50

图 3-4　优化变量分组及上、下限值设定

4　基于振型的尺寸优化方法

结构设计进入详细设计阶段，结构的建筑功能要求和结构布置、尺寸大体确定，但是存在部分性能指标如振动频率不满足规范要求或设定的期望值、扭转周期比过大、局部振动等问题，因此需对结构方案进行一定程度上的调整，但要求对现有的建筑功能和结构方案影响最小。本文提出基于振型的结构优化新方法，从结构动力学平衡方程式出发，从应变能的角度建立了结构各构件对某阶振动频率影响贡献度的量化关系，仅需一次迭代，便可快速求得结构各构件对某阶振动频率的贡献度分布，找到对该阶振型影响最为敏感的构件，实现用较小的调整量改善结构的动力特性。

4.1　多自由度体系振型叠加法原理

有阻尼多自由度体系的运动方程为[5-6]：

$$[M]\{\ddot{u}\}+[C]\{\dot{u}\}+[k]\{u\}=\{p(t)\} \tag{4-1}$$

假设体系的振型和自振频率已预先求得，利用振型正交性解耦得到：

$$M_n\ddot{q}_n(t)+C_n\dot{q}_n(t)+K_nq_n(t)=P_n(t)\quad (n=1,\ 2\cdots N) \tag{4-2}$$

$$\begin{aligned}M_n&=\{\phi\}_n^{\mathrm{T}}[M]\{\phi\}_n\quad C_n=\{\phi\}_n^{\mathrm{T}}[C]\{\phi\}_n\\K_n&=\{\phi\}_n^{\mathrm{T}}[K]\{\phi\}_n\quad P_n(t)=\{\phi\}_n^{\mathrm{T}}\{p(t)\}\end{aligned} \tag{4-3}$$

M_n、C_n、K_n 和 P_n 分别为第 n 阶振型的广义（振型）质量、广义（振型）阻尼、广义（振型）刚度和广义（振型）荷载。式（4-2）可看作单自由度体系运动方程，因此 M_n 和 K_n 有如下关系：

$$K_n=\omega_n^2M_n \tag{4-4}$$

将式（4-2）两边同时除以 M_n 可得：

$$\ddot{q}_n(t)+2\xi\omega_n\dot{q}_n(t)+\omega_n^2q_n(t)=\frac{1}{M_n}p_n(t) \tag{4-5}$$

从而得到了等效单自由度体系的强迫振动方程，可用 Duhamel 积分、Fourier 变换等求得 $q_n(t)$后，利用方程 $\{u(t)\}=\sum_{n=1}^{N}\{\phi\}_nq_n(t)$，将 N 个振型反应叠加即可得到多自由度体系在任一时刻的位移。

4.2 振型优化算法原理

由以上推导可知，结构的动力响应可由拆分成多个等效单自由度体系的振动再叠加而成，因此，若能找到控制结构响应的某一阶或几阶振型，并通过一定方式降低该阶振型的峰值响应（如峰值加速度），便能快速减小结构总体响应。本文提出的优化算法就是通过调整控制结构振动的某一阶或几阶振型的周期频率，从而快速达到减振效果。从式（4-4）可知，等效单自由度体系振动频率主要由广义（振型）质量 M_n 和广义（振型）刚度 K_n 决定，当对振型进行正则化后，广义（振型）质量 $M_n=1$，且当一个建筑结构的设计方案大体确定后，其自重及附加恒荷载也基本可以确定，因而对于某一阶振型的广义质量 M_n 而言，其可调节的空间有限，由此可以得出结构在某阶振型的广义刚度 K_n 基本决定了该阶振型的振动频率。式（4-2）两边同时乘以一微小量 δ_n，将得到：

$$\delta_n\{\phi\}_n^{\mathrm{T}}[M]\{\phi\}_n\ddot{q}_n(t) + \delta_n\{\phi\}_n^{\mathrm{T}}[C]\{\phi\}_n\dot{q}_n(t) + \delta_n\{\phi\}_n^{\mathrm{T}}[K]\{\phi\}_nq_n(t) = \delta_n\{\phi\}_n^{\mathrm{T}}\{p(t)\}$$

$$(4-6)$$

其中 $\delta_n\{\phi\}_n^{\mathrm{T}}$ 可看作该阶振型形态的变分形式，而 $\delta_n\{\phi\}_n^{\mathrm{T}}[K]\{\phi\}_nq_n(t)$ 可看作由 $\{\phi\}_nq_n(t)$ 变形引起的节点外力 $[K]\{\phi\}_nq_n(t)$ 在变形 $\delta_n\{\phi\}_n^{\mathrm{T}}$ 上所做的虚功，若取 $q_n=\delta_n=1$，则虚功的大小为 $\delta W_{\mathrm{E}}=\{\phi\}_n^{\mathrm{T}}[K]\{\phi\}_n$，即该阶振型的广义刚度。因此，调整广义刚度的问题进一步转化为调整结构总外力虚功，而根据虚功原理，以杆系结构为例，结构的总外力虚功 δW_{E} 又可表达为：

$$\delta W_{\mathrm{E}}=\{\phi\}_n^{\mathrm{T}}[K]\{\phi\}_n = \sum_{i=1}^{n}\left[(\overline{F}_{i-\mathrm{start}} \times d_{i-\mathrm{start}}) + (\overline{F}_{i-\mathrm{end}} \times d_{i-\mathrm{end}})\right]$$

$$=\sum_{i=1}^{n}\int_0^{li}\left[\frac{N_i \times \overline{N}_i}{E_iA_i} + \frac{V_{xi} \times \overline{V}_{xi}}{G_iA_{xi}} + \frac{V_{yi} \times \overline{V}_{yi}}{G_iA_{yi}} + \frac{M_{xi} \times \overline{M}_{xi}}{E_iI_{xi}} + \frac{M_{yi} \times \overline{M}_{yi}}{E_iI_{yi}} + \frac{T_i \times \overline{T}_i}{G_iJ_i}\right]\mathrm{d}x$$

$$=\sum_{k=1}^{m}(\overline{F}_k \times d_k) \qquad (4-7)$$

式中，带横线上标的内力项为结构在强制节点变形 $\{\phi\}_n$ 作用下所引起的，不带横线上标的内力为结构在节点外力 $[K]\{\phi\}_n$ 作用下所引起的；n 为单元数，m 为节点数；F_i 为单元杆端力，d_i 为杆端位移；下标 start 与 end 分别代表单元的两端节点；N_i、V_i、M_i 和 T_i 分别代表单元内任一点的轴力、剪力、弯矩和扭矩；F_k 为节点外力；d_k 为第 k 个节点位移。式（4-7）不仅适用于单元层次，也适用于整体结构求解。可以看出，每个构件的剪切、弯曲和扭转刚度等贡献都可以独立表达，结构总外力虚功是由结构所有构件的虚功叠加而成。

再进一步可以注意到，式（4-7）中对于单元内任一点有：$N_i=\overline{N}_i$，$V_i=\overline{V}_i$，$M_i=\overline{M}_i$，$T_i=\overline{T}_i$，因此式（4-7）可以进一步简化为：

$$\delta W_{\mathrm{E}}=\{\phi\}_n^{\mathrm{T}}[K]\{\phi\}_n = \sum_{i=1}^{n}\left[(\overline{F}_{i-\mathrm{start}} \times d_{i-\mathrm{start}}) + (\overline{F}_{i-\mathrm{end}} \times d_{i-\mathrm{end}})\right]$$

$$=\sum_{i=1}^{n}\int_0^{li}\left[\frac{N_i^2}{E_iA_i} + \frac{V_{xi}^2}{G_iA_{xi}} + \frac{V_{yi}^2}{G_iA_{yi}} + \frac{M_{xi}^2}{E_iI_{xi}} + \frac{M_{yi}^2}{E_iI_{yi}} + \frac{T_i^2}{G_iJ_i}\right]\mathrm{d}x$$

$$=2\sum_{i=1}^{n}Es_i = \sum_{k=1}^{m}(\overline{F}_k \times d_k) \qquad (4-8)$$

式中，Es_i 为结构在节点外力 $[K]\{\phi\}_n$ 作用下第 i 个单元的应变能。由式（4-8）可以看出，结构在某阶振型下的广义刚度进一步演变为结构所有构件应变能之和的 2 倍，构件的应变能占比越大，则对结构的刚度贡献越大，说明该构件对结构的广义振型刚度 K_n 影响越大。因此，调整此构件参数对结构在该阶的振动特性的影响最为显著，这也是本文所提出优化方法的核心思想。

4.3 SDMO 软件研发

基于上述思路，采用结构有限元分析软件 SAP2000 和 ETABS 开放的 API 接口编制了结构振型优化分析软件 SDMO[7]（图 4-1）。而计算构件的应变能，若采用式（4-8）中间部分的截面内力沿长度积分，将涉及较为复杂的数值计算，因此 SDMO 采用式（4-8）中的 $\sum_{i=1}^{n}[(\overline{F}_{i-\text{start}} \times d_{i-\text{start}}) + (\overline{F}_{i-\text{end}} \times d_{i-\text{end}})]$，将构件的应变能最终映射到单元两端节点，通过对各单元的杆端力与节点位移相乘后进行叠加而成。在有限元分析软件中，需要建立一个以某一阶振型形状 $\{\phi\}_n$ 为节点强制位移的分析工况，求得各单元的杆端力，进而计算得到各构件的应变能，量化各构件对广义刚度 K_n 的贡献度，其中最为敏感的构件便是可以在优化中重点关注和调整的构件。

图 4-1   结构振型优化分析软件 SDMO 操作界面

5   工程应用

5.1 连体结构动力性能优化案例

某双塔连体框架-核心筒结构（图 5-1），东塔楼高 119.80m，西塔楼高 70.90m，设防烈度 7 度，Ⅲ类场地。结构 7～10 层为连体层；两塔楼高度不同，地震作用下动力特性差别较大，导致结构连体部位构件内力较大。采用 GSOPT 软件进行优化，以结构 9 层东、西两塔楼平均位移差值（$\Delta x = x_2 - x_1$）最小为优化目标（图 5-2），以每层楼面梁高和梁宽为优化变量，如图 5-3 和表 5-1 所示。优化前后的周期对比见表 5-2。

图 5-1　结构三维图

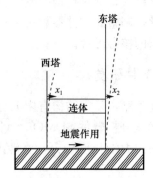

图 5-2　连体变形示意

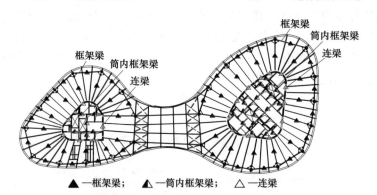

▲—框架梁；　▲—筒内框架梁；　△—连梁

图 5-3　优化梁高典型平面位置示意

优化前后梁截面高度对比（单位：mm）　　　　　　　　　　　　表 5-1

塔楼	构件类型	优化前	优化后
西塔	框架梁	480	400
	连梁	800	500
	筒内框架梁	1000	800
东塔	框架梁	480	580
	连梁	800	1000
	筒内框架梁	1400	1700

优化前后周期对比（单位：s）　　　　　　　　　　　　表 5-2

振型	优化前	优化后
1	3.78（东塔楼 X 向平动）	3.40（东塔楼 X 向平动）
2	3.68（东塔楼 Y 向平动）	3.10（东塔楼 Y 向平动）
3	2.87（东塔楼扭转）	2.77（西塔楼 Y 向）
4	2.42（西塔楼 Y 向平动）	2.17（东塔楼扭转）
5	1.91（西塔楼 X 向平动）	2.00（西塔楼 X 向平动）
6	1.50（西塔楼扭转）	1.47（西塔楼扭转）

由表 5-2 可见，优化后两塔楼动力特性趋近，东塔楼 X 向第一周期由 3.78s 降为 3.40s，西塔楼 X 向第一周期由 1.91s 增加到 2.00s。同时，地震作用下两塔楼连体部位东、西塔平均层位移差也明显减小，表 5-3 给出小震反应谱计算的优化前后 6～9 层位移差对比。

优化前后连体两端东、西塔平均层位移差对比（单位：mm）   表 5-3

楼层	优化前			优化后			$\Delta x_1/\Delta x_0$
	东塔楼位移	西塔楼位移	位移差 Δx_0	东塔楼位移	西塔楼位移	位移差 Δx_1	
6	18.2	15.6	2.6	17.5	16.5	1.0	39%
7	22.1	18.3	3.8	20.3	19.7	0.6	14%
8	26.2	21.1	5.2	23.0	23.0	0.0	1%
9	30.7	24.0	6.6	25.9	26.2	0.3	5%

5.2 剪力墙结构位移比优化案例

某高层剪力墙住宅结构，共 34 层，高 102.4m，7 度设防，6～20 层平面图及优化前后梁位置如图 5-4 所示。计算结果显示，X 向、Y 向第一周期分别为 3.2s 和 2.55s，结构 X 向、Y 向最大位移比分别为 1.25 和 1.44。由于基础已施工，在剪力墙位置以及长短不做修改前提下，希望通过 GSOPT 对框架梁的梁高进行优化，目标是 Y 向位移比不大于 1.30。

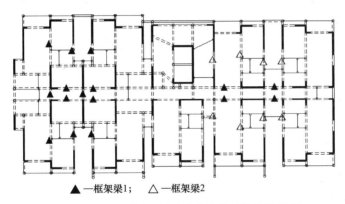

▲—框架梁1； △—框架梁2

图 5-4 6～20 层平面图及梁高优化的梁位置示意

6～20 层优化前后梁截面高度对比如表 5-4 所示。优化结果表明，一般工程师采用的增大结构外围刚度的方法并不能解决本工程位移比偏大问题。造成结构位移比过大的原因主要是结构 X 向、Y 向刚度差异较大，按照表 5-4 调整梁高，优化后结构 Y 向位移比从 1.44 减小为 1.30。

优化前后梁截面高度对比（单位：mm）   表 5-4

框架梁编号	优化前	优化后
框架梁 1	500	600
框架梁 2	550	450

5.3 高层钢结构基频优化案例

某高层钢结构高度约 176m，底层建筑面积约 1300m^2，由于其特殊功能要求，在顶部需放置精密气象雷达，该设备对振动较为敏感，因此对结构刚度提出了更高的要求，要求结构基频不得小于1Hz。结构计算模型如图5-5所示。经工程师反复试算及优化，结构方案满足一阶振动频率不小于1Hz要求。但该方案用钢量较大，需要进一步优化设计达到节省建材的目标。采用SDMO进行计算分析，得到各构件对结构基频贡献度分布如图5-6所示。

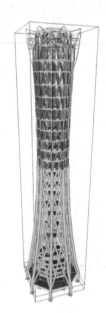

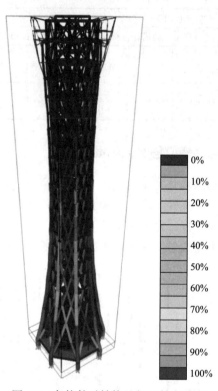

图5-5　结构计算模型　　　　　　图5-6　各构件对结构基频贡献度分布

从图5-6可以看出，结构底部竖向立柱对结构基本周期贡献最大，其次为斜交支撑构件，且沿着结构高度上行，各构件的贡献度均显著减小；在结构中上部楼层，呈现斜交支撑构件贡献度逐渐大于同一楼层高度的竖向立柱构件。因此，优化的思路是加强贡献度大的构件，削弱贡献度小的构件。设计师对结构底部5层钢管混凝土柱进行加强，对中上部的钢管和型钢进行削弱，经计算优化后（表5-5），共节省材料用量约3300t，其中节省混凝土约3000t，节省钢材约300t；优化前后结构的基频均为1Hz。

优化前后主要指标对比 　　　　　　　　　　　　　　表5-5

主要指标	优化前	优化后	优化量	优化幅度
自重/kN	228238	195211	33027	14.5%
设防地震基底剪力/kN	7514	6427	1087	14.5%

6　总结

（1）四种主流优化算法中，自适应响应面法（ARSM）迭代收敛最快，只需要足够的实验点便可构造出响应面函数并求得最优解，在建筑优化设计中的适用性较强；遗传算法（GA）通常一次迭代计算包含了上百次循环计算，求解的运算量较大，对于计算规模较大的建筑结构，适用性不强；可行方向法（MFD）和序列二次规划法（SQP）则适用于求解设计变量相对较少、变量对优化目标较为敏感的问题，对于计算规模庞大、复杂的建筑结构优化，不建议采用这两种算法。

（2）二次响应面法用于建筑结构的设计优化能直观地揭示多变量与目标之间的关系，同时收敛性较好。基于该理论所研发的 GSOPT 适用于大型复杂建筑结构设计优化场景，可帮助工程师找到满足约束条件的关键构件，并给出最优解决方案，有效改善结构抗震力学性能指标。该方法在连体结构动力性能优化和剪力墙结构位移比优化两个案例的应用中均取得了良好的效果。

（3）本文提出的振型优化方法，以结构动力特性优化为目标，从结构应变能的角度建立了结构各构件对某阶振动频率贡献度的量化关系，可快速定位和识别控制结构振动的关键构件，针对性地改善结构振动问题，提高材料受力传力效率。文中以某雷达站高层结构为例，采用该方法迅速确定了控制结构基频的关键构件及其贡献度分布情况，通过对贡献度大的构件进行加强，对贡献度小的构件进行削弱，最终在保证结构基频要求的前提下，使结构自重和地震剪力均降低 15% 左右，取得了良好的经济效益。

（4）本文所提及的优化算法均可用于单目标或多目标优化，且通常情况需进行多次调整才能达到较好的结果。优化结果可辅助结构工程师进行定性判断和定量识别，为结构设计提供必要的建议和参考，但同时，评价一个结构是否合理除了需要关注常见的力学指标，比如层间位移角、位移比、周期比等，还需要注意结构是否具备合理的传力体系、耗能屈服机制等，这些是目前已有的优化软件难以全面兼顾的，因此结构的优化不仅是数学的最优求解，还需要引入合理的概念设计。

（5）研发的 GSOPT 与 SDMO 优化软件适用于在确定的结构平面布置和结构体系中进行优化的场景。结构体系、平面布置、传力机制等优化思路，在最近几年结合人工智能、云计算等技术的交叉应用，取得了一些成果，但仍存在需要进一步研究的问题，解决这些问题对结构优化同样具有非常重要的意义。

参考文献

[1]　陆海燕. 基于遗传算法和准则法的高层建筑结构优化设计研究 [D]. 大连：大连理工大学，2009.

[2]　钱稼茹. 高层建筑结构设计 [M]. 北京，中国建筑工业出版社，2012.

[3]　焦柯，梁施铭，贾苏. 响应面优化算法在建筑结构设计中的应用 [J]. 土木建筑工程信息技术，2015，7（1）：65-68.

[4]　焦柯，吴文勇. 高层建筑结构优化设计方法、案例及软件应用 [M]. 北京. 中国城市出版社，2016.

[5]　龙驭球. 包世华，袁驷. 结构力学 I——基础教程 [M]. 4 版. 北京：高等教育出版社，2018.

[6]　CHOPRA A K. Dynamics of structures theory：theory and applications to earthquake engineering [M]. 3rd ed. New Jersey：Prentice-Hall，2007.

[7]　彭子祥，焦柯. 基于能量的振型优化减振分析方法 [J]. 结构工程师，2021，37（4）：211-217.

21　时域显式随机模拟法在超高层建筑抗震分析中的应用

林景华[1]，张显裕[1]，卢俊坤[1]，方晓彤[1]，崔威[2]，冼剑华[2]，苏成[2,3]

（1. 广东省建筑设计研究院有限公司；2. 华南理工大学土木与交通学院；
3. 华南理工大学亚热带建筑科学国家重点实验室）

【摘要】 时域显式随机模拟法是广东省标准《高层建筑混凝土结构技术规程》DBJ/T 15-92-2021 所推荐的一种地震响应分析方法，在给定反应谱下，该法能够高效获取复杂高层建筑结构地震响应平均峰值的近似精确解。本文采用时域显式随机模拟法计算某超高层建筑结构楼层质心位移、楼层层间剪力以及关键构件内力的平均峰值，将所得计算结果与振型分解反应谱法的计算结果进行对比分析，并据此获得各楼层对应的层间剪力校准系数。同时，指出峰值因子一致性假定是造成振型分解反应谱法计算误差的主要原因。

【关键词】 建筑结构；地震响应分析；时域显式随机模拟法；振型分解反应谱法

1　引言

时域显式随机模拟法是一类高效、准确的结构随机地震响应分析方法，适用于大型复杂结构地震响应平均峰值计算，且计算原理简单，容易被工程设计人员所接受。该法包括针对线性抗震结构和非线性隔震结构地震响应分析的线性[1] 和非线性[2] 时域显式随机模拟法。上述方法均已被编入广东省标准《高层建筑混凝土结构技术规程》DBJ/T 15-92-2021[3]（下文简称"广东新《高规》"）。在结构设计软件配套方面，目前，筑信达 CiS-DesignCenter 软件（V2.0.3）已经可以实现采用线性和非线性时域显式随机模拟法进行抗震和隔震结构地震响应平均峰值的计算，YJK 软件（V4.3）已经可以实现采用线性时域显式随机模拟法进行抗震结构地震响应平均峰值的计算。此外，其他结构设计软件如PKPM，相关推广工作也在陆续开展。

本文根据广东新《高规》的相关条文规定，采用时域显式随机模拟法计算某超高层建筑结构楼层质心位移、楼层层间剪力以及关键构件内力的平均峰值，将所得关键响应平均峰值计算结果与振型分解反应谱法的计算结果进行对比分析。同时，计算各楼层对应的层间剪力校准系数，据此可以对振型分解反应谱法的各层构件内力计算结果进行调整。此外，深入剖析峰值因子一致性假定的影响，并指出该假定是造成振型分解反应谱法计算结果误差的主要原因。

2　工程算例

2.1　工程概况

横琴保险金融总部大厦项目，位于珠海市横琴新区，总建筑面积约 11 万 m²，其中超高层塔楼约 7.2 万 m²。塔楼地上 58 层，地下 4 层，主屋面高度为 235.2m；采用钢筋混凝土框架-核心筒结构，因建筑立面造型需要，在总高度中腰处（32 层，约 150m 高处），竖向单边剧烈收进形成大退台，收进前中、低区外轮廓基本为 44m×41m 的正方形；收进后高区为 44m×21m 的长方形。高宽比为整体 5.8、核心筒 11.7。结构典型标准层平面布置如图 2-1 所示。

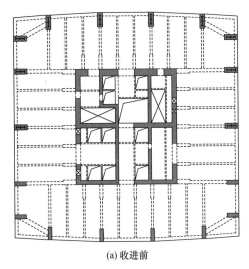

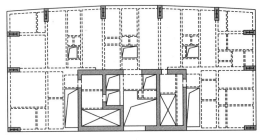

(a) 收进前　　　　　　　　　　　　　(b) 收进后

图 2-1　典型标准层平面布置示意

塔楼的 SAP2000 有限元模型如图 2-2 所示，节点数为 54134，杆件单元数为 11828，壳体单元数为 44463，总自由度数为 322674。结构阻尼比取 5%。抗震设防烈度为 7 度，设计地震分组为第二组，场地类别为 Ⅲ 类。广东新《高规》规定采用设防地震进行构件的承载力验算。

2.2　广东新《高规》相关规定

由于本项目为超高层建筑结构，根据广东新《高规》第 4.3.4 条和第 5.1.15 条的规定，应采用时域显式随机模拟法对该结构进行补充计算，实施流程按该规程附录 C 执行。

根据广东新《高规》第 C.1.1 条，确定与广东新《高规》反应谱（以下简称"省规反应谱"）等价的地震动功率谱，并根据第 C.1.2 条生成 500 条非平稳地面运动加速度时程（即人工模拟地震波），其中一条人工模拟地震波如图 2-3 所示。计算这 500 条人工模拟地震波对应的反应谱曲线，经平均处理后得到平均反应谱，并与省规反应谱进行对比，如图 2-4 所示。可以看出，平均反应谱与省规反应谱吻合良好。

根据广东新《高规》第 C.2.2 条，在 SAP2000 软件平台上分别对结构进行半三角和全三角单位脉冲地面运动加速度作用下的

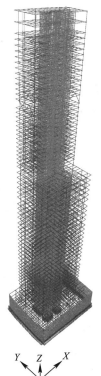

图 2-2　塔楼有限元模型

时程分析，以此构建各时刻地面运动加速度的系数向量，从而获得结构地震响应的时域显式表达式。根据广东新《高规》第 C. 2. 3 条和第 C. 2. 4 条计算结构地震响应平均峰值，如楼层质心位移、楼层层间剪力以及关键构件内力等。其中，地震持时为 30s，计算步长取 0.01s。

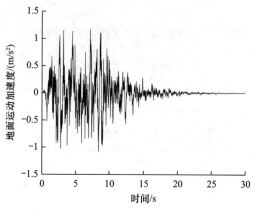

图 2-3　非平稳地面运动加速度时程样本
（人工模拟地震波）

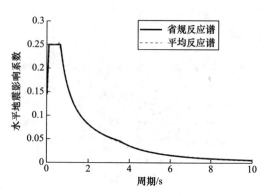

图 2-4　平均反应谱与省规
反应谱对比

2.3　楼层质心位移和层间剪力

采用时域显式随机模拟法和振型分解反应谱法计算得到的楼层质心位移和楼层层间剪力如图 2-5 和图 2-6 所示。可以看出，两种方法的楼层质心位移计算结果除顶部楼层外基本吻合，但时域显式随机模拟法的楼层层间剪力计算结果大于振型分解反应谱法结果，最大差异达到 29.1%。根据广东新《高规》第 4.3.6 条的规定，当时域显式随机模拟法楼层层间剪力分析结果大于振型分解反应谱法分析结果时，振型分解反应谱法所得相应楼层层间剪力分析结果应乘以层间剪力校准系数，振型分解反应谱法所得相应楼层构件内力也应按该校准系数进行调整。层间剪力校准系数定义为时域显式随机模拟法和振型分解反应谱法楼层层间剪力分析结果的比值，如图 2-7 所示。

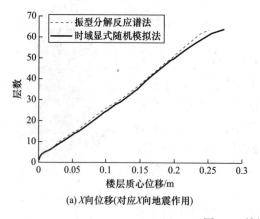

(a) X向位移(对应X向地震作用)

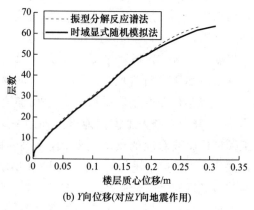

(b) Y向位移(对应Y向地震作用)

图 2-5　楼层质心位移

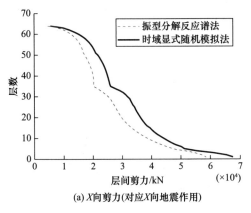
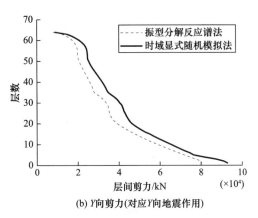

(a) X向剪力(对应X向地震作用)   (b) Y向剪力(对应Y向地震作用)

图 2-6   楼层层间剪力

已有研究表明，峰值因子一致性假定是造成振型分解反应谱法计算误差的主要原因[4-5]。结构响应平均峰值的精确 CQC 组合公式可以表达为：

$$S_R = \sqrt{\sum_{i=1}^{N}\sum_{j=1}^{N}\frac{\theta_R^2}{\theta_i\theta_j}\rho_{ij}S_iS_j} \quad (2\text{-}1)$$

式中，N 为振型截断数目；θ_R 为结构响应的总峰值因子；θ_i 和 θ_j 分别为第 i 阶和第 j 阶振型的峰值因子；ρ_{ij} 为第 i 阶和第 j 阶振型的相关系数；S_i 和 S_j 分别第 i 阶和第 j 阶振型响应。

假定结构响应总峰值因子与各阶振型峰值因子相等，即：

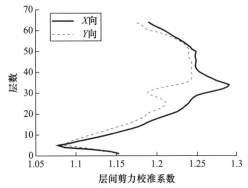

图 2-7 X 向和 Y 向层间剪力校准系数（分别对应 X 向和 Y 向地震作用）

$$\frac{\theta_R^2}{\theta_i\theta_j} = 1 \quad (2\text{-}2)$$

则由式（2-1）可得《建筑抗震设计规范》GB 50011-2010 中所推荐的结构响应平均峰值近似 CQC 组合公式为：

$$S_R \approx \sqrt{\sum_{i=1}^{N}\sum_{j=1}^{N}\rho_{ij}S_iS_j} \quad (2\text{-}3)$$

时域显式随机模拟法作为一种高效、准确的随机振动方法，可以获取结构响应平均峰值的近似精确解，相当于是基于式（2-1）进行计算；振型分解反应谱法则是基于式（2-3）进行计算。以结构顶层水平位移和底层层间剪力为例，对振型分解反应谱法的计算结果进行误差分析，这两个响应对应的总峰值因子、各阶振型峰值因子以及各阶振型响应如图 2-8 和图 2-9 所示。从图 2-8 可以看出，位移响应以低阶振型响应为主，位移总峰值因子略高于低阶振型峰值因子，因此振型分解反应谱法的位移计算结果略小于时域显式随机模拟法的位移计算结果。从图 2-9 可以看出，对于内力响应，除了低阶振型有贡献外，高阶振型也有一定贡献，使内力总峰值因子介于低阶振型和高阶振型峰值因子之间，因此振型分解反应谱法所采用的峰值因子一致性假定低估了低阶振型贡献且高估了高阶振型贡献，最终由于低阶振型贡献更大而造成内力计算结果偏小。应当指出，一般而言，结构响应受高阶振型的贡献越大，峰值因子一致性假定造成的误差也越大。因此，对于如大退台结构等容易耦合高阶振型的特殊结构类型，应谨慎采用振型分解反应谱法进行地震作用效应计算。

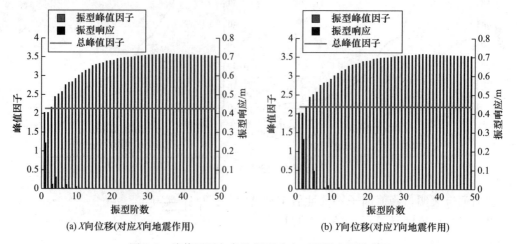

(a) X向位移(对应X向地震作用)　　　　　(b) Y向位移(对应Y向地震作用)

图 2-8　峰值因子与各阶振型响应（顶层水平位移）

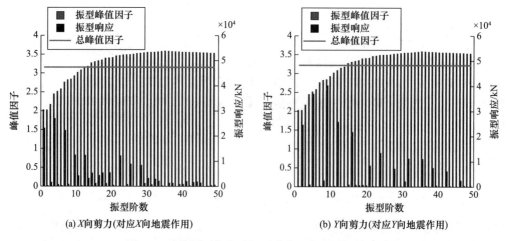

(a) X向剪力(对应X向地震作用)　　　　　(b) Y向剪力(对应Y向地震作用)

图 2-9　峰值因子与各阶振型响应（底层层间剪力）

2.4　关键构件内力

对于一般构件内力，可以根据图 2-7 所示的层间剪力校准系数对振型分解反应谱法的计算结果进行调整。对于设计上特别重要的关键构件内力，应采用时域显式随机模拟法直接进行计算。

该塔楼第 32 层为缩进层，第 32 层的剪力墙剪力是设计关注的关键响应，振型分解反应谱法的计算结果为 14726kN，而时域显式随机模拟法的计算结果为 18714kN，计算结果差异为27.1%。该塔楼第 46 层为避难层，层高 6m；其下一层 45 层层高 3.2m、上一层 47 层层高3.3m，层高有突变。第 46 层的某混凝土柱剪力是设计关注的关键响应，振型分解反应谱法的计算结果为 112kN，而时域显式随机模拟法的计算结果为 131kN，计算结果差异为 17.0%。第32 层剪力墙剪力和第 46 层某混凝土柱剪力对应的总峰值因子、各阶振型峰值因子与各阶振型响应如图 2-10 所示。可以看出，与底层层间剪力类似，峰值因子一致性假定是造成振型分解反应谱法计算结果偏小的原因。施工图阶段将根据时域显式随机模拟法结果，选取合适的地震力放大系数，对上述收进部位薄弱楼层及特殊构件进行补充计算和相应配筋加强。

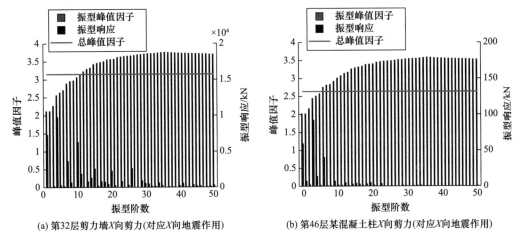

(a) 第32层剪力墙X向剪力(对应X向地震作用)　　(b) 第46层某混凝土柱X向剪力(对应X向地震作用)

图 2-10　峰值因子与各阶振型响应（剪力墙和混凝土柱剪力）

3　结束语

以广东新《高规》作为依据，采用时域显式随机模拟法对某超高层建筑结构进行了地震响应分析，计算了结构楼层质心位移、楼层层间剪力以及关键构件内力的平均峰值，并与振型分解反应谱法的计算结果进行对比。计算结果表明，两种方法所得位移响应计算结果除顶部楼层外基本一致，而时域显式随机模拟法所得内力响应的计算结果则大于振型分解反应谱法结果，差异可达 29.1%。基于两种方法所得楼层层间剪力的计算结果，可以计算各楼层对应的层间剪力校准系数，据此可以对振型分解反应谱法的各层构件内力计算结果进行调整。对于设计上特别重要的关键构件内力，应采用时域显式随机模拟法直接进行计算。此外，经深入剖析发现，峰值因子一致性假定是造成振型分解反应谱法计算结果误差的主要原因。

参考文献

［1］ 苏成，黄志坚，刘小璐. 高层建筑地震作用计算的时域显式随机模拟法［J］. 建筑结构学报，2015，36（1）：13-22.

［2］ 黄志坚，苏成，马海涛，等. 建筑隔震结构地震响应计算的层间剪力校准系数法［J］. 建筑结构学报，2020，41（8）：58-67.

［3］ 广东省住房和城乡建设厅. 高层建筑混凝土结构技术规程：DBJ/T 15-92-2021［S］. 北京：中国城市出版社，2021.

［4］ SU C, HUANG Z J, XIAN J H. A modified response spectrum method based on uniform probability spectrum［J］. Bulletin of Earthquake Engineering, 2019, 17（2）：657-680.

［5］ 冼剑华，崔威，苏成，等. 建筑结构抗震分析的改进反应谱法［J］. 土木工程学报，2022，55（5）：26-36.

22 等效刚度法计算高层建筑层侧向刚度比

李志方

（广东省建筑设计研究院有限公司）

【摘要】 由于绝对侧向刚度不能正确评价楼层侧向刚度比，本文提出等效刚度的概念，采用等效侧向刚度比，即上、下层单元分别组成等高模型计算侧向刚度比的新方法。特别对于层高相差较大的情况，采用等效侧向刚度比法可以较好地反映上、下层侧向刚度比，从而经济、合理地调整结构构件。本方法符合基本力学概念，直观易懂，可供高层建筑结构设计参考。

【关键词】 高层建筑结构；绝对侧向刚度；等效侧向刚度；层侧向刚度比

1 引言

《高层建筑混凝土结构技术规程》JGJ 3-2010[1]（下文简称《高规》）第 3.5.1 条规定，"高层建筑结构的侧向刚度宜下大上小，逐渐均匀变化"；第 3.5.2 条给出了非转换层层间侧向刚度比的计算公式（下文称"地震剪力法"）；附录 E 给出了转换层上、下侧向刚度比的计算公式。魏琏[2] 等提出了固定第 $i-1$ 层使之无水平位移，计算第 i 层侧向刚度的方法。以上方法计算的侧向刚度比受层高比及结构类型影响，计算方法及结果差别较大，能否真实反映结构的侧向刚度变化存在疑问。

2 绝对侧向刚度 K 与高度修正的绝对侧向刚度 K_h

设结构单元高为 H，底部固支；考虑内部杆件的弯曲、剪切及轴向变形，顶部水平集中力 P 作用下结构的顶点水平位移近似为：

$$\Delta = \int \frac{M_P \overline{M}}{EI} \mathrm{d}s + \int \frac{Q_P \overline{Q}}{GA} \mathrm{d}s + \int \frac{N_P \overline{N}}{EA} \mathrm{d}s = \frac{P \cdot H^3}{k_M} + \frac{P \cdot H}{k_Q} + \frac{P \cdot H}{k_N} \tag{2-1}$$

绝对侧向刚度 K 与 H 相关：

$$K = \frac{P}{\Delta} = \frac{1}{H \cdot \left(\dfrac{H^2}{k_M} + \dfrac{1}{k_Q} + \dfrac{1}{k_N} \right)} \tag{2-2}$$

式中，k_M 为弯矩相关刚度，k_Q 为剪力相关刚度，k_N 为轴力相关刚度，一般均与 H 相关。

高度修正的绝对侧向刚度 K_h 仍然与 H 相关：

$$K_h = K \cdot H = \frac{1}{\left(\dfrac{H^2}{k_M} + \dfrac{1}{k_Q} + \dfrac{1}{k_N} \right)} \tag{2-3}$$

3 等效侧向刚度比

设一根均质竖向悬臂梁，其截面沿高度不变。若沿高度将悬臂梁划分为若干段的"层"单元（图 3-1），由于各"层"的绝对侧向刚度 K 与层高相关，K 沿梁高度是变化的，且随各"层"的划分方法而不同。因此，不能用绝对侧向刚度 K 正确评价竖向悬臂梁的侧向刚度变化。

同理，也不能用 K_h 正确评价竖向悬臂梁的"层"侧向刚度变化。

可以注意到，同样一根等直竖向悬臂梁，将其均匀划分为 m 层（模型 1）与 n 层（模型 2）两个模型，其总体侧向刚度及刚度沿梁分布均不变（图 3-2）。因此，模型 1 的层高为 h_1 的"层"单元与模型 2 的层高为 h_2 的"层"单元具有等效的侧向刚度 K_e；"等效"即两者各自拼成的等高悬臂梁具有相等的侧向刚度。

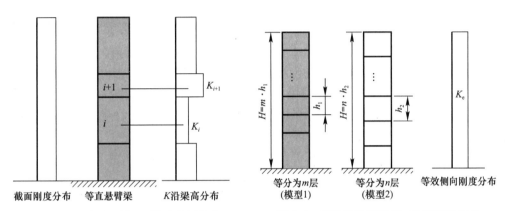

图 3-1 绝对侧向刚度 K 沿悬臂梁分布   图 3-2 等效侧向刚度 K_e 沿悬臂梁分布

"等高"作为前提而言很关键。在顶点作用相同的水平力，矮的小截面悬臂梁的顶点水平位移可能小于高的大截面悬臂梁的顶点水平位移。如果用绝对侧向刚度评价，会得出小截面梁侧向刚度大于大截面梁这一违反常识的结论。而相同高度的小截面悬臂梁与大截面悬臂梁，比较顶点作用相同水平力下的顶点水平位移，就能合理得到它们的侧向刚度之比，或称小截面梁单元与大截面梁单元的等效侧向刚度比 γ_e。《高规》附录 E.0.3 条计算转换层上、下侧向刚度比即采用这个思路。本文将此方法推广用于一般楼层层间刚度比的计算。

4 高层建筑等效侧向刚度比计算

某高层建筑结构第 i 层与第 $i+1$ 层层高均为 h（模型 1），将第 i 层替换为第 $i+1$ 层形成模型 2；若顶部在给定相同水平力 P 作用下模型 1 与模型 2 的各层位移相等，则第 i 层与第 $i+1$ 层的等效侧向刚度比 γ_e 为 1，如图 4-1 所示。

若模型 1 与模型 2 顶点位移不相等，此时由于 Δ_1、Δ_2 有其他单元变形的贡献，不能直接用于比较第 i 层与第 $i+1$ 层的等效侧向刚度。可以取 n 个第 i 层形成模型 3，取 n 个第 $i+1$ 层形成模型 4，直接计算出顶部水平力 P 作用下的顶点位移 Δ_3 和 Δ_4，如图 4-2 所示，则可以求得第 i 层与第 $i+1$ 层的等效侧向刚度比 $\gamma_e = \Delta_4/\Delta_3$。其中，$n$ 建议取值原则为：$n \cdot h$ 与实际结构第 i 层（含）至顶层的总高接近，这样可近似反映第 i 层与第 $i+1$ 层（均放在实际结构第 i 层位置）对结构顶点位移的影响。

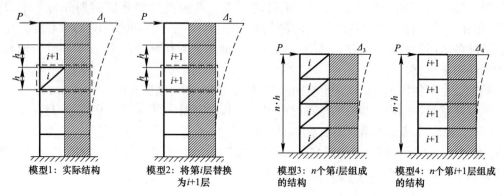

模型1：实际结构　　模型2：将第i层替换为$i+1$层　　模型3：n个第i层组成的结构　　模型4：n个第$i+1$层组成的结构

图 4-1　层高相等时用层替换比较抗侧刚度　　图 4-2　层高相等时用等高模型计算等效侧向刚度比

某高层建筑结构第 i 层层高为 $3h$，第 $i+1$ 层层高为 h（模型 1），将第 i 层替换为 3 个第 $i+1$ 层形成模型 2；若在顶部施加相同水平力 P，模型 1 与模型 2 的顶点位移相等，则第 i 层与 3 个第 $i+1$ 层形成的子结构的等效侧向刚度比为 1，如图 4-3 所示。注意，此时模型 2 形成了 4 个连续的 $i+1$ 层，侧向刚度从上到下没有突变（保持不变），因此模型 1 从第 $i+1$ 层到第 i 层，侧向刚度也没有突变（保持不变）。

若模型 1 与模型 2 顶点位移不相等，可以取 n 个第 i 层形成模型 3，取 $3n$ 个第 $i+1$ 层形成模型 4，直接计算出顶部水平力 P 作用下的顶点位移 Δ_3 和 Δ_4，如图 4-4 所示，则可以求得第 i 层与第 $i+1$ 层的等效侧向刚度比 $\gamma_e = \Delta_4/\Delta_3$ [$3n \cdot h$ 与实际结构第 i 层（含）至顶层的总高接近]。

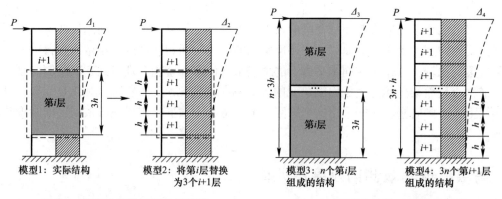

模型1：实际结构　　模型2：将第i层替换为3个$i+1$层　　模型3：n个第i层组成的结构　　模型4：$3n$个第$i+1$层组成的结构

图 4-3　层高为倍数时用叠层替换比较侧向刚度　　图 4-4　层高为倍数时用等高模型计算等效侧向刚度比

因此，计算第 i 层（层高 h_1）与第 $i+1$ 层（层高 h_2）的等效侧向刚度比，可以取一总高为 H 的楼 [$H = m \cdot h_1 = n \cdot h_2$，$H$ 与实际结构第 i 层（含）至顶层的总高接近]，建立 m 个第 i 层的模型 1，以及 n 个第 $i+1$ 层的模型 2，在顶部施加相同水平力 P 后，得到 P 方向的顶点水平位移 Δ_1 及 Δ_2，如图 4-5 所示。从而得到第 i 层与第 $i+1$ 层的等效侧向刚度比为：

$$\gamma_{ei}=\frac{k_{e,i}}{k_{e,i+1}}=\frac{\Delta_2}{\Delta_1} \tag{4-1}$$

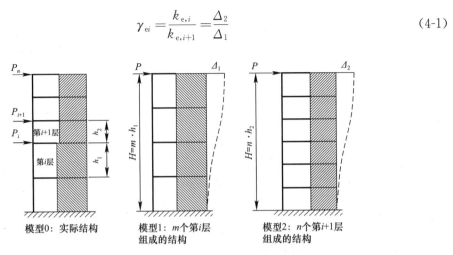

图 4-5 层高不等时用层高的公倍数模型计算等效侧向刚度比

若 m 个第 i 层组成的子结构总高 $H_1=m\cdot h_1$，与 n 个第 $i+1$ 层组成的子结构总高 $H_2=n\cdot h_2$ 不恰好相等，比如相差小于 5% 时，上述楼层等效刚度比可以考虑高度修正。

由于绝对抗侧刚度 K 与结构高度 H 呈近似反比关系，故考虑高度修正的等效刚度比为：

$$\gamma'_{ei}=\frac{k_{e,i}}{k_{e,i+1}}=\frac{\Delta_2\cdot H_1}{\Delta_1\cdot H_2} \tag{4-2}$$

5 算例

5.1 算例1——框架结构

3×3 网格，柱距 6m，楼板厚 150mm，楼面附加恒荷载 5kPa，结构 7 层总高 27m。顶部 X 向单工况水平荷载 4000kN（每节点 250kN）。设防烈度 7 度，Ⅱ类场地土。图 5-1 所示标准层 1 中，柱截面均为 800mm×800mm，梁截面均为 300mm×600mm；图 5-2 所示标准层 2 中，柱截面均为 1000mm×1000mm，梁截面均为 300mm×1200mm。混凝土强度等级：梁 C30、柱 C40。

如图 5-3 所示，原结构为 3 个标准层 1+1 个标准层 2+3 个标准层 1 的 7 层结构（总高 27m）。为比较标准层 1 和标准层 2 的等效侧向刚度，用 9 个纯标准层 1 构建模型 1，用 3 个纯标准层 2 构建模型 2；模型 2 总高 27m，与模型 1 相等。由计算结果可知，模型 1 顶点侧向位移为 50.29mm，模型 2 顶点侧向位移为 36.15mm，故标准层 2 与标准层 1 的等效侧向刚度比约为 50.29/36.15=1.39。

5.2 算例2——剪力墙结构

3×3 网格，墙距 6m，楼板厚 150mm，楼面附加恒荷载 5kPa，结构 7 层总高 27m。顶部 X 向单工况水平荷载 16000kN（每节点 1000kN）。设防烈度 7 度，Ⅱ类场地土。图 5-4 及

图 5-5 所示标准层剪力墙厚均为 200mm，混凝土强度等级为 C40。

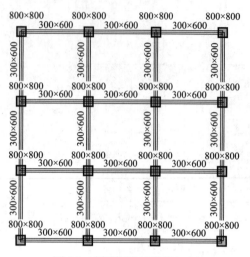

图 5-1　标准层 1（层高 3m）

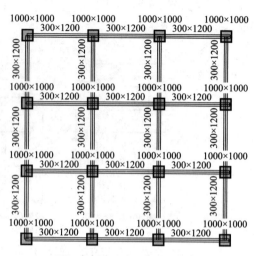

图 5-2　标准层 2（层高 9m）

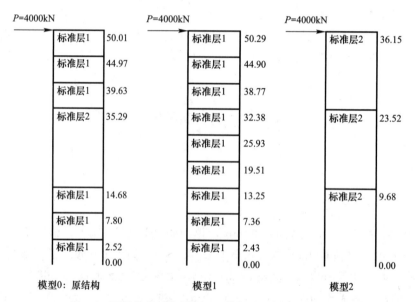

图 5-3　原结构模型与模型 1、模型 2 的侧向变形/mm

如图 5-6 所示，原结构为 3 个（标准层 1）＋1 个（标准层 2）＋3 个（标准层 1）的 7 层结构（总高 27m）。为比较标准层 1 和标准层 2 的等效侧向刚度，用 9 个纯标准层 1 构建模型 1，用 3 个纯标准层 2 构建模型 2；模型 2 总高与模型 1 相等。由计算结果可知，模型 1 顶点侧向位移为 5.45mm，模型 2 顶点侧向位移为 5.50mm，故标准层 2 与标准层 1 的等效侧向刚度比约为 5.45/5.50＝0.99。

5.3　算例 1、算例 2 的地震剪力法与等效刚度法对比

算例 1 框架结构按《高规》地震剪力法计算的下层与上层侧向刚度比（$\gamma_1 = \dfrac{V_i \Delta_{i+1}}{V_{i+1} \Delta_i}$，

其中 V_i、V_{i+1} 为第 i、$i+1$ 层地震剪力，Δ_i、Δ_{i+1} 为第 i、$i+1$ 层在地震作用下的层间位移），与本文方法计算的下层与上层侧向刚度比分布对比如图 5-7 所示。

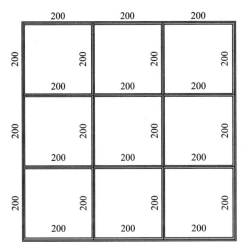
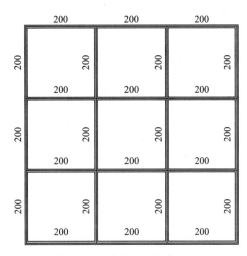

图 5-4　标准层 1（层高 3m）　　　　图 5-5　标准层 2（层高 9m）

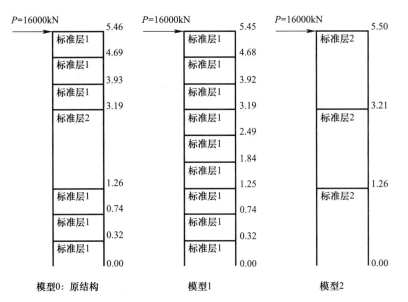

图 5-6　原结构模型与模型 1、模型 2 的变形/mm

　　尽管标准层 2 的层高是标准层 1 的 3 倍，但标准层 2 的柱、梁截面明显加大。无论用 3 个标准层 1 代替 1 个标准层 2 计算，还是标准层 1、标准层 2 各自组成等高的结构计算，顶点位移都比较接近（甚至算例 1 的纯标准层 2 组成的结构位移更小），用等效刚度法计算得到层侧向刚度比接近或超过 1.0 是合理的。若按《高规》地震剪力法，算例 1 框架的标准层 2 与标准层 1 的侧向刚度比（0.219）远远小于 1.0，明显不合理。

　　算例 2 剪力墙结构按《高规》考虑层高修正的地震剪力法计算的下层与上层侧向刚度比（$\gamma_2 = \dfrac{V_i \Delta_{i+1}}{V_{i+1} \Delta_i} \cdot \dfrac{h_i}{h_{i+1}}$，其中 V_i、V_{i+1} 为第 i、$i+1$ 层地震剪力，Δ_i、Δ_{i+1} 为第 i、$i+1$

层在地震作用下的层间位移，h_i、h_{i+1} 为第 i、$i+1$ 层层高），与本文方法计算的下层与上层侧向刚度比分布对比如图 5-8 所示。

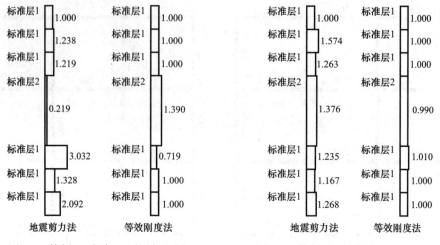

图 5-7　算例 1（框架）下层与上层
侧向刚度比分布

图 5-8　算例 2（剪力墙）下层与上层
侧向刚度比分布

算例 2 的剪力墙结构实际上是一根等截面的竖向悬臂梁，标准层 2 与标准层 1 的侧向刚度比理论上应该等于 1.0；等效刚度法计算结果是 0.99，相当接近 1.0。而地震剪力法引入层高修正后，标准层 2 与其上标准层 1 的侧向刚度比为 1.376［若按《建筑抗震设计规范》GB 50011-2010（2016 年版）不引入层高修正，则只有 1.376×3m/9m＝0.46］，易造成误判，且整楼刚度比在 1.167～1.574 之间波动（与地震力分布相关），看不出是一根等截面竖向悬臂梁。

6　结论

本文将《高规》附录 E.0.3 条计算转换层等效侧向刚度比的方法推广用于计算一般常规结构的层间等效侧向刚度比，概念清晰，易于操作，计算结果与结构实际侧向刚度分布相符。特别对于下层层高较大的结构，用地震剪力法，下层往往被判别为软弱层，实际不一定如此；带剪力墙的结构引入层高修正后又容易引起下层刚度计算偏大。采用本文方法可以较好地消除以上偏差，并将对高层建筑结构布置、经济性及抗震超限判断产生积极的影响。

参考文献

[1]　住房和城乡建设部. 高层建筑混凝土结构技术规程：JGJ 3-2010［S］. 北京：中国建筑工业出版社，2011.
[2]　魏琏，王森，孙仁范. 高层建筑结构层侧向刚度计算方法的研究［J］. 建筑结构，2014，44（6）：4-9.

23　基于材料应变的高层结构构件抗震性能评估方法研究

林超伟[1,2,4]，王兴法[1,4]，王松帆[3]，周云[2]，方飞虎[1,4]，高义奇[1,4]，刘红星[1,4]

吴昀泽[1,4]，汤华[3]

（1. 法则工程咨询（深圳）有限公司；2. 广州大学；3. 广州市设计院
集团有限公司；4. 深圳市柏涛蓝森国际建筑设计有限公司）

【摘要】　构件性能评估对把握大震下整体结构抗震性能有着非常重要的意义。以美国标准 FEMA-356 或 PEER/ATC72-1 为例，国外同行的构件正截面性能评估标准仍主要基于塑性铰模型。随着计算的进一步精细化，对框架梁/柱和剪力墙采用材料纤维模型的有限元计算方法已成为热点，但对该方法模拟的构件缺乏一个直观的由材料层面评估构件性能状态的标准。基于三大力学方程，推导了梁构件的截面应变-曲率-转角方程，建立了由钢筋应变直接评估构件性能的方法。基于《建筑抗震设计规范》GB 50011-2010 中依据抗震承载力确定结构构件（如剪力墙）抗震性能要求的实施原则，通过有限元模拟确定各种抗震性能的承载力要求对应基于材料强度标准值模型的损伤值，进而建立了基于混凝土受压损伤参数评估大震下构件性能水平的方法。这些方法可直接用于指导结构的抗震性能化设计，将大大促进纤维精细化模型在工程实践中的应用。

【关键词】　钢筋应变；混凝土损伤；抗震性能评估；纤维模型

1　研究背景

近些年地球的地壳运动处于活跃期，超过 7 级的地震时有发生，地震作用仍是结构安全设计中最不可忽略的关键一环。随着社会经济的发展以及抗震设计标准的不断提高，我国建筑结构抗震设防措施不断加强、抗震设计方法不断完善。《建筑抗震设计规范》GB 50011-2010（2016 年版）[1]（以下简称《抗规》）和《高层建筑混凝土结构技术规程》（JCJ 3-2010）[2]（以下简称《高规》）采用"小震不坏、中震可修、大震不倒"作为设防水准，抗震设计也由基于承载力或强度方法逐渐过渡到更为先进的抗震性能化设计方法，由早期的静力法、小震设计及延性构造措施的方法逐渐发展到直接根据大震验算结构的受力及变形，其关键是对构件的抗震性能进行判别与评估。根据延性构件的宏观损坏程度，《抗规》与《高规》将构件的抗震性能划分为完好、基本完好、轻微损坏、轻—中等破坏、中等破坏和不严重破坏，这与美国标准 FEMA-356[3] 中的基本弹性、立即使用（IO）、生命安全（LS）和倒塌（CP）相对应。

现有弹塑性分析软件多采用铰模型和材料本构的纤维模型两类来模拟构件的弹塑

性。针对截面层面的铰模型，美国标准 FEMA-356 和 PEER/ATC72-1[4] 基于大量构件试验数据提出了一套正截面以转角或变形为参数、斜截面以承载力控制的构件性能评估标准，受到工程界和科研界的大力推崇。类似地，广东省标准《建筑工程混凝土结构抗震性能设计规程》DBJ/T 15-151-2019[5] 以弹塑性位移角为变量，给出了钢筋混凝土梁、柱和墙等构件在弯曲控制和弯剪控制破坏下不同性能状态的限值。然而，采用铰模型模拟时有以下不足：①对于轴力-弯矩共同作用的构件，例如剪力墙，其抗弯与变形能力与构件承受的轴力大小息息相关，此时用同一种轴力下的铰模型参数来评估构件性能，可能会存在较大的误差；②当构件全截面承受轴力时，仅依靠构件转角来评估构件的抗震性能可能会偏于不安全。因此，随着精细化计算的普及，基于材料本构的一维杆系和二维分层壳模型的计算方法成为近年工程非线性计算的主要热点之一。然而，现阶段对构件性能状态的评估参数主要是宏观转角，例如梁构件，评估标准多直接参考美国标准 FEMA-356 和 PEER/ATC72-1，对于采用微观材料模型模拟的构件，尚缺乏一个由纤维应变直观反映构件性能状态的评估标准。同样，以较为通用的 ABAQUS、SAUSAGE 或 PACO-SAP 软件为例，程序输出的剪力墙混凝土材料受压（拉）损伤和钢筋应变等材料层面参数，与构件性能无法直接联系起来，这也给指导工程设计带来较大困难。

因此，急需建立一套正截面以纤维材料应变为参数、斜截面仍按承载力控制的高层结构构件性能评估方法，用来指导结构的抗震性能化设计，该方法将大大拓宽纤维精细化模型在工程实践中的应用。

2 基于钢筋应变的框架梁构件性能评估方法

2.1 公式推导

2.1.1 基本假定[6]

在推导构件材料应变与截面转角的关系时，基于以下 5 项基本假定：①平截面假定；②受压区应力矩形假定，矩形应力图的应力折减系数为 α，等效矩形高度与受压区高度比值为 β，取值分别为 1.0 和 0.8[7]；③忽略受拉区混凝土应力；④忽略受压钢筋贡献；⑤假定梁构件沿塑性铰长度的截面曲率保持一致，即曲率值等效取为塑性铰长度中点处的曲率。根据前 4 项假定，梁构件截面计算简图如图 2-1 所示，其中 C 为混凝土部分受压合力，T 为钢筋受拉合力。

2.1.2 公式推导

（1）力平衡方程

由图 2-1（a）的 $C=T$ 和配筋率计算式可以得到式（2-1）。从式（2-1）可知，若截面的配筋率、混凝土和钢筋的材料信息、截面有效高度已知，可以直接求出截面的受压区高度，即该受压高度与截面宽度无关。

$$\sigma_s A_s = \sigma_s \cdot \rho b h_0 = 0.8 f_c b x_c \tag{2-1}$$

式中，σ_s、A_s、ρ 分别为受拉钢筋应力、面积和配筋率；f_c、b、h_0、x_c 分别为混凝土强度代表值、截面宽度、截面有效高度和截面受压区高度。

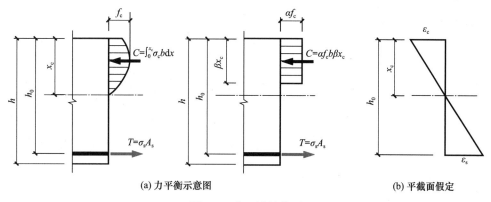

(a) 力平衡示意图　　　　　　　(b) 平截面假定

图 2-1　截面计算简图

（2）平截面方程

由图 2-1（b）的应变关系可以得到下式：

$$\varepsilon_c = \frac{x_c}{h_0 - x_c} \varepsilon_s \tag{2-2}$$

式中，ε_s、ε_c 分别为钢筋应变和受压边缘部位混凝土应变。

（3）曲率与转角方程

由截面应变计算得到应变和曲率 φ 的关系，即式（2-3）；由曲率沿着塑性铰长度 L_p 积分得到截面转角 θ，根据上述第⑤项假定，得到式（2-4）。

$$\varphi = \frac{\varepsilon_c + \varepsilon_s}{h_0} \tag{2-3}$$

$$\theta = \int_0^{L_p} \varphi \, \mathrm{d}l = \varphi L_p \tag{2-4}$$

（4）梁构件塑性铰长度确定

Paulay 和 Priestly[8] 给出钢筋混凝土悬臂柱塑性铰长度 L_p 的计算方法为：

$$L_p = 0.08L + 0.022 d_b f_y \tag{2-5}$$

式中，L 为反弯点到柱端截面的距离；d_b、f_y 分别为受拉钢筋直径、屈服应力。

对于常规钢筋混凝土梁柱截面，由式（2-5）计算得到的塑性铰长度 L_p 约为截面高度 h 的 1/2[9]，综合梁柱节点的 $0.5D$（D 为节点区宽度），梁柱截面的 L_p 取（$0.5h + 0.5D$），约为 h_0。则式（2-4）可转化为式（2-6），其物理意义是数值上构件截面的转角等于钢筋受拉应变和受压边缘混凝土应变两者之和。

$$\theta = \frac{\varepsilon_c + \varepsilon_s}{h_0} h_0 = \varepsilon_c + \varepsilon_s \tag{2-6}$$

（5）ε_s、θ 与 σ_s 之间的关系

联合式（2-2）、式（2-1）与式（2-6），可得表达 ρ、ε_s，θ 与 σ_s 的关系，即式（2-7），式中 σ_s 又是 ε_s 的函数，故式（2-7）实质表征了 ε_s 与 θ 的关系。一旦确定反映构件性能状态转角标准，通过式（2-7）反算钢筋应变，则该应变值等效反映构件的性能状态。

$$\theta = \frac{0.8 f_c}{0.8 f_c - \rho \sigma_s} \varepsilon_s \tag{2-7}$$

2.2 构件性能状态评估标准

构件性能状态评估标准参考美国标准 FEMA-356[3]。FEMA-356 中钢筋混凝土梁性能状态的确定与截面参数无直接关系，与式（2-7）是一致的。不同的是，FEMA-356 中的梁性能量化准则为截面塑性转角，而式（2-7）为截面转角，包含截面屈服转角和塑性转角。表 2-1 给出了 FEMA-356 中采用截面塑性转角 θ_p 的钢筋混凝土梁性能容许准则，表中 $V/(bh_0\sqrt{0.8f_{cu}})$ 各参数采用国际单位制，V 为截面设计剪力，f_{cu} 为混凝土立方体抗压强度。构件的构造设计，如截面受剪控制条件、箍筋直径间距等均符合《抗规》和《高规》要求，则跨高比在（1/10～1/18）范围时，梁破坏方式多受弯曲控制。对于斜截面的性能，仍按承载力加以控制。

FEMA-356 中钢筋混凝土梁性能容许准则　　　　　　　　　表 2-1

构件类别	破坏类型	条件	性能容许准则（塑性转角 θ_p）			备注
			IO	LS	CP	
梁	①	$\dfrac{V}{bh_0\sqrt{0.8f_{cu}}} \leqslant 0.25$	0.005	0.01	0.02	弯曲破坏控制
	②	$\dfrac{V}{bh_0\sqrt{0.8f_{cu}}} \geqslant 0.50$	0.005	0.005	0.015	

2.3 计算钢筋临界屈服点对应的梁截面转角

从式（2-7）可知，构件截面转角与截面参数无关，以梁截面尺寸为 300mm×600mm 计算，混凝土强度等级为 C30，钢筋采用 HRB400，式（2-7）中材料参数均采用材料标准值，如 f_c、ε_s、σ_s 均以 f_{ck}、ε_{yk}、f_{yk} 代替。计算纵筋配筋率在 0.1%～2.5% 范围的梁截面转角如图 2-2 所示。由图可知，除配筋率为 2.5% 外，钢筋临界屈服点时截面转角 θ 最大为 0.0048，比表 2-1 中 θ_p（0.005）还小，表明梁构件未达到 IO 状态。因此当梁构件进入 IO 状态时，钢筋已经进入屈服段，则钢筋应力应考虑强化段的贡献。

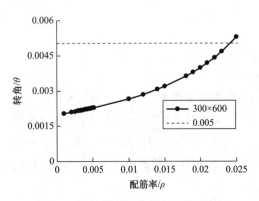

图 2-2　梁构件不同配筋率时截面转角

2.4 钢筋本构模型

图 2-3 所示钢筋本构曲线中，f_{yk} 和 ε_{yk} 分别为钢筋屈服强度标准值和钢筋屈服应变，f_{stk} 和 ε_u 分别为钢筋极限强度标准值和其对应的钢筋峰值应变，数值大小取值详见文献［7］。对于 HRB400 钢筋，f_{yk} 取 400MPa，ε_{yk} 取为 0.002。

2.5 ε_s 与 θ 之间的关系

将式（2-7）中的 σ_s 用 ε_s 表达，即可推导出材料应变与构件截面转角关系，即式（2-8），

式中 θ 为截面转角，包含 θ_y 和 θ_p。θ_y 可由式（2-7）求得。

$$\varepsilon_s = \frac{-0.99\rho f_{yk} + 0.8 f_{ck}}{\dfrac{0.8 f_{ck}}{\theta} + 0.01 E_s \rho} \qquad (2\text{-}8)$$

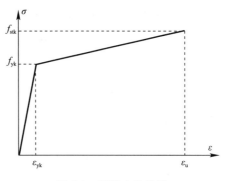

图 2-3　钢筋本构曲线

2.6　不同参数变化时钢筋应变值变化规律

以表 2-1 中钢筋混凝土梁的①类弯曲破坏为例，图 2-4 给出了不同强度等级混凝土、不同配筋率时各性能状态对应的钢筋应变值。由图可知，不论 IO、LS 还是 CP 状态下，钢筋应变值变化规律为：①随着配筋率增大而减小，几乎呈线性关系；②随混凝土强度等级提高而增大，但影响程度较配筋率弱。这两种变化特征与混凝土强度等级、钢筋配筋率对截面转角的影响是一致的。

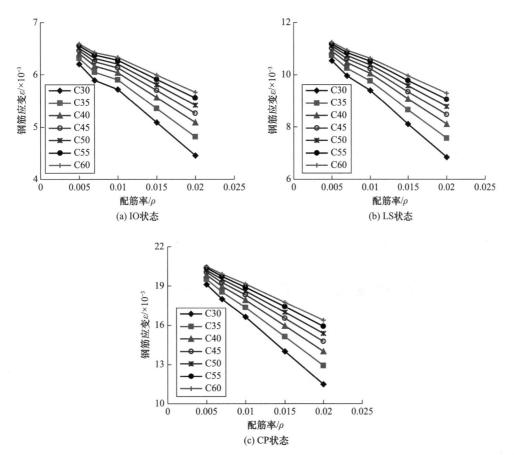

图 2-4　不同性能状态的钢筋应变值

2.7　反映构件不同状态的钢筋应变值

以表 2-1 中钢筋混凝土梁的①类弯曲破坏为例，列出不同强度等级混凝土、不同配筋率时各性能状态对应的钢筋应变值如表 2-2～表 2-4 所示。

构件 IO 状态时钢筋应变值（$\times 10^{-3}$）　　　　表 2-2

配筋率	混凝土强度等级						
	C30	C35	C40	C45	C50	C55	C60
0.005	6.2	6.3	6.4	6.5	6.5	6.5	6.6
0.007	5.9	6.0	6.2	6.2	6.3	6.4	6.4
0.010	5.7	5.9	6.0	6.1	6.2	6.3	6.3
0.015	5.1	5.4	5.6	5.7	5.8	5.9	6.0
0.020	4.5	4.8	5.1	5.3	5.4	5.6	5.7

构件 LS 状态时钢筋应变值（$\times 10^{-3}$）　　　　表 2-3

配筋率	混凝土强度等级						
	C30	C35	C40	C45	C50	C55	C60
0.005	10.5	10.7	10.9	11.0	11.1	11.2	11.2
0.007	10.0	10.2	10.5	10.6	10.7	10.8	10.9
0.010	9.4	9.8	10.0	10.2	10.4	10.5	10.6
0.015	8.1	8.7	9.1	9.3	9.6	9.8	10.0
0.020	6.9	7.6	8.1	8.5	8.8	9.1	9.3

构件 CP 状态时钢筋应变值（$\times 10^{-3}$）　　　　表 2-4

配筋率	混凝土强度等级						
	C30	C35	C40	C45	C50	C55	C60
0.005	19.1	19.5	19.8	20.0	20.2	20.4	20.5
0.007	18.0	18.6	19.0	19.3	19.5	19.7	19.9
0.010	16.6	17.4	17.9	18.3	18.6	18.9	19.2
0.015	14.0	15.1	16.0	16.5	17.0	17.4	17.8
0.020	11.5	12.9	14.0	14.7	15.4	15.9	16.4

3　基于混凝土损伤参数的钢筋混凝土剪力墙构件性能评估方法

在弯矩、轴力和剪力等复杂作用力的作用下，与一维框架梁柱不同的是，钢筋混凝土剪力墙除了两个方向的正应力外，还有平面内的剪应力，其中剪应力对剪力墙受力起到比较重要的作用。因此，钢筋混凝土剪力墙非线性分析的有限元方法分为实体分析法和壳元分析法。由于混凝土和钢筋的边界连接复杂、要求的单元网格多、计算成本大等缺陷，实体分析法往往仅适用于构件层级的模拟。对于剪力墙构件，二维壳元在模型简化、计算成本和结果精度方面表现良好，得到工程界和学术界的一致认可，尤其是近些年的混凝土损伤模型[10-11]在工程界的应用日趋成熟，不失普遍性，为此需要探索一个比一维钢筋应变更为全面的参数（如受压损伤参数）来衡量剪力墙的性能状态。

3.1　构件性能判断准则

《抗规》附录 M 中明确规定，可以通过衡量不同抗震性能要求的承载能力或层间位移变形来确定构件的抗震性能，并根据 R-μ-T 关系给出承载力与延性的关系。表 3-1 列出了《抗规》附录 M 提供的结构构件实现抗震性能要求的承载力参考指标，从表中可以直观地判断出完好、基本完好、轻微损坏、轻—中等破坏、中等破坏和不严重破坏这六个层次分别对应的构件的承载能力状态。

结构构件实现抗震性能要求的承载力参考指标　　　　　　　　　　表 3-1

性能要求	设防地震	罕遇地震
性能 1	完好，承载力按抗震等级调整地震效应的设计值复核	基本完好，承载力按不计抗震等级调整地震效应的设计值复核
性能 2	基本完好，承载力按不计抗震等级调整地震效应的设计值复核	轻—中等破坏，承载力按极限值复核
性能 3	轻微损坏，承载力按标准值复核	中等破坏，承载力达到极限值后能维持稳定，降低少于 5%
性能 4	轻—中等破坏，承载力按极限值复核	不严重破坏，承载力达到极限值后基本维持稳定，降低少于 10%

表 3-2 为根据表 3-1 建立构件状态与承载力的关系，表中的材料"设计强度值""标准强度值"参见《混凝土结构设计规范》GB 50010-2010（2015 年版）（以下简称《混规》）第 4.1 节；材料的"极限强度值"中，混凝土强度取立方体强度的 0.88 倍，钢筋强度取屈服强度的 1.25 倍。

结构构件状态与构件承载力关系　　　　　　　　　　表 3-2

构件状态	实现抗震性能要求的承载力	材料取值
完好	抗震等级调整地震效应的设计值	设计强度值
基本完好	不计抗震等级调整地震效应的设计值	设计强度值
轻微损坏	标准值	标准强度值
轻—中等破坏	极限值	极限强度值
中等破坏	承载力达到极限值后能维持稳定，降低少于 5%	极限强度值
不严重破坏	承载力达到极限值后基本维持稳定，降低少于 10%	极限强度值
较严重破坏	超过"不严重破坏"	极限强度值

3.2　不同性能状态下剪力墙水平力-位移曲线

建立某剪力墙有限元模型，其中剪力墙长度为 4m，高度为 5.4m，墙厚 0.4m，墙体竖向和水平配筋率取 0.3%。混凝土强度等级为 C60，钢筋采用 HRB400。图 3-1 包括墙体模型、施加的竖向荷载（保持轴压比为 0.5）和施加的水平位移。

本算例中，墙顶施加的轴力为 $0.5 \times 27.5 \times 10^6 \times 4 \times 0.4 = 22000$kN，其中 27.5×10^6 为混凝土强度等级 C60 的材料设计值，单位为 N/m²，4m 为墙体长度，0.4m 为墙体厚度。采用显式求解器，为保证求解稳定，计算时间取 10s，前 5s 为竖向荷载的线性加载过程，后 5s 竖向荷载保持不变。5s 后开始逐步施加位移。

材料的本构曲线详见文献 [10]、[11]，其中混凝土抗压强度和钢筋强度根据不同的性能状态取相应的材料设计值、标准值和极限值。

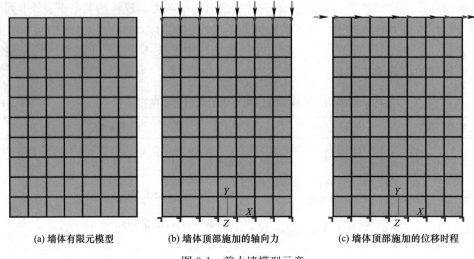

(a) 墙体有限元模型　　　(b) 墙体顶部施加的轴向力　　　(c) 墙体顶部施加的位移时程

图 3-1　剪力墙模型示意

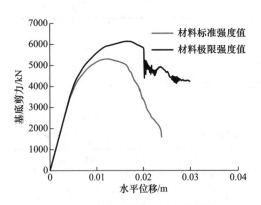

图 3-2　不同材料强度对应的基底
剪力-水平位移曲线

对于材料标准强度值和极限强度值模型，分别计算得到剪力墙的水平力-位移曲线及曲线上各个状态的混凝土受压损伤分布，如图 3-2 所示，材料极限强度值模型的基底剪力峰值比标准强度值模型的大，对应的位移也大。

3.3　混凝土受压损伤参数的性能状态评价标准

对整体结构进行大震动力弹塑性分析时，剪力墙构件的材料模型采用《混规》提供的本构曲线，其中材料强度值为标准值，计算完成后可直接输出剪力墙受压损伤结果，然而该结果仅反映材料强度为标准值时的损伤结果。《抗规》附录 M 明确不同材料强度值对应的承载力可作为评估结构构件抗震性能的参考指标，因此，需要将不同材料强度的承载力数值与标准值模型的损伤建立起一一对应的关系。以图 3-2 中标准值模型为例，剪力墙剪力峰值对应的损伤参数即对应表 3-2 中的轻微损坏状态；对于非标准值模型，则需要建立一个从承载力到损伤的映射关系，根据能量等效原则，针对某性能状态的承载力峰值与位移围合的面积 S_A，在标准值模型曲线找到一点 B，使该点的剪力与位移围合面积等于 S_A，则 B 点状态对应的损伤数值即等价于该性能状态，从而实现对整体有限元模型中不同构件的抗震性能进行评估。

以材料极限值模型和标准值模型为例，具体对应方法如下：第一步，基于极限值模型，确定对应构件状态的承载力和位移，根据力-位移围合的面积作为该状态的能量值；第二步，根据该能量值，找出标准值模型中对应的损伤状态。此时，认为标准值模型中该损伤状态即表征构件状态的承载力。

根据前述方法，判断图 3-3 中各状态依次为（a）轻微损坏、（b）轻—中等破坏、（c）中等破坏和（d）不严重破坏，各自对应的损伤值约为 0.3、0.5、0.7 和 0.9，其中不严重破坏对应墙体约占全截面的 30%。

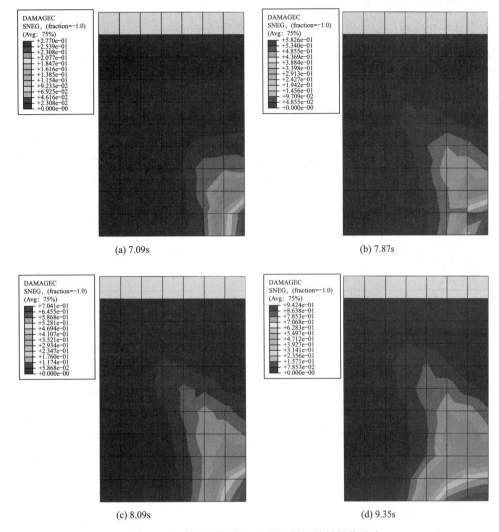

(a) 7.09s (b) 7.87s

(c) 8.09s (d) 9.35s

图 3-3 构件不同状态对应的混凝土材料损伤分布

根据上述分析结果，列出剪力墙构件承载力状态对应的混凝土受压损伤参数如表 3-3 所示。

剪力墙构件承载力状态对应的混凝土受压损伤参数   表 3-3

构件状态	实现抗震性能要求的承载力	混凝土受压损伤参数
完好	抗震等级调整地震效应的设计值	—
基本完好	不计抗震等级调整地震效应的设计值	0~0.1
轻微损坏	标准值	0.1~0.3
轻—中等破坏	极限值	0.3~0.5
中等破坏	承载力达到极限值后能维持稳定	0.5~0.7
不严重破坏	承载力达到极限值后基本维持稳定	0.7~0.9
较严重破坏	超过"不严重破坏"	>0.9

3.4 与已有研究成果比较

本文基于我国现行抗震规范关于构件性能水准的评价指标，提出了采用混凝土受压损伤参数评估大震下钢筋混凝土构件性能水准的方法，从构件层面的承载力指标出发且与现行规范衔接，概念清晰。表 3-4 为不同文献中基于混凝土受压损伤变量的评价标准对比，尽管不同研究机构的损伤参数结果判别有一定的差异，但本文研究结果与文献［12］和文献［13］较为一致，相互校验，是比较可靠的。

基于混凝土受压损伤参数的不同评价标准 表 3-4

损坏程度	基本完好	轻微损坏	轻—中等破坏	中等破坏	不严重破坏	较严重破坏
本文方法	0～0.1	0.1～0.3	0.3～0.5	0.5～0.7	0.7～0.9	＞0.9
文献［12］	0～0.01	0.01～0.2	0.2～0.5	0.5～0.65	0.65～0.8	＞0.8
文献［13］	0～0.1	0.1～0.2	0.2～0.4	0.4～0.6	0.6～0.8	＞0.8
Sausage 默认[14]	0～0.001	0.001～0.01	0.01～0.2	0.2～0.6	0.6～0.8	＞0.8
Paco-SAP 默认[15]	0～0.001	0.001～0.01	0.01～0.2	0.2～0.6	0.6～0.8	＞0.8
RBS 性能评价标准	0	0～0.1	0.1～0.3	0.3～0.7	＞0.7	

4 总结与应用推广

建立一套正截面以纤维材料应变为参数、斜截面按承载力控制的高层结构构件性能评估方法。对于起到主要耗能的框架梁构件，基于平截面假定，结合钢筋本构曲线，建立力平衡方程和应变-曲率-转角方程，推导出构件截面转角与钢筋应变相关联的计算公式。将材料应变与构件转角直观联系起来，完善了国内外采用材料纤维模拟结果的评估方法。

对于剪力墙或连梁等二维单元，基于《抗规》中依据抗震承载力确定结构构件抗震性能要求的实施原则，通过有限元模拟将承载力设计值、标准值及极限值等性能要求推演统一为材料强度标准值的损伤值，进而确定基于混凝土受压损伤参数评估大震下构件性能水平的方法。该方法与现行抗震规范关于构件的评估方法相呼应，概念清晰，更加符合我国抗震的设计理念。

国内应用日趋广泛的 SAUSAGE 和 PACO-SAP 等软件提供了混凝土损伤本构模型，在后处理中直接输出混凝土的受压损伤结果，以此作为构件评价指标，输入本文的评价标准，对于直观判别构件性能具有较好的便利性。

参考文献

［1］ 住房和城乡建设部. 建筑抗震设计规范：GB 50011-2010（2016 年版）［S］. 北京：中国建筑工业出版社，2016.

［2］ 住房和城乡建设部. 高层建筑混凝土结构技术规程：JGJ 3-2010［S］. 北京：中国建筑工业出版社，2011.

［3］ American Society of Civil Engineers. Prestand and commentary guidelines for the seismic rehabilitation of buildings：FEMA-356 [S]. Washington D. C.：Federal Emergency Management Agency，2000.

[4] Applied Technology Council. Modeling and acceptance criteria for seismic design and analysis of tall building：PEER/ATC72-1 [S]. Redwood City，California，2010.

[5] 广东省住房和城乡建设厅. 建筑工程混凝土结构抗震性能设计规程：DBJ/T 15-151-2019 [S]. 北京：中国城市出版社，2019.

[6] 林超伟，王兴法. 基于钢筋材料应变状态的梁构件性能评估方法初探 [J]. 建筑结构，2013，43 (21)：86-88，93.

[7] 住房和城乡建设部. 混凝土结构设计规范：GB 50010-2010 [S]. 北京：中国建筑工业出版社，2011.

[8] PAULAY T，PRIESTLY M J N. Seismic design of reinforced concrete and masonry buildings [M]. New York：John Wiley & Sonc，Inc.，1992.

[9] Computers & Structures Inc. PERFORM Components and Elements. 2006.

[10] 林超伟，王兴法. 基于纤维模型的三维框架结构倒塌分析 [J]. 工程抗震与加固改造，2014，36 (5)：28-33，61.

[11] 林超伟，王兴法. 基于 ABAQUS 整体结构动力弹塑性计算方法应用研究 [C] //中国建筑高层建筑技术优秀论文集. 北京：中国建筑工业出版社，2012：171-177.

[12] 张谨，龚敏锋. 混凝土损伤变量及评价标准在抗震性能化设计中的应用 [J]. 建筑结构，2022，52 (21)：33-41，138.

[13] 曹胜涛，李志山. 基于材料非线性的结构抗震性能评价方法 [J]. 建筑结构，2020，50 (7)：17-27.

[14] 广州建研数力建筑科技有限公司. 高性能非线性分析软件 SAUSAGE 2019 技术手册 [R]. 广州，2019.

[15] 北京建院科技发展有限公司. 复杂结构设计软件 Paco-SAP 技术手册 [R]. 北京，2022.

第3篇 复杂空间结构研究及应用

24 复杂空间结构整体稳定性判别及数值分析

孙文波，周伟星

（华南理工大学建筑设计研究院有限公司）

【摘要】 空间结构的整体稳定性一直是结构设计的重点和难点之一，其核心在于如何确定基本的缺陷分布模式。对于一般的规则结构，基于基本屈曲模态的一致缺陷分析法能够很好地解决这个问题，但对于复杂空间结构，其低阶模态通常包含了大量的局部屈曲（包括构件屈曲），因此需要设法将此类无效模态快速剔除以得到能决定结构稳定性的控制性整体模态。本文研究了复杂空间结构整体失稳模态与模态总体应变能之间的关系，提出了基于模态应变能的结构整体失稳模态判别方法，通过模态总体应变能走势图，可以筛选出模态总体应变能发生第一次整体突变时所对应的特定区域的特征值屈曲模态，然后进行非线性分析，就可以得到结构的稳定极限承载力。本文应用该改进方法对典型结构和较为复杂的实际工程结构进行了分析验证，取得了较好的效果。

【关键词】 整体失稳模态；模态总体应变能；几何非线性分析；一致缺陷模态法

1 引言

在钢结构的设计分析中，与其他材料构成的结构类似，确定构件的截面尺寸时需要考虑强度要求。但是，由于钢材的强度高，对比钢筋混凝土结构，在相同受力功能的情况下，钢结构构件的截面尺寸小、构件长细比大且板件厚度小，处于受压区的构件和板件容易引起结构整体失稳或者局部失稳，所以钢结构构件的截面尺寸一般由稳定控制而不是由强度来确定[1]。关于钢结构的稳定分析，欧拉首先推导了两端简支压杆的线性屈曲方程；在工程设计中，Perry-Robertson 公式用于考虑初始缺陷对两端简支压杆的屈曲承载力的影响。这两个方程是所有钢结构设计规范中极限承载力验算的理论基础[2]。对于钢框架的设计，长期以来，人们一直在研究梁柱由于 P-δ 引起的弯曲屈曲和整个结构由于 P-Δ 效应引起的整体屈曲[3]。基于欧拉方程，屈曲长度的概念得到了部分研究人员的认可和改进，许多研究人员完成了关于钢框架稳定性的最新研究成果。但对于混合结构和空间结构等特殊结构，由于自身的复杂性，其稳定性和极限承载力比框架结构更难以识别。部分研究人员根据欧洲标准研究了壳体结构中的缺陷，特别是沈世钊和陈昕分析了单层网壳结构的缺陷，并首次建立了一致缺陷模态法（CIMM）用于分析网壳结构的稳定性[4]。一致缺陷模态法（CIMM）理论上基于以下两点：第一，屈曲模态表明了荷载作用下结构变形的所有可能趋势；第二，鉴于基本屈曲模态有最小的虚应变能，该模态是结构最可能的屈曲趋势。本文将基本屈曲模态定义为具有最小特征值的模态，将基本整体屈曲模态定义为与整体结构极限承载力相关的模态。

2 创新的整体稳定判别方法——改进的 CIMM

弹性缺陷敏感结构的屈曲可通过基于概率理论的数值分析方法进行计算，但在建筑设计和施工领域，设计者很难同时考虑所有的缺陷[5]。长期以来，CIMM 在我国空间结构设计和施工中得到了广泛的应用，对于判断薄壳、穹顶等空间结构的屈曲模态和极限承载力是一种非常有效的方法。为了分析钢结构的整体稳定性和承载力，设计中采用基本屈曲模态模拟缺陷的不利初始分布。根据沈世钊和陈昕的研究，结构最大缺陷定义为 $L/300$，其中 L 是整体结构的跨度，然后利用有限元软件进行非线性分析，计算结构的极限承载力[4]。CIMM 通常包括以下步骤：结构的有限元建模、线性屈曲分析（特征值分析）、判断基本（整体）屈曲模态、假设缺陷的分布、将缺陷施加至原始有限元模型、缺陷模型的非线性分析。有限元模型上施加的荷载将按比例增加，直到计算无法收敛，或者结构变形过大，无法承受任何其他额外荷载。

然而，由于当今结构的复杂性，第一阶屈曲模态通常不是 CIMM 所必需的整体屈曲模态。例如，特征值分析结果中通常包含大量局部屈曲模态，这些局部屈曲模态与结构的整体屈曲和承载力无关，即使它们对应的是相对较小的特征值。

有两种方法可以区分基本整体屈曲模态和所有计算模态。第一种方法是逐个对所有屈曲模态进行检查，但这是一种主观处理，没有量化检查。第二种方法可以称为枚举法（或完全 CIMM），将每种屈曲模态都视为基本模态，然后利用 CIMM 根据每种屈曲模态计算承载力，得到的最小值就是该结构的极限承载力。这两种方法都是耗时的工作，用上述两种方法处理某些大型有限元模型甚至是不可能的。

本文将介绍一种基于模态能量判别准则的改进方法——改进的 CIMM，对屈曲模态的虚应变能进行统计，然后比较筛选出结构的基本整体屈曲模态。

3 屈曲模态的虚应变能

特征值最小的屈曲模态是结构最可能的屈曲趋势。根据能量守恒定律，基本模态的虚应变能应为最小值。基于 ANSYS 的线性屈曲分析结果，可以很容易地评估每个屈曲模态的应变能 (Δ_1)[6]。

$$\left.\begin{aligned}
U_t &= \frac{1}{2}\int_{vol}\{\sigma\}^{\mathrm{T}}\{\varepsilon\}\mathrm{d}(vol) \\
\{\sigma\} &= \{\sigma_x \quad \sigma_y \quad \sigma_z \quad \sigma_{xy} \quad \sigma_{yz} \quad \sigma_{xz}\} \\
\{\varepsilon\} &= \{\varepsilon_x \quad \varepsilon_y \quad \varepsilon_z \quad \varepsilon_{xy} \quad \varepsilon_{yz} \quad \varepsilon_{xz}\}
\end{aligned}\right\} \tag{3-1}$$

每个构件单元的应变能 (U_t) 可通过式（3-1）计算，式中，U_t 是某个单元的应变能，σ 和 ε 是同一单元的应力和应变。每个模态的整体应变能 (Δ_1) 可通过式（3-2）进行积分，式中，n 是有限元模型中的单元总数。在有限元软件中，可以方便地求出结构各屈曲模态的整体应变能。

$$\Delta_1 = \sum_{i=1}^{n} U_{ti} \tag{3-2}$$

4 屈曲模态的归一化处理

为了公平比较各模态的虚应变能，应首先对所有屈曲模态的变形进行归一化，这意味着应按比例调整各屈曲模态的振型，直到最大变形为 1.0。归一化后的整体模式应变能 Δ 按式（3-3）计算。式中，D_{max} 为归一化前屈曲模态下的结构最大变形。

$$\Delta = \frac{1}{D_{max}^2} \Delta_1 \tag{4-1}$$

用 VBA 编制了相应的基于 ANSYS 的 API（Application Programming Interface），用于式（3-1）～式（3-3）的计算，使分析更加高效、准确[7]。

5 特征值屈曲分析的网格密度

在有限元分析中，离散化是所有结构数值模型的基本原则[8]。对于桁架结构和框架结构，模型的适当网格划分是绝对必要的，首先是为了得到单元和结构的精确特征值和屈曲模态；其次，整个结构应变能的精度也取决于模型单元的网格密度。

图 5-1 所示为两端铰接的轴心受压构件，构件的截面尺寸为 $B \times H = 30mm \times 50mm$，构件长度 $L = 3m$，钢材弹性模量 $E = 210GPa$。根据欧拉方程 [式（5-1）]，其理论屈曲荷载为 71966N。

$$P_{cr} = \pi^2 EI/L^2 = \pi^2 \times 2.1E(11 \times 30 \times 50^3/12)/3000^2$$
$$= 71966N \tag{5-1}$$

从表 5-1 可以看出，网格越细，结果越精确。然而，分析具有过多精细和详细网格的大型结构模型将花费太多时间。在表 5-1 中，每个单元三等分被证明能够满足工程精度，这将用于后续所有分析。

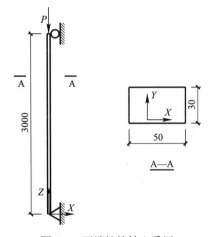

图 5-1 两端铰接轴心受压
构件计算模型/mm

不同划分单元数的模型分析结果 表 5-1

单元数	计算屈曲荷载/N	理论屈曲荷载/N	误差/%
1	87423		21.48
2	72997		1.43
3	72141		0.24
4	72058	71966	0.13
5	71998		0.04
6	71982		0.02

6 整体失稳模态判别和极限承载力分析——典型钢结构示例

6.1 平面模型 1

图 6-1 中的欧拉柱截面为 30mm×50mm，弱支撑为 3mm×5mm。两种构件的材料弹性模量均为 210GPa。每个计算模态的应变能如图 6-2 所示（前 12 个模态）。部分模态的位形图如图 6-3 所示。

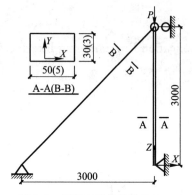

图 6-1 带弱支撑的欧拉柱/mm

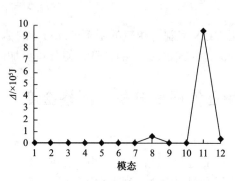

图 6-2 模态总体应变能走势图（欧拉柱）

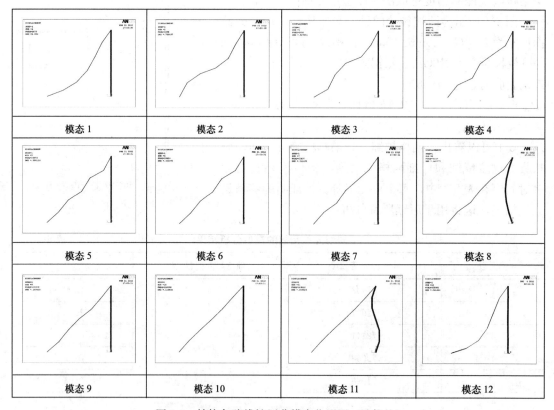

图 6-3 结构各阶线性屈曲模态位形图（欧拉柱）

显然，弱支撑是整个结构体系中的一个冗余单元。如图 6-3 所示，弱支撑（如模态 1~7、9、10、12）的屈曲不会导致整体结构的倒塌。同时，这些屈曲模态的归一化应变能远小于模态 8 和模态 11。因此，模态 1~7 和模态 9、10、12 是次要和局部屈曲模态。模态 8 和模态 11 为整体屈曲模态，其模态应变能显著高于其他模态。根据结构力学的基本原理，模态 8 是整个结构体系的第一个整体屈曲模态，图 6-4 所示的 CIMM 计算结果证明了这一点。

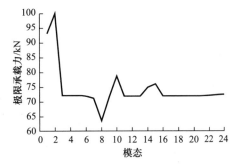

图 6-4　基于 CIMM 计算所有屈曲模态对应的极限承载力

6.2　平面模型 2

平面模型 2 为有单向弱支撑的门式刚架。图 6-5 所示门式刚架主构件的横截面为 30mm×50mm，弱支撑为 3mm×5mm。两种构件的材料弹性模量均为 210GPa。每个计算模态的应变能如图 6-6 所示（前 12 个模态）。部分模态的位形图如图 6-7 所示。

由图 6-7 可见，弱支撑的屈曲（例如模态 1、2、3、5、7、10、12）不会导致门式刚架的整体倒塌。同时，这些屈曲模态的归一化应变能远小于模态 4、6、8、9、11 的归一化应变能，如图 6-6 所示。

可见，模态 1、2、3、5、7、10、12 为局部屈曲模式，模态 4、6、8、9、11 为整体屈曲模态，其模态应变能显著高于其他模态。图 6-8 所示的 CIMM 计算结果证明，第一个整体屈曲模态是模态 11，而不是其他模态。特别注意到，由于门式刚架上弱支撑的单向刚度，模态 4 不是第一个整体屈曲模态，尽管其模态应变能在所有整体屈曲模式（模态 4、6、8、9、11）中最低。这意味着即使已经选出了所有的整体屈曲模态，基本整体屈曲模态也不一定是最低阶的模态。

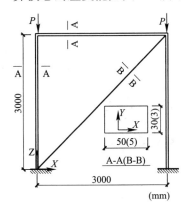

图 6-5　带弱支撑的刚架/mm

6.3　空间模型 1

图 6-9 所示的单层肋环形球面网壳，其底平面直径为 10m，球面半径为 7.25m，矢高为 2m，矢跨比为 1/5，构件的截面尺寸为 $\phi68$mm×5.0mm，钢材弹性模量 $E=210$GPa。现在在模型中加入截面很小的撑杆使之变为施威德勒型网壳，构件的截面尺寸为 $\phi6.8$mm×0.5mm，钢材弹性模量 $E=210$GPa。网壳周边节点采用固定铰支座的约束方式；初始荷载为均布 1kN/m²。计算了 1234 个屈曲模态，其中前 120 阶模态的应变能如图 6-10 所示。图 6-11 列出了 4 个重要模态的位形图。

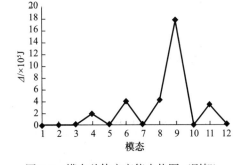

图 6-6　模态总体应变能走势图（刚架）

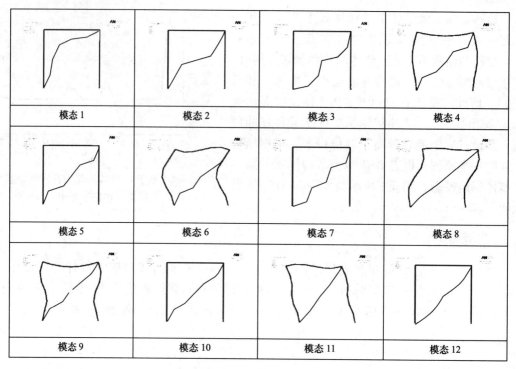

图 6-7　结构各阶线性屈曲模态位形图（刚架）

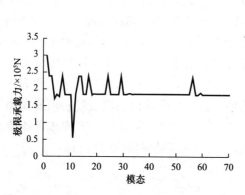

图 6-8　基于 CIMM 计算所有屈曲模态对应的极限承载力

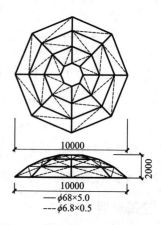

图 6-9　单层肋环形球面网壳/mm

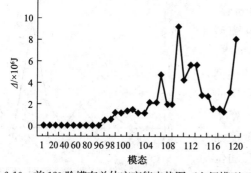

图 6-10　前 120 阶模态总体应变能走势图（空间模型 1）

可以发现，模态 97 为第一个整体屈曲模态，对比结构的模态总体应变能走势图（图 6-10）可以看出，从模态 97 开始，结构的总体应变能明显高于其前面杆件局部失稳模态。因此，推断可以根据结构的总体应变能走势图筛选结构的整体失稳模态，后面将由完整的 CIMM 进行测试和验证。

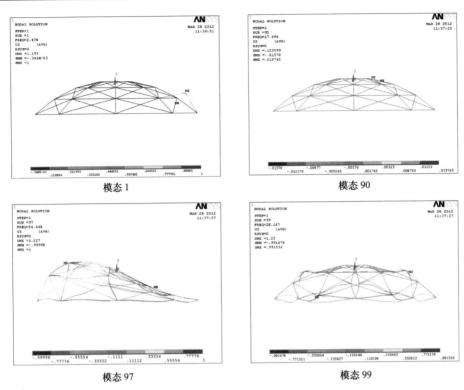

图 6-11　结构各阶线性屈曲模态位形图（空间模型 1）

6.4　空间模型 2

　　图 6-12 所示的单层凯威特型球面网壳，其底平面直径为 15m，球面半径为 10.875m，矢高为 3m，矢跨比为 1/5，其中网壳中心部分构件的截面尺寸为 $\phi45\text{mm}\times4.0\text{mm}$，其余构件的截面尺寸为 $\phi102\text{mm}\times4.0\text{mm}$，钢材弹性模量 $E=210\text{GPa}$。网壳周边节点采用固定铰支座的约束方式。初始荷载为均布 3kN/m^2。计算了 868 个屈曲模态，其中前 36 阶模态的应变能如图 6-13 所示。图 6-14 列出了 4 个重要模态的位形图。

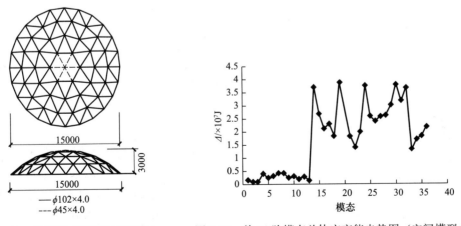

图 6-12　单层凯威特型球面网壳/mm　　图 6-13　前 36 阶模态总体应变能走势图（空间模型 2）

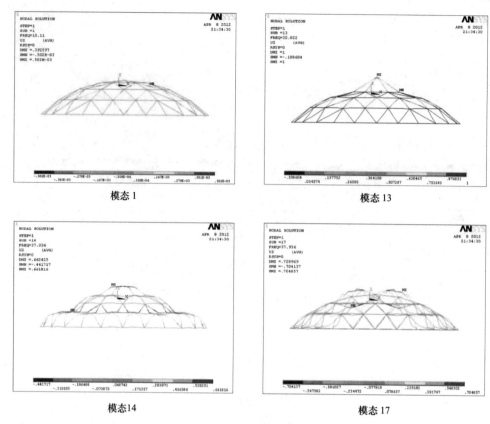

图 6-14　结构各阶线性屈曲模态位形图（空间模型 2）

可以发现，模态 1～13 应为局部屈曲模态。模态 14 和模态 17 可能是结构的整体屈曲模态，因其模态应变能明显高于其他模态，后面将由完整的 CIMM 进行测试和验证。

7　空间模型 1 和空间模型 2 的稳定极限承载力计算

7.1　完整的一致缺陷模态法

为了验证基于模态能量判别准则的正确性，需要完整的 CIMM 计算所有屈曲模态对应的极限承载力。

对于空间模型 1，基于所有 1234 个屈曲模态的极限荷载（承载力）如图 7-1 所示，基于关键屈曲模态的极限承载力如表 7-1 所示，其中 UBC 表示极限承载力。

显然，第一个整体屈曲模态是模态 97，但模态 99 才是空间模型 1 的基本整体屈曲模态，因为其对应的极限承载力最小。为了找出模态应变能与相应结构极限承载力之间的内在联系，在同一张图中绘制了模态应变能和结构极

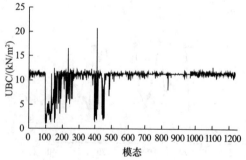

图 7-1　基于所有屈曲模态的极限
承载力（UBC）（空间模型 1）

限承载力（图 7-2）。在基本整体屈曲模态的实际点附近，应变能和承载力有明显的突变。

空间模型 1 基于关键屈曲模态的极限承载力（UBC）　　　　　　　表 7-1

模态	1	30	60	90	96	97	98	99	100	101	103	117
UBC/ (kN/m²)	10.8	11.4	11.5	11.4	11.3	2.05	1.84	1.00	3.03	2.63	1.57	2.72

对于空间模型 2，基于所有 868 个屈曲模态的极限荷载（承载力）如图 7-3 所示，基于关键屈曲模态的极限承载力如表 7-2 所示。

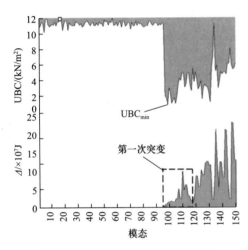

图 7-2　模态应变能与极限承载力
对应图（空间模型 1）

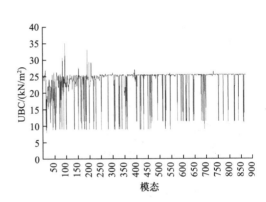

图 7-3　基于所有屈曲模态的极限
承载力（空间模型 2）

空间模型 2 基于关键屈曲模态的极限承载力（UBC）　　　　　　　表 7-2

模态	1	5	10	13	14	15	16	17	18	19	20	21
UBC/ (kN/m²)	25.4	24.9	25.0	26.9	21.5	8.82	24.1	8.00	19.2	15.5	16.4	18.5

显然，第一个整体屈曲模式是模态 15，但模态 17 才是空间模型 2 的基本整体屈曲模态，因为其对应的极限承载力最小。为了找出模态应变能与相应结构极限承载力之间的内在联系，在同一张图中绘制了模态应变能和结构极限承载力（图 7-4）。在基本整体屈曲模态的实际点附近，应变能和承载力有明显的突变。

7.2　改进的 CIMM

为了提高计算效率，本文提出了改进的 CI-MM 来识别结构真正的基本整体屈曲模态，进而求解结构的极限承载力。改进的 CIMM 有两个关键点，这是根据前面提到的计算结果推测

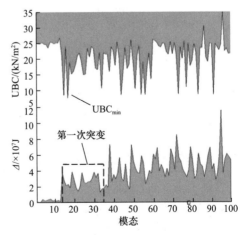

图 7-4　模态应变能与极限承载力（UBC）
对应图（空间模型 2）

出来的：第一，整体屈曲模态的应变能远大于局部屈曲模态的应变能；第二，基本的整体屈曲模态不一定是结构最低阶的模态，但通常出现在较低阶模态中。与原始的 CIMM 和完整的 CIMM 相比，改进的 CIMM 包括两个重要的附加步骤：第一步是计算所有屈曲模态的应变能，并绘制能量模态图；第二步是找出该图中的第一次突变（如图 7-2 和 7-4 所示），以区分整体屈曲模态和所有计算模态。结构的极限承载力通常对应模态应变能第一次突变时的某一模态。最后，采用原始的 CIMM 对模态应变能第一次突变时的屈曲模态进行相应的分析，得到结构的极限承载力。综上，改进的 CIMM 是一种目标明确、节省时间的方法。

8 工程实例分析

8.1 项目概述

为了验证改进后的 CIMM 的有效性，对某大跨度体育馆屋盖钢结构进行了改进后的CIMM 分析。结构计算模型如图 8-1 所示。屋盖结构采用大跨度桁架钢管拱作为主要受力结构（图 8-2），并通过水平方向桁架将各榀桁架拱连接起来，形成一个具有一定空间作用的折板体系（图 8-3），实现与建筑造型的完美结合。

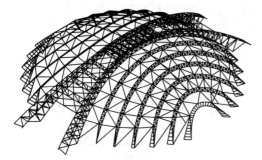

图 8-1 体育馆屋盖钢结构模型

整个体育馆的平面略呈椭圆形，长轴 140m，短轴 120m。主桁架主要构件为 $\phi 351\text{mm} \times 10\text{mm}$ 的钢管，附属桁架主要构件为 $\phi 329\text{mm} \times 9\text{mm}$ 的钢管，斜撑为 $\phi 168\text{mm} \times 5\text{mm}$ 的钢管。所有构件材料的弹性模量均为 210GPa，屈服强度为 345MPa。屋盖钢结构上表面均布恒荷载为 $1\text{kN}/\text{m}^2$。

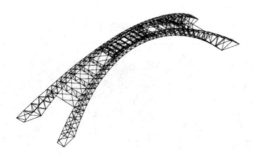

图 8-2 主桁架拱示意

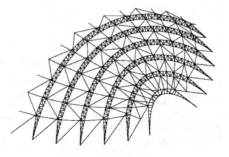

图 8-3 折板体系示意

8.2 整体屈曲模态的识别

根据改进的 CIMM，首先计算了 1500 个线性屈曲模态。一些重要模态的位形图如图 8-4所示，模态总体应变能如图 8-5 所示。

可见，第一次突变位于模态 157～200。基于改进的 CIMM，仅需对 44 个模态进行计算和校核，就可确定该结构的极限承载力，而基本整体屈曲模态应为这 44 种模态之一。

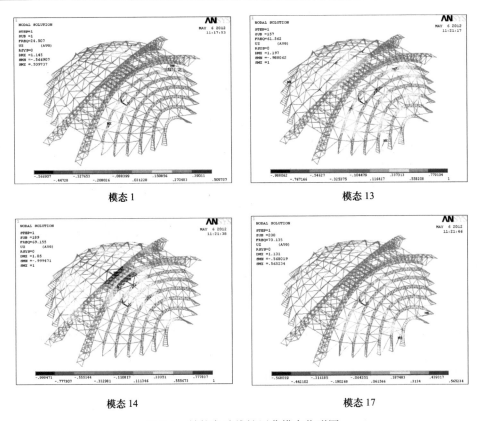

图 8-4 结构各阶线性屈曲模态位形图

8.3 结构极限承载力计算和基本屈曲模态的验证

本文共选取该工程结构的前 500 阶线性屈曲模态进行几何非线性计算，验证了改进的 CIMM 方法的有效性。模态应变能与结构极限承载力的对应关系如图 8-6 所示。结构的最小极限承载力为 $8.0089\mathrm{kN/m^2}$，相应的屈曲模态为模态 189，刚好位于模态 157～200 范围内。

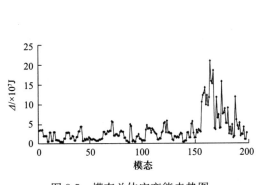

图 8-5 模态总体应变能走势图

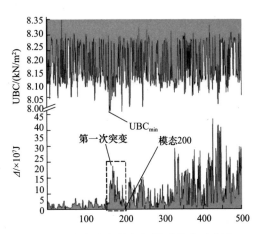

图 8-6 模态应变能与极限承载力对应图

9 结论

本文基于模态应变能提出创新的整体稳定判别方法——改进的 CIMM，能够客观、定量地识别复杂空间结构的初始缺陷分布模态并计算极限承载力。

改进的 CIMM 包括以下步骤：结构的有限元建模、线性屈曲分析（特征值分析）、屈曲模态归一化处理、计算所有屈曲模态的应变能、确定整体屈曲模态，基于第一次突变的一定数量的整体屈曲模态执行 CIMM。

由改进的 CIMM 计算得到的结构承载力的最小值即整体结构的极限承载力，对应的模态为结构基本的整体屈曲模态，而结构基本的整体屈曲模态不一定是其最低阶模态。

当前研究结果基于部分基本典型结构和工程实例，后续工作中需在如下方面继续深化：①在寻求模态能量图的突变时，本文采用的改进 CIMM 法目前仍然依赖于制图后的图形判别，具有一定的主观性，为了方便编程自动判别，基于现有的算例和条件，初步建议首先对所有能量极值进行扫描，根据结构的复杂程度选取第一个极值对应的模态及其前后各 20~30 阶模态作为基准模态进行分析，通常可以得到具有一定可信度的结果（今后还需要积累更多的算例和案例进行对比和验证）；②考虑到复杂结构的分析过程中，第一个能量极值对应的模态也不一定是基本整体屈曲模态（通常在其附近），还需要进一步探究其判别准则以实现完全程序化的全过程稳定分析。

参考文献

[1] 陈绍蕃. 钢结构稳定设计的几个基本概念 [J]. 建筑结构，1994 (6)：3-8.

[2] 周承倜. 弹性稳定理论 [M]. 成都：四川人民出版社，1981.

[3] BAPTISTA A，CAMOTIM D，MUZEAU J P. On the use of the buckling length concept in the design or safety checking of steel plane frames [C] //4th International Conference on Steel and Aluminium Structures (ICSAS 99)，ESPOO，Finland，1999.

[4] 沈世钊，陈昕. 网壳结构稳定性 [M]. 北京：科学出版社，1999.

[5] FRASER W B，BUDIANSKY B. The buckling of a column with random initial deflections. Journal of Applied Mechanics，1969 (36)：232-240.

[6] 王新敏. ANSYS 工程结构数值分析 [M]. 北京：人民交通出版社，2007.

[7] 徐巍. ANSYS 二次开发及其大变形性能研究 [D]. 北京：中国农业大学，2005.

[8] 刘尔烈. 有限单元法及程序设计 [M]. 天津：天津大学出版社，1999.

25 广州海心桥结构设计

宁平华，乐小刚，胡会勇，周昱，王晟，张松涛，郭飞，王巍，

张为民，蔡晓鹏，范俊鹏，黄福杰，曾炯坤，王慧慧

（广州市市政工程设计研究总院有限公司）

【摘要】 海心桥位于广州核心商务区，是连接珠江南北两岸的首座人行桥，桥梁造型概念来自"琴鸣绢舞，岭南花舟"，主桥为大跨度曲梁斜拱桥，拱跨 198.152m，桥宽 15m，采用斜拱曲梁组合体系，拱梁间固结，拱肋采用等高变宽的圆端形断面，拱轴线为二次抛物线，矢跨比为 1/3.4。主跨主梁采用单箱三室断面，通过变化西侧箱室梁高实现横向高低错层设计，为目前世界上跨度最大、桥面最宽的曲梁斜拱人行桥。项目总投资 2.99 亿元，工期 1 年，于 2021 年 6 月 25 投入使用。

【关键词】 桥梁结构；大跨度；斜拱曲梁组合体系；人致振动；抗震性能

1 工程概况与设计标准

1.1 工程概况

海心桥位于广州市新中轴线西侧，北岸是广州市珠江新城商务区，南岸是广州市地标性建筑——广州塔。海心桥由钢拱主桥、南北侧两座 2×40m 钢箱梁引桥及四个亲水平台组成，其中主桥为曲梁斜拱桥，拱跨 198.152m，桥宽 15m，为目前世界上跨度最大、桥面最宽的曲梁斜拱人行桥；钢拱边跨在平面分肢，分别连接岸边亲水平台与引桥。

人行桥分东、西侧两条步道，其边线在平面上由三个圆弧组成。钢拱主跨及其东侧边跨、引桥、东侧亲水平台共同构成了东侧步道，长度约 500m，在平面上为一个半径 129.1m 的圆弧；得益于较长的展线长度，其坡度舒缓，满足无障碍人行需求，可作为慢行步道。钢拱主跨以及西侧边跨组成西侧步道，长度约 273m；采用梯道的形式连接岸边亲水平台并顺按岸边道路。桥下满足 156m 宽、10m 高的通航净空要求，同时实现了与岸边道路平接，与堤岸景观融为一体。如图 1-1~图 1-3 所示。

1.2 设计理念

整体造型采用"琴鸣绢舞，岭南花舟"的概念（图 1-4），将岭南地域文化融入现代设计元素，将桥梁完美地融入广州中轴线步行系统，其曲线造型成为广州珠江上一道新的风景线。

桥梁设计独特性体现在与海心沙环境的高度匹配性，并结合广州中轴特点量身定制，包括：

（1）"岭南古琴、粤曲飘绢"元素与海心沙音乐岛主题衔接。

（2）"岭南花舟"的花桥元素与花城广场主题融合。

（3）桥面衔接海心沙景观曲线，融入广州中轴步行系统与构图。

（4）弧形桥幅围合广州中轴景观，形成向心的景观视野。

（5）桥上遮阳设施适应岭南炎热多雨气候。

1.3 设计原则

桥梁方案设计时遵循以下原则：

（1）项目位于广州新中轴线，是联系珠江南北两岸的重要纽带，地理位置特殊，具有景观与观景双重属性；周边已有"小蛮腰"广州塔及东、西塔等地标性建筑，新建桥梁要重点处理好周边景观和建筑物的关系。

图 1-1　海心桥实景

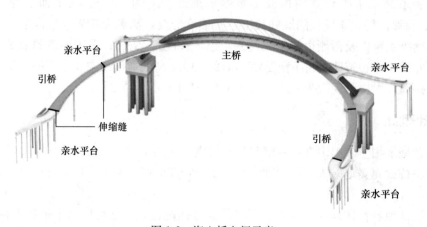

图 1-2　海心桥空间示意

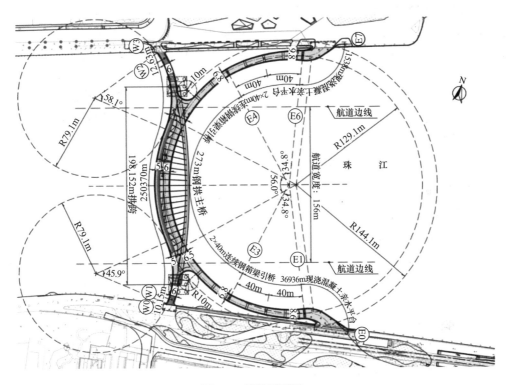

图 1-3 桥梁平面图

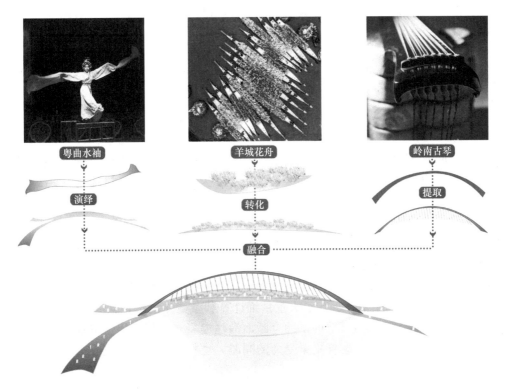

图 1-4 桥梁设计概念图

（2）桥梁造型要简洁、大气、灵动、轻巧、通透，遵循实用、经济、美观、与环境协调的原则，具有结构美、力学美；可以考虑一些曲线造型，体现岭南文化。

（3）做到视野开阔并考虑游人停留、休息需要，提供必要的遮阳、避雨功能，坡度宜平缓。

（4）周边人流量大，设计时需充分考虑人群超载、偏载、防倾覆、舒适度等问题。

（5）考虑到项目工期的紧迫性，在桥型选择、施工阶段和工艺方面要考虑可实施性及可调节性，保证施工速度，建设过程要确保航道通畅、对周边环境影响小。

（6）桥梁结构要做到耐久性好、维护方便。

1.4　设计标准

（1）人群荷载：根据《城市桥梁设计规范》CJJ 11-2011，取 4.0kPa。

（2）桥梁宽度：15m。

（3）最高通航水位：$H_{1/20}=7.374$m；最低通航水位：$H_{1/20}=3.694$m（广州城建高程系统）。

（4）通航净空：通航孔跨度不小于 156m，通航净空不小于 10m；航道位置偏南岸，水深 5～7m。

（5）设计洪水频率：200 年一遇，$H_{1/200}=8.38$m（广州城建高程系统）。

（6）地震烈度：根据《建筑抗震设计规范》GB 50011-2010（2016 年版），场区的抗震设防烈度为 7 度，设计地震基本加速度值为 0.10g，设计地震分组为第一组，建筑场地类别为Ⅱ类，特征周期为 0.35s。

（7）设计风荷载：取 10m 高度百年平均最大风速（基本风速）$U_{10}=31.3$m/s。

（8）设计安全等级：一级。

（9）结构设计基准期：100 年。

（10）环境类别：Ⅰ类。

1.5　结构构造

1.5.1　主拱

为了保证纤细的外观并减小阻水面积，采用单箱三室的钢箱拱肋，钢材采用 Q370qD；断面为等高变宽的圆端形，高 2.6m，宽度由上至下为 4.2～6.5m。拱轴线为二次抛物线，拱跨 198.152m，矢高 57.95m，矢跨比 1/3.4。拱肋 10°反向侧倾以平衡弯曲主梁产生的倾覆弯矩。主梁底板以下拱肋外部设置短栓钉并外覆 10cm 厚 UHPC（超高性能混凝土）层，形成 UHPC 包裹钢箱混凝土组合结构，可有效提高钢结构拱肋的耐久性。钢箱拱肋外观纤细且自重小，有利于减小拱脚处的推力，但拱肋提供的刚度有限。在拱肋内灌混凝土可提高刚度，改善上部结构受力，但也会增大拱脚推力，将对基础提出更高承载力要求。为寻找二者之间的平衡，进行了大量精细计算和参数化比选，最终采用部分钢-混凝土组合拱肋的方案，即桥面以下的拱肋全断面灌注混凝土，桥面以上受压区箱室内灌注混凝土；在增强拱肋刚度、改善主梁受力的同时，也将拱脚推力控制在合理的范围。如图 1-5 所示。

拱肋隔板分为横隔板及吊杆加劲隔板两类，其中横隔板垂直于拱轴线布置，间距 3.500～6.958m；吊杆加劲隔板与吊杆共平面，间距 5.003～6.947m。拱肋钢板母板厚度

36mm，采用 300mm×42mm 的板肋加劲，肋间距 500～750mm。

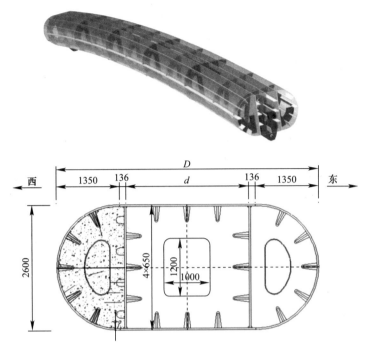

图 1-5　拱肋尺寸构造及部分钢-混凝土组合拱肋示意（单位：mm）

1.5.2　主梁

主梁为一个半径 129.1m 的曲线梁，采用了刚度大、整体性好的钢箱梁，有利于提高抗扭承载力及抗风稳定性，材质为 Q370qD 钢材。主跨钢梁为单箱三室断面，通过变化西侧箱室梁高以实现横向高低错层设计：西侧箱室高 2.0～3.5m，东侧箱室高 2m。中跨主梁跨中截面如图 1-6 所示。在拱梁结合处分肢，引出边跨的慢行坡道及快行梯道。

为提高桥面抗腐蚀性能，方便与桥面铺装结合，在钢桥面上方设置 2.5cm 厚 UHPC 层。主梁纵向 6m 设置一道强横隔板，强横隔板之间每 2m 设置顶、底板横肋及腹板竖向肋，隔板铅垂设置，吊杆锚拉板与强横隔板共板。

1.5.3　拱梁结合处

在拱梁交界处将拱与梁固结，具有结构刚度大、抗倾覆能力强、抗风及抗震性能好的优点。主梁与拱肋固结区域梁宽为变宽，梁高 2.0m，拱肋连续穿过结合段，其顶、底板及中腹板外伸与结合段钢梁固结形成一个大的整体节点。

1.5.4　吊杆

吊杆采用 GJ15-19 成品索，抗拉强度 1860MPa，上锚点为锚固端，采用插耳、销轴与拱上耳板连接；下锚点为张拉端，采用整体锚头与锚拉板连接，并于梁上进行张拉作业。全桥共 23 根吊杆，梁上锚点间距 6m，拱上锚点由主梁锚点位置横隔板确定，间距 5～7m。

基于指定受力状态的索力优化原则，使吊杆力承担约 60% 的结构恒荷载，再通过吊杆角度反算出目标成桥索力。

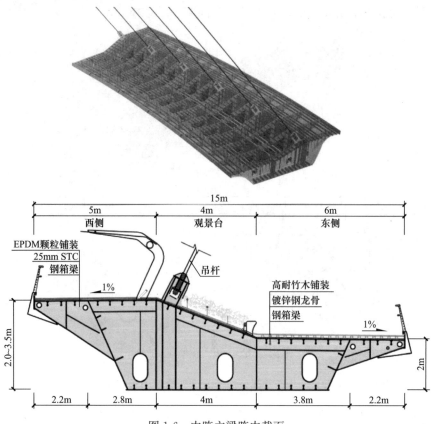

图 1-6　中跨主梁跨中截面

1.5.5　下部结构

拱座为棱台形，高 5m，顶部平面尺寸为（3.24~6.23）m（纵向）×15m（横向），底部尺寸为（13.4~17.39）m（纵向）×20m（横向）；承台高 6.5m，平面尺寸为 20m×20m，承台底设置 3m 的厚封底混凝土；主墩桩基采用 9 根直径 3m 的钻孔灌注桩，行列式布置，桩基纵、横向中心距均为 7.5m；为减小拱脚弯矩对桩基产生的不平衡轴力，群桩中心相对于拱脚中心在纵向设置 2.0m 偏心。

1.5.6　骑跨式亲水堤岸平台构造

骑跨式亲水堤岸平台构造（图 1-7），实现了东、西侧引桥与堤岸的平接，同时满足无障碍设计的需求，大大减少了对大堤的破坏，避免了围堰的设置，降低了工程造价。

图 1-7　骑跨式亲水堤岸平台构造示意

1.5.7　施工方案

上部钢结构浮运至现场，在河中设置 3 对临时支架并利用两台 600t 浮吊进行架设；临时支架间保留通航孔，以保证桥下航道通畅。采用大节段整体吊装的快速化施工技术，确保项目 1 年内完成全部施工并投入使用。施工顺序如图 1-8 所示。

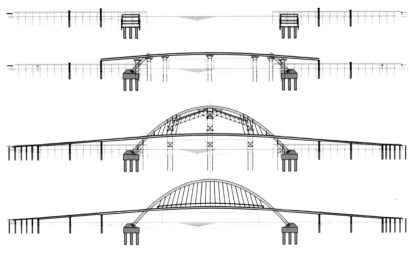

图 1-8　施工顺序示意

2　超大跨度斜拱曲梁桥梁设计技术

2.1　斜拱曲梁桥梁结构体系

设计采用抗扭性能好的整体箱形断面，在拱梁交界处将拱与梁固结，通过吊杆力来调节结构受力，具有结构刚度大、抗倾覆能力强、抗风及抗震性能好的优点。如图 2-1 所示。

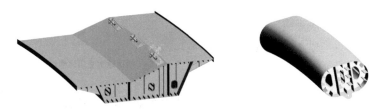

图 2-1　拱、梁结构示意

为保证结构刚度、满足变形及人行舒适性要求，设计时将拱脚与拱座、拱肋与主梁均进行固结，可满足超大跨度斜拱曲梁桥的刚度需要。拱脚与拱座固结及拱梁固结的节点构造（图 2-2、图 2-3）极其复杂，是设计的重点、难点，为确保结构安全，采用局部模型，对两处节点进行了精细化计算与设计。

此外，在拱肋受压区内灌注混凝土（图 2-4），形成部分钢管混凝土拱桥体系，提高了结构刚度和行人舒适性。

人群荷载作用下的结构变形包络如图 2-5 所示。由图可知，人群荷载包络结构最小竖向变形出现在主梁中跨跨中位置，为 135.9mm（挠跨比 1/1221）；人群荷载最大横向变形出现在拱肋跨中位置，为 148.3mm（向西），刚度满足要求。

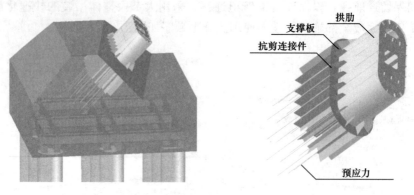

图 2-2　拱脚与拱座固结节点

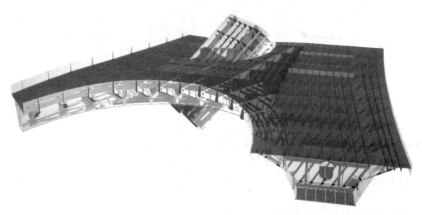

图 2-3　拱梁固结节点

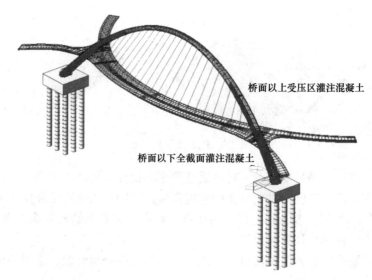

图 2-4　灌注混凝土位置示意

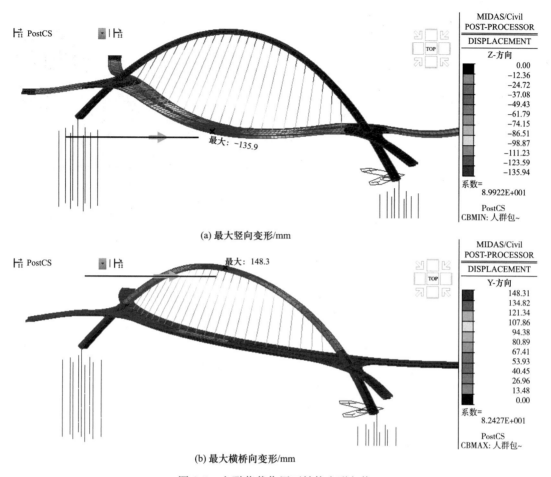

(a) 最大竖向变形/mm

(b) 最大横桥向变形/mm

图 2-5 人群荷载作用下结构变形包络

2.2 大直径抗推桩

桥梁为推力拱结构，桩基直径为 3m，桩顶承受巨大剪力，如一味地增大桩基直径将导致造价增加、施工困难，本项目创新性地在钢筋混凝土桩的桩顶加入型钢（图 2-6），以提高桩基抗推能力，保证结构的安全。

2.3 UHPC 包裹钢箱混凝土组合结构

拱肋下方设置 10cm 厚超高性能混凝土（UHPC）层（图 2-7），增强了拱肋局部刚度与抗船撞性能，并将拱肋钢板与水隔离开来，提高了耐久性，节省了养护成本。

钢筋混凝土桩桩顶加入型钢

图 2-6 大直径抗推桩构造示意

2.4 基于 BIM 技术的辅助设计和施工

通过采用 BIM（建筑信息模型）技术，提高了施工效率，减少了施工错误的发生，实现了全三维、无死角的设计。BIM 模型如图 2-8 所示。

图 2-7　UHPC 包裹构造示意

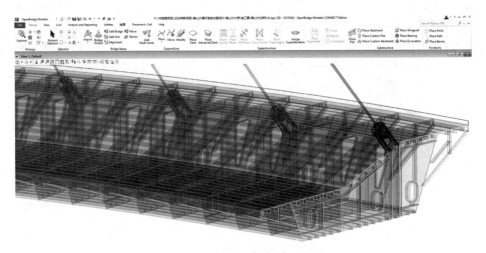

图 2-8　BIM 模型

3　超大跨度斜拱曲梁组合体系桥梁振动控制

3.1　超大跨度斜拱曲梁组合体系桥梁动力特性

3.1.1　有限元模型

采用有限元软件 ANSYS 进行动力特性分析。拱肋为较规则的变截面构件,采用 Beam188 单元模拟;主梁为空间曲线结构,且西侧箱室截面到跨中逐渐变高,而东侧箱室为等高度,导致中间箱室变高趋势复杂,因此主梁采用 Shell181 单元模拟;吊杆采用 Link180 单元模拟;结构附加重量采用 Mass21 单元模拟。模型中拱底为固结,边跨设置竖向与径向约束,拱梁结合处的拱肋节点利用刚臂与附近主梁节点刚接,主梁刚接范围为拱肋面积范围内。ANSYS 计算模型如图 3-1 所示。

计算模型计入了初始平衡构型内力的效应,即首先通过静力分析求得考虑了恒荷载和吊杆力的桥梁初始平衡构型,再基于该初始平衡构型进行模态分析,模态提取方法采用 Block Lanczos 法,该方法适用于提取由壳单元或壳单元与实体单元组成模型的多阶模态。

3.1.2 计算结果

本桥属于空间异形结构，结构受力复杂，本文仅给出前 12 阶桥梁结构的模态特征，如表 3-1 所示；前 6 阶振型如图 3-2 所示。

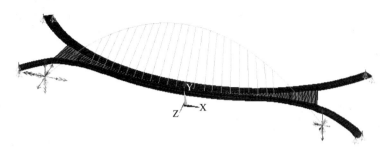

图 3-1 ANSYS 计算模型

海心沙人行桥主要模态特征 表 3-1

模态阶次	频率/Hz	模态质量/t	振型描述
1	0.540	2301	拱肋侧弯、中跨主梁对称竖弯
2	0.720	3822	拱肋反对称竖弯、中跨主梁反对称竖弯
3	1.043	1642	中跨主梁对称竖弯与对称侧弯
4	1.296	3487	主梁反对称竖弯
5	1.507	2188	主梁扭转
6	1.806	4640	拱肋反对称竖弯与反对称侧弯
7	2.038	311	东南边跨竖弯
8	2.062	609	东北边跨竖弯
9	2.145	476	中跨主梁扭转
10	2.206	433	东侧边跨竖弯
11	2.595	807	北侧边跨竖弯
12	2.784	210	西北边跨竖弯、侧弯

海心沙人行桥第 1 阶频率为 0.540Hz，结构基频较低，第 1 阶振型表现为拱肋侧弯，主梁竖弯与侧弯不明显，这是由于拱肋的面外刚度较主梁刚度小；本桥频率分布较密集，自由行走的人群步频频带（1.2～2.4Hz）内出现了 7 个模态；第 4 阶振型存在中跨主梁侧弯，其频率为 1.296Hz，由于侧弯可能导致横向动力失稳，从而产生 Lock-in 效应，因此该阶为主要控制模态；第 5 阶与第 9 阶振型均表现为主梁扭转，频率分别为 1.507Hz 和 2.145Hz，均在敏感频率频带内，其中前者表现为全桥主梁扭转，后者表现为中跨主梁扭转，亦为控制模态；第 7 阶、第 8 阶、第 10 阶振型均表现为主梁竖弯，振型最大位置分别为东南边跨主梁、东北边跨主梁、东侧边跨主梁，需要设置抑振措施；由于西南边跨跨度较小，中跨相对刚度大，导致前 12 阶振型未出现以中跨主梁竖弯为主的振型。此外，由于本桥为空间拱梁组合结构，且拱为倾斜状、主梁为曲线，导致结构模态振型复杂，主梁和拱肋振型耦合，主梁竖向、侧向和扭转方向的振型也有耦合。

3.2 行人激励下人致振动响应及舒适性评价

自由行走的人群步频分布在 1.2～2.4Hz 这样一个很窄的频带内，称为窄带随机过程。

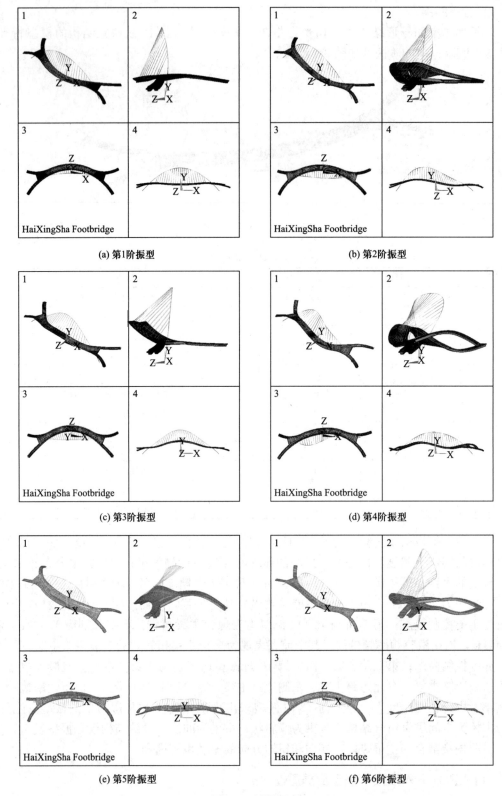

(a) 第1阶振型

(b) 第2阶振型

(c) 第3阶振型

(d) 第4阶振型

(e) 第5阶振型

(f) 第6阶振型

图 3-2　桥梁振型

当桥上行人较多时，必然有一部分人的步频非常接近而产生同步效应，当这一同步频率与桥的某阶自振频率接近时，就会产生人桥共振现象，然后会有更多人自然地调整步伐与桥梁振动频率一致，导致进一步加剧人桥共振的程度。

3.2.1　舒适度标准

不同地方的标准中，对行人舒适度的要求存在一定的差异。德国规范 EN 03 中的行人舒适度指标见表 3-2。

舒适度类别	舒适度	竖向加速度限值/(m/s²)	侧向加速度限值/(m/s²)
CL1	最好	<0.50	<0.10
CL2	中等	0.50～1.00	0.10～0.30
CL3	差	1.00～2.50	0.30～0.80
CL4	不可接受	>2.50	>0.80

EN 03 舒适度指标　　　　表 3-2

3.2.2　设计行人密度舒适性评价

行人密度取值：根据德国规范 EN 03，人致振动分析时，行人密度应取 1.5p/m²。考虑到本项目人行桥为区域核心景点，且桥上设计景观平台，在节假日可能出现人群密度异常大，故计算时人群密度取 2.0p/m²。

结构阻尼比取值：根据德国规范 EN 03，钢结构阻尼比取最小值为 0.2%、中位值为 0.4%。根据《公路桥梁抗风设计规范》JTG/T 3360-01-2018 第 6.6.1 条，以主梁振动为主的钢箱梁阻尼比取 0.3%。考虑到本桥主梁为钢梁，结合以往项目现场实测结果，人致振动舒适性分析时，钢箱梁桥的各模态阻尼比取 0.3% 更为合理。

根据德国规范 EN 03，结合结构模态特征，计算了该桥人致振动加速度峰值。人致振动竖向、侧向加速度峰值分别如图 3-3、图 3-4 及表 3-3 所示。在未进行人致振动控制的情况下，由图 3-3 和图 3-4 可知：①基于 EN 03 的人致振动竖向加速度峰值 CL1 舒适度标准，共有 15 阶模态的竖向和（或）侧向加速度不满足 CL1 舒适度标准；②如采用 CL2 舒适度标准，即中等标准，共有 12 阶模态的竖向和（或）侧向加速度不满足 CL2 舒适度标准。

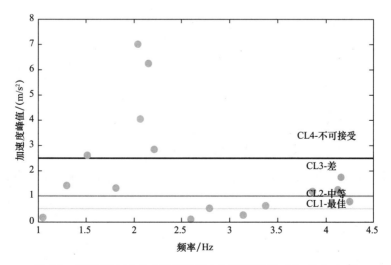

图 3-3　基于 EN 03 的人致振动竖向加速度峰值（$d=2.0\text{p/m}^2$）

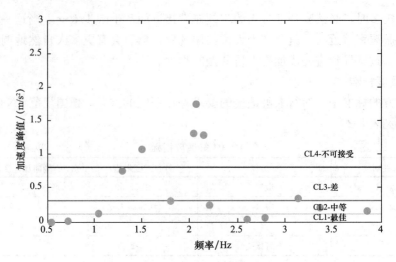

图 3-4　基于 EN 03 的人致振动侧向加速度峰值（$d = 2.0\mathrm{p/m^2}$）

基于 EN 03 标准的人致振动加速度峰值　表 3-3

模态阶次	固有频率/Hz	模态质量/t	模态阻尼比/%	加速度峰值/(m/s²)	
				竖向	侧向
3	1.043	1642	0.30	0.19	0.12
4	1.296	3487	0.30	1.45	0.76
5	1.507	2188	0.30	2.63	1.08
6	1.806	4640	0.30	1.34	0.30
7	2.038	311	0.30	7.01	1.31
8	2.062	609	0.30	4.07	1.75
9	2.145	476	0.30	6.26	1.29
10	2.206	433	0.30	2.86	0.24
12	2.784	210	0.30	0.56	0.05
13	3.137	2023	0.30	0.27	0.34
14	3.368	1575	0.30	0.65	0.20
15	3.856	831	0.30	1.20	0.15
16	4.123	723	0.30	1.29	0.46
17	4.152	571	0.30	1.77	0.44
18	4.249	955	0.30	0.82	0.53

　　分析结果表明，根据 EN 03 在 3Hz 内的综合最不利结果进行舒适度评价，采用人致振动加速度峰值 CL2 舒适度标准，即中等标准，共有 9 阶模态加速度峰值超过了舒适度标准，需要进行振动控制。

3.3　人致振动减振方案研究

3.3.1　电涡流 TMD

　　电涡流调谐质量阻尼器（TMD）是由电涡流阻尼元件提供阻尼。电涡流阻尼元件由永磁铁和铜板构成，当铜板与永磁铁相对运动时，铜板切割永磁体的磁力线会产生一个阻碍两者相对运动的力并在铜板内产生电涡流，电涡流立即在铜板内发热耗散能量，将结构振动机械能最终转换为热能消耗掉。电涡流的工作原理如图 3-5 所示。

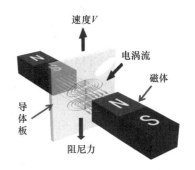

图 3-5 电涡流工作原理

与传统 TMD 相比，电涡流 TMD 的优越性主要来自电涡流阻尼元件，其优点有：①具有理想的线性黏滞阻尼特性，阻尼系数取决于铜板与磁钢之间的距离，调节非常方便。②无附加刚度，阻尼元件不需要与结构直接接触，无任何摩擦阻尼。③阻尼元件基本不需任何后期维护，耐久性好、环境适用性强；阻尼器内无流体，无需密封件，不会出现任何漏液、无接触、无磨耗，阻尼参数不受温度等环境因素影响。

3.3.2 结构减振控制目标

根据 EN03 标准，为了使人致振动加速度响应峰值满足 CL2 舒适度标准，采用调谐质量阻尼器提高结构的阻尼比，结构加速度响应峰值控制的阻尼比要求如表 3-4 所示。考虑到第 6 阶模态为拱肋主导的模态，模态振型主要发生在拱肋上，主梁参与较小，按照主梁归一化后的模态质量特别大，虽然该阶模态的加速度峰值略超舒适度标准，但拱肋部分箱段灌注混凝土，模态阻尼比可能大于 0.60%，故对该阶模态暂时不考虑减振控制。

加速度峰值减振控制目标 表 3-4

模态阶次	频率/Hz	模态质量/t	阻尼比/%	加速度峰值/(m/s²)		CL2 标准/(m/s²)		等效阻尼比/%
				竖向	侧向	竖向	侧向	
4	1.296	3487	0.30	1.45	0.76	0.57	0.30	0.76
5	1.507	2188	0.30	2.63	1.08	0.61	0.30	1.28
6	1.806	4640	0.30	1.34	0.30	0.67	0.30	0.60
7	2.038	311	0.30	7.01	1.31	0.70	0.30	3.00
8	2.062	609	0.30	4.07	1.75	0.70	0.30	1.75
9	2.145	476	0.30	8.06	1.66	0.70	0.30	3.46
10	2.206	433	0.30	6.11	0.52	0.70	0.30	2.62
11	2.595	807	0.30	2.34	0.69	0.70	0.30	1.00
12	2.784	210	0.30	2.17	0.20	0.70	0.30	0.93

该人行桥侧向动力失稳临界人数较少，建议安装调谐质量阻尼器提高结构阻尼比，增加侧向动力失稳临界人数。按照桥上通行人数密度 2.0p/m² 计算，即人群约为 6600 人，以此为侧向动力失稳临界人数目标值，进行 TMD 优化设计。侧向动力失稳控制的等效阻尼比如表 3-5 所示。

侧向动力失稳结构减振控制目标 表 3-5

模态阶次	频率/Hz	模态质量/t	模态阻尼比/%	临界人数/人	目标人数/人	等效阻尼比/%
1	0.540	2301	0.30	3080	6600	0.64
3	1.043	1642	0.30	1382	6600	1.43

3.3.3 TMD 参数优化

根据有限元动力分析获得的结构模态参数以及 TMD 优化设计方法，按照最大加速度最小化设计了 TMD 的基本参数，优化设计结果如表 3-6 所示。第 1 阶和第 3 阶模态减振目标为提高侧向动力失稳临界人数，但是，这两阶模态存在严重的竖向与侧向振型耦合，且竖向振型位移大，因此，控制时采用竖向 TMD 提高这两阶模态的阻尼比。需要 TMD 的总质量为 25.6t。TMD 的安装位置为对应模态振型的最大位移处，如图 3-6 所示。

基于理论分析的 TMD 优化参数 表 3-6

TMD 编号	控制模态	模态参数		质量比/%	TMD 基本参数			运动方向	TMD 安装位置
		f/Hz	M/t		f_d/Hz	m_d/t	ξ_d/%		
1	1	0.540	2301	0.0010	0.540	2.30	1.94	竖向	主跨北，0m
2	3	1.043	1642	0.0020	1.042	3.28	2.74	竖向	主跨东，0m
3	4	1.296	3487	0.0010	1.295	3.49	1.94	竖向	主跨北，-41m；41m
4	5	1.507	2188	0.0015	1.505	3.28	2.37	竖向	主跨东，48m
5	7	2.038	311	0.0075	2.031	2.33	5.29	竖向	东南跨，-110m
6	8	2.062	609	0.0027	2.059	1.67	3.20	竖向	东北跨，112m
7	9	2.145	476	0.0100	2.134	4.76	6.11	竖向	主跨东，-6m
8	10	2.206	433	0.0062	2.200	2.67	4.80	竖向	东北跨，112m
9	11	2.595	807	0.0015	2.593	1.21	2.37	竖向	东北跨，114m
10	12	2.784	210	0.0030	2.780	0.63	3.35	竖向	西北跨，113m

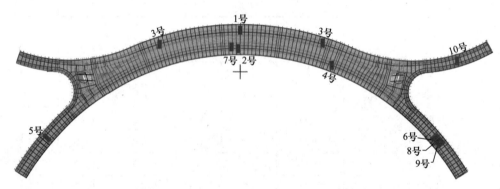

图 3-6 基于理论分析结果的 TMD 布置图

4 结语

（1）海心桥为广州市珠江上第一座跨江人行桥，位于广州新中轴线核心商务区，是联系珠江南北两岸的重要纽带，具有景观与观景双重属性。

（2）桥梁通过曲线形态衔接了中轴线前后的曲线化城市公共空间以及步行系统，桥型吸取粤曲"水袖飘绢"的形态，桥拱融入"岭南古琴"的造型元素，在现代形态中融入岭南文化意象；整体外形柔美，细部构造具有力量感，其轻盈通透的体量，既避免了对珠江视线通廊的遮挡，又与都市天际线和谐相融，达到了外形与受力的高度一致。

（3）主桥为曲梁空间拱结构，是目前世界上跨度最大、桥面最宽的曲梁斜拱人行桥。设计采用抗扭性能好的整体箱形断面，采用拱梁固结以提高结构整体性，通过吊杆力调节结构受力，具有结构刚度大、抗倾覆能力强、抗风及抗震性能好的优点。同时，在拱肋受压区灌注混凝土，形成部分钢管混凝土拱桥体系，提高了结构刚度和行人舒适度；主梁下方拱肋设置 10cm 厚超高性能混凝土（UHPC）层，增强了拱肋局部刚度与抗船撞性能，并将拱肋钢板与水隔离开，具有良好的抗腐蚀效果。

（4）本桥跨径大、基频低，频率分布较密集，结构模态振型复杂，主梁和拱肋振型有耦合，主梁竖向、侧向和扭转方向的振型也有耦合。为解决大跨度人行桥人致振动问题，全桥设置了总质量为 25.6t 的电涡流 TMD，满足节假日高峰期行人通行的舒适度要求。

（5）桥梁施工采用大节段工厂制造、现场安装的方式，吊杆采用成品索，极大地提高了施工速度，并利用临时墩及浮吊吊装，对航道采取最大程度的避让，保障施工期间珠江船舶的正常通行；采用对堤岸破坏小且能与堤岸平接的骑跨式平台，减小施工期间的围蔽影响，避免堤岸的破除与围堰的设置，大大节省了造价、缩短了工期，全桥在一年之内完成施工并投入使用。

26 梅州南寿峰大跨度景观玻璃桥

陈星，欧旻韬，陈加，彭思，张小良，邓南鸿，蔡枫霖

（广东省建筑设计研究院有限公司）

【摘要】 梅州南寿峰大跨度景观玻璃桥为单索悬索桥，桥面主跨 180m，索塔顶之间距离 188m，单侧桥面宽 2.9m，未设置抗风索。桥面拉索均设置在桥面内侧，景观面不被拉索遮挡，全桥单边悬挑结构形成独特的建筑效果。本文结合桥面结构设计、人致振动、抗风研究、施工方法和成桥试验检测等多方面进行介绍。

【关键词】 单索悬索桥；大跨度；玻璃桥；X 形桥面体系

1 工程概况与结构特点

1.1 工程概况

梅州南寿峰大跨度景观玻璃桥位于南寿峰景区内（图 1-1），连接北侧山坡的坡顶和南侧山底的景区，南北高差约 30m，桥面主跨 180m，索塔顶之间距离 188m，单侧桥面宽 2.9m，中间设圆形观景台。本桥作为景区内收费的人行观光天桥，不属于普通市政人行天桥。

由于建筑造型需要，本单悬索吊桥不允许设置反向抗风索，这从根本上影响到本桥结构体系的选择。为提高整体抗风性能及桥面舒适度，桥面体系为并联的双主缆＋X 形双拱双桥面系，桥面采用变截面、变厚度箱形钢梁，X 形交接处设置上下两层钢板组成整体式箱形梁。其目的是减少桥面横向振动及钟摆形的扭转效应。

图 1-1 航拍玻璃桥实景

1.2 钢结构特点及结构体系

（1）与国内其他悬索景观吊桥相比，本项目的拉索均设置在桥面内侧，景观面不被拉

索遮挡，形成独特的建筑效果。单边悬挑结构对稳定性及变形的设计要求较高。主索为桥面中部的并联主索，容易出现钟摆形振动及扭转。设计时按侧最不利荷载、均布荷载等多种不利活荷载布置考虑，有足够的安全富余。桥面结构平面、立面布置及实景如图 1-2～图 1-4 所示。

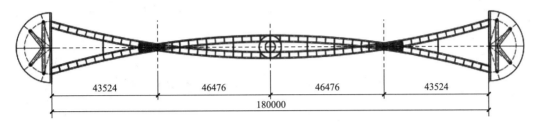

图 1-2　桥面结构平面布置

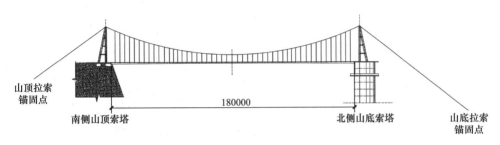

图 1-3　桥面结构立面布置

图 1-4　桥面结构实景

（2）受力体系介绍：

① 双主缆主要承受竖向力并提供部分抗扭刚度；双主缆在施工过程中有利于安装架桥机。

② 桥面为 X 形水平对称双拱，由上、下两个 C 形水平拱组成。利用水平拱良好的侧向刚度，抵抗水平力和侧向位移。

③ 主缆和桥面形成常规的钟摆结构，一般认为此结构形式抗侧向刚度较弱，造成跨

中抗扭刚度较弱，但本桥通过上述 X 形水平对称双拱与主缆有机结合为整体，由主缆抵抗竖向力，双拱抵抗水平力和扭转，实现了桥面良好的稳定性与整体刚度。

④ X 形水平对称双拱在交接部位较为薄弱，容易导致中部发生扭转变形。因此在 X 形交接部位处，在梁顶面和底面焊接钢板，使交接部位结合成整体箱梁，如图 1-5～图 1-7 所示。此做法使抗扭刚度得到大幅提升，很好地解决了中部桥面的扭转问题。

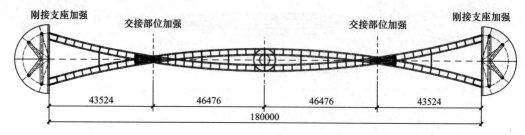

图 1-5　结构交接部位平面布置

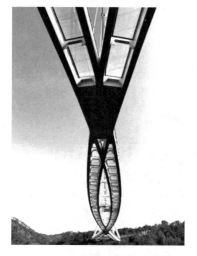

图 1-6　结构交接部位实景

图 1-7　双主缆节点实景

⑤ 桥面均为单边悬挑，在兼顾建筑造型的同时，如何解决桥面稳定性及变形是个难题。本工程每隔 11～13m 将桥面划分为一组模块，如图 1-8 所示的 A～G 组模块。每个模块端部通过设置桥面联系杆，构成连续梁的受力形式支撑每组模块的重量，各模块中部由于跨度较小，通过箱形钢梁自身抗扭刚度来抵抗桥面扭矩。模块分组形式同样也是桥面施工吊装时的分割形式，每组模块在吊装时能保持自身稳定。如图 1-9、图 1-10 所示。

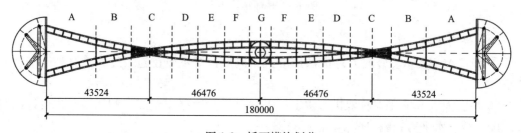

图 1-8　桥面模块划分

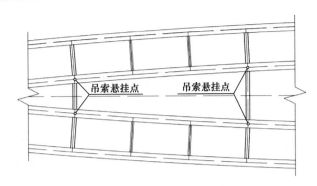

图 1-9 每组桥面模块的结构布置示意

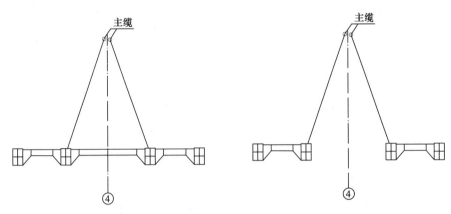

图 1-10 典型结构剖面图

（3）桥端的支座采用埋入式刚接支座，南侧固定在索塔核心筒顶部，北侧直接固定在桩基础承台（图 1-11），并在端部一跨的箱梁内灌入混凝土，进一步提高了支座的连接刚度，并利用灌入混凝土的阻尼，减少桥面微振动。

（4）加大桥面预拱值，使桥面整体呈微圆弧形，并增强竖向刚度。桥面采用变截面、变厚度箱形钢梁。两侧支座处截面大，中跨截面小，可有效利用两侧山体及索塔的刚度。

（5）主缆支座处采用主索下放时滑动，固定主索后再施工桥面的方式。每侧索塔采用 4 根钢管混凝土柱，抗侧向刚度强。此做法有利有弊，优点是主缆固定在索塔顶部，利用钢管柱间接增强了缆索刚度，减少桥面摇晃；缺点是主缆未在鞍座位置释放纵向位移，因主缆温度变形导致桥面发生轻微的上下位移。但总体而言，利大于弊。鞍座节点如图 1-12、图 1-13 所示。

（6）通过双主缆、X 形双拱桥面、刚接支座、合理设置混凝土阻尼块、固定主缆、加大桥面预拱度等措施，实现了不设置抗风索、稳定索时仍能保证桥梁的整体刚度和稳定性，为国内首创。华南理工大学对建成桥梁的实测数据表明，桥梁各项指标良好，有足够的安全富余度。此外，不设抗风索还极大地提升了项目整体建筑效果。

1.3 土建结构特点

（1）拉索锚定采用大直径人工挖孔灌注桩，嵌固在微风化岩。由于场地岩面起伏很大，

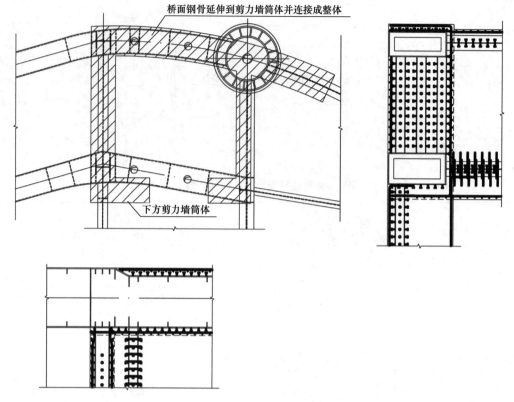

桥面钢骨延伸到剪力墙筒体并连接成整体

下方剪力墙筒体

图 1-11　北侧刚接支座节点大样图

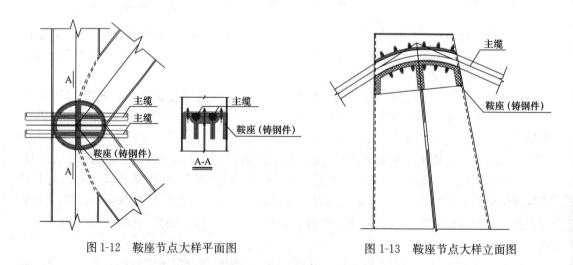

图 1-12　鞍座节点大样平面图　　　　图 1-13　鞍座节点大样立面图

且锚固刚度对桥面刚度影响较大，因此依靠桩基承受拔力及水平力，不考虑承台前方土的被动土压力。主缆锚固点节点如图 1-14、图 1-15 所示。

（2）南桥塔落在陡峭的斜山坡上，桩基、地梁施工极为困难，且局部岩面较浅，桩基较难打入较深岩层。为减小人工挖孔桩深度，降低施工难度，采用桩-锚杆共同受力（图 1-16）。地基竖向力、水平力均由人工挖孔桩承受，但由于桩长受限，桩基受力富余度较小，因此额外添加锚杆抵抗基础 20％的拔力及水平力。桥塔周边地形实景如图 1-17 所示。

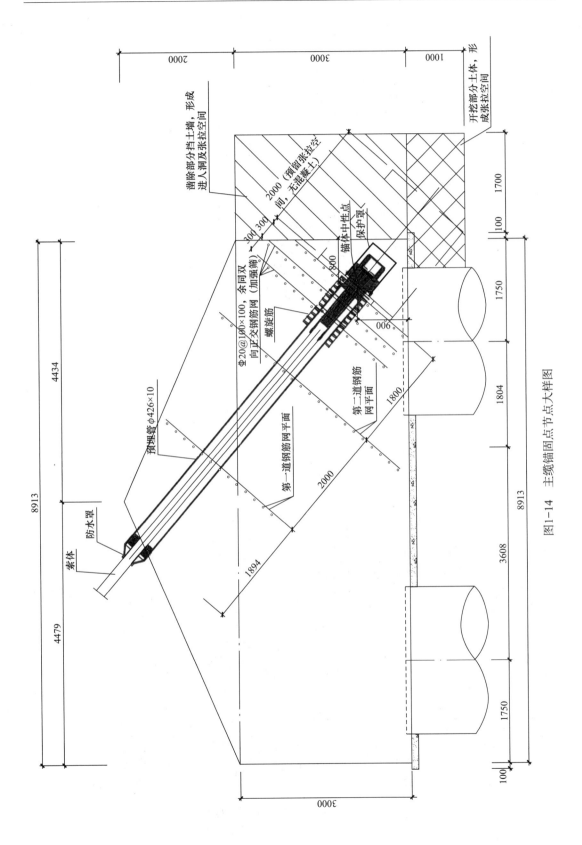

图1-14 主缆锚固点节点大样图

图 1-15 主缆锚固点节点实景

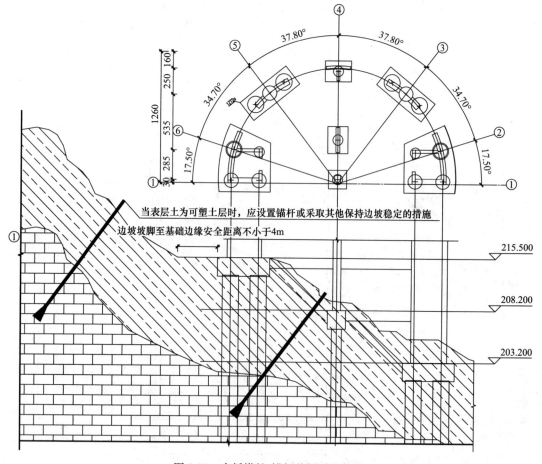

当表层土为可塑土层时，应设置锚杆或采取其他保持边坡稳定的措施
边坡坡脚至基础边缘安全距离不小于4m

图 1-16 南桥塔桩-锚杆共同受力体系

图 1-17　桥塔周边地形实景

2　人致振动和抗风研究

2.1　研究意义

大桥在施工期及运营期的抗风问题是大跨度悬索桥设计中需要研究的重要问题。该桥主跨跨度较大，主梁为钢结构断面，断面钝体效应明显。从该桥基本结构形式来看，为确保大桥在建设期及运营期的抗风安全，有必要重点对以下三个问题进行研究：①颤振稳定性问题；②涡激共振问题；③抗风稳定性。

对于专门的人行通道，必须满足桥梁在正常使用状态下的行走舒适度。人的行走由连续的步子形成，每个步子基本相同，因此行人正常行走的步伐以及产生的步行力具有很强的周期性。当结构某阶模态的振动频率与步行力荷载卓越频率接近时，结构就可能发生大幅共振，影响行走舒适度。对于小跨度人行桥，可以通过提高结构频率避开步行力敏感频率来避免共振。该人行桥主跨 180m。桥面主梁采用钢桁梁结构，采用钢结构，具有阻尼小的特点，无法满足《城市人行天桥与人行地道技术规范》CJJ 69-95（下文简称《人行天桥规范》）中"竖向振动基频超过 3Hz"的要求。因此必须对行人激励下的人致振动问题加以研究，评价行走舒适度，并提出必要的减振措施及方案。总而言之，人行桥振动舒适度问题解决的好坏是本桥能否达到预期功能的关键之一。

鉴于此，为确保人行天桥的抗风稳定性和人致振动舒适度，采用数值风洞、理论分析等手段对大桥成桥状态的主梁抗风稳定性和人致振动舒适度进行分析，并提出必要的减振方案。

2.2　研究内容

2.2.1　抗风稳定性研究内容

针对上述抗风问题，采用数值风洞的方法开展研究，研究内容如下。

（1）桥址处风场的特性分析：依据《公路桥梁抗风设计规范》JTG/T 3360-01-2018，确定桥面标高处的设计风速、颤振检验风速及静风稳定检验风速。

（2）成桥状态动力特性计算：利用 ANSYS 有限元软件在指定的工作站上建立人行天桥及施工状态的三维有限元模型；进行结构自振特性分析，得到主梁参与振动的主要振型以及单位长度等效质量（质量矩）。

（3）主梁颤振数值风洞计算：通过数值风洞仿真计算，获得成桥状态下主梁断面在 $+5°$、$+3°$、$0°$ 和 $-3°$、$-5°$ 几种来流风攻角下的颤振临界风速，对大桥的颤振稳定性作出评价。

（4）主梁涡激共振数值风洞计算：通过数值风洞仿真计算，获得成桥状态主梁断面涡激振动特征，并研究减小涡振振幅的措施及方法。

（5）主梁的三分力数值风洞计算：通过数值风洞仿真计算，获得主梁的阻力系数、升力系数、力矩系数以及其随风攻角的变化，为计算桥上静风荷载研究提供风参数。

2.2.2 人致振动舒适度研究内容

通过理论分析和有限元模拟，对结构在行人激励下的动力响应及行人舒适度进行评价，依据评价结果提出减振方案。具体研究内容如下。

（1）结构动力特征分析与共振可能性分析：依据提供的设计图纸建立人行悬索桥结构有限元模型，分析人行桥在竖向、侧向和扭转方向上的各阶振动模态特征，对各阶振动模态的共振可能性进行分析。

（2）结构人致振动分析及舒适度评价：根据桥址特征获得行人交通特征，结合步行力的竖向、侧向荷载模型，分析人行悬索桥在人群荷载作用下的竖向振动、纵向振动和侧向振动加速度，确定人行桥是否满足行人舒适度要求。当人行悬索桥频率低于 1.2Hz 时，还需要特别关注侧向振动问题，分析确定行人与结构相互耦合引起的侧向锁定临界人数。

（3）人致振动控制方案设计：根据人致振动分析结果，提出人行桥人致振动的减振方案，并对减振方案进行数值仿真，验证减振方案的有效性，并进一步完善减振参数。

2.3 主梁颤振稳定性及主梁涡激共振性能

采用主梁二维数值模型以及分状态的强迫振动方法，得到了模型强迫振动下的气动自激力时程，依据位移及气动自激力时程识别得到主梁的颤振导数。计算结果如图 2-1、图 2-2 所示。计算表明，采取抗风措施后加强了主梁的颤振性能，但仍有必要在未来开展专门的风洞试验予以进一步验证确认。

通过 CFD 数值模拟，获得了成桥状态主梁在低风速下的脉动升力系数时程。对脉动升力系数做快速傅里叶变换（FFT），获得其频谱，并将频率对风速和断面高度无量纲化换算为折算频率，如图 2-3 所示。卓越频率为 2.13，即南寿峰桥的主梁断面斯特劳哈尔（Strouhal）数。南寿峰人行桥结构自重较轻，悬索体系的阻尼比小，较易发生涡振，通过合理设置混凝土阻尼块、加大桥面预拱度的结构措施予以解决。

2.4 人致振动响应分析与舒适度评价

不同行人密度下的人致振动加速度峰值（图 2-4）表明：如果采用德国规范 EN 03 的

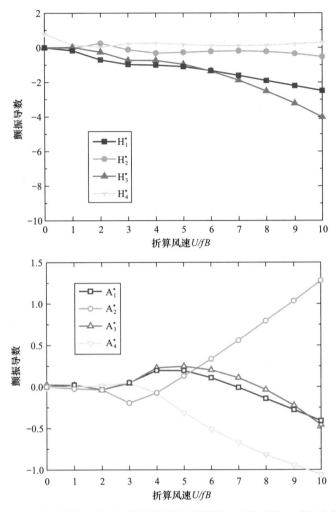

图 2-1 成桥状态主梁断面颤振导数随折算风速变化曲线（0°风攻角）

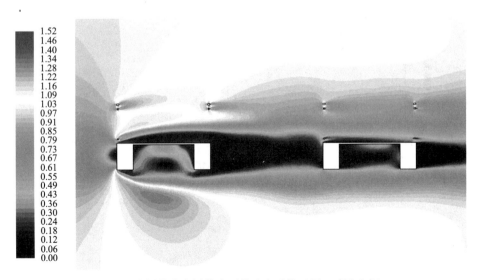

图 2-2 成桥状态主梁绕流平均速度系数云图（0°风攻角）

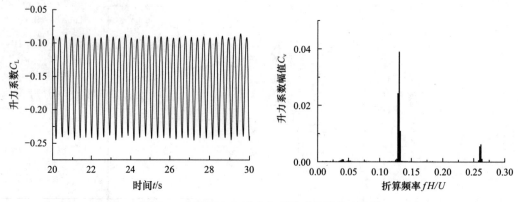

图 2-3　成桥状态主梁升力系数时程及其功率谱

舒适度评价标准，行人密度取小于 $0.15p/m^2$ 时，人致振动竖向峰值加速度小于 $1.0m/s^2$，满足 CL2 标准；行人密度小于 $0.75p/m^2$ 时，人致振动竖向峰值加速度小于 $2.5m/s^2$，满足 CL3 标准。图 2-4 中 "DB 13" 指河北省工程建设标准《景区人行玻璃悬索桥与玻璃栈道技术标准》DB 13 (J)/T 264-2018。

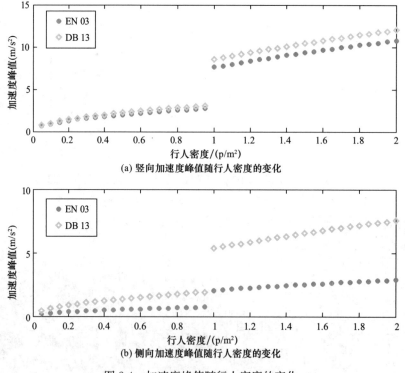

(a) 竖向加速度峰值随行人密度的变化

(b) 侧向加速度峰值随行人密度的变化

图 2-4　加速度峰值随行人密度的变化

3　主桥钢结构施工方法

施工作业面位于峡谷，落差大，施工难度非常大，预拼场设置于跨中处，最大吊装高度约 40m；场地临时施工用道采用通往保健馆既有道路，施工时封闭作为专用通道；搭建临时拼装施工平台，拼装平台抬高 800mm，防止积水；临时构件采用方木或草垫支垫临时存放，吊车站位设在既有道路上。

主缆采用汽车式起重机挂起，鞍座顶部设置临时滑轮，通过大功率卷扬机将主缆牵引至索塔顶部。主缆根据设计定长，在索塔上方将主缆一次下放成型。

主塔钢结构采用汽车式起重机直接吊装，主缆采用猫道方案辅助安装，钢梁采用缆索吊机方式吊装。缆载吊机布置如图 3-1 所示。施工主缆兼作施工用索。主塔设计为钢塔，塔底固结，塔顶索鞍与钢塔为固结。中跨加载过程中，采用锚碇配合张拉边跨主索方式平衡中跨主索索力，由于主索锚杯在锚碇处尺寸受限，外张拉量仅能够实现 100mm。

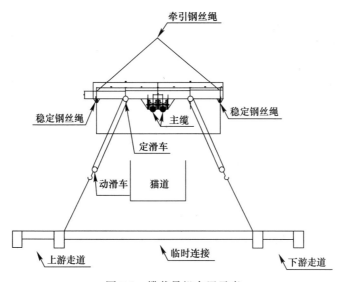

图 3-1 缆载吊机布置示意

在中跨钢梁架设过程中存在中跨主索索力增大的情况，因此在每侧边跨增加 4 根背索，背索每侧在架设过程中保持 30t 张力，配合缆索吊机起吊的不平衡水平力，同时根据每个架设阶段模型张拉边跨主索，张拉力按照模型计算数据控制。

边跨锚碇布置 4 台千斤顶，按照千斤顶油泵标定数据对应张拉力进行张力锚固。每吊装一片钢梁时需要张拉边跨以平衡主塔水平力，且安装完成缆索吊机时，张拉背索各 10t 张力以平衡缆索吊机吊装过程水平力。钢梁架设完成后调整完成主缆线形。主塔底部全部为受压，未出现受拉现象。

4 成桥试验检测

4.1 静载试验

根据控制截面的弯矩纵向影响面进行最不利布载（图 4-1～图 4-4），试验拟采用灌注水袋的方式（图 4-5），桥梁半跨加载大小为 350kg/m²，全桥满布加载大小为 200kg/m²。

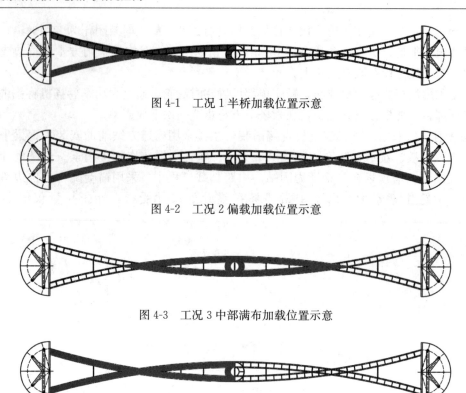

图 4-1　工况 1 半桥加载位置示意

图 4-2　工况 2 偏载加载位置示意

图 4-3　工况 3 中部满布加载位置示意

图 4-4　工况 4 满布加载位置示意

图 4-5　静载试验现场

4.2　动载试验

本次试验的荷载激励源采用环境激励，即利用自然风以及桥面上的自然行人荷载进行激励。动力测试时程曲线及频谱分析结果如图 4-6 所示。结构动载试验得到的实测频率值为 0.75 Hz，大于理论频率值 0.51 Hz，表明桥梁结构的刚度大于结构的理论设计值。

《人行天桥规范》是基于 20 多年前的技术水平和当时天桥的实际情况编制的。当时天桥基本都是混凝土结构，混凝土天桥基频很容易满足竖向自振频率不应小于3Hz的要求，因此规范为了便于设计，直接利用结构竖向自振频率单一指标进行舒适度控制。目前，国内钢结构人行天桥发展迅速，且出现了悬索桥、斜拉桥、拱桥等造型新颖的钢结构天桥，而一般钢结构人行天桥很难满足竖向自振频率不小于3Hz的要求，尤其是缆索体系桥梁，基本上无法满足该要求。考虑到本桥的设计功能为娱乐性景观桥，并非市政公用的人行天桥，可不执行上述自振频率要求。

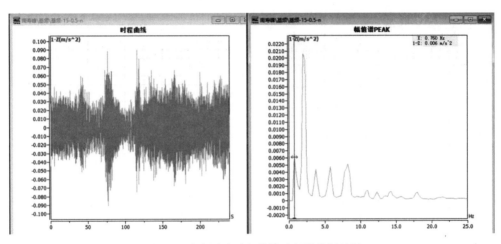

图4-6　动力测试时程曲线及频谱分析结果

5　点评

5.1　结构体系设计创新

与国内其他悬索景观吊桥相比，本项目的拉索均设置在桥面内侧，景观面不被拉索遮挡，形成独特的建筑效果。结构均为单边悬挑结构，对稳定性设计要求较高，难度较大。

本项目采用创新的受力体系：

（1）双主缆主要承受竖向力且提供部分抗扭刚度。

（2）桥面为X形水平对称双拱，利用水平拱良好的侧向刚度来抵抗水平力和侧向位移。

（3）主缆和桥面形成常规的钟摆结构，一般认为此结构形式抗侧向刚度较弱，造成跨中抗扭刚度较弱，但本桥通过上述X形水平对称双拱与主缆有机结合为整体，由主缆抵抗竖向力，双拱抵抗水平力和扭转，实现了桥面良好的稳定性与整体刚度。

（4）在杆件相交部位结合成整体箱梁，增强桥面自身抗扭刚度。

5.2　抗风体系创新

通过双主缆、X形双拱桥面、刚接支座、合理设置混凝土阻尼块、固定主缆、加大桥面预拱度等措施，实现了不设置抗风索、稳定索时仍能保证桥梁的整体刚度和稳定性，为国内首创。实测数据表明，桥梁各项指标良好，有足够的安全富余度。此外，不设抗风索还极大地提升了项目整体建筑效果。

5.3 施工方法创新

双主索兼作施工时缆索吊车的受力索，免去了额外增设施工临时拉索，只需张拉 2 根水平安全索，即可展开桥面构件吊装，大大减少施工时间及施工措施费。

由于塔顶空间狭小，无法像常规悬索桥那样设置塔顶滑动支座，施工完毕后锁定支座位移，需采用一开始就固定主缆的固定支座。边跨锚碇布置 4 台千斤顶，按照千斤顶油泵标定数据对应张拉力进行张力锚固。每吊装一片钢梁时需要张拉边跨以平衡主塔水平力，且安装完成缆索吊机时，张拉背索各 10t 张力以平衡缆索吊机吊装过程水平力，这样保证了主塔施工过程中不受拔力。钢梁架设完成后调整完成主缆线形。

27 湛江文化中心非共面拱形连接体结构设计

黄泰赟，符景明，程晓艳，边建烽，庄信，祝志华
（北京市建筑设计研究院有限公司华南设计中心）

【摘要】 本项目包括 A 区小剧场、B 区大剧场以及 C 区博物馆及美术馆三个单体，通过 4 层大平台及造型钢屋盖连接成整体，结构以钢筋混凝土框架-剪力墙结构为主体。通过分析建筑外形特点，结合连接体大跨度、大荷载以及空间小的结构条件，采用利用各区之间的弧形柱作为拱脚，以 4 层平台钢箱梁作为拱顶形成连接体的竖向主要承力拱体系，同时在主拱之间通过环桁架及楼面支撑进行水平向加强，形成非共面拱形连接体整体空间受力的结构形式。通过对结构多遇地震、设防地震及罕遇地震作用的抗震性能分析，结合结构竖向承载特点，对连体结构、斜柱结构和大跨度楼盖结构的变形、承载力、舒适度以及钢结构屋盖的整体稳定性和构件承载力进行分析验算，结果表明，结构整体指标以及构件性能均达到要求。

【关键词】 大跨度复杂连体结构；非共面拱形连接体结构；单层钢网格空间结构；弧形钢管混凝土结构

1 工程概况与设计标准

湛江文化中心及配套设施项目坐落在湛江市调顺岛南端，基地处于湛江湾核心位置。项目规划用地面积 57000.0m²，总建筑面积 92292.2m²，其中地上建筑面积 54814.4m²，地下建筑面积 37477.8m²；总平面图如图 1-1 所示，效果图如图 1-2 所示。

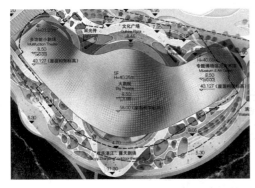

图 1-1 总平面示意图

图 1-2 建筑整体效果图

本工程主体结构为地上 5 层（最高），地下 1 层。主体结构的屋面标高为 28.5～39.0m，造型钢屋盖的最高点为 58.05m。建筑立面以玻璃和铝板幕墙为主，造型钢屋盖主要采用铝板＋高透膜幕墙体系。

本工程结构设计使用年限为 50 年,结构安全等级为一级,基础设计等级为甲级。根据《建筑抗震设计规范》GB 50011-2010(2016 年版)及《中国地震动参数区划图》GB 18306-2015,本项目抗震设防烈度为 7 度(0.10g),设计地震分组为第一组,场地类别为Ⅲ类。依据《建筑工程抗震设防分类标准》GB 50223-2008 第 6.0.4 条和 6.0.6 条,本工程的抗震设防为重点设防类。

2　建筑特点

湛江文化中心及配套设施项目地上部分主要包括三个体量,从西至东依次为:多功能小剧场、大剧场、专题博物馆及美术馆;三者通过 4 层空中观景平台层和高低起伏的屋顶造型连为一体,如图 2-1 所示。

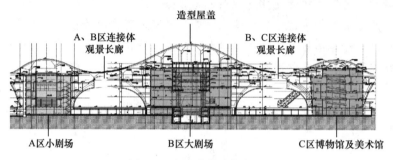

图 2-1　主要建筑功能布局

4 层大平台连通了 A、B、C 区三个单体,标高在 22~24m 之间变化,其南北两侧为空中观景长廊,为市民和游客提供极佳的观景视野,其余为配套设施及室外景观点缀。大平台中部还设有两个透空采光井,可丰富视线上的沟通,增加游览的趣味性。如图 2-2 所示。

观景长廊整体立面造型随着屋顶曲线起伏,形成中间高、两端低的优美形态,能实现全天候对市民和游客开放,从城市各个角度望去,宛如湛江的"天空之眼"。

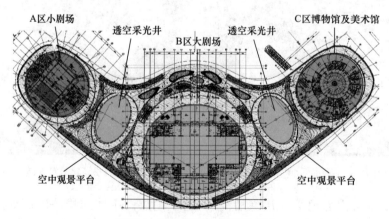

图 2-2　4 层大平台建筑平面图

3 结构体系

3.1 主体框架-剪力墙结构体系

根据建筑特点，主体结构采用钢筋混凝土框架-剪力墙体系，在具体的布置上，利用内部的电梯、楼梯等设置剪力墙核心筒；框架柱、剪力墙主要采用钢筋混凝土，部分框架柱根据需要采用钢骨混凝土柱，形成主体结构。同时，各区外圈随形设置斜柱及弧形钢管柱，所有斜柱均往外倾斜，在整体控制上，斜柱构件与地面的夹角不小于60°。

为了分析 A、B、C 区各单体主结构的动力特性，在整体模型基础上，将 22～24m 标高的两个连接体结构去除，其质量作为集中荷载作用到各单体上，忽略连接体结构的协调作用，形成分离单塔计算模型。表 3-1 及图 3-1 给出了各单体主要动力特性及主要振型，可以看出，在主周期上，各单体的主要自振周期较为接近，但三个单体的主要振型的主轴之间存在一定夹角，地震作用下三个单体将产生非一致性的地震响应。因此，本结构设计的主要理念是通过各区之间连接体的强连接作用对三个单体的运动进行协调，形成整体结构。

分塔模型各单体主要动力特性　　　　表 3-1

塔楼	A 区	B 区	C 区
第 1、2 平动周期/s	1.052（Y 向）	1.141（Y 向）	1.132（X 向）
	0.820（X 向）	1.007（X 向）	1.009（Y 向）
第 1 扭转周期/s	0.850	0.899	0.847

(a) A区单体Y向平动振型　　　(b) B区单体Y向平动振型

(c) C区单体X向平动振型

图 3-1　分塔模型各单体主要振型

结合结构成形的合理性和施工便利性，整体结构以"单体＋连接体"为独立成形分界，可以分解为 6 个独立的部分，如图 3-2 所示；A、B、C 各区连接体采用弧形柱＋钢梁的连接体系，并通过楼面支撑和中部的环状桁架进一步提高连接体的整体性和稳定性，如图 3-3 所示。

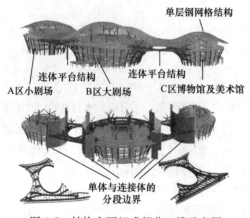

图 3-2 结构主要组成部分三维示意图

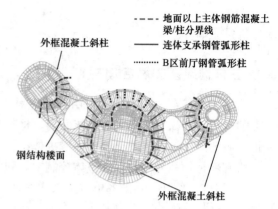

图 3-3 结构主要组成部分俯视图

3.2 连接体结构竖向承载体系

在连接体结构竖向承载体系的确定上，首先考虑到建筑造型，连接体中部不允许增加立柱，其跨度自首层柱脚处计算需要跨越 60～78m，但为了控制立面效果，连接体区域的结构竖向空间只有不足 3m 的高度，且存在部分高差与斜坡。同时，由于室外景观影响，覆土较厚且需要承托屋盖树形柱，连接体区域的竖向荷载较大。通过分析已有条件，连接体区域跨度大、荷载大、空间小以及存在一定高差，结构设计首先确定了以跨越性能及竖向承载能力较强的空间弧形拱结构作为连接体区域的竖向承载体系，在可以连续受力的南侧及北侧构建了两个主拱作为主要承力结构，对于中部采光井造成的大开洞则环绕设置了高度为 2m 的环桁架，通过环桁架协同落地弧形柱进行辅助受力。如图 3-4 所示。

竖向弧形拱利用各区外倾的钢管混凝土弧形柱作为拱脚，在顶部采用 1400～2200mm 高的弧形钢箱梁作为拱顶。在竖向荷载作用下，一部分竖向力通过钢箱梁及弧形柱的压弯作用转化成拱脚的轴力及弯矩，最终传递至基础，同时弧形柱各层通过径向框架梁与主体结构连接；另一部分竖向力通过拱的变形作用转化为各层径向框架梁的拉力和压力，进而传递至主体结构，并最终传递至基础。

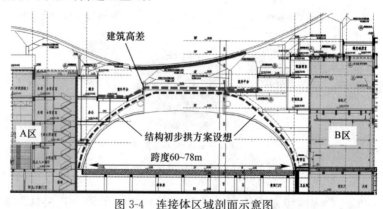

图 3-4 连接体区域剖面示意图

3.3 连接体结构水平承载体系

由于建筑造型要求，连接体结构在中部存在圆形区域的楼盖缺失，同时南北两侧主拱在平面上为非共面的拱形式，在拱压力作用下会产生平面外的分力。为了保证两侧主拱的稳定性，连接体结构主要采取了以下技术加强措施：①结构围绕连接体中部的圆形区域设置一圈环桁架，加强开洞周边楼盖的整体性；②连接体之间延伸的弧形柱与环桁架相连，部分竖向荷载可通过环桁架传递至弧形柱基础；③在两主拱与环桁架之间设置水平楼面支撑，加强两主拱与环桁架之间的联系，提高拱平面外稳定性。如图 3-5 所示。

以上措施除了起到提高两主拱平面外稳定性的作用之外，在水平荷载作用下，各单体的主振型方向存在一定夹角，此时南北两侧主拱＋环桁架＋水平楼面支撑可以视为水平放置的桁架（见图 3-5），水平荷载作用下主拱为上、下弦杆，之间的环桁架与水平支撑为腹杆，各区主结构之间的非一致响应将通过主拱、环桁架及楼面支撑的拉压作用进行协调。

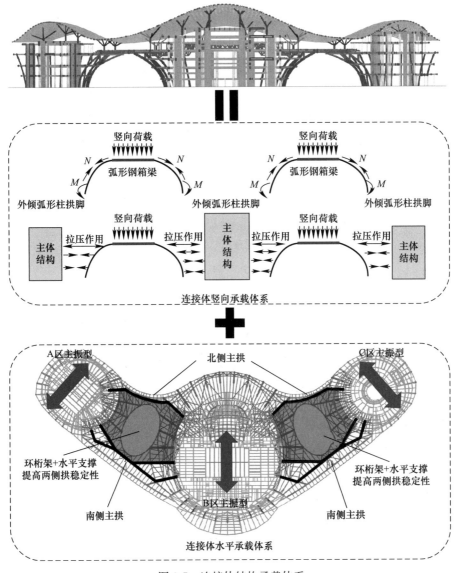

图 3-5　连接体结构承载体系

3.4 屋盖结构体系

造型屋盖钢结构主要由三角形网格的单层钢网格空间结构及其下部树形钢管支承柱组成，如图 3-6 所示。网格采用整体统一的三角形网格，尺度为 1.8～3.5m，构件之间采用刚性节点设计，起伏整体网格通过树形柱（采用一分四的形式）支承于下部主体结构，网格四个角部的最大悬挑约 19m，中部跨度为 20～30m。屋盖主要结构尺度如图 3-7 所示。

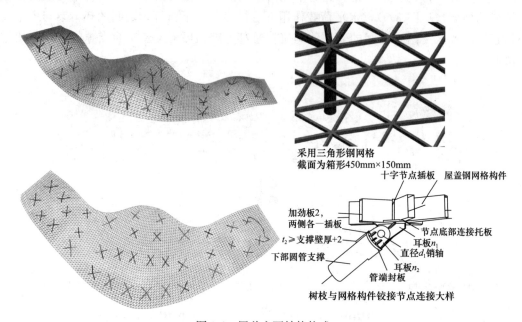

图 3-6　屋盖主要结构构成

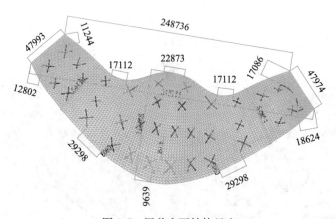

图 3-7　屋盖主要结构尺度

在构件的截面形式上，钢网格主要采用箱形截面，截面尺寸为 450mm×150mm，壁厚 8～60mm；树形柱主干和分枝主要采用圆管截面（主干直径 700～1400mm，分枝直径 316～500mm），分枝杆件与主干采用刚接设计，与钢网格采用铰接设计，连接节点采用销轴连接形式。

4 抗震设防目标及主要分析结果

4.1 抗震设防标准和性能目标

本工程存在扭转不规则、楼板不连续、构件间断、斜柱、错层等不规则项，属于带复杂连接体的超限高层建筑。

结合本工程的地震烈度、结构高度、场地条件、结构类型和不规则性情况，本工程抗震设计拟选用 C 级性能目标及相应条件下的抗震性能水准，具体如表 4-1 所示。

结构抗震性能目标及震后性能状态 表 4-1

地震水准		多遇地震	设防烈度地震	预估罕遇地震
抗震性能目标		性能 1	性能 3	性能 4
层间位移角		1/800	1/400	1/100
关键构件	底部加强区剪力墙	无损坏（弹性）	轻微损坏（受剪弹性，受弯不屈服）	轻度损坏（受弯受剪不屈服）
	各区与钢管混凝土弧形柱内跨相连的剪力墙、框架柱	无损坏（弹性）	轻微损坏（受剪弹性，受弯不屈服）	轻度损坏（墙：受剪不屈服，柱：受弯受剪不屈服）
	各区支承树形柱的墙、柱及转换梁	无损坏（弹性）	轻微损坏（受剪弹性，受弯不屈服）	轻度损坏（受弯受剪不屈服）
	各区支承连接体结构的斜柱、弧形柱，柱间混凝土、钢环梁	无损坏（弹性）	轻微损坏（受剪弹性，受弯不屈服）	轻度损坏（受弯受剪不屈服）
	A/C 区 22m 与外框弧形（斜）柱相连的径向梁，B 区 24m、29m 与外框弧形（斜）柱相连的径向梁，与径向梁相连的混凝土环梁	无损坏（弹性）	轻微损坏（受剪弹性，受弯不屈服）	轻度损坏（受弯受剪不屈服）
	各区托柱转换框架	无损坏（弹性）	轻微损坏（受剪弹性，受弯不屈服）	轻度损坏（墙：受剪不屈服，柱：受弯受剪不屈服）
	造型屋盖树形柱及支承杆件	无损坏（弹性）	轻微损坏（受剪弹性，受弯不屈服）	轻度损坏（受弯受剪不屈服）
耗能构件	连梁、普通楼层梁、屋盖普通钢梁	无损坏（弹性）	轻度损坏、部分中度（受剪不屈服）	中度损坏、部分较严重
普通竖向构件	除关键构件外墙柱	无损坏（弹性）	轻度损坏（受弯不屈服，受剪弹性）	部分中度损坏（剪压比≤0.15）

应力比控制：关键构件最大组合设计应力比≤0.85；一般杆件最大组合设计应力比≤0.90。

4.2 主要分析结果

4.2.1 多遇地震与风荷载作用分析结果

考虑到本工程结构形式的多样性和复杂性，采用两个不同核心的计算软件对整体结构进行分析。针对本工程存在大跨度空间屋盖结构的特点，分别采用 YJK 和 SAP2000 进行计算分析和设计。为了确保所建立计算模型的正确性，首先分别从结构整体指标、结构变形、构件内力等多方面校核两个软件所建立的计算模型。表 4-2 主要给出在多遇地震和风荷载作用下 YJK 的整体分析结果及其与 SAP2000 部分整体指标的校核。

YJK 与 SAP2000 整体分析模型主要计算结果对比   表 4-2

项目		YJK	SAP2000
计算振型数		30	30
第 1、2 平动周期/s		1.104（Y 向）	1.021（Y 向）
		0.924（X 向）	0.987（X 向）
第 1 扭转周期/s		0.496	0.508
第 1 扭转/第 1 平动周期（规范限值 0.85）		0.449	0.318
有效质量系数（规范限值 90%）	X	99%	98%
	Y	99%	98%
地震作用下基底剪力/kN	X	A 区＝8738.6，B 区＝24104.9，C 区＝11726.2	A 区＝9299.8，B 区＝26513.0，C 区＝10336.8
	Y	A 区＝7852.0，B 区＝28707.9，C 区＝10809.5	A 区＝8833.8，B 区＝26874.9，C 区＝12155.1
风荷载作用下基底剪力/kN	X	A 区＝3538.7，B 区＝6776.7，C 区＝4340.2	—
	Y	A 区＝3627.8，B 区＝8156.8，C 区＝4426.0	—
结构总重量/t		138626.4	136753.5
剪重比（规范限值 $0.2\alpha_{max}=1.6\%$）	X	3.22%	3.37%
	Y	3.42%	3.49%
地震作用下倾覆弯矩/(kN·m)	X	A 区＝258809.5，B 区＝901574.3，C 区＝299720.7	
	Y	A 区＝279762.6，B 区＝735815.4，C 区＝371007.2	
风荷载作用下倾覆弯矩/(kN·m)（50 年重现期）	X	A 区＝68971.4，B 区＝140539.8，C 区＝98640.7	
	Y	A 区＝70294.6，B 区＝186598.1，C 区＝100022.6	
50 年一遇风荷载最大层间位移角（层号）（限值：1/800）	X	A 区＝1/7184（3 层），B 区＝1/8429（4 层），C 区＝1/5484（2 层）	
	Y	A 区＝1/5226（2 层），B 区＝1/5179（4 层），C 区＝1/5048（3 层）	
地震作用下最大层间位移角（层号）（限值：1/800）	X	A 区＝1/2205（3 层），B 区＝1/1994（4 层），C 区＝1/1665（3 层）	A 区＝1/1882（3 层）B 区＝1/2151（4 层）C 区＝1/1544（2 层）

续表

项目		YJK	SAP2000
地震作用下最大层间位移角（层号） （限值：1/800）	Y	A区＝1/1643（3层），B区＝1/1528（4层），C区＝1/1486（3层）	A区＝1/1796（3层） B区＝1/1739（4层） C区＝1/1694（3层）
考虑偶然偏心最大扭转位移比 （层号）	X	A区＝1.06（3层），B区＝1.37（2层），C区＝1.19（1层）	—
	Y	A区＝1.04（1层），C区＝1.18（1层），C区＝1.09（2层）	—
构件最大轴压比		0.49（剪力墙），0.77（框架柱）	
X、Y向本层塔侧移刚度与上一层相应塔侧移刚度的比值（对于框剪结构，侧移刚度不小于相邻上层的90%或110%或150%）	X	A区＝1.986（3层），B区＝3.360（7层），C区＝1.888（3层）	—
	Y	A区＝1.907（3层），B区＝3.437（7层），C区＝1.886（3层）	—
本层受剪承载力与相邻上层的比值 （规范限值0.80）	X	0.88（B区1层）	
	Y	0.86（B区1层）	
嵌固端规定水平力框架柱及短肢墙地震倾覆力矩百分比	X	A区＝32.3%，B区＝12.0%，C区＝36.2%	—
	Y	A区＝28.2%，B区＝28.3%，C区＝26.2%	—
嵌固端框架柱地震剪力百分比	X	A区＝29.4%，B区＝24.0%，C区＝30.7%	—
	Y	A区＝32.3%，B区＝43.6%，C区＝33.5%	—
刚重比 EJ_d/GH^2	X	16.232	—
	Y	10.756	—

计算结果表明，采用两个不同计算软件得到的主要结果基本吻合。结构各项整体指标均符合规范要求，结构体系选择恰当。

4.2.2 设防地震作用分析结果

采用《高层建筑混凝土结构技术工程》JGJ 3-2010（以下简称《高规》）中的等效弹性方法，使用 YJK 软件对主体结构进行设防地震作用下的结构抗震性能水准 3 目标的验算。主要计算参数取值如下：水平地震作用分项系数为 1.0，重力荷载分项系数为 1.0，材料强度取标准值，不考虑承载力抗震调整系数，考虑双向地震作用影响；周期不进行折减；阻尼比为 0.05，连梁刚度折减系数为 0.4，地震最大影响系数为 0.23。

分析结果如表 4-3 所示，由表可知，由于局部结构梁刚度的退化，基底剪力呈现一定程度的非线性增大，最大层间位移角满足性能水准 3 的要求。

设防地震作用下等效弹性法主要计算结果　　　　　　　　表 4-3

项目		X 向	Y 向
中震作用下最大层间位移角		1/716（C区4层）	1/616（C区3层）
基底剪力/kN	小震	44769.7	47369.4
	中震	99529.5	102886.3
中震与小震基底剪力比值（中震/小震）		2.223	2.172
基底倾覆弯矩/(kN·m)	小震	1460104.5	1386585.2
	中震	3271048.6	2988138.8
中震与小震基底倾覆弯矩比值（中震/小震）		2.240	2.155

此外，还对关键连接楼板和关键墙柱进行中震不屈服验算。由验算结果可知，各区薄弱楼板在中震作用下的剪压比均小于 0.15，个别连接体和内部大开洞周边狭窄楼板中震拉应力大于混凝土抗拉强度标准值，适当加强配筋即可满足中震作用下性能要求。对本工程所有关键构件的中震性能进行验算可知，本工程所有竖向构件剪压比均小于 0.15，且关键钢结构应力比小于 0.85，均满足中震性能水准要求；对于部分中震偏拉作用下名义拉应力大于混凝土抗拉强度标准值的墙柱采取另加型钢措施后，验算能够满足偏拉要求。总的来说，本工程关键楼板及竖向构件通过适当加强均能满足中震相应性能水准要求，施工图设计时按小震弹性、中震受弯不屈服/受剪弹性进行设计。

4.2.3　罕遇地震作用下动力弹塑性分析结果

采用 SAUSAGE 软件建立弹塑性有限元分析模型，并进行罕遇地震作用下的动力弹塑性时程分析。表 4-4 给出了 2 条天然波和 1 条人工波作用下的结构最大层间位移角计算结果。在不同地震波作用下，大震下结构最大基底剪力与小震弹性时程分析的比值在 4～6 倍之间，且两者各层最大层间位移角曲线分布形态基本一致，表明结构没有出现塑性集中区，其最大层间位移角小于预设的性能目标限值。

大震作用下结构最大层间位移角　　　　　　　　表 4-4

地震波		天然波 1	天然波 2	人工波 1
最大层间位移角	X 向	A：1/273（3层） B：1/141（5层） C：1/120（5层）	A：1/296（2层） B：1/112（5层） C：1/121（5层）	A：1/384（2层） B：1/136（5层） C：1/118（5层）
	Y 向	A：1/302（3层） B：1/140（5层） C：1/171（5层）	A：1/284（3层） B：1/121（5层） C：1/195（5层）	A：1/304（3层） B：1/135（5层） C：1/192（5层）

结合损伤情况可知，本工程大部分钢筋混凝土框架梁处于轻度损坏和中度损坏状态，连梁大部分发生严重损坏，但并未发生剪切破坏；各区大部分钢筋混凝土框架柱和剪力墙处于轻度或无损坏状态，少数支承大跨度梁的框架柱柱顶处于中度损坏状态，个别剪力墙发生局部中度损伤，在施工图阶段通过提高墙身配筋率并增设型钢来加强。所有钢构件基本处于弹性状态。在罕遇地震作用下结构整体变形和构件均达到预期的性能目标，并且关键构件的受弯、受剪基本处于弹性或不屈服状态，表明该结构具有较好的抗震性能。

4.2.4 专项分析

（1）连接体结构受力及变形分析

本结构连接体楼板厚度为150mm，图4-1给出了"1.3D+1.5L"工况下连接体楼板的径向和环向拉应力云图，可以看出，环桁架附近区域楼板（图中虚线所围区域）由于需要协调南北两侧拱形体系的受力和变形，产生了一定的拉应力，个别位置最大拉应力大于混凝土抗拉强度标准值，因此，对于图中虚线所围区域楼板，通过另加6mm钢板来加强。

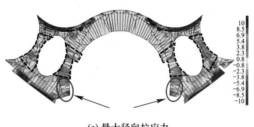

(a) 最大径向拉应力

(b) 最大环向拉应力

图4-1 "1.3D+1.5L"工况连接体混凝土楼板拉应力云图

为了保证连接体结构的承载力和可靠性，在进行连接体主要钢构件的应力比核算时，采用不考虑混凝土楼板刚度且不考虑楼面支撑作用的计算模型。图4-2给出了不考虑楼板刚度后连接体主要钢构件在各工况组合包络结果下的应力比云图，可以看出，大部分钢构件的应力比均在0.5以下，个别主钢梁为0.7~0.85，均满足应力比要求。

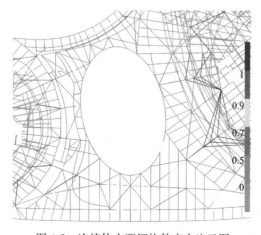

图4-2 连接体主要钢构件应力比云图

（2）连接体结构人行舒适度分析

图 4-3 给出了大跨度连桥结构的第一阶竖向自振模态和振动频率。根据可能出现的行人分布情况，按连廊大面积区域行人行走、连廊局部区域小股人群行走、连廊悬挑端单排行人行走等工况施加了步行激励荷载，各工况下竖向最大加速度汇总如表 4-5 所示。从频率分析结果来看，连接体结构的第一阶竖向自振频率为 1.76Hz，与一般人行慢走的固有频率 1.6Hz 较为接近，但同时，结构的自重及荷载较大，根据《高规》附录 A 的计算方法，即结构的阻抗有效重量较大，对结构的舒适度为有利因素。综合动力时程的分析结果，结构竖向振动峰值加速度最大的工况为工况 1，当南侧走廊最外侧有单排行人慢走时，稳态峰值加速度为 $0.221m/s^2$，大于规范限值 $0.220m/s^2$，但考虑到行人步频与结构自振频率较为接近且该工况计算未考虑行人同步人数折减，实际结构舒适度仍有一定富余，结构施工完成后还将根据舒适度监测的实际结果考虑加强措施。

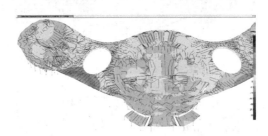

图 4-3　连接体第一阶竖向自振模态（$f=1.76Hz$）

各工况下竖向最大加速度/(m/s^2)　　　　　　　　　　表 4-5

工况编号	步行荷载施加模式	人步行激励频率		
		1.7Hz	2.0Hz	2.5Hz
工况 1	南侧走廊单排行人	0.221	0.068	0.061
工况 2	南侧走廊人群	0.036	0.017	0.009
工况 3	连接体南侧人群	0.031	0.022	0.016
工况 4	北侧走廊单排行人	0.005	0.005	0.005
工况 5	北侧走廊人群	0.002	0.001	0.001
工况 6	连接体北侧人群	0.002	0.002	0.028

（3）斜柱（弧形柱）在重力荷载作用下对楼盖结构的受力分析

本工程结合建筑外立面自下而上外倾的建筑特点，在建筑外围采用了斜柱及弧形钢管混凝土柱作为外框柱（统称斜柱）。斜柱自下而上向外倾斜，在竖向荷载作用下，荷载会在每层产生一定水平分力，这部分水平分力除了由斜柱本身受剪承担外，相当一部分会通过水平构件传递至内部竖向构件或形成自平衡受力体系，导致与其相连的水平梁板往往产生附加的拉（压）力。为保证斜柱相连楼盖结构的安全性，对其进行水平力校核。

图 4-4 和图 4-5 分别给出了在竖向荷载作用下大剧场和博物馆结构关键构件的轴力分布。受力分布图验证了上述斜柱传力路径，在竖向荷载作用下斜柱对楼面梁板产生附加拉力，并通过楼板与框架梁传至相邻的抗侧力构件。根据计算结果，通过框架梁内加钢板和提高腰筋配筋率来承受 100% 水平附加拉力。图 4-6 给出了 22～24m 关键连接楼板在重力荷载作用下的径向拉应力云图。在施工图阶段，对斜柱结构产生的楼板额外拉应力，采取

另加钢筋抗拉的加强措施。

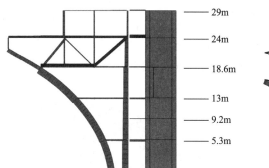

图 4-4 大剧场关键连接桁架轴力分布

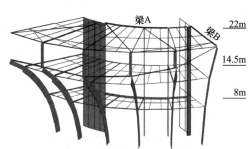

图 4-5 博物馆关键斜柱及其相连楼盖轴力分布

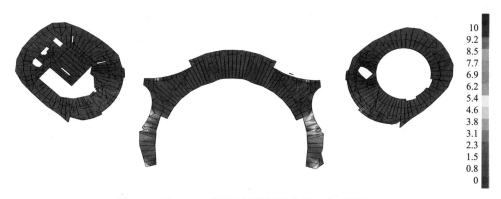

图 4-6 22~24m 关键连接楼板径向拉应力云图/MPa

（4）单层钢网格屋盖结构稳定分析

对前 100 阶的整体结构屈曲模态分析可知，结构前 3 阶屈曲模态出现在各区的钢屋架上，屈曲变形均表现为位于各区的钢网格发生沿屋架整体平面法向方向的局部屈曲变形，未出现钢屋盖结构的整体屈曲模态。针对特征值屈曲分析结果，分别以前 2 阶屈曲模态作为初始几何缺陷分布模式，按 $L/300$（L 为结构跨度）的比例系数施加到初始结构，采用 ANSYS 软件进行考虑几何和材料非线性的荷载-位移全过程分析，从而计算得到钢屋盖结构的安全系数，如表 4-6 所示。由表可知，同时考虑材料和几何非线性后，安全系数有一定程度的降低，但其值均大于规范限值 2.0，表明钢屋盖结构的整体稳定满足规范要求。

钢屋盖结构的稳定安全系数		表 4-6
屈曲控制位置	不考虑材料非线性	考虑材料非线性
A 区屋架网格	4.80	3.08
B 区屋架网格	4.80	3.08
C 区屋架网格	4.80	3.08

（5）连接体结构关键节点有限元分析

使用 ANSYS 有限元软件，结合构件受力及连接特点，选取连接体主要受力钢梁与外框弧形柱相交的节点（图 4-7）进行有限元分析，分析时节点下端断面设置为完全固定，其余位置均为自由。

节点 Mises 应力如图 4-8 所示，由图可知，节点在圆管主杆件与悬挑箱形杆件连接的梁翼缘下方圆管处的应力出现小部位应力集中，约为 387MPa，其余节点连接大部分区域的应力在 387MPa 以下，未达到屈服强度，连接体关键节点的可靠性满足要求。

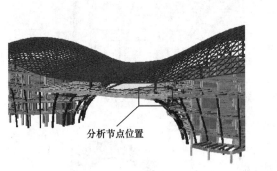

图 4-7　选取的分析节点位置　　　　　　图 4-8　节点 Mises 应力图

5　针对本结构特点的技术措施及结论

（1）针对建筑存在楼板大开洞、错层的特点，主体结构采用框架-剪力墙或框架结构体系。在建筑功能允许情况下，在大开洞周边位置尽量设置剪力墙，同时避免形成较多刚度突变的错层短柱而成为抗震的薄弱环节。

（2）通过分析建筑外形特点，连接体区域存在跨度大、荷载大、结构空间小以及存在一定高差的结构难点，结构选择了跨越性能及竖向承载能力较强的空间弧形拱结构体系作为连接体的竖向主要承载体系。主拱利用各区随形外倾的钢管混凝土弧形柱作为拱脚，以弧形钢箱梁作为拱顶，一部分竖向力通过拱的压弯作用转化成拱脚的轴力和弯矩，同时弧形拱在各层楼面通过径向框架梁与主体结构连接；另一部分竖向力通过拱的变形作用转化为水平力并传递至主体结构。

（3）针对连接体中部存在楼盖缺失以及南北两侧主拱的非面内受力特点，结构通过设置环桁架以及楼面支撑的形式对主拱进行加强。同时，在水平荷载作用下，南北两侧主拱＋环桁架＋水平楼面支撑可以视为水平放置的桁架，发挥了协调各区主结构非一致性响应的作用。

（4）针对本结构特殊性，采用规范反应谱法及弹塑性时程分析法对关键墙柱进行中震和大震作用下的性能设计。根据性能化分析结果，在关键剪力墙内根据需要设置型钢，并适当提高墙身配筋率，部分底部加强区的墙身竖向和水平配筋率提高至 $0.8\% \sim 1.5\%$，确保其具有较好的延性和足够的安全储备。

（5）结合本工程单层钢网格外壳结构的特点，对其进行考虑几何和材料非线性的整体稳定分析，确保安全性。针对支承单层钢网格屋盖结构树形柱的造型独特性，对所有树形柱进行特征值分析，以确定其稳定计算长度，从而进行钢构件设计。

（6）针对本项目连接体及外框斜柱的结构特点，对其承载力、变形、舒适度、温度作用及特殊连接节点进行了计算分析，结果均能满足要求，为后续施工图设计提供依据。同时，为防止弧形钢管混凝土柱顶部混凝土浇筑密实度不足引起的结构承载力下降问题，结合超限审查意见，对弧形钢管混凝土柱一定高度以上按不考虑混凝土作用的纯钢管柱进行设计，保证其足够的安全储备。

（7）结构整体性能化分析以及特殊结构的专项分析结果表明，结构整体及特殊结构构件均能够实现设定的性能目标。

28 济宁智慧博览物流园

何志力，黄用军，梁威

（深圳市欧博工程设计顾问有限公司）

【摘要】 济宁智慧博览物流园由标准展厅、南/北登录厅、中央廊道等组成。标准展厅屋盖跨度为 72m，采用微拱趋平型张弦梁作为其主承力体系；登录厅屋盖跨度为 108m，采用受压、受拉的蝶形/梭形桁架与延伸构件共同形成的受力体系。针对项目特点，进行了风洞试验和风致雪漂移数值模拟，以确定风、雪荷载计算参数；进行了结构单元超长的专项分析，以及微拱形张弦梁和蝶形桁架的施工模拟分析、抗连续倒塌分析等。研究结果表明，结构设计能够较好地满足结构安全性要求和结构合理性要求，结构安全、可靠，且具有较好的抗连续倒塌能力。

【关键词】 会展中心；风致雪漂移；极限承载力分析；弹塑性时程分析；防连续倒塌分析

1 工程概况与设计标准

济宁智慧博览物流园位于济宁市兖州区，主要功能为展览、会议、商业和体育赛事等。工程由 1 栋主体建筑和地下室组成，总建筑面积约 42 万 m^2，其中地上建筑约 36 万 m^2，地下建筑约 6 万 m^2。项目由 10 个展厅、南北 2 个登录大厅和一条连接所有展厅的中央连廊组成。展厅包括 3 组 6 个标准展厅（3~8 号展厅）、展览兼多功能的 1 号展厅、展览兼会议功能的 2 号展厅、净展览面积 2 万 m^2 的 9 号超大展厅和 2 万 m^2 的展览兼商业、体育赛事功能的 10 号展厅。地下 1 层主要为车库、设备用房等。

本项目总平面图如图 1-1 所示，建筑效果图如图 1-2 所示。

图 1-1 总平面图

图 1-2 建筑效果图

本工程结构设计使用年限为 50 年，结构安全等级为一级，地基基础设计等级为甲级。工程抗震设防类别为重点设防类（乙类），抗震设防烈度为 7 度（0.1g），设计地震分组为第二组，场地类别为Ⅲ类，特征周期为 0.55s，结构阻尼比取 0.035。

2 结构体系及关键技术分析

2.1 结构体系

标准展厅主体结构主要功能为会展配套（检录、会议、发布中心等）、地上综合管廊及功能用房，外轮廓平面为长方形，长轴长 342m，短轴长 90m。主体结构地上 3 层，首层层高 8.1m，2 层层高 6.0m，3 层楼面以上到屋盖平均层高 6.0m。建筑立面造型存在一定的倾斜，要求采用斜柱。结构设计采用钢框架（钢柱＋钢梁）体系，具有构件截面较小、连接节点简单、施工便捷、装配化程度高等优点。

展厅区域上部屋盖钢结构支承于主体结构柱上，形成整体结构共同受力；张弦梁向两侧配套区域延伸为悬挑结构，该悬挑起到一定的弯矩平衡作用；跨度为 72m，采用张弦梁，梁高 1.4m，最外层支撑柱同时作为建筑幕墙的支撑体系；中廊区域跨度为 36m，采用变截面钢架梁，在支撑柱处变截面，梁高 1.2~0.6m，受力概念与构件截面一致，既体现了结构力学之美，又与建筑功能相对应。结构单元的最终效果图如图 2-1 和图 2-2 所示；单榀张弦梁立面图如图 2-3 所示。

图 2-1 结构施工完成后效果图　　　　图 2-2 屋面及景观施工完成后效果图

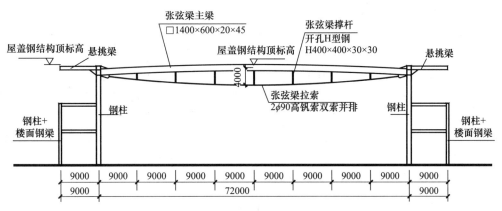

图 2-3 展厅单榀张弦梁立面图

设计时对登录厅立面效果进行了研究。抽离结构线后，其下凹迹线和上凸迹线的共生关系进而可形成双层受力体系，通过拉压的平衡来抵抗大跨度屋面的竖向荷载，最终形成的结构体系简洁、统一，与建筑追求的大空间、大尺度的视觉效果完全一致。双层受力体系应用较多的为预应力双层索系，比如吉林滑冰馆，建筑平面为 76.8m×67.4m，屋盖结构采用了平行布置的预应力双层悬索体系，如图 2-4 所示；再如更早一些的苏联列宁格勒泽尼特体育馆（《悬索结构设计》，沈世钊，2005），建筑平面尺寸为 72m×126m，屋盖结构采用了平面索拱体系，如图 2-5 所示。

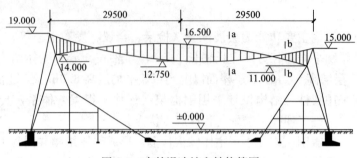

图 2-4　吉林滑冰馆主结构简图

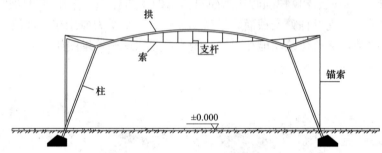

图 2-5　列宁格勒泽尼特体育馆索拱结构剖面图

2.2　结构内力分析方法

结构内力分析可采用一阶弹性分析、二阶 $P\text{-}\Delta$ 弹性分析或直接分析，根据《钢结构设计标准》GB 50017-2017（下文简称《钢标》）式（5.1.6-1）计算结构的最大二阶效应系数 $\theta_{i,\max}^{\mathrm{II}}$，再根据计算结果确定采用的结构分析方法。当 $\theta_{i,\max}^{\mathrm{II}} \leqslant 0.1$ 时，可采用一阶弹性分析；当 $0.1 < \theta_{i,\max}^{\mathrm{II}} \leqslant 0.25$ 时，宜采用二阶 $P\text{-}\Delta$ 弹性分析或直接分析；当 $\theta_{i,\max}^{\mathrm{II}} > 0.25$ 时，应增大结构的侧移刚度或采用直接分析。

《钢标》第 5.1.9 条规定，"以整体受压或受拉为主的大跨度钢结构的稳定性分析应采用二阶 $P\text{-}\Delta$ 弹性分析或直接分析"。框架及支撑结构整体初始几何缺陷代表值可按《钢标》式（5.2.1-1）确定，或可通过在每层柱顶施加假想水平力 H_{ni} 等效考虑，假想水平力可按《钢标》式（5.2.1-2）计算。

本工程构件采用的分析和设计法见表 2-1。

构件采用的分析和设计法　　　　　　　　　　　　　　表 2-1

柱区域	结构分析与稳定性设计	
	分析设计方法	假想水平力系数
张弦梁支撑柱	二阶 $P\text{-}\Delta$ 弹性分析或直接分析	0.003
中廊钢架柱	二阶 $P\text{-}\Delta$ 弹性分析	0.003
其余框架柱	二阶 $P\text{-}\Delta$ 弹性分析	0.003

2.3　结构施工模拟分析与抗连续倒塌分析

整个屋盖系统传力途径为金属屋面重量由（次）檩条传至系杆（功能上也作为金属屋面的主檩），再由屋面系杆传至屋盖主受力构件，然后传至下部支撑柱，屋盖支撑柱与主体框架结构形成整体，同时屋盖水平支撑起到改善水平荷载传递等作用。工程屋盖跨度大，屋盖整体结构超长，并采用了多种结构形式，因此需要针对施工过程控制及施工工序形成的最终结构初始应力状态进行分析。展厅区域施工模拟分析各阶段变形和应力情况如图 2-6 和图 2-7 所示；登录厅蝶形桁架施工完成阶段的应变云图和应力云图如图 2-8 和图 2-9 所示。

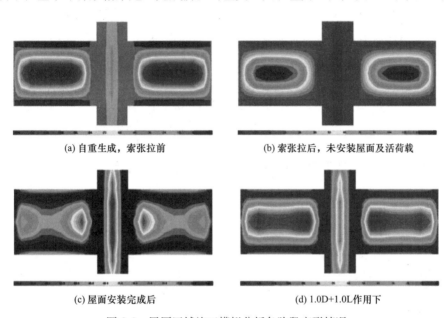

(a) 自重生成，索张拉前　　　　　　　　(b) 索张拉后，未安装屋面及活荷载

(c) 屋面安装完成后　　　　　　　　　　(d) 1.0D+1.0L作用下

图 2-6　展厅区域施工模拟分析各阶段变形情况

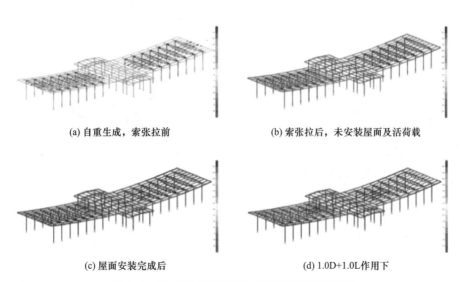

(a) 自重生成，索张拉前　　　　　　　　(b) 索张拉后，未安装屋面及活荷载

(c) 屋面安装完成后　　　　　　　　　　(d) 1.0D+1.0L作用下

图 2-7　展厅区域施工模拟分析各阶段应力情况

图 2-8　登录厅蝶形桁架施工完成阶段
应变云图/m

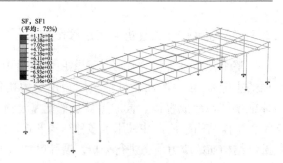

图 2-9　登录厅蝶形桁架施工完成阶段
应力云图/kPa

根据《高层建筑混凝土结构技术规程》JGJ 3-2010 第 3.12.1 条，安全等级为一级的高层建筑结构应满足抗连续倒塌概念设计要求；有特殊要求时，可采用拆除构件法进行抗连续倒塌设计。参考《建筑结构抗倒塌设计规范》CECS 392：2014 和美国有关抗连续倒塌的规定，荷载组合取 1.05（自重＋附加恒荷载)＋0.5 活荷载。根据结构布置的对称性，选取典型拉索进行断索分析，由分析结果可知，中间榀的张弦梁发生断索对结构影响较边榀大。结构形成后构件应力云图和断索后非线性分析完成构件应力云图如图 2-10 和图 2-11 所示。登录厅支撑柱顶点变形和弯矩曲线如图 2-12 和图 2-13 所示。

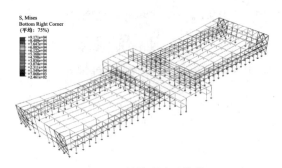

图 2-10　结构形成后构件
应力云图/kPa

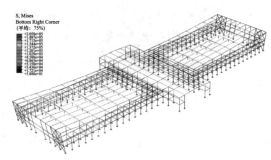

图 2-11　断索后非线性分析完成构件
应力云图/kPa

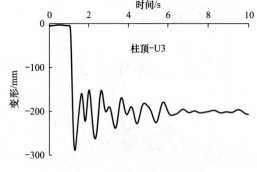

图 2-12　支撑柱顶点变形曲线

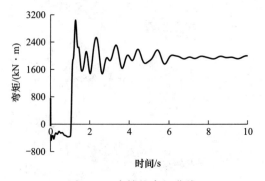

图 2-13　支撑柱弯矩曲线

2.4　结构极限承载力分析

本工程结构为大跨度屋盖钢结构，除应验算构件变形、强度等外，结构稳定性同样重要。屋盖结构采用大跨度空间结构形式。根据《钢标》第5.5.10条，大跨度钢结构体系的稳定性分析宜采用直接分析法。结构整体初始几何缺陷模式可按最低阶整体屈曲模态采用，最大缺陷值可取$L/300$，L为结构跨度。

根据《空间网格结构技术规程》JGJ 7-2010第4.3.4条，网壳稳定容许承载力（荷载取标准值）应等于网壳稳定极限承载力除以安全系数K。当按弹塑性全过程分析时，安全系数K可取2.0。

双非线性极限稳定承载力分析，可以充分考虑几何、材料和边界条件等非线性行为，用于分析结构的不稳定倒塌、弹塑性失稳和后屈曲状态等。ABAQUS/Standard软件采用改进弧长法求解，主要用于评估结构的最大临界荷载以及屈曲之后的后屈曲状态。

中区标准展厅大跨度屋盖采用张弦梁结构，张弦梁微拱（0.75m），当结构承担正常使用竖向荷载时，张弦梁变形小于微拱量；当结构承担约2.0倍竖向荷载值时，张弦梁为平直形。部分撑杆与张弦梁刚性梁为刚接，对拉索的侧向失稳起到控制作用。在各初始缺陷分布模式（均取$L/300$）条件下，结构弹塑性全过程稳定分析的钢屋盖跨中控制点的荷载-位移曲线如图2-14和图2-15所示，登录厅区域加载步与位移、荷载的关系曲线如图2-16和图2-17所示，极限承载力分析的构件应力云图和竖向变形云图如图2-18和图2-19所示。

计算结果表明，在加载到2.75倍恒荷载＋2.75倍满跨可变荷载以前，结构基本为弹性工作状态，此时张弦梁的最大竖向位移约为1.18m；随着荷载的不断增加，结构的承载

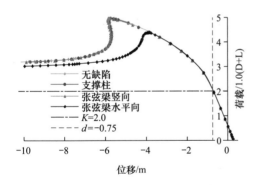

图2-14 展厅区域荷载-位移曲线

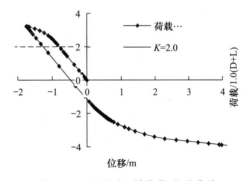

图2-15 登录厅区域荷载-位移曲线

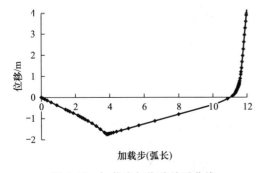

图2-16 加载步与位移关系曲线

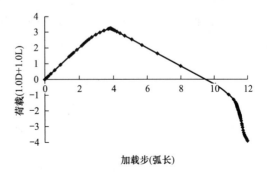

图2-17 加载步与荷载关系曲线

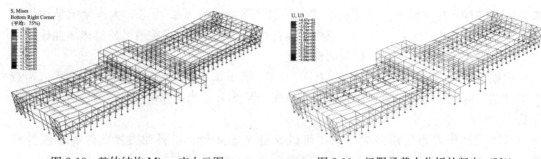

图 2-18　整体结构 Mises 应力云图　　　　图 2-19　极限承载力分析的竖向（U3）
　　　　　（含拉索）/kPa　　　　　　　　　　　　　变形云图/m

能力并没有明显的下降。在结构弹塑性稳定系数达到 4.4 之后继续加载，结构产生较大变形，且承载力开始下降；构件出现一定程度的塑性应变，集中在张弦梁的端部。

2.5　超长结构专项分析

2.5.1　超长大跨度结构温度作用

（1）超长屋盖

大跨度钢结构屋盖由于平面尺寸大，在温度作用下会产生较大的外伸、收缩的趋势，引起构件内力。若应对不当，将造成构件应力增加、支座反力加大或位移过大等问题。本工程主体为钢框架结构，屋盖为空间大跨度钢结构且为下凹形，平面投影长度约 354m。

工程结构温度作用主要有年温度作用、环境温度作用及日照差异温度作用。在大跨度钢结构屋盖工程设计中，可认为年温度作用引起结构各构件截面的温度均匀变化，而环境温度作用、日照差异温度作用引起屋面构件上、下表面温度差。比如，国家体育场项目，取各区构件差异温升为 10.3℃；山西体育中心（体育馆、游泳跳水馆、自行车馆），采用温度场效应模拟分析，不同使用环境引起的构件间不均匀温差最大约 15℃。

本项目标准展厅温度应力分析结果如下：

① 支撑柱在温度作用下，构件的应力比为 0.1～0.2；长向两端系杆贯通的个别柱，应力比较大，但在荷载组合作用下满足承载力设计要求。

② 屋盖主要受力的张弦梁、中廊钢架梁等，温度作用下构件的应力比较小，约在 0.1 以内；展厅的长向柱间系杆应力比较大，约 0.24，但趋势合理。

③ 楼面框架梁在温度作用下构件的应力比较小，展厅长向两侧约 0.12，其余在 0.1 以内。

（2）地下室混凝土结构设计情况

地下 1 层，地下室南北向长 800m，南、北登录厅范围的地下室宽度约 126m，其余展厅范围的地下室宽度约 60m，框架柱柱网尺寸为 9m×9m，地下室四周设置剪力墙，超长地下室不设永久缝。工程采用桩基础，底板厚 0.5m；底板下采用旋挖灌注桩，桩径 600～800mm。

地下室顶板、底板以及地下室剪力墙，每隔 60m 左右设置宽 800mm 的贯通后浇带；地下室底板设置兼作后浇带的底板沟，底板沟尺寸为 2.5m×1.5m，超长地下室底板沟做法如图 2-20 所示。

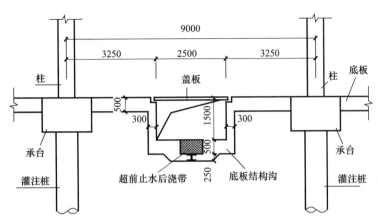

图 2-20 超长地下室底板沟做法大样

温差效应源自结构的变形约束，因此边界条件将对温差效应产生较大的影响。嵌固端或不动铰的计算假定将过高估计楼板拉应力，因此对于地下室混凝土结构进行温差效应分析时，应考虑桩基的有限约束。根据《建筑桩基技术规范》JGJ 94-2008 计算桩基对结构基础的有限约束刚度，并用实际刚度约束代替地基的无限刚度约束假定。

在整个施工过程中，长向变形最大值约 16mm，出现在南、北登录大厅端部；短向变形最大值约 12mm，沿地下室分布较为均匀。底板沟的设计，在受力上形成弹簧效应，在温差效应作用下变形明显，有效地释放了地下室底板的温度应力。底板沟两侧变形约 ±6.0mm。

南、北登录大厅端部以及中部剪力墙角部等，由于约束作用，梁轴力有一定的增加。超长地下室楼板应力云图如图 2-21 所示，计算结果表明在整个施工过程中，大部分楼板的应力变化范围在 -1.5～1.5MPa 之间；应力水平较高的楼板主要集中在南、北登录大厅与标准展厅交接的剪力墙处，此处剪力墙对楼板的约束作用较强，最大应力值达到 3.2MPa；后浇带楼板应力较高，后浇带对整体结构温差效应起到释放作用，最大应力值达到 3.6MPa。设计中在拉应力较高的部位，设置通长筋结合局部短筋的方法降低构件拉应力，钢筋应力水平≤200MPa，裂缝宽度≤0.2mm；钢筋配筋间距≤150mm。

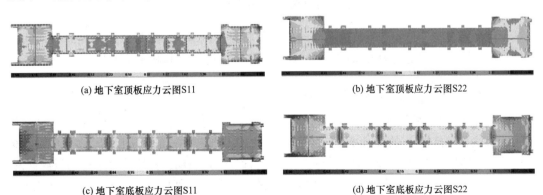

(a) 地下室顶板应力云图S11   (b) 地下室顶板应力云图S22

(c) 地下室底板应力云图S11   (d) 地下室底板应力云图S22

图 2-21 超长地下室楼板应力云图/MPa

2.5.2　大跨度屋面结构风致雪漂移和不均匀雪荷载的影响分析

采用基于 FLUENT 程序平台数值模拟方法，建立融雪模型 MeltSnow 和建筑雪荷载模拟程序 Snowloads，进行全尺度数值模拟，分析了主要风向下屋面表面的风速分布，模拟屋面雪颗粒的飘移；最后经概率统计得到了屋面雪荷载的分布，且可用于结构设计以及屋面体系防雪、融雪的相关设计。计算分析过程和结果如图 2-22～图 2-24 所示。

图 2-22　CFD 数值模型 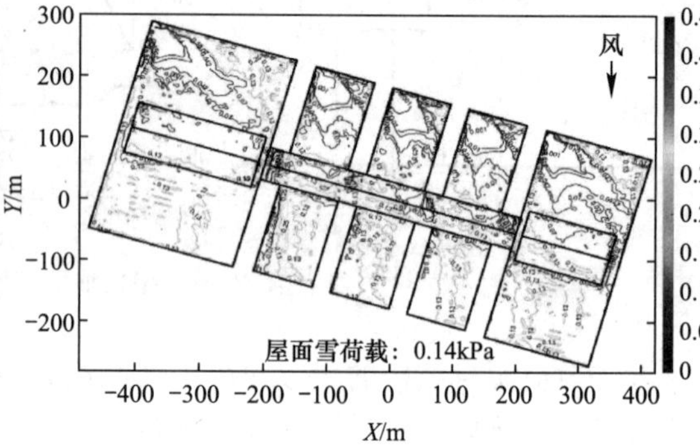　　　　　图 2-23　CFD 数值模型典型风向下屋面雪分布情况

						1.00	0.90						
0.90	0.90	1.40	1.40	1.30	0.70	0.60	1.10	0.70	0.90	1.30	1.40	1.40	1.40
1.00	1.40	1.20	1.30	1.30	1.10	0.80	0.90	0.70	0.80	0.90	0.70	0.80	0.60
1.30	0.90	1.10	1.30	1.40	1.40	1.00	1.00	0.90	1.00	0.90	1.00	0.60	0.80
0.60	0.60	0.90	1.30	1.40	1.20	0.60	1.30	0.90	0.90	0.70	0.80	0.60	0.60
0.60	0.60	0.60	0.60	0.60	0.60	1.10	1.40	0.60	0.60		0.60	0.60	0.60
						1.00	1.20						

图 2-24　展厅雪荷载不均匀分布时屋面积雪分布系数

计算结果表明，与分布系数为 1.0 的均匀分布相比，不利分布对该展厅竖向变形和应力起控制作用，相当于均匀分布的 1.32 倍。因此，结构分析和构件设计时，雪荷载分布系数取 1.32。

2.5.3　超长结构多点激励地震响应分析

超长结构（结构总长度大于 300m）应按《建筑抗震设计规范》GB 50011-2010（2016 年版）（下文简称《抗规》）的要求进行考虑行波效应的多点地震输入的分析比较。多点激励的结构响应与结构所在的场地类别、结构形式、动力特性以及地震动变异性的大小等多因素有关。由计算结果可以看出，多点激励作用下结构基底剪力峰值出现时间滞后于一致激励，这主要是由于多点激励分析时，地震输入存在非同步性，导致各基底节点反力峰值的出现存在时间差异，即同一时刻各基底节点剪力有正有负，叠加后相互抵消。多点激励与一致激励基底剪力时程曲线如图 2-25 所示。

选取结构底部角柱、边柱作为研究对象，考察其在考虑行波效应后的影响量。由底层柱（1～7 号柱为支撑张弦梁柱、8～14 号柱为周边小柱、15～18 号柱为外侧斜柱）在单点激励和多点激励下的构件内力曲线可以看出，轴力影响因子主要分布在 0.9～1.15 之间；X 向剪力影响因子主要分布在 0.85～1.10 之间；Y 向剪力影响因子主要分布在 0.88～1.22 之间。具体计算结果如图 2-26 所示。

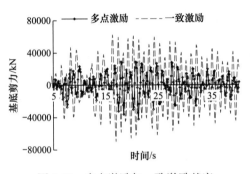

图 2-25　多点激励与一致激励基底　　　　图 2-26　多点激励和单点激励作用下的
　　　　剪力时程曲线　　　　　　　　　　　　　　柱内力对比曲线

大震作用下结构一致激励与多点激励构件抗震性能对比情况见表 2-2，可以看出，考虑行波效应后，大震作用下结构构件损坏程度未发生明显加大的情况。

<table>
<tr><td colspan="6" align="center">大震作用下结构一致激励与多点激励性能对比　　　　　　　　　　　　表 2-2</td></tr>
</table>

结构构件		钢材最大塑性应变		构件最大损伤程度	
		一致激励	多点激励	一致激励	多点激励
关键构件	支撑钢柱	0.0012	0.0009	中度损伤	轻度损伤
	张弦梁	0	0	无损伤	无损伤
普通竖向构件	中廊钢柱	0.0015	0.0010	中度损伤	轻度损伤
	其余钢柱	0.0122	0.0029	不严重损伤	中度损伤
耗能构件	楼面钢梁	0.0233	0.0069	不严重损伤	中度损伤
	屋盖系杆	0.0026	0.0045	轻微损伤	轻度损伤

2.6　结构抗震性能化设计

根据《住房和城乡建设部关于印发〈超限高层建筑工程抗震设防专项审查技术要点〉的通知》（建质〔2015〕67 号），本工程属于大跨度屋盖建筑，屋盖结构单元长度超限（大于 300m），有 3 项一般不规则项，无特别不规则项，应进行超限高层建筑工程抗震设防专项审查。

综合考虑抗震设防类别、设防烈度、场地条件和结构的特殊性等因素，设定结构性能目标为 C，结构各部位性能化设计的具体要求见表 2-3。构件抗震等级及板件宽厚比限值见表 2-4。

标准展厅结构抗震性能目标　　　　　　　　表 2-3

项目		多遇地震	设防地震	罕遇地震
抗震性能要求的承载力水准		1	3	4
宏观损坏程度		完好	轻微损坏	中度破坏
允许层间位移角		1/250	1/150	1/50
构件塑性耗能区的性能目标：性能5		完好	满足中性能系数	中等变形
耗能构件最低延性等级			Ⅱ级	
关键构件	屋盖支撑柱	弹性	中震弹性	不屈服
	立面斜柱	弹性	中震弹性	不屈服
	张弦梁	弹性	中震弹性	不屈服
普通竖向构件	其余钢柱	弹性	中震不屈服	不屈服
耗能构件	框架梁	弹性	中震不屈服	允许弯曲屈服
	屋盖钢梁、系杆	弹性	中震不屈服	允许弯曲屈服
楼板		弹性	中震不屈服	—
主要整体计算方法		CQC 和时程分析	CQC	动力弹塑性时程分析
程序		SAP2000	SAP2000	ABAQUS

构件抗震等级及板件宽厚比限值　　　　　　　　表 2-4

构件名称	关键竖向构件	其余钢柱	主体主梁	支撑	张弦梁
抗震等级	三级	四级	四级	四级	三级
长细比	100	120	—	200	120
翼缘外伸部分	—	—	11	—	—
工字形截面腹板	—	—	72	—	—
箱形截面壁板	38	40	32	30	32

3 结构主要计算、分析结果

3.1 荷载工况

本工程考虑以下几种荷载工况：

(1) 竖向荷载：屋面恒荷载取 $1.2kN/m^2$，屋面活荷载取 $0.5kN/m^2$，展厅吊挂活荷载取 $0.3kN/m^2$；马道荷载取 $4.0kN/m$。

(2) 风荷载：100 年一遇基本风压为 $0.45kN/m^2$，地面粗糙度为 B 类。风荷载根据《建筑结构荷载规范》GB 50009-2012 和同济大学土木工程防灾国家重点实验室提供的《济宁智慧博览物流园基础设施项目风洞试验》取值，项目风洞试验情况如图 3-1 所示。

(3) 雪荷载：100 年一遇基本雪压为 $0.45kN/m^2$，委托同济大学土木工程防灾国家重

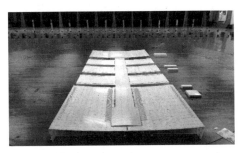

图 3-1 项目风洞试验模型

点实验室进行屋面风致雪漂移和不均匀雪荷载分布的数值模拟，并根据模拟结果进行雪荷载的取值。

（4）地震作用：根据《抗规》确定。

（5）温度作用：根据气象统计资料，济宁市日最高气温为 39℃，日最低气温为-9℃。本工程温度作用计算时，屋盖结构的合拢温度为 [12℃，18℃]，温差取值为 ±28℃。

（6）积水荷载：屋面超长，考虑屋面天沟积满水时的不利荷载作用。

3.2 分析结果

3.2.1 模态分析

屋盖竖向振动频率为 0.90Hz，接近 1.0Hz；扭转主振型与第 1 平动主振型比值 $T_t/T_1=1.107/1.270=0.87$，小于 0.9，满足规范要求。结构总振型数满足平动方向和扭转方向质量参与系数大于 99% 的要求。主要振型如图 3-2 所示。

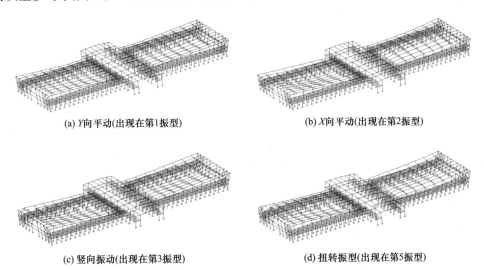

(a) Y向平动(出现在第1振型)   (b) X向平动(出现在第2振型)

(c) 竖向振动(出现在第3振型)   (d) 扭转振型(出现在第5振型)

图 3-2 模态分析主要振型

3.2.2 变形计算

屋盖钢结构在竖向荷载作用下的位移如图 3-3 和图 3-4 所示，水平荷载作用下的位移计算结果如表 3-1 所示。

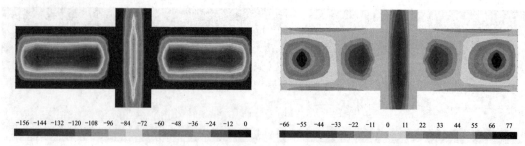

-156 -144 -132 -120 -108 -96 -84 -72 -60 -48 -36 -24 -12 0	-66 -55 -44 -33 -22 -11 0 11 22 33 44 55 66 77

图 3-3　屋盖在 1.0D＋1.0L 组合作用下竖向位移　　图 3-4　屋盖在 1.0D＋1.0 风吸力组合作用下竖向位移

结构楼层最大位移计算结果　　　　　　　　　表 3-1

层号	水平荷载							
	X 向风		Y 向风		X 向小震		Y 向小震	
	位移	层间位移角	位移	层间位移角	位移	层间位移角	位移	层间位移角
3	5.85	1/6250	9.08	1/2083	21.32	1/1030	16.33	1/930
2	4.89	1/2643	9.38	1/1405	15.38	1/804	9.61	1/1290
1	2.62	1/3091	5.11	1/1585	7.92	1/1025	4.96	1/1472

结构在水平荷载作用下扭转位移比为 1.38，大于 1.2 但小于 1.5，属于扭转不规则。侧向变形满足规范限值 1/250 的要求；屋面钢结构最大挠度满足 $L/300$ 的要求（L 为结构跨度）。

3.2.3　结构承载力计算结果

构件承载力计算结果表明：

（1）在持久设计工况组合，即 1.1(恒＋活＋风＋温度) 的包络组合下，构件应力比较多地集中在 0.6～0.8；张弦梁最大应力比为 0.82(Q355GJC)，应力比合理，且充分发挥构件强度，有效控制了总体用钢量。

（2）在小震弹性荷载组合，即 1.2(1.0 恒＋0.5 活)＋1.3 地震＋0.2 风/0.4 温度的包络组合下，构件应力比与持久设计工况组合相比偏小，可见小震组合不起控制作用。

（3）在中震弹性荷载组合，即 1.2(恒＋0.5 活)＋1.3 地震的包络组合下，构件应力比与持久设计工况组合相比偏小，主要构件（张弦梁、中廊钢架梁及展厅悬挑主梁）满足主要受力构件中震弹性的要求。

3.3　罕遇地震作用下动力弹塑性分析结果

采用 ABAQUS 软件进行罕遇地震作用下的动力弹塑性时程分析，从整体性能（结构弹塑性层间位移角、楼层剪力、剪重比等）、构件性能（结构构件的损伤情况、应力大小和屈服程度等）和结构能量平衡关系三个方面评估结构抗震性能，判断结构的抗震薄弱部位以及结构屈服、耗能机制的合理性。

大震动力弹塑性时程分析选用 2 组天然地震波（Loma733 和 Chi2483）和 1 组人工地震波（RH4TG065），峰值加速度取 220gal，持续时间为 40s，主、次方向及竖直方向（地震动选取水平方向地震记录）地震波峰值加速度比为 1：0.85：0.65。计算结果如图 3-5、图 3-6 及表 3-2、表 3-3 所示。

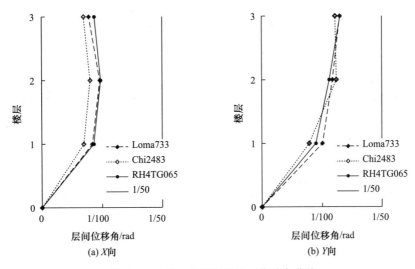

图 3-5 地震波作用下的楼层位移角曲线

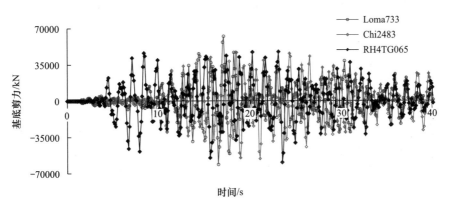

图 3-6 基底总剪力（V_y）时程

ABAQUS 模型与 SAP2000 模型周期质量对比 表 3-2

中区	SAP2000 前 3 阶平动周期	1.270，1.240，1.107（Y 向平动、X 向平动、Z 向平动）
	ABAQUS 前 3 阶平动周期	1.245，1.218，1.110（Y 向平动、X 向平动、Z 向平动）
	SAP2000 结构总质量/kN	283590
	ABAQUS 结构总质量/kN	279520

大震时程弹性分析底部剪力对比 表 3-3

地震波	X 主方向输入			Y 主方向输入		
	V_x/kN	剪重比	弹塑性/弹性	V_y/kN	剪重比	弹塑性/弹性
Loma733	70100	0.251	0.934	62311	0.223	0.875
Chi2483	67737	0.242	0.985	55805	0.200	0.881
RH4TG065	68736	0.246	0.953	59619	0.213	0.879

根据计算结果，结构在罕遇地震作用下未出现明显的塑性变形集中区和薄弱区。X 向层间位移角最大值为 1/102，Y 向层间位移角最大值为 1/87，小于预设的性能目标限值 1/50，满足要求。构件等效塑性应变主要出现在框架梁端、屋盖系杆构件以及局部底层柱端等位

置；最大等效塑性应变在 0.008 以内，属于轻度损坏，结构整体上满足罕遇地震作用下性能水准 4 的要求。

3.4 针对超限情况的技术措施

针对本工程抗震设防类别为重点设防类，且为屋盖结构单元长度大于 300m 的超长超限建筑结构，设计采取了以下措施：

（1）针对结构超长进行相关分析，包括温度作用分析、雪荷载模拟分析以及主体结构多点激励分析，研究行波效应对结构的影响。

（2）开展钢结构抗震性能化设计，对于耗能的钢梁、钢支撑等构件，按塑性耗能区的抗震承载力性能目标以及构件延性等级，确定构件截面板件板厚比等。

（3）对关键构件按中震弹性设计，并着重考察其在罕遇地震作用下的损伤情况，保证关键构件基本处于无损伤—轻微损伤。

（4）楼板应力分析表明，楼层楼板角部以及大开洞的连接处等位置的楼板应适当加强。

（5）中震弹性计算及大震动力弹塑性分析验算结果表明，结构能够实现选定的性能目标的要求。

4 结语

本工程为复杂会展、会议类公共建筑，结构设计将建筑物自身的功能和建筑物空间结合起来，形成良好的整体性，呼应建筑庄重的美感，同时对结构单元超长进行分析，减少结构缝，利于使用、维护管理等。标准展厅微拱趋平型张弦梁、登录厅蝶形/梭形桁架等新型结构体系的应用，可形成大空间的建筑效果，同时使结构构件布置简洁，结构受力高效。结构设计关键技术包括：

（1）针对主体结构超长（约 354m）进行温度作用分析，并考虑非同步升温工况以及日照影响的温度作用。

（2）对屋面进行风致雪漂移模拟分析以及不均匀雪荷载分布分析。

（3）对结构进行弹塑性全过程极限承载力分析，分析结果表明，结构具有较好的极限承载能力和延性，满足规范限值要求。

（4）对展厅区域微拱趋平型张弦梁进行施工模拟分析以及断索分析，对登录厅蝶形/梭形桁架的支撑柱以及上、下弦杆之间的支撑腹杆进行拆除构件法分析，分析表明结构可实现抗连续倒塌。

（5）对主体结构进行多点激励分析，研究行波效应对结构的影响，对角柱等承载力计算采用反应谱效应放大系数，以考虑行波效应的影响。

（6）针对地下室结构超长（约 800m）进行建造过程温度作用分析，并根据分析结果指导后续配筋和构造做法。

第4篇　全框支剪力墙结构研究及应用

29 地铁车辆段上盖高层全框支剪力墙结构模拟地震振动台试验研究

欧阳蓉[1]，余良刚[1]，曹薇[1]，陈洋洋[2]，徐希[1]

(1. 深圳市市政设计研究院有限公司；2. 广州大学工程抗震研究中心)

【摘要】 对一栋122m高的地铁车辆段上盖全框支剪力墙结构缩尺比例为1/20的结构模型进行模拟地震振动台试验。介绍了模型制作的方法，测试了模型结构在小震、中震和大震作用下的加速度、位移和应变，并分析了试验现象和实测数据。结果表明：小震作用下结构自振频率仅下降3％左右，构件未出现裂缝，模型结构处于弹性阶段；中震作用下，模型无肉眼可见裂缝，结构自振频率下降11％左右，结构基本处于弹性阶段；大震作用下，结构自振频率下降48％～60％，模型结构的底部剪力墙首先出现裂缝，继而其他构件出现裂缝，但模型未倒塌，进入弹塑性阶段。模型结构在各地震水准作用下能够满足规范的抗震性能要求；全部加载完成后模型结构转换梁和底部框支柱完好，能达到B级抗震性能目标要求。

【关键词】 全框支剪力墙结构；振动台试验；自振频率；抗震性能；转换梁；框支柱

1 工程概况与设计标准

地铁车辆基地上盖物业以其占地面积大，交通便利，成为优质土地资源，深圳地铁拟通过增加建筑高度以加大开发强度，提高土地利用效率。基于地铁车辆基地需求的特殊性，上盖建筑的底部形成少墙或无墙的结构转换层，该结构体系目前尚无成熟的设计依据和抗震性能研究。近年来，广州、江苏等地均对地铁上盖的结构转换进行了探索[1-5]。为了研究适用于地铁上盖的全框支转换高层建筑的抗震性能，选取典型的一梯四户住宅进行地铁车辆段上盖高层全框支剪力墙结构模拟地震振动台试验研究。

上盖建筑底部2层为车辆段停车库，平面尺寸为37.2m×36m，1层为地铁车辆停车列检库，垂直轨道方向跨度12.4m，顺轨道方向柱距9m，层高9.0m（结构计算高度11.0m）；2层为上盖建筑小车车库，层高6.5m，转换层设在2层顶面（图1-1），梁式转换；3层为塔楼架空绿化层，层高5m；其余为标准层（图1-2），层高2.9m。建筑层数为35层，结构高度124m。停车库采用全框支框架结构，塔楼采用剪力墙结构，塔楼与底部框支框架轴网方向一致。结构计算模型及剖面图如图1-3、图1-4所示。

结构设计时框支框架、底部加强部位剪力墙抗震等级设为特一级，一般部位剪力墙抗震等级设为一级。框支柱截面尺寸为1.6m×2.5m，小震组合下轴压比最大为0.55（中柱）；主要转换梁截面尺寸为2.4m×2.5m和1.6m×2.8m。结构构件采用的主要材料：底部框架结构混凝土柱的混凝土强度等级为C70，1层顶梁板混凝土强度等级为C35；2层

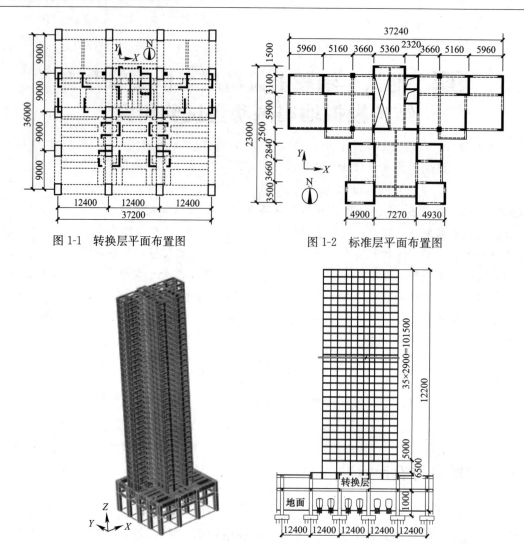

图 1-1 转换层平面布置图

图 1-2 标准层平面布置图

图 1-3 结构计算模型

图 1-4 剖面示意图

顶转换梁、板混凝土强度等级为 C60；3～18 层塔楼剪力墙、柱混凝土强度等级为 C60，梁、板混凝土强度等级为 C40；19～38 层塔楼剪力墙、柱混凝土强度等级为 C50，梁、板混凝土强度等级为 C35；纵筋采用 HRB400 级钢筋，箍筋采用 HPB400 级钢筋。

建筑场地类别为 Ⅱ 类，场地抗震设防烈度为 7 度，设计基本地震加速度值为 $0.10g$，设计地震分组为第一组。小震水平地震影响系数最大值为 0.08，罕遇地震水平地震影响系数最大值为 0.5，反应谱特征周期 $T_g = 0.35s$。

该结构体系第 1 层和第 2 层的层刚度比、层受剪承载力比分别为 0.42 和 0.39，远小于《建筑抗震设计规范》GB 50011-2010（2016 年版）[6]（下文简称《抗规》）、《高层建筑混凝土结构技术规程》JGJ 3-2010[7]（下文简称《高规》）要求，且全框支剪力墙结构体系无现成规范可遵循，也无成熟的设计案例和设计理论可供参考，为验证结构抗震性能有限元分析结果的可靠性及设计的安全性，根据软件分析模型，并依据相关试验方法[8-9] 及相似关系制作结构模型进行模拟地震振动台试验，研究该结构体系在地震作用下的动力特性和破坏模式，以分析判断结构的抗震安全性。

2 试验模型设计与制作

2.1 模拟方案设计

动力试验采用缩尺比例为 1/20 的混合相似结构模型，根据相似关系进行试验模型设计，根据材料性能试验结果确定试验模型与原型的相似关系，根据振动台的承载能力和模型的实际重量计算各楼层所需配重，各参数相似关系见表 2-1[10]。

模型与原型的相似关系   表 2-1

物理参数	设计相似关系	调整后的相似关系
尺寸	1/20	1/20
弹性模量	1/4.5	1/2.5
加速度	1.6667	3.0080
质量	1/3000	1/3000
时间	0.1732	0.1289
频率	5.7735	7.7563
速度	0.2887	0.3878
位移	0.05	0.05
应力	1/4.5	1/2.5
应变	1	1

2.2 模型制作及主要材料性能参数

试验模型采用微粒混凝土制作，材料为水泥砂浆。水泥为 P. C42.5，砂为细砂，配合比（水∶水泥∶砂）为 1∶1.8∶5.25～1∶1.8∶4.16，对应于原型混凝土强度等级 C40、C50、C60、C70，模型微粒混凝土弹性模量为 6700～7800MPa。弹性模量的测定是将棱柱体试块（尺寸 70.7mm×70.7mm×230mm）置于 300t 标准压力试验机上进行重复加载。加载和量测按照《建筑砂浆基本性能试验方法标准》JGJ/T 70-2009[11] 的要求进行。

模型选用 8～22 号等多种规格回火镀锌铁丝模拟钢筋，浇筑在钢筋混凝土底座上，柱的钢筋与底座钢筋固定连接，底座用螺栓与台面连接。外模板用木板制作，由底层往上逐步提升；内模板用泡沫塑料，便于加工成型和捣碎拆除。制作完成后的试验模型如图 2-1 所示。

图 2-1 试验模型

3 试验方法

3.1 试验用地震波选取

根据工程项目的场地类别以及设计地震分组，分别以特征周期 0.35s 和 0.4s 选择两组地震波，各采用 1 条人工波和 2 条天然波，见表 3-1。

试验用地震波		表 3-1
特征周期/s	地震波名称	备注
0.35	Northridge-01	天然波
	Loma Prieta	天然波
	RH2TG035	人工波
0.4	TABAS，IRAN_NO_143	天然波
	RSN125_FRIULI. A_A-TMZ-UP	天然波
	RH2TG040	人工波

地震波的弹性反应谱如图 3-1、图 3-2 所示。台面输入的地震波水平加速度峰值按相似关系放大，持续时间按相似关系压缩。

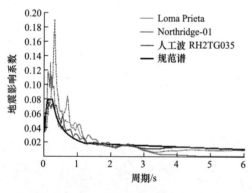

图 3-1 0.35s 特征周期地震波反应谱

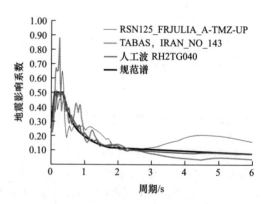

图 3-2 0.4s 特征周期地震波反应谱

3.2 测点布置

模型结构平面上在 A 点沿结构高度布置了 10 道加速度和积分位移传感器，分别位于模型底板、1～4 层、11 层、18 层、25 层、31 层和 38 层；在 B1 点、B2 点、C1 点和 C2 点沿结构高度布置了 3 道加速度传感器，分别位于 2 层、18 层和 38 层；在模型的 4 个外立面中部沿结构高度布置了 11 道激光位移传感器，分别位于振动台面、模型底板、1～4 层、11 层、18 层、25 层、31 层和 38 层；根据结构特点及弹塑性分析结果，应变测点布置在重点观测的底部 1 层、2 层的框支柱、转换梁，3 层、4 层剪力墙和 5 层、30 层连梁上。1 层、2 层（转换层）和标准层加速度及积分位移传感器、应变测点布置如图 3-3～图 3-5 所示。

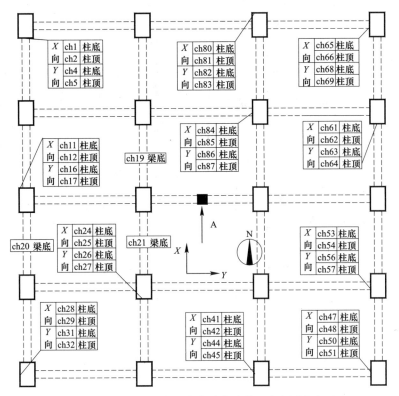

图 3-3　1 层加速度及积分位移传感器、应变测点布置

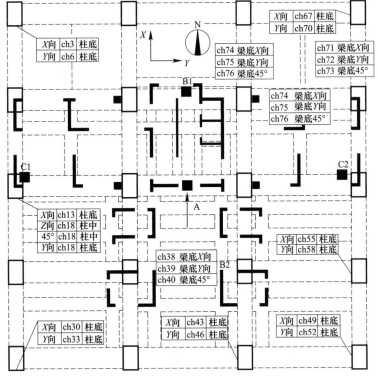

图 3-4　2 层（转换层）加速度及积分位移传感器、应变测点布置

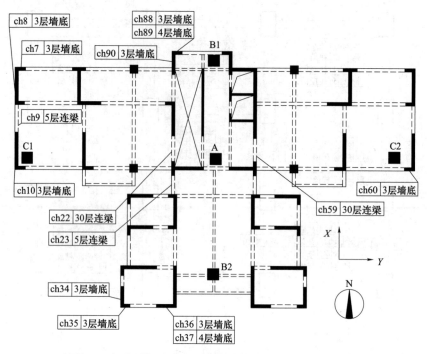

图 3-5　标准层加速度及积分位移传感器、应变测点布置

3.3　试验工况及顺序

在每个地震水准试验前后，各输入一次白噪声以测定结构的频率变化情况，在 7 度小震和中震作用阶段，分别按 RH2TG035 波、Northridge-01 波、Loma Prieta 波这 3 条地震波进行 X 向或 Y 向单向输入以及 X 向 $+Y$ 向双向输入；在 7 度大震阶段，分别按 TA-BAS, IRAN_NO_143 波、RH2TG040 波、RSN125_FRIULI. A_A-TMZ-UP 波三条地震波进行 X 向、Y 向单向输入以及 X 向 $+Y$ 向双向输入，具体试验工况及顺序见表 3-2。

试验工况及顺序　　　　表 3-2

地震水准	工况序号	波名	输入方向	加速度峰值/g
7 度 小 震	1	白噪声	X 向 $+Y$ 向	0.05
	2	RH2TG035	X 向	0.1074
	3	Northridge-01	X 向	0.1074
	4	Loma Prieta	X 向	0.1074
	5	白噪声	X 向 $+Y$ 向	0.05
	6	RH2TG035	Y 向	0.1074
	7	Northridge-01	Y 向	0.1074
	8	Loma Prieta	Y 向	0.1074
	9	白噪声	X 向 $+Y$ 向	0.05
	10	RH2TG035	X 向 $+Y$ 向	0.1074$+$0.0913
	11	Northridge-01	X 向 $+Y$ 向	0.1074$+$0.0913
	12	Loma Prieta	X 向 $+Y$ 向	0.1074$+$0.0913
	13	白噪声	X 向 $+Y$ 向	0.05

续表

地震水准	工况序号	波名	输入方向	加速度峰值/g
7度中震	14	RH2TG035	X 向	0.3008
	15	Northridge-01	X 向	0.3008
	16	Loma Prieta	X 向	0.3008
	17	白噪声	X 向+Y 向	0.05
	18	RH2TG035	Y 向	0.3008
	19	Northridge-01	Y 向	0.3008
	20	Loma Prieta	Y 向	0.3008
	21	白噪声	X 向+Y 向	0.05
	22	RH2TG035	X 向+Y 向	0.3008+0.2557
	23	Northridge-01	X 向+Y 向	0.3008+0.2557
	24	Loma Prieta	X 向+Y 向	0.3008+0.2557
	25	白噪声	X 向+Y 向	0.05
7度大震	26	TABAS，IRAN_NO_143	X 向	0.6753
	27	RH2TG040	X 向	0.6753
	28	RSN125_FRIULI. A_A-TMZ-UP	X 向	0.6753
	29	白噪声	X 向+Y 向	0.05
	30	TABAS，IRAN_NO_143	Y 向	0.6753
	31	RH2TG040	Y 向	0.6753
	32	RSN125_FRIULI. A_A-TMZ-UP	Y 向	0.6753
	33	白噪声	X 向+Y 向	0.05
	34	TABAS，IRAN_NO_143	X 向+Y 向	0.6753+0.5740
	35	RH2TG040	X 向+Y 向	0.6753+0.5740
	36	白噪声	X 向+Y 向	0.05

4 试验现象

模拟地震振动台试验过程中，7度小震作用下，模型结构无裂缝产生，结构反应处于弹性阶段。7度中震作用下，模型结构无肉眼可见裂缝产生。

损伤构件编号如图 4-1 所示。在 7 度大震工况 28 作用下，模型结构 4 层墙肢 Q1～Q4、7 层墙肢 Q5、Q6 有明显损坏，4～6 层连梁 LL1、LL2 出现裂缝；工况 30、工况 31 作用下，模型结构未见进一步损伤；工况 32 作用下，模型结构 4 层墙肢 Q1～Q4 裂缝进一步加大，4 层、5 层墙肢 Q7～Q10 出现裂缝；工况 34、工况 35 作用下，模型结构 4 层墙肢 Q3、Q4 裂缝进一步加大，Q11～Q15 出现裂缝，白噪声扫频后发现频率下降幅度较大，考虑到模型防倒塌措施不足，试验终止。试验结束后检查裂缝，发现模型结构 6～8 层、13～17 层框架梁 L1、L2，29～31 层框架柱 Z1，3 层墙肢 Q1、Q16、Q17 有程度不等的裂缝，底部 2 层框支柱和转换梁未见裂缝，上部剪力墙损伤主要出现在底部，弱连接处连梁首先出现损伤，其次是少墙方向（X 向）框架梁容易损伤。模型结构构件损坏现象如图 4-2 所示。

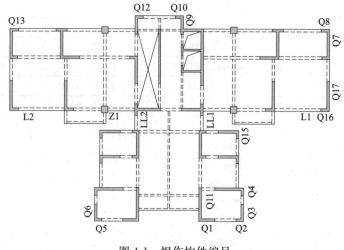

图 4-1　损伤构件编号

(a) 工况28(4层Q1、Q2)　　(b) 工况28(4层Q3、Q4)　　(c) 工况33(5层Q7)

(d) 工况33(4层Q9)　　(e) 工况36(4层LL1)　　(f) 工况36(17层L2)　　(g) 工况36(38层Z1)

图 4-2　构件损坏现象

5　试验结果分析

5.1　模型动力特性

不同地震水准作用后用白噪声扫频,得到模型 X 向和 Y 向相对加速度反应的自谱,通过模态分析得到不同强度地震作用后模型 X 向和 Y 向的自振频率及振型。模型自振频率、阻尼比和振型形态见表 5-1。结果显示经历 7 度小震、中震、大震后,结构第 1 阶振型自振频率相对于震前分别下降约 3.4%、11.8% 和 48.1%,第 2 阶振型自振频率相对于震前分别下降约 1.9%、9.8% 和 60.5%,说明结构在不同地震水准作用下出现刚度退化,大震作用下刚度退化加速,由于 Y 向结构非对称,Y 向下降速率更大。结构阻尼比随着地震峰值的加大而提高，也说明结构损伤随加载的增大而加剧。

根据震前白噪声自振频率及时间相似比推算出原型结构前 3 阶振型周期分别为 2.64s、2.53s 和 1.75s，在第 3 阶振型出现扭转，扭转周期与第一平动周期之比 $T_t/T_1 = 0.66$。

计算分析得到前 3 阶振型的周期分别为 2.48s、2.36s 和 1.80s，振型形态分别为：X 向平动、Y 向平动和扭转，周期比 $T_t/T_1 = 0.72$。

模型结构试验得到的动力特性与软件分析自振周期最大相差 7.2%，振型形态结果一致，模型试验结果与计算分析结果差值在合理范围内。

模型自振频率、阻尼比和振型形态　　　　　　　　表 5-1

工况	振型	频率/Hz	阻尼比	振型形态
震前 （工况 1）	第 1 阶	2.933	1.99	X 向平动
	第 2 阶	3.071	1.226	Y 向平动
	第 3 阶	4.432	1.235	扭转
7 度小震后 （工况 13）	第 1 阶	2.834	2.312	X 向平动
	第 2 阶	3.014	1.77	Y 向平动
	第 3 阶	4.342	1.488	扭转
7 度中震后 （工况 25）	第 1 阶	2.587	2.282	X 向平动
	第 2 阶	2.77	3.697	Y 向平动
	第 3 阶	3.904	2.534	扭转
7 度大震后 （工况 36）	第 1 阶	1.525	4.369	X 向平动
	第 2 阶	1.214	8.655	Y 向平动
	第 3 阶	2.323	6.287	扭转

5.2　模型结构加速度反应

各工况模型结构被监测楼层的加速度放大系数如图 5-1 所示。由图可见，不同工况下，模型结构两个方向的加速度反应变化规律基本一致，加速度放大系数沿楼层高度先增大，在 25 层出现加速度放大系数减小较大的转折点，31 层达到最小值后又快速增大，在顶部达到最大，顶部地震反应比较剧烈；不同地震水准作用下加速度放大系数有所降低，表明随着台面激励的加强，结构损伤增加，模型刚度退化。

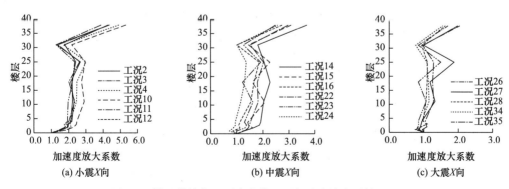

图 5-1　模型结构各地震水准作用下加速度放大系数（一）

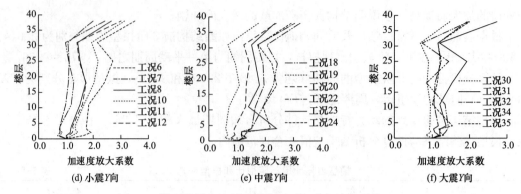

图 5-1　模型结构各地震水准作用下加速度放大系数（二）

5.3　模型结构位移反应

不同地震水准作用下，模型结构的最大位移如图 5-2 所示（仅给出单项激励的反应结果）。由图可见，3 条波在小震和中震试验阶段模型结构位移反应相差不大，大震试验阶段，工况 26、工况 27 作用下模型结构位移反应还比较小，工况 28 作用下模型结构位移反应增幅较大。结果表明：①小震和大震作用下模型结构 X 向和 Y 向在 3 条波作用下反应接近，X 向反应稍大，中震作用下 X 向位移反应明显大于 Y 向，说明模型结构 X 向刚度比 Y 向弱；②RSN125_FRIULI. A_A-TMZ-UP 波低频成分较多，在小震和中震作用下模型结构没有损伤或轻微损伤，大震作用下模型结构在 X 向激励下（工况 28）开始出现明显裂缝，Y 向激励下（工况 32）多处出现裂缝，既有裂缝宽度也扩大。

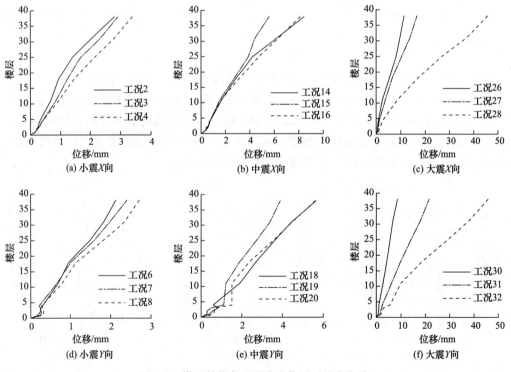

图 5-2　模型结构各地震水准作用下最大位移

不同地震水准作用下，模型结构的层间位移角如图 5-3 所示（仅给出单项激励的反应结果）。由图可见，结构模型在小震下的层间位移角均小于 1/1000；大震作用下，在TABAS、IRAN_NO_143 波和 RH2TG040 波作用下的层间位移角均小于 1/120，在RSN125_FRIULI. A_A-TMZ-UP 波作用下，模型结构主要在转换层上部附近楼层发生 X 向层间位移角突变，之后模型结构上部进入弹塑性，最大层间位移角达到 1/32，远大于《高规》要求。

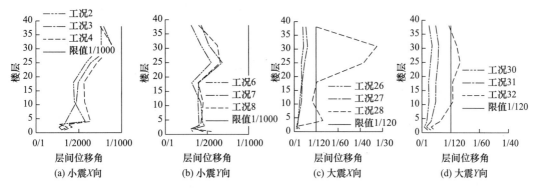

图 5-3　模型结构各地震水准作用下层间位移角

模型底部框架结构在小震及中震作用下处于弹性，在大震作用下进入弹塑性，尤其在RSN125_FRIULI. A_A-TMZ-UP 波作用下最大层间位移角达到 1/283，但均能满足《高规》弹塑性层间位移角限值要求。

5.4　模型结构应变反应

小震作用下各测点的应变最大值和最小值的绝对值基本相等，即测点的拉、压应变是对称的。柱最大拉、压应变均出现在 2 层，分别为 $46×10^{-6}$ 和 $-58×10^{-6}$，转换梁最大拉、压应变分别为 $10×10^{-6}$ 和 $-8×10^{-6}$，剪力墙最大拉、压应变出现在第 3 层，分别为 $133×10^{-6}$ 和 $-95×10^{-6}$，连梁最大拉、压应变分别为 $34×10^{-6}$ 和 $-14×10^{-6}$，模型结构未出现裂缝，处于弹性阶段。

中震作用下，剪力墙测点应变开始出现不对称现象，说明模型结构有裂缝出现。虽然在应变测点位置没有出现裂缝，但由于其他部位裂缝的出现，使测点位置的拉、压应变不相等。双向地震作用下 3 层剪力墙（Ch36）位置应变达到 $415×10^{-6}$，达到了微粒混凝土的开裂应变值 $400×10^{-6}$。

大震作用下，应变测点的不对称现象越来越明显，裂缝逐渐发展。工况 26 作用下 3层剪力墙（Ch36）位置应变值达到 $595×10^{-6}$；工况 28 作用下 2 层边柱（Ch58）位置最小应变达到 $-625×10^{-6}$，3 层剪力墙（Ch35）位置最小应变达到 $-508×10^{-6}$，4 层剪力墙（Ch37）位置最小应变达到 $-537×10^{-6}$，超过微粒混凝土的开裂应变值；工况 31 作用下 1层框支角柱底（Ch31）位置应变值为 $401×10^{-6}$；工况 35 作用下 1 层框支角柱底（Ch28）位置最大应变值达到 $414×10^{-6}$，2 层边柱（Ch55）位置最小应变达到 $-552×10^{-6}$，3 层剪力墙（Ch36）位置完全破坏，4 层剪力墙（Ch89）位置最小应变达到 $-428×10^{-6}$。

6 结论

通过对地铁车辆段上盖全框支剪力墙结构振动台试验的现象及数据的分析，并比对原型动力特征的计算分析结果，得出以下结论：

（1）模型结构试验推算得到的前 3 阶振型周期与软件计算分析得到的周期最大相差 7.2%，振型形态结果一致，说明试验模型的相似关系可靠，试验结果对于原型结构有参考价值。

（2）小震作用下结构自振频率仅下降 3% 左右，构件未出现裂缝，模型结构处于弹性阶段；中震作用下，模型无肉眼可见裂缝，结构自振频率下降 11% 左右，模型结构基本处于弹性阶段；大震作用下，结构自振频率下降 48%～60%，在 4 层（转换层上第 2 层）剪力墙首先出现裂缝，继而其他构件出现裂缝，但模型未发生倒塌，进入弹塑性阶段。试验结果表明，在各地震水准作用下整体模型结构能达到《抗规》的 C 级抗震性能目标要求，底部框架能达到 B 级抗震性能目标要求。

（3）大震作用下模型结构底部剪力墙和连梁出现裂缝，框支框架完好；底部大部分剪力墙应变超过开裂应变，而框支柱仅个别应变较大，表明结构能达到转换层以上构件先屈服、转换柱后屈服的合理屈服机制。

（4）全部加载完成后模型结构转换梁和底部框支柱完好，仅个别角柱和边柱的测点出现应变过大的现象，底部全框支层抗震性能较好。建议设计时综合考虑底部框架尺寸大于模型框架的实际情况，合理进行角柱和边柱的设计。

参考文献

[1] 姚永革，郑建东，严仕基，等. TOD 全框支剪力墙结构设计若干难点热点问题探讨 [J]. 建筑结构，2020，50（10）：75-82.

[2] 杨坚，林鹏，杨坤，等. 以"强下部弱上部"为目标的性能设计在地铁车辆段上盖全框支转换结构中的运用 [J]. 建筑结构，2020，50（10）：109-114，95.

[3] 伍永胜，农兴中. 地铁车辆段上盖高层建筑结构体系研究与应用 [J]. 建筑结构，2020，50（10）：90-95.

[4] 谈丽华，杨律磊，郭一峰，等. 徐州杏子山车辆段上盖项目隔震设计 [J]. 建筑结构，2019，49（1）：88-94，132.

[5] 赵宏康，张敏，陆春华，等. 苏州太平车辆段停车列检库上盖物业开发复杂高层结构设计 [J]. 建筑结构，2013，43（20）：89-95.

[6] 住房和城乡建设部. 建筑抗震设计规范：GB 50011-2010 [S]. 北京：中国建筑工业出版社，2016.

[7] 住房和城乡建设部. 高层建筑混凝土结构技术规程：JGJ 3-2010 [S]. 北京：中国建筑工业出版社，2011.

[8] 住房和城乡建设部. 建筑抗震试验规程：JGJ/T 101-2015 [S]. 北京：中国建筑工业出版社，2015.

[9] 住房和城乡建设部. 混凝土结构试验方法标准：GB/T 50152-2012 [S]. 北京：中国建筑工业出版社，2012.

[10] 周颖，吕西林. 建筑结构振动台模型试验方法与技术 [M]. 2 版. 北京：科学出版社，2016.

[11] 住房和城乡建设部. 建筑砂浆基本性能试验方法标准：JGJ/T 70-2009 [S]. 北京：中国建筑工业出版社，2009.

30 轨道交通场站综合体全框支剪力墙结构设计探索

黄昱华，伍永胜，赵鹏，李红波，朱振，肖鹏

（广州地铁设计研究院股份有限公司）

【摘要】 随着城市的发展，在轨道交通场站进行综合物业开发成为土地集约化、节能减排的一项重要举措。全框支剪力墙结构能较好地解决场站综合体的"上下"矛盾：既能满足场站对工艺空间的需求，又能满足住宅建筑功能并具有一定灵活性。本文就轨道交通场站综合体中应用全框支剪力墙结构做了初步探索，通过合理的设定抗震性能目标以及屈服机制，可保证结构的安全性并具备良好的抗震性能。

【关键词】 轨道交通场站综合开发；全框支剪力墙结构；厚板转换；超限高层建筑；屈服机制

1 背景

随着我国经济的高速增长，城市建设迅速发展，城市土地资源变得空前紧张，如何加强城市土地资源的集约利用成为当务之急。2008年《国务院关于促进节约集约用地的通知》中提出，大力提高建设用地利用效率、鼓励开发利用地上地下空间。2009年广州市《印发〈广州市推进节约集约用地试点示范工作实施方案〉的通知》中提出，认真落实《国务院关于促进节约集约用地的通知》以及《印发〈广东省建设节约集约用地试点示范省工作方案〉的通知》有关精神，开拓土地开发利用的新途径，构建土地审批、供应、使用各环节紧密衔接，相关部门协作配合的全过程监管体系。

随着我国经济及城市化进程的发展，城市交通需求剧增，轨道交通作为一种大容量、快速绿色的公共交通系统，被各地城市作为解决城市交通问题的战略途径和长期任务。城市轨道交通车辆基地大多位于城市的近郊区，占地面积大、建筑密度较小、用地强度低、功能单一，车辆基地本身及周边的土地利用仍处于较低水平，是城市土地集约节约利用的一个短板。对车辆基地进行存量挖掘和资源储备，通过科学规划设计进行充分的论证和优化，利用上盖物业开发的形式可以提高土地的利用效率；通过对地铁车辆基地的再开发，使其恢复应有的城市尺度与空间形态，为原本单一属性的土地赋于更多的城市功能。在土地集约化、节能减排的需求下，对车辆基地进行综合物业开发成为能同时提高土地利用率、为市民提供宜居环境、创造可观经济效益的重要举措。

2 结构体系

2.1 发展历程

地铁车辆基地大致可分为白地、出入段线区、咽喉区及库房区几个部分。白地区不存

在地铁功能，综合开发高度和结构形式不受限制；咽喉区地铁轨道多而不规整，对结构限制多，综合开发高度受限；库房区轨道布置规整，可进行较高强度综合开发。由于规划、土地储备等原因，车辆基地的上盖开发建设时间往往滞后于车辆基地建设期。上盖开发商在未取得土地使用权之前，对车辆基地如何预留条件，往往持谨慎态度。如何在地铁同步实施时（下文简称"一级"）做好预留、为远期综合物业开发（下文简称"二级"）创造建设条件，结构工程师进行了多种预留模式的探索，采用的结构体系有剪力墙结构、部分框支剪力墙结构和全框支剪力墙结构，如表 2-1 所示。

结构体系简介

表 2-1

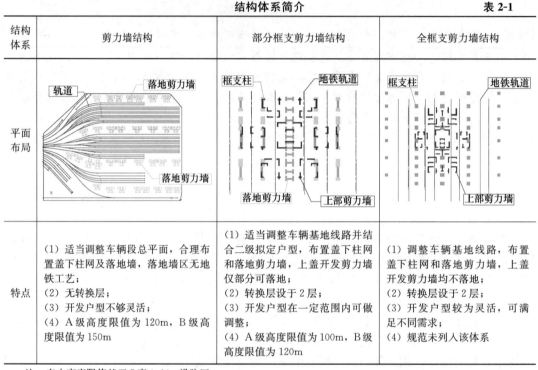

结构体系	剪力墙结构	部分框支剪力墙结构	全框支剪力墙结构
平面布局			
特点	(1) 适当调整车辆段总平面，合理布置盖下柱网及落地墙，落地墙区无地铁工艺； (2) 无转换层； (3) 开发户型不够灵活； (4) A 级高度限值为 120m，B 级高度限值为 150m	(1) 适当调整车辆基地线路并结合二级拟定户型，布置盖下柱网和落地剪力墙，上盖开发剪力墙仅部分可落地； (2) 转换层设于 2 层； (3) 开发户型在一定范围内可做调整； (4) A 级高度限值为 100m，B 级高度限值为 120m	(1) 调整车辆基地线路，布置盖下柱网和落地剪力墙，上盖开发剪力墙均不落地； (2) 转换层设于 2 层； (3) 开发户型较为灵活，可满足不同需求； (4) 规范未列入该体系

注：表中高度限值基于 7 度 0.10g 设防区。

2.2 规范规定

全框支剪力墙结构并非新的概念，在 20 世纪 90 年代以前类似全框支剪力墙结构的底层大空间剪力墙结构曾有应用。将剪力墙结构底层全部剪力墙替换为钢筋混凝土框架，以满足建筑底层大空间功能，即为底层大空间剪力墙结构。《钢筋混凝土高层建筑结构设计与施工规定》JGJ 3-1979 曾允许用框架支撑上部剪力墙，形成框支剪力墙结构体系。这种上刚下柔的结构形式，底层柱在强震中容易产生很大的侧移进而倒塌，这在 1976 年罗马尼亚地震、1978 年日本宫成冲地震、1978 年希腊萨洛尼卡地震的震害中有所体现。

《钢筋混凝土高层建筑结构设计与施工规程》（JGJ 3-1991）（下文简称《91 规程》）通过一系列的结构布置和构造措施加强底层大空间剪力墙结构的抗震性能，主要为：设置一定数量的落地墙以保证上下层刚度比不突变；加强框支框架、转换层上下层楼板、上部剪力墙等以保证结构具备一定的强度和延性。

《高层建筑混凝土结构技术规程》JGJ 3-2002（下文简称《02 规程》）、《高层建筑混凝土结构技术规程》JGJ 3-2010（下文简称《10 规程》）基本延续了《91 规程》的思路，且为防止落地剪力墙过少，《10 规程》在《02 规程》的基础上，进一步限定了框支框架承担的倾覆力矩不超过总倾覆力矩的 50%。

2.3 全框支剪力墙结构简介

从《91 规程》开始，国家标准或行业标准均未将全框支剪力墙结构列入可供选用的结构体系。进入 21 世纪以来，在城市轨道车辆基地进行上盖开发逐渐成为趋势，鉴于一级与二级的建设时序不一，为充分保证二级开发的灵活性，全框支剪力墙结构重新进入结构工程师的视野。此时的全框支剪力墙结构与传统的柔性大空间底层的剪力墙结构相比，已出现了显著变化。

2.3.1 结构布置

车辆基地首层一般为地铁列车停车场，层高一般为 11～12m（至基础面）；2 层为上盖物业小汽车停车库，层高约 6m；转换层设在第 2 层（民用车库顶板）。受"下部"条件限制，"上部"塔楼所有竖向构件均需要转换，框支柱截面往往较大。典型结构转换层、标准层及结构剖面如图 2-1 所示。

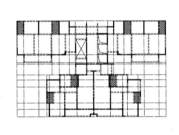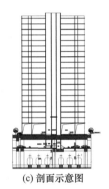

(a) 转换层平面布置示意图　　(b) 上部标准层平面布置示意图　　(c) 剖面示意图

图 2-1　典型结构转换层、标准层及结构剖面

2.3.2 抗震性能

场站综合体全框支剪力墙结构的底层框架刚度往往较大，底层柱一般参考部分框支剪力墙结构控制轴压比。因层高关系，首层框架与 2 层框架相比相对较弱，但框架层刚度并不比转换层以上的剪力墙结构弱，楼层位移反应基本反映出明显的弯曲变形，区别于传统的剪力墙结构，框架层体现出部分剪切型变形趋势，但变形尺度甚微。在 7 度多遇地震作用下框架层层间位移角远小于《10 规程》1/1000 的限值；7 度大震作用下框架层层间位移角远小于《10 规程》1/120 的限值，且基本接近 1/550 的框架结构弹性层间位移角限值。大震作用下上部楼层位移反映出明显的弯曲变形，框架层反映出部分剪切型变形趋势，但变形尺度也较小，如图 2-2 所示。

2.3.3 结构措施

定义框支框架为关键构件，其余竖向构件为普通竖向构件，框架梁及连梁为耗能构件。鉴于《10 规程》对本结构体系暂未规定，按照《10 规程》第 3.11 节的相关内容，设定结构的抗震性能目标为 C 级（框支框架及相关范围为 B 级，不同地震水准下的结构性能水准见表 2-2）。

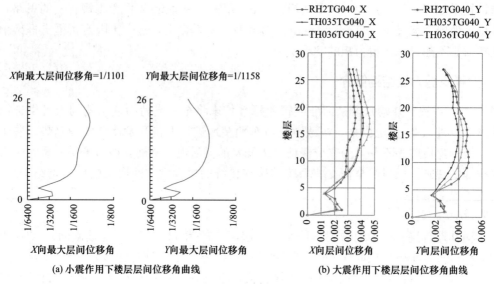

图 2-2　典型结构地震作用下楼层层间位移角曲线

抗震性能目标				表 2-2
地震水准		小震	中震	大震
性能目标等级	塔楼	C		
	框支框架及相关范围	B		
性能水准	塔楼	1	3	4
	框支框架及相关范围	1	2	3
层间位移角限值		1/1000 (1/800，广东)	—	1/120

　　为保证不形成"鸡腿"结构，理想的屈服机制应是上部结构先于框支框架屈服：通过提高框支框架性能目标，使上部连梁、框架梁中率先出现塑性铰，连梁、框架梁充分耗能；提高框支框架抗侧刚度、控制框支框架变形，框支框架小震作用下层间位移角不超过 1/2000，首层大震弹塑性位移角不大于 1/500；控制结构大震弹塑性位移角，保证结构在大震作用下不发生倒塌。

3　工程应用

3.1　工程概况

　　广州地铁 11 号线赤沙车辆段位于广州市海珠区，新建赤沙车辆基地为双层车辆基地（地下 1 层、地面 1 层），地下 1 层层高约 11.5m，地面首层层高为 10.7m。地铁首层盖板以上预留为二级开发范围，预留业态包括高层住宅、办公、学校、幼儿园等，预留上盖开发总平面图如图 3-1 所示，预留开发效果图如图 3-2 所示，地铁同步实施剖面图如图 3-3 所示。

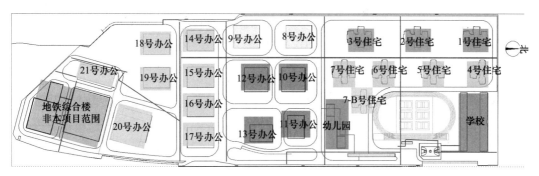

图 3-1　预留上盖开发总平面图

图 3-2　赤沙车辆段预留开发效果图

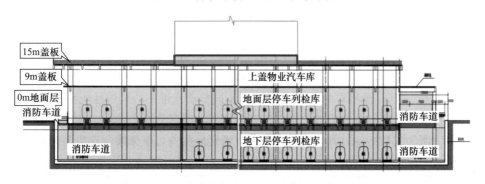

图 3-3　赤沙车辆段同步实施剖面示意图

本工程设计使用年限为 50 年，安全等级为二级；抗震设防烈度为 7 度，设计基本地震加速度为 0.1g，设计地震分组为第一组；根据地质勘察报告，场地类别为Ⅱ类。根据《建筑工程抗震设防分类标准》GB 50223-2008 第 3.0.3 条、《建筑抗震设计规范》GB 50011-2010（2016 年版）（下文简称《抗规》）第 3.1.1 条、《10 规程》第 3.9.1 条的规定，抗震设防类别为标准设防类，即《10 规程》中的丙类建筑，应按本地区抗震设防烈度确定抗震措施和地震作用。

3.2　结构体系与结构布置

限于篇幅，本文仅介绍 3 号住宅楼（以下简称"3 号住宅"）的超限设计及应用情况。3 号住宅结构总高 149.25m，住宅塔楼剪力墙仅电梯筒落地、其余剪力墙均需要进行转换，转换层设于地面2层（3层楼面），结构形式为全框支剪力墙结构。转换层结构平面图如图3-4所示，标准层结构平面图如图3-5所示。

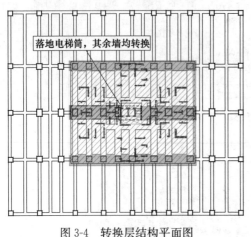

图 3-4　转换层结构平面图

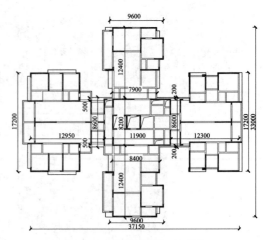

图 3-5　标准层结构平面图

3.3　结构超限判别及抗震性能目标

根据《超限高层建筑工程抗震设防专项审查技术要点》（建质〔2015〕67号）、《10规程》和广东省标准《高层建筑混凝土结构技术规程》DBJ 15-92-2013（下文简称《广东高规》）的有关规定，本工程结构类型超出国家现行标准的适用范围，并存在五项不规则项：扭转不规则、凹凸不规则、刚度突变、承载力突变、构件间断，属于B级高度特别不规则超限高层结构。

结合结构不规则性及超限程度，设定本结构的抗震性能目标为C级，框支框架及相关范围（包括裙楼范围）性能目标加强为B级，不同地震水准下的结构性能水准见表3-1。根据本工程结构构件重要性及可靠性要求，定义框支柱、转换厚板、框支暗梁、裙楼柱和底部加强部位剪力墙为关键构件，其余竖向构件为普通竖向构件，框架梁及连梁为耗能构件。

抗震性能目标				表 3-1
地震水准		小震	中震	大震
性能目标等级	塔楼	C		
	框支框架及相关范围（包括裙楼范围）	B		
性能水准	塔楼	1	3	4
	框支框架及相关范围（包括裙楼范围）	1	2	3
层间位移角限值		1/800（《广东高规》）	—	1/120

3.4　结构计算分析

针对本工程超限情况，采取了两种程序计算对比分析、时程分析以及罕遇地震作用下的动力弹塑性分析，并利用通用有限元软件进行了实体有限元计算。

3.4.1 小震及风荷载作用分析

小震作用分析采用振型分解反应谱法和弹性时程分析法，主要计算结果如表3-2所示。

结构分析主要结果

表3-2

指标		YJK 软件	ETABS 软件
前 3 周期	T_1	3.931（Y 向）	3.845（Y 向）
	T_2	3.396（X 向）	3.476（X 向）
	T_3	3.310（扭转）	3.400（扭转）
结构总质量（地面以上）/t		128544.555	128544.519
地震作用下基底剪力（首层）/kN	X	33337.5	32785.0
	Y	26923.4	28255.1
剪重比（不足时已按规范要求放大）	X	1.90%	1.88%
	Y	1.70%	1.73%
地震作用下倾覆弯矩/(kN·m)	X	1147487.3	1214749.0
	Y	973082.3	957864.1
地震作用下最大层间位移角（层号）	X	1/1327（24 层）	1/1326（26 层）
	Y	1/898（31 层）	1/977（24 层）
风荷载作用下基底剪力/kN	X	8759.1	8760.9
	Y	10427.1	10426.4
50 年一遇风荷载作用下最大层间位移角（层号）	X	1/1411（20 层）	1/1298（19 层）
	Y	1/867（27 层）	1/852（20 层）
考虑偶然偏心最大扭转位移比（层号）[相应的层间位移角]	X	1.16（3 层）[1/7979]	1.19（46 层）[1/1573]
	Y	1.31（46 层）[1/1081]	1.23（46 层）[1/1244]

根据上述计算结果，结构存在扭转不规则、凹凸不规则、刚度突变、承载力突变、构件间断等不规则项，结构整体指标均满足《广东高规》的规定。

3.4.2 中震及大震等效弹性分析

根据《广东高规》第 3.11 节的规定，对下列工况进行等效弹性包络设计配筋，主要计算结果如表3-3所示。

（1）中震作用下：转换层以上塔楼满足性能水准 3，框支框架及相关部分满足性能水准 2。

（2）大震作用下：转换层以上塔楼满足性能水准 4，框支框架及相关部分满足性能水准 3。

中震、大震等效弹性主要计算结果

表3-3

指标			X 向	Y 向
中震等效弹性	小震基底剪力/kN		33337.5	26923.4
	层间位移角	标准层	1/465（24 层）	1/329（27 层）
		转换层	1/3363	1/1773
		首层	1/1989	1/1265
	基底剪力/kN		77704.2	63007.9
	最小剪重比		4.80%	4.10%
中震基底剪力与小震基底剪力与之比			2.33	2.34

续表

指标			X 向	Y 向
大震等效弹性	层间位移角	标准层	1/208（24 层）	1/149（27 层）
		转换层	1/1448	1/773
		首层	1/843	1/546
	基底剪力/kN		184565.5	147171.9
	最小剪重比		10.5%	9.2%
大震基底剪力与小震基底剪力与之比			5.54	5.47

从表 3-3 可知，中震、大震作用下，结构各构件均能满足设定性能目标。

3.4.3 大震动力弹塑性时程分析

采用 PKPM-SAUSAGE 软件进行罕遇地震作用下的弹塑性时程分析。分析采用 3 组地震波输入（2 条天然波，1 条人工波），大震动力弹塑性计算结果如表 3-4 所示。大震弹塑性最大层间位移角在 1/324～1/201 之间，满足 1/120 限值要求；转换层的 X 向层间位移角在 1/985～1/577 之间，转换层的 Y 向层间位移角在 1/676～1/509 之间，转换构件基本处在弹性阶段。

大震动力弹塑性计算结果　　　　　　　　　　　　　　表 3-4

地震波	基底剪力/kN（结构首层，模型 2 层）		大震弹塑性时程基地剪力/小震CQC基底剪力		最大层间位移角		结构首层（模型 2 层）的层间位移角		结构 2 层（转换层，模型 3 层）的层间位移角	
	X 向	Y 向	X 向	Y 向	X 向	Y 向	X 向	Y 向	X 向	Y 向
CQC（小震）	33337.4	26923.4	—	—	1/1327	1/898	1/4653	1/2971	1/7979	1/4221
1 号地震波	168711.0	124785.0	5.06	4.63	1/276	1/201	1/501	1/471	1/577	1/525
2 号地震波	135016.5	113886.0	4.05	4.23	1/324	1/247	1/838	1/599	1/985	1/676
3 号地震波	147541.0	140491.0	4.43	5.22	1/313	1/233	1/683	1/447	1/793	1/509

结构在 3 条地震波动力时程分析下的塑性损伤分布情况基本类似。以 3 号地震波工况为例，分析剪力墙和转换结构构件钢筋屈服及混凝土损伤情况，如图 3-6 所示（层号代表模型楼层）。

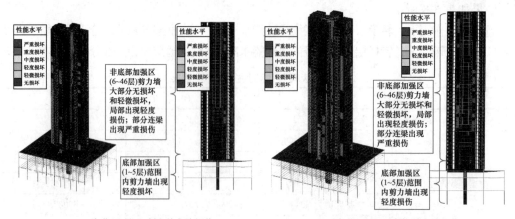

(a) X向作用(最后时刻)剪力墙损伤　　　　(b) Y向作用(最后时刻)剪力墙损伤

图 3-6　3 号地震波工况下结构整体损伤（一）

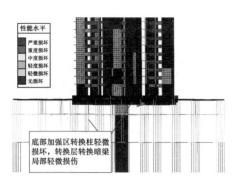 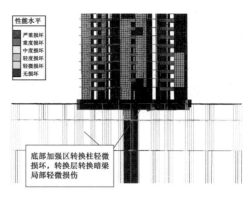

(c) X向作用(最后时刻)转换结构损伤　　　　(d) Y向作用(最后时刻)转换结构损伤

图 3-6　3 号地震波工况下结构整体损伤（二）

由分析可知，在罕遇地震作用下：

（1）框支框架及裙楼范围的关键构件基本处于轻微损坏状态，落地电梯筒剪力墙大部分处于轻微损坏状态，能满足性能水准 3 的要求；转换层上部普通竖向构件基本处于无损坏—轻度损坏，能满足性能水准 4 的要求。

（2）转换层厚板完好，厚板内暗梁基本处于无损坏—轻微损坏，能满足性能水准 3 的要求。

（3）转换层以上剪力墙有不同程度的损伤；连梁损伤大于墙体，可见连梁充分发挥了耗能能力。

（4）结构裙房顶部楼板基本处于无损坏—轻微损坏，仅局部出现轻度损伤；转换层以上一层楼板基本完好，仅局部出现轻微损伤；标准层楼板基本完好，仅局部出现轻度损伤。表明楼板损伤情况满足性能水准 4 要求。

因此，结构整体抗震性能良好，与预期屈服过程基本吻合。

3.5　转换厚板分析

3.5.1　整体分析

基于商业通用有限元软件建立整体模型，如图 3-7 所示。有限元模型主要构件包括框支柱、落地剪力墙、转换厚板及架空层剪力墙。分析采用静力加载方式，整体应力状态如图 3-8 所示。

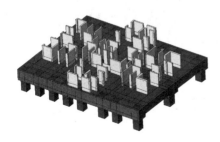 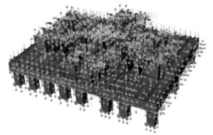

(a) 三维示意　　　　　　　　　　　(b) 荷载及约束示意

图 3-7　整体有限元模型

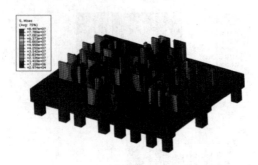 

(a) 1.0恒荷载+0.5活荷载+1.0X地震+0.4竖向地震　　(b) 1.0恒荷载+0.5活荷载+1.0Y地震+0.4竖向地震

图 3-8　整体应力状态示意

通过对框支转换区范围内的转换层以及盖上首层（架空层）进行大震（两个方向）作用下的实体有限元弹性静力分析，得到以下结论：

（1）实体单元与壳元分别模拟厚板得到的变形、应力结果接近。

（2）框支框架抗震性能优于上部剪力墙，大震作用下不会先于上部结构损坏。

（3）厚板在大震作用下，整体的应力水平较低，大部分区域靠混凝土及合理的配筋可以保证承载能力，较大应力主要出现在被转换剪力墙墙底以及框支梁顶附近。

（4）框支柱在大震作用下受力情况良好，不会发生受压损坏。

（5）落地电梯筒剪力墙在大震作用下整体受力情况良好，局部出现受压损坏，但能保持稳定。

3.5.2　框支柱与厚板节点分析

基于上述整体模型，对最不利梁、板节点建立有限元模型，如图 3-9 所示。节点范围增加框支柱、暗梁、厚板内的钢筋，荷载与边界条件同整体模型，所有钢筋都采用理想弹塑性材料本构，假定该节点钢筋与混凝土之间不产生较大滑移（粘结界面采用完全耦合），计算结果如图 3-10 所示。

由计算结果可知，在大震作用下：

（1）最不利框支柱厚板连接节点区的厚板混凝土最大压应力为 18.9MPa，最大拉应力为 3.7MPa，可采用高强混凝土保证不出现受压损坏，并通过合理设置钢筋抵抗拉力。

 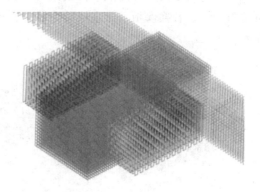

(a) 三维示意　　　　　　　　　　(b) 节点钢筋示意

图 3-9　节点有限元模型

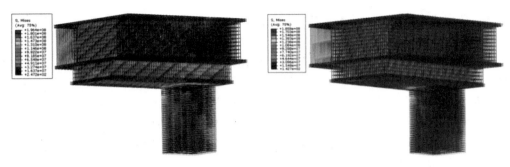

(a) X向地震组合作用　　　　　　　　　(b) Y向地震组合作用

图 3-10　钢筋等效应力云图

（2）节点区框支柱单元最大主压应力 27.3MPa，框支柱水平面最大剪应力 1.47MPa，采用高强混凝土保证不会出现受压损坏及受剪弹性状态。

（3）节点区钢筋等效应力最大值为 196.4MPa，小于 HRB400 级钢筋的屈服强度，保持弹性状态。

综上，厚板转换区最不利节点在大震作用下，混凝土保持受压、受剪弹性，内置纵筋和箍筋均处于弹性状态，节点具有足够的安全度。

3.6　试验验证

为验证该新型全框支剪力墙结构的抗震性能，依托试点项目，委托同济大学开展了专门的振动台试验研究。根据中期成果来看，抗震性能良好。

原型结构地下 1 层层高约 11.5m；地上 1 层层高 10.7m；地上 2 层为转换层，层高约 7.0m。地上 2 层以上为上盖物业开发住宅塔楼。建筑高度为 161.5m（含地下 1 层），采用全框支剪力墙结构（仅电梯筒落地）。住宅塔楼平面尺寸为 38.9m×32.8m，裙楼平面尺寸约 68.95m×81.60m。结构总质量约 128586.03t，其中恒荷载总质量约 116156.05t，活荷载总质量约 12429.98t。

试件采用 1∶10 缩尺比例，缩尺模型如图 3-11 所示。

模型信息	参数	数值
底梁尺寸/mm	长	9200
	宽	7900
楼层层数	裙楼	3层(含1层地下室)
	上盖	43层
高度/mm	底梁	400
	裙楼	2930
	上盖	13145
	合计	16475

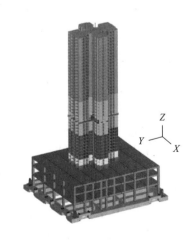

图 3-11　缩尺模型

试验选取了 3 条波（2 条天然波，1 条人工波），分别进行了 7 度多遇、7 度设防和 7 度罕遇的地震激励。试验结果如下：

（1）7 度多遇地震作用下，结构基本处于弹性状态，结构的自振频率基本保持不变。模型表面未出现可见裂缝，基本处于弹性工作范围内。模型结构基本满足"小震不坏"的抗震要求。

（2）7 度设防地震作用下，结构 Y 向和 X 向自振频率均下降 10％左右。3 层裙房中多条柱中间段出现水平微裂缝，其相邻的裙楼预制梁端出现多条斜向微裂缝。模型结构满足"中震可修"的抗震要求。

（3）7 度罕遇地震作用下，结构自振频率下降 25％左右。结构裙房部分现浇柱和柱牛腿平台以及预制梁端部分均出现明显的裂缝，上部 1 层、2 层、3 层外侧剪力墙之间的连梁处出现多条竖向微裂缝。根据模型结构推算得出的原型结构 X 向、Y 向的最大层间位移角满足《10 规程》1/120 的限值要求。

3.7 总结

本工程采用全框支剪力墙结构，通过拟定合理的结构屈服机制，基于性能的抗震计算分析，采取如下措施：

（1）设定建筑结构整体抗震性能目标为 C 级，框支框架及相关范围抗震性能目标提高到 B 级；定义框支框架为关键构件，其余竖向构件为普通竖向构件，框架梁及连梁为耗能构件。

（2）提高框支框架抗侧刚度、控制框支框架变形，框支框架小震作用下层间位移角不超过 1/2000，首层大震弹塑性位移角不大于 1/500；控制结构大震弹塑性位移角，保证结构在大震作用下不发生倒塌。

（3）转换层使用高强混凝土，增加转换层抗剪能力，同时采用有限元软件对厚板及节点进行实体有限元分析，根据应力合理配置抗弯抗剪钢筋。

采取上述措施后，结构各项控制性指标，包括层间位移角、扭转位移比、侧向刚度比、剪重比、刚重比、框支柱及剪力墙的轴压比、罕遇地震作用下的弹塑性位移角等，基本满足现行规范要求，可保证结构抗震安全。

4 下阶段工作

（1）车辆基地占地较大，车辆基地的上盖开发多为大底盘多塔结构，限于篇幅，本文仅对全框支剪力墙单塔结构进行了简要阐述。由于多塔结构的大底盘刚度大，尚需进一步研究大底盘对转换层及上部塔楼的影响。

（2）本项目采用《广东高规》在 2021 年年初进行了超限设计及预审，预审意见提及"可按新修编的广东省标准《高层建筑混凝土结构技术规程》中全框支剪力墙结构的设计原则进行设计"。广东省标准《高层建筑混凝土结构技术规程》DBJ/T 15-92-2021（下文简称《21 广东高规》）第 11.3.6 条规定，"转换层及以下框架、框支框架的抗震性能目标应比转换层以上结构提高一级……并对结构的屈服机制进行论证，确保底部框支框架晚于转换层以上部分结构屈服。"本文中对全框支剪力墙结构的加强思路与《21 广东高规》基本吻合。

（3）本项目振动台试验中并未出现明显的转换层以上剪力墙先于底盘框支柱屈服的现象，在中震作用下反而裙楼柱首先出现裂缝。设计与试验存在的差异、全框支剪力墙结构的屈服机制与耗能能力，是下阶段仍需进一步研究的内容，以期在保证结构安全及良好的抗震性能前提下，进一步优化结构设计，确保建筑安全、经济、适用、美观。

31 强震作用下全框支剪力墙结构抗倒塌机理

韩小雷，李标，林鹏，季静，吴梓楠，傅钦昭
（华南理工大学）

【摘要】 随着地铁上盖项目的开发建造，全框支剪力墙结构体系逐渐在工程中得到应用。目前对该结构体系抗大震性能和倒塌机制的研究不够深入。本文以广州某地铁上盖全框支转换项目为基础，设计 9 个典型地铁上盖全框支剪力墙结构，进行大震和超越大震的动力增量弹塑性时程分析，通过基于构件的抗震性能评估体系，研究该结构体系的抗震性能和倒塌机制。结果表明：在大震作用下，结构安全且有较大的富余度；结构构件破坏的先后顺序依次为连梁、框架梁、剪力墙，框支柱和转换梁具有较高的安全储备；全框支剪力墙结构最终由于转换层上层剪力墙的局部失效而发生整体倒塌。

【关键词】 全框支剪力墙结构；构件变形；倒塌机制

1 前言

地铁上盖的开发利用能有效缓解我国大城市用地紧张的局面，为城市建设提供新契机，由此催生出了新的结构形式——无落地剪力墙的框支剪力墙结构体系（又称为全框支剪力墙结构体系)[1-2]。然而，现行规范中没有全框支剪力墙结构体系，工程界对全框支结构体系的抗震安全性持保守态度。为促进全框支剪力墙结构体系的广泛落地应用，需对该结构体系的抗震安全性进行深入研究[3-4]。因此，本文对 9 个全框支剪力墙结构分别进行 4 个等级的动力增量弹塑性时程分析：7 度（0.22g、0.44g、0.88g、1.32g）、8 度（0.40g、0.80g、1.20g、1.60g）、8 度半（0.51g、1.02g、1.53g、2.04g），通过基于构件的抗震性能评估体系[5-7]，论证结构抗大震性能，揭示结构倒塌机制，为结构设计提供理论依据。

2 结构模型建立

2.1 结构设计

以广州某地铁上盖全框支转换项目为基础，结合现行规范[8-10]，根据不同设防烈度、不同建筑高度，设计 9 个全框支剪力墙结构，分析模型如表 2-1 所示。

分析模型　　　　　　表 2-1

序号	模型代号	设防烈度	高度/m
1	A7-120	7 度（0.10g）	120
2	A7-150	7 度（0.10g）	150

续表

序号	模型代号	设防烈度	高度/m
3	A7-180	7 度（0.10g）	180
4	A8-120	8 度（0.20g）	120
5	A8-150	8 度（0.20g）	150
6	A8-180	8 度（0.20g）	180
7	A8.5-120	8 度半（0.30g）	120
8	A8.5-150	8 度半（0.30g）	150
9	A8.5-180	8 度半（0.30g）	180

转换层设置在 2 层，转换层以下为框支框架，转换层以上为剪力墙。结构首层层高 10.0m，2 层（转换层）层高 5.5m，3 层（转换层上层）层高 6m，其余楼层层高 3m；垂直轨道的柱距为 12.8m，平行轨道的柱距为 9.0m，结构平面布置如图 2-1 所示。框支柱为钢筋混凝土构件，转换梁为型钢混凝土构件。框支柱和剪力墙的截面由轴压比限值控制，保证结构的层间位移角和轴压比贴近规范限值，竖向构件截面和混凝土强度等级随楼层高度的增加逐段递减。

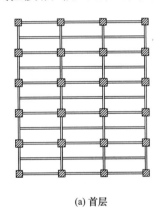 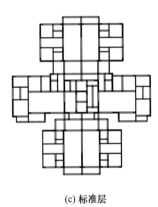

(a) 首层　　　　　　(b) 2层(转换层)　　　　　　(c) 标准层

图 2-1　结构平面布置示意图

2.2　地震波选择

选用 5 条天然波和 2 条人工波，地震波信息如表 2-2 所示。7 条地震波的平均地震影响系数曲线与振型分解反应谱法所采用的地震影响系数曲线在统计意义上相符，且满足规范对弹性时程基底剪力的要求。

地震波信息　　　　　　　　　　表 2-2

编号	地震波名称
GM1	NGA_no_1148_ARC090
GM2	NGA_no_175_H-E12140
GM3	NGA_no_183_H-E08230
GM4	NGA_no_186_H-NIL360
GM5	NGA_no_802_STG090
GM6	人工波 1
GM7	人工波 2

2.3　结构分析及验证

采用 YJK 软件进行弹性计算，结果显示，除首层侧向刚度比之外，结构竖向构件轴压比、周期比、扭转位移比、剪重比等设计参数均满足规范要求。

采用 PERFORM-3D 软件进行弹塑性分析，其中梁、柱、剪力墙均采用纤维单元进行模拟[11]。PERFORM-3D 弹塑性模型与 YJK 弹性模型的前三阶周期误差在 10% 以内，保证弹塑性模型具有合理的动力特性。模型的大震弹塑性与大震弹性基底剪力比值为 0.6～0.8，基底倾覆弯矩比值为 0.4～0.6，进一步验证了模型的合理性。

2.4　倒塌判断准则

本文结合广东省标准《建筑工程混凝土结构抗震性能设计规程》[12] DBJ/T 15-151-2019，采用第一关键构件失效准则评估结构抗倒塌能力。美国土木工程师学会标准 ASCE 41-13[13] 认为关键竖向构件的失效引起竖向荷载传力路径的中断，形成明显的内力重分布，导致结构连续倒塌。当结构的第一个关键构件发生破坏时，可视为结构倒塌。对于全框支剪力墙结构，框支柱、转换梁、剪力墙单元作为关键构件，当墙肢（小墙肢除外）或框支构件失效时，认为结构处于倒塌极限状态。

为探究全框支剪力墙的抗倒塌能力，对 9 个全框支剪力墙结构依次进行增量动力分析（IDA）。由于 9 个模型的层间位移角曲线和性能状态分布相似，变化规律一致，限于篇幅，本节选择抗震设防烈度为 8 度、高度为 150m 的全框支剪力墙结构进行详细叙述。各 Y 向罕遇地震工况下，A8-150 结构的弹塑性层间位移角曲线如图 2-2 及表 2-3 所示，关键构件性能状态如图 2-3 所示。

图 2-2 显示，弹塑性层间位移角随地震加速度增大而增大，最终结构由于某层层间变形过大而破坏。弹塑性层间位移角沿高度方向先增加后减小，其中，转换层（2 层）以下楼层层间位移角最小，而转换层上层（3 层）和 15 层层间位移角在部分工况下存在突变。这是由于转换层上层（3 层）的抗侧刚度显著低于全框支转换层（2 层），因此可视为薄弱层；结构模型在 14 层缩小剪力墙厚度，在 15 层降低混凝土强度等级，因此 15 层也是结构较为薄弱的楼层。薄弱层在强震作用下容易发生破坏而引起层间位移角突变，从而导致结构倒塌。

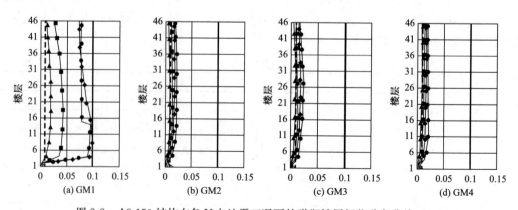

图 2-2　A8-150 结构在各 Y 向地震工况下的弹塑性层间位移角曲线（一）

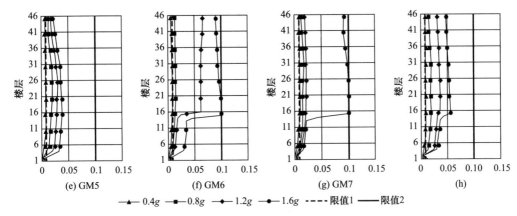

—▲— 0.4g —■— 0.8g —◆— 1.2g —●— 1.6g ----- 限值1 —— 限值2

图 2-2　A8-150 结构在各 Y 向地震工况下的弹塑性层间位移角曲线（二）

A8-150 结构在各 Y 向地震工况下的最大弹塑性层间位移角　　　　表 2-3

地震波	GM1	GM2	GM3	GM4	GM5	GM6	GM7
0.4g	1/51	1/126	1/130	1/110	1/120	1/120	1/106
0.8g	1/24	1/79	1/80	1/78	1/50	1/72	1/65
1.2g	1/10	1/59	1/57	1/65	1/34	1/15	1/47
1.6g	1/10	1/47	1/46	1/51	1/27	1/10	1/10

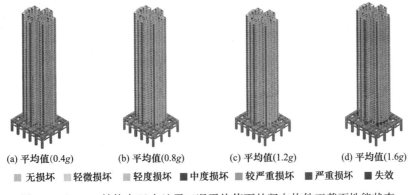

(a) 平均值(0.4g)　　(b) 平均值(0.8g)　　(c) 平均值(1.2g)　　(d) 平均值(1.6g)

■ 无损坏　■ 轻微损坏　■ 轻度损坏　■ 中度损坏　■ 较严重损坏　■ 严重损坏　■ 失效

图 2-3　A8-150 结构在 Y 向地震工况平均值下的竖向构件正截面性能状态

　　通过对比图 2-3 和图 2-2 可以发现，竖向构件的损伤程度与弹塑性层间位移角存在一定对应关系。竖向构件的损伤程度随着弹塑性层间位移角的增大而增大，在倒塌极限状态下，竖向构件的损坏程度与弹塑性层间位移角的突变程度呈正相关。为进一步探究全框支剪力墙的抗倒塌能力，后文从构件角度进一步深化评估结构抗震性能。

3　基于构件性能的结构倒塌分析

3.1　连梁性能分析

3.1.1　正截面性能分析

　　图 3-1、图 3-2 所示为地震工况平均值下的连梁正截面性能状态。由图可见，0.4g 地

震作用下，50%的楼层有10%的连梁失效；0.8g地震作用下，50%的楼层有40%的连梁失效，占比显著提高；1.2g地震作用下，75%的楼层有70%的连梁失效；1.6g地震作用下，75%的楼层有80%的连梁失效。连梁在强震作用下塑性充分发展，大量消耗地震能量，通过发挥良好的耗能能力可有效降低结构的地震响应。

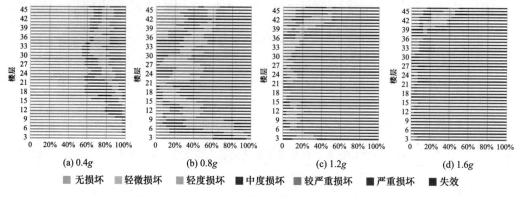

(a) 0.4g　　　　　(b) 0.8g　　　　　(c) 1.2g　　　　　(d) 1.6g

■ 无损坏　■ 轻微损坏　■ 轻度损坏　■ 中度损坏　■ 较严重损坏　■ 严重损坏　■ 失效

图 3-1　地震工况平均值下的连梁正截面性能占比

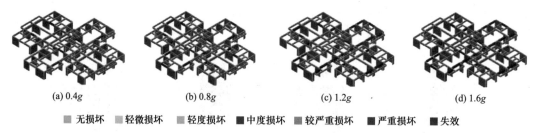

(a) 0.4g　　　　　(b) 0.8g　　　　　(c) 1.2g　　　　　(d) 1.6g

■ 无损坏　■ 轻微损坏　■ 轻度损坏　■ 中度损坏　■ 较严重损坏　■ 严重损坏　■ 失效

图 3-2　地震工况平均值下典型楼层的连梁正截面性能状态

3.1.2　斜截面性能分析

图 3-3、图 3-4 所示为地震工况平均值下的连梁斜截面性能状态。由图可见，在强震作用下，大部分连梁依然处于受剪弹性。连梁较高的斜截面承载力富余度可有效保证连梁受弯屈服并呈现良好的耗能能力，满足"强剪弱弯"抗震设计概念。

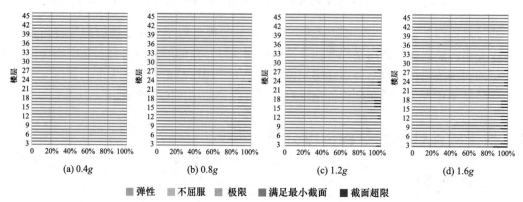

(a) 0.4g　　　　　(b) 0.8g　　　　　(c) 1.2g　　　　　(d) 1.6g

■ 弹性　■ 不屈服　■ 极限　■ 满足最小截面　■ 截面超限

图 3-3　地震工况平均值下的连梁斜截面性能占比

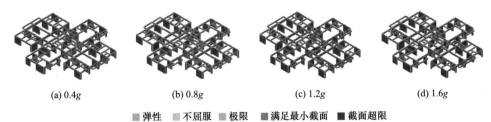

(a) 0.4g (b) 0.8g (c) 1.2g (d) 1.6g

■ 弹性 ■ 不屈服 ■ 极限 ■ 满足最小截面 ■ 截面超限

图 3-4　地震工况平均值下典型楼层的连梁斜截面性能状态

3.2　框架梁性能分析

3.2.1　正截面性能分析

图 3-5、图 3-6 所示为地震工况平均值下的框架梁正截面性能状态。由图可见，0.4g 地震作用下，没有框架梁失效；0.8g 地震作用下，框架梁失效占比小于 5%；1.2g 地震作用下，框架梁失效占比显著提高；1.6g 地震作用下，30% 的楼层有 30% 的框架梁失效，其中，中下部楼层大多数框架梁失效退出工作。与连梁相同，框架梁单元在强震作用下塑性充分发展，大量消耗地震能量，通过发挥良好的耗能能力可有效降低结构的地震响应。

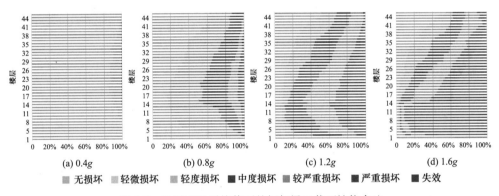

(a) 0.4g (b) 0.8g (c) 1.2g (d) 1.6g

■ 无损坏 ■ 轻微损坏 ■ 轻度损坏 ■ 中度损坏 ■ 较严重损坏 ■ 严重损坏 ■ 失效

图 3-5　地震工况平均值下的框架梁正截面性能占比

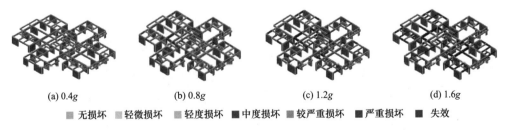

(a) 0.4g (b) 0.8g (c) 1.2g (d) 1.6g

■ 无损坏 ■ 轻微损坏 ■ 轻度损坏 ■ 中度损坏 ■ 较严重损坏 ■ 严重损坏 ■ 失效

图 3-6　地震工况平均值下典型楼层的框架梁正截面性能状态

3.2.2　斜截面性能分析

图 3-7、图 3-8 所示为地震工况平均值下的框架梁斜截面性能状态。由图可见，在强震作用下，绝大多数框架梁处于受剪弹性，并且随着地震加速度的提高，绝大多数框架梁仍具有较高的受剪承载力富余度，可有效保证框架梁受弯屈服并呈现良好的耗能能力。

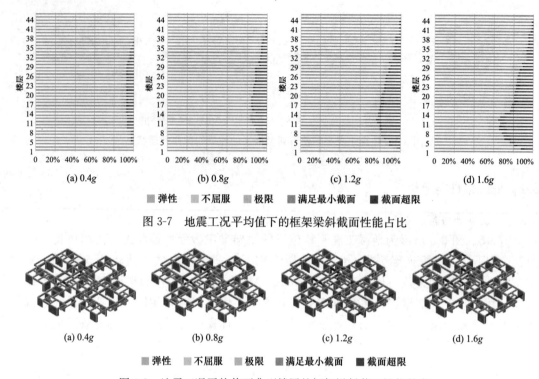

(a) 0.4g   (b) 0.8g   (c) 1.2g   (d) 1.6g

■ 弹性   ■ 不屈服   ■ 极限   ■ 满足最小截面   ■ 截面超限

图 3-7   地震工况平均值下的框架梁斜截面性能占比

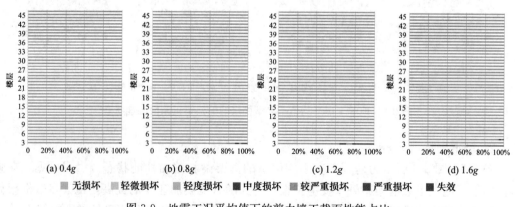

(a) 0.4g   (b) 0.8g   (c) 1.2g   (d) 1.6g

■ 弹性   ■ 不屈服   ■ 极限   ■ 满足最小截面   ■ 截面超限

图 3-8   地震工况平均值下典型楼层的框架梁斜截面性能状态

3.3　剪力墙性能分析

3.3.1　正截面性能分析

图 3-9、图 3-10 所示为地震工况平均值下的剪力墙正截面性能状态。由图可见，出现损伤的剪力墙主要集中在底部楼层，其中，转换层上层（3 层）剪力墙损伤程度最严重。0.4g 地震作用下，剪力墙损伤轻微，3 层仅个别小墙肢失效；0.8g 地震作用下，3 层有 7% 的剪力墙单元失效；1.2g 地震作用下，3 层有 19% 的剪力墙失效；1.6g 地震作用下，3 层有 32% 的剪力墙失效。结构由于转换层上层（3 层）剪力墙丧失承载力而发生倒塌。

(a) 0.4g   (b) 0.8g   (c) 1.2g   (d) 1.6g

■ 无损坏   ■ 轻微损坏   ■ 轻度损坏   ■ 中度损坏   ■ 较严重损坏   ■ 严重损坏   ■ 失效

图 3-9   地震工况平均值下的剪力墙正截面性能占比

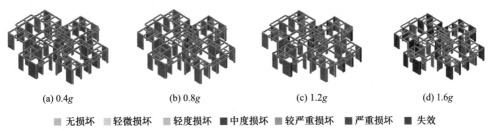

(a) 0.4g   (b) 0.8g   (c) 1.2g   (d) 1.6g

■ 无损坏　■ 轻微损坏　■ 轻度损坏　■ 中度损坏　■ 较严重损坏　■ 严重损坏　■ 失效

图 3-10　地震工况平均值下转换层上层（3 层）的剪力墙正截面性能状态

3.3.2　斜截面性能分析

图 3-11、图 3-12 所示为地震工况平均值下的剪力墙斜截面性能状态。由图可见，在强震作用下，大多数剪力墙处于受剪弹性，除个别墙肢截面超限外，绝大多剪力墙均满足最小截面要求；从 1.2g 地震作用开始，剪力墙逐渐由正截面变形失效而引起结构倒塌，此时剪力墙的弯曲破坏先于剪切破坏，可保证结构具有良好的变形能力。

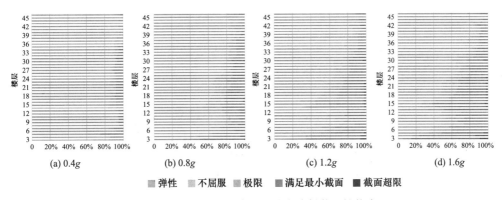

(a) 0.4g   (b) 0.8g   (c) 1.2g   (d) 1.6g

■ 弹性　■ 不屈服　■ 极限　■ 满足最小截面　■ 截面超限

图 3-11　地震工况平均值下的剪力墙斜截面性能占比

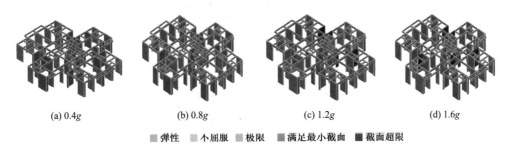

(a) 0.4g   (b) 0.8g   (c) 1.2g   (d) 1.6g

■ 弹性　■ 不屈服　■ 极限　■ 满足最小截面　■ 截面超限

图 3-12　地震工况平均值下转换层上层（3 层）的剪力墙斜截面性能状态

3.4　框支柱性能分析

3.4.1　正截面性能分析

图 3-13、图 3-14 所示为地震工况平均值下的框支柱正截面性能状态。由图可见，在 0.4g 和 0.8g 地震作用下，所有框支柱处于无损坏状态；在 1.2g 和 1.6g 地震作用下，大部分框支柱发生轻微损坏。

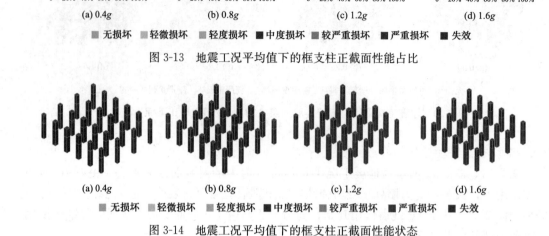

(a) 0.4g   (b) 0.8g   (c) 1.2g   (d) 1.6g

■ 无损坏   ■ 轻微损坏   ■ 轻度损坏   ■ 中度损坏   ■ 较严重损坏   ■ 严重损坏   ■ 失效

图 3-13   地震工况平均值下的框支柱正截面性能占比

(a) 0.4g   (b) 0.8g   (c) 1.2g   (d) 1.6g

■ 无损坏   ■ 轻微损坏   ■ 轻度损坏   ■ 中度损坏   ■ 较严重损坏   ■ 严重损坏   ■ 失效

图 3-14   地震工况平均值下的框支柱正截面性能状态

3.4.2 斜截面性能分析

图 3-15、图 3-16 所示为地震工况平均值下的框支柱斜截面性能状态。由图可见，在强震所用下，所有框支柱均处于受剪弹性。框支柱的受剪承载力富余度可有效保证构件先发生弯曲破坏，确保结构具有良好的变形能力。

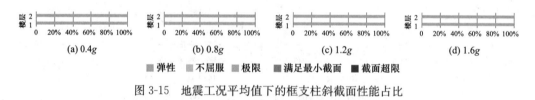

(a) 0.4g   (b) 0.8g   (c) 1.2g   (d) 1.6g

■ 弹性   ■ 不屈服   ■ 极限   ■ 满足最小截面   ■ 截面超限

图 3-15   地震工况平均值下的框支柱斜截面性能占比

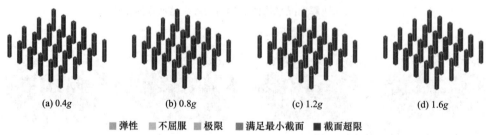

(a) 0.4g   (b) 0.8g   (c) 1.2g   (d) 1.6g

■ 弹性   ■ 不屈服   ■ 极限   ■ 满足最小截面   ■ 截面超限

图 3-16   地震工况平均值下的框支柱斜截面性能状态

3.5 转换梁性能分析

3.5.1 正截面性能分析

图 3-17、图 3-18 所示为地震工况平均值下的转换梁正截面性能状态。由图可见，在强震作用下，所有框支梁均处于受弯弹性。

3.5.2 斜截面性能分析

图 3-19、图 3-20 所示为地震工况平均值下的转换梁斜截面性能状态。由图可见，在强震作用下，所有框支梁均处于受剪弹性。

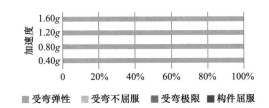

图 3-17 地震工况平均值下的转换梁正截面性能占比

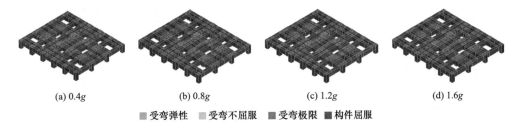

     (a) 0.4g   (b) 0.8g   (c) 1.2g   (d) 1.6g

图 3-18 地震工况平均值下的转换梁正截面性能状态

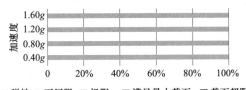

图 3-19 地震工况平均值下的转换梁斜截面性能占比

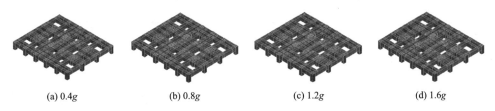

     (a) 0.4g   (b) 0.8g   (c) 1.2g   (d) 1.6g

图 3-20 地震工况平均值下的转换梁斜截面性能状态

3.6 构件破坏次序分析

通过分析各类构件在不同地震水准下的性能状态，证明参照现行规范设计的各类结构构件均满足"强剪弱弯"的要求。其中，连梁、框架梁、剪力墙、框支柱的破坏均由正截面控制，转换梁则通过采用型钢混凝土保证在其他构件失效前始终处于弹性状态。本节通过对比各类构件的失效占比，分析构件的破坏次序。

图 3-21 统计了转换层上层（3 层）至结构顶层的各类构件（连梁、框架梁、剪力墙）的失效占比。可见，0.4g 地震作用下，连梁首先发生失效；0.8g 地震作用下，连梁损坏程度迅速发展，75% 的楼层有 40% 的连梁失效，框架梁开始失效，转换层上层个别小墙肢失效；1.2g 地震作用下，大部分连梁失效，框架梁损坏程度迅速发展但仍低于连梁，转换层上层仍仅有小墙肢失效；1.6g 地震作用下，连梁和框架梁都大量失效退出工作后，转

换层上层剪力墙损坏程度加重，有32%的剪力墙失效，其中包含少数大墙肢。因此，转换层上层（3层）至结构顶层的构件破坏次序依次为：连梁、框架梁、剪力墙。

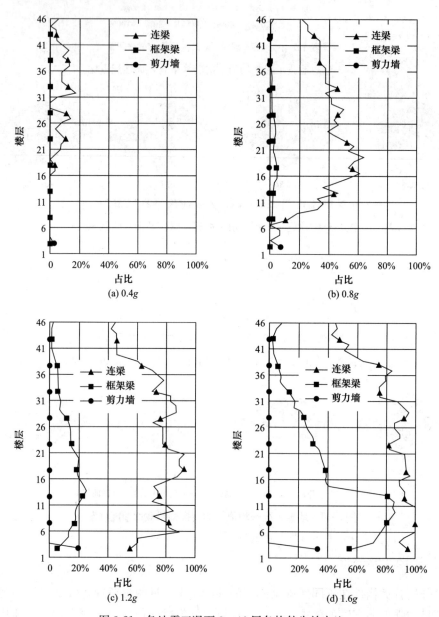

(a) 0.4g

(b) 0.8g

(c) 1.2g

(d) 1.6g

图 3-21　各地震工况下 3～46 层各构件失效占比

　　图 3-22 统计了转换层以下楼层（1～2 层）及转换层上层（3 层）的竖向构件（框支柱、剪力墙）性能状态。可见，0.4g 和 0.8g 地震作用下，所有框支柱处于无损坏状态，大部分剪力墙进入塑性，局部有小墙肢失效；1.2g 地震作用下，框支柱发生轻微损坏，大部分剪力墙发生中度损坏，局部出现严重损坏；1.6g 地震作用下，框支柱仍处于轻微损坏状态，而部分剪力墙失效。因此，转换层以下楼层（1～2 层）及转换层上层（3 层）的竖向构件破坏依次为：剪力墙、框支柱。

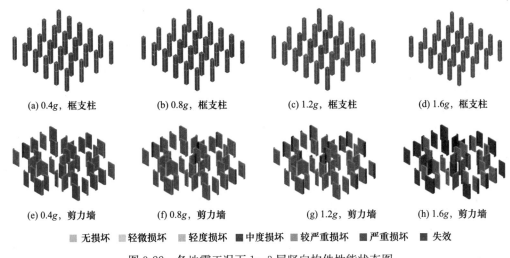

(a) 0.4g，框支柱 　(b) 0.8g，框支柱 　(c) 1.2g，框支柱 　(d) 1.6g，框支柱

(e) 0.4g，剪力墙 　(f) 0.8g，剪力墙 　(g) 1.2g，剪力墙 　(h) 1.6g，剪力墙

■ 无损坏 　■ 轻微损坏 　■ 轻度损坏 　■ 中度损坏 　■ 较严重损坏 　■ 严重损坏 　■ 失效

图 3-22　各地震工况下 1～3 层竖向构件性能状态图

　　综上，连梁具有良好的耗能能力，在地震作用下首先进入塑性且发展迅速；当连梁塑性充分发展后，框架梁也逐渐进入塑性，并伴随局部小墙肢失效；当大部分的连梁和框架梁都失效退出工作后，转换层上层（3 层）剪力墙损伤程度显著加深，部分框支柱逐渐进入塑性；最后，随着剪力墙失效占比逐渐增加，转换层上层（3 层）出现局部大墙肢失效导致结构倒塌，此时框支柱仍处于轻微损坏状态，转换梁始终处于弹性状态。因此，构件破坏次序依次为连梁、框架梁、剪力墙，而框支柱和转换梁仍具有较高的安全储备。同理分析其余 8 个模型，发现各模型的破坏次序和倒塌机制相同，结构最终均由于转换层上层（3 层）剪力墙局部丧失受弯承载力而发生整体倒塌。

4　结论

　　（1）在大震（0.40g）作用下，大量连梁及框架梁进入塑性，呈现良好的耗能能力，剪力墙损伤轻微，框支柱和型钢转换梁均处于弹性状态，结构安全且有较大的富余度。因此，全框支剪力墙结构不仅可以满足"小震不坏，大震不倒"的设防要求，也体现了"强转换弱上部"的抗震设计思想。

　　（2）转换层上层为全框支剪力墙结构的薄弱部位，其弹塑性层间位移角在强震作用下发生突变，楼层中竖向构件损坏程度与弹塑性层间位移角突变程度呈正相关。

　　（3）全框支剪力墙结构各类构件均满足"强剪弱弯"的要求。其中，连梁、框架梁、剪力墙、框支柱的破坏由正截面变形控制，转换梁在其他构件失效前始终保持弹性状态。

　　（4）构件破坏的顺序依次为连梁、框架梁、剪力墙，框支柱和转换梁仍具有较高的安全储备，全框支剪力墙结构最终由于转换层上层剪力墙的局部失效而发生整体倒塌。

参考文献

［1］　吴映栋，吴雪峰，詹乐斌，等. 地铁上盖物业结构设计探讨［J］. 建筑结构，2016，46（16）：34-40.

［2］　刘传平. 地铁车辆段上盖开发结构抗震性能分析与研究［J］. 建筑结构，2018，48（S2）：169-173.

[3] 朱春明，程小燕，陈岩，等. 地铁上盖带转换层框架结构动力弹塑性时程分析［J］. 建筑结构，2014，44（5）：66-70.

[4] 张赤超. 框支-短肢剪力墙梁式转换结构的抗震试验研究［D］. 重庆：重庆大学，2012.

[5] 崔济东，韩小雷，龚涣钧，等. 钢筋混凝土柱变形性能指标限值及其试验验证［J］. 同济大学学报（自然科学版），2018，46（5）：593-603.

[6] 崔济东，韩小雷，季静，等. RC梁的变形性能指标限值研究与试验验证［J］. 哈尔滨工业大学学报，2018，50（6）：169-176.

[7] 韩小雷，陈彬彬，崔济东，等. 钢筋混凝土剪力墙变形性能指标试验研究［J］. 建筑结构学报，2018，39（6）：1-9.

[8] 住房和城乡建设部. 建筑抗震设计规范：GB 50011-2010［S］. 北京：中国建筑工业出版社，2016.

[9] 住房和城乡建设部. 高层建筑混凝土结构技术规程：JGJ 3-2010［S］. 北京：中国建筑工业出版社，2011.

[10] 中国工程建设协会建筑结构抗倒塌设计规范：CECS 392-2014［S］. 北京：中国计划出版社，2014.

[11] 戴金华，韩小雷，林生逸. 基于性能的钢筋混凝土建筑结构抗震设计方法［J］. 土木工程学报，2011（5）：1-5.

[12] 广东省住房和城乡建设厅. 建筑工程混凝土结构抗震性能设计规程：DBJ/T 15-151-2019［S］. 北京：中国城市出版社，2019.

[13] ASCE. Seismic evaluation and retrofit of existing buildings：ASCE 41-13［S］. Reston，Virginia，2014.

32 全框支剪力墙结构地基土嵌固效应分析及研究

陈星，郭达文，余瑜，李希锴

（广东省建筑设计研究院有限公司）

【摘要】 本文针对车辆段上盖全框支剪力墙高层结构无地下室嵌固特点，选取一栋典型的框支剪力墙结构建筑，建立土-结构三维有限元模型，进行水平地震和风荷载作用下有限元分析，重点研究结构在软基情况及地基处理后的桩顶水平位移和内力变化规律。分析表明，在软土情况下，桩顶的水平位移显著，引起桩身附加弯矩不可忽视；采用水泥搅拌桩加固等地基处理的方法，可有效减小水平作用下桩顶位移。同时，本文对水泥搅拌桩处理方法的加固深度给出参考值。

【关键词】 全框支剪力墙结构；地基土嵌固效应

1 概况

近年来，随着轨道交通与城市高层建筑的融合，越来越多的规划开始采用 TOD（以公共交通为导向的开发）模式[1]。下部楼层建筑功能及综合用途往往需要大开间的楼层空间，对上部高层剪力墙结构的要求越来越高，要求尽量减少竖向构件的分布。全框支剪力墙结构通常指转换层以下为盖下结构，由框支框架及普通框架组成，双向均无剪力墙落地（或存在单向少量墙体）；转换层以上为盖上结构，由剪力墙结构或框架结构组成，通过设置转换层，可较好地解决上下功能不一致而产生的竖向构件不连续问题[2-4]。在广东省标准《高层建筑混凝土结构技术规程》DBJ/T 15-92-2021 中，补充了全框支剪力墙结构的相关设计要点。

全框支结构中，上盖竖向结构由下盖巨型框架全部转换，下盖结构多为单柱单桩的基础形式，受力特点较为复杂；而软弱地基为建筑施工工程常见类型，软弱土具有高压缩性、低渗透性、抗剪强度较低、高流变性等特性，主要包括淤泥、淤泥质土、粉质黏土和杂填土等，不同类别地基土对于该结构体系的嵌固效应的研究还有未完善的区域。故针对这种新型结构，本研究拟通过建立地基土-桩-上部结构模型，探索地基土对结构的嵌固效应，以及探究水平作用下，基础桩在不同地基土约束下的静力响应情况。

选取一栋典型的地铁车辆段上盖建筑，B 级高度全框支剪力墙结构，下盖为巨柱框架，上盖为剪力墙结构，转换层结构平面布置及剖面如图 1-1 和图 1-2 所示。首层层高 12m；2 层（转换层）层高 6.8m；3 层层高 6.2m；4～36 层为标准层，层高 2.9m；总建筑高度为 120.7m。设计使用年限为 50 年，耐久性设计年限为 100 年，结构安全等级为一级，基础设计等级为甲级。本项目抗震设防烈度为 7 度（0.10g），设计地震分组为第一组，场地类别为 II 类，本工程属于丙类。

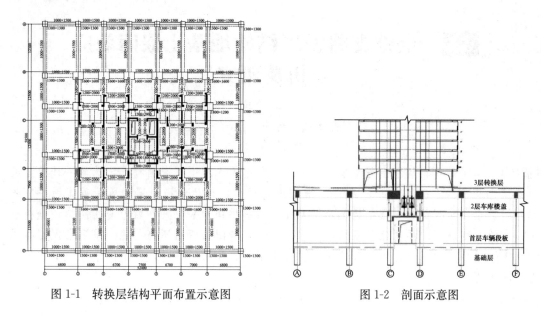

图 1-1 转换层结构平面布置示意图　　　　　图 1-2 剖面示意图

2 模型情况

使用 MIDAS/GTS 软件对 8 种不同的地基土进行模拟，探究水平作用下的桩顶位移情况，模型的基本情况如图 2-1 所示。整体模型由地上全框支结构、基础桩和地基土层三部分组成，边界条件为对土层的四周设置黏弹性阻尼边界，底面位置设置弹簧单元约束，对桩端设置 6 个自由度的约束。对模型进行 X 向、Y 向的规范反应谱分析[3] 及风工况静力分析。桩位置如图 2-2 所示。

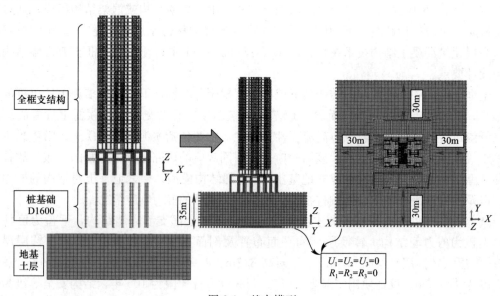

图 2-1 基本模型

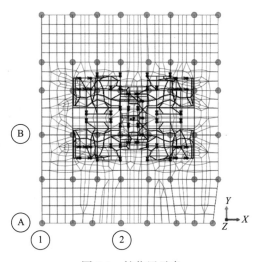

图 2-2　桩位置示意

梁、柱、桩采用杆单元模拟，剪力墙、楼板及框支转换梁采用壳单元模拟，土层采用实体单元模拟。混凝土和钢筋采用《混凝土结构设计规范》GB 50010-2010（2015 年版）附录 C 的本构方程，桩混凝土强度等级为 C30，钢筋采用 HRB400。

将 8 种不同地基土的模型依次编号为 T1～T8，对应土质分别为淤泥Ⅰ、淤泥Ⅱ、粉砂松散、粉质黏土、全风化、密实砂土、强风化、中风化。土层采用各向同性摩尔-库仑模型[5]，根据地基规范及实际项目地勘资料取值（表 2-1）。

地基土参数　　　　　　　　　　　　表 2-1

模型编号	土层	变形模量/(kN/m^2)	泊松比	容重/(kN/m^3)	初始应力K_0	黏聚力/(kN/m^2)	摩擦角
T1	淤泥Ⅰ	2000	0.42	16.5	0.72	7	6
T2	淤泥Ⅱ	8000	0.40	17.0	0.68	7	6
T3	粉砂松散	12000	0.33	18.0	0.49	0	25
T4	粉质黏土	25000	0.32	20.0	0.47	20	19
T5	全风化	50000	0.28	20.0	0.43	45	26
T6	密实砂土	70000	0.22	19.0	0.44	0	35
T7	强风化	120000	0.25	20.5	0.33	60	28
T8	中风化	300000	0.20	21.0	0.25	200	32

3　分析结果

3.1　桩顶位移

对 8 个模型在水平作用下的桩的计算结果进行整理与分析，以 EX＋水平地震作用为例，T1、T3、T4、T8 桩的整体位移表现如图 3-1 所示。由图可知，水平地震作用下，桩顶位移较大位置集中在盖上结构的投影范围内。随着土层变形模量增加，土质情况越好，桩顶侧向位移减小，EX＋反应谱工况下，T1桩顶最大位移达133mm；T3和T4分别为36.5mm和25.3mm；T8为3.5mm；EY＋反应谱工况下，4个模型的桩顶最大位移依次为153mm、35.8mm、25.4mm和2.5mm。一般工程中，基础桩的桩端入岩深度为1～2倍桩径，桩承载力由桩身提供，结合T8桩端2～3m处存在1～3.5mm的变形，可判断上部结构已基本嵌固在桩顶处，后续论述中以2.5mm为界限，水平位移小于2.5mm的桩已基本嵌固在土层中。

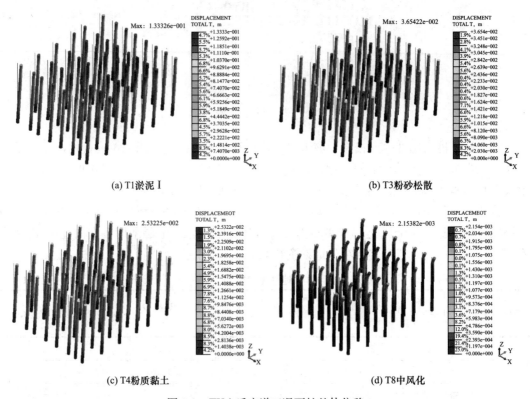

(a) T1淤泥Ⅰ

(b) T3粉砂松散

(c) T4粉质黏土

(d) T8中风化

图 3-1　EX＋反应谱工况下桩整体位移

提取T1、T3、T4、T8模型 X 向的A、B排桩（见图2-2）单独考察，Y 向提取1、2列（见图2-2）桩单独考察，计算结果如图3-2、图3-3所示，图中图例的一格表示约1.94m，最大位移及桩嵌固深度汇总如表3-1、表3-2所示。

X 向水平作用下，由图3-2和表3-1可知，随着土质强度的减弱，桩顶位移增加，且桩的嵌固深度增加，T1淤泥Ⅰ模型在地震工况下，在本计算模型中无法形成嵌固端，桩底随模型的边界约束在底部；在T3粉砂松散和T4粉质黏土模型中，嵌固深度较为接近，土层的变形模量对本对比模型中的桩嵌固深度影响较大，变形模量为12000～25000kN/m²的土层，嵌固深度约30～33m。对比地震工况和风工况，本模型受地震作用的影响较大，风荷载作用下，桩顶位移较小、桩嵌固长度减小。

由上述可知，对于全框支结构，单柱单桩的基础设计情况，桩顶的嵌固位置与地基土质情况有关，土质的变形模量越大，刚度越大，土质越好。仅在桩顶位移较小时，方可认为上部结构是嵌固在桩顶，即柱底嵌固于基础顶面，否则嵌固位置会随土质软弱而下移；在设计时有必要将一定桩长范围考虑进设计模型中，并对该范围的桩进行构件设计及构造加强。

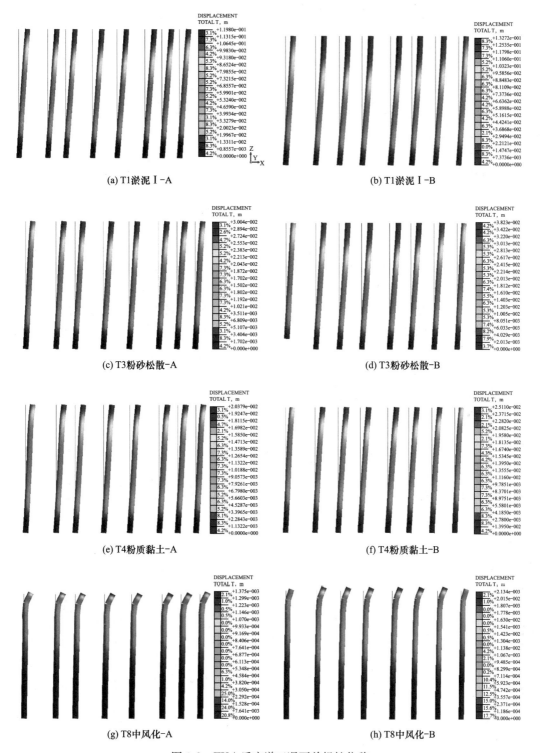

图 3-2　EX＋反应谱工况下单榀桩位移

X 向水平作用下最大位移及桩嵌固深度汇总　　　　表 3-1

模型编号	EX+		WX+	
	最大位移/mm	嵌固长度/m	最大位移/mm	嵌固长度/m
T1-A	119.8	>35	20.4	34
T3-A	30.6	31	4.9	18
T4-A	20.3	30	2.7	6
T8-A	1.3	0	0.42	0
T1-B	132.7	>35	23.7	35
T3-B	36.2	33	6.29	20
T4-B	25.1	31	3.6	10
T8-B	2.1	0	0.84	0

注：编号中 A、B 表示图 2-2 中桩轴的位置。

Y 向水平作用下，由图 3-3 和表 3-2 可知，桩的位移响应和 X 向作用下的桩位移响应类似，其中 Y 向作用下的桩顶位移较大，该差异主要与上盖结构的刚度有关，上盖结构的 Y 向刚度较 X 向弱，导致 Y 向的结构变形较大。

对 8 个模型在 4 个水平作用工况下的桩顶最大位移进行提取与数据拟合，桩顶位移和土变形模量关系如图 3-4 所示。由图可知，在该模型条件下，4 个工况下的最大桩顶位移

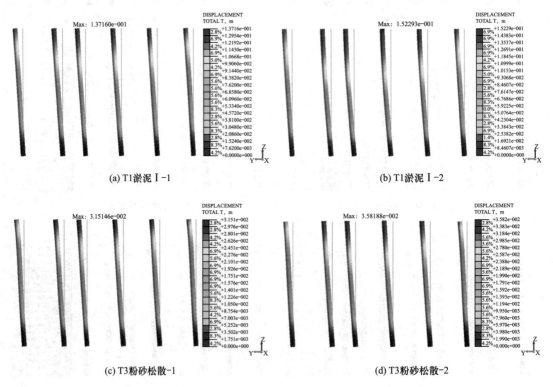

(a) T1淤泥Ⅰ-1　　　　　　　　　　　　　(b) T1淤泥Ⅰ-2

(c) T3粉砂松散-1　　　　　　　　　　　　(d) T3粉砂松散-2

图 3-3　EY＋反应谱工况下单榀桩位移（一）

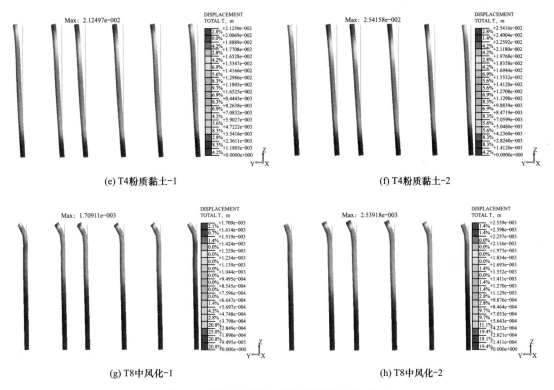

(e) T4粉质黏土-1   (f) T4粉质黏土-2

(g) T8中风化-1   (h) T8中风化-2

图 3-3 EY＋反应谱工况下单榀桩位移（二）

Y 向水平作用下最大位移及桩嵌固深度汇总 表 3-2

模型编号	EY＋		WY＋	
	最大位移/mm	嵌固长度/m	最大位移/mm	嵌固长度/m
T1-1	137.2	＞35	28.3	34
T3-1	31.5	33	6.9	25
T4-1	21.3	31	3.8	10
T8-1	1.7	0	0.58	0
T1-2	152.3	＞35	33.2	35
T3-2	35.8	34	8.9	26
T4-2	25.4	32	5.2	16
T8-2	2.5	0	1.26	0

注：编号中 1、2 表示图 2-2 中桩轴的位置。

与土层的变形模量大致呈 $y = a \cdot x^{-b}$ 的关系，其中 a 值与分析工况有较大关系，可能还与上部结构体型及刚度等有关；b 值约为 0.7～0.8，b 值体现了桩的位移随土层的变形模量增加而减小的情况，地震工况下 b 值约为 0.75，风工况下 b 值约为 0.73。

土的变形模量较小时，土质软弱，在水平作用工况下，使桩顶产生较大的位移；由于位移的存在，竖向荷载的下传在桩顶处形成偏心，因而引起对桩身的附加弯矩。土质越软弱时，该附加弯矩会成倍放大，因此在桩设计时，需考虑水平作用下的桩顶位移引起的桩身附加弯矩，对桩进行桩身抗弯设计及相应的构造加强。

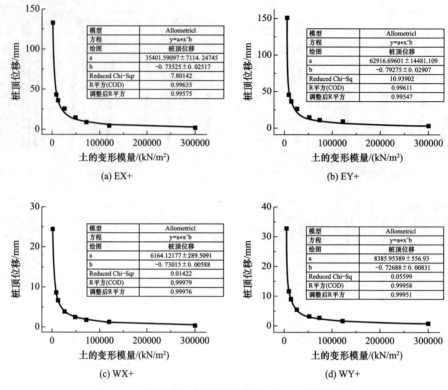

图 3-4　水平作用下桩顶最大位移和土变形模量关系

3.2　桩顶转角位移

图 3-5 所示为 8 个模型在 EX＋工况下的桩转角位移。由图可知，T1～T3 模型的桩最大转角位移位于桩底，表明该计算模型的土层深度不足，桩尚未完全嵌固在土中，而是由于计算模型的边界条件嵌固在桩底；而 T4～T8 模型的桩最大转角位移位于桩顶，表明目前的土层厚度已对桩形成约束。

8 个模型在 4 个水平作用工况下的桩最大转角位移及嵌固深度如表 3-3～表 3-6 所示，其中带"＊"的数据表示在该工况下，最大的桩转角位移在桩底，数据失真。表中嵌固深度的求取思路如下：

（1）提取计算模型获取桩顶的转角位移值 α。

（2）对桩顶转角位移取正切值 $\tan(\alpha)$，在 α 很小时，$\tan(\alpha)＝\alpha$，近似得到桩的位移角 α。

（3）根据桩的位移角为桩顶水平位移 D 与嵌固深度 H 之比，近似得到嵌固深度 $H＝D \cdot \alpha$。

由表 3-3～表 3-6 可知，随着土层变形模量的增加，桩的嵌固深度逐渐减小。土质越软，桩需要的嵌固深度越大，在嵌固深度范围内需考虑，由于水平作用引起的桩顶侧移在结构竖向作用下引起附加弯矩，对桩身进行抗弯设计和构造加强。

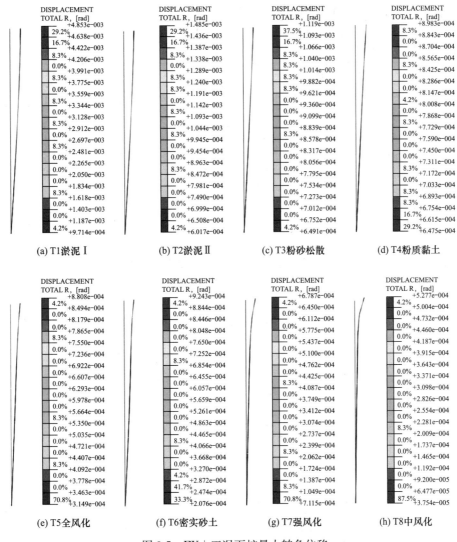

图 3-5 EX+工况下桩最大转角位移

EX十作用下最大转角位移及桩嵌固深度汇总　　　　　表 3-3

模型编号	土层	变形模量/ (kN/m²)	转角位移 α	桩顶位移 D/mm	位移角 α	嵌固深度 H/m
T1	淤泥Ⅰ	2000	* 4.91×10⁻³	133.000	—	—
T2	淤泥Ⅱ	8000	* 1.62×10⁻³	43.000	—	—
T3	粉砂松散	12000	* 1.57×10⁻³	37.000	—	—
T4	粉质黏土	25000	1.60×10⁻³	25.000	1/627	15.81
T5	全风化	50000	1.24×10⁻³	14.000	1/809	11.14
T6	密实砂土	70000	1.18×10⁻³	9.000	1/845	7.85
T7	强风化	120000	7.23×10⁻⁴	5.000	1/1384	7.19
T8	中风化	300000	5.43×10⁻⁴	2.000	1/1843	3.87

EY＋作用下最大转角位移及桩嵌固深度汇总 表 3-4

模型编号	土层	变形模量/ (kN/m²)	转角位移 α	桩顶位移 D/mm	位移角 α	嵌固深度 H/m
T1	淤泥Ⅰ	2000	＊5.60×10⁻³	153.000	—	—
T2	淤泥Ⅱ	8000	＊2.04×10⁻³	45.400	—	—
T3	粉砂松散	12000	＊1.71×10⁻³	35.820	—	—
T4	粉质黏土	25000	1.74×10⁻³	25.180	1/576	14.51
T5	全风化	50000	1.60×10⁻³	14.000	1/624	8.73
T6	密实砂土	70000	1.14×10⁻³	10.330	1/881	9.10
T7	强风化	120000	1.12×10⁻³	8.792	1/894	7.86
T8	中风化	300000	7.20×10⁻⁴	2.500	1/1390	3.47

WX＋作用下最大转角位移及桩嵌固深度汇总 表 3-5

模型编号	土层	变形模量/ (kN/m²)	转角位移 α	桩顶位移 D/mm	位移角 α	嵌固深度 H/m
T1	淤泥（软塑）	2000	8.92×10⁻⁴	24.000	1/1121	26.91
T2	淤泥（硬塑）	8000	5.10×10⁻⁴	8.597	1/1963	16.87
T3	粉砂松散	12000	4.37×10⁻⁴	6.450	1/2287	14.75
T4	粉质黏土可塑	25000	3.32×10⁻⁴	3.769	1/3012	11.35
T5	全风化	50000	2.60×10⁻⁴	2.313	1/3840	8.88
T6	密实砂土	70000	2.34×10⁻⁴	1.845	1/4274	7.88
T7	强风化	120000	2.03×10⁻⁴	1.335	1/4916	6.56
T8	中风化	300000	1.74×10⁻⁴	0.840	1/5734	4.82

WX＋作用下最大转角位移及桩嵌固深度汇总 表 3-6

模型编号	土层	变形模量/ (kN/m²)	转角位移 α	桩顶位移 D/mm	位移角 α	嵌固深度 H/m
T1	淤泥Ⅰ	2000	1.28×10⁻³	33.500	1/782	26.21
T2	淤泥Ⅱ	8000	7.42×10⁻⁴	11.980	1/1348	16.15
T3	粉砂松散	12000	6.40×10⁻⁴	8.980	1/1563	14.04
T4	粉质黏土	25000	4.92×10⁻⁴	5.285	1/2031	10.74
T5	全风化	50000	3.90×10⁻⁴	3.314	2565	8.50
T6	密实砂土	70000	3.53×10⁻⁴	2.691	1/2830	7.62
T7	强风化	120000	3.17×10⁻⁴	1.991	1/3160	6.29
T8	中风化	300000	2.61×10⁻⁴	1.260	1/3830	4.83

4 结论

（1）通过 MIDAS/GTS 软件对 8 种不同地基土的单柱单桩模型进行反应谱及风工况静

力分析可知，土质的强弱情况会影响桩顶的位移和桩的嵌固深度，随着土的变形模量减小，土层刚度越小，桩顶位移越大，桩的嵌固深度越大。水平作用下，桩顶位移较大值集中在盖上结构的投影范围内。

（2）水平作用下的最大桩顶位移与土层的变形模量大致呈 $y = a \cdot x^{-b}$ 的关系，其中 a 值与分析工况有较大关系，可能还与上部结构体型及刚度等有关系；b 值约为 $0.7 \sim 0.8$，b 值体现了桩的位移随土层的变形模量增加而减小的情况，地震工况下 b 值约为 0.75，风工况下 b 值约为 0.73。由于桩顶会产生较大的位移，位移的存在导致竖向荷载的下传在桩顶处形成偏心，引起对桩身的附加弯矩。土质越软弱时，桩需要的嵌固深度越大。因此桩设计时，在桩的嵌固深度范围内，需考虑由于水平作用下的桩顶位移引起的桩身附加弯矩，对桩进行桩身抗弯设计及相应的构造加强。

参考文献

[1] 姚永革，郑建东，严仕基，等. TOD 全框支剪力墙结构设计若干难点热点问题探讨 [J]. 建筑结构，2020，50（10）：75-82.

[2] 李标. 高层建筑全框支剪力墙结构抗震性能研究 [D]. 广州：华南理工大学，2020.

[3] 住房和城乡建设部. 建筑抗震设计规范：GB 50011-2010（2016 年版）[S]. 北京：中国建筑工业出版社，2016.

[4] 李恒，刘维亚，黎少峰等. 地铁车辆段上盖建筑高度提升探讨 [J]. 广东土木与建筑，2021，28（9）：8-13.

[5] 李治. MIDAS/GTS 在岩土工程中应用 [M]. 北京：中国建筑工业出版社，2013.

33 全框支剪力墙结构软基处理后桩顶水平作用效应分析

郭达文，余瑜，李希锴，陈星

（广东省建筑设计研究院有限公司）

【摘要】 本文针对全框支剪力墙高层结构无地下室嵌固特点，通过建立基础周边土体-结构三维有限元模型进行水平地震和风荷载作用下有限元分析，对结构在软基情况及地基处理后的桩顶水平位移和内力变化规律进行了探讨。研究表明，在软土情况下，桩顶的水平位移显著，引起桩身附加弯矩不可忽视；采用换填、水泥搅拌桩加固等地基处理的方法，可有效减小水平作用下桩顶位移。在此基础上，本文还提出了不同地基处理方法的合理深度建议值，供同行参考。

【关键词】 全框支剪力墙结构；地基土嵌固；地基处理

1 概况

全框支结构中，上盖竖向结构由下盖巨型框架全部转换，下盖结构多为单柱单桩的基础形式，受力较为复杂[1-3]。软弱地基为建筑施工工程常见类型，当场地的软土层较厚时，水平作用下会引起巨大的桩顶位移，桩的嵌固深度也相应增加。同时，由于竖向荷载和桩顶水平位移对桩身引起的附加弯矩也不容忽视，因此如何有效减小水平作用下的桩顶位移的研究十分必要，以下将建立采用置换土层和水泥搅拌桩的地基处理方法的分析模型，探究这两种地基处理方法对减小桩顶位移的规律。

选取一栋典型的地铁车辆段上盖建筑，B 级高度全框支剪力墙结构，下盖为巨柱框架，上盖为剪力墙结构，转换层结构平面布置及剖面如图 1-1 和图 1-2 所示。首层层高 12.0m；2 层（转换层）层高 6.8m；3 层层高 6.2m；4～36 层为标准层，层高 2.9m；总建筑高度为 120.7m。设计使用年限为 50 年，耐久性设计年限为 100 年，结构安全等级为一级，基础设计等级为甲级。本项目抗震设防烈度为 7 度（0.10g），设计地震分组为第一组，场地类别为 II 类，本工程属于丙类。

2 模型情况

使用 MIDAS/GTS 软件对地基土进行模拟，探究不同地基处理后，水平作用下的桩顶位移情况。模型的基本情况如图 2-1 所示。整体模型由地上全框支结构、基础桩和地基土层三部分组成，其中土层包括淤泥层（厚 20m）和中风化层（厚 15m），基础桩桩径为 1600mm，基础桩桩顶与框支柱柱脚节点耦合，并对建筑物裙房投影外扩 12m 范围内的表

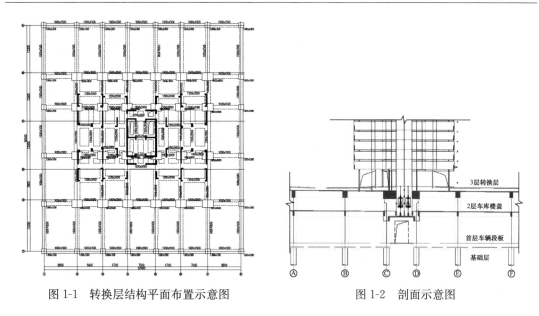

图 1-1 转换层结构平面布置示意图

图 1-2 剖面示意图

层软弱土层进行地基处理，处理方法分为土层置换法和水泥搅拌桩的复合地基处理方法。对土层的四周和底面以及桩端进行 6 个自由度的约束，并进行 X 向、Y 向的规范反应谱分析[4] 及风工况静力分析。

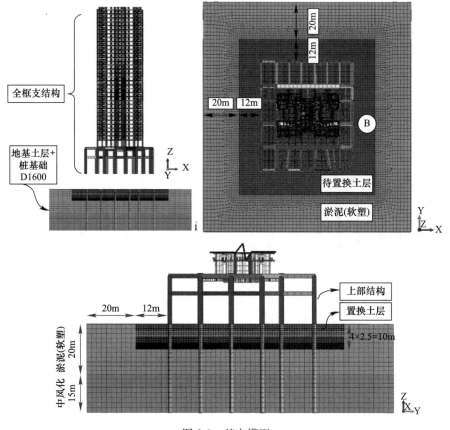

图 2-1 基本模型

梁、柱、桩采用杆单元模拟,剪力墙、楼板及框支转换梁采用壳单元模拟,土层采用实体单元模拟。混凝土和钢筋采用《混凝土结构设计规范》GB 50010-2010(2015年版)附录C的本构方程[5],桩混凝土强度等级为C30,钢筋采用HRB400。土层采用各向同性摩尔-库仑模型[6],根据地基规范及实际项目地勘资料取值(表2-1)。

地基土参数						表 2-1
土层	变形模量/(kN/m^2)	泊松比	容重/(kN/m^3)	初始应力 K_0	黏聚力/(kN/m^2)	摩擦角
淤泥(软塑)	2000	0.42	16.5	0.72	7	6
级配砂石	50000	0.28	20	0.43	45	26
中风化	300000	0.2	21	0.25	200	32

3 地基处理

3.1 土层置换

表层土置换模型参见图2-1。建立5个对比模型,置换淤泥(软塑)土层为级配砂石[7-8],置换厚度依次为0、2.5m、5m、7.5m和10m,置换范围为主体结构向外扩12m,依次编号为HT-0、HT-2.5、HT-5、HT-7.5、HT-10。

提取对比模型的B排桩(见图2-1)单独考察,桩位移情况如图3-1所示。由图可知,5个模型中桩的水平位移在中风化土层中很小,HT-0、HT-2.5、HT-5、HT-7.5、HT-10模型在淤泥土层和中风化土层交界处的桩位移依次为2.488mm、2.247mm、2.203mm、2.178mm、2.099mm,表明桩已嵌固在15m厚的中风化土层中,置换的土层越厚,桩在中风化土层中的位移越小。

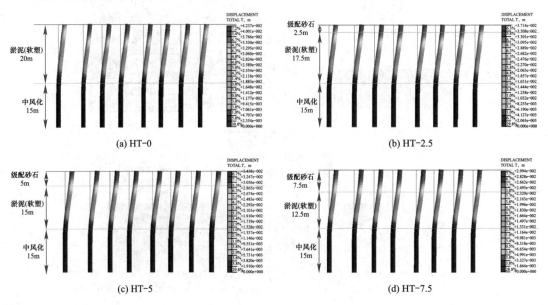

图 3-1 EX+反应谱工况下桩整体位移(一)

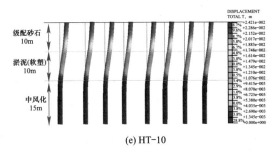

(e) HT-10

图 3-1　EX＋反应谱工况下桩整体位移（二）

图 3-2 所示为 EX＋反应谱工况下 HT-0、HT-2.5 和 HT-7.5 模型的单桩位移情况。由图可知，在水平作用下，桩的侧移大致会产生两个反弯点，反弯点 1 位于靠近桩顶上部，是由于上部结构对桩的约束作用以及土层对桩的反作用而形成，其位置较为不明显。在无置换土层的模型中，反弯点 1 的位置为桩顶以下 5～10m 处；在置换土层为 2.5m 厚的模型中，反弯点 1 位于置换土层之下；在置换土层为 7.5m 厚的模型中，反弯点 1 位于置换土层之上。反弯点 2 位于淤泥土层和中风化土层交界处，于桩的嵌固位置附近形成反弯点。

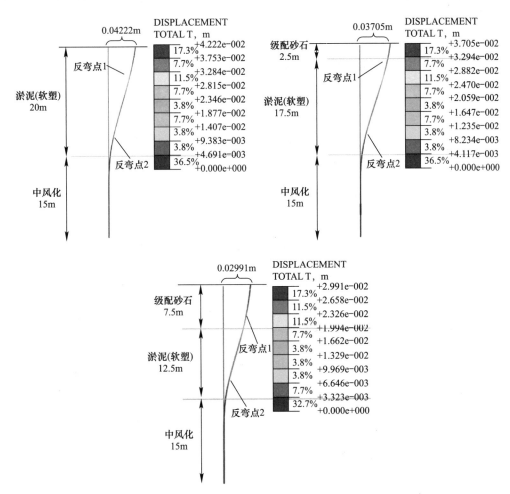

图 3-2　EX＋反应谱工况下 HT-0、HT-2.5 和 HT-7.5 模型的单桩位移

分析 5 个模型在水平风荷载和地震作用下的最大桩顶水平位移和桩顶转角位移，得到位移与换填土层厚度的关系如图 3-3 所示。由图可知，随着置换土层的加厚，桩顶的水平位移及转角位移都有减小的趋势。在地震工况下，在 5m 厚的置换土层中形成一个拐点，结合图 3-2 中的单桩反弯点 1 的位置情况可知，当置换的土层较薄时，反弯点 1 位于置换土层以下的软弱淤泥土层中，桩顶位移会随置换的土层的加厚而减小，但斜率减小会暂缓；当置换土层较厚时，反弯点 1 位于置换土层中，桩顶位移会随置换土层的加厚而迅速下降，斜率减小会比土层较薄时大。在风工况下，对于该结构模型，由于风荷载作用比地震作用小，桩顶位移随着置换土层的加厚而减小，且置换土层为 2.5m 厚的模型的下降斜率最大，表明荷载较小时，表层土的地基处理也可获得有效的作用，置换土层厚度的选取还需考虑荷载作用的大小。

综上可知，在实际工程中，置换土层的方法适用于荷载作用较小的工程情况，即上部结构体量较小的项目工程，换填表层厚 2.5m 左右的土可有效地减小桩顶位移；对于上部结构较重、地震效应明显的结构，置换土层须达到一定的置换厚度方可有效地减小桩顶位移，但该方法需要向下开挖的深度较大，且处理被置换的土层和获取需要的置换土层的土方量巨大，较为不经济。

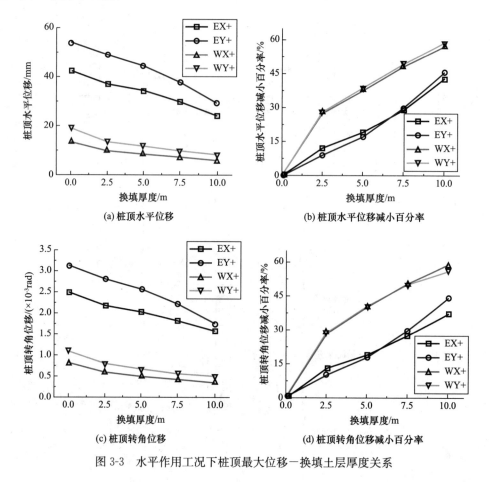

(a) 桩顶水平位移

(b) 桩顶水平位移减小百分率

(c) 桩顶转角位移

(d) 桩顶转角位移减小百分率

图 3-3　水平作用工况下桩顶最大位移－换填土层厚度关系

3.2 水泥搅拌桩的复核地基

图 3-4 所示为常用的水泥搅拌桩的布置形式[9]。选用等边三角形的布置方式，水泥搅拌桩的桩径为 550mm，桩长 7.5m，选取桩距为 1.3m、1.15m、1.0m 三组布置方式，进行模型模拟，依次编号为 2～4 组，第 1 组为没有进行地基处理的空白对照组。

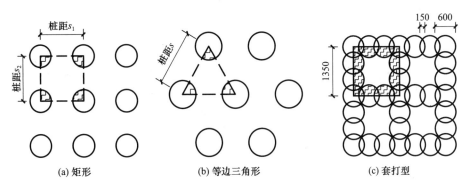

(a) 矩形   (b) 等边三角形   (c) 套打型

图 3-4   水泥搅拌桩布置形式

注：填充区域"▨▨▨"为水泥搅拌桩的置换面积。

根据《建筑地基处理技术规范》JGJ 79-2012 第 7.3.3 条的规定[7]，取桩端端阻发挥系数为 0.5，桩身强度折减系数为 0.25，桩身水泥土无侧限抗压强度标准值 f_{cu} 取 1.7kPa，根据规范公式 (7.3.3)［即式 (3-1)］计算单桩承载力特征值 R_a 为 100.9kPa，其余计算结果见表 3-1。由于土层的变形模量较压缩模量大，模型中输入参数为土层的变形模量值，取复合土层变形模量放大值为压缩模量放大值 ζ 的 1.2 倍。

$$R_a = \eta f_{cu} A_P \tag{3-1}$$

水泥搅拌桩规范公式计算值   表 3-1

桩距 s/m	三角形布桩 d_e/m $d_e = 1.05s$	面积置换率 $m = d^2/d_e^2$	复合地基承载力特征值 f_{spk}/kPa ［规范公式 (7.1.5-2)］	复合土层压缩模量放大值 ζ ［规范公式 (7.1.7)］
1.00	1.05	0.27	127.49	2.12
1.15	1.21	0.21	100.06	1.67
1.30	1.37	0.16	81.56	1.36

注：规范公式 (7.1.5-2) 为：$f_{spk} = \lambda m \dfrac{R_a}{A_p} + \beta(1-m)f_{sk}$；

规范公式 (7.1.7) 为：$\zeta = f_{spk}/f_{ak}$。

水泥搅拌桩的布置方式除了规范提供的矩形布置和三角形布置外，还有图 3-4(c) 所示的套打型布置方式，可提高水泥搅拌桩的面积置换率，获得更强的复合地基承载力。以图 3-4(c) 所示的水泥搅拌桩的布置方式为例，进行第 5 组模型分析，水泥搅拌桩的桩径为 600mm，套打重叠宽度为 150mm，桩长 7.5m，计算的面积置换率为 0.64，复合地基承载力特征值为 278kPa，复合土层压缩模量放大值 ζ 为 4.63。

图 3-5 所示为水平作用工况下 5 个模型的桩顶最大位移与土层面积置换率的关系。由

图可见，采用水泥搅拌桩的地基处理方法可以有效减小桩顶的位移，在相同的水泥搅拌桩处理深度下，提高水泥搅拌桩面积置换率，可减小桩顶水平位移和桩顶转角位移，面积置换率从 0.27 提高至 0.64，桩顶位移的减小百分率从 14.38% 提高至 26.82%。

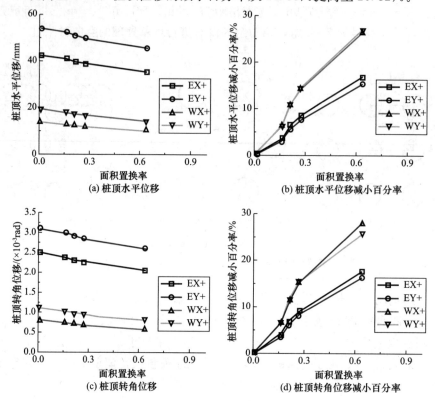

图 3-5　水平作用工况下桩顶最大位移与土层面积置换率关系

在采用三角形布置、间距为 1m 的水泥搅拌桩的基础模型上，考虑长度为 2.5m、5m、7.5m、10m、15m 水泥搅拌桩的地基处理模型，探究地基处理深度对桩顶位移的减小作用。图 3-6 所示为水平作用工况下 6 个模型的桩顶最大位移与搅拌桩长度的关系。由图可见，采用水泥搅拌桩的地基处理方法可以有效减小桩顶的位移。

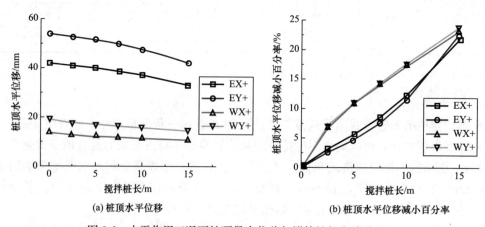

图 3-6　水平作用工况下桩顶最大位移与搅拌桩长度关系（一）

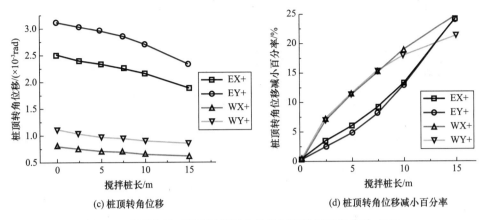

(c) 桩顶转角位移 　　　　　　　　(d) 桩顶转角位移减小百分率

图 3-6　水平作用工况下桩顶最大位移与搅拌桩长度关系（二）

在地震工况下，搅拌桩长度在 7.5m 后的桩顶位移减小效率，比搅拌桩长度在 7.5m 前的桩顶位移减小效率大。因此，采用水泥搅拌桩对地面进行地基处理时，建议桩长不小于 7.5m，以提高水泥搅拌桩的利用效率。

4　结论

通过上述研究可知，对地基软弱土层采用土层换填、水泥搅拌桩等地基处理的方法，可有效减小水平作用下桩顶位移值。上部结构工程体量较小时，建议采用土层换填法，置换表层 2.5m 左右的软弱土层可有效减小桩顶位移值；对于上部结构较重，即受水平荷载作用影响明显的结构，宜采用水泥搅拌桩法进行地基处理，水泥搅拌桩的桩长不宜小于 7.5m。

参考文献

[1]　姚永革，郑建东，严仕基，等. TOD 全框支剪力墙结构设计若干难点热点问题探讨 [J]. 建筑结构，2020，50 (10)：75-82.

[2]　李标. 高层建筑全框支剪力墙结构抗震性能研究 [D]. 广州：华南理工大学，2020.

[3]　王小花. 某地铁车辆段上盖结构设计分析 [J]. 广东土木与建筑，2021，28 (11)：30-32.

[4]　住房和城乡建设部. 建筑抗震设计规范：GB 50011-2010（2016 年版）[S]. 北京：中国建筑工业出版社，2016.

[5]　住房和城乡建设部. 混凝土结构设计规范：GB 50010-2010 [S]. 北京：中国建筑工业出版社，2010.

[6]　李治. MIDAS/GTS 在岩土工程中应用 [M]. 北京：中国建筑工业出版社，2013.

[7]　住房和城乡建设部. 建筑地基处理技术规范：JGJ 79-2012 [S]. 北京：中国建筑工业出版社，2013.

[8]　潘宇雄，杨永康，黄照雄. 强夯+强夯置换法处理淤泥质土及上覆厚层填土试验研究 [J]. 广东土木与建筑，2020 (5)：15-20.

[9]　吴清吟. 水泥搅拌桩工艺与造价关系分析 [J]. 广东土木与建筑，2020 (3)：73-75.

34 广州某TOD车辆段上盖项目全框支剪力墙结构不同方案对比研究

郑建东，姚永革，叶云青

（广州瀚华建筑设计有限公司）

【摘要】 广州某TOD车辆段上盖项目，盖下3层受轨道穿行限制采用纯框架结构，盖上25层普通住宅采用剪力墙结构，形成全框支剪力墙结构。在当时无规范可循的情况下，通过对盖下部分采用框架结构的抗震方案、相同结构框架柱改为剪力墙筒柱的抗震方案和框架结构的隔震方案共3个方案进行超限可行性论证并进行技术经济性比较，结果表明，盖下采用框架结构的全框支剪力墙结构可行且技术经济性较优；柱改为剪力墙筒柱的方案只是证明了较大尺度的框架柱性能相当于双向剪力墙，并无实施的意义；隔震方案采用《建筑抗震设计规范》的减震系数法时，对上、下部结构的减震效果不明显，相应地增加了隔震相关的造价，但大震性能分析表明，结构抗震性能有明显提高。

【关键词】 TOD；车辆段上盖；全框支剪力墙结构；车辆段上盖隔震

1 工程概况

项目总建筑面积约21.7万m²，由3层大底盘裙楼和裙楼顶上11栋高层住宅塔楼组成。不设地下室，地上28层，结构高度约100m；裙楼首层为有轨电车车辆段，层高9.5m，2~3层为车库，层高分别为4m和5.5m；裙楼顶上塔楼高度约80m，住宅标准层层高3.0m。典型塔楼两向的高宽比分别为2.47和2.46（从车库顶板算起）。

本车辆段上盖项目的结构特点为，盖上住宅为常规剪力墙结构，盖下结构垂直轨道方向竖向构件尺寸受限为1500~1700mm，因此存在对应轨道范围的塔楼上部剪力墙不能直接落地的情形。结构采用以下处理办法：下部非轨道范围对应的剪力墙尽量保证落地，下部轨道范围对应的剪力墙则采用框支框架进行转换。靠东北侧的塔楼由于均在轨道范围，故竖向构件间断率接近100%，针对该类型的车辆段上盖结构取一典型塔楼进行结构可行性论证，转换层取在盖顶（第4层楼面）。对该典型塔楼，分别比较抗震方案（方案1）和隔震方案（方案2）。其中抗震方案有两种：①方案1-a，盖下结构为框架结构；②方案1-b，盖下结构为由每4片剪力墙组成的筒柱取代方案1-a中框架柱的剪力墙结构。隔震方案为：盖下为框架结构，在盖板顶设隔震层，将盖下结构与上部剪力墙结构用叠层橡胶隔震支座隔离。抗震方案即全框支剪力墙结构，当时该项目超限初审时间为2018年8月，包含全框支剪力墙结构设计内容的广东省标准《高层建筑混凝土结构技术规程》DBJ 15-92-2021（下文简称《广东新高规》）尚未开始编制，国家新的隔震标准也尚未发布，本文对全框支剪力墙的设计进行了有益的探索，为后期《广东新高规》的编制提供了一定的借鉴。

项目总平面效果图如图 1-1 所示，典型塔楼剖面图如图 1-2 所示，典型平面图如图 1-3 所示。

图 1-1　总平面效果图

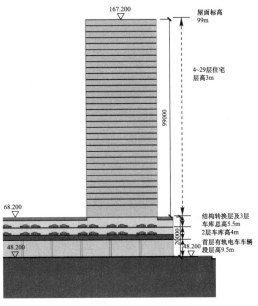

图 1-2　剖面示意图

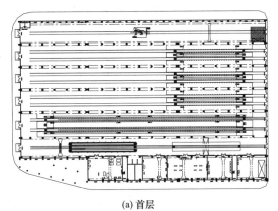

(a) 首层

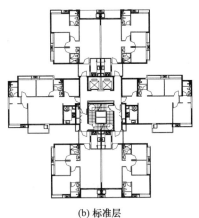

(b) 标准层

图 1-3　平面示意图

设计基本条件及参数如表 1-1 所示。

设计基本条件及参数　　　　　　　　　　　　　　　　表 1-1

项目	内容	项目	内容
抗震设防类别	丙类	场地类别	Ⅱ类
抗震设防烈度	7 度	特征周期	0.35s
设计基本地震加速度	0.1g	50 年一遇基本风压	$0.5kN/m^2$
水平地震影响系数 α_{max}	0.08	地面粗糙度类别	B 类
设计地震分组	第一组	建筑风载体形系数 μ_s	1.4

2 设计的难点、重点和解决思路

2.1 设计难点

（1）上部住宅采用常规的剪力墙结构体系，以满足隐梁隐柱的使用功能要求，而下部车辆段有多条交通轨道穿行的要求，竖向构件只能在轨道与轨道的间隙布置，上、下部竖向构件基本无法对齐，因此存在较大程度的转换，上部结构的剪力墙基本无法落地，构件间断率接近 100%。

（2）由于底部车辆段结构沿垂直轨道方向竖向构件的尺寸受限为 1500～1700mm，该方向只能布置对应尺寸的框架柱或短剪力墙。

（3）若布置框架柱，将导致该方向全部为框架结构，不能满足当时规范要求落地剪力墙的底部倾覆力矩不应小于 50% 的规定；另一方向虽然可适当布置剪力墙，但也会造成两向的侧向刚度差异较大，不利于抗震。下文的比选方案底部两向均为框架结构。

（4）若考虑布置剪力墙，垂直轨道方向的竖向构件尺寸如达到 1600mm 以上，采用每 4 片 400mm 厚剪力墙围成的筒柱取代上述第（3）项框架结构方案中的框架柱，则车辆段下盖结构成为剪力墙结构。根据广东省标准《高层建筑混凝土结构技术规程》DBJ 15-92-2013（下文简称《广东高规》）的定义："短肢剪力墙是指截面高度不大于 1600mm，且截面厚度小于 300mm 的剪力墙"，本工程采用 400mm×1600mm（或以上）的剪力墙不属于短肢剪力墙，转换层下部结构属一般剪力墙结构，但由于上、下部剪力墙基本对不齐，构件间断率仍接近 100%。从本质上判断，相同尺寸的实心柱受力性能一般优于中间掏空一块的"剪力墙筒柱"，建立这一对比模型，一方面可以考察因有限元模型不同（柱用无尺度的杆单元模拟，筒柱用一方向有尺度的 4 片墙单元模拟）导致结构的差异；另一方面可以考察因规范的定义不同（筒柱转变为 4 片剪力墙），利用近似公式计算某些指标时导致的差异。

2.2 设计重点

车辆段下盖为全框架结构（剪力墙筒柱加梁本质也是框架）时，需要解决转换层下部无剪力墙且竖向构件间断率接近 100% 的大转换结构的抗震安全问题，该方案突破了当时规范关于框支框架承担的倾覆力矩比例不应大于 50% 的规定。剪力墙筒柱虽然定义上是墙不是柱，但本质仍为"空心"的框支柱，其真实的受力性能略低于实心柱或相差无几，但因墙的剪切刚度、受剪承载力等算法与柱迥异，将导致某些整体指标存在差异，这种差异与实际是不相符的。

2.3 解决思路

对抗震方案和隔震方案进行对比分析后择优确定实施方案。各方案的盖上住宅标准层结构布置均相同，如图 2-1 所示。

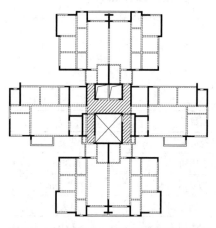

图 2-1 各方案盖上住宅标准层结构布置

（1）方案 1-a：盖下车辆段采用框架结构的抗震方案

该方案盖下三层采用框架结构，在结构第 3 层楼盖处转换，除了无落地剪力墙，其他结构特征与普通转换结构并无两样，典型结构布置如图 2-2 所示。基础、竖向转换受力的设计与普通转换结构相同，只是需要重点关注水平地震力的传递方面，是否因为存在底部软弱层或薄弱层而导致结构在罕遇地震作用下底部率先破坏。

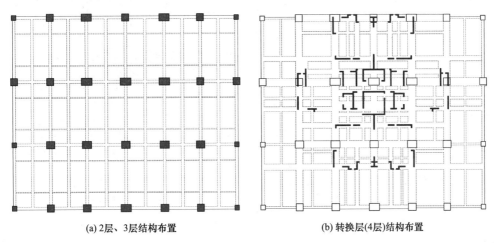

(a) 2层、3层结构布置　　　　　　　　　　(b) 转换层(4层)结构布置

图 2-2　方案 1-a 盖下结构布置

从理论上讲，框架结构同样也可设计得抗震能力足够强大。框架柱与剪力墙随着尺度的变化，两者在承载能力和刚度上并不存在绝对的界限，举个极端的例子，如采用巨型框架结构，框架柱截面设计成 4m×4m，显然比普通住宅的剪力墙结构刚度和强度更强大，4m×4m 的框架柱就相当于 10 片 400mm 厚、4000mm 长的剪力墙叠加在一起的效果。对应于本工程，下部的框架柱垂直轨道方向均设为 1500～1700mm，平行方向可适当增大至 1500～3000mm 不等，每根柱子垂直向也相当于至少 5 片以上 300mm 厚、1500～1700mm 长的剪力墙叠合而成。从下文的结构分析可知，下部的框架结构侧向刚度是可以做到大于上部剪力墙结构的，通过合理的配筋，同样也能做到下部结构的受剪承载力不小于上部剪力墙的受剪承载力。

该方案因无落地剪力墙而超出规范规定范围，应进行抗震性能化设计，并进行超限审查。通过调整框架柱的尺寸、加强框架柱配筋或必要时在框架柱中设置足够的型钢等手段，将下部框架结构的强度和延性设计得足够强大，充分论证结构在中震、大震甚至超强大震作用下，下部框架结构均能满足承载力和延性相应的性能目标要求，则证明结构抗震可以成立。

从概念上讲，如果能够做到下部框架的抗侧承载力大于上部剪力墙结构，控制上部剪力墙在强震中先于下部框架柱屈服，则可以实现"强盖下、弱盖上"的较理想的屈服机制。当盖上剪力墙先行屈服后，因刚度退化而使其承受的地震作用大幅减小，从而对下部框支框架起到很好的卸载作用，可有效延迟甚至避免框支框架在强震中屈服和破坏。

根据上述分析，方案 1-a 的抗震性能目标的控制标准为：在大震作用下，下部框支柱和转换梁不屈服；在提高半度和一度的超强大震作用下，下部框支柱和转换梁仅轻度损坏，且上部剪力墙先于下部框支柱屈服。

（2）方案 1-b：盖下车辆段采用剪力墙筒柱的剪力墙结构抗震方案

如上文所述，该方案本质上与方案 1-a 相差不大，只作为考察有限元模拟单元不同及规范对竖向构件定义不同引起差异的对比方案，其盖下结构布置如图 2-3 所示。

方案 1-b 的抗震性能目标与方案 1-a 相同，只是将"框支柱"改为"剪力墙筒柱"。

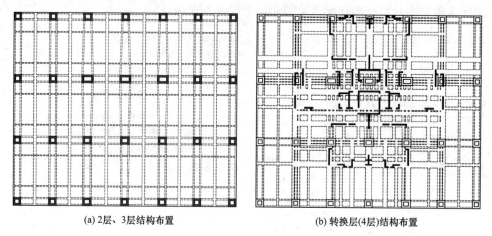

(a) 2层、3层结构布置　　　　　　　　(b) 转换层(4层)结构布置

图 2-3　方案 1-b 盖下结构布置

（3）方案 2：盖下车辆段采用框架结构的隔震方案

该方案为在车辆段下盖框架结构与上部剪力墙结构之间设置叠层橡胶支座隔震层，隔震层高度取 1.8m，比盖顶上 1.5m 的覆土高出 0.3m。方案 2 盖下结构布置与方案 1-a 相同，转换层上隔震橡胶支座及隔震层结构布置如图 2-4 所示。

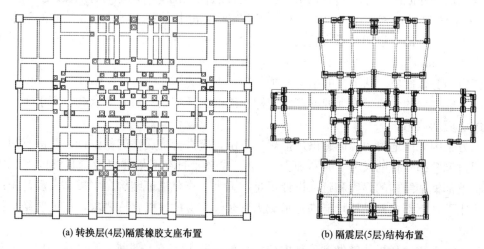

(a) 转换层(4层)隔震橡胶支座布置　　　　(b) 隔震层(5层)结构布置

图 2-4　方案 2 隔震橡胶支座及隔震层结构布置

根据国内目前对层间隔震的相关研究，可了解到层间隔震的工作机理如下：

1）不同于常规的基础隔震，层间隔震是一种新的隔震体系，其振动特性和减震机理既有别于基础隔震系统，又有别于 TMD 质量调谐减震系统[1]。层间隔震结构的减震机理需区分隔震层上、下部子结构来认识[2]，其振动特性同时受到隔震层上部结构及下部结构的影响。

2）当隔震层位于结构上部时，减震机理主要由 TMD 调谐决定，使上部子结构的频率与下部结构接近产生共振，从而转移吸收下部结构的地震能量，达到对下部结构减震的效果；当隔震层位于结构底部时，则属于基础隔震区，通过尽量减小隔震层刚度，延长结构的基本周期来减小上部结构的地震作用；当隔震层位于结构中部时，则属于层间隔震，此时为隔震（对上部子结构）和耗能减震（对下部子结构）。隔震层位置越低，对上部子结构的减震效果越明显[1]。

3）层间隔震体系，隔震层上、下结构的减震效果明显不同；一般由 2 个振型起控制作用，一个是第 1 阶振型，另一个是较高阶的某个振型[3]。第 1 阶振型一般为隔震振型，下部子结构基本不动，上部子结构呈刚体运动；某高阶振型为下部子结构的 1 阶振动而上部子结构基本不动[2,4]。上部子结构的反应基本由 1 阶振型决定，而下部子结构的反应则以其自身的 1 阶振型为主[1]，视上部子结构高度不同或为第 2 阶振型或为某高阶振型。本文项目下部子结构自身 X 向 1 阶振型为第 9 振型，Y 向则为第 7 振型，详见第 4 节。

4）对上部子结构而言，其减震机理相当于基底隔震；而对于下部子结构，当其自身振型周期与场地特征周期接近时，因主控振型与场地的共振作用可能使地震响应大于非隔震结构，其上部隔震层的阻尼越大越有利，对下部结构的减震机理相当于阻尼器的作用[2]。文献 [1] 认为，隔震层的阻尼应该尽可能取工程中的最大值，该阻尼能够有效抑制隔震层下部子结构的加速度反应。应当注意的是，当隔震层位置较低时，下部子结构加速度反应可能有明显的放大。文献 [5] 的研究表明，当塔楼数量较少时，大底盘地震力可能大于非隔震结构。

5）隔震层柔性的增加对减小上部结构剪力值和加速度有明显作用，但却可能加大下部结构的层剪力。增加隔震层阻尼对平台基底剪力抗震效果显著，但隔震层阻尼过大不利于塔楼顶层加速度控制[6]。文献 [5] 研究认为，随着隔震层刚度增大，塔楼地震作用随之增大，大底盘地震作用逐渐减小，与文献 [6] 结论一致；隔震层设置黏滞阻尼器后，地震力沿塔楼高度的分布规律发生明显变化：塔楼底部地震力略有减小，但上部地震力显著增大；大底盘的地震作用可有效降低，也与文献 [6] 的结论吻合。文献 [7] 对盖下2 层、盖上 11～14 层的项目研究表明，项目采用层间隔震设计后，显著降低了盖上结构地震作用，盖上结构水平地震作用可按降低 1 度进行设计；但盖下裙房框架结构的地震剪力有所放大。

6）层间隔震只能减小水平地震作用，不能减小竖向地震作用；三维隔震的研究目前还不成熟，实际应用到结构中也还需要时间[7]。

综上所述，层间隔震体系中，隔震层对上部子结构相当于隔震，其地震响应取决于隔震振型的周期；由于隔震层将整体结构分割成相对独立的上、下部子结构，下部子结构的地震响应取决于其自身的基本振型，隔震层对下部子结构的作用相当于阻尼器减震和通过其刚度将下部子结构与上部子结构建立一定程度的联系，当下部子结构自身基本振型周期与场地特征周期接近时，地震时会发生共振，导致其地震作用比非隔震结构增大；增大隔震层阻尼虽能抑制下部结构地震响应，但也会导致上部结构较高楼层地震力加大，隔震层刚度变大使上、下结构连接更接近整体，可以有效降低下部结构响应，但也会使上部结构的隔震效果大打折扣。可见，层间隔震的工作机理十分复杂，隔震层的刚度和阻尼设置需同时兼顾上、下部子结构，不一定能起到很理想的隔震减震效果。

本工程上部子结构为盖上高度约 80m 的高层剪力墙结构，周期较长而整体弯曲作用较明显，结构周期越长，隔震增加周期后引起加速度的减量越小；同时，隔震只对水平运动的剪切变形有效，对竖向构件拉压引起的整体弯曲和自身受弯的局部弯曲作用基本无效（常规隔震不能隔竖向振动）。因此，隔震效果预计不一定明显，主要是利用其吸收变形的缓冲作用，减小刚度突变造成的不利影响。对于本工程 3 层裙楼的下部子结构而言，其自身基本周期较小，必然有地震作用增大的趋势，需要合理设置隔震层的刚度和阻尼，抑制其增大趋势，以保证下部结构不在地震中先行损坏。基于上述分析，确定本工程隔震的控制方向和目标为：综合考虑层间隔震对上、下部结构的影响，在控制下部结构减震系数不大于 1 的前提下，尽量降低上部结构的减震系数。

对目前的震-振双控三维隔震支座，由于竖向隔震会减小支座的竖向刚度，对高层建筑而言，保持竖向构件的竖向刚度以确保结构整体受弯刚度和承载力至关重要，因此三维隔震支座应用于高层建筑还值得商榷，目前较适合用于抗侧刚度有较大富余的低矮建筑。

（4）对各种解决方案优缺点的初步评价

由上述分析可知，两个抗震方案中，实质上方案 1-a（实心柱框架结构方案）的抗侧刚度和承载力均比尺度相同的方案 1-b（空心剪力墙筒柱方案）要更大，所不同的是：①套规范概念，空心筒柱算是剪力墙结构，而实心柱是框架结构，固有的思维会误以为框架结构刚度和承载力一定弱于剪力墙结构。②空心筒柱四边可按剪力墙建模，由四片剪力墙组成一空间小筒体，而实心柱不管截面多大，一般只按杆件建模，模型中等效为一根线，由于尺度上的过大误差，可能会低估大截面柱的空间效应；理想的模型是对大尺寸柱采用三维实体单元建模，并与梁连接以反映其空间效应。

采用抗震方案的优点是施工工艺常规，普通施工队伍即可完成施工；缺点是接近 100% 的构件间断率引起的较大程度转换，会使转换层附近结构产生应力集中的现象。

采用方案 2（隔震方案）的主要优点是：①设置的隔震层缓冲，很好地将转换层上、下部结构隔离开来，地震作用的剪切变形基本集中在隔震层处，上、下部结构不会因刚度和承载力突变产生应力集中而给结构造成不利影响，而且不管是上刚下柔还是上柔下刚都同样有效；②上部为剪力墙结构，下部为框架结构，中间设隔震层，概念设计上较易为人所接受，容易消除人们对这种国家现行标准尚未列入的结构体系的种种质疑。该方案的缺点是：①增加隔震层，需要引入新的工艺和队伍；②造价有所增加；③按《建筑抗震设计规范》GB 50011-2010（2016 年版）（下文简称《抗规》）的减震系数法进行设计，层间隔震不一定能起到减小地震作用的效果。

3 抗震方案的结构可行性论证结果及对比

抗震方案包括方案 1-a 和方案 1-b，性能化设计依据 2013 版《广东高规》。

3.1 特别的加强措施

（1）转换构件尺寸

框支柱截面尺寸为（1500～2300）mm×1500mm，剪力墙筒柱则相应掏空，留下 400mm 厚外壁；转换梁截面尺寸为（500～2200）mm×2500mm。

（2）抗震等级

根据《高层建筑混凝土结构技术规程》JGJ 3-2010（下文简称《高规》）对 A 级高度超过 80m 的部分框支剪力墙结构的抗震等级规定，底部加强部位剪力墙和框支框架抗震等级为一级，非底部加强部位剪力墙的抗震等级为二级。鉴于本工程转换层下部结构的重要性，需特别加强其抗震承载力和延性，以体现"强盖下、弱盖上"的加强措施，故将方案 1-a 的框支框架和方案 1-b 的下部剪力墙筒柱及转换梁的抗震等级提高至特一级，其他构件的抗震等级按规范不变。

（3）抗震性能目标

宏观性能目标为盖下框架结构满足性能 B，盖上剪力墙结构满足性能 C。将框支柱（剪力墙筒柱）、转换梁定为抗震关键构件，满足大震不屈服；在提高半度和一度的超强大震作用下仅轻度损坏，且柱脚不出塑性铰。为实现预期的"强盖下、弱盖上"的合理屈服机制，适当弱化上部剪力墙结构的配筋，以期控制剪力墙先于框支柱发生屈服；上部剪力墙（包括底部加强区）均不设为关键构件。抗震方案的抗震性能目标如表 3-1 所示。

结构抗震性能目标　　　　　　　　　　　表 3-1

地震水准		小震	中震	大震	超强大震
性能目标等级		盖下结构性能 B，盖上结构性能 C			—
性能水准		1	盖下 2、盖上 3	盖下 3、盖上 4	—
宏观性能目标		无损坏	轻度损坏	中度损坏	—
层间位移角限值		1/800	—	—	—
关键构件	框支柱、转换梁	弹性	轻微损坏（满足《广东高规》水准 2）	轻微损坏（正截面、斜截面不屈服）	轻度损坏（正截面轻度损坏，柱脚不出铰，斜截面不屈服）
普通竖向构件		弹性	轻微损坏（满足《广东高规》水准 3）	部分构件中度损坏（正截面部分中度损坏，斜截面不屈服）	—
耗能构件	框架梁、连梁	弹性	轻度损坏、部分中度损坏（满足《广东高规》水准 3）	中度损坏、部分较严重损坏	—

3.2　中小震计算结果中值得探讨的若干问题

方案 1-a、方案 1-b 的中小震计算配筋结果均能调整至基本不超限，按中小震结果包络设计可使结构满足中小震的性能目标。以下阐述中小震计算中若干值得探讨的问题。

（1）小震反应谱计算结果差异较大的指标

小震弹性反应谱计算主要结果如表 3-2 所示。由表可见，方案 1-b 侧向刚度略大于方案 1-a，判断是由柱模型差异及剪力墙筒柱模型使框架梁和框支梁跨度变小、刚度变大所造成，由此导致方案 1-b 基底剪力增大 4%～10%，楼层侧向刚度比变化 9%～27%。楼层受剪承载力比变化较大，方案 1-b 首层增大 118%～128%，转换层减小 34%～42%，这是由于模型中柱与剪力墙的受剪承载力计算方法不同所导致，柱按两端出塑性铰来反算受剪承载力，墙则按规范公式正常计算。首层层高大，按两端出铰柱模型计算的受剪承载力小于按墙模型，故方案 1-b 的受剪承载力比明显大于方案 1-a；3 层（转换层）层高较小，按两端出铰柱模型计算的受剪承载力大于按墙模型，故方案 1-b 的受剪承载力比明显小于方案 1-a。柱与剪力墙筒柱受力性能实质相差不大，较大偏差完全由于算法不同造成，这是目前规范存在的未能真实反映实际结构的缺陷之一。其余计算指标两个模型相差不大。

小震弹性反应谱计算主要结果 表 3-2

项目		限值	方案 1-a	方案 1-b	方案 1-b 相对方案 1-a 的差异
前 3 周期	T_1（方向因子）	—	2.26（X=0,Y=1,T=0）	2.22（X=0,Y=1,T=0）	−1.77%
	T_2（方向因子）	—	2.06（X=1,Y=0,T=0）	2.04（X=1,Y=0,T=0）	−0.97%
	T_3（方向因子）	—	1.71（X=0,Y=0,T=1）	1.72（X=0,Y=0,T=1）	0.58%
T_3/T_1		—	0.759	0.775	2.11%
总重力荷载（恒＋活）/kN		—	449914.8	451076.7	0.26%
典型标准层单位面积重量/(kN/m²)		—	14.53	14.53	0
地震基底剪力/kN	X 向	—	9796.4	10187.8	4.00%
	Y 向	—	9248.0	10210.7	10.4%
基底剪重比	X 向	1.6%	2.18%	2.26%	3.67%
	Y 向	1.6%	2.06%	2.26%	9.71%
地震作用下基底倾覆力矩/(kN·m)	X 向	—	316183.1	316994.8	0.26%
	Y 向	—	311048.1	313113.1	0.66%
地震作用下最大层间位移角（计算层号）	X 向	1/650	1/2053（20 层）	1/2126（20 层）	−3.43%
	Y 向		1/1765（18 层）	1/1796（20 层）	−1.73%
规定水平作用下最大扭转位移比（计算层号）	X 向	≤1.8	1.16（4 层）	1.2（2 层）	3.45%
	Y 向		1.14（4 层）	1.16（4 层）	1.75%
最小楼层侧向刚度比（计算层号）	X 向	≥1	0.7167（1 层） 0.4811（2 层） 3.3434（3 层）	0.7811（1 层） 0.5278（2 层） 4.2165（3 层）	8.99% 9.71% 26.1%
	Y 向		0.7257（1 层） 0.4601（2 层） 2.4043（3 层）	0.8403（1 层） 0.5869（2 层） 2.8695（3 层）	15.8% 27.6% 19.3%
最小楼层受剪承载力比（计算层号）	X 向	≥75%	0.39（1 层） 8.04（3 层）	0.89（1 层） 4.67（3 层）	128.2% −41.9%
	Y 向		0.38（1 层） 5.57（3 层）	0.83（1 层） 3.7（3 层）	118.4% −33.6%

（2）楼层侧向刚度比不满足要求

楼层侧向刚度考虑了层高的修正，各层侧向刚度比如图 3-1 所示。由图可知，刚度比不足发生在 1 层及 2 层，1 层刚度比不足 0.8，是由于其层高（9.5m）远大于 2 层层高（4m）所造成；2 层刚度比不足较多，仅在 0.5 左右，判断是由于 3 层转换梁刚度大导致楼层侧向刚度增大较多。

转换层与相邻上层剪力墙结构的侧向刚度比反而较大，最大达到 4.2 左右，没有出现人们按惯性思维预计的转换层处下小上大的情形，判断由以下原因造成：①主要原因是转换梁的刚度很大，对柱顶有较强约束，使框架侧向刚度大增，类似加强层或巨型框架的效果；②裙楼平面比上部塔楼有所扩大；③框支柱或筒柱的截面积大，甚至大于上部剪力墙，故刚度也相应大。

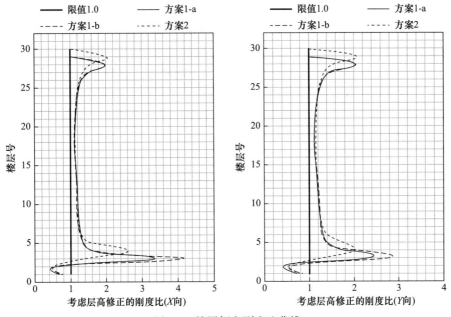

图 3-1　楼层侧向刚度比曲线

本工程 1 层、2 层的侧向刚度比不足是由结构的客观体型条件造成，拟不刻意调整，而是通过性能化设计，满足下部结构框支柱和转换梁在中震、大震和超强大震的性能目标，来保证结构有足够的抗震承载力和延性。

（3）楼层受剪承载力不满足要求

由图 3-2 可知，抗震方案受剪承载力不足发生在首层，也是由首层层高远大于 2 层层高所引起；3 层转换层的受剪承载力则远大于上层剪力墙结构，并没有出现人们按惯性思维预计的转换层处下小上大的情形，判断这是由于柱和筒柱的截面尺寸足够大。由于结构

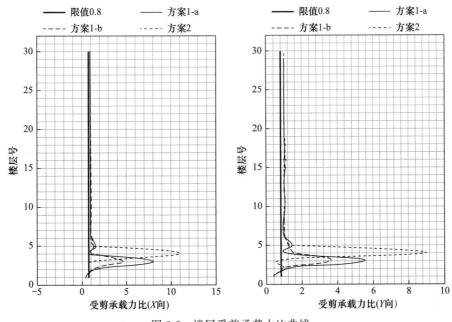

图 3-2　楼层受剪承载力比曲线

的强柱弱梁延性设计，使本项目结构首层、2层的框架梁一般在强震作用下首先出现塑性铰，框架梁端出铰后弯矩不再增加，因此与出铰梁端相连的柱端因弯矩难以继续增大而不会出现塑性铰，故首层柱顶端、2层柱两端和3层柱底端实际不容易出现塑性铰。3层柱顶端与转换层相连，由于转换梁跨度大、截面大、配筋大，实际抗震时无法做到强柱弱梁，因此3层柱顶端在强震中比较容易出现塑性铰；首层柱底端为基础嵌固端，强震中也可能出铰。这样，结构首层、2层框架梁首先出铰后，就可以近似地将下部框架柱看成是3层通高柱（在结构首层、2层楼盖处存在已屈服梁提供的集中弯矩），因此按层计算首层受剪承载力比没有太大的实际意义。

针对受剪承载力比不足，通过性能化设计，可满足下部结构框支柱和转换梁在中震、大震和超强大震的性能目标，保证结构有足够的抗震承载力和延性。

（4）转换层上、下结构等效剪切刚度比

若按《高规》附录E.0.1计算转换层下部、上部结构等效剪切刚度比并满足不小于0.5的要求，本工程抗震方案计算结果如表3-3所示。由表可见，结果均能满足规范要求。但方案1-b的比值比方案1-a大幅提高，这是由于当采用规范近似公式计算剪切刚度时，剪力墙比柱要大得多，比如，仅因为用剪力墙筒柱来模拟柱，"空心柱"的剪切刚度竟比用杆单元模拟的实心柱增大60%～70%，故知规范近似公式不甚合理，应采用有限元计算的更精准的剪弯刚度来比较上、下结构的刚度更为合适。

转换层下部、上部结构等效剪切刚度比　　　　　　　　　　　　　　表3-3

计算模型	方向	YJK 软件	
		所在结构层	比值
方案 1-a	X	3	1.589
	Y	3	1.069
方案 1-b	X	3	2.524
	Y	3	1.829

（5）中震下框支柱的配筋情况

经比较发现，当框支柱的抗震等级取特一级后，按中震水准3—水准1的计算结果，框支柱的配筋均为构造控制，可见通过特一级的最小配筋构造，框支柱实际已能达到中震弹性的标准（即达到性能A）。直至对结构进行等效弹性大震水准2计算时，框支柱才开始出现计算控制的配筋。而对按特一级构造配筋的框支柱进行大震弹塑性验算的结果表明，框支柱均为大震无损坏，故判断按特一级对框支柱进行加强偏于保守，其在中震、大震作用下的实际性能表现优于性能B。故不必过度提高框支框架抗震等级，而通过提高其性能水准的方法进行加强会更合理，这也是之后《广东新高规》采取的做法。

3.3 大震及超大震弹塑性验算结果

对结构进行大震和超大震下弹塑性时程分析，软件采用PERFORM-3D，模型中对剪力墙、柱和梁均采用纤维单元模拟。

大震弹塑性验算结果表明，方案1-a、方案1-b能满足框支框架和上部剪力墙均未屈服，如图3-3所示；继续对方案1-a进行提高半度和一度的超强大震验算，如图3-4、图3-5所示（图中云线圈出的为屈服的剪力墙，未圈出的深色墙柱均未屈服）。结果表明，提高半度后上部结构底部加强区剪力墙开始部分屈服，随烈度进一步提高至增一度，剪力墙屈服数量和程度相应增加，盖下框支柱和框架柱大部分出现开裂而始终未达到实际屈服。可知，抗震方案能满足"强盖下、弱盖上"的性能目标，具有合理的屈服机制。

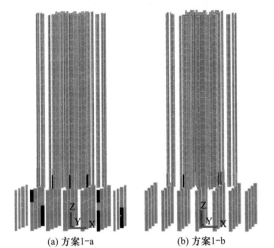

(a) 方案1-a   (b) 方案1-b

图 3-3   竖向构件大震损伤等级

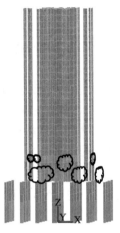

图 3-4   提高半度超强大震下竖向构件损伤等级

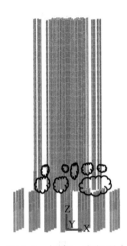

图 3-5   提高一度超强大震下竖向构件损伤等级

抗震方案的性能化分析结果表明，本工程能达到盖下结构优于性能 B、盖上结构达到性能 C 的抗震性能目标。

4   隔震方案的结构可行性论证

本工程隔震方案依据《抗规》第 12 章规定及《叠层橡胶支座隔震技术规程》CECS 126-2001 进行计算及设计。盖上结构的高宽比为 2.47，小于 4；场地土类别为Ⅱ类，风荷载和其他非地震作用的水平荷载所产生的总水平力不超过结构总重力的 10%，满足《抗规》第 12.1.3 条的相关要求。

如上文所述，本工程采用层间隔震的目的，是缓解因车辆段盖下与盖上结构因体系不同、转换程度很高而引起的应力集中问题，将绝大部分的水平剪切变形均集中在隔震层，从而保护其余楼层。由于上部结构周期较大，对其减震效果不抱太高期望；下部结构由于周期较小，判断其地震作用比非隔震结构有增大趋势，隔震层对下部结构有附加阻尼减震效果和有将上、下结构连接为接近整体结构的趋势，合理调整隔震层刚度与阻尼，减震目标为使下部结构的减震系数不大于 1，在此前提下再尽量降低上部结构的减震系数。

隔震支座设在裙楼顶盖标高处，隔震层高度为 1.8m。隔震层顶板采用现浇梁板结构，按规范的相关要求进行验算和加强。隔震建筑周边及两个塔楼之间设置隔离缝，其缝宽按照罕遇地震计算变形 1.2 倍确定，缝宽均取 400mm。隔震采用 YJK 软件进行分析。按《抗规》方法对结构进行设计，即按最大减震系数计算水平地震影响系数最大值，然后采用反应谱法进行设计，最后通过大震弹塑性分析对结构的大震抗震性能进行验算。

隔震方案的抗震性能目标为：隔震层上部结构满足性能 C，下部结构满足性能 B，即与抗震方案基本相同，但不复核超强大震。

按照《抗规》的规定，隔震结构设计采用非隔震模型的减震系数法。由本文 2.3 节从参考文献中了解到的层间隔震的工作机理可知，隔震层的阻尼和刚度较小时，有利于上部结构的减震但不利于下部结构；反之，当隔震层的阻尼和刚度较大时，有利于下部结构减震却不利于上部结构减震。因此，需对隔震层参数进行反复调整，直至满足预设的性能目标要求。按上述所设减震目标，经反复调整隔震层刚度与阻尼进行多次计算后，最终由隔震模型和非隔震模型在中震下的弹性时程分析，得到满足预设减震目标的剪力和倾覆弯矩减震系数如表 4-1、表 4-2 所示，作为比较，同时列出上部结构减震最优工况的减震系数如表 4-3、表 4-4 所示。减震最优工况为在隔震层满足大震变形限值的前提下隔震层刚度最小的情形。由表 4-3、表 4-4 可知，该工况上部结构的最大减震系数为 0.8，但下部结构的减震系数达到 1.22，相比非隔震结构明显增大。经继续增加橡胶支座的铅芯布置后，最终调整至下部结构满足减震系数不大于 1。由表 4-1、表 4-2 可知，下部结构最大减震系数为 0.97，这时上部结构的最大减震系数为 0.99，故知按《抗规》方法，楼层地震剪力基本不能减小，采用非隔震模型进行反应谱计算时，水平地震影响系数最大值不折减，抗震措施也不降低。但计算结果表明，实际具体到各个楼层，较多楼层还是能起到减震效果，只是《抗规》设计方法将减震系数取各条波各楼层的最大值，故无法将具体楼层的不同减震效果反映在反应谱法计算的构件配筋上。

对应满足减震目标的模型，层间隔震结构的前 9 个振型如表 4-5 所示。

由表 4-5 可见，层间隔震结构 X 向、Y 向地震作用主要由 3 个振型控制，第 1 个主控振型为隔震振型，即下部结构基本不动，上部结构随隔震层作平移为主的振动（弯曲为辅），对应 X 向为第 2 振型（图 4-1），Y 向为第 1 振型，质量参与系数为 53%～54%；第 2 个主控振型为上部结构的弯曲振型，下部结构基本不动，对应 X 向为第 5 振型（图 4-2），Y 向为第 4 振型，质量参与系数分别为 15.6% 和 24.3%；第 3 个主控振型为隔震层下部结构的自身振型，上部结构振动相对较小，对应 X 向为第 9 振型（图 4-3），Y 向为第 7 振型，质量参与系数均约为 20%。3 个主控振型质量参与系数之和 X 向、Y 向分别达到 89.5% 和 98.1%，占了绝大部分。通过对比前 9 个振型下部结构第 3 层的楼层地震力和楼层剪力，可知第 3 层地震剪力主要由第 2、第 5、第 9 振型贡献，第 9 振型的楼层剪力又基本由第 3 层地震力控制，最终的第 3 层地震剪力由各振型的 CQC 组合得到，查 YJK 软件 CQC 组合开根号前的数据，得第 3 层地震剪力中第 9 振型相关的数值占总数的 52%，第 5 振型约占 10%，第 2 振型约占 28%，可见第 9 振型起主导作用。至于第 3 层的地震力，则第 9 振型在上述数值中占比达 89%，起绝对控制作用。故知层间隔震结构下部结构地震剪力较大，甚至大于非隔震结构，主要因为隔震后下部结构自身振型成为结构的主控振型之一，其周期接近场地卓越周期导致共振而产生较大地震作用，而 CQC 组合后下部结构楼层地震剪力由该振型主导。

采用与抗震模型前 3 个周期统计意义相符及与隔震模型前 9 个周期统计意义相符的 2 条实际记录地震波和 1 条人工波对隔震模型进行大震弹塑性分析，得到竖向构件损伤等级如图 4-4 所示，图中所有竖向构件均处于无损伤状态，性能优于抗震方案。故知采用《抗规》的减震系数法进行隔震设计，虽反应谱法未反映地震作用减小，但采用弹塑性时程法仍能反映较多楼层地震力减小的事实，结构的抗震性能表现还是优于抗震方案。

满足减震目标的隔震结构与非隔震结构楼层剪力比

表 4-1

楼层	地震波																	
	AR71753						AKTH1961408.4						SAG00732010.5					
	X向			Y向			X向			Y向			X向			Y向		
	非隔震	隔震	减振系数	非隔震	隔震	减振系数	非隔震	隔震	减振系数	非隔震	隔震	减振系数	非隔震	隔震	减振系数	非隔震	隔震	减振系数
30	1429.881	1156.135	0.81	1430.063	994.551	0.70	1150.540	967.016	0.84	1177.878	1043.505	0.89	1399.176	773.772	0.55	940.244	836.546	0.89
29	2735.260	2201.648	0.80	2754.250	1859.651	0.68	2190.414	1838.804	0.84	2236.275	2000.155	0.89	2693.762	1475.150	0.55	1835.809	1621.414	0.88
28	3810.404	3052.595	0.80	3866.849	2537.545	0.66	3034.400	2544.410	0.84	3091.946	2794.247	0.90	3777.449	2047.055	0.54	2614.675	2291.746	0.88
27	4757.681	3789.630	0.80	4874.307	3145.756	0.65	3763.903	3179.538	0.84	3828.406	3502.343	0.91	4753.496	2546.636	0.54	3351.142	2911.234	0.87
26	5588.314	4407.434	0.79	5773.040	3654.806	0.63	4373.293	3777.042	0.86	4441.734	4121.389	0.93	5616.689	3006.644	0.54	4045.249	3478.033	0.86
25	6346.140	4902.223	0.77	6560.513	4061.948	0.62	4858.360	4305.042	0.89	4929.601	4648.964	0.94	6362.984	3418.043	0.54	4697.912	3990.468	0.85
24	6990.325	5272.193	0.75	7239.035	4365.458	0.60	5224.575	4761.525	0.91	5362.518	5083.573	0.95	6989.922	3771.097	0.54	5309.764	4447.185	0.84
23	7519.884	5517.783	0.73	7811.968	4546.852	0.58	5646.434	5146.816	0.91	5954.616	5424.849	0.91	7496.876	4065.086	0.54	5883.376	4847.249	0.82
22	7953.875	5644.716	0.71	8277.901	4661.038	0.56	5989.189	5459.597	0.91	6517.865	5673.681	0.87	7885.213	4299.960	0.55	6421.586	5190.226	0.81
21	8283.582	5662.472	0.68	8653.459	4803.227	0.56	6254.147	5699.728	0.91	7084.192	5832.270	0.82	8208.212	4550.790	0.55	6927.443	5476.232	0.79
20	8508.678	5575.678	0.66	8943.581	4887.964	0.55	6.572.264	5870.398	0.89	7620.152	5904.149	0.77	8763.528	4776.655	0.55	7405.171	5705.964	0.77
19	8634.104	5404.884	0.63	9164.794	4910.745	0.54	6994.078	5973.111	0.85	8124.013	5894.132	0.73	9271.661	4969.353	0.54	7854.148	5880.720	0.75
18	8719.965	5174.765	0.59	9345.068	5338.868	0.57	7385.141	6010.851	0.81	8592.537	5808.243	0.68	9735.594	5130.279	0.53	8276.826	6003.042	0.73
17	8866.952	5183.426	0.58	9514.845	5780.662	0.61	7747.761	5989.154	0.77	9023.638	5653.604	0.63	10153.217	5261.354	0.52	8672.539	6074.922	0.70
16	9344.739	5898.277	0.63	9677.027	6242.881	0.65	8079.466	5912.658	0.73	9414.500	5590.612	0.59	10525.447	5364.607	0.51	9040.350	6099.368	0.67
15	9790.871	6706.134	0.68	9817.459	6762.827	0.69	8381.719	5787.065	0.69	9763.919	5952.748	0.61	10855.731	5442.010	0.50	9380.192	6079.714	0.65
14	10241.924	7529.303	0.74	9921.493	7372.379	0.74	8654.272	5619.990	0.65	10071.114	6322.039	0.63	11143.788	5495.802	0.49	9693.211	6019.649	0.62

楼层	地震波																	
	AR71753						AKTH19614084						SAG00732010105					
	X向			Y向			X向			Y向			X向			Y向		
	非隔震	隔震	减振系数	非隔震	隔震	减振系数	非隔震	隔震	减振系数	非隔震	隔震	减振系数	非隔震	隔震	减振系数	非隔震	隔震	减振系数
13	10931.013	8340.835	0.76	10171.141	8007.046	0.79	8896.276	5824.755	0.65	10335.707	6686.994	0.65	11390.447	5607.997	0.49	9978.681	5923.430	0.59
12	11595.596	9125.722	0.79	10542.135	8633.132	0.82	9110.340	6056.386	0.66	10557.832	7038.012	0.67	11598.993	5860.631	0.51	10238.217	5796.459	0.57
11	12225.736	9870.022	0.81	10882.354	9194.135	0.84	9295.513	6256.055	0.67	10738.216	7368.019	0.69	11773.227	6078.425	0.52	10474.374	5641.614	0.54
10	12815.839	10572.386	0.82	11178.601	9759.860	0.87	9452.392	6415.803	0.68	10878.261	7671.873	0.71	11914.752	6257.933	0.53	10690.375	6009.027	0.56
9	13361.659	11220.022	0.84	11425.499	10296.098	0.90	9582.916	6534.869	0.68	10982.957	7947.368	0.72	12028.053	6399.849	0.53	10892.581	6361.336	0.58
8	13860.328	11808.111	0.85	11623.716	10800.078	0.93	9689.799	6614.714	0.68	11054.939	8191.879	0.74	12117.888	6505.839	0.54	11082.551	6690.671	0.60
7	14310.894	12345.532	0.86	11772.870	11273.414	0.96	9773.644	6657.982	0.68	11100.359	8407.111	0.76	12188.580	6574.647	0.54	11262.694	6995.513	0.62
6	14714.974	12824.423	0.87	11878.677	11714.655	0.99	9837.264	6665.464	0.68	11124.161	8594.245	0.77	12243.997	6610.932	0.54	11436.696	7276.681	0.64
5	15187.805	7787.877	0.51	11974.875	8127.836	0.68	9898.636	7095.000	0.72	11140.450	7691.716	0.69	12303.688	7052.036	0.57	11663.507	7207.699	0.62
4	15723.223	8480.418	0.54	12065.798	8773.706	0.73	9951.938	7022.497	0.71	11152.383	7916.669	0.71	12815.411	7050.180	0.55	11954.418	7628.814	0.64
盖上减震系数最大值			0.87			0.99			0.91			0.95			0.57			0.89
3	20630.307	17667.399	0.86	19910.262	16110.896	0.81	20965.866	17341.118	0.83	13333.613	11477.019	0.86	19557.806	12491.133	0.64	15389.824	12742.764	0.83
2	21952.919	19843.939	0.90	21925.853	18108.169	0.83	23637.841	21415.311	0.91	15314.688	13008.677	0.85	21185.685	14193.486	0.67	16286.825	14635.157	0.90
1	23137.100	22371.663	0.97	23711.015	19900.510	0.84	26037.805	25103.904	0.96	17119.774	14396.655	0.84	22659.181	15734.806	0.69	17252.247	16366.232	0.95
盖下减震系数最大值			0.97			0.84			0.96			0.86			0.69			0.95

满足减震目标的隔震结构与非隔震结构楼层倾覆弯矩比

表 4-2

楼层	AR71753						AKTH19611084						SAG00732010S					
	X 向			Y 向			X 向			Y 向			X 向			Y 向		
	非隔震	隔震	减振系数	非隔震	隔震	减振系数	非隔震	隔震	减振系数	非隔震	隔震	减振系数	非隔震	隔震	减振系数	非隔震	隔震	减振系数
30	4289.644	3468.405	0.81	4290.189	2983.653	0.70	3451.620	2901.049	0.84	3533.635	3130.515	0.89	4197.527	2321.315	0.55	2820.733	2509.638	0.89
29	12495.424	10072.591	0.81	12552.938	8562.606	0.68	10022.863	8417.462	0.84	10242.461	9130.979	0.89	12278.812	6746.764	0.55	8327.729	7373.879	0.89
28	23926.637	19230.377	0.80	24153.486	16149.147	0.67	19126.063	16050.693	0.84	19518.299	17513.719	0.90	23611.158	12887.929	0.55	16171.755	14249.117	0.88
27	38199.680	30599.266	0.80	38776.408	25446.113	0.66	30417.772	25503.479	0.84	31003.517	28020.747	0.90	37871.647	20519.625	0.54	26221.560	22982.818	0.88
26	54912.101	43821.568	0.80	56095.529	36410.530	0.65	43537.652	36549.746	0.84	44328.719	40384.915	0.91	54721.713	29424.761	0.54	38344.100	33416.916	0.87
25	73645.944	58528.238	0.79	75777.068	48596.375	0.64	58112.732	49464.872	0.85	59117.523	54331.806	0.92	73810.666	39432.032	0.53	52426.481	45388.320	0.87
24	94306.424	74344.818	0.79	97483.946	61692.750	0.63	73763.043	63749.448	0.86	74992.818	69582.525	0.93	94780.431	50741.464	0.54	68315.616	58729.874	0.86
23	116866.076	90898.166	0.78	120880.796	75387.306	0.62	90108.124	79184.929	0.88	91583.876	85857.073	0.94	117271.059	62925.985	0.54	85905.852	73271.622	0.85
22	140672.846	107823.604	0.77	145639.334	89370.420	0.61	106774.025	95551.115	0.89	108533.831	102878.115	0.95	140926.697	75808.719	0.54	105059.773	88842.301	0.85
21	165392.978	124772.106	0.75	171505.090	103339.598	0.60	123606.779	112628.670	0.91	126937.923	120374.926	0.95	165401.721	89239.772	0.54	125683.429	105270.995	0.84
20	190705.985	141417.233	0.74	198208.027	117003.931	0.59	142938.129	130224.457	0.91	149364.532	138087.372	0.92	190366.778	103035.062	0.54	147635.715	122388.887	0.83
19	216309.916	157461.522	0.73	225424.013	130088.454	0.58	162623.274	148126.525	0.91	173049.065	155769.767	0.90	215514.520	117036.665	0.54	170866.920	140031.049	0.82
18	242282.751	172660.172	0.71	252903.267	142338.269	0.56	182461.206	166125.559	0.91	198152.566	173194.497	0.87	240564.844	131097.983	0.54	195259.905	158038.240	0.81
17	268122.569	186929.932	0.70	280559.598	155693.972	0.55	202268.108	184032.537	0.91	225120.850	190155.309	0.84	265269.590	146094.234	0.55	220724.319	176258.679	0.80
16	293574.753	199961.998	0.68	308213.003	169395.146	0.55	221879.889	201671.949	0.91	253240.685	206469.749	0.82	292924.858	161863.125	0.55	247183.241	194549.634	0.79
15	318439.620	211613.267	0.66	335593.923	182414.697	0.54	244109.109	218931.548	0.90	282459.997	221980.323	0.79	325253.636	177833.936	0.55	274559.009	212778.362	0.77
14	342548.068	221841.912	0.65	362873.177	194603.738	0.54	270009.384	235654.363	0.87	312594.571	236555.554	0.76	358404.682	193953.732	0.54	302789.470	230823.576	0.76

续表

楼层	地震波																	
	AR71753						AKTH19614084						SAG007320105					
	X向			Y向			X向			Y向			X向			Y向		
	非隔震	隔震	减振系数	非隔震	隔震	减振系数	非隔震	隔震	减振系数	非隔震	隔震	减振系数	非隔震	隔震	减振系数	非隔震	隔震	减振系数
13	365762.009	230766.935	0.63	389699.816	209681.063	0.54	296631.127	251689.883	0.85	343531.574	250090.156	0.73	392204.481	210134.197	0.54	331796.101	248592.799	0.75
12	387995.772	238141.001	0.61	416279.324	233609.552	0.56	323870.870	266927.046	0.82	375183.427	262505.046	0.70	426643.921	226307.806	0.53	361481.939	265975.150	0.74
11	411677.816	244284.166	0.59	442334.040	258825.714	0.59	351642.139	281358.748	0.80	407383.188	273746.654	0.67	461464.833	242417.795	0.53	391767.148	282886.342	0.72
10	434542.470	249037.926	0.57	468065.912	285380.460	0.61	379931.565	294865.400	0.78	440013.159	283785.478	0.64	496721.741	258477.544	0.52	422575.514	309255.152	0.71
9	467640.299	276384.061	0.59	493289.766	313338.236	0.64	408596.759	307361.955	0.75	472962.030	292613.487	0.62	532181.769	274400.123	0.52	453836.610	315023.179	0.69
8	503326.089	307715.769	0.61	517898.991	342801.359	0.66	437563.438	318905.521	0.73	506126.847	300271.164	0.59	567844.563	290151.225	0.51	485488.377	330144.222	0.68
7	539472.988	341653.567	0.63	541990.426	373867.298	0.69	466764.082	329435.008	0.71	539415.470	323577.332	0.60	603615.228	305773.388	0.51	517539.184	344583.530	0.67
6	575987.362	378192.909	0.66	565226.643	406648.456	0.72	496158.077	338913.762	0.68	572749.437	348070.366	0.61	639381.092	321229.998	0.50	549916.529	358316.605	0.65
5	627019.994	407628.169	0.65	604228.083	439756.462	0.73	537131.938	365844.509	0.68	618832.868	377384.917	0.61	688942.357	349797.423	0.51	595203.234	385354.745	0.65
4	653166.683	422505.381	0.65	623565.367	455750.212	0.73	555486.765	376762.737	0.68	639336.603	391316.626	0.68	710883.420	362213.074	0.51	615659.850	396659.621	0.64
盖上减震系数最大值		0.81			0.73			0.91			0.95			0.55			0.89	
3	763051.162	486486.842	0.64	683470.828	532089.810	0.78	611737.273	392740.726	0.64	699302.719	427589.016	0.61	774354.657	387009.671	0.50	681334.692	412589.325	0.61
2	846966.779	560979.342	0.66	728979.205	589475.138	0.81	653027.586	415406.647	0.64	743576.941	451932.212	0.61	821634.508	408380.041	0.50	734444.482	423769.566	0.58
1	1055054.130	751197.016	0.71	843500.425	729664.477	0.87	751854.389	526408.025	0.70	851935.568	537174.255	0.70	939548.450	503686.988	0.54	874052.439	483328.122	0.55
盖下减震系数最大值		0.71			0.87			0.70			0.63			0.54			0.61	

上部结构减震最优的隔震结构与非隔震结构楼层剪力比　　表 4-3

楼层	地震波 AR71753						AKTH19611084						SAG007320105					
	X 向			Y 向			X 向			Y 向			X 向			Y 向		
	非隔震	隔震	减振系数	非隔震	隔震	减振系数	非隔震	隔震	减振系数	非隔震	隔震	减振系数	非隔震	隔震	减振系数	非隔震	隔震	减振系数
30	1429.881	626.284	0.44	1430.063	757.110	0.53	1150.540	690.407	0.60	1177.878	712.473	0.60	1399.176	609.562	0.44	940.244	755.668	0.80
29	2735.260	1212.024	0.44	2754.250	1446.015	0.53	2190.414	1326.326	0.61	2236.275	1370.090	0.61	2693.762	1171.362	0.43	1835.809	1449.761	0.79
28	3810.404	1709.359	0.45	3866.849	2012.648	0.52	3034.400	1856.325	0.61	3091.946	1920.747	0.62	3777.449	1640.495	0.43	2614.675	2027.429	0.78
27	4757.681	2164.852	0.46	4874.307	2512.545	0.52	3763.903	2330.625	0.62	3828.406	2417.380	0.63	4753.496	2061.413	0.43	3351.142	2544.387	0.76
26	5588.314	2576.563	0.46	5773.040	2943.200	0.51	4373.293	2746.704	0.63	4441.734	2858.063	0.64	5616.689	2431.997	0.43	4045.249	2998.484	0.74
25	6346.140	2943.202	0.46	6560.513	3302.472	0.50	4858.360	3102.586	0.64	4929.601	3241.112	0.66	6362.984	2750.385	0.43	4697.912	3387.890	0.72
24	6990.325	3270.744	0.47	7239.035	3588.821	0.50	5224.575	3397.902	0.65	5362.518	3566.195	0.67	6989.922	3015.109	0.43	5309.764	3711.284	0.70
23	7519.884	3556.395	0.47	7811.968	3953.174	0.51	5646.434	3631.839	0.64	5954.616	3832.382	0.64	7496.876	3226.613	0.43	5883.376	3967.991	0.67
22	7953.875	3807.322	0.48	8277.901	4321.083	0.52	5989.189	3804.795	0.64	6517.865	4039.141	0.62	7885.213	3438.004	0.44	6421.586	4158.066	0.65
21	8283.582	4027.846	0.49	8653.459	4670.438	0.54	6254.147	3918.252	0.63	7084.192	4188.197	0.59	8208.212	3607.672	0.44	6927.443	4282.354	0.62
20	8508.678	4230.912	0.50	8943.581	5001.383	0.56	6572.264	3974.625	0.60	7620.152	4281.108	0.56	8763.528	3736.360	0.43	7405.171	4342.750	0.59
19	8634.104	4430.948	0.51	9164.794	5318.022	0.58	6994.078	4061.912	0.58	8124.013	4320.178	0.53	9271.661	3825.590	0.41	7854.148	4343.152	0.55
18	8719.965	4651.415	0.53	9345.068	5625.873	0.60	7385.141	4108.884	0.56	8592.537	4374.201	0.51	9735.594	3878.012	0.40	8276.826	4285.567	0.52
17	8866.952	4927.267	0.56	9514.845	5929.251	0.62	7747.761	4113.504	0.53	9023.638	4394.803	0.49	10153.217	3894.521	0.38	8672.539	4175.335	0.48
16	9344.739	5265.368	0.56	9677.027	6232.451	0.64	8079.466	4077.656	0.50	9414.500	4378.228	0.48	10525.447	3878.865	0.37	9040.350	4018.444	0.44
15	9790.871	5646.519	0.58	9817.459	6535.760	0.67	8381.719	4003.435	0.48	9763.919	4499.321	0.46	10855.731	3832.970	0.35	9380.192	3828.672	0.41
14	10241.924	6039.747	0.59	9921.493	6838.435	0.69	8654.272	3893.271	0.45	10071.114	4663.564	0.46	11143.788	3761.016	0.34	9693.211	3756.784	0.39

广东复杂结构技术创新与研究应用

续表

地震波

楼层	AR71753						AKTH19614084						SAG00732010 5					
	X 向			Y 向			X 向			Y 向			X 向			Y 向		
	非隔震	隔震	减振系数	非隔震	隔震	减振系数	非隔震	隔震	减振系数	非隔震	隔震	减振系数	非隔震	隔震	减振系数	非隔震	隔震	减振系数
13	10931.013	6419.373	0.59	10171.141	7134.810	0.70	8896.276	3751.303	0.42	10335.707	4827.172	0.47	11390.447	3665.287	0.32	9978.681	3660.338	0.37
12	11595.596	6771.661	0.58	10542.135	7414.112	0.70	9110.340	3924.486	0.43	10557.832	4987.562	0.47	11598.993	3549.005	0.31	10238.217	3597.984	0.35
11	12225.736	7081.334	0.58	10882.354	7670.357	0.70	9295.513	4139.285	0.45	10738.216	5144.412	0.48	11773.227	3414.970	0.29	10474.374	3867.767	0.37
10	12815.839	7346.525	0.57	11178.601	7897.977	0.71	9452.392	4338.239	0.46	10878.261	5297.938	0.49	11914.752	3519.391	0.30	10690.375	4150.406	0.39
9	13361.659	7557.722	0.57	11425.499	8093.178	0.71	9582.916	4521.780	0.47	10982.957	5448.075	0.50	12028.053	3731.096	0.31	10892.581	4431.772	0.41
8	13860.328	7721.056	0.56	11623.716	8259.814	0.71	9689.799	4686.805	0.48	11054.939	5593.458	0.51	12117.888	3930.717	0.32	11082.551	4706.458	0.42
7	14310.894	7833.633	0.55	11772.870	8686.325	0.74	9773.644	4836.987	0.49	11100.359	5732.836	0.52	12188.580	4117.760	0.34	11262.694	4969.932	0.44
6	14714.974	7896.096	0.54	11878.677	9222.007	0.78	9837.264	4969.978	0.51	11124.161	5865.521	0.53	12243.997	4292.438	0.35	11436.696	5224.128	0.46
5	15187.805	7153.562	0.47	11974.875	7693.895	0.64	9898.636	5671.429	0.57	11140.450	6139.137	0.55	12303.688	5332.664	0.43	11663.507	5759.152	0.49
4	15723.223	7525.784	0.48	12065.798	8562.180	0.71	9951.938	5861.433	0.59	11152.383	6330.840	0.57	12815.411	5583.042	0.44	11954.418	6137.065	0.51
盖上减震系数最大值	0.59			0.78			0.65			0.67			0.44			0.80		
3	20630.307	21263.234	1.03	19910.262	17272.646	0.87	20965.866	15852.644	0.76	13333.613	9557.147	0.72	19557.806	11652.476	0.60	15389.824	11286.384	0.73
2	21952.919	24955.475	1.14	21925.853	19619.028	0.89	23637.841	19938.858	0.84	15314.688	10622.154	0.69	21185.685	14103.588	0.67	16286.825	13776.918	0.85
1	23137.100	28294.189	1.22	23711.015	21713.746	0.92	26037.805	23634.776	0.91	17119.774	11918.368	0.70	22659.181	16320.485	0.72	17252.247	16008.382	0.93
盖下减震系数最大值	1.22			0.92			0.91			0.72			0.72			0.93		

上部结构减震最优的隔震结构与非隔震结构楼层倾覆弯矩比

表 4-4

楼层	地震波																	
	AR71753						AKTH19614084						SAG00732010S					
	X 向			Y 向			X 向			Y 向			X 向			Y 向		
	非隔震	隔震	减振系数	非隔震	隔震	减振系数	非隔震	隔震	减振系数	非隔震	隔震	减振系数	非隔震	隔震	减振系数	非隔震	隔震	减振系数
30	4289.644	1878.853	0.44	4290.189	2271.331	0.53	3451.620	2071.220	1.60	3533.635	2137.420	0.60	4197.527	1828.685	0.44	2820.733	2267.004	0.80
29	12495.424	5514.556	0.44	12552.938	6609.376	0.53	10022.863	6050.197	0.60	10242.461	6247.689	0.61	12278.812	5342.770	0.44	8327.729	6616.289	0.79
28	23926.637	10642.634	0.44	24153.486	12647.318	0.52	19126.063	11619.173	0.61	19518.299	12009.929	0.62	23611.158	10264.257	0.43	16171.755	12698.576	0.79
27	38199.680	17137.189	0.45	38776.408	20183.461	0.52	30417.772	18611.048	0.61	31003.517	19262.069	0.62	37871.647	16448.495	0.43	26221.560	20331.737	0.78
26	54912.101	24866.879	0.45	56095.529	29012.357	0.52	43537.652	26851.161	0.62	44328.719	27836.257	0.63	54721.713	23744.485	0.43	38344.100	29327.190	0.76
25	73645.944	33696.484	0.46	75777.068	38919.773	0.51	58112.732	36158.919	0.62	59117.523	37559.594	0.64	73810.666	31995.641	0.43	52426.481	39490.859	0.75
24	94306.424	43489.367	0.46	97483.946	49686.236	0.51	73763.043	46350.009	0.63	74992.818	48255.352	0.64	94780.431	41040.968	0.43	68315.616	50624.711	0.74
23	116866.076	54110.220	0.46	120880.796	61090.374	0.51	90108.124	57238.952	0.64	91583.876	59744.533	0.65	117271.059	50716.515	0.43	85905.852	62528.684	0.73
22	140672.846	65452.457	0.47	145639.334	72910.531	0.50	106774.025	68645.977	0.64	108533.831	71848.491	0.66	140926.697	60857.031	0.43	105059.773	75002.883	0.71
21	165392.978	77465.227	0.47	171505.090	84927.278	0.50	123606.779	80400.733	0.65	126937.923	84409.362	0.66	165401.721	71297.743	0.43	125683.429	87849.946	0.70
20	190705.985	89979.394	0.47	198208.027	99155.888	0.50	142938.129	92324.608	0.65	149364.532	97240.323	0.65	190366.778	81876.815	0.43	147635.715	100877.479	0.68
19	216309.916	102895.119	0.48	225424.013	114926.983	0.51	162623.274	104256.251	0.64	173049.065	110173.523	0.64	215514.520	93032.674	0.43	170866.920	113900.484	0.67
18	242282.751	116268.423	0.48	252903.267	131463.415	0.48	182461.206	116046.658	0.64	198152.566	123048.612	0.62	240564.844	104461.175	0.44	195259.905	126743.709	0.65
17	268122.569	130009.213	0.48	280559.598	148799.586	0.53	202268.108	127561.371	0.63	225120.850	135722.678	0.60	265269.590	116334.576	0.44	220724.319	139243.884	0.63
16	293574.753	144046.489	0.49	308213.003	166821.542	0.54	221879.889	138682.118	0.63	253240.685	148098.839	0.58	292924.858	127952.846	0.44	247183.241	151251.544	0.61
15	318439.620	158564.512	0.50	335593.923	185531.116	0.55	244109.109	149307.255	0.55	282459.997	160012.253	0.61	325253.636	139424.091	0.43	274559.009	162662.913	0.59
14	342548.068	173428.893	0.51	362873.177	204830.673	0.56	270009.384	159390.977	0.56	312594.571	171348.704	0.59	358404.682	150665.249	0.42	302789.470	173353.380	0.57

楼层	地震波 AR71753 X向			AR71753 Y向			AKTH19614084 X向			AKTH19614084 Y向			SAG00732010105 X向			SAG00732010105 Y向		
	非隔震	隔震	减振系数	非隔震	隔震	减振系数	非隔震	隔震	减振系数	非隔震	隔震	减振系数	非隔震	隔震	减振系数	非隔震	隔震	减振系数
13	365762.009	188781.795	0.52	389699.816	224786.636	0.58	296631.127	170640.289	0.58	343531.574	182094.357	0.53	392204.481	161602.302	0.41	331796.101	183209.877	0.55
12	387995.772	204776.346	0.53	416279.324	245241.560	0.59	323870.870	181367.644	0.56	375183.427	193336.928	0.52	426643.921	172170.601	0.40	361481.939	192148.305	0.53
11	411677.816	221436.390	0.54	442334.040	266225.033	0.60	351642.139	191490.775	0.54	407383.188	204601.788	0.50	461464.833	182334.789	0.40	391767.148	200151.573	0.51
10	434542.470	238896.700	0.55	468065.912	287745.521	0.61	379931.565	200959.170	0.53	440013.159	215248.049	0.49	496721.741	192034.077	0.39	422575.514	207192.116	0.49
9	467640.299	257237.399	0.55	493289.766	309702.160	0.63	408596.759	209707.876	0.51	472962.030	225298.767	0.48	532181.769	201224.711	0.38	453836.610	213219.270	0.47
8	503326.089	276555.869	0.55	517898.991	332065.478	0.64	437563.438	217678.062	0.50	506126.847	234661.164	0.46	567844.563	209877.190	0.37	485488.377	218323.429	0.45
7	539472.988	296717.271	0.55	541990.426	354795.369	0.65	466764.082	224828.476	0.48	539415.470	250094.243	0.46	603615.228	217969.835	0.36	517539.184	222542.158	0.43
6	575987.362	317546.545	0.55	565226.643	377847.657	0.67	496158.077	231132.187	0.47	572749.437	265998.755	0.46	639381.092	225487.887	0.35	549916.529	225981.414	0.41
5	627019.994	337986.221	0.54	604228.083	398920.686	0.66	537131.938	248692.290	0.46	618832.868	290614.997	0.47	688942.357	243323.579	0.35	595203.234	241332.031	0.41
4	653166.683	349090.361	0.53	623565.367	409781.315	0.66	555486.765	255630.346	0.46	639336.603	301721.802	0.47	710883.420	250672.728	0.35	615659.850	247459.629	0.40
盖上减震系数最大值	0.55			0.67			0.65			0.66			0.44			0.80		
3	763051.162	374710.253	0.49	683470.828	400030.538	0.59	611737.273	285509.044	0.47	699302.719	322780.830	0.46	774354.657	274973.002	0.36	681334.692	279262.429	0.41
2	846966.779	467642.279	0.55	728979.205	445209.267	0.61	653027.586	327237.857	0.50	743576.941	336452.844	0.45	821634.508	296605.291	0.36	734444.482	307805.609	0.42
1	1055054.130	732723.057	0.69	843500.425	641712.207	0.76	751854.389	443838.730	0.59	851935.568	424870.636	0.50	939548.450	379761.374	0.40	874052.439	424486.178	0.49
盖下减震系数最大值	0.69			0.76			0.59			0.50			0.40			0.49		

满足减震目标的层间隔震模型前 9 个振型　　　　表 4-5

X 向		振型参与质量	振型主要形态	第 3 层（盖下）X 向楼层地震力/楼层剪力	Y 向		振型参与质量	振型主要形态	第 3 层（盖下）X 向楼层地震力/楼层剪力	扭转		振型参与质量	振型主要形态
振型号	周期				振型号	周期				振型号	周期		
2	2.72	53.1%	上部 X 向平移振型	226.4/7220.3	1	2.89	54.2%	上部 Y 向平移振型	0.03/0.93	3	2.38	33.3%	上部扭转振型
5	0.92	15.6%	上部 X 向弯曲振型	1104.1/3801.1	4	0.99	24.3%	上部 Y 向弯曲振型	0.11/0.43	6	0.81	14.3%	上部扭转振型
9	0.50	20.8%	下部 X 向弯曲振型	7995.1/6526.4	7	0.61	19.6%	下部 Y 向弯曲振型	1.02/1.25	8	0.55	37.3%	下部扭转振型

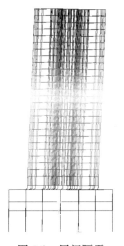

图 4-1　层间隔震模型第 2 振型

图 4-2　层间隔震模型第 5 振型

图 4-3　层间隔震模型第 9 振型

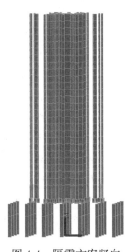

图 4-4　隔震方案竖向构件大震损伤等级

综上所述，隔震方案能满足下部结构性能 B、上部结构性能 C 的抗震目标要求，抗震性能在一定程度上优于抗震方案。但按《抗规》的减震系数法不能减小盖上、盖下结构的地震作用和配筋。

5　抗震方案与隔震方案的初步经济比较

隔震建筑的经济性分析一般包括两部分：①直接建设费用；②使用阶段遭受地震后减小的损失及维修费用。采用隔震技术后，会增加隔震相关装置、结构构件的造价，但该技术对隔震层上部结构会有一定程度的减震效果，可适当减少上部结构的钢筋、混凝土用量，从而降低上部结构的造价；或者不降低地震作用，设计时相应提高了上部结构的抗震安全度。此外，随着该技术在我国的大范围应用，隔震相关装置的采购更加容易，价格也日趋低廉，所以采用隔震技术一般不会造成建设费用的大幅度提高，在高烈度地区甚至可以降低直接建设费用。根据以往项目经验，对于 7 度区隔震建筑，不考虑震后损伤及维修费用，在直接建设费上增加的造价为 $150 \sim 200$ 元/m²。

根据 YJK 计算模型的初步统计结果，抗震方案与隔震方案的结构经济指标如表 5-1 所示；隔震方案的隔震支座造价统计如表 5-2 所示。可见采用隔震方案后，结构造价因隔震层约增加 14.5 元/m²，因隔震支座约增加 43.9 元/m²，该两项相加约 58.4 元/m²。另外，加上隔震支座的安装、检测费，隔震分缝处理的相关费用，设备在隔震层处的柔性接头处理，还有一些暂时未能预见的费用等，与上述经验值大致吻合。

抗震方案与隔震方案结构经济指标　　　　　　　　　　表 5-1

造价	抗震方案 1-a	抗震方案 1-b	隔震方案 2
标准层混凝土含量/(m³/m²)	0.329	0.329	0.329
转换层混凝土含量/(m³/m²)	1.451	1.476	1.460
转换层以下混凝土含量/(m³/m²)	0.559	0.528	0.563
隔震层混凝土含量/(m³/m²)	0.000	0.000	0.646
标准层含钢量/(kg/m²)	34.264	35.283	33.497
转换层含钢量/(kg/m²)	366.242	372.780	377.034
转换层以下含钢量/(kg/m²)	106.21	152.25	107.54
隔震层含钢量/(kg/m²)	0.00	0.00	15.00
钢筋单价/(元/t)	4000	4000	4000
混凝土单位/(元/m³)	500	500	500
标准层楼盖总价/(元/m²)	301.55	305.63	298.49
转换层楼盖总价/(元/m²)	2190.32	2229.12	2238.14
转换层以下楼盖总价/(元/m²)	704.08	872.98	711.65
隔震层楼盖总价/(元/m²)	0.00	0.00	383.00
全楼楼盖总价/(元/m²)	535.97	592.38	550.51

隔震支座造价统计　　　　　　　　　　表 5-2

支座型号	LNR400	LNR500	LRB500	LRB600	LRB700	LRB800	LRB900	总价/万元
单位/元	5300	7800	8000	12000	19500	28000	35000	
100m 隔震方案支座型号及数量	6	6	37	23	15	1	0	97.11

6　结论

（1）无论采用抗震方案还是隔震方案，结构设计均可行，均能保证结构抗震的安全性。

（2）下部结构采用筒柱的剪力墙结构与采用纯框架结构，按规范定义结构体系虽有较大差别，结构实际的抗侧刚度和承载力无实质的变化，甚至框架结构的刚度和承载力更大。

（3）隔震方案缓解了车辆段顶盖上、下结构的应力集中，上、下结构的最大水平减震系数接近 1，按现行《抗规》的减震系数法设计基本无减震效果；但在实际大震抗震性能上还是优于抗震方案。

（4）隔震方案比抗震方案在隔震支座和隔震层两方面估算造价约增加 58 元/m²，按常规经验估算，综合增加造价 150～200 元/m²。

参考文献

［1］ 周福霖，张颖，谭平. 层间隔震体系的理论研究［J］. 土木工程学报. 2009，42（8）：1-8.

［2］ 张颖，谭平，周福霖. 层间隔震结构的能量平衡［J］. 应用力学学报. 2010，27（1）：204-208.

［3］ 祁皑. 层间隔震技术评述.［J］. 地震工程与工程振动，2004，24（6）：114-120.

［4］ 金建敏，谭平，周福霖，等. 下部减震层间隔震结构振动台试验研究［J］. 振动与冲击，2012，31（6）：109-113.

［5］ 范重，崔俊伟，血浩淳，等. 地铁上盖结构隔震效果研究［J］. 工程力学，2021，38（增刊）：80-91.

［6］ 吴曼林，谭平，唐述桥，等. 大底盘多塔楼结构的隔震减震策略研究［J］. 广州大学学报（自然科学版），2010，9（2）：87-93.

［7］ 李爱群，轩鹏，徐义明，等. 建筑结构层间隔震技术的现状及发展展望［J］. 工业建筑，2015，45（11）：1-8.

35　全框支转换结构在赤沙车辆段
项目中的应用

林凡[1]，李加成[1]，周越洲[1]，芮斯瑜[2]，陈志城[1]，李青[1]，李国清[1]

（1. 华南理工大学建筑设计研究院有限公司；2. 广州瀚阳工程咨询有限公司）

【摘要】　赤沙地铁车辆段项目开发存在以下主要特点：底部停车库层高差异较大，易造成结构底部抗侧刚度突变；底部停车库要求大跨度柱网，且地铁轨道的运行限制了盖上竖向构件落地，存在大量竖向构件转换的情况。针对上述特点，采用全框支转换结构，而国家现行标准尚未对该结构体系进行介绍及对相关技术措施作出规定。为保证车辆段盖上和盖下结构的抗震性能，本文以性能化设计为准，对整体结构进行小震、中震和大震分析，并进一步研究在超大震作用下全框支转换结构的屈服机制、塑性变形发展和构件损伤情况。计算结果表明，赤沙车辆段采用全框支转换结构体系安全可行，可为类似工程设计提供参考和借鉴。

【关键词】　地铁车辆段；全框支转换结构；超限；性能化设计；屈服机制

1　项目概况

广州市轨道交通 11 号线赤沙车辆段项目位于广州市海珠区，北侧为黄埔涌，东部紧邻华南快速干线，西面紧邻赤沙涌。拟建场地为赤沙旧车辆段，地面 1 层，计划拆除现状车辆段后扩大规模新建，扩建后车辆段共设地下 1 层、地上 2 层；2 层顶板上将进行相关物业开发。赤沙车辆段扩建后地下 1 层地铁停车库层高 12.3m，首层地铁停车库层高 9.0m，2 层社会停车库层高 6.0m。

2　项目设计特点及要求

赤沙车辆段分为库区和咽喉区，库区地上 2 层顶板盖上有一栋高 80.0m 的住宅、一栋高 120.0m 的住宅、三栋高 120.0m 的公寓、两栋高 70.0m 的住宅、两栋高 56.5m 的办公楼、两栋高 70.0m 的办公楼和 4 层学校，通过 3 道抗震缝将库区分割成 6 个独立单体，具体分缝情况如图 2-1 所示。

赤沙地铁车辆段项目开发具有以下特点：①底部停车库层高差异较大，造成首层、2 层抗侧刚度突变；②底部地铁停车库要求大跨度柱网，而盖上结构采用剪力墙结构、框剪结构等多种结构体系，存在较多上部竖向构件转换的情况；③底部地铁轨道的运行要求限制了底部框架柱垂直轨道方向的截面尺寸及盖上结构竖向构件落地；④车辆段开发时间早于盖上物业开发，盖板设计时难以布置落地剪力墙。

为保证盖下库房、检修车间的大空间及地铁轨道的运行，提高盖上物业开发的灵活

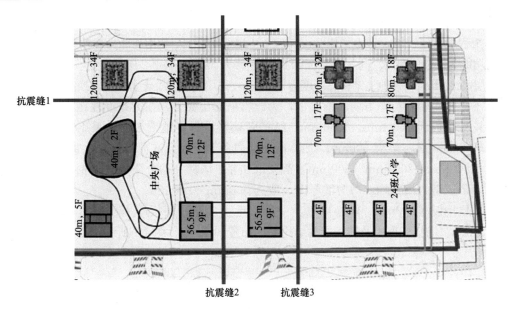

图 2-1　库区分缝情况

性，本项目采用全框支转换的结构形式。然而，除 2021 年颁布的广东省标准《高层建筑混凝土结构技术规程》DBJ/T 15-92-2021 外，其他现行标准尚未对全框支转换结构体系进行介绍并对相关技术措施作出规定，且常规结构体系的抗侧刚度、位移角等抗震设计要求也并不能完全适用于全框支转换结构[1-2]。

下面结合赤沙车辆段项目，对全框支转换结构进行详细分析，重点论述整体刚度、变形特性、结构与构件承载力等关键指标，以论证该结构体系的可行性与安全性。由于篇幅所限，下文仅以库区 120m 高的住宅为例进行阐述。

3　荷载条件

3.1　风荷载

结构位移计算采用 50 年一遇的基本风压 $w_0 = 0.50 \mathrm{kN/m^2}$，承载力设计时按基本风压的 1.1 倍采用，地面粗糙度类别为 C 类，体型系数取 1.4。

3.2　地震作用

本项目的抗震设防烈度为 7 度，设计基本地震加速度值为 0.10g。根据《建筑工程抗震设防分类标准》GB 50223-2008[3] 第 6.0.12 条，住宅属丙类建筑，按本地区设防烈度 7 度进行抗震计算及采取抗震措施。

4　材料选用及构件选型

车辆段（地下 1 层至 1 层）楼盖混凝土强度等级为 C60，转换层（2 层）的楼盖混凝土强度等级为 C55，盖上建筑（3 层至顶层）各层楼盖混凝土强度等级均为 C30；竖向构件混凝土强度等级为 C60～C40。

本工程地下室 1 层，地上裙楼 2 层，地下 1 层至 1 层主要使用功能为地铁车辆段，2 层主要使用功能为社会停车场。高度为 120m 的住宅塔楼共 34 层，底下 2 层为商业，层高 4.5m；上部住宅层高 3.0m，塔楼地上结构总高度为 120.0m，采用钢筋混凝土全框支转换结构体系。

在不影响车辆段行车方向的前提下，为改善框支层受力，在大跨度柱距中间增设框支柱，框支柱截面为 1600mm×1900mm；结构转换层设置在地上 2 层，采用主次梁转换的形式，转换梁截面一般为 600mm×2000mm（内置 H1600mm×300mm×35mm×35mm型钢）、1500mm×2000mm、900mm×2000mm 等；塔楼利用分隔墙、楼梯、电梯间设置剪力墙，形成剪力墙结构，剪力墙厚度一般为 300mm～200mm。

转换层楼板厚 200mm，转换层以上一层（地上 3 层）楼板厚 150mm，标准层楼板厚110～130mm。塔楼标准层及转换层的结构平面布置如图 4-1、图 4-2 所示。

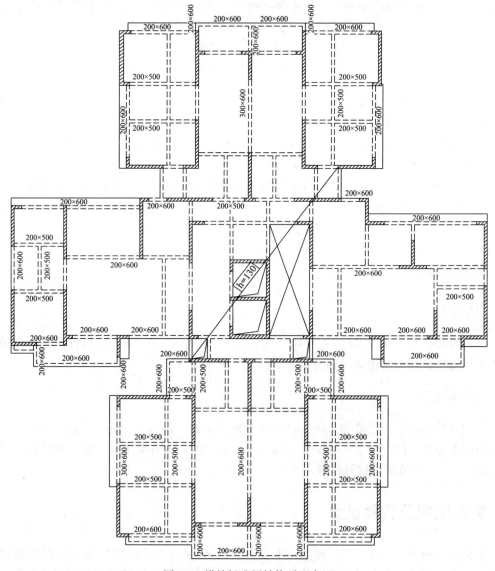

图 4-1 塔楼标准层结构平面布置

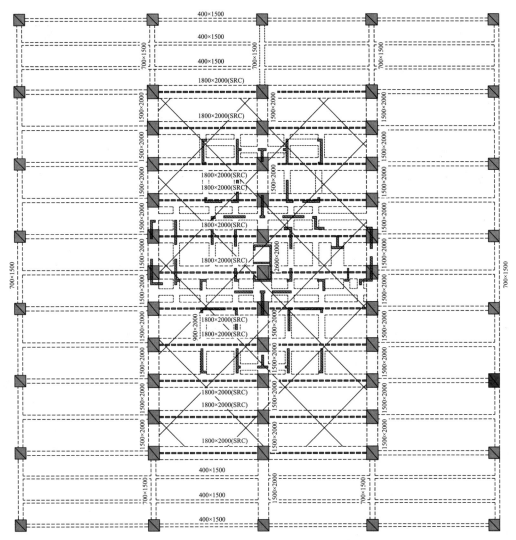

图 4-2　塔楼转换层结构平面布置

5　超限情况及抗震等级

5.1　超限情况

本工程 120m 高住宅结构采用全框支转换结构，由于首层层高与 2 层层高相差较大，导致首层存在刚度突变和楼层受剪承载力突变，且存在扭转不规则、竖向构件不连续等 4 项不规则，属于不规则的复杂高层建筑结构，需进行抗震设防专项研究。

5.2　抗震等级

参考《高层建筑混凝土结构技术规程》JGJ 3-2010[4]（下文简称《高规》）第 3.9.3 条和第 10.2.6 条规定，考虑到本项目为全框支转换结构，框支柱及转换梁的抗震等级提高至特一级，其他抗侧力构件的抗震等级如表 5-1 所示。

构件的抗震等级		表 5-1
抗侧力构件		抗震等级
框支柱	地下 1 层至 2 层	特一级
转换梁	3 层	特一级
裙楼普通框架柱、框架梁	地下 1 层至 3 层	一级
剪力墙、连梁	底部加强部位（3～4 层）	一级
	非底部加强部位（5 层至顶层）	一级
框架梁	3 层至顶层	一级

注：塔楼相关范围裙房的抗震等级同塔楼。

5.3 抗震性能目标

参照《高规》第 3.11 节的规定，转换层及以下楼层的结构预期的抗震性能目标提高至 B 级，相应小震、中震和大震下的结构抗震性能水准分别为水准 1、水准 2 和水准 3；转换层以上结构预期的抗震性能目标要求达到 C 级，相应小震、中震和大震下的结构抗震性能水准分别为水准 1、水准 3 和水准 4。

本项目将底部框支柱、转换梁指定为关键构件，塔楼剪力墙及裙楼框架柱为普通竖向构件，连梁及框架梁为耗能构件。各构件性能水准如表 5-2 所示。

结构构件抗震性能水准					表 5-2
构件类型	性能要求		多遇地震	设防地震	罕遇地震
关键构件	框支柱	压弯	弹性	不屈服	不屈服
		剪	弹性	弹性	不屈服
	转换梁	弯	弹性	不屈服	不屈服
		剪	弹性	弹性	不屈服
普通竖向构件	普通剪力墙	压弯	弹性	不屈服	可屈服，但压区混凝土不压溃
		剪	弹性	弹性	受剪截面复核
	裙楼框架柱	压弯	弹性	不屈服	可屈服，但压区混凝土不压溃
		剪	弹性	弹性	受剪截面复核
耗能构件	框架梁	弯	弹性	可屈服，但压区混凝土不压溃	可屈服，但压区混凝土不压溃
		剪	弹性	不屈服	受剪截面复核
	连梁	弯	弹性	可屈服，但压区混凝土不压溃	可屈服，但压区混凝土不压溃
		剪	弹性	不屈服	受剪截面复核
转换层楼板		拉、压	弹性	不屈服	可屈服
		剪	弹性	弹性	不屈服

6 整体结构抗震性能及屈服机制研究

本工程 120m 高住宅结构采用全框支剪力墙结构，项目设计重点和难点包括：小震作用下主要计算结果；中震和大震作用下按技术措施加强后能否满足第 5.3 节预设的性能目标；整体结构的屈服机制，尤其是盖下框支框架的屈服机制及损伤情况等。

6.1 小震作用下主要计算结果

采用 YJK 和 ETABS 两个软件进行小震振型分解反应谱法分析，考虑偶然偏心（±5%）及双向地震作用，计算嵌固端取在基础底板面。主要计算结果如下：

（1）在考虑偶然偏心影响的规定水平地震作用下，本工程扭转位移比最大值为 1.22。

（2）3 层及以上楼层考虑层高修正的楼层侧向刚度均大于相邻上层侧向刚度的 90%，满足《高规》第 3.5.2 条的规定；首层与 2 层的侧向刚度比 X 向为 0.50，Y 向为 0.42，不满足《高规》第 3.5.2 条规定的框架结构侧向刚度小于相邻上一层 70% 的要求。

（3）转换层与转换层上一层的 X 向、Y 向等效剪切刚度比 γ_{e1} 分别为 1.33 和 0.83，转换层下部结构与上部结构的 X 向、Y 向弯剪刚度比 γ_{e2} 分别为 3.74 和 6.05，满足《高规》附录第 E.0.1 条、第 E.0.3 条的要求。

（4）楼层受剪承载力之比的最小值 X 向为 0.48（2 层），Y 向为 0.53（2 层），均小于 75%。

（5）楼层最大层间位移角 X 向为 1/1022，Y 向为 1/1014，满足《高规》第 3.7.3 条最大层间位移角限值 1/800 的要求。

6.2 中震作用下结构抗震性能

采用 YJK 进行中震等效弹性分析，水平地震影响系数最大值按规范取 0.23，场地特征周期取 0.35s，结构阻尼比取 0.05，连梁刚度折减系数取 0.5，周期折减系数为 1.0。主要计算结果如表 6-1 所示。

等效弹性中震作用下的整体指标　　　　　　　　　　　表 6-1

方向	中震首层剪力/kN	中震首层剪力/规范小震首层剪力	中震最大层间位移角/rad
X	42923	2.52	1/379
Y	56231	2.48	1/391

经计算，在设防烈度地震作用下，按照预定的技术措施，各构件配筋采用小震弹性、中震等效弹性的配筋结果进行包络设计，转换层以下（含转换层）结构构件满足中震抗震性能水准 2 的要求，其他结构构件满足中震抗震性能水准 3 的要求。

6.3 大震作用下结构抗震性能

采用 PERFORM-3D 弹塑性分析程序进行罕遇地震作用下的整体分析，各类构件的轻微损伤、轻度损伤、中度损伤和严重损伤量化评定标准如表 6-2 所示。

构件损伤程度取值　　　　　　　　　　　　表 6-2

结构构件	描述对象	损伤程度			
		轻微损伤	轻度损伤	中度损伤	严重损伤
混凝土梁	塑性转角 θ	0~0.0025	>0.0025~0.005	>0.005~0.01	>0.01~0.02
柱、墙	混凝土受压应变 ε	0~0.001	>0.001~0.002	>0.002~0.0025	>0.0025~0.0033
	钢筋受拉应变 ε	0.002~0.004	>0.004~0.006	>0.006~0.01	>0.01~0.02

6.3.1 大震作用下的整体结构反应

结构最大大震弹塑性层间位移角为 1/233，均小于 1/125，满足预定的层间位移角性能目标要求；根据能量耗散计算结果可知，滞回耗能约占总耗能量的 25%，可认为结构在大震作用下基本处于中度非线性状态。在滞回能耗中，框架梁、连梁约占 98%，墙、柱基本不耗能。

6.3.2 大震作用下的构件损伤情况

根据大震动力弹塑性计算结果，整体结构的屈服机制如下：盖上剪力墙结构中的连梁、框架梁首先出现损伤，并不断积累，框支框架在整个过程中的损伤均较小。整个过程中主要构件的损伤情况如下：

（1）连梁、与剪力墙相连的框架梁多数为轻度损伤，个别达到中度损伤；转换梁为弹性—轻微损伤。

（2）转换层以下的框支柱混凝土受压大部分为轻微或轻度损伤，最大压应变约为0.001。

（3）底部加强区剪力墙混凝土受压为轻度损伤，底部加强区以上的剪力墙受压为轻微损伤，最大受压应变约为 0.001。

（4）转换层以下框支柱的钢筋受拉为弹性—轻微损伤。

（5）剪力墙钢筋受力为弹性—轻微损伤。

（6）整个分析过程中，框架梁、框支梁和框支柱满足受剪不屈服要求；剪力墙的剪应力水平小于 $0.15f_{ck}$，剪力墙满足受剪不屈服的要求。

综上所述，构件均满足预定的性能目标。

6.4 超大震作用下结构屈服机制研究

根据上述第 6.3 节分析结果，在大震作用下盖上结构的连梁、框架梁首先出现损伤，且最终的损伤较大，而盖下框支框架的损伤很小。为进一步研究超大震作用下全框支转换结构的屈服机制，尤其是框支框架的抗震性能，将地震加速度峰值增加至 8 度大震对应的加速度峰值，即 400cm/s^2。

在超大震作用下构件的损伤发展过程与大震作用下基本一致：连梁首先出现塑性铰，随着地震动进行，连梁的损伤不断发展，最终大部分连梁达到中度—严重损伤，连梁仍为主要的耗能构件，连梁耗能占总滞回耗能的 85%～90%；超大震作用下框支框架的损伤程度比大震作用下明显，框支框架的损伤为轻度损伤，个别达中度损伤。

竖向构件在各地震时刻的受压及钢筋受拉损伤情况如图 6-1～图 6-4 所示。

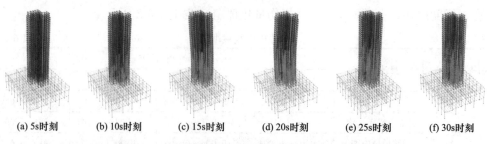

| (a) 5s时刻 | (b) 10s时刻 | (c) 15s时刻 | (d) 20s时刻 | (e) 25s时刻 | (f) 30s时刻 |

图 6-1 X 向超大震作用下墙柱各时刻的受压损伤

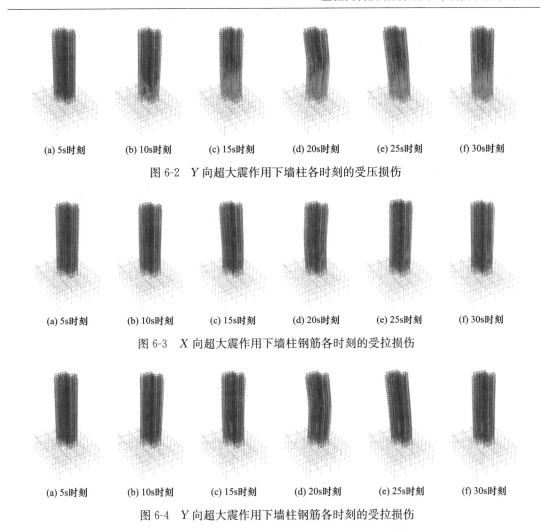

(a) 5s时刻 　(b) 10s时刻 　(c) 15s时刻 　(d) 20s时刻 　(e) 25s时刻 　(f) 30s时刻

图 6-2 　Y 向超大震作用下墙柱各时刻的受压损伤

(a) 5s时刻 　(b) 10s时刻 　(c) 15s时刻 　(d) 20s时刻 　(e) 25s时刻 　(f) 30s时刻

图 6-3 　X 向超大震作用下墙柱钢筋各时刻的受拉损伤

(a) 5s时刻 　(b) 10s时刻 　(c) 15s时刻 　(d) 20s时刻 　(e) 25s时刻 　(f) 30s时刻

图 6-4 　Y 向超大震作用下墙柱钢筋各时刻的受拉损伤

从各地震时刻竖向构件的损伤发展过程可知,对于混凝土受压情况,底部加强区剪力墙的混凝土首先出现轻微损伤,随着地震动进行,底部加强区混凝土受压损伤不断发展,并向上部楼层延伸,底部框支柱和框架柱也出现损伤。当地震动结束时,底部加强区剪力墙大部分为轻微—轻度损伤,个别达中度损伤;底部框支柱和框架柱大部分处于受压轻度损伤,个别处于中度损伤。

对墙柱钢筋受拉情况,底部框支柱的钢筋首先出现轻微损伤,随着地震动进行,底部框架柱的钢筋出现轻微损伤,底部加强区个别墙肢的钢筋也出现轻微损伤。当地震动结束时,底部框支柱和框架柱的钢筋大部分处于轻度损伤,个别处于中度损伤;底部加强区剪力墙的钢筋处于轻微—轻度损伤。

7 　设计对策

本工程 120m 高住宅结构采用较为特殊的全框支剪力墙结构,针对竖向构件不连续、楼层刚度比及受剪承载力比等超限的情况,设计中对计算分析和抗震措施两方面进行了加强，保证结构整体安全可靠，关键构件具备足够的延性，具体措施如下：

（1）竖向构件不连续设计对策

① 加强框支柱。控制框支柱轴压比不超过 0.65，以保证大震时的延性，适当提高框支柱的体积配箍率，竖向钢筋配筋率提高至 2.5%，框支柱箍筋采用复合箍筋全高加密并附加芯柱。

② 加强转换梁。控制转换梁的剪压比，适当提高转换梁配箍率及纵向钢筋配筋率，部分剪力较大的转换梁，采用型钢混凝土梁，以提高转换梁的受剪、受弯承载力。

③ 转换层楼板加厚为 200mm，适当加大转换层楼板配筋，并锚固在边梁内，增强楼板在抗侧力构件之间传递水平力的能力；转换层以上一层楼板加厚为 150mm，板筋双层双向配置。

④ 加强转换层以上底部加强部位剪力墙。控制转换层以上底部加强部位剪力墙最大轴压比不超过 0.50；适当提高转换层以上底部加强部位剪力墙水平及竖向分布筋配筋率至 0.6%。

（2）首层刚度比、受剪承载力比超限设计对策

首层地震作用标准值的剪力乘以 1.25 放大系数，并进行性能化设计，该楼层结构预期的抗震性能目标要求达到 B 级。

8 结语

赤沙车辆段具有抗侧刚度突变、楼层受剪承载力突变等结构特点。为保证赤沙车辆段盖下库房、检修车间大空间及地铁轨道运行的要求，本文采用全框支转换结构，根据抗震性能目标的设计方法，对关键结构部位和构件设定合适的抗震性能目标，对结构进行小震、中震和大震计算分析，并采取相应的结构设计和构造加强措施。计算结果表明，结构方案安全可行，能够满足预定的抗震性能目标。

本文还深入分析了车辆段结合盖上开发结构的底部关键构件在地震作用下的结构屈服机制、塑性变形发展和构件损伤情况。分析结果表明，在超大震作用下，结构底部的框支柱和转换梁等关键构件基本处于轻度以下损伤，表明底部框支柱、转换梁等关键构件具有良好的抗震性能和承载力富余。

综上所述，针对赤沙车辆段项目，通过采取相应加强措施后，全框支转换结构体系可行。

9 展望

全框支转换结构为新型结构体系，本文仅进行有限元分析。后续需增加振动台试验，通过振动台试验结果与有限元分析结果的相互校核，全面了解全框支转换结构在地震作用下的结构响应、屈服机制、构件损伤等关键信息。

参考文献

[1] 广州地铁设计研究院股份有限公司. 一种地铁车辆段盖上开发巨柱框支剪力墙结构 [R]. 广州：2019.

［2］ 刘传平. 地铁车辆段盖上开发结构抗震性能分析与研究［J］. 建筑结构，2018，(48)：169-173.

［3］ 住房和城乡建设部. 建筑工程抗震设防分类标准：GB 50223-2008［S］. 北京：中国建筑工业出版
    社，2008.

［4］ 住房和城乡建设部. 高层建筑混凝土结构技术规程：JGJ 3-2010［S］. 北京：中国建筑工业出版
    社，2010.

36 地铁车辆段全框支剪力墙结构设计要点探讨

丁劲清[1]，唐增洪[1]，郭明[2]，胡志光[2]，莫子锋[1]，黄雅杰[1]

（1. 深圳机械院建筑设计有限公司；2. 深圳市地铁集团有限公司）

【摘要】 为了提高城市土地集约化利用水平，以公共交通为导向的综合开发模式（TOD模式）近年来在国内地铁车辆段建设中兴起，本文为针对地铁车辆段全框支剪力墙结构设计的经验总结，供同行设计参考。

【关键词】 TOD项目；车辆段；抗震性能设计；全框支转换；结构抗震措施

1 概述

随着建筑行业和轨道交通行业的发展，以公共交通为导向的综合开发模式（TOD模式）近年来在国内地铁车辆段建设中兴起。对结构设计而言，此类项目存在以下特点：（1）为满足地铁车辆段停车检修等工艺要求，车辆段首层结构计算高度一般在10m以上，车辆段盖板上下楼层高度变化较大，底部容易出现薄弱层和软弱层在同一层的结构特征。（2）盖上物业多为小开间布置，结构竖向构件不能直接落地，需采用全框支转换结构。（3）地铁车辆段建设与盖上物业建设往往不同步，导致盖上物业方案在车辆段施工完成后还需调整，造成盖下车辆段建设时预留的设计和施工条件具有不确定性。（4）车辆段盖板结构长度通常远超规范允许的伸缩缝最大间距，需考虑混凝土温度应力和收缩徐变的影响，防止混凝土开裂。（5）车辆段一般不设置地下室，基础埋深通常不能满足规范的要求，需对基础进行抗倾覆、抗滑移验算。

2 总体设计原则

（1）车辆段规划设计宜与盖上物业设计同步规划，明确预留盖上物业范围、物业类型，避免浪费和不必要的加固，同时为盖上建筑功能的灵活布置预留条件。

（2）车辆段一般由运用库、咽喉区、出入段等部分组成，如图2-1所示。一般运用库面积较大，柱网比较规整，可以进行高强度物业开发。咽喉区及出入段由于界限问题，一般柱网不规整，且局部跨度较大，适合进行低强度物业开发。

（3）结合后期盖上物业的施工需求，提前考虑施工材料堆放、施工车辆行走路线等产生的荷载，特别是钢结构的吊装、塔楼转换大梁的施工荷载；建议前期设计时，根据塔楼位置适当指定车辆行走路线及吊装范围。

（4）盖上车库平面柱跨应与车辆段及车库停车位匹配，必要时可以在汽车停车层适当减小柱截面。

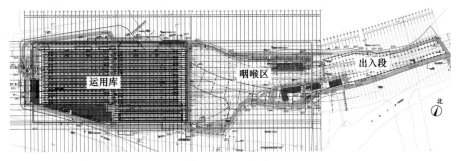

图 2-1　某车辆段总平面图

3　基础设计

一般车辆段不设置地下室，基础埋深通常不能满足规范的要求，需对基础进行抗倾覆、抗滑移验算。天然基础在中震作用下，基底零应力区面积不宜超过 25%；桩基础宜采用多桩（三桩以上）承台，并验算中震作用下桩基的受拉承载力和水平承载力。

基础宜设置双向地梁，以提高基础抗滑移的整体性，减小基础的零应力区面积；除个别基础外，控制边跨柱的基础形心轴向合力在罕遇地震作用下不出现轴拉力。地梁配筋除考虑竖向荷载外，还宜按相邻柱较大竖向荷载作用下轴力的 10%（7 度 0.1g 及以下）、15%（7 度 0.15g）或 20%（8 度及以上）考虑地梁承受的拉、压力。

适当选取基础及地梁埋深，避免导轨结构与主体结构直接相连。一般地梁及基础面为地面以下 2.0m。

地梁的抗震等级可按盖上主体结构抗震等级降低一级选取。

4　盖上塔楼设计

（1）为了满足车辆段停车检修等工艺要求，车辆段首层结构的计算高度一般在 11m 以上，2 层车库层高一般为 6～7m；车辆段盖板上下楼层的层高变化较大，薄弱层和软弱层容易出现在同一楼层，对结构抗震不利。首层与 2 层受剪承载力比不宜小于 0.5，楼层侧向刚度比（首层与 2 层比值，并考虑层高修正）不宜小于 0.6。

（2）合理确定转换层梁高，控制结构在竖向荷载作用下的变形，减小转换层上层剪力墙由于不均匀沉降引起的剪力；尤其是个别剪力墙一端支承在柱上，一端支承在转换梁上时，竖向变形差引起剪力很大。

以某车辆段上盖项目为例，介绍上述问题的解决方法：根据《高层建筑混凝土结构技术规程》JGJ 3-2010（下文简称《高规》）第 7.2.6 条，抗震等级为一级时，底部加强部位剪力墙的剪力设计值应乘以 1.6 的增大系数。软件计算时，将竖向荷载（恒＋活）、风荷载以及地震作用组合后再乘以 1.6 的增大系数，导致调整后的构件剪力偏大，也与规范规定的地震力增大系数的初衷不符。笔者认为地震组合剪力设计值应扣除被放大的竖向荷载产生的剪力，并采用修正后的剪力值来复核底层剪力墙的剪压比，同时该部分墙肢应满足中震、大震的抗震性能目标。案例项目验算如表 4-1 所示。

转换层上一层剪力墙剪压比验算 表 4-1

楼层	墙厚/mm	h_0/m	$V_1=1/\gamma_{RE}0.15\beta_C f_c bh_0/$kN	调整后剪力墙剪力设计值 V_2/kN	恒荷载作用下剪力设计值 V_3/kN	扣除后剪力设计值 $V_4=(V_2-0.6\times V_3)$ /kN	小震剪压比 V_1/V_4	中震弹性剪压比	大震不屈服剪压比
3 层	400 (Q1)	3.4	6600	6723.9	2126.6	5447.94	1.211	1.15	1.08
	400 (Q2)	3.4	6600	6907.5	2199.7	5587.68	1.181	1.12	1.06
	400 (Q3)	5	7277.4	4536.6	1330.6	3738.24	1.947	1.41	1.35

（3）宜考虑大跨度混凝土转换梁长期刚度退化对上部结构内力重分布的影响。

（4）根据盖上塔楼高度，选取不同的转换层板厚。转换层板厚不应小于 200mm；当塔楼高度大于 85m 时，转换层塔楼相关范围楼板厚度不宜小于 300mm。

（5）结构设计时基于"强盖下、弱盖上"的设计理念，合理设置构件的性能目标，使结构满足合理的屈服顺序，即：上部剪力墙连梁→上部剪力墙→下部框架梁→下部框架柱→框支框架。

（6）对结构进行动力弹塑性分析时，若构件屈服顺序不明显，可采用超罕遇地震（增加 0.5～1 度）来验算屈服顺序。

某车辆段 1 栋塔楼在超罕遇地震作用下的屈服顺序如图 4-1 所示。

（7）在合理的屈服顺序前提下，合理确定构件的抗震等级。车辆段盖上结构的抗震等级可根据盖上结构类型确定；框支框架的抗震等级可参照部分框支剪力墙结构中的框支框

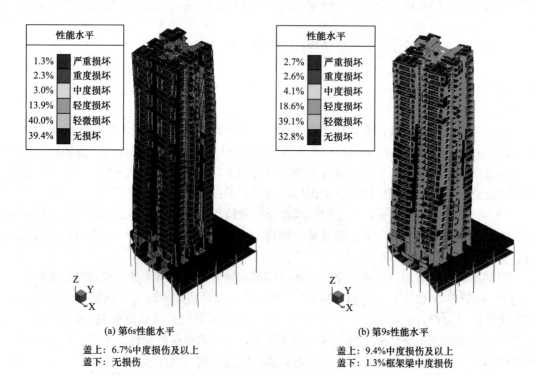

(a) 第6s性能水平
盖上：6.7%中度损伤及以上
盖下：无损伤

(b) 第9s性能水平
盖上：9.4%中度损伤及以上
盖下：1.3%框架梁中度损伤

图 4-1 塔楼超罕遇地震屈服顺序（一）

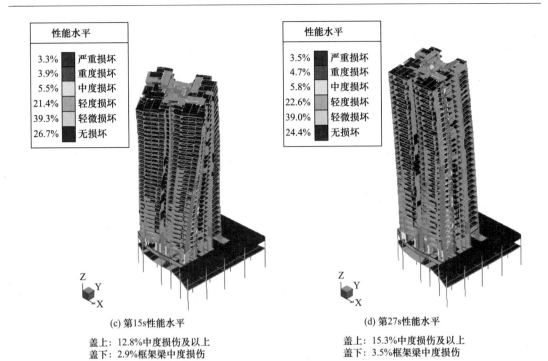

(c) 第15s性能水平

盖上：12.8%中度损伤及以上
盖下：2.9%框架梁中度损伤

(d) 第27s性能水平

盖上：15.3%中度损伤及以上
盖下：3.5%框架梁中度损伤

图 4-1 塔楼超罕遇地震屈服顺序（二）

架的抗震等级，有中震、大震性能分析依据时，可采用上部结构相同的抗震等级。

（8）盖下结构性能目标不宜定得过高；盖下除框支梁、框支柱外的框架梁、框架柱在罕遇地震作用下可少量屈服。

（9）考虑现场施工便利及经济性，7度区除计算需要，可不采用型钢混凝土柱。

（10）7度区，框支框架性能目标取 B 级，其他构件性能目标取 C 级。某车辆段上盖项目，120m 高全框支剪力墙结构抗震性能设计目标如表 4-2 所示。

120m 高全框支剪力墙结构抗震性能设计目标　　　　表 4-2

			多遇地震 63%		偶遇地震 10%		罕遇地震 2%	
概率（50 年）								
规范抗震概念			小震不坏		中震可修		大震不倒	
宏观描述			小震完好		轻度损坏		中度损坏	
层间位移角限值			<1/800		—		<1/120	
主要整体计算方法			弹性反应谱、时程分析		弹性反应谱		弹塑性动力时程分析	
程序			YJK/BUILDING		YJK		SAUSAGE	
塔楼范围转换层盖下结构构件性能目标 B（1，2，3）	关键构件	框支框架（框支梁，框支柱）、转换层楼板	正截面	弹性	正截面	弹性	正截面	不屈服
			斜截面	弹性	斜截面	弹性	斜截面	弹性
	除关键构件外竖向构件	框架柱	正截面	弹性	正截面	弹性	正截面	不屈服
			斜截面	弹性	斜截面	弹性	斜截面	弹性
	耗能构件	框架梁/连梁	正截面	弹性	正截面	不屈服	正截面	部分屈服
			斜截面	弹性	斜截面	弹性	斜截面	不屈服

续表

	构件类型	构件名称						
转换层以下非塔楼范围结构构件性能目标C（1，3，4）	重要构件	框架柱	正截面	弹性	正截面	不屈服	正截面	部分屈服
			斜截面	弹性	斜截面	弹性	斜截面	不屈服
	耗能构件	框架梁/连梁	正截面	弹性	正截面	部分屈服	正截面	可大部分屈服
			斜截面	弹性	斜截面	不屈服	斜截面	可大部分屈服
转换层以上结构构件性能目标C（1，3，4）	关键构件	与薄弱连接板相关的剪力墙	正截面	弹性	正截面	不屈服	正截面	不屈服
			斜截面	弹性	斜截面	弹性	斜截面	不屈服
	重要构件	除关键构件外的底部加强区剪力墙（转换层盖板以上2层）	正截面	弹性	正截面	不屈服	正截面	部分屈服
			斜截面	弹性	斜截面	弹性	斜截面	不屈服
		底部加强区层对应框架柱	正截面	弹性	正截面	不屈服	正截面	部分屈服
			斜截面	弹性	斜截面	弹性	斜截面	不屈服
		楼层凹凸处薄弱连接板	正截面	弹性	正截面	不屈服	正截面	部分屈服
			斜截面	弹性	斜截面	弹性	斜截面	不屈服
	除重要构件外竖向构件	框架柱/剪力墙	正截面	弹性	正截面	不屈服	正截面	部分屈服
			斜截面	弹性	斜截面	弹性	斜截面	部分屈服，满足受剪截面
	耗能构件	框架梁/连梁	正截面	弹性	正截面	部分屈服	正截面	可大部分屈服
			斜截面	弹性	斜截面	不屈服	斜截面	可大部分屈服

（11）布置塔楼转换层的大底盘裙房尺寸不宜过小，应有一定的侧向刚度，同时为盖上结构的灵活布置预留空间，并满足车辆段防水及防火要求。大底盘裙房的长度以 150～200m 为宜，抗震缝不宜设置太密集。在盖上塔楼高度相差悬殊、布置不均匀、不对称的区域，允许减小抗震缝的间距；同时，车辆段超长结构应考虑混凝土温度应力和收缩徐变的影响，并采用加强措施。

（12）转换层宜设置在盖下 2 层车库顶板地坪层，不宜设置在塔楼架空层。地坪层为大底盘裙房，刚度较大，对结构抗震有利。同时，车辆段柱网与塔楼范围往往不是一一对应，转换层设置在架空层会产生塔楼立面竖向收进、框支底盘偏小等问题，形成抗震薄弱环节。转换层位置如图 4-2 所示。

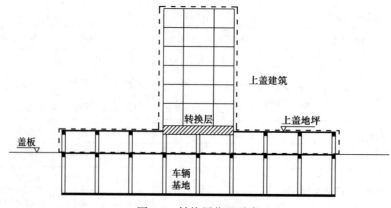

图 4-2　转换层位置示意

（13）盖上塔楼核心筒布置应与盖下车辆段柱网相对应，尽量把塔楼核心筒布置在柱网之间，特别是电梯井筒。一般车辆段（运用库）柱网为 $9m \times 12.6m$，盖上结构核心筒的电梯井筒尺寸，两部电梯时为 $5.2m$，三部电梯时为 $7.8m$，均可以布置在车辆段柱网之间。通过调整核心筒尺寸，容易实现核心筒剪力墙的直接转换，避免盖上结构核心筒等重要剪力墙的二次转换，使转换层传力更直接，受力更合理。某车辆段柱跨范围的核心筒如图 4-3 所示。

（14）全框支转换层梁布置比较密，塔楼楼梯及设备井道一般不能直通盖下楼层，需要在车辆段顶板转换。风井采用风井夹层转换；尽量在塔楼投影范围内、框支梁相对较少的区域布置盖下楼层的楼梯。某车辆段塔楼范围楼梯及风井转换如图 4-4 所示。

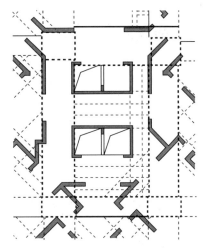

图 4-3 某车辆段柱跨范围的核心筒

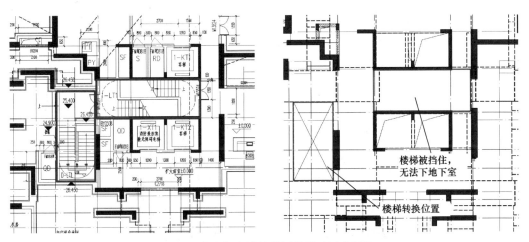

图 4-4 某车辆段塔楼范围楼梯及风井转换

（15）适当提高大底盘端跨框架的抗扭能力。

（16）一般车辆段柱跨较大，应考虑竖向地震作用，并注意高阶振型的影响。

（17）合理控制盖上结构剪力墙的刚度，避免过刚。转换层上下结构侧向刚度比宜采用等效刚度算法（《高规》附录第 E.0.3 条），转换层下部结构与上部结构的等效侧向刚度比 γ_{e2} 宜取 $1.5 \sim 2.0$，不应小于 1.2。

（18）盖下结构层间位移角：小震作用下楼层层间最大位移与层高之比（$\Delta u/h$）不宜大于 $1/1500$。

（19）由于车辆段柱网与盖上结构竖向构件的差异，转换层出现二次转换甚至三次转换。转换次梁支承在转换主梁上时，应对转换主梁的受剪承载力及抗剪附加钢筋进行复核。

（20）盖上塔楼边缘布置在跨度较大的框支梁跨中位置时，在竖向荷载作用下，边缘处剪力墙在转换层竖向变形较大，引起塔楼顶部产生较大水平位移，应予以关注。

5 特殊结构处理

(1) 由于车辆段轨行区有界限要求，垂直于轨行方向的柱截面受到限制，一般采用矩形截面。比如某车辆段柱截面为 1600mm×2800mm，柱含骨率为 5%，采用艹字形钢骨，相应的型钢混凝土梁采用双型钢梁，构造如图 5-1 所示，施工现场如图 5-2 所示。

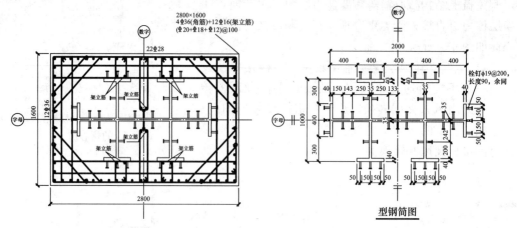

图 5-1　艹字形钢骨混凝土柱

图 5-2　钢骨施工现场

(2) 车辆段盖板一般为盖上物业开发的施工场地。施工车道、材料堆场、塔式起重机基础等荷载的预留存在很大的不确定性，前期预留的施工车道荷载及塔式起重机基础位置往往不能满足后期施工要求。施工道路预留荷载不足，可采用加强措施以扩散或架空施工车辆荷载。以某车辆段项目为例，原车辆段盖板未预留塔式起重机基础，通过在盖板上设置十字交叉反梁支承的架空梁板作为基础，施工完成后再凿除；施工车道采用满铺钢板方式扩散施工荷载。如图 5-3～图 5-5 所示。

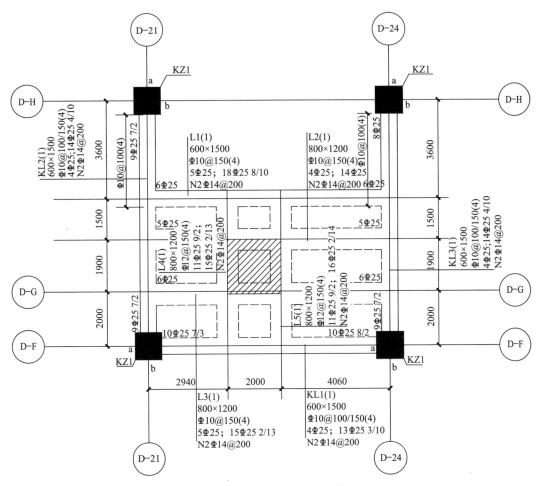

图 5-3　塔式起重机基础设计

图 5-4　塔式起重机基础施工现场

图 5-5　盖板施工车道满铺钢板

（3）由于园林景观、室外走管、车库夹层净高、设备房净高等因素，造成转换层局部楼板面标高不一致，为可靠传递水平力，可在板面标高变化处的框架梁端设置竖向加腋。

501

加腋节点如图 5-6、图 5-7 所示。

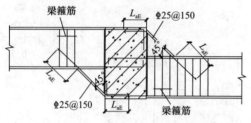
图 5-6　框架梁端加腋节点（主梁两边加腋）

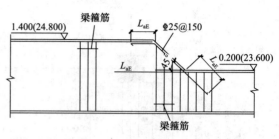
图 5-7　变截面框架梁加腋节点（主梁变截面加腋）

（4）在框支框架的梁柱节点核心区，型钢柱与型钢梁交汇，构件纵筋的根数和层数多，箍筋肢数多且肢距小，再加上现场施工误差，导致节点区域混凝土浇筑难以密实，严重影响结构抗震性能，产生安全隐患。对于此类节点，建议采取如下措施：梁柱主筋可按照规范要求采用并筋；严格限制混凝土粒径、和易性等；施工时加强振捣，采用自密实混凝土等流动性高的特殊混凝土。

6　结语

以上为笔者对车辆段盖上物业开发项目在设计和施工过程中可能遇到的问题进行的初步思考和总结，提出了一些观点和思路，为同类项目提供参考。地铁车辆段盖上物业开发是国内 TOD 模式的一种发展形式，轨道交通与盖上物业开发建设往往不同步，盖上物业开发方案调整在所难免，给设计和施工带来新的困难，提出新的挑战，如何安全合理地设计此类项目是值得每个参与项目的人员深入思考的问题。

37　某车辆段上盖物业结构超限设计

王洪卫[1]，乔谦[1]，林雪旭[2]，潘近乐[1]，张海明[2]，胡晓玲[2]

（1. 深圳机械院建筑设计有限公司；2. 深圳市地铁集团有限公司）

【摘要】 本文以某 TOD 项目中的全框支剪力墙结构为分析对象，介绍了结构的特点，分别对盖上和盖下结构在三水准地震作用下的整体指标及构件性能进行分析，并着重介绍了结构的加强措施。分析结果表明，通过合理的结构布置，在不同水准地震作用下，结构能满足相应的抗震性能目标要求。根据工程的结构特点、分析结果，对结构采取相应的抗震加强措施，以满足结构的安全性。

【关键词】 TOD 项目；全框支转换；超限高层；抗震性能

1　工程概况

某车辆段上盖物业项目位于深圳市南山区，项目所在的片区是蛇口自贸区主要居住功能服务区域之一。车辆段上盖物业项目作为典型的 TOD（以公共交通为导向的开发）项目，建在地铁停车场的上部，总建筑面积约 63 万 m²，包括住宅、商业、九年制学校、幼儿园、文体中心及地铁停车场综合配套用房等建筑。上盖物业 A 地块项目为车辆段上盖项目的一部分，A 地块总建筑面积约 22 万 m²，包括 8 栋高层住宅和 1 栋 3 层幼儿园，建筑效果图如图 1-1 所示。本项目盖下设有 2 层大底盘裙房，首层为车辆段，层高 9.0m；2 层为车库，层高 7.0m。目前 A 地块已施工完基础和标高 9.0m 的车辆段盖板，并预留钢筋和型钢接头，工程施工现场如图 1-2 所示。

图 1-1　建筑效果图

图 1-2　工程施工现场

本项目结构设计基准期为 50 年，结构安全等级为二级，基本风压为 0.75kN/m²，地面粗糙度为 A 类，抗震设防烈度为 7 度（0.10g），建筑场地类别为 Ⅱ 类，抗震设防类别为丙类。盖上结构抗震等级为一级，盖下框支框架抗震等级为特一级。

2 结构特点

2.1 结构布置

A 地块 5 栋 1 单元地上 37 层（无地下室），裙房 2 层，2 层为转换层；结构屋面高度为 124.8m（从地铁停车场轨道面算起），出屋面构件高度为 132.7m。塔楼首层层高 11.0m（从基础顶算起）；2 层（转换层）层高 7.0m，采用全框支剪力墙结构；转换梁跨度较大，主要构件尺寸及材料见表 2-1；结构转换层、架空层及标准层平面图如图 2-1～图 2-3 所示，塔楼三维图如图 2-4 所示。

主要构件尺寸及材料　　　　　　　　　　　　　表 2-1

<table>
<tr><td rowspan="2">混凝土强度等级</td><td>柱墙</td><td>C30～C60</td><td rowspan="2">钢材种类</td><td rowspan="2">钢材：Q355B
钢筋：HRB400</td></tr>
<tr><td>梁</td><td>C30～C35
C60（转换层）</td></tr>
<tr><td>楼盖类型</td><td colspan="4">钢筋混凝土现浇楼盖</td></tr>
<tr><td>楼板厚度/mm</td><td colspan="2">250 现浇板（地铁停车场顶板）
150/200 现浇板（架空层顶板）
130 现浇板（屋面）</td><td colspan="2">300 现浇板（车库顶板，转换层）
100/150 现浇板和 140 叠合板（标准层）</td></tr>
<tr><td rowspan="2">主要构件尺寸/mm</td><td colspan="2">柱</td><td>剪力墙</td><td>梁</td></tr>
<tr><td colspan="2">框支柱：2800×1600
（型钢混凝土柱，含骨率 4%～5%）
2800×2200
（型钢混凝土柱，含骨率 4%～5%）
2500×2200
（型钢混凝土柱，含骨率 4%～5%）
塔楼框架柱：800×500/800×400</td><td>3 层：200/300/400
4～37 层：200/250</td><td>200×600，300×600，400×600
（外框梁）
200×500，200×600，200×1150
（框架梁）
（1200×2000）～（2600×2200）
（型钢混凝土梁）（转换梁）</td></tr>
</table>

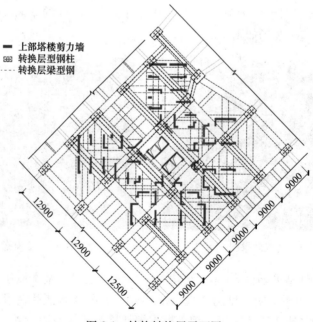

图例：
━ 上部塔楼剪力墙
▦ 转换层型钢柱
---- 转换层梁型钢

图 2-1 结构转换层平面图

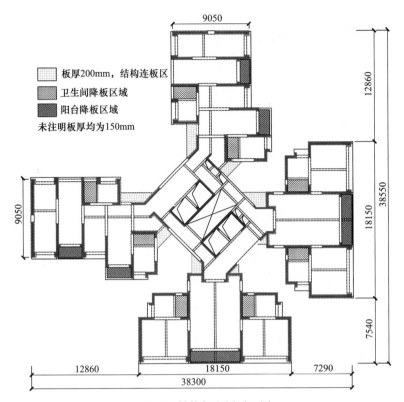

图 2-2　结构架空层平面图

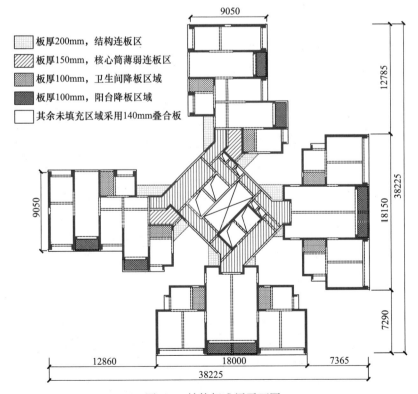

图 2-3　结构标准层平面图

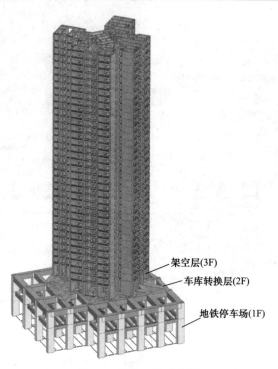

架空层(3F)
车库转换层(2F)
地铁停车场(1F)

图 2-4　结构三维示意图

2.2　结构平面和竖向不规则

2.2.1　结构不规则性检查

根据《超限高层建筑工程抗震设防专项审查技术要点》（建质〔2015〕67 号），对 A 地块 5 栋 1 单元的规则性进行检查，结构不规则性情况见表 2-2。

结构不规则性情况　　　　　　　　　　　　　　　　表 2-2

分类		类型	程度与注释（规范限值）
结构体系		全框支剪力墙	盖上为剪力墙结构，盖下为框架结构
高度超限		是	124.8m＞120m（超 B 级）
1a	扭转不规则	X 向：不规则	最大位移比为 1.32（3 层）
		Y 向：不规则	最大位移比为 1.44（3 层）
1b	偏心布置	否	—
2a	凹凸不规则	是	平面凹凸尺寸大于相应边长 30%
2b	组合平面	是	角部重叠
3	楼板不连续	否	—
4a	刚度突变	是	盖下 1、2 层之间侧向刚度比为 0.73
4b	尺寸突变	是	多塔
5	构件间断	是	2 层为转换层
6	承载力突变	是	盖下 1、2 层之间受剪承载力比值为 0.62
7	局部不规则	否	—
抗扭刚度弱		是	扭转周期比为 0.98，大于 0.85

2.2.2 结构超限情况小结

本工程采用全框支剪力墙结构，存在扭转不规则、凹凸不规则、组合平面、刚度突变、尺寸突变、构件间断、承载力突变、抗扭刚度弱等多项不规则项，属于超 B 级高度的超限高层建筑。

3 结构设计及构造措施

3.1 抗震性能设计目标

本工程除存在多项不规则外，还属于特殊类型高层建筑（全框支剪力墙结构），参考相关设计规范，结构整体抗震性能目标不低于 C 级；15.8m 盖下塔楼投影范围框支转换结构的抗震性能目标为 B 级（水准为：多遇 1、设防 2、罕遇 3）；15.8m 盖下塔楼投影范围以外结构的抗震性能目标为 C 级（水准为：多遇 1、设防 3、罕遇 4）。塔楼投影外延两跨按抗震等级一级进行设计。具体构件抗震性能目标如表 3-1 所示。

结构抗震性能设计目标及震后性能状态　　　　　　　　　　　表 3-1

概率（50 年）			多遇地震 63%		偶遇地震 10%		罕遇地震 2%	
规范抗震概念			小震不坏		中震可修		大震不倒	
宏观描述			小震完好		轻度损坏		中度损坏	
层间位移角限值			<1/800		—		<1/120	
主要整体计算方法			弹性反应谱，时程分析		弹性反应谱		弹塑性动力时程分析	
程序			YJK/BUILDING		YJK		SAUSAGE	
15.8m 塔楼范围盖下结构构件（1～2 层）性能目标 B（1，2，3）	关键构件	框支框架（框支梁，框支柱）	正截面	弹性	正截面	弹性	正截面	不屈服
			斜截面	弹性	斜截面	弹性	斜截面	弹性
	除关键构件外竖向构件	框架柱	正截面	弹性	正截面	弹性	正截面	不屈服
			斜截面	弹性	斜截面	弹性	斜截面	弹性
	耗能构件	框架梁	正截面	弹性	正截面	不屈服	正截面	部分屈服
			斜截面	弹性	斜截面	弹性	斜截面	不屈服
15.8m 盖下非塔楼范围结构构件（1～2 层）性能目标 C（1，3，4）	重要构件	框架柱	正截面	弹性	正截面	不屈服	正截面	部分屈服
			斜截面	弹性	斜截面	弹性	斜截面	不屈服
	耗能构件	框架梁	正截面	弹性	正截面	部分屈服	正截面	可大部分屈服
			斜截面	弹性	斜截面	不屈服	斜截面	可大部分屈服
15.8m 盖上结构构件（2 层以上）性能目标 C（1，3，4）	关键构件	与薄弱连接板相关的剪力墙	正截面	弹性	正截面	不屈服	正截面	不屈服
			斜截面	弹性	斜截面	弹性	斜截面	不屈服
	重要构件	除关键构件外的底部加强区剪力墙（15.8m 盖板以上 3 层）	正截面	弹性	正截面	不屈服	正截面	部分屈服
			斜截面	弹性	斜截面	弹性	斜截面	不屈服
		底部加强区层对应框架柱	正截面	弹性	正截面	不屈服	正截面	部分屈服
			斜截面	弹性	斜截面	弹性	斜截面	不屈服

15.8m 盖上结构构件（2层以上）性能目标C（1，3，4）	重要构件	转换层楼板	正截面	弹性	正截面	不屈服	正截面	部分屈服
			斜截面	弹性	斜截面	弹性	斜截面	不屈服
		楼层凹凸处薄弱连接板	正截面	弹性	正截面	不屈服	正截面	部分屈服
			斜截面	弹性	斜截面	弹性	斜截面	不屈服
	除重要构件外竖向构件	框架柱/剪力墙	正截面	弹性	正截面	不屈服	正截面	部分屈服
			斜截面	弹性	斜截面	弹性	斜截面	部分屈服，满足受剪截面
	耗能构件	框架梁/连梁	正截面	弹性	正截面	部分屈服	正截面	可大部分屈服
			斜截面	弹性	斜截面	不屈服	斜截面	可大部分屈服

3.2 结构分析

3.2.1 分析模型及软件

本工程所采用的分析软件为：①盈建科 YJK（V4.0），用于小震分析、中震分析、弹性时程分析、大震等效弹性分析；②MIDAS/Building（2020，V2.1），用于小震分析；③SAUSAGE（2021），用于大震动力弹塑性时程分析。

3.2.2 多遇地震与风荷载分析结果

采用 YJK 和 MIDAS/Building 软件计算得到的主要计算结果如表 3-2 所示。

YJK 与 MIDAS/Building 主要计算结果对比　　　　　　　　　表 3-2

计算软件		YJK	MIDAS/Building
计算振型数		27	27
第1、2平动周期		2.904（X）	2.908（X）
		2.664（Y）	2.595（Y）
第1扭转周期		2.859	2.813
第1扭转/第1平动周期（规范限值0.85）		0.985	0.967
有效质量系数（规范限值90%）	X	99.35%	99.38%
	Y	99.39%	99.39%
地震下基底剪力/kN	X	16188	15496
	Y	16132	15324
风载下基底剪力/kN	X	14174	13601
	Y	14512	13912
结构总质量/t		75412.3	75149.2
剪重比（规范限值 $0.2\alpha_{max}=1.6\%$）	X	0.0156	0.0156
	Y	0.0157	0.0154
地震作用下抗倾覆力矩/倾覆力矩	X	27390000/1362000＝20.12	26664285/1303740＝20.45
	Y	23440000/1357000＝17.27	23589902/1289231＝18.29
风荷载作用下抗倾覆力矩/倾覆力矩	X	27920000/1192000＝23.41	26664285/1144279＝23.30
	Y	23890000/1221000＝19.57	23589902/1170456＝20.15

盖上结构 50 年一遇风荷载作用下最大层间位移角（层号）[限值 1/500]	X	1/805（22 层）	1/836（22 层）
	Y	1/843（21 层）	1/898（21 层）
盖上结构地震作用下最大层间位移角（层号）[限值 1/800]	X	1/1774（19 层）	1/1798（21 层）
	Y	1/1843（28 层）	1/1880（29 层）
盖下结构 50 年一遇风荷载作用下最大层间位移角（层号）[限值 1/2000]	X	1/5722（1 层）	1/5418（2 层）
	Y	1/7255（1 层）	1/6933（2 层）
盖下结构地震作用下最大层间位移角（层号）[限值 1/2000]	X	1/5618（1 层）	1/6399（1 层）
	Y	1/5670（1 层）	1/6823（1 层）
考虑偶然偏心最大扭转位移比（层号）[规范限值 1.4]	X	1.32（3 层）	1.44（3 层）
	Y	1.30（3 层）	1.44（4 层）
盖下结构 1 层与 2 层侧向刚度比	X	0.73（1 层）	—
	Y	0.74（1 层）	—
转换层上、下结构等效侧向刚度比 [限值 0.8]	X	2.84	—
	Y	2.68	—
楼层受剪承载力比值 [限值 0.75]	X	0.62（1 层）	—
	Y	0.62（1 层）	—
刚重比 EJ_d/GH^2	X	8.21	8.31
	Y	8.59	8.61

结果表明，采用 YJK 和 MIDAS/Building 两种不同软件分析得到的主要指标基本一致，计算模型准确可靠。第 1 扭转自振周期与第 1 平动自振周期之比为 0.98，大于 0.85，表明结构的抗扭转刚度相对较弱，故需加强结构主体周边梁的截面及配筋，增设墙垛，墙垛按端柱及框架柱包络设计。由于盖下 1 层为地铁车辆段，层高为 11m，层高较大；盖下 2 层（转换层）为普通车库，层高 7m，导致 1 层和 2 层的楼层刚度、受剪承载力差异较大。盖下结构的层间位移角很小，结构刚度、构件配筋等均满足要求，表明结构具有足够的安全度；盖上结构的各项设计控制指标均满足要求。

3.2.3 设防地震作用分析结果

采用等效弹性方法，利用 YJK 软件对结构在设防烈度地震作用下的抗震性能进行验算。表 3-3 给出设防烈度地震作用下结构分析的主要结果。

设防烈度地震作用下主要计算结果　　表 3-3

项目		YJK 软件
基底地震剪力/kN（与重力 G_e 比值）	X 向	40093.18（5.523%）
	Y 向	39826.97（5.486%）
地震力抗倾覆力矩/倾覆力矩	X 向	$(2.635 \times 10^7)/(3.373 \times 10^6)=7.81$
	Y 向	$(2.256 \times 10^7)/(3.351 \times 10^6)=6.73$
最大层间位移角（层数）	X 向	盖上 1/652（$n=17$），盖下 1/2496（$n=1$）
	Y 向	盖上 1/665（$n=27$），盖下 1/2788（$n=1$）

在设防烈度地震作用下，结构 X 向、Y 向的最大层间位移角分别为 1/652 和 1/665，属于轻微破坏，满足一般修理可继续使用的要求。结构构件计算结果表明：盖下结构的框支柱、框支梁及框架柱满足中震弹性，框架梁满足中震受剪弹性、受弯不屈服；盖上结构的剪力墙、框架柱满足中震受剪弹性、受弯不屈服，框架梁及连梁满足中震受剪不屈服、抗弯部分屈服。通过以上分析可知，在设防烈度地震作用下，结构能达到相应的抗震性能目标。

3.2.4 罕遇地震作用分析结果

（1）罕遇地震等效弹性分析

采用 YJK 软件对罕遇地震作用下的结构抗震性能进行验算，结果表明：框支柱、框支梁受剪弹性、受弯不屈服，底部加强区的剪力墙和框架柱受剪不屈服。施工图设计时：①框支柱、框支梁的箍筋取小震、中震和大震弹性的配筋包络值，纵筋取小震、中震弹性和大震不屈服的配筋包络值；②15.8m 盖下框架梁的箍筋取小震、中震弹性及大震不屈服的配筋包络值；纵筋取小震弹性和中震不屈服的配筋包络值；③底部加强区剪力墙、框架柱的箍筋取小震、中震弹性及大震不屈服的配筋包络值，纵筋取小震弹性、中震不屈服的配筋包络值；④底部加强区范围外的剪力墙、框架柱，水平钢筋及箍筋取小震、中震弹性的配筋包络值，纵筋取小震弹性、中震不屈服的配筋包络值。经复核，已施工的结构构件（标高 9.0m 以下）满足性能目标要求。

（2）罕遇地震作用下的动力弹塑性分析

按规范要求，选取 2 条天然波和 1 条人工波，采用 SAUSAGE 软件对结构进行罕遇地震动力弹塑性时程分析，表 3-4 和表 3-5 给出罕遇地震作用下结构分析的主要结果。前三阶周期和总质量指标相差幅度均小于 5%。罕遇地震作用下结构最大基底剪力与多遇地震作用下基底剪力的比值约在 4～6 之间。

结构模型周期质量对比　　　　　　表 3-4

周期	YJK	SAUSAGE	差异	振型描述
T_1/s	2.8639	2.804	1.021	X 向平动
T_2/s	2.8224	2.789	1.012	Z 向扭动
T_3/s	2.6273	2.524	1.041	Y 向平动
总质量/t	87290.547	89830.803	0.971	—

罕遇地震作用下计算结果汇总（SAUSAGE）　　　　　　表 3-5

地震波波形	T-WAVE1（天然波）		T-WAVE2（天然波）		USER1（人工波）	
持续时间/s	26.6		22.2		25.4	
时间间距/s	0.02		0.02		0.02	
最大加速度/(cm/s²)	220		220		220	
加载方向	X 向	Y 向	X 向	Y 向	X 向	Y 向
基底地震力 kN	95335.8	100060.8	75352.2	81287	101208.5	95379.2
盖上层间最大位移角	1/280 （n=9）	1/295 （n=12）	1/301 （n=29）	1/309 （n=17）	1/325 （n=15）	1/306 （n=21）

续表

盖下层间最大位移角	1/781	1/865	1/1525	1/1086	1/960	1/806
3 条波层间最大位移角平均值	X 向＝1/301，Y 向＝1/304					
大震弹塑性时程分析与小震弹性时程分析基底地震力比值	6.25	6.20	5.88	5.03	4.45	4.65
	平均值：X＝5.52，Y＝5.29					

注：大震与小震峰值加速度比值为 220/35＝6.28（小震 YJK 基底剪力，X 向为 16188kN，Y 向为 16132kN）。

计算结果表明，结构在罕遇地震作用下没有出现明显的塑性变形集中区和薄弱区，X 向最大层间位移角平均值为 1/301，Y 向最大层间位移角平均值为 1/304，均小于限值 1/120。根据结构的损伤分布情况，对薄弱构件采取相应加强措施，结构可满足罕遇地震作用下的抗震性能目标。

3.3 技术难点处理

3.3.1 薄弱层、软弱层为同层

盖下 1 层为地铁车辆段，层高 11m；盖下 2 层（转换层）为普通车库，层高 7m。车辆段盖下结构层高变化较大，导致盖下 1 层既是结构薄弱层又是软弱层。设计时，提高框支框架抗震性能目标至 B 级，并采取特一级的抗震措施；通过对盖下结构在三水准地震作用下进行分析，发现结构未出现明显的损伤，满足性能目标要求。为进一步研究结构的屈服顺序，对结构进行超罕遇地震（8 度）分析，结构的屈服顺序为：上部剪力墙连梁→上部剪力墙→下部框架梁→下部框架柱→框支框架，满足"强盖下、弱盖上"的设计理念。

3.3.2 转换层上、下结构侧向刚度比

在计算转换层上、下结构刚度比时，采用等效剪切刚度计算会低估转换层下部结构的侧向刚度，导致结果失真；计算分析时采用《高层建筑混凝土结构技术规程》JGJ 3-2010（以下简称《高规》）附录 E 中的等效侧向刚度的计算方法，计算结果满足规范限值要求。

3.3.3 转换层上层剪力墙剪压比超限

在进行盖上结构计算分析时，转换梁对其上两层剪力墙的影响很大，特别是当剪力墙一端支承在柱上，一端支承在转换梁上时，竖向变形差使得其剪压比不满足要求。根据《高规》第 7.2.6 条，抗震等级为一级时，底部加强部位剪力墙的剪力设计值应乘以 1.6 的增大系数。软件计算时，将竖向荷载（恒＋活）、风荷载以及地震作用组合后再乘以 1.6 的增大系数，导致调整后的构件剪力偏大；构件截面验算时，扣除竖向荷载产生剪力被放大的部分，采用修正后的剪力来复核剪力墙剪压比。通过对该部分墙肢在中震、大震作用下的抗震性能进行分析，结果表明，满足抗震性能目标要求。

3.3.4 基础分析

本工程基础设计等级为甲级，采用天然基础，以中风化/微风化花岗岩作为持力层，承载力不小于 3000kPa。基础间设置双向地梁，以提高盖下结构的整体性，短跨方向截面为 800mm×1000mm，长跨方向截面为 800mm×1500mm。基础埋深 7m，为建筑高度的 1/17.7（不满足规范 1/15 的限值要求），需对塔楼基础进行抗倾覆和抗滑移验算。经过分析，在中震作用下，基础底面零应力区面积小于基底面积的 20％，基础抗滑移安全系数大于 1.3；在罕遇地震作用下，基础未出现轴向拉力，满足抗震安全要求。

3.4 抗震加强措施

根据计算分析结果，结合本工程的特点及所需满足的抗震性能目标，主要采取以下抗震加强措施：

(1) 提高盖下的框支框架和塔楼范围内框架的抗震性能目标为 B 级。

(2) 提高框支框架抗震等级为特一级。

(3) 框支柱采用型钢混凝土柱，含骨率为 4%～5%；框支主梁采用型钢混凝土梁。

(4) 提高转换层上一层剪力墙分布筋最小配筋率至 0.6%，其他底部加强区剪力墙分布筋配筋率提高至 0.4%。

(5) 转换层梁板采用 C60 混凝土；楼板加厚至 300mm 并采用双层双向配筋，配筋率不小于 0.4%，以可靠传递水平剪力；塔楼范围外楼板加厚至 250mm，配筋率不小于 0.3%；在转换层板面高低变化位置，采取加腋的构造措施，以可靠传递水平力；楼板钢筋均按受拉锚固。

(6) 塔楼标准层弱连接部位的楼板加厚至 150mm 并采用双层双向配筋，配筋率不小于 0.3%，实配钢筋不小于 Φ10@150，楼板钢筋均按受拉锚固；提高弱连接部位边梁的纵筋、箍筋配筋率，边梁腰筋采取受扭钢筋的连接构造；薄弱连接板周边设置暗梁。

(7) 适当加强转换层上一层的楼板，楼板厚度不小于 150mm 并采用双层双向配筋，配筋率不小于 0.3%。

(8) 适当加大与核心筒相连接的连梁的配箍率，提高连梁的延性。

(9) 塔楼楼梯梯板的面筋和底筋均按受拉锚入剪力墙内。

(10) 提高核心筒周边剪力墙的配筋率，约束边缘构件配筋率不小于 1.4%，构造边缘构件配筋率不小于 1.0%，分布钢筋配筋率不小于 0.4%。

(11) 施工图构件配筋设计时，采用分塔模型和多塔模型包络设计。

(12) 建筑周边的剪力墙端柱按剪力墙暗柱及框架柱包络设计。

(13) 基础设置双向地梁，并适当加强地梁配筋，提高盖下结构的整体性。

4 结语

本工程塔楼采用全框支剪力墙结构，存在扭转不规则、凹凸不规则、组合平面、刚度突变、尺寸突变、构件间断、承载力突变、抗扭刚度弱等多项不规则项，属于超 B 级高度的超限高层建筑。在设计中充分利用概念设计方法，合理设置构件的性能目标，使结构满足合理的屈服机制。结构分析时，运用多种软件对结构进行了弹性及弹塑性分析，对盖上及盖下结构在地震作用下的性能目标进行验算。计算结果表明，结构在不同水准地震作用下均能达到相应的抗震性能目标。同时，对关键构件及薄弱部位进行补充验算，并针对性地采取抗震加强措施，确保结构安全。

38 全框支剪力墙结构计算及构造建议

陈星，郭达文，孙立德，黄佳林，张小良，林菲菲

（广东省建筑设计研究院有限公司）

【摘要】 根据对轨道交通车辆段全框支剪力墙结构设计的若干实践及研究，对该种结构体系的特点、难点和热点进行总结，包括层间位移角限值、最大适用高度、结构抗震等级、性能目标、构造要求等。通过对全框支剪力墙结构设计问题和要点进行总结，进一步提高建筑框架结构的安全性和适应性。

【关键词】 全框支剪力墙结构；转换层；全框支剪力墙

1 计算及整体指标

1.1 上部结构计算及整体指标

对于全框支剪力墙结构的整体计算，应采用至少两个不同力学模型的结构分析软件进行整体计算。对多塔结构，宜按整体模型和各塔楼分开的模型分别计算，并采用较不利的结果进行结构设计，塔楼范围外扩 1～2 跨作为单塔计算模型。多塔计算应考虑群体建筑风环境互相干扰的影响。对受力复杂的结构构件及关键节点，宜补充有限元分析，按应力分析的结果校核配筋设计。对支承偏置剪力墙的转换梁，应采用不少于两个力学模型，复核梁的抗扭能力，以及受其影响的梁和柱承载力。

结构抗震设计时，宜考虑平扭耦联计算结构的扭转效应，振型数不应少于 15，多塔楼的振型数不应少于塔楼数的 9 倍，且计算振型数应使多振型参与质量之和不小于总质量的 95%。对于大跨度全框支结构，应计算竖向地震作用，竖向地震作用分量不宜小于水平地震作用分量。全框支结构框支柱承受的水平地震标准值，盖上结构（单塔）相关范围每根框支柱所受剪力不应小于整体结构底层剪力的 3%。

框支柱的轴压比限值，当抗震等级为特一级及一级时，不应大于 0.6；当抗震等级为二级时，不应大于 0.7；如框支柱满足大震受剪弹性，其轴压比限值可增加 0.05。轴压比限值不宜小于 0.3。全框支剪力墙结构的楼层层间最大位移与层高之比的限值、抗震等级、最大适用高度见表 1-1～表 1-3。

结构整体内力计算时，宜考虑施工过程的影响。

楼层层间最大位移与层高之比的限值		表 1-1
结构体系		$\Delta u/h$ 限值
全框支剪力墙转换层	首层框支层	1/2000
	其他框支层	1/1500

结构抗震等级 表 1-2

结构类型	抗震设防烈度					
	6 度		7 度		8 度	
高度/m	≤80	>80	≤80	>80	≤80	>80
全框支剪力墙结构	二		一	一		特一

最大适用高度 表 1-3

结构类型	6 度	7 度	8 度（0.2g）
型钢（钢管）混凝土全框支剪力墙-钢筋混凝土剪力墙	150	130	110

1.2 基础计算

对于嵌固层基础地梁和承台构件，应定义为关键构件进行承载力设计。

无地下室时，基础埋深应满足抗滑移稳定性要求。验算抗滑移稳定性时，荷载效应应取中震组合作用设计值及大震组合作用标准值的包络值。天然基础稳定性计算可采用圆弧滑动面法进行验算。验算时，可考虑基础侧土水平抗力的有利作用。设防地震作用组合下的基础抗滑移安全系数 $K \geqslant 1.3$，罕遇地震作用组合下的基础抗滑移安全系数 $K \geqslant 1.1$。当基础埋深范围填土采用分层压实，压实系数不小于 0.94 且填土外延基础不小于 12m 时，填土被动土压力可计入基础滑移稳定验算，计入有利压力不宜超过计算值的 50%。桩基础的水平承载力计算可按《建筑桩基技术规范》JGJ 94-2008 的规定计算。

应按中震组合作用设计值复核桩身正截面承载力及斜截面承载力，桩身上部 2.5 倍桩径范围应按不低于二级抗震构造措施加强箍筋及纵筋。

2 性能目标

全框支剪力墙盖下框支层性能目标不应低于 B 级，塔楼范围全框支剪力墙，应满足中震受弯受剪弹性，大震受弯不屈服、受剪弹性；盖下结构塔楼范围外扩 1 跨框架及塔楼范围内普通框架宜满足大震受剪弹性，且性能目标不应低于 C 级。

盖上结构为多层框架建筑时，全框支结构性能目标不宜低于 B 级；当盖上为多塔结构，盖下结构多遇地震作用下层间位移角小于 1/3000 时，多层框架建筑全框支结构除框支柱满足性能目标 B 级外，其余构件性能目标可为 C 级，塔楼相关范围构件性能目标可为 C 级。层间隔震结构位于地面以上的下部结构，其性能目标比隔震层以上结构提高一个等级。

嵌固层基础地梁和承台构件应按表 2-1 的性能目标进行承载力设计。地梁及轨道下设置的承台应考虑车载不利影响。

嵌固层基础地梁和承台构件性能目标 表 2-1

构件	单桩承台及其基础梁	多桩承台、天然基础及其基础梁
框支柱下基础	B	C
普通柱下基础	C	C

3　构造要求

结构平面形状宜简单、规则，结构两主轴方向的刚度及承载力分布宜均匀。全框支剪力墙结构用于8度地区时，宜提高半度计算内力，应按特一级加强抗震构造措施。在地面以上设置转换层的位置，7度时不应大于3层，6度时可适当放松。对支承偏置剪力墙的转换梁，应加强其抗扭措施和构造。相连楼板厚度不应小于300mm，双层双向配筋，配筋率不宜小于0.3%。

（1）转换层及以下框架和全框支剪力墙构造要求

① 框支柱截面尺寸不宜小于1400mm×1400mm；当截面长宽比大于2时，短边最小尺寸不小于1200mm。

② 框支柱宜采用型钢混凝土柱或钢管混凝土柱。采用型钢混凝土柱时，型钢含钢率不宜小于4%，纵向钢筋最小配筋率不宜小于1.0%。

③ 钢筋混凝土框支柱纵向配筋率：特一级边柱、中柱不小于1.6%，角柱不小于1.8%；一级边柱、中柱不小于1.2%，角柱不小于1.4%；二级边柱、中柱不小于1.0%，角柱不小于1.2%。

④ 抗震设计时，框支柱箍筋配箍特征值应比普通框架柱要求的数值增加0.02，箍筋体积配箍率不应小于1.5%；特一级框支柱配箍特征值应比普通框架柱要求的数值增加0.03，箍筋体积配箍率不应小于1.6%。

⑤ 盖下结构与盖上结构分阶段建设时，应对盖板进行耐久性及抗裂设计，对预估的上部荷载宜增加安全储备至1.2倍。

（2）转换层全框支剪力墙节点构造要求

① 全框支剪力墙节点抗震等级应提高一级，特一级不再提高；受剪承载力应满足大震弹性，性能等级不低于B级。塔楼范围盖下结构其他框架节点受剪承载力宜满足大震弹性，性能等级不低于C级。

② 框架节点应采用现浇节点。

③ 框架节点受剪截面宜采用凸形或凹形接口连接。

4　厚板转换建议

转换层不宜采用二次及以上转换设计，叫采用局部厚板转换代替。转换厚板设计应符合下列规定：

（1）厚板转换有限元计算模型应分梁单元模型及板单元模型进行包络计算。采用梁单元模型时，梁宽不超过柱宽及柱两侧各不大于1.5倍板厚之和。

（2）厚板转换设计宜补充实体有限元分析，并对厚板转换区不利节点进行精细化有限元分析，复核其性能目标是否满足设定要求。

（3）转换厚板宜设置转换暗梁，转换暗梁抗震构造措施等级同框支柱；厚板设计时转换水平构件（含转换暗梁）需按同框支柱抗震等级进行内力调整。

（4）应分别验算盖上剪力墙对厚板的冲（剪）切承载力及盖下框支柱对厚板的冲切承

载力；冲切锥体范围应双向配抗冲切箍筋。板中抗冲切钢筋布置如图 4-1 所示。

（5）厚板在准永久组合及大震作用下竖向挠度不大于 1/1000；盖上单塔结构竖向构件之间竖向变形差不超过 $0.002l$，l 为两竖向构件之间的跨度；

（6）厚板在托墙位置处应进行局部承压验算。

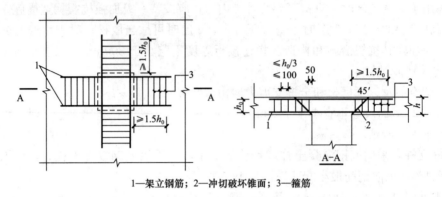

1—架立钢筋；2—冲切破坏锥面；3—箍筋

图 4-1　板中抗冲切钢筋布置（单位：mm）

5　装配式做法建议

装配式全框支剪力墙结构的设计应符合《建筑模数协调标准》GB/T 50002-2013 的规定。在满足建筑功能和结构安全要求的前提下，应遵循"模数协调一致、少规格、多组合"的设计原则。

装配式全框支剪力墙结构的设计应符合下列规定：

（1）应采取有效措施加强结构的整体性。

（2）节点和接缝应受力明确、构造可靠，并应满足承载力、延性和耐久性等要求。

（3）应根据连接节点和接缝的构造方式和性能，确定结构的整体计算模型。

（4）对实施装配式全框支剪力墙结构，构件计算内力应放大 1.1 倍，节点计算内力放大 1.2 倍。

（5）对实施装配式全框支剪力墙结构，框支层及剪力墙结构底部加强区范围竖向构件应采用现浇方式处理；框支层节点区连接应采用现浇方式处理，连接方式应可靠、有效。

6　隔震措施

地震高烈度设防区（8 度及以上）或有振震双控要求的全框支剪力墙结构宜采用隔震或消能减震技术。隔震和消能减震建筑设计应根据建筑的抗震设防类别、抗震设防烈度、建筑高度、隔震和消能减震装置的类型和布置、场地条件、地基、结构材料等因素，经技术、经济和使用条件综合比较确定。

全框支剪力墙结构采用隔震或消能减震技术时，除应满足现行规范规定外，尚应符合下列规定：

（1）转换层与上层刚度比宜大于 2；盖下结构部分扭转位移比不宜大于 1.35，不应大于 1.5。

（2）上部剪力墙结构隔震应考虑强台风环境不利影响，应进行专项抗风设计及其支座的抗拉设计。

（3）隔震层设计应考虑强台风作用与地震作用协同工作。

7 结语

国家鼓励在新建地铁站点实施土地综合开发，越来越多的轨道交通上盖开发项目在土地资源紧张的城市出现，此类型的结构体系越来越重要。本文为轨道交通车辆段全框支剪力墙结构设计过程中的一些总结，提出了一些观点和思路，可为同类项目提供参考。

第 5 篇　装配式应用研究

39 钢壳复合纤维增强水泥板免拆模壳系统的应用研究

冉庆，卢颖，梁碧玉

（广州三乐装配建筑设计院）

【摘要】 将装配建筑构件轻量化，是国内目前装配式建筑技术方向之一。通过对纤维增强水泥板制程的复合工艺改进，使之成为能够简便快捷构造建筑免拆模空腔构件的基础材料，并通过一系列试验，对构件的装配工法、力学性能和经济性进行研究；针对基于纤维增强水泥板的免拆模空腔构件性能提供一系列的参数值，以满足装配式建筑构件的应用。

【关键词】 水泥基免拆模壳系统；中空预制构件；冲孔钢壳板；纤维增强水泥板复合材料

1 引言

目前预制钢筋混凝土构件（PC 构件）的装配式建筑体系，是在工厂进行构件钢筋绑扎后浇筑和养护，再将预制好的钢筋混凝土构件运输到施工现场进行吊装安装。由于运输和吊装的体积、重量较大，并且预制构件之间的连接构造复杂，造成施工管理难、运输成本高等一系列问题。此外，结构受力性能和整体性欠佳是 PC 构件在装配式建筑系统急需解决的根本问题。

2 钢壳复合纤维增强水泥板性能研究

（1）钢壳复合纤维增强水泥板（简称"钢壳板"）是纤维增强水泥板和冲六边形齿孔的冷轧钢板两种材料，在水泥材料板胚制作阶段经高压复合工艺加工而成的规格为 1.2m×2.4m、1.2m×3.0m 的平板材料，如图 2-1 所示。在作为模板部件使用时，钢壳板围合成模壳空腔，钢板复合层在模壳内部，通过焊接的方式与构造钢筋或对拉钢筋连接，模壳和内部对拉钢筋形成围合封闭的空间构造，并具有能承受自身结构和运输、吊装及内部混凝土浇筑振捣等荷载的力学性能。

① 经反复测试，量产钢壳板物理性能指标可稳定达到以下参数标准。

使用环境类别：A 类，室外使用，直接承受日晒雨淋、雪或霜冻；

导热系数≤0.35W/(m·K)；

图 2-1 钢壳板组合材料

吸水率≤30%；

湿胀率≤0.25%；

饱水抗折强度≥24MPa；

密度＞1.6g/cm³；

抗拉强度≥18.0MPa；

抗冲击强度：C5 级，$P≥2.6kJ/m^2$；

弹性模量≥3.8×10⁴MPa（近似于 C80 混凝土的弹性模量）；

不燃性：A 级；

极限拉应变≥1.0%；

抗冻性：＞100 次冻融循环，无破裂分层现象。

② 冲孔钢板采用厚度为 0.3～0.6mm 的 Q235、Q345 镀锌钢板。

（2）相较于传统的钢板冲孔工艺，采取改变冲孔形状以及工艺的方式，提升了冲孔钢板与水泥板高压复合后的构造结构，从而提高复合材料的力学性能。采用冲孔弯曲复合工艺冲六边形孔，在 0.4～0.6mm 厚钢板加工过程中，与冲头接触的金属开孔后不分离，形成齿形垂直翻边，如图 2-2 所示。边齿的有效长度不小于六边形内径的 45%。在制板环节将钢壳的齿孔朝向板胚覆盖，让边齿充分嵌入板胚，经过加压以及蒸养釜高温高压蒸养，冲孔钢板与水泥板结合为一体，形成嵌固和咬合的构造。经测试，钢壳垂直于板平面的抗拔强度可达到 1.4MPa 以上。此工艺环节的改进对钢壳板模板的物理力学性能提升具有重要意义。

图 2-2　冲孔形状

（3）对钢板六边形孔采用不同边长、开孔数量的加工研究显示，六边形的边长与冲孔后边齿的长度存在三角函数关系，而边齿的嵌入长度不得超过板件的受荷载弯曲中和轴高度，如图 2-3 所示，这样既能保证嵌固握裹的长度和面积，又不会改变板件原有的受力结构。工程中常用的纤维增强水泥板厚为 12mm，经反复测试，采用边齿嵌入长度为 1/3 板件厚度的六边形孔，制板的成品率、生产效率及钢板的抗拔强度达到最好的平衡点，由三角函数关系可得出：边齿高度＝cos30°×边长，边齿高度为 4mm 时，六边形孔边长为 4.6mm，外径为 9.6mm，面积为 41.6mm²，并以此得出按不同板厚确定冲孔的最优规格。

（4）确定钢板冲孔的规格后，需要进一步确定单位面积钢板上开孔的数量以得到开孔率，在标准规格孔规则阵列排布的情况下，开孔率和孔距成反比。孔率的控制除了节约材料的经济性考量之外，主要是保证冲孔钢壳覆盖的纤维水泥板表面通过孔与后浇叠合混凝土有充分的接触及结合面积，作为永久模壳与现浇部分能在建筑使用过程中保持一致的工况。实验证明，钢板孔率在 30%～50%，相应的孔距在 9～5mm 时，钢壳板的水泥板胚复合厚度为 0.5mm 的 Q235 冲标准孔的冷轧钢板材料，其物理力学性能与 C30 混凝土最接近。

复合钢壳的孔率太小会在钢壳板表面造成应力集中，造成板件发生弯曲；孔率过大则会造成钢壳与对拉件焊接过少，在受到拉拔作用时容易撕裂。图 2-4 所示为复合钢壳板抗拉拔测试的试件。

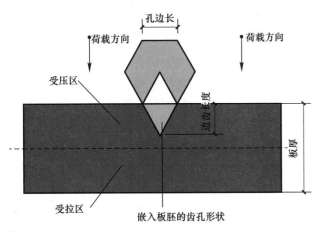

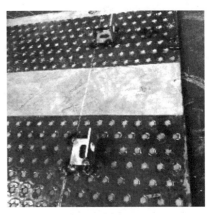

图 2-3 边齿和板厚的关系

图 2-4 钢壳板抗拉拔试件

（5）标准孔抗拔承载力的力学计算：

冲孔钢板与水泥板嵌入式复合连接时，单个标准孔抗拔承载力设计值应按下式计算：

$$F_t = 3\sqrt{3}L^2 f_{bd}$$

式中：F_t——标准孔抗拔承载力设计值；

f_{bd}——混凝土对钢筋的粘结强度，对于 0.5mm 钢板，可取 $f_{bd} = 0.15\sqrt{F_C}$；

L——标准孔的边长。

（6）在反复测试论证和计算后，确定冲孔钢板以 150mm 的宽度，顺水泥板纵向或横向规则间隔排布的方式与增强纤维水泥板复合，此项优化可保证钢壳板作为模板的力学性能，减少钢材用量和构件的自重，同时保证模板内部表面与后浇混凝土有足够的叠合接触面积。如图 2-5 所示。

钢壳板组成构件模板要根据构件的受力特性，确定冲孔钢板在模壳上的排布方向。一般情况下，钢壳板楼承板的冲孔方向与组合的钢筋桁架长度方向一致，钢壳板梁、柱模壳上的钢壳方向与钢筋笼的箍筋方向一致。

图 2-5 钢壳板成品上钢壳的等间距布局

（7）冲孔钢壳板的支座结合力。在钢壳板模壳或钢壳板楼承板的结构中，折弯对拉件或钢筋桁架与钢壳板的冲孔钢板焊接，每个焊点的模壳构件承受荷载作用，产生垂直于钢板表面的拉力，钢板在焊点周边一定范围内会发生应变，此范围所覆盖的冲孔边齿对水泥板产生抗拔的合力，该合力作用即为拉结点支座的结合力。

经试验分析，钢筋桁架和冲孔钢板的拉结点支座有效嵌固粘结范围是冲孔钢板长度方向的 200mm 以内，如图 2-6 所示，按此范围计算和实测的支座结合力为 6.2kN，可作为钢壳板模壳在施工和结构计算时的依据。

（8）钢壳板的耐火性能检测。采用浇筑养护 28d 的楼板进行试验，目前由于没有充分的数据支持，暂未考虑免拆模板的增强纤维水泥板作为保护层。

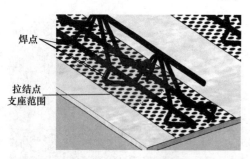

图 2-6　钢筋桁架和冲孔钢板的拉结点支座范围

① 耐火试验检测构件：

检测方法及评定按国家标准《建筑构件耐火试验方法 第 1 部分：通用要求》GB/T 9978.1-2008 及《建筑构件耐火试验方法 第 5 部分：承重水平分隔构件的特殊要求》GB/T 9978.5-2008 执行。

检测构件及结论如表 2-1 所示，耐火试验后的钢壳板楼板如图 2-7 所示。

耐火试验检测构件及结论　　　　　　　　　　　　　　　　表 2-1

样品名称	双向板	单向板
委托编号	Z-QT190109	Z-QT190109
报告编号	ZQT190171	ZQT190172
规格型号	5430mm×3920mm×110mm	3132mm×2900mm×150mm
荷载条件	附加恒荷载 1.2kPa，活荷载 2.5kPa	附加恒荷载 0.5kPa，活荷载 40kPa
检测结论	耐火极限不低于 2.0h	耐火极限不低于 1.5h

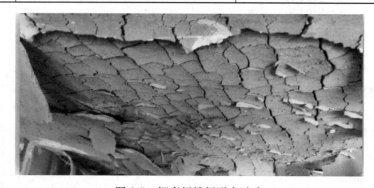

图 2-7　钢壳板楼板耐火试验

② 钢壳板耐火性能好，在耐火试验中底板受高温后膨胀、分层，对混凝土及钢筋形成隔热层。经耐火试验测试，耐火性能满足耐火等级 A 级要求。

（9）与螺钉连接的拉结效果对比，螺栓采用平头钻尾螺钉穿过水泥纤维板，通过金属连接卡件连接后再与钢筋桁架焊接，如图 2-8 所示，螺钉的物理力学性能符合《十字槽沉头自钻自攻螺钉》GB/T 15856.2-2002 的有关规定，其单点受拉承载力极限值大于 1.0kN，公称长度为 38mm，螺纹长度为 30mm。在施加相同极限荷载的情况下，螺钉固定位置由于模壳外部承受拉力，在螺钉孔的位置发生板面贯通断裂，如图 2-9 所示。同时，在相同外部环境情况下，螺钉易生锈从而降低或失去力学性能，导致固定的模板脱落，甚至导致结构内部钢筋产生锈蚀，进一步造成建筑构件的功能降低或损坏。通过实测比较，钢壳板复合式内对拉结构是更好的纤维水泥板模板结构材料。

（10）经测试，钢壳板作为模壳功能时，其纤维增强水泥板与水泥的化学成分相容，与后浇混凝土叠合层具有相同的强度等级，具有接近 C80 混凝土的弹性模量；钢壳板模壳作为建筑构件的保护层，力学性能及耐久性符合《混凝土结构设计规范》GB 50010-2010（2015 年版）。因此钢壳板模壳可作为混凝土构件保护层，组合模板与后浇混凝土通过粘结力、拉结件嵌固和咬合形成整体，共同工作。钢壳板参与混凝土构件的受力，在结构计算时可替换混凝土保护层厚度。

图 2-8　螺钉固定卡件连接钢筋桁架的试件　　　图 2-9　模板表壳在螺钉孔位置发生开裂

3　钢壳板免拆模建筑构件系统

（1）钢壳复合纤维增强水泥板免拆模系统是由钢壳复合纤维增强水泥板、钢筋折弯连接件或钢筋桁架组合为模板后再与建筑构造钢筋和后浇混凝土共同构造的建筑构件系统，如图 3-1 所示。按照建筑构件的结构功能可分为：剪力墙免拆模构件、柱免拆模构件、梁免拆模构件和钢壳板钢筋桁架楼承板。

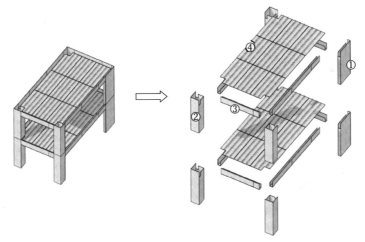

①—剪力墙免拆模构件；②—柱免拆模构件；③—梁免拆模构件；④—钢壳板钢筋桁架楼承板

图 3-1　由钢壳复合纤维水泥板构造的免拆模建筑构件系统

（2）钢壳板免拆模构件适用范围：

① 适用于抗震设防烈度为 8 度及 8 度以下地区的一般工业与民用建筑。

② 适用于一般民用建筑的柱、剪力墙、梁、楼面板、屋面板等。

③ 钢壳板的使用环境类别按一类和二 a 类环境考虑，当用于其他环境类别时须采取有效措施；模壳内部和板底与现浇混凝土结构可适用的环境类别一致。

④ 钢壳板免拆模构件受力性能等同于普通现浇钢筋混凝土结构构件，防腐防潮，施

工方便，外形美观，易于涂装，耐火极限为 1.5～2.0h，满足国家现行有关标准的要求。

（3）钢壳板免拆模构件可应用于任何装配式建筑，水平和竖向构件可同时应用，也可单独应用。其设计准则为：

① 设计使用年限为 50 年，设计安全等级为二级，结构重要性系数为 1.0。

② 构件分别按承载能力极限状态和正常使用极限状态进行计算和验算。

4 免拆水泥基底模（钢壳板）楼承板的构造选型

（1）钢壳板表面复合钢壳可与钢构件通过焊接连接作为楼、屋面板等承受建筑水平荷载的构件。针对采用肋板冲孔的冷弯 Z 型钢和钢筋桁架两种形式的支承构件进行研究，如图 4-1 所示。

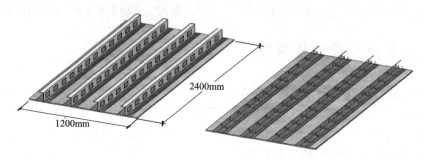

2400mm

1200mm

图 4-1　焊接冷弯 Z 型钢和钢筋桁架试件

（2）Z 型钢所用冷轧钢板符合《碳素结构钢冷轧钢板及钢带》GB/T 11253-2019 的规定，桁架所用材料符合《钢筋桁架楼承板》JG/T 368-2012（下文简称《楼承板》）的规定。焊点顺冲孔板方向以 200mm 等间距对称焊接，焊点的力学性能符合《楼承板》的相关规定，冲孔钢壳板厚 0.5mm，单个焊点受剪极限承载力≥1000N。

（3）承载力计算及试验说明如下。

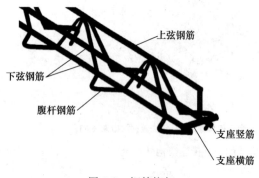

上弦钢筋

下弦钢筋

腹杆钢筋

支座竖筋

支座横筋

图 4-2　钢筋桁架

1）计算书

钢筋桁架如图 4-2 所示，上筋直径为 8mm，下筋直径为 6mm，腹筋直径为 4mm，高度为 70mm，桁架间距 300mm，仅考虑单榀桁架（未考虑纤维水泥板作用）。Z 型钢采用 C70mm×40mm×1.0mm。根据《混凝土结构工程施工规范》GB 50666-2011（下文简称《混施规》）4.3.7 条、4.3.8 条及 4.3.9 条，挠度在混凝土板恒荷载作用下限值为 $L/400$（L 为跨度）。

混凝土板厚 100mm，恒荷载为 $0.10 \times 25 \times 0.3 = 0.75 \text{kN/m}$，施工荷载为 1.5kN/m^2。

依据规范包括《混施规》、《冷弯薄壁型钢结构技术规范》GB 50018-2002、《钢结构设计标准》GB 50017-2017 等。

当按挠度控制时，挠度在混凝土板恒荷载作用下限值为 $L/400$（L 为跨度）；当按承载力控制时，按 $\sigma = \dfrac{M_{\max}}{W_{\mathrm{enx}}} \leqslant f$ 取值。本次计算采用

上海同济钢结构设计软件 3D3S design（V2021）。

① 用钢量对比

Z 型钢：1.22kg/m

桁架：1.13kg/m

在用钢量上，桁架优于 Z 型钢。

② 控制使用跨度

采用 3D3S design（V2021）软件进行计算，计

算简图如图 4-3 所示，其中数字 1、2 为荷载序号，

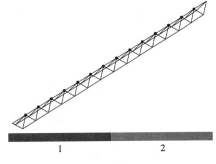

图 4-3 计算简图

荷载大小如表 4-1 所示，两端铰接，得出线性最大位移，如表 4-2 所示。

节点荷载 表 4-1

序号	P_x/kN	P_y/kN	P_z/kN	M_x/(kN·m)	M_y/(kN·m)	M_z/(kN·m)
1	0.000	0.000	−0.120	0.000	0.000	0.000
2	0.000	0.000	−0.170	0.000	0.000	0.000

线性组合 Z 方向最大位移（mm） 表 4-2

最不利项	节点	组合名	U_x	U_y	U_z	U_{xyz}
Z 方向最大位移	418	组合1（恒）	0.000	−0.000	−4.800	−4.800

由表 4-2 可知，挠度最大值为 4.8mm，满足 5.25mm 的挠度限值。其余各项控制许用跨度计算结果如表 4-3 所示。

控制许用跨度 表 4-3

构件编号	板厚/mm	单跨两端简支	
		承载力控制许用跨度/m	挠度控制许用跨度/m
Z 型钢	100	1.6	1.8
桁架	100	2.2	2.1

可见，桁架控制跨度允许值大于 Z 型钢。

③ 综上可知，钢筋桁架经济性以及承载力性能优于 Z 型钢。

2）承载力试验

钢壳板桁架楼承板的承载力试验装置如图 4-4 所示。

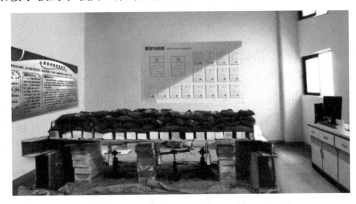

图 4-4 承载力试验装置

3) 节点构造的优化

钢壳板的板边在制板磨边环节打磨倒角；在楼承板施工环节，底板拼接后形成 V 形拼缝，在楼板混凝土浇筑之前，用灌浆料进行填缝，同时在板缝位置的后浇叠合面设置 $\phi4$@50 钢筋拉结网片；含膨胀剂的灌浆料可在接缝位置与水泥板结构形成可靠粘结，有效阻止板面微裂缝的产生和开展。节点构造如图 4-5 所示。

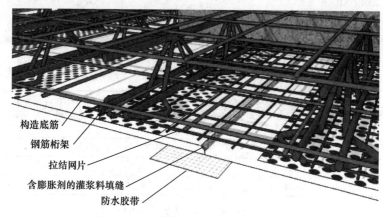

图 4-5　钢壳板桁架楼承板接缝节点构造

（4）钢壳板钢筋桁架楼承板许用跨度的优势

① 钢壳板可以沿钢筋桁架方向连续拼接，再在钢筋桁架腹杆支座处与钢壳板复合钢壳焊接，构造成具有多种跨度的组合模板（图 4-6），该组合形式具有合理的结构和物理力学性能，尤其作为大跨度楼板的构件时，具有重量轻、结构稳定、易于运输和吊装施工的优势。

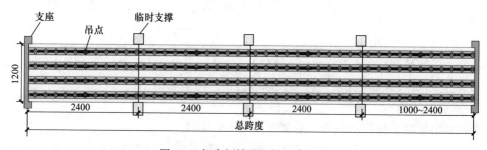

图 4-6　钢壳板楼承板的组合方式

② 钢壳板楼承板吊运时，吊钩可勾住钢筋桁架的上弦钢筋，吊点数量不应少于 4 个，且对称布置；吊点间距不应大于 2400mm，吊点至板边缘的距离不应大于 1200mm，如图 4-7 所示。当采用连续拼接的大跨度板件时，应采用专用的吊具以有效分配荷载。

③ 采用 3D3S 模型进行吊运计算，条件如下：钢壳板密度为 1.6g/cm³，厚度为 12mm，故自重为 0.192kN/m²；当楼板含钢量为 20kg/m² 时，板钢筋自重为 0.2kN/m²。因桁架间距为 300mm，上弦点间距为 200mm，故每榀桁架上弦单节点受力为 0.2×0.3×（0.192＋0.2）＝0.024kN/m²。钢壳板跨度为 9.6m×9.6m，设 32 个吊点，桁架上弦钢筋采用 C8，下弦钢筋采用 C8，腹筋采用 C6 时，单榀桁架自重约为 1.87kg/m。一个吊点所

图 4-7 钢壳板楼承板吊运

承受的竖向拉力为 2.4×2.4×(1.87×2.4×4/100+0.024)＝1.2kN，每个上弦点四周的桁架与钢壳板之间至少有 4 个焊点，即每个焊点所受剪力为 1.2/4＝0.3kN，小于焊点的受剪承载力 1kN，满足要求。计算简图如图 4-8 所示。

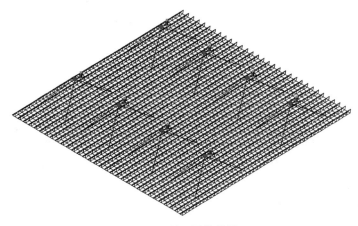

图 4-8 吊运计算简图

5 剪力墙、柱及梁的中空预制构件构造分析

（1）钢壳板墙、柱免拆模构件采用结构钢筋笼和钢壳板通过焊接及辅助内对拉连接件组装形成一体的中空预制构件，如图 5-1 所示。先将构件的纵筋、箍筋等构造钢筋焊接或绑扎成一体化的钢筋笼，再通过对拉件或连接件（钢筋、冷弯薄壁钢折弯件）与模壳内部的冲孔钢壳板焊接，形成由钢壳板为外壳、内部由钢筋对拉连接的中空腔体，这样的整体结构既能保证钢筋和模板的相对位置，又能保证成型的整体构件具有结构的稳固性，同时能承受运输、施工阶段的各种荷载。

（2）钢壳板免拆模梁构件如图 5-2 所示，上端开口的 U 形截面模壳，其底部通过梁底对拉件与两侧膜壳焊接后，放入由上部纵筋和箍筋构造的钢筋笼，然后由梁纵向穿入底部纵向钢筋并焊接，最后进行梁中部对拉件的排布和焊接。

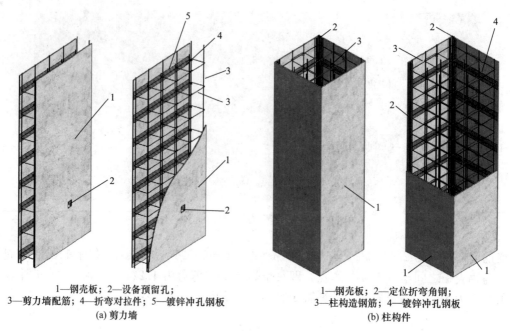

1—钢壳板；2—设备预留孔；
3—剪力墙配筋；4—折弯对拉件；5—镀锌冲孔钢板
(a) 剪力墙

1—钢壳板；2—定位折弯角钢；
3—柱构造钢筋；4—镀锌冲孔钢板
(b) 柱构件

图 5-1　钢壳板免拆模剪力墙和柱构件的构造

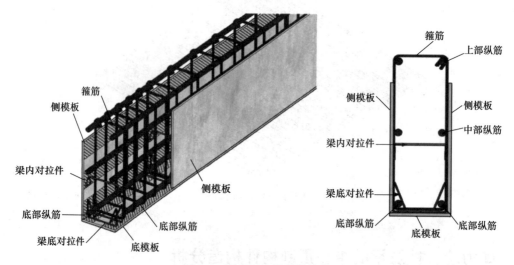

图 5-2　钢壳板免拆模梁构件

（3）对拉件或连接件采用 CPB550 或 HRB400 钢筋，常用直径为 6～8mm。用自动钢筋折弯设备将钢筋加工成标准化的连续的空间弯折构件，如图 5-3 所示。通过与钢壳板的钢壳部分进行焊接（氩弧焊），可形成模板结构转角、板边以及板中缝的连接、拉固、对拉等结构加强措施构件，折弯件的空间可保证构造钢筋穿过的结构尺寸。

（4）对拉钢筋在模壳内部浇筑混凝土后发挥抗剪钢筋的功能，保证膜壳与后浇混凝土共同工作。而模壳的物理力学性能与后浇混凝土性能基本一致，形成的构件也与传统混凝土结构一致。

（5）模壳之间的对拉件间距应满足施工验算要求，梁模壳对拉件之间的间距不宜大于500mm，剪力墙和柱模壳对拉件的间距不宜大于 300mm。如图 5-4 所示。

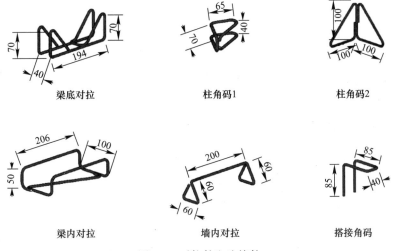

图 5-3 对拉件和连接件

图 5-4 模壳对拉件间距

6 钢壳板模壳构件的连接

（1）钢壳板模壳纵向钢筋连接采用机械连接或焊接的方式，模壳预制件钢筋提前按结构要求和 BIM 结构件设计放样排布；对于外露部分采取相应的保护及定位措施，避免在运输和吊装环节发生碰撞导致位置发生偏移，如图 6-1 所示。

（2）根据柱构件的规格和施工条件，柱模壳的安装可采用插入法或后封闭法。插入法是先将钢壳板与构件的箍筋通过对拉钢筋构造成一体化的模壳，在现场将纵向钢筋定位搭接完成后，将一体化模壳自上而下通过橡胶导管吊装插入纵向钢筋。如图 6-2 所示。

后封闭法是将纵向钢筋也构造连接在模壳内，模壳在钢筋搭接操作高度区域露出钢筋，待构件定位吊装后，在操作区域通过套筒对纵向钢筋进行连接，并按构造要求在搭接区域完成箍筋的绑扎，最后在外部用钢壳板围合该区域的模板，并用楞条和夹具对拉固定，与预制的模壳构造成整体腔体后再进行浇筑。如图 6-3 所示。

图 6-1　柱纵筋端头固定和保护

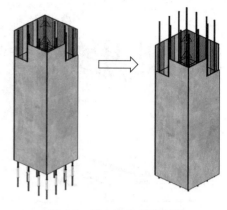

图 6-2　插入法柱模壳安装

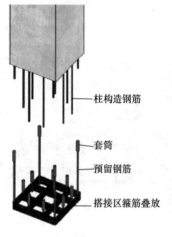

柱构造钢筋

套筒

预留钢筋

搭接区箍筋叠放

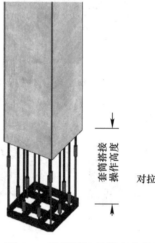

套筒搭接操作高度

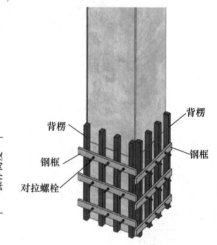

背楞

钢框

对拉螺栓

背楞

钢框

图 6-3　后封闭法柱模壳安装

图 6-4　预留锚固钢筋的梁模壳构件

（3）梁模壳的安装，根据构件规格和施工条件，可采用伸入法或后封闭法。

当支座节点的钢筋构造较简单时，梁模壳构件的锚固钢筋可在预制构件时直接按照设计图纸加工成型，吊装过程中与支座钢筋交错排布后即可就位，如图 6-4 所示。

当梁支座处钢筋结构复杂，排布预制构件的预留钢筋施工难度大且无法保证结构设计的相关要求时，根据结构分析并对预制构件进行深化后，可采用后封闭法。在梁的支座处，锚固钢筋按构造排布预留至支座外部，梁模壳构件的模板不做满跨，预留与支座端连接操作的纵向空间，当梁模壳吊装就位时对纵筋进行连接操作，按构造要求排布箍筋，最后进行预留操作空间区域的梁模板围合，并用楞条和夹具辅助固定，形成完整的 U 形中空腔体。如图 6-5 所示。

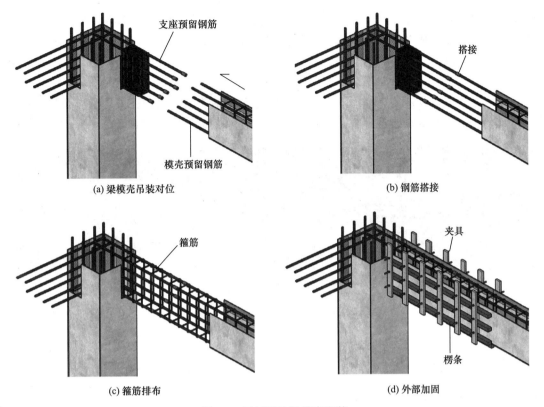

(a) 梁模壳吊装对位   (b) 钢筋搭接

(c) 箍筋排布   (d) 外部加固

图 6-5　后封闭法梁模壳安装

7　钢壳板构件运输、安装的经济性

由钢壳板和构造钢筋组合而成的钢壳板模壳构件，自重小，易于运输和吊装，且构件结构自身具有平衡和承受运输对方及吊装的力学性能，在建筑施工环节可大幅度降低构件运输、机具使用、人力及施工管理等综合成本。

根据《装配式混凝土建筑深化设计技术规程》DBJ/T 15-155-2019（下文简称《装配式深规》）关于装配式建筑构件的运输方案的相关规定，对比目前流行的 PC 构件的运输效率，对钢壳板免拆模构件的运输效率及经济性进行分析。

7.1　钢壳板楼承板构件的运输优势

（1）载具选择 17.5m 高低板货车，其低板部分距地面的高度为 1.3m，高板部分距地面的高度为 1.6m。《超限运输车辆行驶公路管理规定》（交通运输部令 2016 年第 62 号）要求车辆总高度在 4m 以内，也就是说，低板部分能放货物的高度为 2.7m，高板部分能放货物的高度为 2.4m；车辆极限载重量为 35t。

（2）PC 楼承板满载装车试验

图 7-1 所示的 60mm 厚 PC 楼承板，单位面积质量为 163kg/m^2，按货车装载计算，理论上可运载楼承板面积为 213m^2，试验中采用 30 张 3m×2.4m 的 PC 楼承板装车，分为 4

堆，每堆层数为 7、7、8、8。在装载未超高超重的情况下，堆叠状态不符合《装配式深规》第 6.2.2 条"水平运输时，板类构件叠放不超过 6 层"的相关规定，必须再减少 6 张板，即每堆 6 层，总数 24 张，才能达到规定要求。实际运输楼承板面积为 172.8m²，载重量为 28t。

（3）钢壳板楼承板装车如图 7-2 所示。焊接 A70 钢筋桁架的钢壳板楼承板单位面积质量为 20kg/m²，按货车装载计算，理论上可运载楼承板面积为 1670m²。

图 7-1　PC 楼承板装车　　　　　　　　　图 7-2　钢壳板楼承板装车

钢壳板楼承板可正反对扣为一组堆叠，分层堆码。经试验，装载高度达运输限高 4m 时，钢壳板楼承板面积达 1276m²，总质量为 26t。

7.2　钢壳板梁、柱模壳构件的重量优势

（1）装配式建筑预制构件由于体积大、自重大，在生产、运输、安装各阶段易引发安全风险，常见事故种类及占比如图 7-3 所示。可见，装配式项目的主要风险来自预制构件吊装拼缝和高空临边作业。

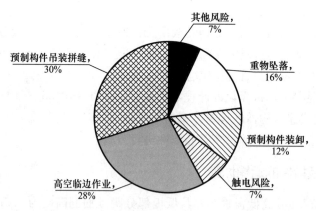

图 7-3　装配式建筑预制构件安全事故种类及占比

（2）钢壳板梁、柱模壳构件与 PC 构件重量对比

PC 构件的重量即钢筋混凝土的重量，而钢壳板模壳构件的重量为模壳与构造钢筋重量之和，由于模壳容重与素混凝土相同，可视为构件减去其中包裹的素混凝土的重量，其中，材料单位体积的自重符合《建筑结构荷载规范》GB 50009-2012 的规定，钢筋混凝土自重为 24～25N/m³；素混凝土自重为 22～24kN/m³。

以标准截面尺寸 600mm×900mm、高度 4m 的柱构件为例，PC 构件质量为 5.184t，钢壳板模壳构件质量为 0.515t；以标准截面尺寸 200mm×600mm、长度 5m 的梁构件为例，PC 构件质量为 1.44t，钢壳板模壳构件质量为 0.27t。

由不同构件规格的测算和试验得出，钢壳板构件和 PC 梁、柱构件的重量比为 1/10～1/5，构件重量的大幅度减小可降低建设项目施工各个环节的难度和风险，提高项目实施的效率。

钢壳板模壳构件自重小，结构稳定，易于搬运和堆放，堆放和运输效率高，相比 PC 构件的场地占用和构件运输成本都有大幅度降低，突破传统 PC 构件"经济运输半径"的限制，理论运输供应范围可达 500km。

钢壳板模壳构件吊装施工时，吊装机械和吊具的承载较小，在相同施工人员和机具的条件下，相比使用 PC 构件的装配式方案可覆盖更大的作业半径，实现节材、节能、节地的经济效益。

8 结论

钢壳板免拆模构件能够实现工厂预制及工业化规模生产，生产线自动化程度高并能根据建筑结构设计做柔性调整；生产周期短，无须养护，可高效解决当前市场环境订货周期过长的问题，缓解 PC 构件市场产能不足的困境；安装/组装标准化程度高，可有效降低工人劳动强度；生产制造、运输和施工环节浪费极少，所有的边角预料可循环使用。

钢壳板免拆模模壳采用复合冲孔钢板的纤维增强水泥板制作，材料力学性能与模壳腔体内部的后浇混凝土物理力学性能基本一致，在模壳内部设置的对拉钢筋起到抗剪钢筋的作用，保证模壳与后浇混凝土共同工作，因此模壳可作为混凝土构件的一部分，模板厚度可计入构件保护层厚度。

钢壳板免拆模构件为中空的预制件，可大幅度减小装配式建筑预制构件的重量，提高建筑构件的运输和安装效率。钢壳板免拆模构件受力性能等同于普通现浇钢筋混凝土楼板，防腐防潮，施工方便，外形美观，易于涂装，耐火极限为 1.5～2.0h，满足国家现行有关标准的要求。

钢壳板免拆模装配式建筑体系，可在一般民用和工业建筑结构中广泛使用，在当前节能减碳的大环境下极具社会效益和经济效益。

40 免模装配一体化钢筋混凝土装配式结构体系研发及实践

刘付钧，李盛勇，李定乾，黄忠海

［广州容柏生建筑结构设计事务所（普通合伙），广州容联建筑科技有限公司］

【摘要】 近年来，我国建筑行业大力推进建筑工业化。为解决钢筋混凝土装配式结构存在的连接整体性等问题，提出一种新型免模装配一体化建筑工业化结构体系（简称 PI 结构体系），阐述了 PI 结构体系的技术思路、构件的力学性能试验研究成果，以及在多高层建筑中的应用。研究及应用结果表明，该结构体系力学性能与现浇体系完全一致，安装简单、快捷，节约工期，具有广阔的应用前景。

【关键词】 装配式；PI 体系；免模；笼模构件；成型格网箍筋

1 引言

建筑工业化指用大工业的生产方式来建造房屋建筑，采用成套的标准构配件，集中在工厂进行大批量生产，在现场进行施工安装[1]。

目前，钢筋混凝土结构工业化的主要形式是预制构件装配式结构[2]（简称 PC 结构），且在国内外有大量的工程实践经验[3]。但随着应用的展开，PC 结构的不足之处如节点连接、自重大导致运输及吊装困难、造价偏高等亦逐渐显露，已成为钢筋混凝土装配式结构发展的瓶颈。为解决上述问题，本文提出了一种新型建筑工业化体系即免模装配一体化钢筋混凝土结构体系，简称 PI 结构体系。

2 PI 结构体系

2.1 笼模构件

钢筋混凝土构件主要由钢筋笼和混凝土构成，根据《混凝土结构设计规范》GB 50010-2010（2015 年版）[4]（下文简称《混规》），钢筋笼外部应留有一定厚度的混凝土保护层以满足耐久性要求。PI 结构体系的工厂预制件是将混凝土构件中的钢筋笼与保护层结合，形成中空、自平衡的预制构件，称为笼模构件，可应用于柱、梁、剪力墙等结构构件，如图 2-1、图 2-2 所示。结构构件的核心混凝土待笼模构件运输至施工现场安装完成后一次性浇筑形成整体，施工方式类似于钢管混凝土构件。

PI 结构体系混凝土构件箍筋采用焊接成型格网箍筋网片，即两向钢筋条分别以一定间距排列交接形成格网，全部交接点均通过符合特定要求的电阻压接焊形成焊接钢筋网片，如图 2-3 所示。成型格网箍筋是工业产品，可提高钢筋笼的制作精度和刚度。由图 2-1 可

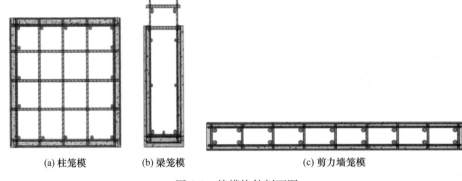

(a) 柱笼模　　　　　　(b) 梁笼模　　　　　　(c) 剪力墙笼模

图 2-1　笼模构件剖面图

(a) 柱笼模　　　　　　(b) 梁笼模　　　　　　(c) 剪力墙笼模

图 2-2　笼模构件

见，形成笼模构件时最外侧箍筋嵌入外壳保护层，保证了钢筋笼与外壳的紧密连接，并在外壳与核心混凝土的界面形成了抗剪键，确保新旧混凝土的共同工作。混凝土浇筑时笼模构件外壳充当模板，成型格网箍筋形成对拉螺栓，对外壳起到拉结支承作用，形成自平衡受力体系，满足施工阶段的受力要求。

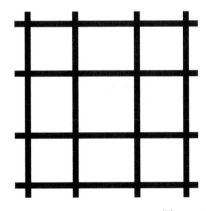

图 2-3　成型格网箍筋网片

2.2　构件拆分及组装

将钢筋混凝土结构按图 2-4 拆分为剪力墙笼模、柱笼模及梁笼模，在工厂生产形成预制的笼模构件。剪力墙笼模和柱笼模以层划分，一般每层一段（包括节点区）。

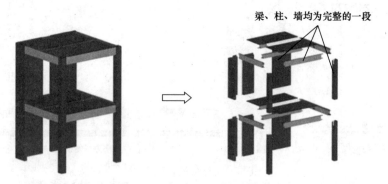

图 2-4　钢筋混凝土构件拆分

将成型的剪力墙、柱、梁笼模构件运输至工地现场进行吊装并安装叠合楼板，然后一次性浇筑笼模核心及叠合板后浇混凝土（图 2-5）。混凝土达到预定的强度后形成结构整体。

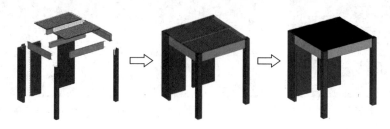

图 2-5　笼模组装及混凝土一次性浇筑

2.3　节点连接

PI 结构体系竖向构件纵筋采用搭接连接方式。下层墙柱笼模构件的纵向钢筋伸出端部适当向内弯折并与上层笼模构件的竖向钢筋直接搭接，纵向钢筋向内弯折的距离不应大于40mm，斜率不应大于 1/6；梁笼模构件在端部设置可移动钢筋，待梁笼模安装就位后，将临时固定在笼模内的支座钢筋水平移动至节点内预定位置即可满足梁钢筋支座锚固要求。连接节点构造大样图如图 2-6 所示。

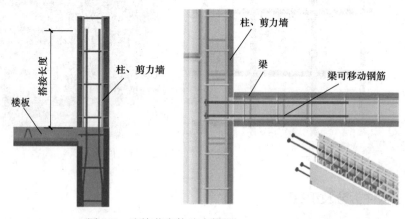

图 2-6　连接节点构造大样图

2.4   施工及支撑体系

PI 结构体系中预制笼模均为中空构件，其重量只有 PC 预制构件的 30％左右，可大大减轻运输、吊装负担，并且由于空腔的存在，构件安装更为便捷，只需要将构件对准就位后便可轻松实现连接。

预制笼模构件安装时，首先将竖向构件吊装就位，再通过斜撑及地脚螺栓与下层楼面固定；梁笼模构件吊装就位后通过梁底角钢及竖向支撑与竖向笼模构件连接；预制叠合板通过角钢等连接件与梁或竖向笼模构件连接，从而形成一个具有一定强度和刚度的稳定体系，可承担施工荷载。为提高施工安全系数，在梁、板底部设置少量独立支撑，支撑体系大幅简化。PI 结构施工支撑体系如图 2-7 所示。

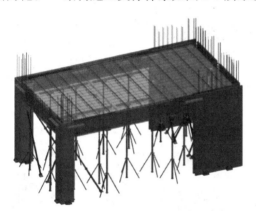

图 2-7   施工支撑体系

2.5   PI 结构体系优点

PI 结构体系的优点，主要体现为：

（1）解决装配式钢筋混凝土的连接安全性问题，整体力学性能与现浇结构一致；适用于各种结构体系及多层、高层、超高层结构。

（2）核心混凝土现场浇筑，结构防水性能与传统现浇混凝土结构基本一致，地下室外墙、卫生间、阳台等具有较高防水要求的部位亦可适用。

（3）结构构件全部采用工厂预制的剪力墙、柱、梁笼模和叠合楼板，实现了结构构件全装配，装配方式类似于钢管混凝土结构。

（4）预制笼模构件自重小，施工效率高，主体结构可实现 3～4d 一层。预制笼模构件安装完成后可承担施工荷载，大幅减少施工支撑，增强了施工安全性和便利性。

3   结构力学性能

3.1   成型格网箍筋力学性能研究

兼顾力学性能及制作工艺要求，成型格网箍筋可采用 CPB550、CRB550、HPB300、B400F 和 B500FB 等牌号钢筋。试验研究中，为偏于安全，选取其中伸长率较低的

CPB550 钢筋制作成型格网箍筋试件。

研究中采用与同配筋率的传统箍筋混凝土试件对比的方式，完成了 12 个梁试件、4 个剪力墙试件、16 个柱试件的试验研究[5-7]，加载方式分别为单向加载和往复加载，试验加载现场如图 3-1、图 3-2 所示，主要试验结果如图 3-3～图 3-5 所示。

图 3-1　梁单向及往复加载试验

图 3-2　剪力墙、柱单向及往复加载试验

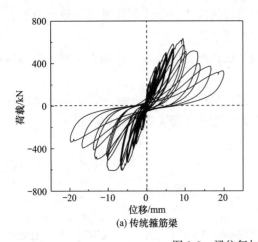

(a) 传统箍筋梁

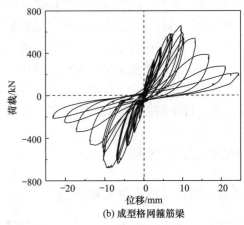

(b) 成型格网箍筋梁

图 3-3　梁往复加载试件滞回曲线

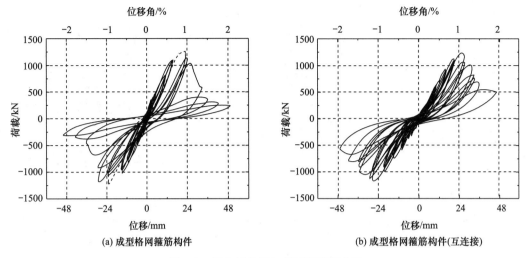

(a) 成型格网箍筋构件　　　　　　　(b) 成型格网箍筋构件(互连接)

图 3-4　剪力墙往复加载试件滞回曲线

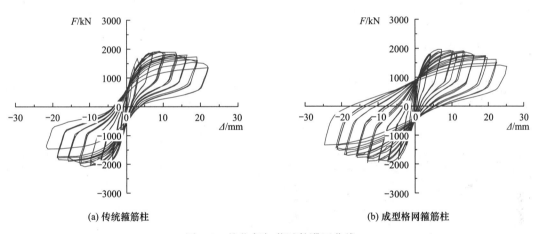

(a) 传统箍筋柱　　　　　　　　　(b) 成型格网箍筋柱

图 3-5　柱往复加载试件滞回曲线

试验结果表明：

（1）成型格网箍筋混凝土梁，在试件达到极限承载力前焊点保持完整，试件受剪承载力超过《混规》计算值，具有良好的抗震性能。

（2）成型格网箍筋混凝土柱的轴压承载力和压弯承载力均超过《混规》计算值，具有良好的轴压性能和抗震性能。

（3）成型格网箍筋混凝土剪力墙的受剪承载力超过《混规》计算值，具有良好的抗震性能。

3.2　成型格网箍筋焊点锚固试验研究

焊点锚固试验（图 3-6）包括焊点抗剪、钢筋拔出和成型格网箍筋锚固三类共 22 组试件，变化的参数有约束情况、埋入深度、钢筋直径等。

试验结果表明：

（1）光圆钢筋在混凝土中的粘结力远高于国际混凝土结构联合会（FIB）的《混凝土

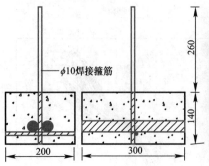

图 3-6　焊点锚固试验

结构模式规范（2010）》的估计值，有钢筋约束的条件下光圆钢筋的粘结力进一步提高，这对成型格网箍筋在构件中的受力性能有利。

（2）焊点在混凝土中的抗剪强度高于无约束条件下的抗剪强度，比成型格网箍筋出厂测试结果也有所提高，这有利于在构件中发挥成型格网箍筋的材料性能，保证构件的受力性能。

3.3　PI 构件受力分析及试验研究

采用与同配筋率的传统箍筋混凝土试件对比的方式，完成了 4 个剪力墙试件、4 个柱试件、2 个节点的试验研究，试验加载现场如图 3-7～图 3-9 所示，主要试验结果如图 3-10～图 3-12 所示。

图 3-7　剪力墙试件加载试验

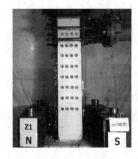

图 3-8　柱试件加载试验

图 3-9 梁柱节点试件加载试验

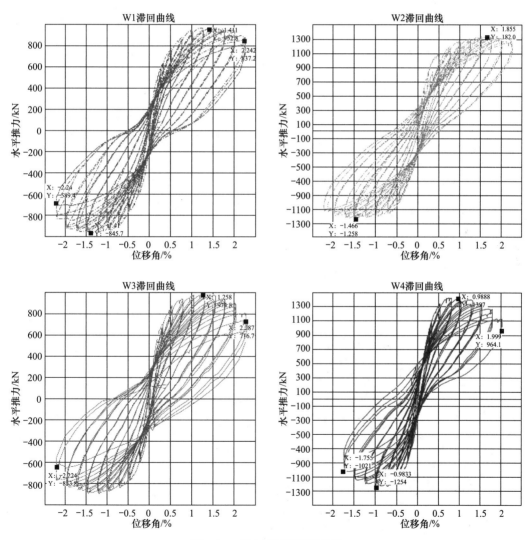

图 3-10 剪力墙试件滞回曲线

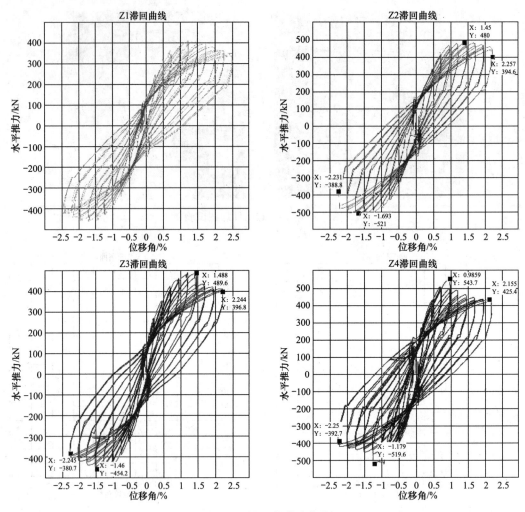

图 3-11　柱试件滞回曲线

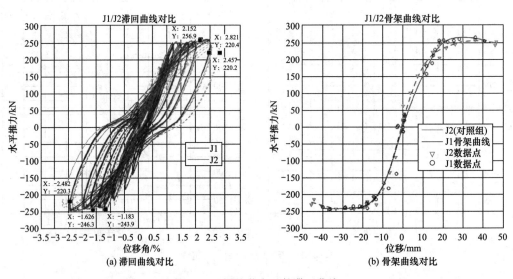

图 3-12　梁柱节点试件滞回曲线

试验结果表明：

（1）免模装配一体化构件与普通构件的承载能力基本持平，刚度甚至略有提升，耗能能力与现浇体系基本一致，说明 PI 结构技术保持了传统现浇结构的正常承载能力。

（2）从纵筋应变值分析来看，100％搭接的构件中，观察到纵筋应变值沿高度的分布有一定变化，显示了搭接段的影响，但仍能保证搭接纵筋之间的有效传力。

（3）当循环加载到出现较大位移时，免模装配一体化构件承载力下降略快，但延性系数仍满足抗震要求。

3.4 笼模受力分析及试验研究

笼模的钢筋笼与外壳之间的连接主要靠埋入外壳中的钢筋锚固作用，在笼模吊装和现场混凝土浇筑过程中，须保证钢筋笼与外壳之间的连接牢靠，特别是在现场浇筑笼模空腔体内的混凝土时，对外壳产生较大的侧向压力[8]，该侧向压力由成型格网箍筋对拉平衡，因此须确保外壳与成型格网箍筋之间的连接传力可靠。

为了研究成型格网箍筋与外壳之间的连接锚固能力，设计相应 1：1 试件探究其承载能力及破坏机制，试验通过垂直钢筋的拉拔来实现，如图 3-13 所示。

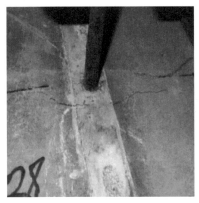
(a) 出现裂纹

(b) 薄板破坏

(c) 钢筋拔出

图 3-13　拉拔试验

试验结果表明，试件的抗拔承载力主要由混凝土与水平钢筋的粘结力、机械咬合力，以及拉筋伸入混凝土部分的粘结力与摩擦力三个部分组成。在此基础上提出了相应的设计方法[9]，以保证笼模构件施工阶段的受力可靠性。

4 PI 结构体系在多层建筑中的应用

以某 3 层办公楼项目为例。本项目总面积约 540m²，首层层高 4.0m，其余楼层层高 3.5m。采用框架-剪力墙结构体系，图 4-1、图 4-2 所示为 2 层建筑及结构平面图，包括了一字形剪力墙、L 形剪力墙、带端柱剪力墙、框架柱、框架梁、次梁、悬挑梁、悬挑板等目前工程中常见结构构件类型。项目施工现场如图 4-3 所示，结构施工 2d 一层，主体结构 6d 完成。

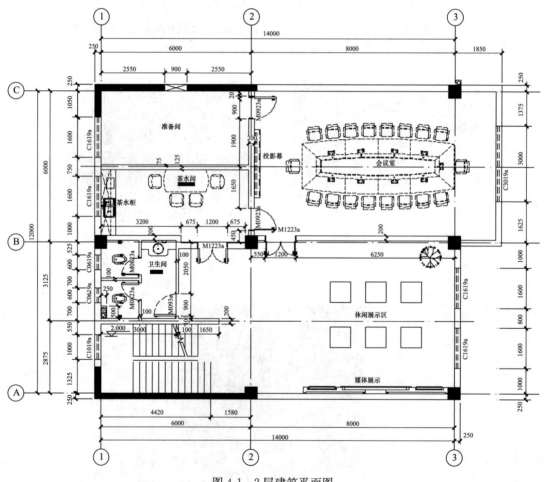

图 4-1 2 层建筑平面图

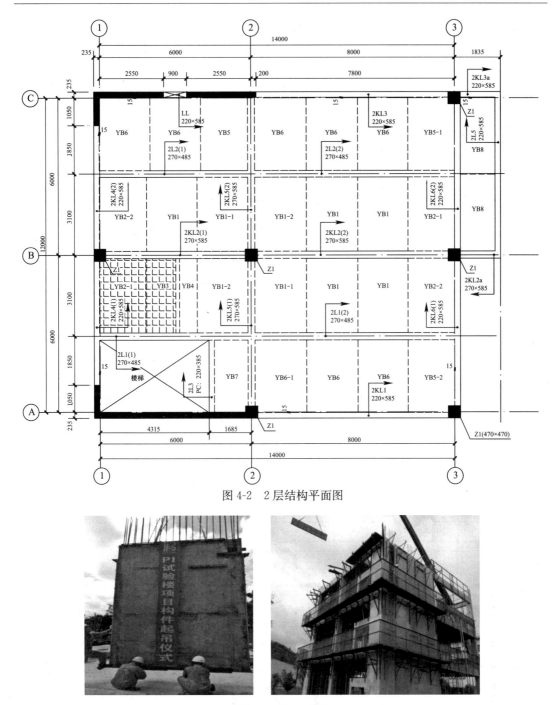

图 4-2　2层结构平面图

图 4-3　施工现场

5　PI 结构体系在高层建筑中的应用

5.1　工程概况

以佛山市南海区某项目为例。本项目为商业住宅项目，总建筑面积约 1.1 万 m^2，地下 1 层，地上 14 层。首层架空层层高 6.6m，2～14 层标准层层高 2.9m。采用剪力墙结构体系，抗震设防烈度为 7 度，2～14 层标准层全面采用免模装配一体化钢筋混凝土结构体系。图 5-1、图 5-2 所示为建筑及结构标准层平面图。

5.2 主要计算结果

本项目采用 YJK 计算软件对整体模型进行了分析，结构前三阶振型如图 5-3 所示，在风荷载及地震作用下的层间位移角如图 5-4 所示。

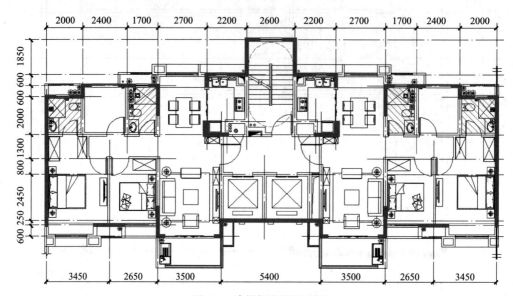

图 5-1 建筑标准层平面图

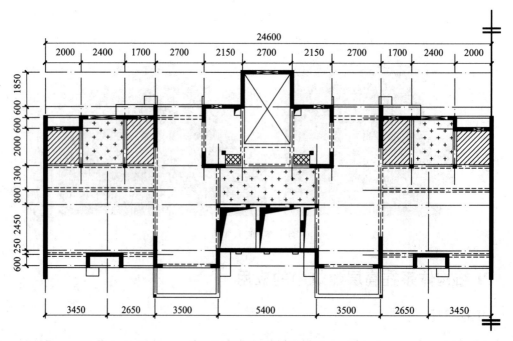

图 5-2 结构标准层平面图

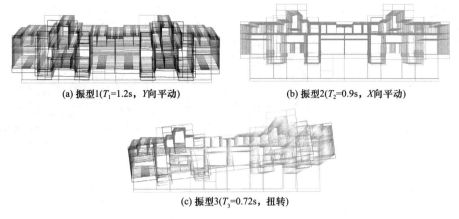

(a) 振型1(T_1=1.2s，Y向平动)　　(b) 振型2(T_2=0.9s，X向平动)

(c) 振型3(T_3=0.72s，扭转)

图 5-3　结构前三阶振型

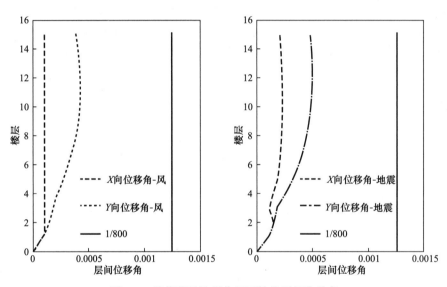

图 5-4　风荷载及地震作用下结构层间位移角

5.3　施工现场

PI 结构体系施工现场如图 5-5 所示，主体结构施工速度达到 3～4d 一层。

(a) 墙笼模吊装　　　　　(b) 梁笼模吊装　　　　　(c) 叠合板吊装

图 5-5　PI 结构体系施工现场（一）

(d) 混凝土浇筑   (e) 预制楼梯吊装   (f) 主体结构封顶

图 5-5　PI 结构体系施工现场（二）

6　小结

本文介绍了免模装配一体化钢筋混凝土结构体系关键技术、力学性能研究主要成果以及在多高层建筑中的应用。研究及实践结果表明，PI 结构体系解决了装配式混凝土结构连接安全性问题，力学性能与现浇结构一致，且施工便捷，工期节约，可大幅提高施工安全性，具有广阔的应用前景。

参考文献

[1]　住房和城乡建设部. 装配式混凝土建筑技术标准：GB/T 51231-2016 [S]. 北京：中国建筑工业出版社，2016.

[2]　住房和城乡建设部. 装配式混凝土结构技术规程：JGJ 1-2014 [S]. 北京：中国建筑工业出版社，2014.

[3]　黄小坤，田春雨，万墨，等. 我国装配式混凝土结构的研究与实践 [J]. 建筑科学，2018，34（9）：50-54.

[4]　住房和城乡建设部. 混凝土结构设计规范：GB 50010-2010（2015 年版）[S]. 北京：中国建筑工业出版社，2015.

[5]　崔明哲，刘付钧，樊健生，等. 焊接钢筋网钢筋混凝土剪力墙受剪性能试验研究 [J]. 建筑结构学报，2018，39（12）：39-47.

[6]　CUI M Z，NIE X，FAN J S，et al. Experimental study on the shear performance of RC beams reinforced with welded reinforcement grids [J]. Construction and Building Materials，2019（203）：377-391.

[7]　CUI M Z，FAN J S，NIE J G. Experimental and Numerical Study on the Shear Performance of RC Shear Walls Confined with Welded Reinforcement Grids [C]. 40th IABSE Symposium，Nantes，2018.

[8]　住房和城乡建设部. 建筑施工模板安全技术规范：JGJ 162-2008 [S]. 北京：中国建筑工业出版社，2008.

[9]　广州容联科技有限公司. PI 体系结构施工及验收标准 [S]. 广州，2018.

第 6 篇　减隔震设计及研究

41 高耸结构的变阻尼 TMD 减震（振）设计及振动台试验研究

区彤[1]，刘彦辉[2]，林松伟[1,2]，谭平[2]，刘雪兵[1]，刘淼鑫[1]，骆杰鑫[1]

（1. 广东省建筑设计研究院有限公司；2. 广州大学土木工程学院）

【摘要】 阐述了结构高度 168m、高径比 13.33 的高耸结构——景观塔的减震方案比选与结构选型原则；研发了一体化两级变阻尼电涡流调谐质量阻尼器，介绍了其创新特点与减振原理；对有控和无控结构进行了多遇地震作用下的地震反应分析；模拟了脉动风和横风共振时的风速时程，对有控和无控结构进行了脉动风与横风共振作用下的风振响应分析；得到了 TMD（调谐质量阻尼器）的减震（振）效果。设计制作了 1∶20 的振动台试验模型，进行自由衰减试验及不同地震波激励下的振动台试验，研究了不同幅值不同地震波激励下其加速度响应、位移响应、应变响应和层剪力的分布规律，验证了结构选型的合理性。结果表明，TMD 发挥了较好的减震效果，高耸结构的楼层加速度、层剪力、层位移均减小。设置 TMD 后，在 10 年一遇脉动风和横风作用下，顶层位移分别减小 34.3% 和 82.5%，顶点加速度分别减小 42.9% 和 80.8%；在 50 年一遇脉动风作用下，楼层位移和顶层加速度分别减小 43.04% 和 32.44%；在 100 年一遇脉动风作用下，楼层位移和顶层加速度分别减小 32.23% 和 23.23%。振动台试验结果表明，高耸结构在多遇地震作用下底部混凝土筒体没有出现拉应力，均处于受压状态；在设防烈度地震作用下，底部混凝土筒体出现拉应力，但比较小；在罕遇地震作用下，混凝土筒体最大拉应变为 108.1με，混凝土开裂。高耸型钢钢筋混凝土筒体结构具有良好的抗震性能，能应用于大高宽比高耸结构，型钢与混凝土能协同工作，应变相差较小，钢筋混凝土墙主要受倾覆弯矩影响；在多遇地震和罕遇地震作用下层间位移角满足规范抗震要求。航管塔、气象塔等设备要求高的高耸结构，适合采用 TMD 作为减震（振）措施。

【关键词】 高耸结构；变阻尼；TMD；减震；减振；振动台

1 引言

高耸结构设置调谐质量阻尼器可以耗散结构震动能量，减小结构动力响应，因此高耸结构震动控制性能研究一直是抗震和设计领域的热点[1-3]。欧进萍等[4] 研究了高层建筑设置混合调谐质量阻尼器附加阻尼比计算设计方法，并给出了控制系统最优参数和附加等效阻尼比的推导公式。李爱群等[5] 设计了适应自立式高耸结构的环形 TMD、TLD 和 TL-CD 三种调频阻尼装置，并给出这些阻尼装置的力学模型。方蓉等[6] 研究了结构的高阶振型对烟囱类高耸结构的地震响应影响规律，并给出了高耸结构单阶振型贡献率推导计算公式等。大量学者对设置调谐质量阻尼器的高耸或高层结构做了试验及数值研究，陈政清等[7] 研制了耐久性更好的永磁式电涡流调谐质量阻尼器，并通过试验研究得出该新型阻尼器具有良好的阻尼性能。田欢等[8] 制作了一个设置有调谐质量阻尼器的结构试验模型，研究了简谐激励和地震波作用下调频质量阻尼器减震效果。卜国雄[9] 以广州新电视塔为研究对象，进行了相关调谐质量阻尼器试件的振动台试验，给出了相关特性研究结果，并进行了相关调谐质量阻尼器的动力可靠度分析和能量平衡分析。众多学者研究结果表明，高耸结构应用减震（振）技术可有效提高结构性能。

本文以高耸结构——肇庆景观塔为例，研发了一体化两级变阻尼电涡流调谐质量阻尼器，介绍了其创新特点与减震（振）原理；对有控和无控结构进行了多遇地震作用下的地震反应分析；模拟了脉动风和横风共振时的风速时程，进行了脉动风与横风共振作用下的风振响应分析，得到了 TMD 在 10 年一遇风荷载、50 年一遇风荷载和 100 年一遇风荷载作用下的减振效果；设计制作了 1∶20 的振动台试验模型，提出了考虑重力完全相似模型的设计方法及实现策略，进行自由衰减试验及不同地震波激励下的振动台试验，研究了不同幅值不同地震波激励下其加速度响应、位移响应、应变响应和层剪力的分布规律，评估了结构的抗震性能。

2　工程概况

本高耸结构坐落于广东省肇庆市肇庆新区环路与上广路交接处（图 2-1），东邻肇庆新区体育中心，南邻长利涌，建筑面积约 1.9 万 m^2，建筑总高度为 168.9m。地下 1 层为综合管廊展厅，层高 6m。地上 32 层，其中 1～4 层为裙房，为城市展览厅和多功能报告厅，层高 6m；5～32 层为塔楼，上方有观光层和消防水箱层，塔顶是直升机停机坪，主要层高 5.5m，局部层高 4～6m。

(a) 效果图　　　　　　　　　　(b) 实景

图 2-1　高耸结构

结构设计基准期为 50 年，安全等级为二级，抗震设防烈度为 7 度（0.1g），设计地震分组为第一组，建筑场地类别为Ⅲ类，属于岩溶地质，场地特征周期为 0.45s。建筑抗震设防分类为丙类。10 年、50 年和 100 年重现期基本风压 w_0 分别为 $0.30\mathrm{kN/m^2}$、$0.50\mathrm{kN/m^2}$ 和 $0.60\mathrm{kN/m^2}$，地面粗糙程度分类为 B 类。

3　减振方案与结构选型

高耸结构高度为 168m，核心筒直径为 12.6m，高宽比为 13.33，体形纤细，建筑造型较为独特，属于风敏感结构。由于肇庆市位于我国东部沿海地区，常年遭受台风吹袭，该塔在强风作用下将产生很大振动，塔体顶部最大加速度远远超过规范规定的最大加速度限值，不满足风振舒适度要求。设计确立了结构需采取振动控制的思路。高耸结构以弯曲变形为主，结构基本周期约为 6.1s，最优方案是安装方便、造价较低、控制效果较好的被动调谐质量阻尼器。

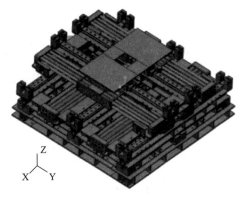

图 3-1　两级变阻尼电涡流
调谐质量阻尼器

本工程利用 258t 的消防水箱作为调谐质量阻尼器的质量块，研发了一体化两级变阻尼电涡流调谐质量阻尼器[10]，如图 3-1 所示。这种新型 TMD 由 4 个双向滑轨支撑和 4 个电涡流阻尼单元组成，在滑轨支撑的框架里设置线性弹簧提供恢复力，在相邻滑轨之间间隔布置电涡流阻尼单元，阻尼单元的铜板与支撑系统上表面连接，阻尼单元的磁钢与水箱下表面相连。当结构产生振动时，铜板在磁场中切割磁感线产生电涡流，电涡流形成的涡流场与磁场相互作用，产生的洛伦兹力阻碍铜板与磁场的相互运动，且由于铜板的电阻作用，使结构动能转化为热能，产生阻尼效应。该阻尼器具有力学性能稳定、精度控制高和免维护的特点。

基于确立的 TMD 减振方案进行结构选型，建立了 10 个对比模型，分别对钢板剪力墙方案、在不同楼层设置钢支撑的钢板剪力墙＋钢支撑方案、钢框架＋钢支撑方案、不同加强部位的钢筋混凝土筒体等方案进行分析，计算模型如图 3-2 所示。最终选定第一质量参与系数高且基底无零应力区的结构体系，即钢筋混凝土筒体＋顶部外钢框架，如图 3-2（g）所示。

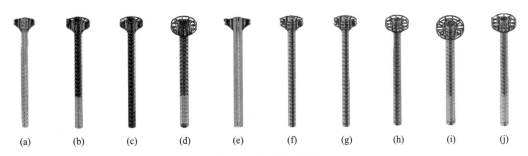

(a)　(b)　(c)　(d)　(e)　(f)　(g)　(h)　(i)　(j)

图 3-2　对比计算模型

(a) 钢板剪力墙＋钢支撑方案；(b)～(d) 钢板剪力墙、钢筋混凝土剪力墙＋钢支撑方案；
(e) 钢框架＋钢支撑方案；(f)～(j) 钢筋混凝土筒体方案

4 减震效果分析

4.1 计算模型

图 4-1 三维有限元模型

采用 ETABS 软件建立了精细化有限元模型，研究高耸结构设置调谐质量阻尼器的减震性能[11]，有限元模型如图 4-1 所示。数值模型的激励地震波采用人工波（RH2TG045）、天然波 1（TH002TG045）和天然波 2（TH121TG045）。

调谐质量阻尼器参数基于实际工程阻尼器参数，采用 Den Hartog 提出的不考虑主结构阻尼的调谐质量阻尼器最优参数设计方法设计。阻尼器数值模型参数见表 4-1。模拟有控模型时，数值模型考虑水箱质量和电涡流阻尼器的共同作用；模拟无控模型时，不考虑调谐质量阻尼器的作用，但原结构水箱荷载不变。高耸结构平面各方向动力特性较接近，数值研究结果仅给出模型抗侧较弱一侧单方向结构减震性能对比。

阻尼器数值模型参数 表 4-1

质量/t	质量比/%	频率比/%	阻尼比/%	阻尼系数/(kN·s/m)	刚度系数/(kN/m)
258	2.92	97	10.31	53.25	258.53

4.2 计算结果分析

无控模型与有控模型在不同地震波作用下的加速度对比如图 4-2 所示。可以看出，该高耸结构试件设置调谐质量阻尼器后，在人工波作用下加速度响应的减震率最大达到 17%，在天然波 1 作用下加速度响应的减震率最大达到 16%，在天然波 2 作用下加速度响应的减震率最大达到 15%。可见结构设置调谐质量阻尼器后发挥了较好的加速度响应减震性能。

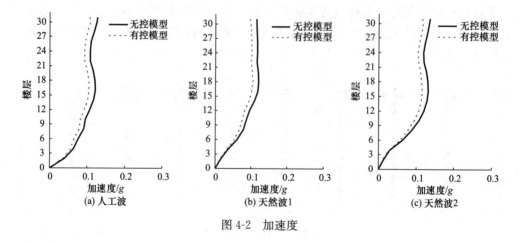

图 4-2 加速度

无控模型与有控模型在不同地震波作用下的楼层剪力对比如图 4-3 所示。可以看出，该高耸结构试件设置调谐质量阻尼器后，在人工波作用下楼层剪力响应的减震率最大达到15％，在天然波 1 作用下楼层剪力响应的减震率最大达到 6％，在天然波 2 作用下楼层剪力响应的减震率最大达到 8％。可见结构设置调谐质量阻尼器后可较好地减小楼层剪力响应。

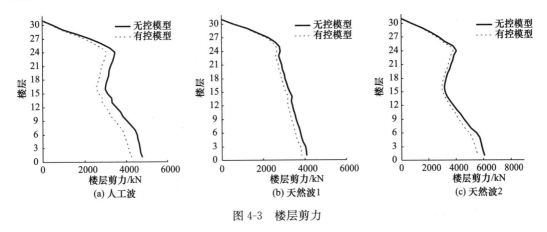

图 4-3　楼层剪力

无控模型与有控模型在不同地震波作用下的楼层位移对比如图 4-4 所示。可以看出，该高耸结构试件设置调谐质量阻尼器后，在人工波作用下楼层位移响应的减震率最大达到15％，在天然波 1 作用下楼层位移响应的减震率最大达到 13％，在天然波 2 作用下楼层位移响应的减震率最大达到 17％。可见设置调谐质量阻尼器的整体楼层位移响应减震效果较好。

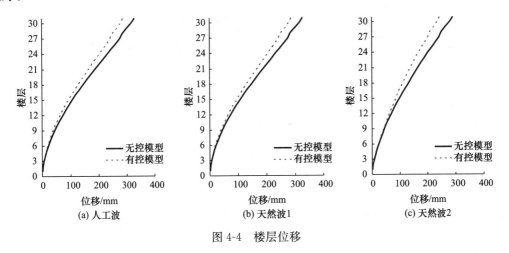

图 4-4　楼层位移

5　结构风振控制

5.1　顺风向脉动风速时程

采用 AR 模型模拟多维风速时程[12]，在时域范围内对高耸结构进行精确的风振响应分析，评价 TMD 的减振控制效果。M 个相关的随机风过程可表示为：

$$\begin{cases} u(t) = \sum_{k=1}^{p} [\psi_k][u(t-k\Delta t)] + [N(t)] \\ [u(t-k\Delta t)] = [u^1(t-k\Delta t) \quad \cdots \quad u^M(t-k\Delta t)]^{\mathrm{T}} \\ [N(t)] = [N^1(T) \quad \cdots \quad N^M(T)]^{\mathrm{T}} \end{cases}$$

式中，$N^i(T)$ 为零均值正态分布随机过程，$i=1$，$2\cdots M$；$[\psi_k]$ 为回归系数的 $M \times M$ 阶矩阵，$k=1$，$2\cdots p$，p 为自回归阶数；$u^i(t)$ 与 $u^i(t-k\Delta t)$ 为零均值随机平稳过程。

本项目采用广泛应用的 Davenport 风速谱[13] 模拟脉动风速时程，考虑风速高度转换系数等影响，将不同高度处的风荷载平均分配到各节点。Davenport 风速谱公式如下：

$$S_v(n) = \sigma_u^2 \frac{4X_0^2}{6n(1+X_0^2)^{4/3}}$$

$$X_0 = \frac{L_u(z)n}{\overline{V}_{10}}$$

式中，$L_u(z)$ 为湍流积分尺度，取 1200；σ_u 为脉动风速根方差；n 为脉动风频率；$\overline{V}_{10}$ 为 10m 高度处的平均风速。

采用 MATLAB 软件建立高耸结构分析模型，并沿结构高度方向生成了竖向各点的脉动风速时程曲线[10,14-15]。高耸结构顶部 10 年一遇脉动风荷载时程曲线如图 5-1 所示，理论脉动风速谱与模拟的脉动风速谱拟合情况如图 5-2 所示，由图可知模拟风速功率谱与理论功率谱拟合良好。

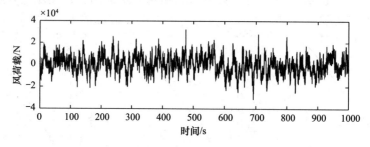

图 5-1　10 年一遇脉动风荷载时程曲线

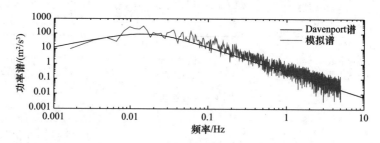

图 5-2　理论脉动风速谱与模拟的脉动风速谱拟合情况

5.2　横风向风荷载取值

高耸结构横风荷载的相关参数见表 5-1。可以看出，各层的雷诺数 $R_e > 3.5 \times 10^6$，结构处于跨临界范围，发生第 1 振型的横风共振[16]。结构产生共振，结构的自振频率控制住了旋涡脱落频率，在锁定区其共振频率不变，风速会提高 1.3～1.4 倍，本项目取 1.4Hz。

高耸结构横风荷载参数 表 5-1

楼层	标高/m	层高/m	直径 D/m	升力系数 μ_L	风压高度变化系数 μ_z	斯特劳哈尔数 S_l	尾流脱落频率 n_s	风速 V/(m/s)	雷诺数 R_e/($\times 10^6$)
32	167.40	3.90	12.60	0.25	2.46	0.2	0.1642	10.34	8.99
31	163.50	6.00	32.60	0.25	2.44	0.2	0.1642	26.77	60.22
30	157.50	5.40	27.40	0.25	2.42	0.2	0.1642	22.50	42.54
29	152.10	3.00	23.80	0.25	2.39	0.2	0.1642	19.54	32.09
28	149.10	5.40	19.40	0.25	2.37	0.2	0.1642	15.93	21.32
1～27	143.70	5.40	12.60	0.25	2.35	0.2	0.1642	10.34	8.99

不同工况下结构发生第 1 振型横风共振的风速最大值见表 5-2。当第 30 层共振时，其 1.4 倍的临界风速为 37.47m/s，大于 10 年一遇横风荷载作用下第 30 层的风速 34.28m/s，故 10 年一遇横风作用下验算舒适度时风速取 34.28m/s，此时共振楼层为 28～30 层。50 年一遇横风荷载作用下，仅有 30 层发生共振，共振时风速为 37.47m/s。横风共振时，可重点对 10 年一遇风荷载进行研究，10 年一遇横风共振时第 30 层的风荷载时程曲线如图 5-3 所示。

不同工况下的结构第 1 振型横风共振的风速最大值/(m/s) 表 5-2

风速	28 层	29 层	30 层	31 层
1 倍临界风速	19.54	22.50	26.77	10.34
1.4 倍临界风速	27.36	31.49	37.47	14.48
10 年一遇风荷载风速	33.87	34.06	34.28	34.40
50 年一遇风荷载风速	47.74	47.89	48.16	48.47
28 层共振风速时	27.36	27.51	27.69	27.79
29 层共振风速时	31.32	31.49	31.70	31.81
30 层共振风速时（10 年一遇风荷载）	33.87	34.06	34.28	34.40
30 层共振风速时（50 年一遇风荷载）	37.02	37.23	37.47	37.60

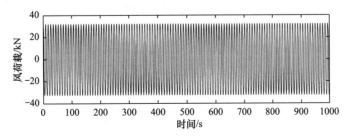

图 5-3 10 年一遇横风共振时第 30 层风荷载时程曲线

5.3 TMD 的设计参数

高耸结构塔身规则，刚度均匀，影响结构风振控制仿真分析结果的是前几十阶振型，为此在 MATLAB 软件中编制了串联多自由度简化模型的动力分析程序，进行该简化模型的分析，结构前 8 阶模态对应的模态质量见表 5-3。高耸结构的风致振动以第 1 阶模态响应为主，利用水箱质量作为 TMD 的调谐质量，用于控制结构水平向的第 1 阶模态响应。

结构前 8 阶模态对应的模态质量　　　　　　　　表 5-3

模态	1	2	3	4	5	6	7	8	9
模态质量/t	8844.0	8758.9	9629.7	9695.8	8929.8	8975.9	9298.2	9110.1	10026.3

TMD 参数的选取对 TMD 的控制效果有决定性的影响，本文采用 Den Hartog[17] 提出的不考虑主结构阻尼的 TMD 最优参数设计方法。两级变阻尼电涡流调谐质量阻尼器第一级阻尼行程为 $0 \sim \pm 200mm$，第二级阻尼行程为 $\pm 200 \sim \pm 900mm$。TMD 设计参数见表 5-4。

TMD 设计参数　　　　　　　　表 5-4

方向	质量/ t	质量比/ %	频率比/ %	圆频率/ (rad/sec)	阻尼比/ %	刚度系数/ (kN/m)	阻尼系数/(kN·s/m)	
							振幅±0.2m	振幅±0.9m
X 向	258	2.92	97.17	1.001	10.31	258.53	53.25	159.8
Y 向	258	2.95	97.14	1.005	10.36	260.41	53.69	161.7

5.4　无控结构风振相应分析

高耸结构塔身为圆柱体，外荷载激励下结构 X 向、Y 向反应规律相似，本文主要分析 X 向计算结果。随着楼层增高，风荷载作用下的结构位移和加速度响应峰值越来越大，28～31 层计算结果见表 5-5。可以看出，在 10 年一遇顺风向脉动风作用下，结构加速度最大值为 $121.14mm/s^2$，满足要求[18]；在 50 年一遇顺风向脉动风作用下，其加速度最大值为 $230.86mm/s^2$。可见高耸结构对于抵御顺风向脉动风荷载的作用非常有效。

顺风向脉动风作用下结构 X 向位移和加速度响应峰值　　　　表 5-5

楼层号	10 年一遇顺风向脉动风		50 年一遇顺风向脉动风		100 年一遇顺风向脉动风	
	位移/mm	加速度/(mm/s²)	位移/mm	加速度/(mm/s²)	位移/mm	加速度/(mm/s²)
28	80.31	94.87	170.10	187.77	214.33	219.17
29	84.43	104.00	178.89	202.53	225.37	235.22
30	89.00	114.23	188.66	219.85	237.63	256.18
31	91.97	121.14	195.00	230.86	245.59	271.06

10 年一遇横风向风荷载共振作用下，28～31 层结构 X 向位移和加速度响应峰值见表 5-6。可以看出，位移和加速度随着楼层的增高而增大。10 年一遇横风共振时，28～31 层加速度均大于 $250mm/s^2$ 的舒适度要求[18]，结构顶层加速度响应峰值更是达到 $305.23mm/s^2$，远大于规范限值[18]。10 年一遇风荷载的频遇概率远大于 50 年一遇风荷载和 100 年一遇风荷载，因此把 10 年一遇风荷载的舒适度作为减振目标。

楼层号	位移/mm	加速度/(mm/s²)
28	244.81	265.51
29	257.57	279.50
30	271.76	295.08
31	280.97	305.23

5.5 10 年一遇风荷载 TMD 减振分析

高耸结构塔身为圆柱体，外荷载激励下结构 X 向、Y 向反应规律相似，主要分析 X 向计算结果。10 年一遇脉动风、横风共振作用下，TMD 的最大行程为 201mm，在一级阻尼行程范围内，X 向楼层位移和顶点加速度控制效果分别如图 5-4、图 5-5 所示。从图 5-4 可以看出，采用 TMD 控制后，楼层位移明显减小，减振效果随楼层的增高而增大。脉动风与横风共振作用下，X 向顶层位移分别减小 34.3% 和 82.5%。从图 5-5 可以看出，设置 TMD 后，顶点加速度明显减小，脉动风与横风共振作用下，顶点加速度最大值分别为 57.78mm/s² 和 57.46mm/s²，均满足规范要求。比无控结构相比，顶点加速度最大值分别减小 42.9% 和 80.8%。可见，TMD 明显减小了 10 年一遇风荷载作用下的结构响应，横风共振下的减振效率优于脉动风作用。

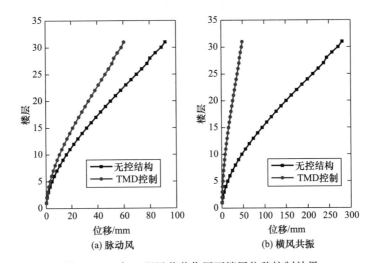

图 5-4   10 年一遇风荷载作用下楼层位移控制效果

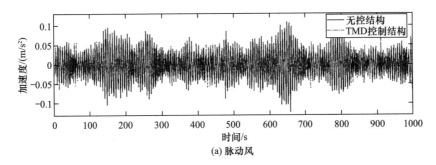

图 5-5   10 年一遇风荷载作用下顶点加速度控制效果（一）

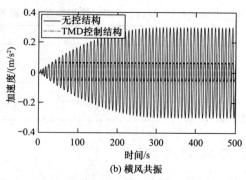

(b) 横风共振

图 5-5　10 年一遇风荷载作用下顶点加速度控制效果（二）

5.6　50 年一遇风荷载 TMD 减振分析

　　受限于消防水箱层的空间布局，需控制 50 年一遇风荷载、100 年一遇风荷载及地震作用下的 TMD 行程。因此，设计了一体化两级变阻尼电涡流调谐质量阻尼器控制系统，使 TMD 在 50 年一遇风荷载、100 年一遇风荷载及地震作用下，增大阻尼比，牺牲一定控制效果，确保将 TMD 装置的行程限制在允许范围内。第一级阻尼的 TMD 行程为 $0 \sim \pm 200\mathrm{mm}$，第二级阻尼取 3 倍第一级阻尼，即 TMD 行程为 $\pm 200 \sim \pm 900\mathrm{mm}$。50 年一遇脉动风作用下，无控结构和 TMD 控制结构 X 向楼层位移与楼层加速度响应峰值如图 5-6 所示。可以看出，采用 TMD 控制后，楼层位移和加速度峰值明显减小，减振效果随楼层的增高而增大；楼层位移、加速度峰值最大分别减小 43.04% 和 32.44%。无控结构顶点加速度接近规范限值；有控结构顶点加速度最大值为 $156\mathrm{mm/s^2}$，远小于规范限值。可见在 50 年一遇脉动风作用下，TMD 减振效果良好。

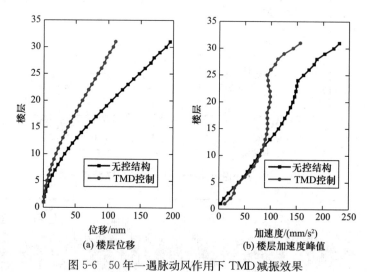

(a) 楼层位移　　　　　　　　(b) 楼层加速度峰值

图 5-6　50 年一遇脉动风作用下 TMD 减振效果

5.7　100 年一遇风荷载 TMD 减振分析

　　100 年一遇脉动风作用下无控结构和 TMD 控制结构 X 向楼层位移与楼层加速度响应峰值如图 5-7 所示。可以看出，采用 TMD 控制后，楼层位移和加速度峰值明显减小，减振效果随楼层的增高而增大；楼层位移、加速度峰值分别减小 32.23% 和 26.23%。无控结构顶加速度峰值为 271mm/s^2，不满足舒适度要求；有控结构顶点加速度峰值为 199mm/s^2，满足规范要求。可见在 100 年一遇脉动风作用下，TMD 减振效果良好。

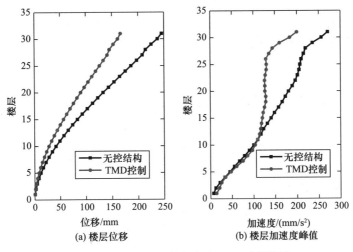

图 5-7　100 年一遇脉动风下 TMD 减振效果

100 年一遇脉动风作用下 TMD 的力-位移滞回曲线如图 5-8 所示。可以看出，两级变阻尼电涡流调谐质量阻尼器可以自由切换，X 向、Y 向最大阻尼力分别为 37.5kN、37.1kN，最大行程分别为 347.99mm、345.42mm。

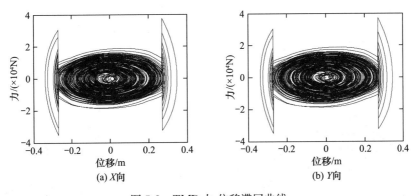

图 5-8　TMD 力-位移滞回曲线

6　振动台试验研究

6.1　试验高耸结构概况及试验模型

为了研究高耸结构的抗震性能，在广州大学工程抗震研究中心开展了振动台试验[19]。高耸结构型钢钢筋混凝土筒体墙厚 600mm，钢筋混凝土墙暗柱中设置 H 型钢，规格为 H300mm×300mm×20mm×22mm，其他为普通钢筋混凝土暗柱，在 26 层和 30 层之间，钢筋混凝土筒均匀布置 16 根型钢柱，型钢规格为 H350mm×300mm×20mm×22mm；27

层为设置外悬臂钢框架的转换层，在钢筋混凝土型钢柱外伸斜钢管柱，支撑上部外钢框架结构。基于地震模拟振动台的负载能力、平面尺寸，以及不同配比的微粒混凝土能达到的弹性模量，确定模型与原型尺寸长度相似系数为 1/20，弹性模量相似系数为 1/4。采用相似理论，得到的考虑重力完全相似的模型与原型相似关系如表 6-1 所示。

图 6-1 所示为首层（1~4 层结构相同）和标准层结构平面图，图中 1 号代表型钢 1；图 6-2 所示为型钢钢筋混凝土暗柱 YBZ01 和 YBZ11 的配筋图，YBZ01、YBZ11 和 YBZ12（篇幅关系，钢筋布置图未给出）分别配 30 根、59 根和 38 根 ϕ25 钢筋。型钢钢筋混凝土筒体墙 Q1 布置 3 层钢筋，垂直分布筋外层、中间层和内层钢筋分别为 ϕ20@140、ϕ20@145 和 ϕ20@150，水平分布钢筋为 ϕ16@150。墙 Q2 和 Q3 配筋相同，布置 2 层钢筋，内层和外层垂直分布筋和水平分布筋均为 ϕ12@150。墙 Q1g 布置 3 层钢筋，垂直分布筋外层、中间层和内层钢筋均为 ϕ12@150，水平分布筋为 ϕ14@150。剪力墙拉结筋均为 ϕ8@450×450。钢筋混凝土外筒施工如图 6-3 所示，转换处外钢框架与型钢混凝土外筒连接施工如图 6-4 所示，配重前试验模型和配重后试验模型分别如图 6-5、图 6-6 所示。

模型与原型的相似关系　　　　　　　　　　　　表 6-1

内容	符号	模型/原型	内容	符号	模型/原型
尺寸	L	1/20	应力	σ	1/4
弹性模量	E	1/4	应变	ξ	1
加速度	a	1	力	F	1/1600
质量	m	1/1600	刚度	K	1/80
时间	t	1/4.47	密度	ρ	5
频率	f	1/0.22	能量	EN	1/1000
速度	v	1/4.47	阻尼系数	C	1
位移	w	1/20	—	—	—

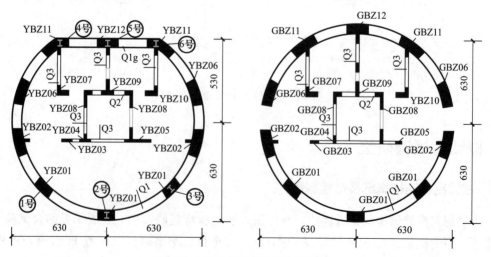

图 6-1　首层、标准层结构平面图

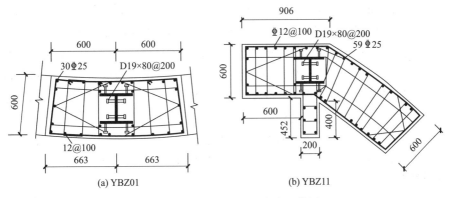

图 6-2　型钢钢筋混凝土暗柱配筋图

(a) YBZ01

(b) YBZ11

图 6-3　钢筋混凝土外筒施工

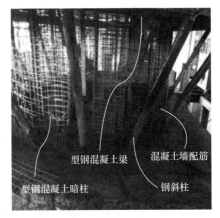

图 6-4　外钢框架连接位置施工

图 6-5　配重前试验模型

图 6-6　配重后试验模型

6.2　试验方案

先进行自由衰减试验，测试结构的动力特性，包括阻尼比和结构的基本周期；然后进行结构地震作用下的抗震性能试验。在水平和竖向分别输入白噪声（频带 0.1～40Hz）加速度时程，进行结构的模态测试，输入白噪声加速度时程峰值为 0.35m/s²，测试模型前几阶的自振周期，与原型三维有限模型计算的自振周期比较，判定试验模型是否与原型动力特性一致。地震波选用 2 条天然波和 1 条人工波，3 条地震波时程的反应谱与规范反应谱比较如图 6-7 所示，由图可知，3 条波反应谱的平均值与规范反应谱值相差在 20％以内，符合规范要求。分别进行 7 度多遇地震、设防烈度地震和罕遇地震作用下的地震模拟振动台试验，输入地震模拟振动台加速度峰值分别为 0.035g、0.1g 和 0.22g，输入方向分别为水平 X 向输入、Y 向输入、X 向和 Y 向同时输入、Z 向单独输入，以及 X 向、Y 向和 Z 向同时输入，共计 48 个试验工况。

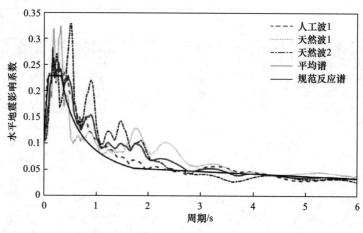

图 6-7　加速度时程反应谱曲线

6.3　试验结果分析

6.3.1　结果自振特性对比

图 6-8 所示为白噪声加速度时程输入时试验模型顶层 X 向和 Y 向加速度响应的自功率谱图。根据图 6-8 可得到 X 向第 1 阶和第 2 阶周期为 1.342s 和 0.206s，Y 向第 1 阶和第 2 阶周期为 1.307s 和 0.196s。图 6-9(a) 所示为在结构顶部 X 向给定结构初始位移，自由衰减的加速度响应的自功率谱图，根据图 6-9 可得到 X 向第 1 阶周期为 1.389s，自由衰减试验和白噪声加速度时程输入获得的结构第 1 阶周期相差 3.5％，两种试验方法的结果基本一致。根据时间相似比，得到的原型结构 X 向第 1 阶和第 2 阶周期为 5.999s 和 0.921s，Y 向第 1 阶和第 2 阶周期为 5.842s 和 0.876s。原型结构三维有限元模型参见图 4-1，通过有限元分析获得的 X 向第 1 阶和第 2 阶周期为 6.103s 和 0.897s，Y 向第 1 阶和第 2 阶周期为 6.077s 和 0.893s。试验模型与三维有限元模型相比，X 向第 1 阶和第 2 阶周期误差为 1.708％、2.656％，Y 向第 1 阶和第 2 阶周期误差为 3.862％、1.890％。由此可见，试验模型与有限元模型周期结果基本一致，试验模型能较好地反映原型结构的动力特性。同时，比较图 6-8(a) 和图 6-9(a) 可知，白噪声加速度时程激励时，激发了结构的多阶振动，而给结构顶部施加初始位移的自由衰减试验，仅仅激发了结构的第 1 阶振动，只能识别结构的基频。

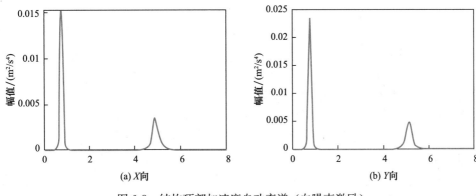

图 6-8　结构顶部加速度自功率谱（白噪声激励）

6.3.2　阻尼比分析

　　结构的阻尼比是结构的重要动力特性参数，是结构抗震设计、抗风设计和风振下舒适度验算的重要取值参数。通过自由衰减试验，可精确获得结构第 1 周期的阻尼比，从图 6-9（a）可以看出，自由衰减为第 1 阶周期振动，图 6-9（b）所示为在结构顶部 X 向给定结构初始位移自由衰减的加速度响应时程，第 1 个循环周期加速度峰值为 $0.460\mathrm{m/s^2}$，衰减 8 个周期后加速度峰值为 $0.250\mathrm{m/s^2}$，计算获得结构第 1 周期阻尼比为 1.123%。可见，该型钢钢筋混凝土筒体结构阻尼比小于规范规定的钢筋混凝土结构阻尼比 5%[18] 和钢-混凝土混合结构阻尼比 4%[18]，主要是由于高耸型钢钢筋混凝土外筒体结构高宽比（长细比）较大，为弯曲变形结构，且结构构件基本为钢筋混凝土剪力墙，构件内部耗能较小；同时，试验模型没有砌筑砌体围护结构，实际结构阻尼比应略高于测试的阻尼比。但是，偏于安全地，建议对此类高耸型钢钢筋混凝土外筒体结构抗震设计、抗风设计和风振下舒适度验算阻尼比取 1.1% 及以下。

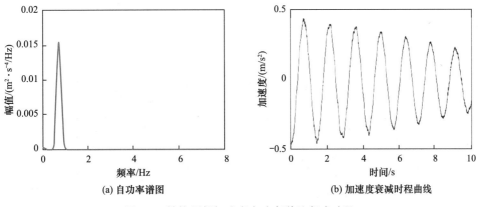

图 6-9　结构顶部加速度自功率谱及衰减时程

6.3.3　加速度响应分析

　　图 6-10～图 6-12 分别为多遇地震、设防烈度地震和罕遇地震不同地震波作用下加速度响应的包络图。从图 6-10 可以看出，无论是 X 向还是 Y 向，结构的加速度响应在结构的中下部最大，而不是在结构的顶部。楼层加速度从下向上先变大，在第 9 层后楼层加速

度响应变小，在 29 层后又变大，各楼层加速度放大系数均值基本大于 1，楼层 X 向和 Y 向加速度放大系数最大值平均值分别为 1.72 和 1.66，均在第 9 层，X 向和 Y 向加速度放大系数基本相同。从图 6-11 和图 6-12 可以看出，在 Y 向楼层加速度响应的总体规律是底部加速度响应大，随着高度的增加，楼层的加速度响应减小，这意味着在 Y 向，各楼层的加速度放大系数基本小于 1，随着高度的增加，加速度放大系数减小；X 向加速度响应总体规律与 Y 向基本相同，但加速度放大系数大于 Y 向加速度放大系数。

比较图 6-10～图 6-12 可知，随着输入地震波加速度峰值的增加，加速度响应分布规律发生了明显的改变，结构加速度响应包络图形状也发生了变化，各楼层加速度放大系数变小。在多遇地震作用下，各楼层加速度放大系数平均值基本大于 1；在设防烈度地震和罕遇地震作用下，各楼层加速度放大系数平均值基本小于 1。罕遇地震时，总体规律为从结构上部到下部加速度响应增加。结合位移响应结果分析可知，加速度响应分布规律发生变化的原因主要是在多遇地震后，在设防烈度和罕遇地震作用下层间位移角超过弹性层间位移角限值，结构发生损伤，输入加速度峰值越大，损伤越严重，加速度放大系数越小，在相同幅值地震波作用下，输入到结构的能量越小。

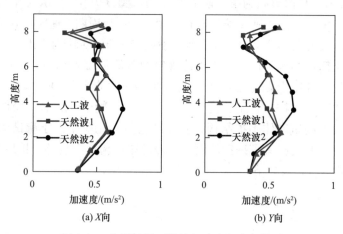

图 6-10　多遇地震下结构加速度相应包络图

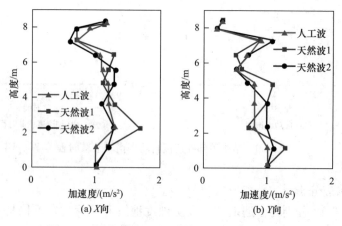

图 6-11　设防烈度地震下结构加速度响应包络图

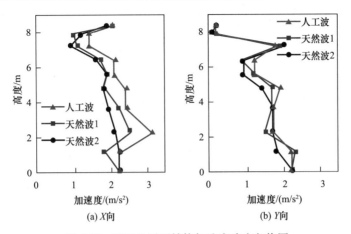

图 6-12　罕遇地震下结构加速度响应包络图

6.3.4　位移响应分析

图 6-13 和图 6-14 分别为多遇地震和罕遇地震作用下层间位移响应包络图，图中垂直虚线为规范[20] 规定的层间位移角限值（1/1000 或 1/120）。从图 6-13、图 6-14 可以看出，在多遇地震和罕遇地震作用下，层间位移最大值小于规范规定的层间位移角限值。在多遇地震作用下，结构处于弹性状态；在设防烈度地震作用下，混凝土开裂，发生损伤。基于层间位移，判定该高耸型钢钢筋混凝土筒体结构抗震性能满足抗震设防目标。多遇地震作用下，结构处于弹性状态，层间位移在结构的下部较小，不同楼层层间位移变化较大，在结构的中部及上部，层间位移较大，不同楼层层间位移变化较小；在罕遇地震作用下，结构处于弹塑性状态后，层间位移分布与多遇地震作用下相比发生了变化，在结构的中部及上部层间位移变得不均匀，呈"波浪"形。

6.3.5　应变响应分析

表 6-2 所示为多遇地震、设防烈度地震和罕遇地震作用下不同地震波作用时不同测点应变最大和最小值（不包括自重下应变，拉应变为负），顶部 16 根斜柱应变较小，处于弹性状态，不再一一列出。从表 6-2 可以看出，在不同水准地震作用下，型钢都处于弹性状

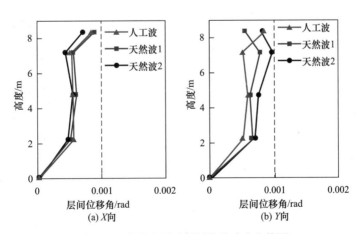

图 6-13　多遇地震下层间位移响应包络图

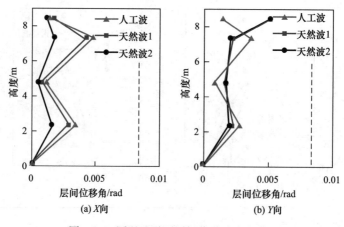

图 6-14 罕遇地震下层间位移响应包络图

态；不同位置型钢应变与其外侧混凝土应变相差较小，说明在地震作用下，混凝土和型钢能很好地协同工作，且高耸型钢钢筋混凝土筒体结构主要受结构整体倾覆弯矩影响，使剪力墙截面处于受拉或受压状态，剪力墙截面局部弯矩较小。自重作用下结构底部平均压应变为 106.9με，由结构底部混凝土在自重作用下应变叠加地震作用下应变为总应变可知，多遇地震作用下，结构底部混凝土均处于受压状态，无拉应力；设防烈度地震作用下，混凝土出现拉应力，最大拉应变为 38.1με，拉应力相对较小；在罕遇地震作用下，混凝土最大拉应变为 108.1με。考虑到在设防烈度地震作用下出现的微小混凝土裂缝，以及在罕遇地震作用下出现的混凝土裂缝，提出在混凝土保护层设置钢丝网的措施，以控制混凝土裂缝。

地震作用下不同测点应变最大和最小值（με）　　　表 6-2

位置	多遇地震		设防烈度地震		罕遇地震	
	Max	Min	Max	Min	Max	Min
型钢 1	56.2	−48.6	264.8	−123.4	372.3	−207.7
型钢 2	55.9	−48.1	147.4	−98.5	252.8	−136.9
型钢 3	—	—	231.1	−159.3	375.1	−204.5
型钢 4	61.1	−57.4	273.8	−128.5	327.2	−195.7
型钢 5	86.0	−66.9	180.7	−126.9	275.6	−201.6
型钢 6	71.3	−67.2	212.8	—	411.7	—
型钢 1 外混凝土	74.4	−73.5	274.8	−134.3	379.4	−189.2
型钢 2 外混凝土	96.2	−88.6	221.3	−145.0	410.9	−179.2
型钢 3 外混凝土	113.9	−76.2	223.0	−140.1	384.5	−182.2
型钢 4 外混凝土	84.4	−63.3	329.4	−135.7	408.8	−211.1
型钢 5 外混凝土	98.0	−79.0	195.3	−140.6	312.7	−215.0
型钢 6 外混凝土	87.0	−76.7	263.1	—	455.1	−307.8

注：表中无数值的地方为应变异常，剔除了数据。

7 结论

（1）TMD 发挥了较好的减震效果，高耸结构的楼层加速度、层剪力、层位移均有所减小。

（2）高耸结构能有效抵御脉动风，但在 10 年一遇风荷载作用下发生横风共振，结构顶层加速度峰值响应达到 305.23mm/s^2，不满足舒适度要求，应采取减振措施。

（3）设置 TMD 后，10 年一遇脉动风和横风作用下，顶层位移分别减小 34.3% 和 82.5%，顶点加速度分别减小 42.9% 和 80.8%；50 年一遇脉动风作用下，楼层位移和顶层加速度分别减小 43.04% 和 32.44%；100 年一遇脉动风作用下，楼层位移和顶层加速度分别减小 32.23% 和 23.23%。

（4）振动台试验结果表明，高耸结构在多遇地震作用下底部混凝土筒体没有出现拉应力，均处于受压状态；在设防烈度地震作用下，底部混凝土筒体出现拉应力，但比较小；在罕遇地震作用下，混凝土筒体最大拉应变为 $108.1\mu\varepsilon$，混凝土开裂。

（5）与多遇地震作用时结构处于弹性状态相比较，高耸结构在设防烈度地震和罕遇地震作用时发生损伤，加速度、层间位移和层间剪力的分布发生较大变化，在罕遇地震作用时加速度响应最大值总体从结构顶部到底部逐渐增加；层间位移在结构的中部及上部变得不均匀，呈"波浪"形；层间剪力从结构顶部到底部基本呈线性增加。

（6）高耸型钢钢筋混凝土筒体结构具有良好的抗震性能，能应用于大高宽比高耸结构；型钢与混凝土能协同工作，应变相差较小，钢筋混凝土墙主要受倾覆弯矩影响；在多遇地震和罕遇地震作用下层间位移角满足规范抗震要求。

（7）航管塔、气象塔等设备要求高的高耸结构，适合采用 TMD 作为减震（振）措施。

参考文献

[1] ROY S, PARK Y C, SAUSE R, et al. Fatigue performance of stiffened pole-to-base plate socket connections in high-mast structure [J]. Journal of Structural Engineering-ASCE, 2012, 138 (10): 1203-1213.

[2] REPETTO M P, SOLARI G. Wind-induced fatigue collapse of real slender structures [J]. Engineering Structures, 2010, 32 (12): 3888-3898.

[3] CHOU J S, TU W T. Failure analysis and risk management of a collapsed large wind turbine tower [J]. Engineering Failure Analysis, 2011, 18 (1): 295-313.

[4] 徐怀兵，欧进萍. 设置混合调谐质量阻尼器的高层建筑风振控制实用设计方法 [J]. 建筑结构学报，2017，38 (6): 144-154.

[5] 陈鑫，李爱群，王泳，等. 自立式高耸结构风振控制方法研究 [J]. 振动与冲击，2015，34 (7): 149-155.

[6] 方蓉，张文学，赵汗青. 结构高度对高耸结构振型贡献率的影响研究 [J]. 工业建筑，2017，47 (6): 70-74.

[7] 汪志昊，陈政清. 永磁式电涡流调谐质量阻尼器的研制与性能试验 [J]. 振动工程学报，2013，26 (3): 374-379.

［8］ 田欢，彭凌云，田杰. 地震作用下调频质量阻尼器减震效果试验研究［J］. 工程抗震与加固改造. 2016（5）：69-76.

［9］ 卜国雄. 高耸结构基于性能的 TMD/AMD 设计及其动力可靠度分析［D］. 哈尔滨：哈尔滨工业大学. 2010.

［10］ 区彤，林松伟，刘彦辉，等. 景观塔两级变阻尼电涡流 TMD 减振分析与试验研究［J］. 建筑结构，2021，51（13）：139-144，51.

［11］ 区彤，刘淼鑫，刘彦辉. 高耸型钢钢筋混凝土筒体结构设置调谐质量阻尼器的减震性能试验及数值研究［J］. 特种结构，2020，37（5）：95-101，106.

［12］ IWATANI Y. Simulation of multidimensional wind fluctuations having any arbitrary power spectra and cross spectra［J］. Journal of Wind Engineering，1982（11）：5-18.

［13］ DAVENPORT A G. The spectral of horizontal gusti-ness near the gound in high winds［J］. The Royal Meteorological. Society. 1972，98：563-589.

［14］ 贺辉，谭平，刘彦辉，等. 圆形高耸结构两级变阻尼 TMD 风振控制［J］. 振动工程学报，2020，33（3）：503-508.

［15］ 贺辉，谭平，林松伟，等. 随机地震作用下 TMD 等效附加阻尼比研究［J］. 振动与冲击，2022，41（1）：107-115.

［16］ 住房和城乡建设部. 建筑结构荷载规范：GB 50009-2012［S］. 北京：中国建筑工业出版社，2012.

［17］ DEN HARTOG J P. Mechanical vibrations［M］. New York：Dover Publications，1985：112-132.

［18］ 住房和城乡建设部. 高层建筑混凝土结构技术规程：JGJ 3-2010［S］. 北京：中国建筑工业出版社，2010.

［19］ 区彤，刘彦辉，谭平，等. 高耸型钢钢筋混凝土筒体结构抗震性能振动台试验研究［J］. 建筑结构学报，2022，43（4）：36-46.

［20］ 住房和城乡建设部. 建筑抗震设计规范：GB 50011-2010［S］. 北京：中国建筑工业出版社，2010.

42 大底盘多塔层间隔震高层建筑结构方案选型及设计

刘付钧，林绍明，黄忠海，李盛勇，谢聪睿，黄元根

[广州容柏生建筑结构设计事务所（普通合伙），广州容联建筑科技有限公司]

【摘要】 为达到建筑使用品质及抗震性能的协调统一，在高烈度地区大底盘多塔高层建筑结构采用层间隔震技术是一种有效的解决方案。通过对某大底盘多塔高层建筑的结构方案比选分析，最终采用层间隔震技术方案，并对其地震反应及抗震性能进行了分析研究。结果表明：层间隔震技术整体减震效果良好，可以大幅减小地震反应，是提高结构抗震安全性的有效手段；综合考虑项目结构特点、经济性及建筑品质的提升，在高烈度区大底盘多塔结构中采用层间隔震技术是一种优选的实施方案；最后针对大底盘层间隔震技术的组合隔震方案、隔震支座附加弯矩、支座抗拉装置等若干关键技术问题进行讨论，可为类似工程实践提供参考。

【关键词】 高烈度；大底盘；多塔结构；高层建筑；层间隔震

1 引言

高烈度区高层建筑结构采用隔震技术是一种良好的解决方案，不同学者进行了大量研究及工程实践[1-3]。在体型和功能多样化的高层隔震建筑中，大底盘多塔隔震结构是典型代表。在大底盘隔震结构理论研究方面，赵楠等[4] 探讨了多塔基础隔震结构的抗震性能，邓煊等[5] 根据大底盘多塔的特性对基础隔震层刚度及屈服力的优化进行了研究；在试验研究方面，李诚凯等[6] 对大底盘单塔楼隔震结构模型进行了振动台试验。以上研究结果均表明，大底盘基础隔震结构的隔震效果良好。

目前，大底盘多塔结构采用底部隔震方案还面临一些挑战，如竖向电梯井功能要求不中断、底部商业及上部住宅功能要求结构协调统一等。同时，隔震层设置在底部也使得结构整体造价相对偏高。因此，对于大底盘结构的隔震层设置位置应进行更深入研究，以便获得建筑使用功能及结构抗震性能协调统一的良好结构方案。冈田健[2]、章征涛[7] 和孙臻[8] 等对于大底盘多塔层间隔震结构进行了地震反应研究和工程设计，结果表明，层间隔震结构不仅具有良好的隔震效果，同时也尽可能满足了建筑功能的要求。针对高烈度区大底盘层间隔震建筑功能与抗震性能协调统一的要求，本文以高烈度区某大底盘多塔高层建筑结构为例，对其地震反应、抗震性能进行了研究，并对若干关键技术问题进行设计及讨论，可为类似工程实践提供参考。

2 高烈度区大底盘多塔结构方案选型

2.1 工程概况

本工程建筑面积约 $104858m^2$，含公寓、商业及地下室。建筑地下 2 层为车库，地上 28 层，其中 1～3 层为商业配套裙房，4～28 层为两栋公寓塔楼，建筑平面总图及效果图如图 2-1 所示。两栋塔楼屋面高度均为 93.8m，裙房高度为 15.4m。裙房平面为矩形，平面尺寸约为 103.2m×82.3m；塔楼 B 平面为 L 形，塔楼 A 平面为 T 形，相对布置在裙房平面的东、西两侧。塔楼 B 的 L 形平面长肢在标高 81.6m 处有一次退台收进，如图 2-2 所示。塔楼 A 的 T 形平面长肢在标高 29.75m、75.1m 处分别有一次退台收进。本工程所在地抗震设防烈度为 8 度（0.2g），场地特征周期为 0.4s。

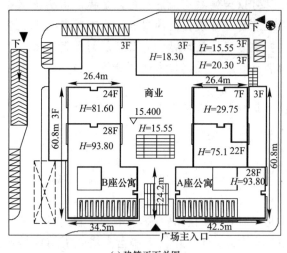

(a) 建筑平面总图

(b) 建筑效果图

图 2-1 某大底盘多塔高层建筑平面总图及建筑效果图

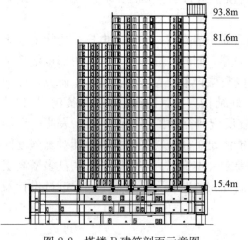

图 2-2 塔楼 B 建筑剖面示意图

2.2 结构特点

各塔楼采用钢筋混凝土框架-核心筒结构体系，大底盘裙楼采用钢筋混凝土框架-核心筒（剪力墙）结构，其结构特点主要为：①上部两栋塔楼 B 和 A 分别为 L 形和 T 形平面，属于结构抗扭不规则；②高度方向逐级收进，塔楼 B 有一次收进，塔楼 A 有两次收进，塔楼质量、刚度突变较大；③本项目位于 8 度强震区，地震作用大，塔楼自身质量及刚度突变给整体结构受力带来不利影响。

为解决以上结构特点带来的建筑功能不协

调及结构受力不利影响，必须从建筑使用及抗震性能两方面综合考虑结构方案的选型。

2.3 结构方案选型

针对项目结构特点初期选用了 3 种技术方案，即传统抗震方案、首层底基础隔震方案及层间隔震方案。

2.3.1 传统抗震方案

结构的不规则带来诸多抗震不利问题，且高烈度地震作用使得整体结构的层间位移角及扭转位移比均难以满足规范要求，需将结构划分为 5 个规则的单体，相应平面上设置 5 道防震缝（图 2-3）。该方案技术可行，但存在以下不利因素：①5 道防震缝数量较多，影响建筑使用；②剪力墙数量较多，框架柱截面较大；③框架梁截面较大，影响室内布置。以上因素导致建筑的使用品质较低，且"硬抗"的方式使得结构经济性相对较差，需通过其他路径获得既经济且抗震性能良好的技术方案。

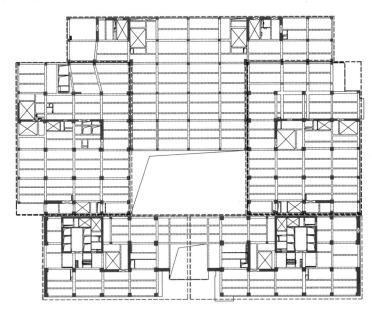

图 2-3 传统抗震方案分缝图

2.3.2 首层底基础隔震方案

将隔震层设置在地下室顶板，将地面以上的裙房及塔楼整体进行隔震，形成首层底基础隔震方案（图 2-4）。该方案优点主要有：可大幅减小塔楼及裙房的地震反应，隔震概念及原理清晰，隔震构造细节处理简便，有利于改进结构布置，提高建筑品质。但该方案整个大底盘包括裙房每个转换柱下均需设置隔震支座，导致隔震支座数量众多，总计达 148 个，对方案经济性有所影响。

2.3.3 层间隔震方案

将隔震层设置在裙房屋面与上部塔楼之间，形成层间隔震方案（图 2-5）。该方案优点主要有：可大幅减小塔楼及裙房的地震反应，有利于改进结构布置，提高建筑品质。此外，由于仅需在塔楼底部转换柱下布置隔震支座，支座数量共计 102 个，经济性较好。

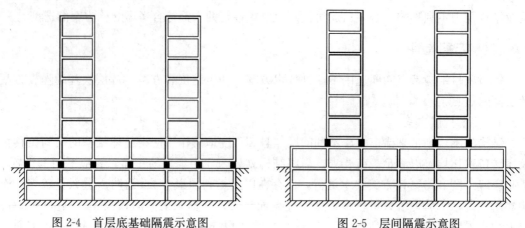

图 2-4　首层底基础隔震示意图　　　　　　图 2-5　层间隔震示意图
注：黑色填充部分为隔震支座。　　　　　　注：黑色填充部分为隔震支座。

以上 3 种技术方案的计算结果均能满足结构抗震性能目标要求，考虑到项目结构特点、经济性及建筑品质的提升，最终选择层间隔震方案作为实施方案。采用层间隔震方案后，取消了原有抗震结构的 5 道防震缝，取消了部分塔楼剪力墙，优化了塔楼框架柱和框架梁截面（表 2-1 和图 2-6），并大幅减小塔楼的地震反应，改进结构布置（图 2-7）的同时提高了建筑品质。

塔楼框架柱和框架梁主要截面优化/mm　　　　　　　　　　　　　　　　表 2-1

截面对比	传统抗震方案	层间隔震方案
框架梁	500×600	200×1050（反梁）
	400×700	250×600
框架柱	1000×1000	900×900
	1200×1200	1000×1000

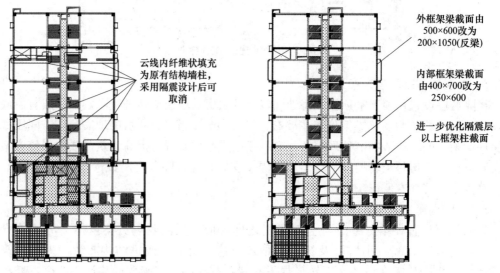

云线内纤维状填充为原有结构墙柱，采用隔震设计后可取消

外框架梁截面由 500×600 改为 200×1050(反梁)

内部框架梁截面由 400×700 改为 250×600

进一步优化隔震层以上框架柱截面

图 2-6　隔震层以上塔楼墙、柱、梁优化示意

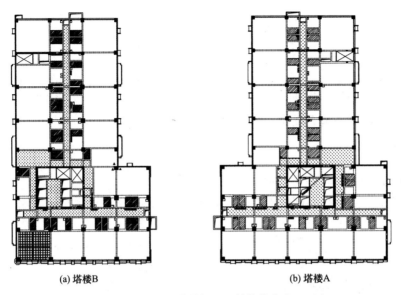

(a) 塔楼B   (b) 塔楼A

图 2-7 隔震层以上塔楼标准层结构优化布置示意

3 隔震层结构布置

3.1 错位层间隔震结构体系

为避免竖向电梯井的电梯轨道阻碍隔震层的水平变形，将隔震支座设置在不同标高处，塔楼核心筒范围以外的隔震支座设置在裙房顶，塔楼核心筒剪力墙直落于地下室基底，并将部分隔震支座设置在核心筒底部，形成错位层间隔震结构体系。如图 3-1 所示。

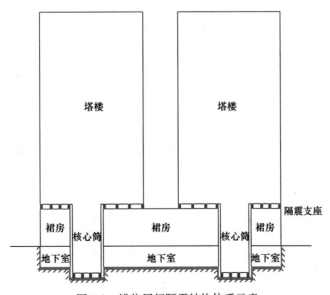

图 3-1 错位层间隔震结构体系示意

3.2 组合隔震方案

由于该项目结构高度较大，隔震前结构周期较长，为了有效延长结构周期，提高隔震效果，部分转换柱下采用竖向承载力大、水平刚度小、耗能能力强的弹性滑板支座，与铅芯橡胶支座及天然橡胶支座并联布置形成组合隔震方案，进一步减小隔震层刚度、增大隔震层耗能，有效地减小地震反应。

3.3 抗拉装置

由于裙房顶隔震层与核心筒底隔震层竖直方向形成错层高差，隔震层水平运动过程中，连系两个隔震层的核心筒由于刚体转动导致底部橡胶支座出现拉应力现象，因此在核心筒底部设置抗拉装置作为二道保护防线。本工程研发的平面360°滑动抗拉装置如图3-2所示，该装置随着隔震层在平面内任意角度变形时均能正常滑动工作。

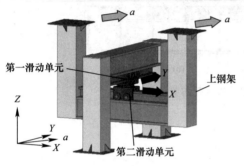

图3-2 抗拉装置构造示意

3.4 隔震层设计

为获得合理布置的隔震支座及良好的隔震效果，本工程采用组合隔震方案，采用铅芯橡胶支座（LRB）、天然橡胶支座（LNR）及弹性滑板支座（ESB）3种类型共102个隔震支座，橡胶支座直径在900～1300mm之间共5种，弹性滑板支座的橡胶支座直径为1300mm。以隔震层水平恢复力、隔震层偏心率、减震系数为控制目标进行隔震支座布置，最终采用的隔震支座平面布置如图3-3所示，隔震

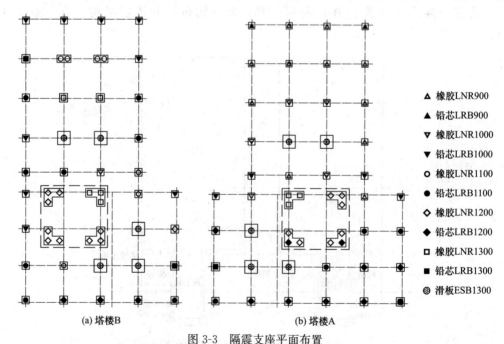

▲ 橡胶LNR900
▲ 铅芯LRB900
▼ 橡胶LNR1000
▼ 铅芯LRB1000
○ 橡胶LNR1100
● 铅芯LRB1100
◇ 橡胶LNR1200
◆ 铅芯LRB1200
□ 橡胶LNR1300
■ 铅芯LRB1300
◉ 滑板ESB1300

(a) 塔楼B   (b) 塔楼A

图3-3 隔震支座平面布置

注：两栋塔楼虚线框内支座布置在核心筒底部，其余布置在裙房顶。

层偏心率在 1.5％以内，隔震支座布置合理。

　　隔震层的水平恢复力特性由铅芯、橡胶和弹性滑板支座三部分组成决定。本工程隔震层的水平恢复力特性如图 3-4 所示，由图可知，隔震层屈服力大于风荷载作用下产生的水平剪力，结构满足抗风性能目标。

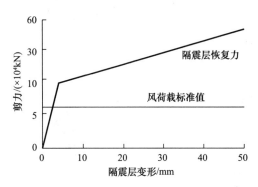

图 3-4　隔震层的水平恢复力特性

4　隔震结构地震反应分析

4.1　结构分析模型

　　为了研究大底盘多塔层间隔震结构的地震响应，采用 ETABS 软件进行有限元分析。计算模型采用隔震支座局部非线性、其余结构构件弹性的假定。隔震橡胶支座采用非线性连接单元 Rubber Isolator 模拟，其中天然橡胶支座水平向刚度为线弹性本构，铅芯橡胶支座两个水平方向非线性刚度为双折线恢复力本构。由于 Rubber Isolator 单元的竖向拉、压刚度相等，而叠层橡胶支座具有竖向拉、压刚度不等的特性，在 ETABS 中采用 Rubber Isolator 单元和 Gap 单元组合模拟其竖向刚度力学本构，受拉刚度取为受压刚度的 1/7；弹性滑板支座采用 Friction Isolator 单元模拟。结构动力特性分析采用 RIZE 法求解振型，动力时程分析采用 FNA 法，且各分析过程均考虑重力荷载二阶效应。考虑重力荷载和地震作用非线性组合时，先采用非线性重力荷载工况加载，在保持重力荷载的作用下，再施加不同工况的地震作用，整体分析模型如图 4-1 所示。由于核心筒底标高低于地下 2 层底板标高，因此 ETABS 分析模型在地下 2 层底板标高以下增加了 2 个模型层，模型地下共4 层，地上共 32 层（原结构地上 28 层，增设 4 层作为隔震层），模型总楼层为 36 层，计算结果中的楼层号均为模型层号。

4.2　减震系数

　　隔震前与隔震后结构前两阶平动周期对比见表 4-1，可知隔震结构的周期明显延长，有利于减小结构的地震反应。

　　《建筑抗震设计规范》GB 50011-2010（2016 年版）[9]（下文简称《抗规》）采用全部楼层剪力比和楼层倾覆弯矩比较大值作为隔震建筑减震效果的评价指标，即减震系数。图 4-2、图 4-3 分别为塔楼 A、塔楼 B 两个方向的减震系数，由图可知，塔楼 A 水平减震

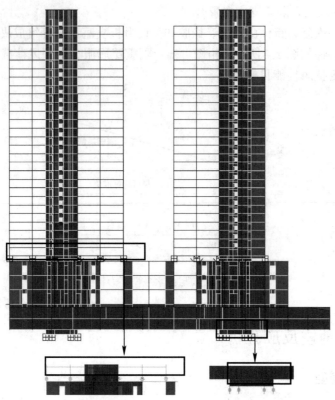

裙房顶隔震层(层高1.95m)　　核心筒底隔震层(层高2.0m)

图 4-1　隔震结构整体分析模型

隔震前和隔震后结构周期对比（单位：s）　　　　　　　　　　　表 4-1

项目	第1阶平动	第2阶平动
隔震前	2.38	2.25
隔震后	4.77	4.69

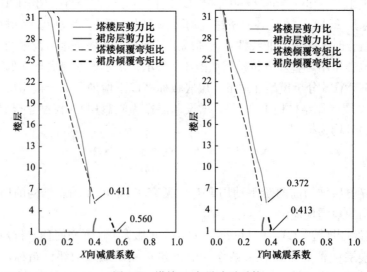

图 4-2　塔楼 A 水平减震系数

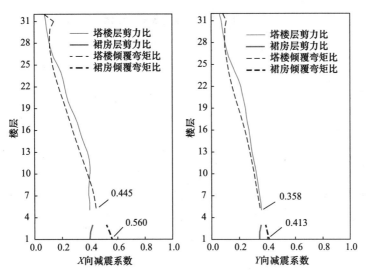

图 4-3　塔楼 B 水平减震系数

系数的最大值为 0.411，塔楼 B 水平减震系数的最大值为 0.445，裙房水平减震系数的最大值为 0.560，表明采用层间隔震后，结构的地震反应明显减小，隔震效果良好。

4.3　层间位移角

设防地震作用下结构的变形验算采用双向水平地震作用时程分析，计算结果取 2 组人工波和 5 组天然波的平均值，结构层间位移角及楼层位移计算结果如图 4-4 及表 4-2 所示。塔楼最大层间位移角为 1/685，塔楼顶层侧向位移为 226mm，隔震层变形为 149mm，表明隔震后结构的变形主要发生在隔震层，隔震层以上结构变形较小，基本处于弹性状态，隔震效果良好。隔震层以下裙房最大层间位移角为 1/1122，裙房顶层侧向位移为 9.3mm，表明裙房具有足够的刚度。

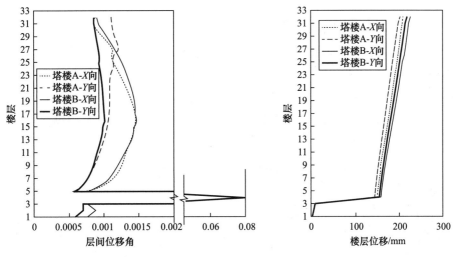

图 4-4　设防地震作用下结构层间位移角和楼层位移曲线

设防地震作用下结构层间位移角 表 4-2

位置	X 向	Y 向
塔楼 A	1/690	1/830
塔楼 B	1/685	1/991
裙房	1/1122	1/1408

4.4 隔震支座承载力及变形验算

罕遇地震作用下隔震支座承载力验算采用双向水平及竖向地震作用时程分析，计算结果取 2 组人工波和 5 组天然波的平均值，隔震支座承载力及变形结果如表 4-3 所示。

隔震支座承载力及变形 表 4-3

支座位置及类型		压应力/MPa	拉应力/MPa	矢量方向最大变形/mm
裙房顶	橡胶支座	25.1	0.32	466
	弹性滑板支座	20.9	0（受压）	448
核心筒底橡胶支座		22.9	0.70	431

根据《抗规》要求，隔震支座的竖向压应力不应大于 30MPa，拉应力不应大于 1MPa。三向地震作用下隔震支座最大压应力为 25.1MPa，竖向压应力均满足规范要求。三向地震作用下橡胶支座最大拉应力为 0.70MPa，弹性滑板支座始终保持为受压状态；出现拉应力的橡胶支座共 27 个，受拉支座占支座总数的比例为 26.5%（小于 30%），时程分析全过程中相同时刻出现拉应力的最大支座数量只有 15 个（仅占支座总数的 14.7%）。受拉支座数及竖向拉应力均满足规范要求。

由表 4-3 可知，隔震支座矢量方向最大变形为 466mm，小于 900mm 直径橡胶支座水平位移限值 495mm，满足规范要求。

4.5 罕遇地震作用下结构受力性能

本工程采用高性能非线性分析软件 SAUSAGE 进行动力弹塑性时程分析，隔震橡胶支座力学模型采用具有竖向拉、压刚度不等特性的隔震支座单元模拟，弹性滑板支座力学模型采用摩擦摆支座单元模拟。经计算，塔楼及裙房最大层间位移角见表 4-4，塔楼最大层间位移角为 1/181，裙房最大层间位移角为 1/211，均满足《抗规》中位移角限值要求，塔楼及裙房具有足够的刚度。

罕遇地震作用下结构层间位移角 表 4-4

位置	X 向	Y 向	限值
塔楼 A	1/181	1/222	1/100
塔楼 B	1/201	1/223	1/100
裙房	1/211	1/233	1/200

图 4-5 所示为人工波 Y 主方向作用下剪力墙、框架柱的损伤情况，可见塔楼采用层间隔震技术后，大震作用下的结构反应相对较小，并且核心筒设置了合理连梁耗能，大部分剪力墙和框架柱未出现明显的损伤。图 4-6 所示为人工波 Y 主方向作用下结构能量曲线，由图可见，隔震支座耗能约占总外力功的 50%，耗能明显。通过隔震层耗散能量，可有效降低隔震层上部结构的地震反应。

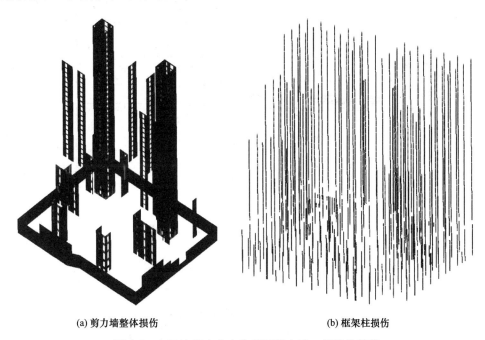

(a) 剪力墙整体损伤　　　　　　　　(b) 框架柱损伤

图 4-5　人工波 Y 主方向作用下剪力墙、框架柱损伤

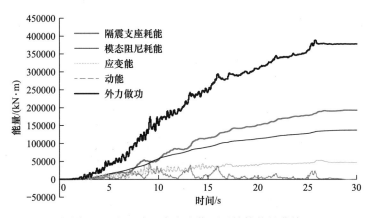

图 4-6　人工波 Y 主方向作用下结构能量曲线

4.6　其他关键技术问题

4.6.1　组合隔震方案的优势

弹性滑板支座是由橡胶支座部、滑移材料（聚四氟乙烯板）、滑移面板（不锈钢板）及上、下连接钢板组成的隔震支座（图 4-7），通过聚四氟乙烯板与不锈钢板所组成的一对

摩擦副提供良好的摩擦耗能。与隔震橡胶支座相比，弹性滑板支座具有竖向承载力大、水平刚度较小、滑动位移大、耗能能力强（图4-8）等优点。此外，弹性滑板支座不能承受竖向拉力，必须保持受压状态，因此弹性滑板支座宜布置在内部轴力变化较小且始终受压的位置。

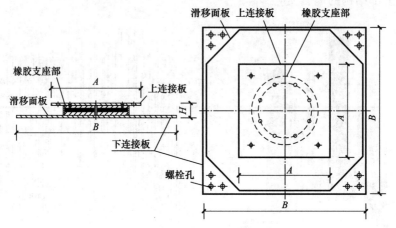

图 4-7　弹性滑板支座构造示意

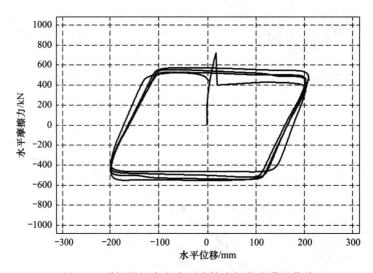

图 4-8　弹性滑板支座水平摩擦力与位移滞回曲线

　　铅芯橡胶支座的构造及耗能能力曲线如图4-9、图4-10所示，其滞回曲线表现出稳定的双线型特性，耗能能力较强。天然橡胶支座的构造及耗能能力曲线如图4-11、图4-12所示，其滞回曲线表现出稳定的线弹性特性，具有良好的弹性恢复力。对比图4-8、图4-10、图4-12各支座滞回曲线可知，最大水平位移对应的割线刚度中，铅芯橡胶支座最大，弹性滑板支座次之，天然橡胶支座最小；滞回曲线耗能面积中，弹性滑板支座最大，铅芯橡胶支座次之，天然橡胶支座最小。因此，弹性滑板支座可达到降低隔震层刚度、增加隔震层耗能的效果。

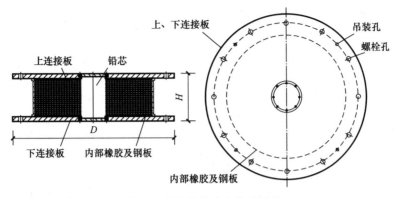

图 4-9 铅芯橡胶支座构造示意

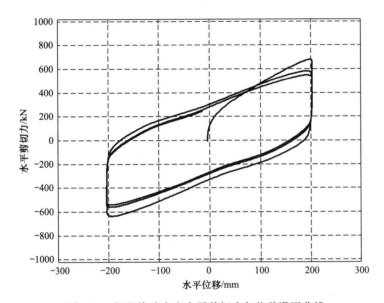

图 4-10 铅芯橡胶支座水平剪切力与位移滞回曲线

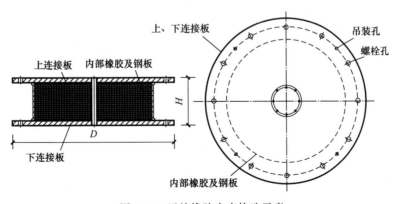

图 4-11 天然橡胶支座构造示意

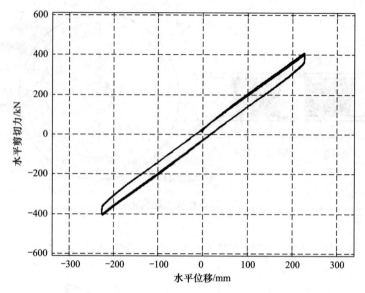

图 4-12 天然橡胶支座水平剪切力与位移滞回曲线

表 4-5 为各类型隔震方案的隔震效果对比结果。与采用天然橡胶支座及铅芯橡胶支座的传统隔震方案相比，天然橡胶支座、铅芯橡胶支座及弹性滑板支座并联形成的组合隔震方案使结构的隔震周期延长了 6%，地震力下降了 8%，隔震效率更高，经济性及建筑的使用品质得到进一步提升。

各类型隔震方案隔震效果对比   表 4-5

隔震方案	隔震周期/s	减震系数
天然橡胶支座＋铅芯橡胶支座	4.49	0.484
天然橡胶支座＋铅芯橡胶支座＋弹性滑板支座	4.77	0.445

4.6.2 对于隔震支座附加弯矩的合理考虑

由于隔震支座的大变形作用，隔震支座自身弯矩及上部结构重力荷载形成的偏心弯矩构成了隔震支座的附加弯矩（图 4-13），隔震层以下直接支承隔震层的竖向构件应考虑隔震支座产生的附加弯矩影响。设计中应注意软件程序是否已反映了隔震支座附加偏心弯矩

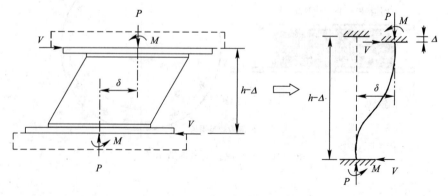

图 4-13 隔震支座附加弯矩计算简图

对下部结构内力的影响，工程设计时可采用在模型中直接输入隔震支座在大震作用下的最大支座反力（轴力、剪力、附加弯矩）的方式进行隔震支座连接件、隔震支墩和隔震层以下相关构件的承载力验算，确保相关构件满足大震作用下的承载力要求。

4.6.3 抗拉装置设计及性能试验

本工程所采用的抗拉装置的工作原理主要体现为：上钢架与上部结构相连，下钢架与基础相连，上、下钢架间设置具有滚动作用的滑动装置，使抗拉装置具有较强抗拉能力的同时，具有较大的滑动变形能力，滚动摩擦力小，不会阻碍抗拉装置在任意方向的水平运动。对该抗拉装置进行的力学性能试验如图 4-14 所示。试验结果表明，该抗拉装置受拉承载力较强，滑移摩擦力小，滑动变形能力大。

图 4-14 抗拉装置力学性能试验

5 结论

对大底盘多塔高层建筑结构采用层间隔震技术，对隔震层进行设计并进行了整体结构地震反应分析，得到以下结论：

（1）在高烈度区大底盘多塔高层建筑结构中采用隔震技术可以大幅减小地震反应，是提高结构抗震安全性的有效手段。

（2）综合考虑项目结构特点、经济性及建筑品质的提升，在高烈度区大底盘多塔结构中采用层间隔震技术是一种优选的实施方案。

（3）设防地震作用下层间隔震结构的偏心率及减震系数合理，整体减震效果良好；罕遇地震作用下支座承载力、变形及结构弹塑性变形、受力性能均满足规范要求，进一步验证了在高烈度区应用层间隔震技术是安全、可行的。

（4）对组合隔震方案、隔震支座附加弯矩、支座抗拉装置等相关关键技术问题进行了设计和讨论，为类似工程实践提供参考。

参考文献

[1] 何文福，黄一沈，刘文光，等. 高层隔震结构提离摇摆耦合动力理论模型及地震响应分析 [J]. 建筑结构学报，2019，40（12）：11-20.

[2] 冈田健，吉田聪. 中之岛音乐塔结构设计 [J]. 建筑结构，2015，45（11）：43-50.

[3] 罗强军，谈燕，郭明星，等. 昆明天湖景秀棚改项目百米高住宅隔震结构设计 [J]. 建筑结构，2016，46（11）：33-38.

[4] 赵楠，马凯，李婷，等. 大底盘多塔高层隔震结构的地震响应 [J]. 土木工程学报，2010，43（S1）：255-258.

[5] 邓煊，叶烈伟，郁银泉，等. 大底盘多塔隔震结构设计 [J]. 2015，45（8）：13-18.

[6] 李诚凯. 大底盘单塔楼隔震结构振动台试验研究 [D]. 福州：福州大学，2016.

[7] 章征涛，夏长春，樊嵘，等. 宿迁苏豪银座层间隔震设计 [J]. 建筑结构，2013，43（19）：54-59.

[8] 孙臻，刘伟庆，王曙光，等. 苏豪银座层间隔震结构设计与地震响应分析 [J]. 建筑结构，2013，43（18）：58-63.

[9] 住房和城乡建设部. 建筑抗震设计规范：GB 50011-2010（2016 年版）[S]. 北京：中国建筑工业出版社，2016.

第 7 篇　地基基础研究与应用

43 超深超大基坑群变形控制与优化设计研究进展

黄俊光[1]，董晓刚[2]

（1. 广州市设计院集团有限公司岩土与地下空间院；2. 中建三局第一建设工程有限责任公司）

【摘要】 超深超大基坑群工程面临周围环境复杂、地表沉降变形、耦合效应显著、群坑降水控制等众多难题。本文深入调研了现阶段超深超大基坑群变形控制与优化设计方法的发展现状，系统性分析了影响超深超大基坑群变形的主要因素，探讨了超深超大基坑群变形控制对策，提出了超深超大基坑群优化设计方法。研究结论对于指导超深超大基坑群设计、施工具有重要的参考意义。

【关键词】 基坑群；变形影响因素；变形控制对策；优化设计方法

1 基坑群变形控制研究现状

伴随国民经济飞速发展，超高层建筑群、综合交通枢纽、大型商业综合体在各地不断涌现，城市地下空间开发利用呈现"多层次、深大化、立体化"的发展趋势[1-2]。一般将开挖深度超过 15m（或地下达到 3 层）、开挖面积达到 $20000m^2$ 以上的基坑称为超深超大基坑[3]。与单坑相比，超深超大基坑群的开挖与支护难度显著加大，同时还将面临群坑耦合效应、降水一体化设计、施工时序优化等一系列问题。如何加快施工进度、满足工期目标、降低工程造价，同时实现周边环境保护是确保超深超大基坑群安全、经济、高效施工的关键。

现阶段，众多专家学者已针对超深超大基坑群变形控制难题开展广泛研究，提出了一系列支护对策与规划设计方法。黄俊光等[2] 依托广州地区系列超深超大基坑群工程，归纳了工程设计施工的重难点与解决措施；刘波等[4-5] 研究了超深超大基坑群顺逆作同步交叉施工条件下邻近地层的时空位移特征以及地下连续墙的变形特性，探讨了二者变形机理与影响因素；宗露丹等[6] 揭示了不同工况条件下超深超大基坑群围护结构与周边土体变形、支撑轴力与墙后侧压力的演化规律；杨校辉等[7] 基于结构特点、开发进度、施工工期与工程造价等因素，探讨了超深超大基坑群整体支护设计原则，研究了典型支护剖面优化设计方法；孙晃潮[8]、张英英[9] 明确了超大基坑群施工期间地下水控制难点，提出了基于群坑耦合影响的差异化降水设计理念；王晓伟等[10]、姬彦雷[11] 探究了群坑耦合效应机理，构建了超深超大基坑群变形控制与危害防治技术体系；曾凡云等[12] 开发了监测数据与施工信息动态同步系统，解决了超深超大基坑群施工期间工况复杂、信息量大、开挖与监测信息难以耦合分析等问题。

目前，有关超深超大基坑群变形控制与优化设计的相关理论仍显著滞后于工程实践发展，相关研究主要针对给定的地质环境与支护条件。因此，有必要针对超深超大基坑群变形控制与优化设计方法进行系统的归纳总结，以指导后续工程设计及施工。本文系统分析了影响超深超大基坑群变形的主要因素，探讨了工程施工中面临的重难点问题，总结了超深超大基坑群变形控制对策，提出了超深超大基坑群优化设计方法。

2 超深超大基坑群变形影响因素分析

多个相邻的深大基坑施工必然导致土压力相互影响、土体变形相互叠加，因此超深超大基坑群的设计及施工直接面临下列问题：①群坑作用于围护结构上的土压力计算不准确；②群坑交叉施工存在时空耦合效应；③群坑围护结构受力平衡、内支撑受力协调控制；④群坑施工地下水控制；⑤群坑施工进度控制；⑥出土路线布置与堆载协调；⑦多个参建单位的协调管理。

超深超大基坑群变形影响因素可具体划分为三类，即环境因素、设计因素、施工因素[13]。其中，环境因素主要包括工程地质条件、水文地质条件及周边环境；设计因素涵盖基坑群类型与空间布局、平面形状与空间尺寸、支护方式与参数、群坑耦合效应等；施工因素具体涉及施工方法、开挖顺序、施工周期、施工技术与管理水平、监测水平等。

2.1 环境因素

2.1.1 工程地质条件

工程地质条件指基坑群所处土（岩）层的物理化学性质、力学性质、分布、埋藏及组合特点，其中土层的容重、黏聚力与内摩擦角是影响基坑群稳定性的关键因素。土层条件较差时，主动土压力较大，易引起围护结构变形与周边地表沉陷。例如，软土具有高压缩性、高含水率、低抗剪性、低透水性、强流变性、强触变性的特点，在外荷载作用下易发生重塑，抗剪强度迅速降低，进而导致基坑出现半坡滑动型、坡脚滑动型或坑底隆起深层滑动型破坏；黄土内含大量孔隙，浸水后在荷载作用下土体结构迅速破坏而产生湿陷；天然状态下的膨胀土强度高、压缩性低，但浸水后会因体积剧烈膨胀而导致强度迅速降低；黏性土在非饱和状态下呈现较低的土压力或剥落、堆坍式破坏，在饱水的情况下则产生较大土压力或发生楔形滑动破坏；粉土（砂）遇水后易产生管涌、流砂现象。

2.1.2 水文地质条件

水文地质条件包含地下水类型、含水层厚度、水位高度及水的流动状态。大量工程实践表明，地下水位较低时，土体抗剪强度相对较强，有利于减小围护结构所受土压力；反之，地下水位较高时，坑内外存在水头差，地下水渗流将增加围护结构与周围地层的变形量，甚至可能造成管涌和流砂等灾害。

2.1.3 周边环境

周边建（构）筑物与地下管线的数量、位置、抗变形能力直接影响基坑群规划布局、支护方式与支护参数的选择，进而成为基坑群变形的影响因素之一。

基坑群周边堆放的建材、机械设备以及未及时运出场地的渣土都会产生集中外荷载，可加大局部地层变形量。恒定外荷载对基坑群变形的影响与其大小、至坑边距离呈正相关，而与其作用深度呈负相关。

2.2 设计因素

2.2.1 基坑群类型与空间布局

根据子基坑相对位置与施工顺序，可将基坑群划分为四种类型，即邻近型、分隔型、连接型和重叠型基坑群[2]。不同类型基坑群内各子基坑围护结构受力状态区别显著，变形控制难度存在明显差异。

邻近型基坑群内各子基坑相互靠近且处于邻近基坑施工影响范围内，各子基坑无共用地下连续墙，坑间距、坑间土体的物理力学性质均直接影响邻近地下连续墙所受土压力大小。

分隔型基坑群的特点为将单个大型基坑通过分隔墙分为多个小基坑进行施工，存在共用地下连续墙。由于整体开挖尺寸大，外围地下连续墙承受较大土压力，共用地下连续墙则因各子基坑开挖深度差异承担不平衡土压力作用。

连接型基坑群内同时存在共用地下墙和邻近地下墙，两类墙体所受土压力大小差异明显，相应地呈现出不同的变形特点。

重叠型基坑群即"坑中坑"，其施工统一，但开挖深度不一样，计算内坑地下连续墙稳定性时需考虑水压力作用。贴边型"坑中坑"对于地下连续墙变形和坑底抗隆起稳定性均不利。

2.2.2 平面形状与空间尺寸

基坑常见平面形状有条形、矩形、圆形和手枪形。合理的平面形状可以改善土层应力分布、减小土层变形。其他条件一致时，圆形基坑稳定性最好，类圆形基坑承载能力远优于折线形基坑；矩形基坑的长宽比越大，承载能力越差[14]。

基坑空间尺寸即长度、宽度及深度，一般基坑的空间尺寸越大，对土层的扰动范围越广，围护结构变形控制难度也就越大。相关研究表明[15]，随着基坑空间尺寸加大，围护结构变形量呈非线性增长。

2.2.3 支护方式与参数

基坑群变形是指围护结构受周边土体与地下水作用产生的位移，因此支护方式及参数也是影响基坑群变形的重要因素。超深超大基坑群普遍采用"地下连续墙＋内支撑"的支护方式，主要支护参数包括地下连续墙刚度及嵌固深度，内支撑类型、数量、位置、间距、刚度及排列方式等。

2.2.4 群坑耦合效应

超深超大基坑群施工对周边环境影响复杂，坑间土压力、土体变形相互叠加，即存在群坑耦合效应。开挖体量越大、坑间距越小，耦合效应越明显。为降低耦合效应影响，实际施工时可先开挖对围护结构变形控制要求较高的子基坑。

2.3 施工因素

2.3.1 施工方法

基坑工程施工方法包括顺作法、逆作法和顺逆结合法。顺作法施工简单、作业面多、工期长、开挖空间受限、土层扰动范围广、对周边环境干扰强，适用于浅开挖工程。逆作法工期短、安全性高、受气候影响小，主要应用于深基坑开挖。对于某些条件复杂或具有特殊技术经济要求的基坑工程，也可采用顺逆结合法施工。

2.3.2 开挖顺序

超深超大基坑群工程体量庞大，各子基坑深浅不一、工期交叠，不可避免地存在多个相邻基坑同步或交错施工的情况，开挖顺序对围护结构变形量影响明显，时空效应显著。

2.3.3 施工周期

土体（尤其是软黏土）的蠕变性较强，土压力随时间变化，因此围护结构变形量与施工周期直接相关。土方开挖速度越快，围护结构变形速率越大，施工周期越长，则围护结构变形量越大。

2.3.4 施工技术与管理水平

工程施工中极易出现超挖、欠挖、混凝土厚度不够、强度达不到设计要求等各类情况，导致支护结构的强度与耐久性显著降低。因此，施工技术与管理水平直接影响超深超大基坑群变形量。

2.3.5 监测水平

当对围护结构、周边土体、地下管线、邻近建（构）筑物的监测水平较低或监测数据缺失时，无法有效判断开挖对周边环境的影响，也无法及时采取有效的技术手段控制超深超大基坑群工程的变形量。

3 超深超大基坑群变形控制对策

3.1 土体加固

坑内被动区土体加固是控制基坑变形、渗漏水、坑底回弹、沉降及环境影响的常用手段，相比坑外加固更为经济有效，主要方法有坑内降水、压力注浆、旋喷桩、搅拌桩、人工挖孔桩、化学加固等。工程经验表明，降水法和注浆法实际应用效果明显；搅拌桩法因加固质量易控、施工成本较低，已成为被动区土体加固的常用手段。

3.2 坑内降水

坑内降水不仅便于施工作业，同时有利于控制周边土压力、减小围护结构变形、提升坑底抗隆起稳定性。一般将水位控制在坑底以下 1~2m。对超深超大基坑群而言，降水期间应充分重视各基坑间的水力联系。深基坑常用降水方法有截水法、井点降水法、帷幕排水法和集水井明排法，选择降水方法时应详细勘察含水层埋藏条件和场地周围地下水分布情况。为保证降水效果，应控制降水引起的环境负面影响，在各子基坑内、外侧均需布置一定数量的观测井，随时监测地下水动态变化，坑外观测井也可作为回灌井使用。

3.3 周边环境控制

依据《建筑深基坑工程施工安全技术规范》JGJ 311-2013 等规范要求，严格控制超深超大基坑群内各子基坑周边荷载，各子基坑周边 1.2m 范围内不得堆载，3m 以内限制堆载，工程施工过程中应注意减少基坑附近施工车辆的通行次数，降低通行频率，加强现场管理，严禁重型车辆在坑外长期停留，以减小车辆动荷载对基坑变形的影响。

3.4 开挖方法优化

对于超深超大基坑群内单个基坑而言，采用岛式开挖时，挖土与运土速度快，坑底隆起量小，但支护结构变形量相对较大，对支护结构受力不利；盆式开挖对于控制围护结构变形与减小对周边环境的影响最为有利，因此应优先选用盆式开挖方法。开挖时应严格按照分层、分块和分区的程序进行，控制每层的开挖深度，考虑时空效应影响，尽量缩短基坑开挖与后续暴露时间，严控土方超挖，从而有效控制土压力和土体流变。

3.5 合理选择支护方案

超深超大基坑群具体支护方案应根据工程地质条件、水文地质条件、变形控制标准、资金投入情况等因素综合确定，力求安全适用、经济合理。工程经验表明[16]，加厚地下连续墙配合混凝土内支撑的支护形式可有效提升支护刚度，控制超深超大基坑群变形。地下连续墙嵌固深度应根据整体稳定性验算、抗隆起验算、地表土体沉降等条件综合确定。适当减小内支撑间距不仅可增加地下连续墙墙体刚度，同时可缩短无支撑暴露时间。底板强度同样是影响基坑整体稳定的重要因素，对底板进行加固或浇筑可对地下连续墙起到一定的约束作用，同时有利于排水、保证坑底土体稳定。

3.6 强化施工组织与管理

超深超大基坑群工程施工前应首先明确工程目标与相关人员职责权限，建立合理的组织架构体系，制订进度计划管控制度、进度滞后预警方案及措施，预判可能遇到的重难点问题并制订解决方案，确保超深超大基坑群工程安全实施。各基坑施工单位必须密切配合，提高协同工作效率。施工期间预先安排各道施工工序，确保作业人员及机械设备配置，防止由于施工工序安排不当造成基坑变形过大。严把质量检验关，提升作业人员技能水平，定期开展质量检查，对查出问题及时通报并制订整改措施。

3.7 信息化施工

超深超大基坑群工程施工期间必须对支护结构变形与内力、周围土体沉降与位移、相邻建筑物沉降、地下水位等进行跟踪监测，进行实时数据分析和预警，发现问题及时反馈，并采取相应应急措施，以保障工程的顺利进行和周边建筑物的安全正常使用。

4 超深超大基坑群的优化设计方法

超深超大基坑群设计的主要控制指标涵盖围护结构位移量、支撑轴力值、立柱内力值、坑间有限土压力值、群坑地下水位、深层土体位移以及周边地表沉降量等。针对超深超大基坑群设计施工中面临的重难点问题进行全面分析，提出超深超大基坑群优化设计方法如下。

4.1 整体规划设计

超深超大基坑群工程应尽量选址于地质条件较好的区域，避免在软土、湿陷性黄土、冻土、膨胀土等不良地质区施工。若无法避免在地质条件较差的区域动工，可采取合理的地基处理方法，如置换法、排水固结法、灌浆法、加筋法、托换技术等，提高土体的抗剪强度，降低土体的压缩性和渗透性，增强地基承载力。

超大超深基坑群布局应在考虑不同业主的前期方案设计、工程招标、施工工期的基础上开展前瞻性规划设计，确保时间进度控制，尽可能将多个独立基坑转化为一个或几个包含局部深坑的大基坑，从而将外部界面转化为内部界面。同时，应合理确定子基坑大小、数量及隔离带宽度。

4.2 合理分区分块

根据超深超大基坑群内各子基坑开挖深度、周边环境控制要求、开发进度节点、施工便利性、组织协调及施工相互影响等因素，通过设置封堵墙、分隔墙对基坑进行分层、分区、分块，减小一次卸载面积；各分块在面积、形状等方面应尽量保持对称平衡。

4.3 开挖时序优化

超深超大基坑群内邻近基坑开挖卸载将导致地下连续墙承担不平衡土压力，各基坑施工顺序应当遵循下列原则：先开挖环境保护宽松范围后施工环境保护严格区域、先深后浅、先大后小、先撑后挖、及时支撑、分层开挖、严禁超挖；两侧基坑间隔、对称、同步协调开挖，可确保应力安全有序地调整、转移和再分配，尽量避免偏载的出现[17]。

4.4 群坑耦合降水

地下水对土体与围护结构的稳定性有重要影响，因此，超深超大基坑群工程施工前必须首先制订降水、隔水方案。相比独立进行各基坑降水设计，相邻基坑间因空间位置毗邻，抽水时需考虑群坑间的水力联系。考虑不同基坑的开挖底面、止水帷幕与（微）承压水层顶的关系存在一定的差异性，应采用围护—降水设计一体化设计思路；各基坑遵循疏干井与降压井分开设计的原则。应针对不同类型的基坑特点进行差异化降水设计，以尽量缩短降水周期，最大程度地减小降水对周边环境的影响。最大程度地优化井点数量，节约工程造价；先行施工基坑的坑外观测井可作为后续相邻基坑的坑内抽水井，以提高井点利用率。对于需要大面积降水的基坑，可遵循"按需降水、动态反馈、内外结合、随挖随降"的原则。

4.5 削弱相互干扰

邻近基坑开挖卸载会影响邻近地下连续墙或共用地下连续墙所受土压力，进而影响墙体内力分布与变形量。邻近基坑相互影响程度与基坑间距呈正相关。邻近基坑施工期间，施工单位应加强沟通，确定基坑间的合理开挖顺序并采取相应的控制措施。

4.6 围护结构受力协调

相邻基坑开挖卸载将导致围护结构承受不平衡土压力，因此应采用对称与平衡施工，确保围护结构受力平衡，避免偏载现象的发生。基坑群围护结构的总体布局与局部落深布局应协调统一，避免受力传递不均或不平衡。对于分隔型基坑群，共用地下连续墙两侧内支撑的位置应保持在同一标高，以确保墙体受力协调。相邻基坑拆撑过程宜均衡对称，拆换撑时应复核两侧不均匀支撑（换撑）引起的内力和变形，超过一定高度时需设置临时支撑转换。分隔型地下连续墙凿除过程中，应分区、分段凿除并及时将两侧板（撑）对接回顶，确保应力安全有序地调整、转移和再分配，同时明确拆除或凿除时机及先后顺序。

5   点评

本文在深入分析基坑群变形主要影响因素的基础上，探讨了超深超大基坑群变形的主要控制对策，提出了超深超大基坑群优化设计方法。主要点评如下：

（1）超深超大基坑群变形影响因素包括环境因素、设计因素和施工因素。其中，环境因素主要包括工程地质条件、水文地质条件、周边环境；设计因素涵盖基坑群类型与空间布局、平面形状与空间尺寸、支护方式与参数、群坑耦合效应等；施工因素具体涉及施工方法、开挖顺序、施工周期、施工技术与管理水平、监测水平等。

（2）采取土体加固、坑内降水、周边环境控制、开挖方法优化、合理选择支护方案、强化施工组织与管理及信息化施工的措施，可有效保证超深超大基坑群周边土体稳定性，改善土压力分布，增强围护结构稳定性，减小基坑群变形程度。

（3）基于施工与围护的复杂性及困难性，提出了超深超大基坑群的优化设计策略，即整体规划设计、合理分区分块、开挖时序优化、群坑耦合降水、削弱相互干扰、围护结构受力协调等。

参考文献

[1]   郑刚，朱合华，刘新荣，等. 基坑工程与地下工程安全及环境影响控制［J］. 土木工程学报. 2016，49（6）：1-24.

[2]   黄俊光，李健斌，王伟江，等. 系列超深超大基坑群设计实践与探索［J］. 地下空间与工程学报. 2021.

[3]   吴西臣，徐杨青. 深厚软土中超大深基坑支护设计与实践［J］. 岩土工程学报. 2012，34（S1）：404-408.

[4]   刘波. 上海陆家嘴地区超深大基坑邻近地层变形的实测分析［J］. 岩土工程学报. 2018，40（10）：1950-1958.

[5]   李韬，刘波，褚伟洪，等. 顺逆作同步下超深大基坑地连墙变形实测分析［J］. 地下空间与工程学报. 2018，14（S2）：828-837.

[6]   宗露丹，徐中华，翁其平，等. 小应变本构模型在超深大基坑分析中的应用［J］. 地下空间与工程学报. 2019，15（S1）：231-242.

[7]   杨校辉，朱彦鹏，郭楠，等. 西北地区某大型深基坑群优化设计与施工分析［J］. 岩土工程学报. 2014，36（S2）：165-173.

[8]   孙晃潮. 复杂工况条件下超大基坑群降水一体化设计及群承压水控制［J］. 广东土木与建筑. 2020，27（4）：9-12.

[9]   张英英. 复杂工况条件下超大规模深基坑群地下水控制技术［J］. 建筑施工. 2018，40（3）：337-340.

[10]   王晓伟. 复杂基坑群施工过程危害防治研究［D］. 青岛：中国海洋大学，2013.

［11］ 姬彦雷. 超大深基坑群耦合效应及施工变形控制研究［D］. 郑州：华北水利水电大学，2016.

［12］ 曾凡云，李明广，陈锦剑，等. 基坑群监测数据与施工信息动态同步分析系统的开发与应用［J］. 上海交通大学学报. 2017，51（3）：269-276.

［13］ 钱秋莹，张柱，熊中华. 深基坑变形影响因素的正交分析［J］. 河北工程大学学报（自然科学版）. 2014，31（1）：20-24.

［14］ 王洪新. 考虑基坑形状和平面尺寸的抗隆起稳定安全系数及异形基坑的稳定性分析［J］. 岩石力学与工程学报. 2015，34（12）：2559-2571.

［15］ 李航，廖少明，汤永净，等. 软土地层中分隔型基坑变形特性及应力路径［J］. 同济大学学报（自然科学版）. 2021，49（8）：1116-1127.

［16］ 陶勇. 江北新区基坑群分坑施工时序与基坑变形研究［D］. 南京：南京林业大学，2020.

［17］ 陈保国，闫腾飞，王程鹏，等. 深基坑地连墙支护体系协调变形规律试验研究［J］. 岩土力学. 2020，41（10）：3289-3299.

谢汝剑，王启文，林勤鹏

（深圳市建筑设计研究总院有限公司）

【摘要】 深圳 C 塔及相邻地块项目为接近 400m 的超高层建筑，基础采用旋挖钻孔灌注桩，桩端持力层为微风化花岗岩。通过不同桩径方案的经济性和施工效率对比，优先采用超大直径嵌岩桩。桩基布置时为保证传力直接且减小承台的厚度及平面尺寸，避免承台冲切问题，桩间净距最小取 1.5m，桩中心距最小取 $1.5d$（d 为桩径）。单桩承载力由桩身截面控制，且由于桩间距小于国家规范要求，计算地质条件决定的单桩承载力特征值时，仅考虑桩端阻力，不考虑桩侧摩阻力的贡献，是偏于安全的。采用小直径嵌岩桩进行抗压试桩，解决了超大直径嵌岩桩不能进行静载试桩的难题，间接验证了嵌岩桩的设计参数。本文可为同类工程的桩基础设计提供参考。

【关键词】 嵌岩桩；桩间净距；单桩承载力；桩侧摩阻力；试桩

1　工程概况

　　C 塔及相邻地块项目位于深圳市南山区深圳湾超级总部基地，东邻深湾公园路，南邻白石四道，西临深湾二路，北邻白石三道。项目总用地面积约 3.63 万 m^2，总建筑面积约 55.5 万 m^2。主要功能为商务办公，酒店，配套商业、文化功能和会议、展览等公共功能，轨道站点，公交场站，出租车场站，集散空间，车库等。

　　项目拟建 2 栋超高层建筑，东塔建筑高度为 394.2m，屋面结构高度为 359.3m，地上 69 层；西塔建筑高度为 328.8m，屋面结构高度为 309.8m，地上 62 层，裙房 6 层，地下 3 层（局部地下 1 层夹层）。东塔和西塔之间设置连桥层连接。图 1-1 为建筑效果图。

图 1-1　建筑效果图

2　场地地质条件

　　场地地层从上到下为第四系全新统人工填土层（Q_4^{ml}）、海相沉积层（Q_4^m）、冲洪积层（Q_3^{al+pl}），残积层（Q_e^l），下伏基岩为燕山四期黑云母花岗岩（$\eta\beta5K1$），具体分述如下[1]。

　　①$_1$ 素填土：分布较广泛，层厚 $0.6\sim8.6m$，平均 2.98m。

①₂ 杂填土：堆填时间大于 5 年，分布较广泛，层厚 0.8～8.2m，平均 3.33m。

①₃ 填石：堆填年限大于 20 年，分布较广泛，层厚 0.3～12.8m，平均 6.16m。

②₁ 淤泥：广泛分布，层厚 0.5～7.2m；平均 3.33m。

③₁ 粉质黏土：广泛分布，厚度 0.7～10.1m，平均 3.71m。

③₂ 砾砂：广泛分布，层厚 0.5～7.3m，平均 3.23m。

④残积土：分布范围广泛，层厚 3.6～18.5m，平均 10.28m。

⑤₁ 全风化花岗岩：分布广泛，岩石已风化成坚硬砾质黏性土状，遇水易软化、崩解；揭露层厚 2.0～14.5m，平均 6.23m。

⑤₂₋₁ 强风化花岗岩上段：广泛分布，岩性呈坚硬土状；遇水易崩解；揭露层厚 1.2～17.0m，平均 8.46m。

⑤₂₋₂ 强风化花岗岩下段：分布范围广泛，原岩结构大部分破坏，裂隙极发育；揭露层厚 0.4～9.0m，平均 2.93m。

⑤₃₋₂ 中风化花岗岩下段：为场地基岩，原岩结构部分破坏，岩芯呈块状及短柱状、少量长柱状，锤击声不清脆；以较软岩为主，岩体较破碎为主，局部较完整；岩体基本质量等级为Ⅳ级。岩石饱和单轴抗压强度为 13.5～37.8MPa，平均值 24.37MPa；揭露层厚 0.2～18.5m，平均 3.03m；埋深 34.8～59.1m。

⑤₄ 微风化花岗岩：为场地基岩，原岩结构部分破坏，岩芯呈柱状、少量长柱状和块状，锤击声清脆；以坚硬岩为主，岩体较完整，局部较破碎；岩体基本质量等级为Ⅱ级，局部Ⅲ级。岩石饱和单轴抗压强度为 28.6～104.1MPa，平均值 75.04MPa；揭露层厚 0.94～9.72m，平均 5.47m；埋深 32.6～63.0m。

各岩土层对成桩的不利影响主要为：淤泥层呈流塑状态，且分布较厚，灌注桩成孔时易发生塌孔及涌水；残积土和全风化岩、土状强风化岩，饱和状态下受扰动易软化变形，强度、承载力降低，渗透性增大，成孔时易发生塌孔、涌水、涌砂等危害；场地内钻孔有揭露孤石现象，当采用旋挖桩或钻孔灌注桩时施工速度缓慢，成桩较困难，同时易将孤石误判为基岩。

工程桩在地面标高施工，成桩时上部空桩段长约 20m，尚需考虑较长的空桩段对施工的不利影响。

表 2-1 给出了水下冲（钻）孔灌注桩桩基参数建议值，图 2-1 给出了塔楼区域典型地质剖面图。

水下冲（钻）孔灌注桩桩基参数建议值　　　　　　　　　　表 2-1

土（岩）层名称	桩周土侧摩阻力特征值的经验值 q_{sa}/kPa	冲（钻）孔灌注桩的端阻力特征值的经验值 q_{pa}/kPa		岩石饱和单轴抗压强度标准值建议值 f_{rk}/MPa	冲（钻）孔灌注嵌岩桩阻力系数	
		桩端入土深度/m			端阻力系数 C_1	侧阻力系数 C_2
		≤15	>15			
③₁ 粉质黏土	26	—	—	—	—	—
③₂ 砾砂	30	—	—	—	—	—
④残积土	35（15）	500	700	—	—	—

续表

土（岩）层名称	桩周土侧摩阻力特征值的经验值 q_{sa}/kPa	冲（钻）孔灌注桩的端阻力特征值的经验值 q_{pa}/kPa		岩石饱和单轴抗压强度标准值建议值 f_{rk}/MPa	冲（钻）孔灌注嵌岩桩阻力系数	
		桩端入土深度/m			端阻力系数 C_1	侧阻力系数 C_2
		≤15	>15			
⑤₁ 全风化花岗岩	70（20）	800	1100	—	—	—
⑤₂₋₁ 强风化花岗岩上段	100（25）	1100	1600	—	—	—
⑤₂₋₂ 强风化花岗岩下段	130（50）	1400	2300	—	—	—
⑤₃₋₂ 中风化花岗岩下段	—	—	—	16	0.32	0.032
⑤₄ 微风化花岗岩	—	—	—	45	0.4	0.04

注：1. 采用表中数值宜进行试桩校核。
　　2. 表中岩石饱和单轴抗压强度为桩侧及桩端岩石的强度。
　　3. 残积土、全风化、强风化泥浆护壁灌注桩桩侧摩阻力特征值取表中括号内数值。

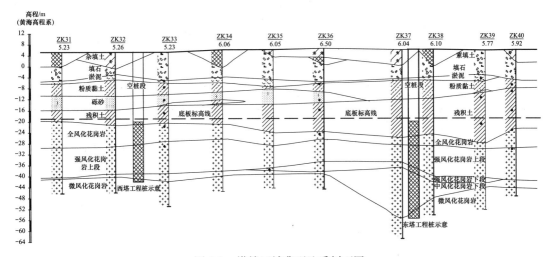

图 2-1　塔楼区域典型地质剖面图

3　塔楼桩基方案

3.1　桩基设计基本原则

本工程东塔屋面结构高度为 359.3m，西塔屋面结构高度为 309.8m，地下室 3 层，基础埋深约 22.0m，分别为塔楼结构高度的 1/16.3 和 1/14.1，大于 1/18，满足规范最小埋深要求。以下为塔楼桩基设计的基本原则[2]：

（1）塔楼工程桩采用旋挖钻孔灌注桩，以微风化花岗岩为持力层，入岩深度不小于 0.8m。

（2）桩径根据施工单位的技术论证，考虑施工条件及施工难度等因素，控制在 3.0m 及以下。

（3）桩基承载力由桩身强度控制，采用 C50 水下混凝土并考虑配筋对承载力的提高。

（4）桩间净距不小于 1.5m，桩中心距不小于 1.5d（d 为桩径）。

（5）计算桩基承载力时仅计入持力层端阻力，不考虑侧阻贡献。

3.2 桩基选型及布置

核心筒下为桩筏基础，设计中对比 3.0m、2.2m 和 1.6m 不同桩径的方案。通过对比可知，桩径越大，经济性越好，且桩数少，施工效率高，故本项目优先选用超大直径桩。

核心筒下选用 3m 直径桩，西塔核心筒内为兼顾布置均匀，局部采用 2.6m 直径桩；最小桩间净距为 1.5m。

外框柱柱底受力较大，3m 直径单桩无法满足承载力要求，需布置 2.4m、2.6m 桩径的三桩承台；桩间净距为 1.5m。

表 3-1 为东塔核心筒布桩方案经济性对比，图 3-1 给出了塔楼桩基平面布置图。

东塔核心筒布桩方案经济性对比　　　　表 3-1

桩径/mm	单桩竖向抗压承载力特征值 R_a/kN	东塔核心筒下桩数	单桩造价/万元	桩造价/万元
3000	98000	38	66.6	2530.8
2200	50000	75	36.0	2700.0
1600	26000	144	19.2	2764.8

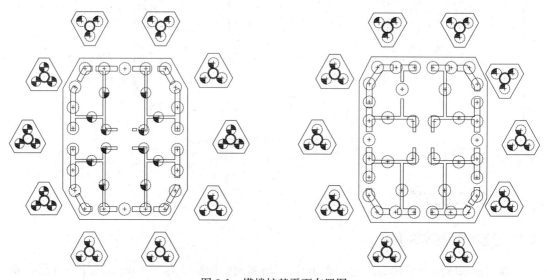

图 3-1　塔楼桩基平面布置图

3.3 桩间净距取值

对于灌注桩的间距，规范要求如下：①《建筑桩基技术规范》JGJ 94-2008（以下简称《桩规》）第 3.3.3 条规定[3]，当为端承桩时，非挤土灌注桩的基桩最小中心距为 2.5d（d 为桩径）。②广东省标准《建筑地基基础设计规范》DBJ 15-31-2016（以下简称广东

《地规》）第 10.1.5 条注释提到[4]，当不考虑桩的侧阻力时，钻（冲）孔混凝土灌注桩的桩中心距在满足施工工艺要求的前提下可适当减小，最小净距宜不小于 0.5m。

本项目为超高层项目，墙/柱底荷载较大，按 $2.5d$（d 为桩径）中心距布桩时，桩无法完全布置于墙/柱下，筏板/承台受力较为复杂，且筏板/承台高度较大，平面尺寸较大，经济性较差。

本项目桩基设计前，调查了周边超高层项目桩净距的取值情况，其中恒大中心、中信金融中心项目、深圳湾创新科技中心大直径桩最小桩间净距为 1m。同时，听取了桩基施工单位关于桩间净距控制的论证反馈，施工单位建议桩间净距不小于 1.5m，以确保成桩质量，避免桩间净距过小造成塌孔。

综上，塔楼桩桩间净距按不小于 1.5m 控制，核心筒下全部工程桩可布置于墙下，传力直接，桩对筏板无冲切问题，同时降低了筏板的整体弯矩。

外框柱下布置三桩承台，桩间净距为 1.5m，采用 4m 厚承台，根据《桩规》第 5.9.7 条、第 5.9.8 条，所有桩均在 45°冲切锥体以内，因此柱及桩对承台均无冲切问题。外框柱和三桩承台的桩基存在搭接段，不存在剪切斜截面，因此无须进行抗剪计算。外框柱下三桩承台有限元分析也验证了桩顶到柱底区域的混凝土等效斜柱处于受压状态，没有出现斜截面受拉的剪拉破坏[5]。

图 3-2 给出了三桩承台有限元分析主应力轨线图，图 3-3 给出了东塔核心筒桩基布置图，图 3-4 给出了外框柱下三桩承台布置图。

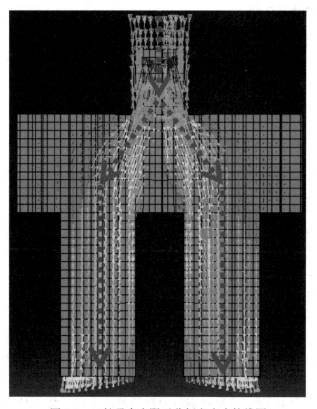

图 3-2　三桩承台有限元分析主应力轨线图

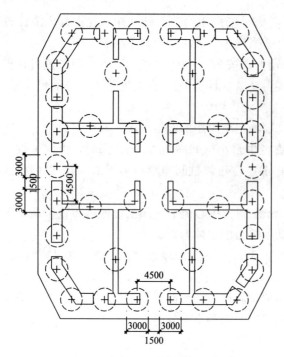

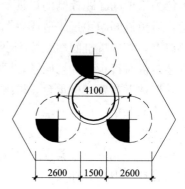

图 3-3　东塔核心筒桩基布置图　　　　图 3-4　外框柱下三桩承台布置图

3.4　单桩承载力特征值计算

根据广东《地规》式（10.2.4-1）～式（10.2.4-4）计算由地基条件决定的单桩承载力特征值 R_a[4]：

$$R_a = R_{sa} + R_{ra} + R_{pa}$$

$$R_{sa} = u \sum q_{sia} l_i$$

$$R_{ra} = u_p C_2 f_{rs} h_r$$

$$R_{pa} = C_1 f_{rk} A_p$$

式中：R_{sa}——桩侧土总摩阻力特征值；

　　　R_{ra}——桩侧岩总摩阻力特征值；

　　　R_{pa}——持力岩层总端阻力特征值；

　　　u——桩身截面周长；

　　　q_{sia}——第 i 土层桩侧的摩阻特征值；

　　　l_i——第 i 土层的厚度；

　　　u_p——嵌岩段截面周长；

　　　h_r——嵌岩深度；

　　　A_p——桩截面面积；

　　f_{rs}、f_{rk}——分别为桩侧岩层和桩端岩层的岩样天然湿度单轴抗压强度；

　　C_1、C_2——系数。

由于桩净距最小为 1.5m，故单桩承载力特征值不考虑桩侧土总摩阻力特征值 R_{sa} 及桩侧岩总摩阻力特征值 R_{ra}，即：

$$R_a = R_{pa} = C_1 f_{rk} A_p$$

其中 $C_1 = 0.4$；$f_{rk} = 45$ MPa。

由地基条件决定的单桩承载力特征值 R_a 计算结果见表 3-2。

此外桩身截面承载力尚应满足《桩规》第 5.8.2 条的规定[3]：

$$N \leqslant \psi_c f_c A_{ps} + 0.9 f'_y A'_s$$

式中：N——荷载效应基本组合下的桩顶轴向压力设计值；

$\quad\quad \psi_c$——基桩成桩工艺系数，取 0.75；

$\quad\quad f_c$——混凝土轴心抗压强度设计值；

$\quad\quad A_{ps}$——桩身截面面积；

$\quad\quad f'_y$——纵向主筋抗压强度设计值；

$\quad\quad A'_s$——纵向主筋截面面积。

桩身截面决定的单桩承载力特征值：

$$R_a = N/\gamma$$

式中：γ——综合荷载分项系数，取 1.5。

桩身截面决定的单桩承载力特征值 R_a 计算结果见表 3-2。

工程桩单桩承载力特征值 表 3-2

桩编号	桩径/mm	混凝土强度等级	桩身纵筋	地基条件决定的单桩承载力特征值 R_a/kN	桩身截面决定的单桩承载力特征值 R_a/kN	设计采用的单桩承载力特征值 R_a/kN
ZH24	2400	C50（P8）	56⏀32	84430	61974	60000
ZH26	2600	C50（P8）	54⏀32	95567	70698	68000
ZH30	3000	C50（P8）	112⏀32	127234	101089	98000

3.5 桩侧摩阻力对桩基承载力的影响

由表 3-2 可知，单桩承载力特征值由桩身截面承载力决定，是否考虑桩侧摩阻力对桩基承载力的贡献，对单桩承载力特征值的取值没有影响。

设计时仅考虑桩端持力层端阻力，不考虑侧摩阻力贡献时，由地基条件决定的单桩承载力特征值为桩身截面决定的单桩承载力特征值的 1.25～1.35 倍，设计取值是偏于安全的。

4 试桩结果及分析

4.1 试桩参数

工程桩施工前，进行抗压试桩。试桩在场平标高进行，位置选择在详勘孔 ZK66 附近，岩土层从上到下为杂填土、填石、淤泥、砾砂、残积土、全风化花岗岩、强风化花岗岩上段、中风化花岗岩下段、微风化花岗岩。图 4-1 给出了详勘孔 ZK66 剖面图。

试桩以小直径桩替代大直径桩进行，承载力按面积折算。试桩桩径为 1000mm，混凝土强度等级为 C55（P8），持力层为微风化花岗岩，入岩深度不小于 0.5m；采用非破坏性

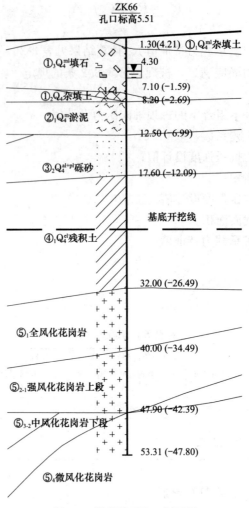

ZK66
孔口标高5.51

1.30(4.21) ①₁Q₄ᵐˡ杂填土

①₃Q₄ᵐˡ填石   4.30

7.10 (-1.59)

①₂Q₄ᵐˡ杂填土   8.20 (-2.69)

②₁Q₄ᵐˡ淤泥

12.50 (-6.99)

③₂Q₄ᵃˡ⁺ᵖˡ砾砂

17.60 (-12.09)

基底开挖线

④₁Q₄ᵉˡ残积土

32.00 (-26.49)

⑤₁全风化花岗岩

40.00 (-34.49)

⑤₂₋₁强风化花岗岩上段

47.90 (-42.39)

⑤₃₋₂中风化花岗岩下段

53.31 (-47.80)

⑤₄微风化花岗岩

图 4-1 详勘孔 ZK66 剖面图

试验；抗压试桩为 1 种桩型，共 3 根。

试桩预估单桩承载力特征值计算原则同工程桩，均不考虑桩侧土总摩阻力特征值 R_{sa} 及桩侧岩总摩阻力特征值 R_{ra}，计算公式见本文 3.4 节，表 4-1 给出了试桩参数。

试 桩 参 数　　　　　　　　　　　　　　　　　　　　　表 4-1

桩编号	桩径/mm	混凝土强度等级	桩身纵筋	地基条件决定的单桩承载力特征值 R_a/kN	桩身截面决定的单桩承载力特征值 R_a/kN	预估的单桩承载力特征值 R_a/kN	抗压试验加载最大值/kN
SZH1000	1000	C55	26 ⊈ 36	14137	15835	14000	28000

4.2 试桩结果

试验桩抗压静载试验结果显示，试验桩 SZH1000-1、SZH1000-3 达到预设最大加载值，满足设计要求；试验桩 SZH1000-2 未达到预设最大加载值，未满足设计要求[6]。表 4-2

给出了抗压试验桩检测结果，图 4-2 给出了试验桩荷载-沉降（Q-s）曲线图。

抗压试验桩检测结果 表 4-2

试桩编号	桩径/mm	要求最大试验荷载/kN	单桩竖向受压承载力检测值/kN	最大沉降量/mm	卸荷后残余沉降量/mm	卸荷后回弹率/%
SZH1000-1	1000	28000	28000	40.91	11.98	69.84
SZH1000-2	1000	28000	16289	90.74	62.88	30.70
SZH1000-3	1000	28000	28000	32.54	3.69	88.66

注：试验桩 SZH1000-2，加载至 22400kN 时，桩顶总沉降量为 90.74mm，未持荷稳定，终止加载，其单桩承载力检测值取 $s=0.05D$（D 为试验桩桩径）对应的荷载值。

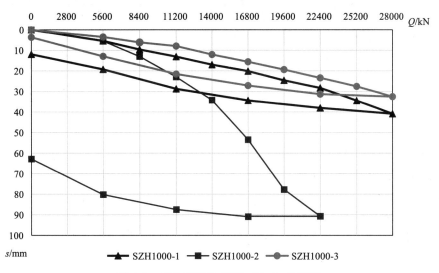

图 4-2 试验桩荷载-沉降（Q-s）曲线图

4.3 试桩分析

试验桩 SZH1000-1、SZH1000-3 抗压试验达到预设最大加载值，说明在合理有效的施工质量控制下，单桩受压承载力是可以达到设计要求的，也验证了桩基设计参数取值的合理性。

试验桩 SZH1000-2 未达到预设最大加载值，对其进行桩身抽芯分析。抽芯结果显示，桩底未发现明显沉渣，满足设计要求；桩身 0.30～47.35m 混凝土芯样完整连续，胶结好；47.35～48.07m 混凝土芯样侧面破裂；桩端持力层岩土性状为破碎状的中风化花岗岩，不满足设计桩端持力层为微风化花岗岩的要求。分析认为，该桩未进入设计要求的持力层微风化花岗岩，是静载检测值不满足设计要求的原因。图 4-3 所示为试验桩 SZH1000-2 抽芯芯样。

在试桩前，受限于施工条件，未能进行超前钻探探明试验桩桩底岩层情况，终孔时对持力层的判定出现误判，导致试验桩 SHZ1000-2 的承载力未能达到设计要求。故在工程桩施工阶段，要求塔楼工程桩每桩布置 2～3 个超前钻孔，查明持力层标高及岩面起伏情况，确保准确判定桩端持力层及桩端全断面入岩。

图 4-3 试验桩 SZH1000-2 抽芯芯样

5 施工措施

施工单位在塔楼桩施工前，编制了塔楼工程桩专项施工方案，针对项目场地地质条件及工程桩净距较小的情况，主要采取了以下措施以保证桩基的成桩质量及场地作业环境的安全：

（1）采用跳桩施工法，制订合理施工路径。

（2）成孔时采用 12m 长护筒进行施工，护筒穿过填土层、填石层及淤泥层等容易发生塌孔土层。

（3）空桩段回填措施为，距离孔口标高 3m 以外采用水泥石粉＋20％水泥拌合物进行回填，距离孔口标高 3m 以内采用 C15 素混凝土进行回填，以保证相邻桩的成桩质量及场地作业环境的安全。

本项目塔楼工程桩施工历时 5 个月，全部顺利完成，施工过程中未出现塌孔、涌水、涌砂等影响成桩质量的现象，亦未出现相邻桩串孔的现象，成孔成桩质量得到很好的控制。

6 总结

（1）本项目为接近 400m 的超高层建筑，柱底和核心筒下轴力较大，依据地质条件采用大直径嵌岩桩。

（2）本项目桩径越大，经济性越好，施工效率越高，故优先采用超大直径桩，但限于施工设备能力，桩径不超过 3m。

（3）本项目桩端持力层为微风化花岗岩，单桩承载力特征值由桩身截面决定。计算由地质条件决定的单桩承载力特征值时，仅考虑桩端阻力，不考虑桩侧阻力，是偏于安全的。

（4）根据周围项目的施工经验和承台受力的合理性，本工程控制桩间距为：桩间净距不小于 1.5m，桩中心距不小于 $1.5d$（d 为桩径）。该方案使得核心筒下桩均可布置于剪力墙下，柱下三桩承台避免了冲切问题，有效地减小了承台的厚度及平面尺寸，取得了良好的经济性。

（5）对于大直径嵌岩桩，需结合超前钻等措施，确保桩端准确进入持力层及全断面入岩。

（6）根据试桩设备能力，采用小直径嵌岩桩进行抗压试桩，解决了大直径嵌岩桩不能进行静载试桩的难题，间接验证了大直径嵌岩桩的设计参数。

（7）针对小间距嵌岩桩，采取跳打法等施工措施，可确保桩基的成桩质量及场地作业环境的安全。

参考文献

[1] 深圳市水务规划设计院股份有限公司. C 塔及相邻地块项目岩土工程勘察报告（详细勘察阶段）[R]. 2020.

[2] 深圳市建筑设计研究总院有限公司. C 塔及相邻地块项目建筑工程设计第二次结构方案专家咨询报告 [R]. 2022.

[3] 住房和城乡建设部. 建筑桩基技术规范：JGJ 94-2008 [S]. 北京：中国建筑工业出版社，2008.

[4] 广东省住房和城乡建设厅. 建筑地基基础设计规范：DBJ 15-31-2016 [S]. 北京：中国建筑工业出版社，2016.

[5] 广州容柏生建筑结构设计事务所（普通合伙）. 深超总 C 塔项目塔楼外框柱下三桩承台有限元分析 [R]. 2022.

[6] 深圳市房屋安全和工程质量检测鉴定中心. C 塔及相邻地块项目基桩静载检测报告（试验桩）[R]. 2021.

45 基坑工程对邻近地铁结构变形 影响分析及控制措施

伍永胜，张畅，何金福，赵鹏

（广州地铁设计研究院股份有限公司）

【摘要】 随着城市轨道交通的发展，地铁线路路网的日趋完善，地铁的建设势必与周边物业的开发相互影响。本文对基坑开挖过程中地铁结构变形数据进行分析，研究基坑设计及施工过程对地铁结构的影响。本文分析过程及结论对类似工程具有借鉴和指导意义。

【关键词】 基坑；地铁；隧道；数值分析

1 引言

近年来城市轨道交通发展迅速，地铁线路路网日趋完善和扩大，地铁的建设势必与周边物业的开发相互影响，紧邻地铁的地块逐渐变为城市黄金地带。但在产生经济效应的同时，地铁旁的新建项目对于已运营地铁线路也会产生无法避免的影响，如我国台湾某基坑至隧道净距 6.9m，基坑开挖引起隧道沉降 33mm[1]；南京某基坑开挖，引起隧道沉降约 33mm[2]。丁智等[3] 总结了基坑开挖对既有隧道影响的研究；王灿等[4] 通过人工结构性土研究了施工过程土体扰动对邻近地铁隧道的影响；郑刚[5] 等针对隧道上方基坑开挖，提出针对性的保护措施控制隧道变形；曾远等[6] 研究了基坑开挖对邻近地铁车站的影响。随着城市发展，地铁结构周边的基坑建设越来越多，对于地铁的保护，已经成为各地亟待解决的问题。

本文对广州某邻近地铁基坑进行分析，通过施工过程中隧道监测信息及数值模拟，研究基坑开挖对隧道结构产生的影响，以求最大限度降低该影响，并根据实际开挖过程中相关监测数据分析，为后续工程提出可行性建议。

2 工程概况

本项目位于广州市番禺区钟村街汉溪大道与新光快速路交叉口东南侧，是地铁 3 号线与 7 号线汉溪长隆站上盖商住综合体发展项目，占地总面积为 70936m²，其中可建设用地为 58027m²。基坑面积为 41441m²，基坑长度为 333m，宽度为 57~168m，基坑深度约 21.5m；共采用三道混凝土支撑。基坑与地铁结构的平面关系如图 2-1 所示。

基坑典型剖面如图 2-2 所示，从原状地面放坡约 2.2~3.9m 后为冠梁，周边地质自上而下分别为人工填土、黏土、局部粉细砂、花岗岩残积土、花岗岩全风化、花岗岩强风化，局部存在花岗岩微风化。基坑北临地铁 7 号线汉溪长隆站及隧道，与 7 号线汉溪长隆站最近距离为 17m。基坑西侧为地铁 3 号线汉溪长隆站及区间，与 3 号线汉溪长隆站主体结构侧壁最近距离约 3m，3 号线汉溪长隆站底板外挑趾板，围护结构至趾板最近距离为 0.36m。基坑东侧为汉兴西路及奥园城市天地广场，建筑物与基坑边距离为 41m，为三层框架结构。项目地址原状为公交站场。

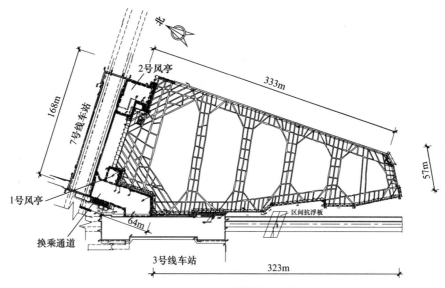

图 2-1　基坑与地铁结构平面关系

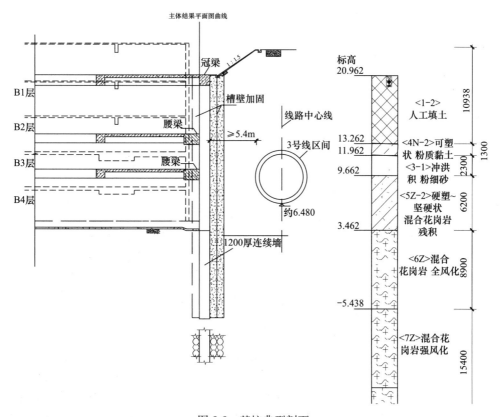

图 2-2　基坑典型剖面

基坑周边隧道结构平面及隧道监测平面布置如图 2-3 所示，隧道监测点间距按 5m 布置，分别在道床、隧道拱腰及拱顶位置布置沉降监测点及水平位移监测点；地铁结构沉降监测点布置如图 2-4 所示，分别在 3 号线站厅层、3 号线出入口、7 号线站厅层、7 号线出入口及附属结构与主体结构变形缝位置设沉降监测点。

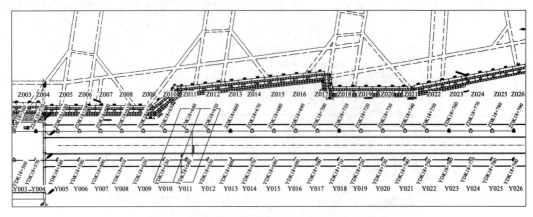

图 2-3　隧道结构平面及隧道监测平面布置示意

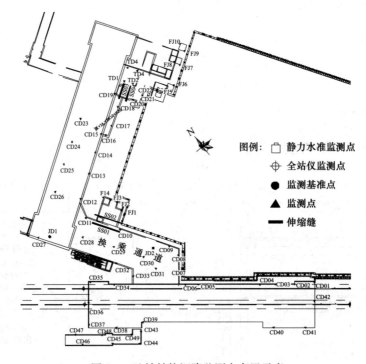

图 2-4　地铁结构沉降监测点布置示意

在整个施工期间，车站主体结构变形较小，变形较大的地铁结构为 3 号线区间、7 号线附属结构。本文主要针对变形较大位置进行分析。

基坑从 2019 年 10 月开始施工地铁影响范围内围护结构，到 2021 年 12 月完成底板封闭，并于 2022 年 6 月基本完成地下室顶板施工。由于隧道沉降为基坑施工期间各影响因素对隧道的综合影响，本文首先对施工期间各影响因素进行单独分析，旨在研究影响隧道的主要因素并在后续工程中针对性地采取保护措施。

3　基坑对地铁车站结构的影响

本基坑项目紧邻的地铁车站结构包括 3 号线和 7 号线汉溪长隆站主体结构、换乘通道结构、7 号线的 1 号和 2 号风亭结构及 7 号线的出入口。由于基坑开挖期间，地铁车站的土体结构变形较小，主要影响的结构为 7 号线的 2 号风亭及与风亭结构连接的 G 出入口。

3.1　车站主体结构变形

由地铁主体结构及换乘通道的水平位移监测结果（图 3-1～图 3-3）可以看出，地铁车站结构整体水平变形较小，基本在 5mm 以内。各个结构内的测点数据变化趋势相同，说明结构本身未发生明显的扭转变形。其中，7 号线及换乘通道周边均有原结构的围护结构；3 号线为放坡开挖，周边无围护结构，且 3 号线车站距离基坑结构不足 3m，但车站整体变形较小，说明主体结构刚度较大。同时，基坑围护结构刚度大，即使基坑在紧邻车站主体结构边开挖，对主体结构造成的水平变形有限，影响可控。

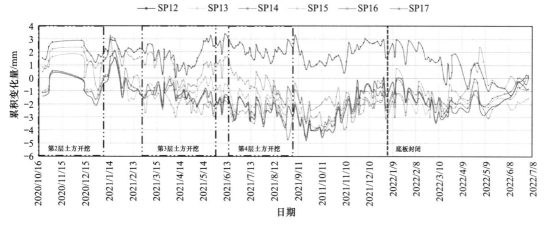

图 3-1　7 号线站厅层水平位移监测

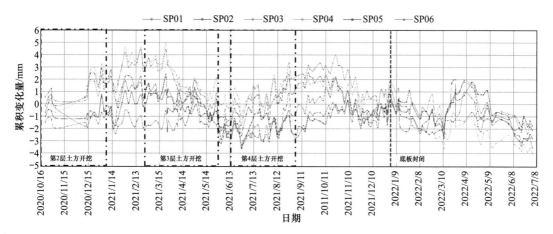

图 3-2　3 号线站厅层水平位移监测

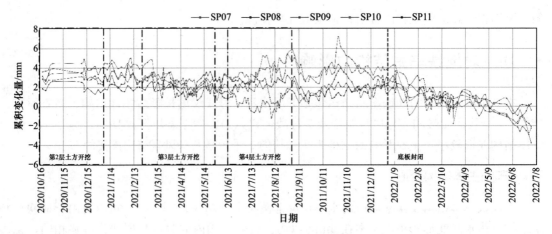

图 3-3　换乘通道水平位移监测

由 7 号线站厅层沉降监测结果（图 3-4）可以看出，在基坑施工过程中，7 号线车站的沉降变形较小，整个基坑开挖期间，沉降值在 5mm 以内。底板封闭后，沉降逐渐减小，可能是此时基坑内对土体扰动基本停止，周边水位抬升所致。

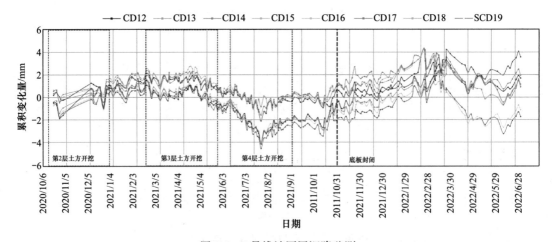

图 3-4　7 号线站厅层沉降监测

由 3 号线站厅层沉降监测结果（图 3-5）可以看出，在基坑施工过程中，3 号线车站的沉降逐渐增加并稳定，沉降值在 5mm 以内。与 7 号线站厅层监测结果略有不同的是，在基坑底板封闭后，没有像 7 号线车站有显著提升过程。

由 3 号线、7 号线换乘通道的沉降监测结果（图 3-6）可以看出，在基坑施工过程中，换乘通道的竖向变形有上浮趋势，并在基坑开挖期间沉降逐渐稳定，最终沉降量在 5mm 以内。

3.2　附属结构变形

由 7 号线 G 出口沉降监测结果（图 3-7）可以看出，随着基坑开挖深度增加，7 号线 G 出口的沉降变形逐渐发展，且沉降速率逐渐增加，直到地下室底板封闭后，沉降速率变缓，沉降值趋于稳定，最大沉降值接近 40mm。

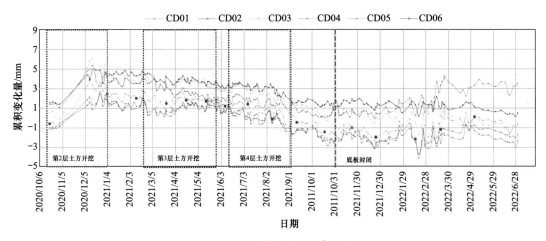

图 3-5　3 号线站厅层沉降监测

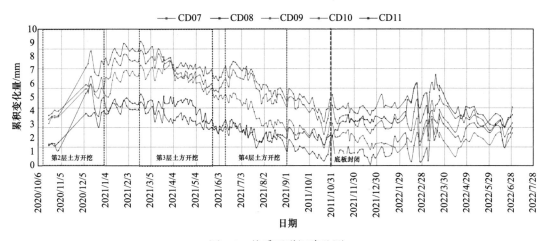

图 3-6　换乘通道沉降监测

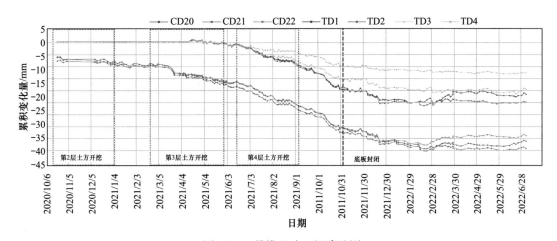

图 3-7　7 号线 G 出口沉降监测

由于 7 号线 G 出口属于附属结构，与车站主体结构设结构缝脱开，且与基坑距离非常接近，因此受围护结构变形的影响大，会整体随土体变形而发生沉降。

由于地铁车站刚度大，整体性强，地铁车站在基坑开挖期间，变形较为稳定，整体变形情况与隧道差别较大。基坑开挖期间需注意车站及隧道连接处的变形情况。

由风井沉降监测结果（图 3-8）可以看出，随着基坑开挖深度增加，风井的沉降变形逐渐发展，且沉降速率逐渐增加，直到地下室底板封闭后，沉降速率变缓，沉降值趋于稳定，最大沉降值接近 35mm。

由于风井属于附属结构，且与基坑距离非常接近，因此受围护结构变形的影响大，会整体随土体变形而发生沉降。第 4 层土方开挖后至底板封闭之前，G 出口附近风井沉降速率偏大，4 个月的沉降值约 15mm，初步分析原因是底板在相应位置未及时封闭，坑底积水造成花岗岩残积土软化，土体对围护结构的嵌固作用减弱，围护结构变形的速率增大，进而造成地面沉降加速。

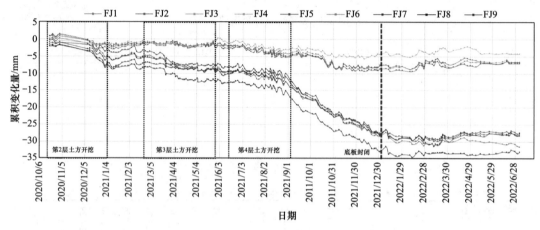

图 3-8　风井沉降监测

4　基坑对隧道结构的影响及应对措施

基坑从围护结构施工起，即对邻近地铁隧道结构产生了影响，引起隧道结构沉降变形。为控制隧道结构变形及竖向收敛的发展，根据工程需要，对本项目持力层为花岗岩残积土及花岗岩全风化的盾构区间采取了一系列变形控制措施，并对隧道结构进行了数值模拟，以分析隧道管片的受力状态。

4.1　施工阶段对隧道沉降的影响

基坑根据施工工序主要分为：围护结构施工、基坑土方运输及内支撑施工、底板及地下室主体施工和内支撑拆除。基坑施工至地下室顶板时，左线隧道累计沉降如图 4-1 所示。其中，左线里程 ZDK18＋790 位置距离基坑约 25m。由图 4-1 可知，左线隧道监测点在 ZDK18＋790 位置，累计沉降值已经较小，即基坑开挖对此位置影响较小。根据规范规定，地铁保护线为隧道外边线外侧 50m，而本项目在距离超过 25m 时基坑开挖影响已经有限。

在整个施工期间，不同施工阶段对左线隧道的影响如图 4-2、图 4-3 所示。可以看出，在围护结构施工期间，各测点隧道沉降较为接近，没有因为基坑至隧道距离、围护结构施工深度等因素而产生较大竖向变形差异。当基坑距隧道超过 25m 后，整个施工期间的隧道沉降较小。基坑在开挖至隧道拱腰标高以上时，隧道沉降主要由围护结构施工形成。随着基坑深度增加，基坑对隧道沉降影响增大；在第 3 层土方开挖及底板施工完成时，基坑施工对隧道影响达到最大，隧道沉降主要在此阶段形成。当基坑底板封闭后，隧道沉降基本稳定，在后续主体结构施工及内支撑拆除时，隧道变形很小。

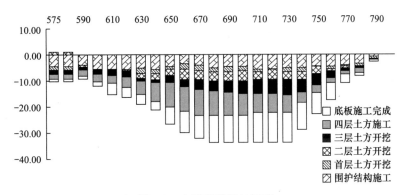

图 4-1　左线隧道累计沉降

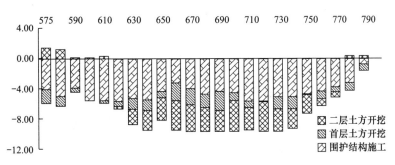

图 4-2　基坑开挖至隧道腰部前各阶段左线累计沉降

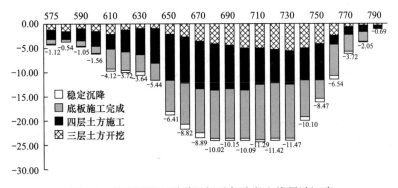

图 4-3　基坑开挖至隧道腰部后各阶段左线累计沉降

在底板封闭后，基坑沉降已经基本形成，由于拆撑过程中严格控制拆除过程，采取了更为保守的拆撑措施（图 4-4），加上底板封闭后，水位缓慢回复，故后续工况对隧道沉降影响很小。

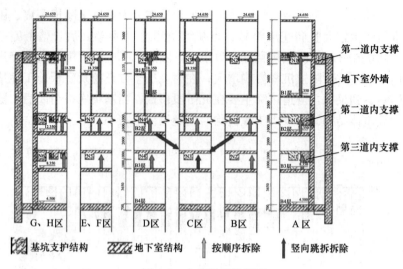

图 4-4　内支撑拆除顺序

右线隧道在施工阶段累计沉降如图 4-5 所示，由于右线隧道整体距离基坑边线较远，累计沉降较小，最大约 10mm。不同施工阶段对右线隧道的影响如图 4-6、图 4-7 所示。

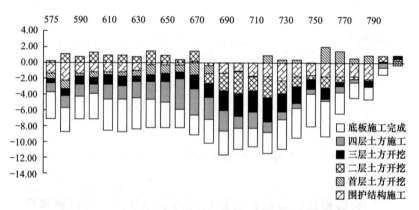

图 4-5　右线隧道累计沉降

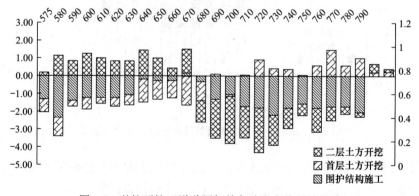

图 4-6　基坑开挖至隧道腰部前各阶段右线累计沉降

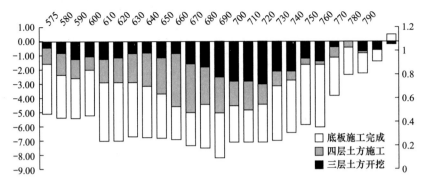

图 4-7 基坑开挖至隧道腰部后各阶段右线累计沉降

围护结构施工时，右线沉降约 2mm，变化值较小。首层及 2 层土方开挖期间，右线各位置沉降无规律性，在 2mm 左右波动，说明前两层土方开挖对右线影响较小，相关性低。

2020 年 12 月 26 日～2021 年 1 月 17 日，即第 2 层土方开挖期间，在 DK18＋620～DK18＋660 进行了土方卸载（约 1.5m），故在此里程范围内，右线隧道略有上浮；在第 3 层、第 4 层土方开挖及底板封闭期间，右线隧道沉降大；在第 4 层土方开挖至底板封闭期间隧道沉降最大。

4.2 左线及右线沉降变化规律

在整个施工期间，选取隧道上有代表性的两点进行讨论，分别为里程 ZDK18＋640（图 4-8）和 ZDK18＋730（图 4-9）位置，由图可见，隧道在两点变化趋势接近。

根据隧道沉降值，计算得到隧道左线、右线在里程 18＋730 位置的平均变化速率（图 4-10）。从图 4-10 中可以看出，隧道沉降速率在基坑的前三层土方施工时，变化较为接近；基坑开挖至最后一层土方及底板施工时，基坑沉降速率收敛较慢，并最终稳定。

通过对比隧道在两个典型位置（DK18＋730、DK18＋640）的左线和右线沉降变化（图 4-10、图 4-11）可以看出，基坑在首层土方开挖时影响小，隧道变形规律性少，波动较大。第 2、3、4 层土方开挖对隧道左线沉降速率有明显影响，其中第 2 层及第 3 层土方开挖后隧道沉降速率可以较为快速地收敛，第 4 层土方开挖后沉降速率收敛较慢，与底板未形成刚性支撑有关。

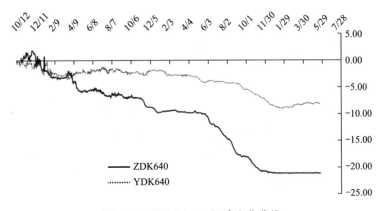

图 4-8 ZDK18＋640 沉降变化曲线

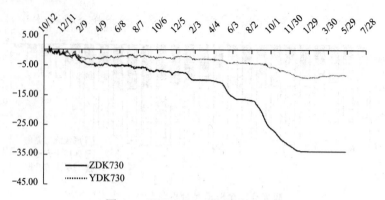

图 4-9　ZDK18＋730 沉降变化曲线

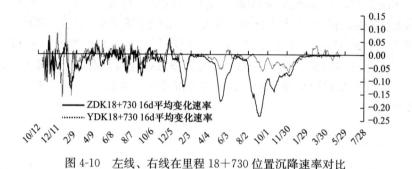

图 4-10　左线、右线在里程 18＋730 位置沉降速率对比

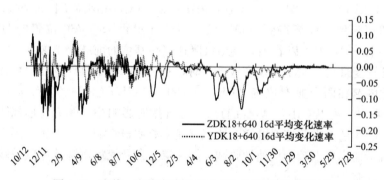

图 4-11　左线、右线在里程 18＋640 位置沉降速率对比

4.3　围护结构对隧道沉降的影响

围护结构嵌固深度与隧道沉降的关系如图 4-12 所示，基坑至隧道水平距离与隧道沉降的关系如图 4-13 所示。

在基坑施工期间，由于在里程 ZDK18＋630～650 位置有抗浮板，隧道随基坑施工沉降较快，在开挖首层土方后，对有抗浮板区域进行卸土。由于里程 ZDK18＋575 为盾构隧道与车站结构的交界处，车站结构整体沉降较小，连接位置的盾构隧道对应沉降较小。此外，里程 ZDK18＋610～650 范围内的隧道在基坑施工初期，即对上方土方进行了卸载。除以上范围的监测数据外，围护结构嵌固深度与隧道沉降的关系、基坑至隧道水平距离与隧道沉降关系如图 4-14、图 4-15 所示。

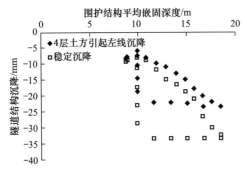

图 4-12　围护结构嵌固深度与隧道沉降关系

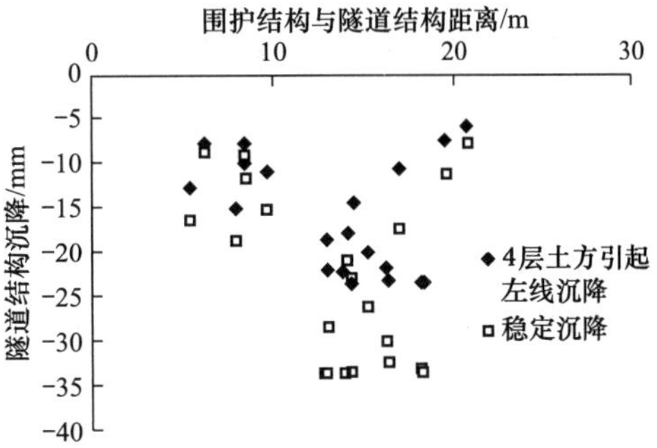

图 4-13　基坑至隧道水平距离与隧道沉降关系

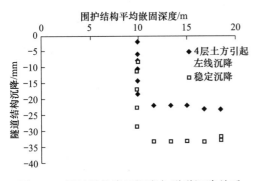

图 4-14　围护结构嵌固深度与隧道沉降关系
（非卸土区）

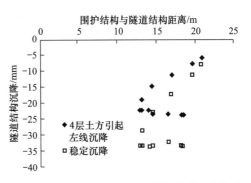

图 4-15　基坑至隧道水平距离与隧道沉降关系
（非卸土区）

可以看出，在非卸土区，嵌固深度及基坑与隧道的距离都存在一定的相关性，总体表现为基坑距离隧道越近，对隧道沉降变形的影响越明显；围护结构的嵌固深度越大，基坑开挖引起的隧道沉降更大。进而对基坑至隧道结构的水平距离、围护结构的嵌固深度在各个施工阶段与隧道沉降的关系进行相关性分析，如表 4-1 所示。

沉降-水平距离/围护结构嵌固深度相关性系数　　　　　　　　　　　　　表 4-1

隧道沉降	围护完成	首层土方完成	2 层土方完成	3 层土方完成	4 层土方开挖及底板完成
平均嵌固深度/m	-0.046	-0.474	-0.755^{**}	-0.349	-0.562^{*}
水平距离/m	0.825^{**}	0.524^{*}	0.416	0.854^{**}	0.606^{*}

注：* 为显著性水平 $p < 0.1$，** 为显著性水平 $p < 0.01$。

在 n＝13 时，查文献 [7] 表格可得相关性系数显著性检验临界值分别为 0.484 和 0.703。由表 4-1 可以看到，在基坑施工期间，围护结构的嵌固深度在少数施工阶段与隧道结构沉降变形呈负相关，但相关性较弱。而呈负相关的主要原因，可能是围护结构嵌固深度的变化主要是考虑基坑内局部开挖情况复杂或对应位置土体较差，导致围护结构所需嵌固深度大；同时，围护结构深度增加，对深层的土体扰动增加。综合以上原因，导致围护结构的嵌固深度增加，隧道结构的沉降加大。

而在基坑工程的各个施工阶段，基坑至隧道的水平距离与隧道沉降均表现出较强的相关性，整体表现为基坑施工位置距离隧道越近，引起的隧道沉降越大。但根据监测数据，当基坑至隧道结构的距离超过 25m 后，基坑开挖对隧道沉降影响有限。

4.4 地铁保护措施对隧道沉降的影响

本项目由于距离地铁隧道近，因此采取了多种措施以降低基坑开挖对地铁隧道的影响。

基坑靠近地铁隧道侧采用 1200mm 连续墙，目的是减小围护结构变形对地铁隧道的不利影响；连续墙外侧设置双排三轴搅拌桩进行槽壁加固，目的是减小连续墙成槽过程中对土体的扰动。基坑与 3 号线车站顶板之间设置了混凝土传力带；搅拌桩外侧与隧道之间预埋袖阀管，在隧道两侧及中间设置袖阀管，以在施工过程中根据隧道变形情况进行跟踪注浆及区间底部的注浆加固。在隧道两侧设置回灌井，整个基坑开挖期间进行回灌，目的是减小隧道周边水位变化。在施工过程中，为减小隧道沉降及竖向收敛，分两次对里程约 ZDK18＋630～760 范围隧道正上方进行了卸土施工，土方卸载厚度约1.5m。在基坑内支撑拆除过程中，除满足一般的拆撑工况外，采取了更为保守的拆撑策略：整体分区施工，在相邻区域施工完成部分上层结构后，再进行相邻区域的下层内支撑拆除（如图 4-4 所示，先施工完成 B 区、D 区地下 2 层结构，再拆除 C 区的第 3 层内支撑，以此类推）。

基坑开挖期间，所采取的地铁保护措施如图 4-16、图 4-17 所示。可以看出，在整个施工过程中，搅拌桩施工对隧道沉降影响较小，地铁沉降正负波动，说明地铁变形主要是日常运营的正常波动。在跟踪管注浆期间，隧道结构略有上浮；在隧道底部注浆期间，隧道结构随着基坑施工进度缓慢下沉。主要由于注浆压力较小，注浆主要为渗透注浆，对土

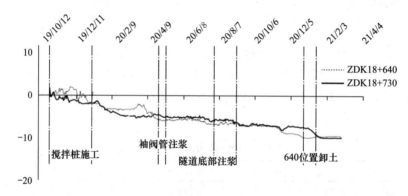

图 4-16 地铁保护措施一

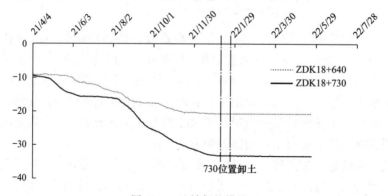

图 4-17 地铁保护措施二

体的填充及加固作用有限。在对 ZDK18+640 位置进行土方卸载后，该位置隧道结构略有上浮，并基本保持平稳，在后续施工过程中，竖向变形速率相对较小；在对 ZDK18+730 位置进行土方卸载后，该位置隧道结构变形稳定，说明在土方卸载后，隧道结构沉降得到了有效控制。而在拆撑过程中，尽管围护结构测斜孔水平位移增加，但区间变形保持稳定，未发生明显变化，说明此时围护结构的变形对隧道结构的影响较小。

综上，在整个基坑开挖的施工期间，低压渗透注浆对控制隧道结构竖向变形有一定作用，但作用有限；在隧道上方进行土方卸载对于控制隧道结构沉降最为有效，并且根据对隧道结构的分析，合理、及时地进行土方卸载，对于控制区间结构的总变形更有利。

4.5 数值分析

根据本项目基坑与既有地铁隧道结构的空间立体关系，以及基坑工程支护结构设计及基坑工程施工特点，采用 MIDAS/GTS NX 软件建立的有限元计算模型，如图 4-18 所示。

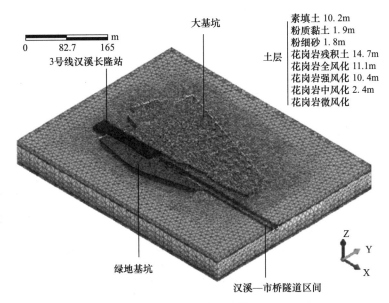

图 4-18 基坑有限元模型

深基坑施工对周边地铁盾构隧道结构影响的三维动态施工模拟的主要流程为：初始应力场分析；施作 3 号线区间隧道；施作基坑围护桩、墙；基坑分步开挖并施工内支撑、混凝土板；基坑回填。

基坑从开挖至回填完成的过程中，汉溪站—市桥站左线区间隧道位移最大值分别为 -2.72mm（水平位移 T_x）、18.21mm（水平位移 T_y）、-32.38mm（竖向位移 T_z）、35.06mm（总位移 T）；右线区间隧道在基坑开挖回填过程中的位移最大值分别为 -1.61mm（水平位移 T_x）、14.77mm（水平位移 T_y）、-26.55mm（竖向位移 T_z）、26.73mm（总位移 T）。竖向位移和总位移的最大值发生在基坑回填并拆第二道支撑时。基坑开挖过程中整个隧道水平位移趋势为朝向基坑内侧，竖向位移趋势为沉降。基坑开挖过程中，地铁区间隧道最大沉降值大于沉降控制值。

现有监测数据为基坑开挖至基底时的数据，对比监测数据和模型计算结果（图 4-19、图 4-20）发现，模型模拟所得的最大竖向位移与监测值相近，位移较大区域与现场监测得到的位移较大区域相符，由此判断模型模拟结果可信，并根据此模型进一步对区间内力进行分析。

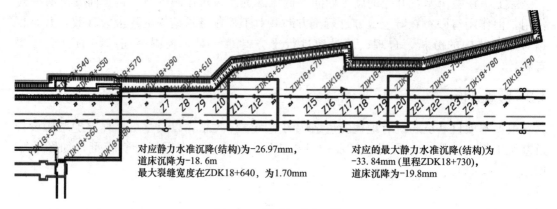

图 4-19　隧道沉降实测值

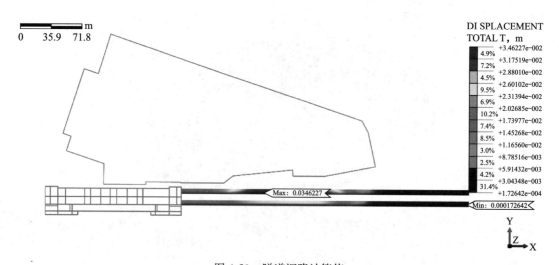

图 4-20　隧道沉降计算值

基坑开挖过程中，隧道管片弯矩云图如图 4-21 所示。计算结果显示，基坑开挖回填过程中，左线管片弯矩每延米最大值 M_{xx} 为 204kN·m、M_{yy} 为 206kN·m；右线管片弯矩每延米最大值 M_{xx} 为 156kN·m、M_{yy} 为 185kN·m。基坑回填并拆除第二道支撑时，左线管片弯矩每延米最大值 M_{xx} 为 203kN·m、M_{yy} 为 205kN·m；右线管片弯矩每延米最大值 M_{xx} 为 156kN·m、M_{yy} 为 185kN·m。

根据基坑开挖过程对隧道沉降影响的分析结果，建议对里程 ZDK18＋600～772 范围内的管片加强观测，包括基坑变形及裂缝发展情况监测，并建议对区间隧道已经出现裂缝大于 0.2mm 的位置进行修复。

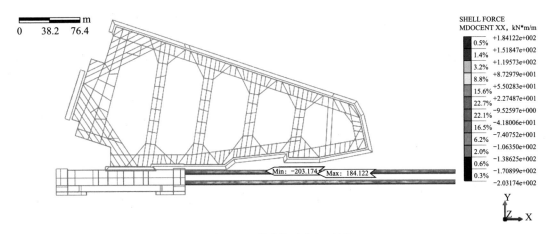

图 4-21 隧道管片弯矩云图

5 结论及建议

（1）基坑施工期间，对隧道影响最大的工况是最后一层土方开挖及底板封闭前的阶段，采取有效措施加快底板封闭进度可以减少隧道整体沉降。

（2）隧道在基坑开挖时，各层支撑施作完成后，沉降逐渐收敛。由于底板施工期较长，基坑底部软化情况严重，建议底板在施工时优先施工距离隧道最近区域并尽早形成支撑。

（3）地铁隧道与基坑的水平距离对隧道最终沉降影响较大；当水平距离超过 25m 后，基坑对隧道变形影响较小，未采取特别保护措施的情况下可以满足规范要求。

（4）隧道上方卸载对于控制隧道沉降直接有效；对于花岗岩残积土地层，隧道周边低压渗透注浆对于控制隧道变形效果有限。

（5）本基坑开挖对地铁主体影响有限，主要由于地铁车站结构刚度大，变形协调，故整体沉降较小。

（6）附属结构变形差异大，当附属结构距离基坑较远，超过约 10m 时，附属结构整体变形较小；当附属结构与基坑紧贴时，附属结构随基坑开挖会产生较大沉降，在基坑底板封闭前，基坑底部软化较严重时，沉降变形最剧烈，需优先考虑对此部分结构先期施工。

参考文献

[1] CHANG C T，SUN C W，DUANN S W，et al. Response of a Taipei Rapid Transit System (TRTS) Tunnel to adjacent excavation [J]. Tunneling and Underground Space Technology，2001，16（3）：151-158.

[2] LIU B，ZHANG D W，YANG C，et al. Long-term performance of metro tunnels induced by adjacent large deep excavation and protective measures in Nanjing silty clay [J]. Tunnelling and Underground Space Technology，2020，95：103147-1-15.

[3] 丁智，张霄，梁发云，等. 软土基坑开挖对邻近既有隧道影响研究及展望 [J]. 中国公路学报，2021. 34（3）：50-70.

［4］ 王灿，凌道盛，王恒宇. 软土结构性对基坑开挖及邻近地铁隧道的影响［J］. 浙江大学学报（工学版），2020，54（2）：264-274.

［5］ 郑刚，朱合华，刘新荣，等. 基坑工程与地下工程安全及环境影响控制［J］. 土木工程学报，2016.49（6）：1-24.

［6］ 曾远，李志高，王毅斌. 基坑开挖对邻近地铁车站影响因素研究［J］. 地下空间与工程学报，2005，8（4）：642-645.

［7］ 万黎，毛炳启. Spearman 秩相关系数的批量计算［J］. 环境保护科学，2008（5）：53-55，72.

附录　广东复杂结构设计相关地方标准

附录1 广东省标准《建筑地基处理技术规范》 DBJ/T 15-38-2019 简介

唐孟雄

（广州市建筑科学研究院有限公司）

1 启动修订

根据《广东省住房和城乡建设厅关于发布〈2015 年广东省工程建设标准制订和修订计划〉的通知》（粤建科函〔2015〕2367 号）的要求，广东省标准《建筑地基处理技术规范》DBJ 15-38-2005 列入了修订计划。广州市建筑科学研究院有限公司为主编单位，华南理工大学、广东省建筑设计研究院等单位为参编单位。

2016 年 11 月 25 日，在广州市建筑科学研究院有限公司召开了广东省标准《建筑地基处理技术规范》编制组成立暨第一次工作会议。会议确定了修订原则、编制大纲、工作分工及进度安排。

2017 年 5 月，主编单位汇总各编委起草的具体章节，形成了讨论稿；2017 年 10 月—11 月，组织对规范（征求意见稿）进行定向征求意见。2017 年 12 月—2018 年 1 月，广东省住房和城乡建设厅在广东建设信息网向社会公开征求意见，共收集整理修改意见 82 条。

2018 年 4 月，形成送审稿。

2018 年 11 月 25 日，广东省住房和城乡建设厅组织召开了规范审查会。

2 专题研究

本标准编制过程中，共开展了 5 项专题研究：（1）刚性桩复合地基的承载力和沉降确定方法的专题研究；（2）桩网复合地基的专题研究；（3）处理后地基静载荷试验及复合地基增强体单桩载荷试验技术的专题调研；（4）组合桩复合地基技术的专题调研；（5）微型桩加固技术的专题调研。

3 重点修订内容

重点修订内容包括：（1）增加压实地基；（2）调整各种垫层的压实标准；（3）增加强夯置换地基；（4）调整强夯法的有效加固深度；（5）增加夯坑周围地面不应发生过大隆起的技术要求；（6）增加强夯地基均匀性检验要求；（7）增加深部土层承载力可采用瑞雷波法检验的规定；（8）增加刚性桩复合地基的承载力和沉降由桩土沉降协调确定方法；（9）增加组合桩复合地基；（10）增加桩网复合地基；（11）增加微型桩加固；（12）增加处理后地基静载荷试验要点；（13）增加复合地基增强体单桩载荷试验要点。

4　重点内容确定的依据

本规范增加压实地基、强夯置换地基、组合桩复合地基、桩网复合地基、微型桩加固等内容，由编制组结合广东省建筑地基处理技术的发展及新技术应用推广情况，经广泛论证形成，并对其中一些内容进行了专题研究。同时，参考了行业标准《建筑地基处理技术规范》JGJ 79-2012、国家标准《复合地基技术规范》GB/T 50783-2012、行业标准《建筑地基检测技术规范》JGJ 340-2015 等的相关技术内容。

增加的刚性桩复合地基的承载力和沉降由桩土沉降协调确定方法，是在广东省水利水电科学研究院杨光华教授级高工等专家多年理论研究及工程应用的基础上编制而成。

调整或增加的强夯法的有效加固深度、夯坑周围地面不应发生过大隆起的技术要求、强夯地基均匀性检验要求、增加深部土层承载力可采用瑞雷波法检验的规定等技术内容，是在编制组开展大量工程调研并广泛征求行业专家意见的基础上形成的。

5　规范的主要技术内容

规范的主要技术内容包括：（1）总则；（2）术语和符号；（3）基本规定；（4）换填与压实地基；（5）强夯与强夯置换地基；（6）预压地基；（7）碎石桩复合地基；（8）水泥土搅拌桩复合地基；（9）旋喷桩复合地基；（10）刚性桩复合地基；（11）组合桩复合地基；（12）桩网复合地基；（13）静压注浆加固；（14）微型桩加固；（15）既有建筑地基加固；（16）污染土地基处理。

6　强制性条文

2017 年广东省住房和城乡建设厅组织规范修订精减讨论会，确定修订时保留 5 条强制性条文。分别为 5.4.5 条关于强夯处理承载力检验，6.4.9 条关于排水固结竣工验收检验，9.4.5 条关于旋喷桩复合地基承载力检验，14.1.6 条关于未经处理的污染土不能作建筑地基，14.4.1 条关于污染土承载力检验。

规范审查会上，确定保留 2 条强制性条文，分别为：

5.4.5　强夯处理后的地基竣工验收，承载力检验应采用静载荷试验、其他原位测试和室内土工试验综合确定。

9.4.5　竖向承载旋喷桩复合地基竣工验收时，承载力检验应采用单桩载荷试验和复合地基载荷试验。

最终，在广东省住房和城乡建设厅审批时，批准为推荐性地方标准，取消了强制性条文。

附录2 广东省标准《岩溶地区建筑地基基础技术规范》DBJ/T 15-136-2018 简介

黄俊光，韩建强，罗永健

（广州市设计院集团有限公司）

根据《广东省住房和城乡建设厅关于发布〈2013年广东省工程建设标准制订和修订计划〉的通知》（粤建科〔2013〕1029号）的要求，广州市设计院集团有限公司会同有关单位经广泛调查研究，认真总结实践经验，参考有关国家标准和国内外先进经验，并在广泛征求意见的基础上制定本规范。本规范自2018年7月1日实施。

1 主要内容

本规范适用于广东省岩溶地区建筑工程的勘察和地基基础的设计、施工、检测与监测。主要内容有：（1）总则；（2）术语和符号；（3）基本规定；（4）工程勘察；（5）地基稳定性；（6）地基处理；（7）复合地基；（8）浅基础；（9）桩基础；（10）基坑工程；（11）地基基础施工；（12）检验与监测。

2 主要特点

（1）针对岩溶工程地质特点，提出岩溶地区建筑地基基础构造选型原则，并创新性地根据岩溶发育程度进行地基基础承载力计算及构造设计；强调岩溶地区地基基础的设计和施工应重视地区经验和概念设计，为岩溶地区地基基础选型及概念设计提供依据。同时，考虑到周边环境要求差异，对地基基础和基坑采用不同的设计等级分级要求。

（2）在岩溶勘察方面，对岩溶发育程度进行科学划分，提出基于不同岩溶发育程度的钻探布点及深度要求，明确岩溶地区钻孔完成后的封孔要求，明确岩溶地区物探方法的选用和适用原则。

（3）在地基稳定性方面，根据岩溶发育特征，提出场地稳定性评价标准，进而根据场地稳定性破坏后果、治理难易程度，结合工程建设特征提出场地工程建设适宜性评价标准；首次合理提出了岩溶洞体地基稳定性评价方法及实施步骤。

（4）在岩溶地基处理方面，结合岩溶地区工程建设经验，提出岩溶地基处理原则及方法，包括：提出不同类型溶（土）洞选取地基处理方法的建议；充填法与注浆法合用的原则；溶（土）洞处理动态设计原则；溶（土）洞处理时机选择等一般性原则。针对各地基处理方法，明确了注浆法泥浆配比、注浆压力等参数及跨越法处理原则等。

（5）在岩溶地基处理方面，建立了一整套合理的复合地基沉降及承载力计算方法，并根据岩溶发育程度确定其计算参数；合理提出了岩溶地基浅基础承载力及变形计算方法。

基于防倒塌考虑，给出岩溶地区浅基础及其上部结构构造原则；明确了桩基础计算及根据岩溶发育程度选取参数，提出不同的桩基入岩及持力层要求，针对抗拔桩计算偏不安全问题，提出岩溶中等以上发育时，应增大锚固长度；提出岩溶强烈发育场地的桩身配筋要求。

（6）在岩溶地区基坑工程方面，提出先处理后施工原则及动态设计原则，创新性地提出"先导桩法"和"先导锚法"，解决了岩溶地区基桩及锚索岩面确认的问题；提出岩溶地区基坑地下水控制措施；提出岩溶地区基坑施工措施。

（7）在岩溶地区地基基础施工方面，提出应考虑溶（土）洞对重型设备的影响；提出桩基全套管施工工艺、复合地基施工工艺、溶（土）洞处理施工工艺要求。

（8）在地基基础检测和监测方面，提出岩溶中等以上发育场地大直径桩超声孔形检测要求，提出符合岩溶地区实际的地基基础检测和监测要求。

附录3 广东省标准《建筑工程混凝土结构抗震性能设计规程》DBJ/T 15-151-2019 简介

韩小雷，季静

（华南理工大学土木学院）

改革开放以来，随着我国经济的迅猛发展，出现了大量造型独特、受力复杂的高层（超高层）建筑，其中绝大部分采用混凝土结构。如何正确评估高层建筑混凝土结构在强震作用下的损坏程度及抗倒塌能力，确保结构安全，是学术界和工程界需要迫切解决的世界性难题。

华南理工大学高层建筑结构研究所100多位师生经过20多年的不懈努力，通过大量的试验研究、深入的计算分析和复杂的工程应用，借助人工智能技术，在地震动参数选取、构件弹塑性本构自适应、基于构件的结构弹塑性计算和构件变形指标限值确定等关键技术上取得突破，提出"两水准（小震，大震）、两阶段（小震弹性计算、构件承载力设计，大震弹塑性计算、构件承载力和变形复核）"抗震设计思想和基于构件的结构抗震性能设计与评估方法。通过1000多个典型结构的算例分析和68个超限高层建筑结构抗震设计的工程应用，验证了设计思想和设计方法。

在此基础上，编制了广东省标准《建筑工程混凝土结构抗震性能设计规程》，主要特点是：

（1）提出一套钢筋混凝土结构抗震性能设计方法，针对不同结构抗震性能水准、不同重要性，提出构件正截面、斜截面承载力复核方法和构件变形复核方法。

（2）提出一套对应不同场地类别和不同结构动力特性的强震记录地震波库，用于结构弹性、弹塑性动力时程分析。

（3）基于试验结果的统计分析，给出钢筋混凝土构件（梁、柱和剪力墙）变形—承载能力—损坏程度的对应关系。

（4）提出了钢筋混凝土构件（梁、柱和剪力墙）破坏形态（弯曲破坏、弯剪破坏和剪切破坏）划分方法。

（5）参考国内外相关标准，根据试验结果，规定了钢筋混凝土构件（梁、柱和剪力墙）变形指标限值，建立了构件性能水准与构件变形指标限值的对应关系。

华南理工大学高层建筑结构研究所开发了具有自主知识产权的结构抗震性能设计与评估软件PBSD，提供给工程师、研究人员开展超限高层建筑结构抗震设计及混凝土结构抗震性能研究。PBSD包含天然波选波、弹性性能设计、弹塑性分析、基于构件的弹塑性性能评估四大主要功能，不仅可将弹性模型智能转化为弹塑性模型并一键开启弹塑性分析，还可将巨量的分析结果智能地表达成研究人员及工程师习惯的图表以及分析报告。PBSD正式版已于2019年上线，截至2021年底，共有注册用户超1500人，涵盖境内外250所设计单位及高等院校，在国内外大量工程中得到应用。

团队研究和应用过程中，许多专家学者给予了宝贵的意见和建议。容柏生院士从哲学的高度为团队指明了方向；魏琏教授从技术的角度给予团队无私的帮助，坚定了团队克服困难的信心和决心；方小丹设计大师从工程的角度让团队看到自己的不足，促使团队不断努力；陈星设计大师的建议帮助团队将关键技术进一步完善，等等。

基于研究和应用成果，由中国建筑工业出版社出版了两本学术专著《基于性能的超限高层建筑结构抗震设计——理论研究与工程应用》（2013 年）和《基于性能的钢筋混凝土结构抗震——理论研究、试验研究、设计方法研究与工程应用》（2019 年），作为广东省标准《建筑工程混凝土结构抗震性能设计规程》的编制背景材料。成果同时编入中国勘察设计协会团体标准《建筑结构抗震性能化设计标准》T/CECA 20024-2022。研究成果《高层建筑混凝土结构抗震性能化成套关键技术与应用》获 2021 年广东省科技进步奖一等奖。

附录4 广东省标准《强风易发多发地区金属屋面技术规程》DBJ/T 15-148-2018 简介

石永久[1]，王湛[2]，谢壮宁[2]，彭耀广[3]

（1. 清华大学；2. 华南理工大学；3. 广东百安力轻钢结构产品有限公司）

1 前言

2018 年 12 月 27 日广东省住房和城乡建设厅以第 62 号公告，正式批准由华南理工大学、广东百安力轻钢结构产品有限公司等单位联合编制的《强风易发多发地区金属屋面技术规程》DBJ/T 15-148-2018 为广东省地方标准，并于 2019 年 2 月 1 日起实施。

该规程立足于广东省城乡建设行业的科技创新与发展需求，借鉴了国内外金属屋面系统应用成功经验和近年台风灾害教训，吸收了国内外建筑金属屋面系统研究和应用的新技术、新方法，是符合国家技术经济政策和绿色评价的强风易发多发地区金属屋面设计、制作及安装技术标准。

该规程的主要内容包括总则，术语和符号，基本规定，金属屋面材料，建筑设计，结构设计，制作，运输和存储，安装，质量验收，维护与维修，金属屋面性能检测共 11 章、43 节、230 条正文和 5 个附录内容，系统规定了可显著提升建筑金属屋面系统节能效果，避免强风易发多发地区建筑金属屋面发生掀揭、渗漏的有效技术措施。

该规程的实施保证了建筑金属屋面设计、施工及检测评估均有相关的技术依据，使强风易发多发地区的金属屋面系统建设质量控制、监督有标准可依，有利于行业、企业、管理部门在金属屋面质量管理方面的协调与统一；可有效减少强风地区金属屋面存在的材料、设计、施工和管理等缺陷；强风地区由于缺乏有效的金属屋面设计和施工指引而导致的掀揭、渗漏等问题从根源上得以解决，显著提升金属屋面系统的安全性和可靠性；全面落实建筑金属屋面材料、设计、制作、施工等方面的质量控制和绿色可持续发展理念，同时建立了可追溯性质量保证，为我国沿海和强风地区建筑金属围护系统的全生命周期可靠性提供了技术保障。

2 主要内容

2.1 总则

该规程适用于强风地区（基本风压 $\geq 0.5 \mathrm{kN/m^2}$）新建、扩建和改建的工业与民用建筑金属屋面围护系统，规定了建筑金属屋面的材料、建筑设计、制作、施工安装、性能检测、验收、维护与维修技术要求。

2.2 术语和符号

提出了集成金属屋面、高风压区、风敏感区等建筑金属屋面设计和计算理念，并给出了准确的定义，规范了金属屋面系统的组成。

2.3　基本规定

规定了金属屋面的设计使用年限，提出了金属屋面在强风、暴雨作用下应不产生破坏或渗漏的要求；强调了金属屋面供应商应进行金属屋面型式检验，型式检验项目中的抗风揭检测应为同构造组成 3 套或以上。

2.4　金属屋面材料

规定了构成金属屋面系统的每项材料的技术要求，包括檩条、金属支座和支架、紧固件、压型金属板、夹具等结构材料，以及隔汽和透汽、保温隔热、密封、装饰等建筑材料的性能指标；规定应根据不同抗风设计考虑提出压型板分类及应用选择。

2.5　建筑设计

涵盖了金属屋面系统的防排水、保温隔热和防潮、防火、防雷、隔声及降噪、耐候性、温度变形、附属装置、细部构造等建筑功能设计要求。

2.6　结构设计

提出了用于计算金属屋面围护系统风荷载的分区方法；规定了金属屋面高风压区和风敏感区的风荷载调整系数和计算方法；规定了金属屋面应进行抗风揭试验的要求；提出了金属屋面的风敏感区应采取板材加厚、固定支架加密、螺钉加密、增加选用钉头直径较大的抗风螺钉、檩条加密等措施。

2.7　制作、运输和存储

规定了制作、运输和存储金属屋面系统各个组成部品部件的注意事项和技术要求，详细规定了檩条、天沟、泛水板、金属支座和支架、压型金属板的制作允许质量偏差。

2.8　安装

规定了檩条、天沟、泛水板、金属支座和支架、压型金属板的安装质量偏差要求，明确了隔声吸声层、隔汽层、透汽层和保温隔热层铺设方法和要求，强调了保证安装人员和安装部件安全性的技术措施。

2.9　质量验收

规定了金属屋面分项工程施工质量验收时，除提供设计文件、原材料产品质量证明、型式检验报告、性能检测报告、构配件出厂合格证、进场复试报告、进场验收记录、检验批验收记录等技术文件外，还应提供金属屋面抗风揭、抗强风雨、连接构件疲劳性能检测报告，以及屋面和变形缝、排烟（气）窗、天窗等节点部位的雨后或抗强风雨试验记录等文件。

2.10　维护与维修

规定了金属屋面专业分包应提交维护保养说明书，包括日常使用、保养及维修要求和注意事项；要求金属屋面专业分包应在交付使用前为使用方进行维护保养说明书相关内容培训；明确了金属屋面应每 6 个月进行一次检查、维护，如遇大雨或 12 级以上风后须增加检查频次。

2.11　金属屋面性能检测

系统规定了有关强风地区金属屋面安全和功能的检测内容，包括抗风揭、风驱雨、连接构件抗疲劳性能 3 个主控项，以及屋面防火、保温节能、隔声/吸声性能、耐候检测、热位移、外挂件抗疲劳性能、冲击性能、踩踏性能、突出构件抗风检测 9 个一般项，并明确了检测报告的内容和格式要求。

2.12　附录

系统规定了涉及金属屋面安全和功能的 10 种检测方法和评价指标要求，包括耐候检测方法、金属屋面风驱雨试验方法、金属屋面外部防火方法、金属屋面位移试验方法、金属屋面外挂件抗疲劳性能试验、金属屋面抗风揭检测方法、金属屋面抗风携碎物冲击性能分级及检测方法、踩踏试验检测程序和方法、金属屋面突出构件抗风检测方法、连接构件抗疲劳性能检测。这是该规程独特的技术创新内容。特别是根据广东省的台风统计数据，创新性提出了低-高-低抗风揭检测加载方法及抗强风雨积水渗漏加载试验方法。

3　结束语

结合《强风易发多发地区金属屋面技术规程》DBJ/T 15-148-2018 的编制，组织国内外行业相关的专家召开了五次专题技术讨论会，围绕屋面抗风技术、构配件连接性能技术、建筑性能技术等主要内容开展专题研究，完成了近百个金属屋面项目的抗风检测及研究，充分借鉴了国内外建筑金属围护体系的先进设计理念、设计方法和施工安装要求，总结了遭受彩虹、威马逊、天鸽、山竹等强台风的屋面系统成功经验和灾害教训，整合了国内外沿海地区建筑金属围护体系研究和工程应用的成功经验及成果，建立了系统和完整的建筑金属屋面技术规程。该规程发布后，编制组成员在广东省各地举办了系列宣贯、培训和讲座，深化了广大专业技术人员对强风易发多发地区金属屋面技术的理解、掌握和运用。

附录5 建筑结构抗震设计的新方法——广东省 标准《高层建筑混凝土结构技术规程》 DBJ/T 15-92-2021 简介

方小丹

（华南理工大学建筑设计研究院有限公司）

1 引言

根据广东省住房和城乡建设厅（简称"广东省住建厅"）《关于下达广东省标准〈高层建筑混凝土结构技术规程〉修订任务的通知》，规程编制组对 2013 年版的广东省标准《高层建筑混凝土结构技术规程》进行修订。修订过程中，编制组认真总结广东省的设计与工程实践经验，参考国内、国际相关标准的内容，开展多项专题研究。

2019 年 12 月，完成征求意见初稿并定向征求意见，1 个月后收集到 18 位专家共 300 条意见与建议。2020 年 3 月，由广东省住建厅公开向全省征求意见，1 个月后收集到约 260 条意见与建议。2020 年 5 月底，召开工作会议，会上对征求意见的采纳情况进行了研究，并分章节对规程条文进行讨论。2020 年 7 月，完成拟送审稿，向部分外省专家及广东省超限高层建筑抗震设防审查专家继续征求意见。2020 年 9 月，对拟送审稿做进一步修改后，形成送审稿上报广东省住建厅。

从 2020 年 1 月开始，组织参编单位安排几十位技术人员进行大量工程案例的计算对比与研究，以验证设计方法的合理性。

2020 年 10 月 10 日，《高层建筑混凝土结构技术规程》（送审稿）通过广东省住建厅组织、主持的专家审查组审查。随后，编制组对审查意见逐一落实修改，形成报批稿呈广东省住建厅。

2021 年 1 月，广东省住建厅发布"粤建公告〔2021〕2 号"，批准广东省标准《高层建筑混凝土结构技术规程》DBJ/T 15-92-2021（简称"广东省新《高规》"）于 2021 年 6 月 1 日起实施。

广东省新《高规》共有 15 章和 8 个附录。主要修订内容如下：

（1）采用设防烈度地震（中震）进行构件的承载力计算，取消与抗震等级相关的构件内力调整，取消抗震承载力调整系数 γ_{RE}。

（2）修改抗震设计谱。

（3）简化结构抗震构造等级的确定原则。

（4）将控制风荷载作用下的层间位移角改为控制位移；配合设防烈度地震作用效应组合的结构承载力验算，将控制小震作用下的层间位移角改为控制设防烈度地震作用下的层间位移角。

（5）调整大震作用下结构弹塑性位移角限值。

（6）修改结构重力二阶效应的计算方法。采用有限元方法计算，调整重力二阶效应附加内力的比例。

（7）修改风荷载作用下舒适度的计算方法。

（8）根据新的抗震设计谱修改地震反应分析的时域显式随机模拟法。

（9）修改周期折减系数的规定。

（10）补充装配式建筑结构设计的有关规定。

（11）修改节点刚域的计算。

（12）修改框架柱轴压比的计算方法和限值。

（13）补充偏心受拉剪力墙的设计方法及构造要求。

（14）取消框架-剪力墙、框架-核心筒的框架剪力调整的相关规定。

（15）新增钢管混凝土斜交网格筒结构的设计规定。

（16）新增重力柱-核心筒结构的设计规定。

（17）新增全框支剪力墙结构的设计规定。

（18）补充叠合柱、钢管混凝土剪力墙的设计规定。

（19）修改和补充结构隔震、消能减震和风振控制的设计规定。

（20）完善施工章节，补充台风防御措施等内容。

广东省新《高规》依据《中国地震动参数区划图》GB 18306-2015（简称《地震动区划图》）、《建筑工程抗震设防分类标准》GB 50223-2008（简称《设防分类标准》）及《建筑抗震设计规范》GB 50011-2010（2016 年版）（简称《抗规》）的有关条文确定抗震设防标准。《设防分类标准》第 3.0.3 条规定："1 标准设防类，应按本地区抗震设防烈度确定其抗震措施和地震作用，达到在遭遇高于当地抗震设防烈度的预估罕遇地震影响时不致倒塌或发生危及生命安全的严重破坏的抗震设防目标。2 重点设防类，应按高于本地区抗震设防烈度一度的要求加强其抗震措施；但抗震设防烈度为 9 度时应按比 9 度更高的要求采取抗震措施；地基基础的抗震措施，应符合有关规定。同时，应按本地区抗震设防烈度确定其地震作用。……。"第 2.0.2 条对"抗震设防烈度"做了定义："按国家规定的权限批准作为一个地区抗震设防依据的地震烈度。一般情况下，取 50 年内超越概率 10％的地震烈度"。2022 年 1 月 1 日施行的《建筑与市政工程抗震通用规范》GB 55002-2021（简称《抗通规》）保留了《设防分类标准》的上述条文，也就是说，应采用 50 年内超越概率 10％的地震烈度，即中震确定地震作用。据此，广东省新《高规》以基于性能水准和设防烈度地震校核、设计结构构件的抗震承载力，以罕遇地震弹塑性分析复核预设的结构性能目标，可以确保建筑结构的抗震安全性，满足《抗通规》规定的结构抗震性能要求。

2　采用设防烈度地震动参数进行结构承载力计算

2.1　我国现行规范抗震设计方法的缺点

我国 1989 年版《建筑抗震设计规范》GBJ 11-1989 中提出并沿用至今的"小震不坏，中震可修，大震不倒"的建筑结构抗震设计原则，与当今世界上较先进的国家和地区如美国、日本、欧洲等大致相同。所不同的是，美国、欧洲等以设防烈度地震的地震动参数计算构件的承载力，我国则以多遇地震作用作为设计依据。前者考虑结构的超强和延性，验算设防烈度地震作用下结构构件的安全性，也就保证了"小震不坏"；后者辅加各种以多遇地震作用组合及地震作用调整系数计算结构构件的承载力，满足了较大安全系数的多遇地震作用效应组合的承载力要求，也就保证了"中震可修"。从最终结果看，有安全度的高低，但并无原则性的差别。

但采用多遇地震参数进行结构抗震计算有以下缺点：

（1）以设防烈度地震作为设防目标，却用多遇地震作用计算结构构件承载力；由于担心考虑的地震作用太小，设置了各种内力增大系数，构件的内力已经不是实际的地震作用效应与竖向荷载效应的组合；地震作用取值小，调整系数多，构件内力不真实，不便于设计人员对结构总体及关键构件安全度的直观把握。

（2）不便于设计人员按 R-μ 原则调整抗震设计中的地震作用-延性等级组合。如工业钢结构轻型屋盖厂房，虽然抗震设防烈度高，地震力大，但结构抗震承载力高，已可满足设防烈度地震甚至罕遇地震的承载力要求，就无须采取太严格的构造措施。对于抗震设防烈度低、风荷载大的结构，满足竖向荷载及风荷载作用下承载力要求的同时，已足以抵抗设防烈度地震及罕遇地震，此时结构的延性需求不高，结构的抗震构造措施可适当放松，如钢结构板件的宽厚比及混凝土结构墙、柱的轴压比等。

（3）不同抗震设防烈度区、性能设计要求相同的建筑不能控制大致相同的结构抗震安全性。

我国《工业与民用建筑抗震设计规范》TJ 11-1978 采用设防烈度地震设计，以结构影响系数 C 对地震力进行折减。$1/C$ 大致相当于欧洲规范 Eurocode 8 中的性能系数 q 和美国规范 UBC、IBC 中的反应修正系数（地震力折减系数）R。我国 1989 年版及以后的《建筑抗震设计规范》和《高层建筑混凝土结构技术规程》中，不论何种混凝土结构体系，也不论设防烈度的高低，均约取 $R=1/C=1/0.35=2.86$（未考虑 γ_{RE}）。然而，却又按建筑物的结构形式、高度及所在抗震设防烈度区分别确定抗震等级。高层或超高层建筑受到的风荷载更大，对地震作用而言，结构的超强系数更高；加之抗震等级高，设计时的内力调整系数更大，柱、剪力墙的轴压比、配筋率等构造要求更严格，结构承载力更高，延性更好，这就意味着相同设防烈度区中，中层、低层的结构比高层、超高层的结构安全度更低；不同设防烈度区中，低烈度区如 6 度、7 度抗震设防区的结构比高烈度区如 8 度、9 度抗震设防区的结构安全度更低。

（4）相同中、高烈度抗震设防区的结构不能控制大致相同的结构抗震安全性。8 度（$0.2g$）及以上的建筑结构承受的地震作用较大，部分规则建筑仅仅高度超限，需要进行超限审查及性能设计。其结果往往是多遇地震设计不能包络，由设防烈度地震工况控制。一些超限审查中不恰当地要求结构"罕遇地震不屈服"甚至"关键构件罕遇地震弹性"，相比之下，仅高度稍小、按多遇地震设计、无须超限审查的结构安全度偏低较多。

（5）不方便与当前大力推广的结构隔震与消能减震设计接轨。目前的隔震与消能减震设计以设防烈度地震作为地震动输入，如果隔震层及以下采用设防烈度地震设计，隔震层以上结构采用多遇地震设计，不仅设计复杂、不合理，有时甚至不安全。

借鉴和学习其他国家的抗震设计经验和方法是提高我国抗震设计水平的途径之一。就抗震设计规范的层面而言，我国规范较难与国际上其他主流规范接轨之处在于：不遵循 R-μ-T 原则的地震作用力表达式、抗震承载力调整系数 γ_{RE}、抗震等级以及与抗震等级相关的各种内力增大系数、与结构形式相关且过于严格的层间位移角限值等，导致不便于进行横向比较和技术交流[1]。

2.2　国际上主流抗震设计规范抗震设计方法的优缺点

国际上主流抗震设计规范大多以设防烈度地震（50 年超越概率 10%）进行结构承载力计算。美国规范以最大考虑地震（Maximum considered earthquake）的地面加速度的 2/3 作为设计地震，与美国西部 50 年超越概率 10% 的地震动强度相当。通过强柱弱梁、强剪弱弯等设计要求和抗震构造获得设计需求的、以延性系数 μ 表达的延性能力以及考虑结构、材料等的超强，得到不同的地震反应修正系数 R，形成不同的 R-μ 组合[2]。欧洲规范按性能系数 q 来划分延性等级，q 取值越大，延性要求越高[3]；澳洲规范按同样原则来划分延性等级[4]。日本规范以结构特征参数 D_s（$R=1/D_s$）体现结构在罕遇地震作用下的延性等级，验算楼层剪力[5]。我国《建筑工程抗震性态设计通则》CECS 160：2004 的做法也类似[6]。

采用上述基于设防烈度地震和 R-μ-T 原则的抗震设计方法不存在我国相关规范按多遇地震设计的一系列缺点；在结构抗震概念上能反映结构形式、结构体系、结构规则性、结构塑性变形能力、耗能能力、结构超强程度等许多因素的影响。地震反应修正系数 R 或性能系数 q 综合反映了结构整体抗震能力的本质，与结构在设防烈度地震作用下进入弹塑性状态的实际情况相对应。然而，亦存在如下问题：

（1）利用结构的延性折减地震力，折减的幅度还比较大（1/8~1/5），表明结构已屈服并明显进入弹塑性，但又用弹性设计谱、振型分解法进行结构地震反应分析，逻辑上有缺陷。

（2）对多自由度体系而言，沿高度方向结构各层的延性需求分布并不均匀，一般来说，底部最大，中部较小，由于高阶振型的影响，上部又较大。与单自由度结构不同，地震力与结构延性没有准确的一一对应关系，不易以一个简单的系数来概括。

（3）各种结构体系的延性有差别，但与其结构构成、设计、构造的关系很大，结构千变万化，规范较难统一归并，区分比较粗糙，也不容易定量，因而更多是经验性的。

（4）结构的塑性变形是不可恢复的，利用结构的延性对地震作用进行过多的折减，将导致震后结构过量不可恢复的变形，修复难度和成本增加。广东省新《高规》曾经考虑过参考美、欧规范和我国《建筑工程抗震性态设计通则》的设计方法，但由于上述原因而放弃。

此外，一些结构体系，比如框架-剪力墙结构的区分缺乏统一、定量的标准。我国行业标准《高层建筑混凝土结构技术规程》JGJ 3-2010（简称《高规》）中规定，框架-剪力墙结构中剪力墙较少时应按框架结构设计，少和多以框架分担的倾覆力矩的比例来定。而分担倾覆力矩的算法，由于对规程条文编制者意图理解的不同、基本假定的不同，有所谓的"规范方法""力学方法"和"改进的力学方法"等，计算结果不同，不可避免地造成执行规程条文的混乱。比如，建筑使用功能、建筑形态千变万化，相应地，结构布置也千变万化。存在如下可能：一个方向剪力墙布置多一些、另一个方向剪力墙少一些，则框架一个方向分担的倾覆力矩少一些、另一个方向多一些。因此，如按规定，一个方向属二级框架，另一个方向属一级框架，将让设计人员无所适从。如果最不利地震作用方向为斜方向，或结构的耦联效应明显，则情况可能更复杂。某些结构，如带伸臂桁架加强层的巨型框架-剪力墙结构，由于伸臂桁架加强层的弯剪刚度大，水平力作用下的楼层转角使巨柱压缩、拉伸从而分担了巨大的倾覆力矩，然而，其必要条件是剪力墙应有能力承担相应的巨大剪力。巨柱可比喻为工字钢的翼缘，主要承担拉、压力；剪力墙可比喻为工字钢的腹板，承担剪力，也承担弯矩。两者构成的工字钢是一体的，不能分开。又比如水平力作用下，简单的一根柱、一片剪力墙构成的框架-剪力墙结构，抵抗倾覆力矩除柱底端、剪力墙底端的弯矩外，还包括柱、剪力墙的拉、压力构成的抵抗矩，这部分倾覆弯矩只能由柱、剪力墙共同承担，也是分不开的。而采用规定水平力计算建筑物的倾覆力矩，对于高层、超高层建筑等长周期结构来说，误差较大。长周期结构的高阶振型对倾覆力矩的影响较小，但楼层剪力经 SRSS 或 CQC 组合之后全为正号，规定水平力也全部同向，从而偏大地估计了结构的倾覆力矩。这表明，用上述算法来研究框架-剪力墙结构的地震效应不真实，也不合适。对于上部为剪力墙、底部为框架-剪力墙的部分框支剪力墙结构，规范方法、力学方法等算法的计算结果相差更大。规范规定框支框架承担的倾覆力矩比例应小于结构总倾覆力矩的 50% 的目的在于防止落地剪力墙过少。然而这一规定已经不合时宜。目前，全框支剪力墙结构的设计原则已经提出，理论和实验研究证明合理的设计可以保证全框支剪力墙结构的抗震安全性，也就不存在落地剪力墙过少的问题。

实际上，即便是算法统一，由于地震动的不确定性，相差 1%、2% 的倾覆力矩就可导致抗震等级相差一级。在结构分析技术发展至今的情况下，做如此粗略的划分已意义不大且不合理。

2.3 广东省新《高规》的抗震设计方法

广东省新《高规》直接采用设防烈度地震（中震）进行结构构件的抗震承载力验算。在原规程性能化设计表达式的基础上，引入明显进入弹塑性的 C 级、D 级性能目标结构的地震力折减系数 c，规定丙类建筑结构的最低性能目标，提出基于抗震性能化设计的表达式。

不同抗震性能水准的结构构件在设防烈度地震作用下的承载力校核和罕遇地震作用下的受剪截面验算按下列规定进行。

（1）第 1 性能水准的结构在设防烈度地震作用下，全部结构构件的抗震承载力应符合下式要求：

$$S_k = S_{GEk} + \eta c(S_{Ehk}^* + 0.4 S_{Evk}^*) \leqslant \xi R_k \tag{2-1}$$

式中：R_k——材料强度标准值计算得到的承载力标准值；

ξ——承载力利用系数，压、剪取 0.6，弯、拉取 0.69；

S_k——设防烈度地震作用组合的效应标准值；

S_{GEK}——重力荷载代表值作用下的效应标准值；

S_{Ehk}^*——水平设防烈度地震作用效应标准值；

S_{Evk}^*——竖向设防烈度地震作用效应标准值；

η——构件重要性系数，关键构件取 1.05~1.15，一般竖向构件取 1.0，水平耗能构件可取 0.5~0.7；

c——地震力折减系数，取 1.0。

（2）第 2 性能水准的结构在设防烈度地震作用下，结构构件的抗震承载力应符合式（2-1）的要求。对于式中承载力利用系数 ξ，压、剪取 0.67，弯、拉取 0.77；取 $c=1.0$。

第 2 性能水准的结构在罕遇地震作用下，结构构件的抗震承载力宜符合下式要求：

$$S_{GEk}+\eta c(S_{Ehk}^{**}+0.4S_{Evk}^{**})\leqslant\xi R_k \tag{2-2}$$

式中：S_{EhK}^{**}、S_{EvK}^{**}——分别为水平和竖向罕遇地震作用计算的构件内力标准值；

ξ——承载力利用系数，压、剪取 0.83，弯、拉取 1.0。

（3）第 3 性能水准的结构在设防烈度地震作用下，结构构件的抗震承载力应符合式（2-1）的要求。对于承载力利用系数 ξ，压、剪取 0.74，弯、拉取 0.87；取 $c=0.85$。罕遇地震作用下，竖向构件的受剪截面宜满足下式要求：

$$V_{GEk}+\eta cV_{Ek}^{**}\leqslant\zeta f_{ck}bh_0 \tag{2-3}$$

式中：V_{GEk}——重力荷载代表值作用下的构件剪力标准值；

V_{Ek}^{**}——罕遇地震作用计算的构件剪力标准值；

ζ——剪压比，取 0.15；

f_{ck}——混凝土抗压强度标准值；

b——截面宽度；

h_0——截面有效高度。

（4）第 4 性能水准的结构在设防烈度地震作用下，结构构件的抗震承载力宜符合式（2-1）的要求。对于承载力利用系数 ξ，压、剪取 0.83，弯、拉取 1.0；取 $c=0.7$。在罕遇地震作用下，竖向构件的受剪截面宜满足式（2-3）的要求，取 $\zeta=0.165$。

（5）第 5 性能水准的结构在罕遇地震作用下，竖向构件的受剪截面宜满足式（2-3）的要求，取 $\zeta=0.18$，$c=0.55$。

以上各罕遇地震性能水准所对应的抗震构造等级，第 5 水准不应低于一级，第 4 水准不应低于二级，第 3 水准不应低于三级，第 2 水准不应低于四级。结构抗震性能目标对应的性能水准如表 2-1 所示。

结构抗震性能目标及水准　　　　　　　　　　表 2-1

地震水准	性能目标			
	A	B	C	D
设防烈度地震	1	2	3	4
预估的罕遇地震	2	3	4	5

丙类建筑结构的抗震性能目标和在设防烈度地震作用下结构构件的性能水准应不低于表 2-2 中的要求。

丙类建筑结构的抗震性能目标和在设防地震作用下的性能水准　　　　表 2-2

设防地震烈度	6	7	8	9
性能目标等级	C	C	D	D
结构构件性能水准	3	3	4	4

注：甲类建筑结构的抗震性能目标提高一个等级。高烈度区（8 度及以上）的甲、乙类建筑宜采用隔震和消能减震设计。

式（2-1）具有以下特点：①效应为竖向荷载与设防烈度地震作用组合标准值，不包括风荷载。②抗力为材料强度标准值计算的承载力标准值，取消了抗震承载力调整系数 γ_{RE} 以及与抗震等级相关的各种内力增大系数。③采用允许应力法（ASD）设计，承载力利用系数 ξ 的倒数即为安全系数 K；安全系数的大小间接表达不同性能水准结构构件在地震中损伤程度的高低。④以重要性系数 η 调整地震中对结构安全贡献不同的构件安全度；柱较重要，地震效应不折减或略有增加；梁端受弯屈服对结构安全影响较小，汶川地震中大部分塑性铰出现在柱端而不在梁端，表明梁端截面由于材料及楼板的作用而超强，有必要降低其受弯承载力。⑤压、剪和弯、拉承载力利用系数的不同取值结合构件重要性系数，可自动实现结构抗震设计要求的强柱弱梁、强剪弱弯。⑥引入地震力折减系数 c，考虑在设防烈度地震作用下结构刚度退化的实际情况，对地震力做小幅度的折减。

由于取消与抗震等级相关的内力增大系数，相应地将抗震等级改为抗震构造等级，与原规程的抗震构造措施基本保持一致。抗震构造等级一级、二级、三级分别表达高延性、中等延性、低延性构造，大致对应于美国规范的特殊、中等、普通三个等级。不同的是，延性的高低不直接与地震力的折减程度相关，而作为结构塑性内力重分布能力高低的衡量。

抗震设计中常采用构件弹性设计的说法，其实并不贴切。如对于钢筋，只要不屈服，外力卸除，变形可恢复，就对应弹性状态；对于混凝土，只要出现裂缝，就非弹性状态。应该从结构的宏观整体表现，而不是单个构件来理解结构的拟弹性。"在抗震设计中，接近于弹性性能可解释为，允许部分结构构件略为超过屈服应力，而整个结构的弹性性能没有大的改变。对于一个由多种结构单元组成的抗侧力体系，如果超过的荷载可以重新分配到其他尚未达到屈服强度的构件上，那么部分构件的屈服通常不会影响整个结构的弹性性能。"[7] 地震高烈度区的结构在设防烈度地震作用下已明显进入弹塑性，照理应该采用弹塑性分析方法，考虑到弹塑性分析的不确定性更大，而设防烈度地震承载力设计基本上可保证构件抗力大于地震效应组合，采用弹性抗震设计谱进行计算尚可。与多遇地震设计类似，即使高烈度设防区的剪力墙连梁刚度折减系数取 0.5，还是存在屈服、超筋现象，但仍然采用弹性设计谱计算；对实际上已进入弹塑性的结构地震力做少许折减，而不是 1/5、1/8 的大幅度折减，应可接受。

笔者所在工作团队的 39 个算例和试设计表明，基于设防烈度地震的承载力设计方法与原多遇地震设计方法相比较，6 度、7 度抗震设防区各类建筑的用钢量大致相同，按设防烈度地震计算的竖向构件用钢量略有增加，水平构件持平或略有减少；某些 7 度（0.15g）、8 度及以上，III、IV 类场地的建筑按设防烈度地震计算的用钢量有所增大，主要原因是设计谱考虑场地条件的影响以及特征周期的增加，使计算地震力较大。新设计方法能够保证结构的抗震安全性。

新设计方法同样不存在原规程结构构件承载力按多遇地震设计的系列缺点，承载力计算式（2-1）按抗力大于设防烈度地震效应组合表达，以可计算验证的方式保证"中震不坏""中震可修"等目标的实现。

3 抗震设计谱的修正

3.1 原规程抗震设计谱的缺陷

原规程设计谱存在以下缺陷需要改进：

（1）与场地类别无关的地震影响系数最大值，有悖于软土场地上结构地震反应大于硬土场地上地震反应的一般规律。

（2）基于绝对加速度谱构建的抗震设计谱不能通过拟谱关系获得物理意义明确、合理的抗震设计速度谱和位移谱。

（3）反应谱长周期段由于人为调整，与地震动的统计特性不符，导致加速度反应谱对应的功率谱和位移谱在长周期段异常，也导致长周期结构在地震作用下的计算位移偏大。

（4）设计谱特征周期取值的大小控制设计谱平台段及第一、第二下降段的宽窄，对长周期建筑结构的地震作用取值比较敏感，过去基于模拟强震记录获得的特征参数可能造成设计谱长周期段取值的偏差。

（5）隔震和消能减震建筑设计纳入规范，可显著增加结构的阻尼比；但反应谱长周期区段出现了高阻尼比反应谱值大于低阻尼比反应谱值的反超情况。阻尼比较大的地震影响系数衰减速率明显低于阻尼比较小的地震影响系数的衰减，不符合工程中不同阻尼比结构的地震动衰减关系。

3.2　广东省新《高规》采用的抗震设计谱

针对上述不足，广东省新《高规》采用文献［8］中建议的以拟加速度谱标定的抗震设计谱。对原设计谱进行了如下改进：①引入场地效应系数 S_i；②增大设计分组中第二组和第三组的特征周期 T_g；③设计谱第一下降段（速度敏感段）按 T^1 衰减，第二下降段（位移敏感段）按 T^2 衰减，长周期段的转换周期 $5T_g$ 修改为 3.5s；④修正了阻尼调整系数。文献［8］的结构动力反应系数最大值 $\beta_{\max}$ 取 2.5，以Ⅲ类场地为基准；经与相关规范协调，$\beta_{\max}$ 仍取原来的 2.25，但以Ⅱ类场地为基准，地震影响系数最大值保持不变。

为了构建可靠合理的抗震设计谱长周期段，需要对大量的长周期地震动记录进行统计分析。在日本 KiK-net 强震数据库中，选用 1996 年以来观测到的、具有详细台站地勘资料的浅源强震 6495 条水平向加速度数字化记录，这些地震动记录有长周期成分丰富、地震震级及震中距跨度广等特点。通过单自由度（SDOF）结构体系的弹性动力分析，寻求不同结构阻尼比的加速度谱衰减特征以及系统内力变化规律；选用大量浅源强震数字化地震动记录，通过弹性反应谱分析，构建动力放大系数平均谱，研究反应谱中长周期段的统计规律；分析长周期地震动分量对阻尼修正系数谱的影响规律，建立了基于拟加速度的、阻尼比为 0.05 的标准抗震设计谱，地震影响系数曲线如图 3-1 所示。

图 3-1 中的水平地震影响系数最大值 $\alpha_{\max}$ 应考虑场地类别的影响，按下式计算：

$$\alpha_{\max} = S_i \beta_{\max} A/g \tag{3-1}$$

式中：S_i——场地影响系数，场地类别为Ⅰ$_0$、Ⅰ$_1$ 类取 0.9，Ⅱ类 1.0，Ⅲ、Ⅳ类取 1.1；

　　　　$\beta_{\max}$——结构动力反应系数的最大值，取 2.25；

　　　　A——地震加速度最大值，6 度、7 度、8 度、9 度分别取 0.05g、0.1g（0.15g）、0.2g（0.3g）、0.4g；

　　　　g——重力加速度。

特征周期 T_g 按表 3-1 取值；曲线下降段拐点周期 T_D 取 3.5s。

当建筑结构的阻尼比不等于 0.05 时，其阻尼调整系数应符合下列规定：

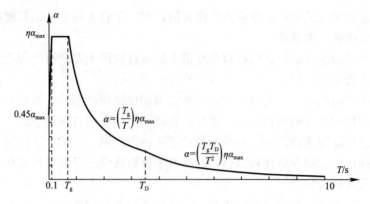

α—地震影响系数；α_{max}—地震影响系数最大值；T_g—特征周期；η—阻尼调整系数；T—结构自振周期

图 3-1　地震影响系数曲线

$$\eta=\begin{cases}1+\dfrac{0.05-\zeta}{0.1+1.2\zeta} & (0.1s\leqslant T\leqslant 3.5s)\\[3mm] 1+\dfrac{0.05-\zeta}{0.1+1.45\zeta} & (3.5s< T\leqslant 10.0s)\end{cases} \qquad (3-2)$$

式中：η——阻尼调整系数；

　　　ζ——阻尼比。

对长周期结构，如出现弹性恢复力小于滞回恢复力较明显的情况，采用拟加速度谱进行抗震设计可能导致地震作用取值偏小。从这个意义上说，也可以认为最小剪力系数的另一层意义是采用拟加速度谱对长周期结构进行抗震设计时，因拟加速度谱忽略了结构固有阻尼力增大滞回恢复力的影响，为保证结构安全而采取的设计措施，是必要的。

特征周期 T_g/s　　　　　　　　　　　　　　　　　　　表 3-1

设计地震分组	场地类别				
	I_0	I_1	II	III	IV
第一组	0.20	0.25	0.35	0.45	0.65
第二组	0.25	0.35	0.50	0.65	0.85
第三组	0.35	0.50	0.70	0.90	1.10

设计谱经华南理工大学土木系韩小雷教授以 49081 条实际地震动记录进行校核，表明其可信、准确、可靠。

与《抗规》的设计谱相比，本设计谱有如下特点：

（1）采用拟加速度谱标定抗震设计谱，解决了不同阻尼比设计谱曲线在长周期段交叉的问题；美国、欧洲规范亦采用拟加速度谱。

（2）引入场地影响系数 S_i 考虑了场地类别的影响（场地类别不同，动力放大程度不同），反映了不同场地地震反应的差别。

（3）增大了设计地震分组中第二组和第三组的场地特征周期 T_g 值，T_g 结合 S_i 可较充分考虑远场长周期地震动的影响。

（4）根据大量数字化地震动记录的统计分析结果，位移敏感段起点特征周期均取统计平均值 $T_D=3.5s$，取 $T_D=5T_g$ 不符合统计规律。

（5）第一下降段和第二下降段分别采用 -1 和 -2 的衰减指数，从而通过拟谱关系得到符合统计衰减规律的速度谱、位移谱，对应的功率谱物理意义合理、明确。

（6）阻尼调整系数与设计谱衰减指数无关，同时考虑长周期结构的阻尼力在结构体系内力中比例增大的影响，采用分段的阻尼调整系数。

（7）部分中、短周期结构的设计地震力增大，提高了此部分结构的抗震安全性。

（8）虽然在长周期段的本设计谱值比规范谱值小很多，但只要计算考虑的振型质量参与系数不小于 90%，通过 SRSS、CQC 法分析，由本设计谱计算得到的结构地震剪力有时比由《抗规》设计谱计算得到的还略大。其主要原因是高层长周期结构的高阶振型分布于中短周期段，本设计谱考虑了场地类别的影响（场地影响系数不同）、增大了 T_g 值，较充分地考虑了长周期结构高阶振型的贡献。

（9）设计谱值对应的加速度谱与位移谱均符合统计的衰减规律，符合结构地震变形反应的实际情况，长周期结构计算的位移反应显著小于按《抗规》设计谱计算的结果，因此，较容易满足结构抗侧刚度要求或层间位移角限值，减少减震控制所需的阻尼器，节约结构抗震减震投资，节省工程造价。

3.3　采用不同设计谱的长周期结构算例比较

为进一步验证建议设计谱的可靠性和工程实用性，考虑基本相同的场地条件，采用中国、美国、日本建筑抗震设计规范的设计谱进行横向比较，并通过两栋超高层结构（框架-核心筒结构）作为工程算例进行比较分析。（注：以下部分引自 2017 年 9 月在日本神户大学召开的第 12 届中日建筑结构技术交流会中笔者所做的报告论文《超高层结构基于不同抗震设计谱的地震反应比较》。）

考虑基本相同的场地条件和地震危险性水平，计算第一阶段弹性抗震设计的结构基底地震影响系数曲线，并按拟谱关系给出相应的位移系数谱，阻尼比均按 5% 取值。《抗规》以 50 年设计基准期内超越概率 63.2% 定义多遇地震烈度，按 8 度区Ⅲ类场地第 3 组，最大影响系数 $\alpha_{max}=0.16$，场地特征周期 $T_g=0.65s$，长周期起点转换周期 $T_D=5T_g$，大于 6s 段按斜线延伸。美国规范 IBC 2003 设计谱 D 类与 E 类部分的场地，大致相当于中国规范的Ⅲ类场地，取 D 类场地作为比较对象，计算的位移和基底地震剪力偏小；设计地震（最大考虑地震地面运动加速度的 2/3）的危险性水平相当于中国规范的设防烈度地震，中国规范抗震设防烈度 8 度区按迭代计算可确定Ⅲ类场地对应美国规范设计加速度谱平台段最大值约为 $S_S=1.04g$[9]，周期 1s 处对应加速度的最大值约为 $S_1=0.5g$，E 类场地加速度最小值 $S_1=0.75g$，因此取中间值 $S_1=0.625g$；第一阶段抗震设计采用折减系数 R 调整设计地震作用，混凝土框架核心筒结构体系 $R=4.5$。相应的 $\alpha(T)$ 的表达式为：

$$\alpha(T)=\begin{cases} \dfrac{S_{DS}}{R}\left(0.4+0.6\dfrac{T}{T_0}\right) & (0<T\leqslant T_0) \\[3mm] \dfrac{S_{DS}}{R} & (T_0<T\leqslant T_s) \\[3mm] \dfrac{S_{D1}}{TR} & (T_s<T\leqslant T_L) \\[3mm] \dfrac{S_{D1}T_L}{T^2R} & (T_L<T\leqslant 10s) \end{cases} \qquad (3\text{-}3)$$

式中，$S_{DS} = \dfrac{2}{3}F_aS_s = 0.7516g$，$S_{Dl} = \dfrac{2}{3}F_vS_1 = 0.625g$，$F_a = 1.084$，$F_v = 1.5$；

$T_0 = 0.2\dfrac{S_{Dl}}{S_{DS}} = 0.1663s$，$T_s = \dfrac{S_{Dl}}{S_{DS}} = 0.8316s$；$T_L$ 为长周期起点转换周期，取 $T_L = 6.0s$。

日本规范[5] 中没有明确规定抗震设防烈度，而是通过标准水平地震剪力系数 C_0 和地震分区系数 Z 反映抗震设防标准。日本规范第一阶段抗震设计加速度最大值约 80gal，略大于中国规范 8 度抗震设防区的多遇地震（70gal）；第二阶段抗震设计加速度最大值约 400gal，相当于中国规范 8 度抗震设防区的罕遇地震[10]。日本规范设计谱曲线中地震分区系数取 $Z = 0.9$（$Z = 0.9$ 和 $Z = 1.0$ 为日本两种主要地震分区），标准水平地震剪力系数 $C_0 = 0.2$。日本规范 II 类场地大致相当于中国规范的 III 类场地，场地土特征值 $G_v = 2.03$，$\eta_\xi = \dfrac{1.5}{1+10\xi} \geqslant 0.4$，相应的 $\alpha(T)$ 的表达式为：

$$\alpha(T) = \begin{cases} Z\dfrac{1.5}{g}(0.64+6T) & (0s < T \leqslant 0.16s) \\[2mm] \eta_\xi Z\dfrac{2.4}{g} & \left(0.16s < T \leqslant 0.64\dfrac{G_v}{1.5} = 0.864s\right) \\[2mm] \eta_\xi Z\dfrac{1.024G_v}{T \cdot g} & (0.864s < T \leqslant 10s) \end{cases} \quad (3\text{-}4)$$

式中：g——重力加速度。

为便于对比，建议设计谱取 8 度区多遇地震，最大地震影响系数 $\alpha_{max} = 0.178$（即 $70 \times 2.5/100 \times 9.81$），III 类场地第 3 组，$T_g = 0.9s$，$T_D = 3.5s$。

按上述条件比较 4 种设计谱曲线，如图 3-2(a) 所示，在长周期段（约 $T > 4.5s$）地震影响系数值不同，日本规范谱的最大，中国规范谱和美国规范谱的次之，建议设计谱的最小；$T > 7s$ 之后，日本规范谱值与中国规范谱值基本相当，建议设计谱值与美国规范谱值基本相当。总体的趋势均是随振动周期增大而衰减，但衰减指数不同。由拟谱关系（$S_d = S_\alpha/\omega^2$）得到的位移系数谱 [图 3-2(b)] 在长周期段出现了显著的差异，美国规范位移系数谱（$T > 6s$）和建议设计位移系数谱（$T > 3.5s$）随周期增大保持不变，而日本规范和中国规范的位移系数谱随周期增大显著增大。

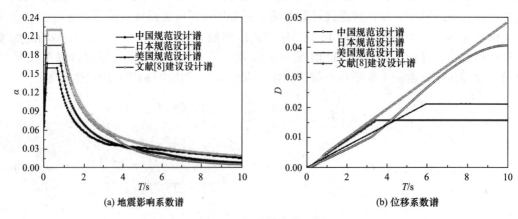

(a) 地震影响系数谱   (b) 位移系数谱

图 3-2　抗震设计谱比较

在长周期段，位移谱随周期增大而显著增大是不符合位移谱衰减统计特征的，即结构自振周期达到某一值时，相对位移谱并不随自振周期增大而增长，在极长周期处应等于地震动地面位移最大值。

通过两个超高层结构算例，比较按图 3-2(a) 所示的 4 种设计谱的振型分解反应谱分析结果与弹性动力时程分析结果。结构三维模型如图 3-3 所示，模型 1 为深圳奥园国际中心，地面以上结构高 200.5m，48 层（$T_1 = 5.994s$），考虑 30 个振型参与计算（SRSS 组合），振型质量参与系数为 96%；模型 2 为贵阳国际金融中心，地面以上结构高 380m，80 层（$T_1 = 9.557s$），考虑 60 个振型参与计算，振型质量参与系数为 92%。结构系统阻尼比均设定为 0.05。

抗震设计谱是在基本相同条件下大量地震动反应谱的最具代表性的统计平均曲线，因此，基于抗震设计谱分析的结构响应比实际响应可能偏大。为衡量振型分解反应谱分析结果的合理性，采用两组地震动的时程分析结果作为比较。分别选用汶川地

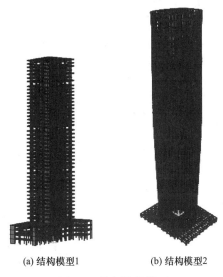

(a) 结构模型1　　　　(b) 结构模型2

图 3-3　算例结构模型

震动和东日本地震动记录各 8 条，两组地震动记录均富含长周期分量，按《抗规》8 度区多遇地震的设计加速度（$a = 70$gal）进行弹性动力时程分析。原始地震记录信息如表 3-2 所示，东日本地震动记录对应的场地条件是按中国规范的场地分类标准确定的。为保留频谱特征，仅对加速度峰值缩放进行反应谱分析。

以结构顶点最大位移（D_T）反应和基底最大地震剪力（V_S）反应为参数，分别记录 X 向和 Y 向的地震动力反应。动力时程分析的位移反应和地震剪力反应的离散性较大，分别取 8 条汶川地震记录、8 条东日本地震记录以及 16 条全部地震动记录的平均值（μ_i）作为比较对象。分析结果如表 3-3 及图 3-4～图 3-7 所示。采用振型分解反应谱法计算的最大位移反应均较大，与按拟谱关系得到的位移谱［图 3-2(b)］排序是一致的，按日本规范谱计算的结果最大，按中国规范谱和美国规范谱的次之，按建议设计谱的最小；按美国规范谱和建议设计谱计算的位移反应结果与按日本规范谱和中国规范谱计算的位移反应结果差异更大（图 3-4），完全体现了位移反应谱的特点。按上述 4 种抗震设计谱计算的最大位移反应均比按时程分析的最大位移反应平均结果（μ_1、μ_2、μ_3）大，其中具有较长周期的结构模型 2，按日本规范谱计算的最大位移反应是时程分析最大位移反应平均值 μ_3 的 2.8 倍以上；按中国规范谱计算的最大位移反应是时程分析最大位移反应平均值的 2.5 倍以上。相对而言，按美国规范谱计算的最大位移反应是时程分析最大位移反应平均值 μ_3 的 1.4 倍；按建议设计谱计算的最大位移反应是时程分析最大位移反应平均值 μ_3 的 1.1 倍以上，比较接近。将结构模型 1 计算结果进行比较，总体趋势基本相同，但因周期较小而位移反应差异不同，其中美国规范谱长周期起点转换周期较大，位移反应谱值较大，计算结果与时程分析结果的平均值差异增大。从两个工程算例可知，对长周期结构，按日本规范设计谱和中国规范设计谱计算的位移反应偏大较多，不符合结构实际的地震反应情况，可能导致过

于保守的设计；而建议设计谱反映了长周期段反应谱下降速度较快的真实地震动特性，计算的最大位移反应结果与时程分析法计算的平均结果接近，是合理、可信的。此外，由于建议设计谱真实反映了地震动的特性，也解决了在对长周期结构进行动力时程分析时选择天然波的困难，容易满足天然波基本周期点的谱值与设计谱相差不超过20％的选波原则。

动力时程分析的地震动记录　　　　　　表 3-2

记录分组	编号	台站	分量	震中距/km	Apg/gal	延时/s	场地类别
汶川地震记录	E1	61FEX	NS	540	21.6	127	土层
	E2	61HXI	NS	597	90.3	439	土层
	E3	61LOX	NS	537	89.3	173	土层
	E4	61QIS	NS	552	37.3	306	土层
	E5	62HEP	NS	557	43.2	434	土层
	E6	62KLE	NS	489	13.1	223	土层
	E7	62LJB	NS	566	14.7	251	土层
	E8	62ZXX	NS	588	13.6	147	土层
东日本地震记录	E9	ABSH11	EW2	655	13.117	300	Ⅲ类
	E10	AICH06	EW2	650	8.107	285	Ⅲ类
	E11	IBRH20	EW2	316	187.623	300	Ⅲ类
	E12	NMRH03	EW2	630	21.010	300	Ⅲ类
	E13	SBSH07	EW2	546	10.804	300	Ⅲ类
	E14	TKCH07	EW2	526	32.3	300	Ⅲ类
	E15	SZOH35	EW2	487	48.5	300	Ⅲ类
	E16	SZOH42	EW2	495	61.038	300	Ⅲ类

不同计算方法的计算结果比较　　　　　　表 3-3

动力计算方法		结构模型 1（48 层）				结构模型 2（80 层）			
		D_T/mm		V_S/MN		D_T/mm		V_S/MN	
		X 向	Y 向	X 向	Y 向	X 向	Y 向	X 向	Y 向
反应谱法	中国规范谱	341.5	422.2	36.961	35.848	655.3	643.8	39.365	43.359
	日本规范谱	397.0	471.6	49.725	47.682	757.7	713.6	52.858	57.649
	美国规范谱	287.5	342.2	36.673	35.301	361.8	357.1	33.076	37.764
	建议设计谱[8]	243.4	264.8	39.834	38.679	297.2	287.1	38.189	43.939
时程分析法	汶川地震记录 E1	72.8	82.6	35.615	29.570	140.0	191.6	22.042	37.376
	E2	211.3	191.2	37.548	34.453	148.2	192.9	18.254	37.450
	E3	104.0	110.7	33.595	31.072	181.3	210.4	30.436	34.008
	E4	145.2	145.9	46.698	38.751	98.0	146.7	22.506	37.468
	E5	84.1	77.5	32.007	29.642	92.4	90.7	22.030	34.018
	E6	231.8	240.2	53.834	52.509	687.5	615.7	76.685	65.398
	E7	127.3	124.6	21.396	14.061	200.3	198.7	22.647	24.005
	E8	131.4	159.6	37.690	47.526	194.4	209.1	35.066	35.156
	平均值 μ_1	138.5	141.5	37.298	34.698	217.8	232.0	31.208	38.110
	标准差 σ_1	56.9	55.2	9.079	11.120	194.1	160.2	17.919	11.109

续表

动力计算方法		结构模型 1（48 层）				结构模型 2（80 层）			
		D_T/mm		V_S/MN		D_T/mm		V_S/MN	
		X 向	Y 向	X 向	Y 向	X 向	Y 向	X 向	Y 向
时程分析法　东日本地震记录	E9	115.2	141.4	40.735	45.436	250.4	192.7	41.992	52.624
	E10	307.7	267.7	62.174	55.197	300.9	325.8	32.952	66.852
	E11	233.7	222.2	36.478	35.888	685.3	684.4	17.693	21.788
	E12	94.0	89.0	23.449	29.343	82.7	103.1	16.522	23.596
	E13	188.6	195.2	51.491	44.503	196.1	186.9	46.148	38.737
	E14	75.4	84.1	30.635	35.959	97.5	117.9	19.114	21.794
	E15	81.1	86.6	35.784	41.241	167.0	154.8	24.180	38.360
	E16	115.7	124.8	31.192	27.660	222.0	216.7	24.645	35.386
	平均值 μ_2	175.8	161.0	38.992	39.403	289.6	284.9	27.906	37.392
	标准差 σ_2	83.5	69.2	12.453	9.091	207.1	208.4	11.290	15.963
总体平均值 μ_3		154.5	150.6	38.145	37.051	248.5	254.7	29.557	37.751
总体标准差 σ_3		69.3	60.6	10.821	10.508	195.3	176.8	15.286	13.597
中国规范谱/μ_3		2.21	2.80	0.97	0.97	2.64	2.53	1.33	1.15
日本规范谱/μ_3		2.57	3.13	1.30	1.29	3.05	2.80	1.79	1.53
美国规范谱/μ_3		1.86	2.27	0.96	0.95	1.46	1.40	1.12	1.00
建议设计谱[8]/μ_3		1.58	1.76	1.04	1.04	1.20	1.13	1.29	1.16

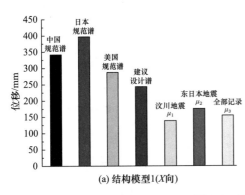

(a) 结构模型1（X向）

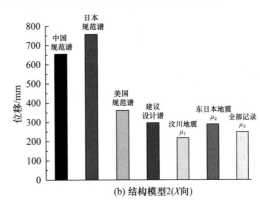

(b) 结构模型2（X向）

图 3-4　结构顶点最大位移

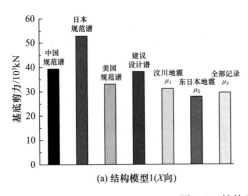

(a) 结构模型1（X向）

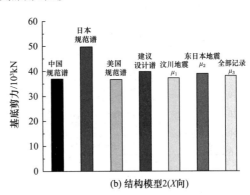

(b) 结构模型2（X向）

图 3-5　结构基底最大地震剪力

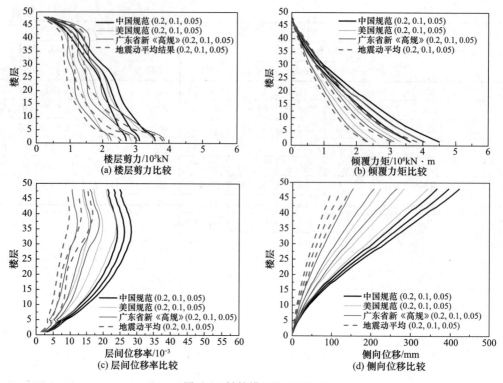

图 3-6　结构模型 1（Y 向）

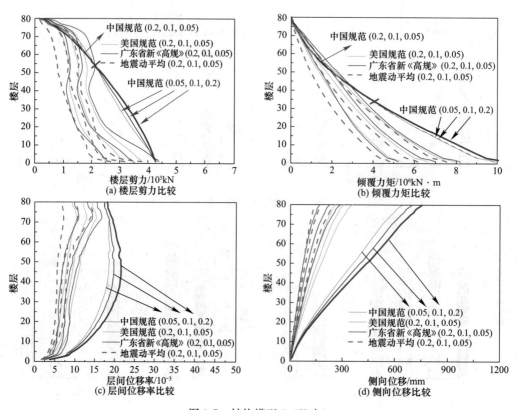

图 3-7　结构模型 2（X 向）

图 3-6 和图 3-7 中，除异常曲线有标识外，各图中每组 3 条曲线从左至右的阻尼比分别为 0.2、0.1、0.05。

由图 3-4 和图 3-5 的对比可知，按广东省新《高规》反应谱和美国规范反应谱计算的结构基底剪力、顶点位移相近，与汶川地震、东日本地震记录的弹性动力时程分析的结果也比较接近且偏于安全；按《抗规》反应谱和日本规范反应谱的计算结果偏大较多。由图 3-6 和图 3-7 的对比可知，按广东省新《高规》反应谱和美国规范反应谱计算的结构楼层地震剪力分布与汶川地震、东日本地震记录的弹性动力时程分析的结果相近，曲线中下部有向内凹进的现象；而按《抗规》反应谱计算的楼层地震剪力分布曲线有外凸的现象，与汶川地震、东日本地震记录的弹性动力时程分析的结果偏差较大。这表明《抗规》反应谱高估了结构低阶振型的地震力，沿结构高度方向的惯性力分布失真，导致计算地震倾覆弯矩偏大，结构的层间位移率偏大。图 3-7 中的异常曲线还表明，按国标《抗规》反应谱计算时，阻尼比大的结构地震反应更大，包括楼层剪力、倾覆力矩、楼层水平位移和层间位移角等，这就有违结构动力学的基本原理。

4 调整结构侧向位移的控制值

4.1 混凝土开裂与结构的最大层间位移角无关

我国现行规范中认为多遇地震作用属正常使用极限状态，结构应保持"弹性"，故以钢筋混凝土构件（包括柱、剪力墙）开裂时的层间位移角作为多遇地震作用下结构的弹性位移角限值，框架结构为 1/550，框架-剪力墙结构为 1/800，剪力墙结构、筒中筒结构为 1/1000。《抗规》给出层间位移角限值的说明："第一阶段设计，变形验算以弹性层间位移角表示。不同结构类型给出弹性层间位移角限值范围，主要依据国内外大量的试验研究和有限元分析的结果，以钢筋混凝土构件（框架柱、抗震墙等）开裂时的层间位移角作为多遇地震作用下层间位移角限值。"[10]《高规》进一步说明："在正常使用条件下，限制高层建筑结构层间位移角的目的有两点：①保证主结构基本处于弹性受力状态，对钢筋混凝土结构来讲，要避免混凝土墙或柱出现裂缝；同时，将混凝土梁等楼面构件的裂缝数量、宽度和高度限制在规范允许范围之内。②保证填充墙、隔墙和幕墙等非结构构件的完好，避免产生明显损伤"。[11] 由此可知，我国规范控制最大层间位移角的主要目的在于保证主结构基本处于弹性状态；对于钢筋混凝土结构，是否处于弹性状态由钢筋混凝土构件是否开裂为判定标准。但是，规范的位移角限值是否合理，能否达到控制混凝土墙、柱不开裂的目的值得商榷。

文献［12］统计了西安建筑科技大学、大连理工大学、清华大学、同济大学、山东建筑大学、北京工业大学、沈阳建筑工程学院 7 所高校的研究者进行的 68 片剪力墙的试验结果，墙试件参数及层间位移角统计结果见表 4-1 和表 4-2。

试验剪力墙的参数取值范围[12]　　　　　　　　　　表 4-1

参数	最小值	最大值
混凝土强度等级	C20	C80
箍筋的屈服强度/MPa	299	631.7

续表

参数	最小值	最大值
纵筋的屈服强度/MPa	345	527
配箍特征值 λ_v	0	0.29
纵筋配筋率/%	0.77	2.35
试件高宽比	1.5	3.0
剪跨比 λ	1.5	2.1
轴压比 n	0.1	0.4

钢筋混凝土剪力墙层间位移角统计结果[12]

表 4-2

参数	取值范围	平均值	变异系数
开裂位移角	1/3134～1/448	1/1305	0.69
屈服位移角	1/450～1/114	1/207	0.35
极限位移角	1/203～1/27	1/46	0.28

上述剪力墙试验结果表明，混凝土开裂时，层间位移角量值相差很大，范围为 1/3134～1/448。就上述试验结果而言，其与规范规定剪力墙混凝土不开裂的结构层间位移角 1/1000、1/800 相去甚远，试验中有的剪力墙早已开裂，有的离开裂尚早。实际上，钢与混凝土的弹性模量相差约 5～10 倍，对钢筋混凝土受弯或大偏压（拉）构件而言，混凝土开裂时钢筋的应力还很小。即使是竖向荷载长期作用的受弯构件，如一般的钢筋混凝土梁，正常使用状态下也是带裂缝工作的，这并不妨碍采用弹性方法进行结构的受力分析。钢筋混凝土柱和剪力墙正常使用阶段主要内力是由竖向荷载引起的压力。在风荷载和可能发生的地震作用下，只要钢筋不屈服，仍处于弹性阶段，即使混凝土开裂，也不会影响结构的安全性。并且，在短时间作用的横向力卸载后，可能出现的裂缝也会闭合，相比竖向荷载长期存在的受弯钢筋混凝土梁更容易满足耐久性要求。

剪力墙的受力变形包括弯曲变形和剪切变形，俗称有害位移。上述剪力墙的变形均属于受力变形。对应于高层、超高层建筑，有害位移大部分发生于底部楼层；而建筑物的最大层间位移角，却发生在建筑物的中上部。

以地面以上 69 层、高 368m 的深圳地王大厦[13] 为例（图 4-1、图 4-2），即使设计不允许剪力墙混凝土开裂，则 Y 向剪力墙宽 12m，对应试验结果，应该控制建筑物底部 5～6 层的层间位移角，而不是控制结构中上部的最大层间位移角。地王大厦的最大层间位移角发生在 57 层，其值为 1/274，其中绝大部分为底部楼层转角引起刚体位移。扣除不产生构件内力的刚体位移，其受力层间位移角为 1/28195，量值很小，不可能出现裂缝。按《高规》[11] 的规定，不扣除结构整体弯曲变形影响，实际上控制的就是结构中上部楼层的位移角，而此部位楼层的受力往往很小，与地王大厦类似，一般情况下剪力墙不会出现裂缝，剪力墙、柱的配筋是构造配筋而非受力所需的计算配筋。同时，不能由此推知底部受力变形最大的楼层的受力情况，也不能推知剪力墙、柱是否开裂。

更重要的，单片剪力墙的试验结果与实际工程中由众多剪力墙组成的抗侧力结构没有可对比性。对于结构中不同位置的剪力墙，在水平荷载作用下，层间位移角相同时，各剪力墙的受力却可能差异很大。因为实际的剪力墙结构除承受剪力外，还承受上部结构传来

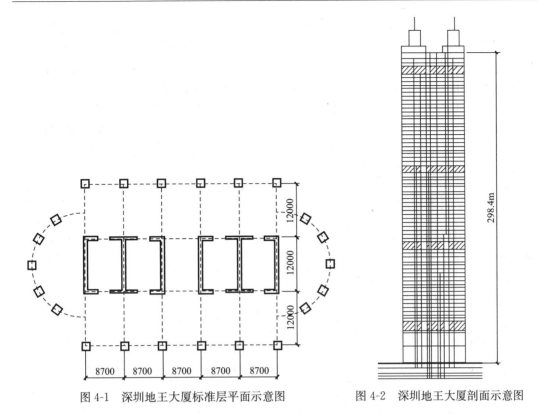

图 4-1   深圳地王大厦标准层平面示意图   图 4-2   深圳地王大厦剖面示意图

的轴力和倾覆弯矩；结构中和轴附近的剪力墙可能小偏心受压，没有裂缝；远离中和轴的剪力墙可能大偏心受压甚至偏心受拉，混凝土可能开裂。显然，以控制结构层间位移角的方法保证剪力墙、柱混凝土不开裂并没有实际依据。

4.2   结构层间位移角的主要控制目的及限值

　　欧洲规范 BS EN 1998-1：2004 中明确地震作用下控制结构层间位移角的目的在于限制非结构构件的破损，是将设防烈度地震作用算得的弹性位移的 $40\%\sim50\%$ 来算层间位移角[3]，也可理解为取设防烈度地震力折减系数 $0.4\sim0.5$ 来验算，较我国规范的 0.35，即多遇地震力稍大一些。对设置了与主体结构相连的、由脆性材料制成的非结构构件的建筑，层间位移角限值为 1/200；对设置延性非结构构件的建筑，限值为 1/150；对设置非结构构件，但非结构构件的固定不与结构位移发生干扰的建筑，限值为 1/100。日本《建筑基准法施行令》的层间位移角限值是 1/200，如果非结构构件不产生较严重破坏，可放松至 1/120。美国规范采用一阶段、一水准设计，不控制多遇地震作用下的结构变形，仅验算设防目标地震作用下的弹塑性变形。UBC 1997 中要求弹塑性位移角限值为：基本周期小于 0.7s 时，其值为 1/40；基本周期不小于 0.7s 时，其值为 1/50[14]。FEMA 450 中对于弹塑性位移角限值则按建筑物的不同分组，Ⅰ组（一般建筑）为 1/50，Ⅱ组（人数较多、有重大公共危害的建筑）为 1/67，Ⅲ组（震后救援、恢复所需基本设施，如消防、救援和警察局、医院等）为 1/100[15]。

　　由上述分析可知，结构最大层间位移角与结构构件的混凝土是否开裂无关。控制结构层间位移角是为了保证结构有必要的刚度，其主要目的在于避免非结构构件如玻璃幕墙、

655

内隔墙等因结构过大的变形而损坏。因此，层间位移角限值无需区分结构类型，无论是框架结构还是筒体结构，无论是剪力墙结构还是框架-剪力墙结构，也无论是混凝土结构、钢结构还是混合结构。参考欧、日、美等规范[2-5]，拟偏保守地规定多遇地震作用下结构层间位移角限值为 1/450。之所以不采用钢结构的层间位移角限值 1/250，是因为计算时采用混凝土结构的弹性刚度，粗略考虑实际刚度的折减。考虑到本规程采用设防烈度地震进行结构承载力校核，为方便设计，直接控制设防烈度地震作用下结构最大层间位移角不大于 1/180，即可满足多遇地震作用下结构最大层间位移角不大于 1/450，从而保证多遇地震作用下非结构构件不因结构变形而发生破损。

4.3 风荷载作用下的位移限值

对于风荷载作用下的位移，拟控制结构顶点位移不大于建筑物结构高度的 1/600。风荷载和地震作用性质不同，地震作用是惯性力，而风荷载是外力，按等效静荷载计算，控制最大位移也就是顶点位移。大量的工程实例表明，风荷载引起的非结构构件损坏是直接受正、负风压作用的围护结构，而室内的内隔墙等非结构构件并没有损坏。我国香港地区规范规定风荷载作用下的顶点位移不大于建筑物高度的 1/500，则认为能为一般建筑物的居住者提供可接受的环境[16]。如果舒适度没有问题，限值还可放松。

结构的竖向、抗风、抗震承载力需满足设计要求，相应的层间位移角即便远小于限值，也是必需的、合理的。明确控制层间位移角的目的，合理放松其限值对地震高烈度区的结构设计具有意义。设计人员可根据实际情况，必要时提高控制标准。风荷载较大的沿海地区，当结构高宽比较大，舒适度未能满足要求时，可以采用增加结构侧向刚度、采用风振控制措施等来改善舒适度。

5 柱轴压比的计算不考虑地震作用引起的轴力

5.1 限制柱轴压比的目的

柱轴压比的定义是柱轴压应力与混凝土抗压强度之比，并非构件安全度的指标。相同的轴压比，细长柱的安全度可能要低得多；而对于大偏压柱，轴力大，即轴压比大，安全度反而大。设计上可通过考虑地震作用组合的构件承载力计算来保证构件的安全度。《抗规》第 6.3.6 条关于柱轴压比的条文说明为："抗震设计时，除了预计不可能进入屈服的柱外，通常希望框架柱最终为大偏心受压破坏。"[10] 限制柱轴压比的初衷是使柱发生大偏压破坏，但并不切合实际。

首先，轴压比再小，也不能保证混凝土柱发生大偏压破坏，因为是否发生大偏压破坏与柱的实际受力相关，也与柱的截面形式、配筋等因素相关。如结构中的重力柱，或剪力墙结构中的个别框架柱，弯矩很小，轴力很大，偏心距很小，即使满足轴压比要求，也不可能发生延性较好的大偏心受压破坏，破坏应始于混凝土的压溃。其次，矩形截面混凝土柱大小偏压的界限轴压比约为 0.5，远小于允许的轴压比限值，也就是说，满足了规范轴压比限值，也不可能发生大偏心受压的延性破坏。《混凝土结构设计规范》GB 50010-2010（简称《混规》）第 11.4.16 条关于柱轴压比的条文说明则是正确的："试验研究表明，受压构件的位移延性随轴压比增加而减少，因此对设计轴压比上限进行控制就成为保证框架柱和框支柱有必要延性的重要措施之一。"注意到，是提高延性的措施之一，而不是全部。美国规范中就没有轴压比的限制。一般而言，结构布置确定，层高确定，柱轴力确定，柱混凝土强度等级确定，则轴压比限制越严格，柱截面越大，如果成为短柱，其延性反而不好。要使柱破坏时有一定的延性，可设法提高混凝土的极限压应变，采用密距螺旋箍或复合箍、提高柱的体积配箍率、增设芯柱等有效措施，而不是严格限制轴压比。

5.2　以竖向荷载作用下的轴力计算轴压比

轴压比可用于对竖向荷载作用下的混凝土允许压应力进行控制。日本规范[5] 规定：长期荷载作用下（即重力荷载作用下）混凝土的允许压应力是其抗压强度标准值的 1/3，大致对应于《抗规》或《高规》定义的轴压比 $0.33 \times 1.3 \times 1.4 = 0.6$；短期荷载作用下（重力荷载和风荷载或地震作用组合）混凝土的允许压应力是其抗压强度标准值的 2/3，大致对应于《抗规》或《高规》定义的轴压比 $0.67 \times 1.3 \times 1.4 = 1.22$。参考日本规范，用轴压比限定重力荷载作用下混凝土的轴压应力比更合适，这也与剪力墙轴压比的定义一致。仅考虑竖向荷载作用下的轴力还可避免长期荷载作用下框架边柱的压应力小、中柱的压应力大而引起的徐变变形差。一般情况下，混凝土徐变引起的梁、柱内力的改变，设计时往往未考虑。高烈度抗震设防区柱的轴压比限值规定严格一些，可使其塑性内力重分布的能力增强。大量工程案例的模拟地震振动台试验及罕遇地震弹塑性分析表明，我国规范中柱的轴压比限制过于严格，即使再放松轴压比，通过合理的设计，仍能保证柱在罕遇地震作用下的性能要求，且分析中往往未考虑约束混凝土的本构关系。

6　结构弹塑性位移角限值及罕遇地震性能水准的验证

6.1　罕遇地震作用下结构弹塑性位移角限值

罕遇地震作用下结构的弹塑性层间位移角限值与性能目标相关。性能目标等级高，表明在相同的地震作用下损伤较少，弹塑性变形较小，因而层间弹塑性位移角较小。拟不分结构类型，性能目标 D 级限值为 1/50，A 级为 1/100，C 级、B 级予以插值。实际上，结构最大层间弹塑性位移角也发生在结构的中上部楼层，而竖向构件受力最大、损伤最大的，一般在结构的底部楼层。最大层间弹塑性位移角并不是结构是否倒塌的合理判定指标。文献 [17] 中的模拟地震振动台试验表明，结构模型在超罕遇地震作用下的弹塑性层间位移角达 1/27，但结构仍未倒塌。欧洲规范 BS EN 1998-1：2004 中未规定罕遇地震作用下的弹塑性位移角；美国规范中也未要求验算，仅验算设防烈度地震作用下的弹塑性层间位移角，限值为 1/100～1/50。参考国外规范和试验结果，限值 1/100～1/50 是偏安全的。

6.2　动力和静力弹塑性分析方法的优缺点

常规基于弹性设计谱的振型分解法不能考虑强烈地震过程中结构刚度退化、构件累积损伤、阻尼增加和结构构件之间的内力重分布等一系列非线性响应。要了解结构在罕遇地震作用下构件可能的损伤程度，需采用动力弹塑性时程分析方法或静力弹塑性推覆分析方法。

理论上，动力弹塑性分析方法可以考虑结构进入弹塑性阶段后的非线性响应，是评估罕遇地震作用下结构性能的较好工具。但也存在以下缺点：

（1）必须假定设计地震动，而未来可能发生的地震动却不可预测。

（2）复杂应力条件下材料的弹塑性力-变形关系、屈服破坏判定准则至今未达成共识。

（3）以钢筋、混凝土的应变衡量损伤程度，而损伤应变的取值相差较大，例如，比较严重损坏的钢筋应变取值有 0.01、0.012、0.021、0.08，最大值与最小值相差 800%；轻微损坏的混凝土压应变取值有 0.0006、0.0016、0.004，最大值与最小值相差 600%；比较严重损坏的混凝土压应变取值有 0.0027、0.0033 及 1.5 倍极限应变，还有认为可考虑短期加载、配筋对混凝土约束的有利作用，可取 0.007，最大值与最小值相差 260%。

（4）计算方法的差异。有的算法稳定，但耗时；有的算法快捷，但未能估计误差，可能初始差之毫厘，结果失之千里。

（5）结构的地震响应高度依赖于地震动输入的频谱特性及持时，不同的地震动输入，结构响应可能相差几倍。

（6）结果判读较为困难。"时程分析的最大反应可能发生在数值化谱的峰值上，也可能落在谷底，纯属偶然。"[7] 常有这样的情况，即动力弹塑性分析结果显示严重破坏的部位，却是受力较小处，与工程概念和经验不符。美国著名学者、工程师塔拉纳特（Taranath）指出："应当看到，动力分析本身得到的并不见得能与实际地震时表现一致。只有傻瓜才相信，它会给出抗震设计问题的全部答案或解决办法。"[7] 正因为如此，对非线性时程分析的结果，FEMA 450 要求由注册专业设计人员和其他具有非线性地震分析理论和应用经验的人员组成的独立团队进行审查[15]。

相比之下，静力弹塑性分析方法虽然适应范围小，理论上不严密，却以反应谱分析所得不变的初始水平力应可能万变的地震作用，计算结果比较稳定且偏于安全。日本规范中推荐采用静力弹塑性分析方法进行第二阶段设计，计算结构的承载力。在比较两类弹塑性分析方法的优缺点的基础上，参考日本的做法，可以扩大静力弹塑性分析方法的应用范围。

6.3 可不进行罕遇地震作用下弹塑性分析的范围

大量的工程算例表明，结构在满足设防烈度地震性能水准时往往可以满足罕遇地震性能水准。为简化设计，规定可不进行罕遇地震弹塑性验算的范围：对于 6 度、7 度低烈度设防区，150m 以下、较简单规则的丙类建筑结构，可不进行罕遇地震作用下弹塑性分析。

不进行罕遇地震作用下弹塑性分析，能保证结构在罕遇地震作用下满足预期的性能目标吗？如性能目标为 A 级，设防烈度地震下满足第 1 性能水准要求，由式（2-1）可知，压剪、拉弯的承载力利用系数分别为 0.6、0.69，表示安全系数 K 分别为 1.65、1.45；罕遇地震作用下弹性地震力约为设防烈度地震的 2 倍，结构构件的承载力计算可采用材料强度极限值的平均值，考虑材料的超强系数 1.25，则受压竖向构件的安全系数约为 $1.65 \times 1.25 = 2.06$；受弯水平构件的安全系数约为 $1.45 \times 1.25 = 1.8$；考虑楼板作用的超强，可满足关键构件和竖向构件无损坏、耗能构件轻微损坏，结构宏观"基本完好、轻微损坏"的预期目标。又如，性能目标为 D 级，设防烈度地震作用下满足第 4 性能水准要求，由式（2-1）可知，压剪、拉弯的承载力利用系数分别为 0.83、1，表示安全系数 K 分别为 1.2、1.0；罕遇地震作用下满足第 5 性能水准要求，构件的承载力计算可采用材料强度极限值的平均值，则普通受压竖向构件的安全系数约为 $1.2 \times 1.25 = 1.5$；关键构件的安全系数还略高，受弯水平构件的安全系数约为 $1 \times 1.25 = 1.25$；对应的抗震构造等级不低于一级，属高延性构造，结构延性系数远大于 3；罕遇地震作用下弹性地震力约为设防烈度地震的 2 倍，式（2-1）中地震力折减系数为 0.7，相当于罕遇地震力折减了 $2/0.7 = 2.86$ 倍 $<$ 3 倍，可满足罕遇地震作用下关键构件中度损坏，部分竖向构件严重损坏，耗能构件严重损坏，结构宏观"比较严重损坏"的预期目标。通过笔者对工程案例的计算表明，地震力折减系数 c 的取值偏保守，有下调的空间。

7 偏心受拉剪力墙的设计方法及构造要求

7.1 受拉剪力墙的受剪性能试验

高宽比较大的高层建筑结构在承受较大水平荷载作用时，外围剪力墙可能受拉，处于拉、弯、剪共同作用的复杂受力状态。

2010 年版《超限高层建筑工程抗震设防专项审查技术要点》第十二条规定："（四）确定所需的延性构造等级。中震时出现小偏心受拉的混凝土构件应采用《高层建筑混凝土结构技术规程》中规定的特一级构造，拉应力超过混凝土抗拉强度标准值时宜设置型钢。"

2015 年版《超限高层建筑工程抗震设防专项审查技术要点》第十二条修改为："（四）确定所需的延性构造等级。中震时出现小偏心受拉的混凝土构件应采用《高层建筑混凝土结构技术规程》中规定的特一级构造。中震时双向水平地震下墙肢全截面由轴向力产生的平均名义拉应力超过混凝土抗拉强度标准值时宜设置型钢承担拉力，且平均名义拉应力不宜超过两倍混凝土抗拉强度标准值（可按弹性模量换算考虑型钢和钢板的作用），全截面型钢和钢板的含钢率超过 2.5% 时可按比例适当放松。"

由于《超限高层建筑工程抗震设防专项审查技术要点》（下文简称《技术要点》）的这一规定，全国大部分地区的混凝土超限高层建筑均按要求验算中震时小偏心受拉（全截面受拉）混凝土墙的拉应力，不少地方尤其是高烈度区（如海口等）的部分混凝土剪力墙往往需要加大墙厚，设置型钢。

然而，《技术要点》的这一规定并不正确，在工程实践中不但造成结构工料增加、投资增加、施工困难、有效建筑使用面积减小，有时甚至有安全隐患。

基于此，过去几年来，笔者在全国性的结构技术交流会以及其他场合的大会报告中对这一问题进行了讨论，主要观点如下：

《技术要点》的这一规定有若干不正确的概念：①小偏心受拉构件中的钢筋不能承受

拉力，延性不好。②出现裂缝的钢筋混凝土小偏心受拉构件不能承担剪力。③混凝土构件的正截面承载力或裂缝宽度计算应控制混凝土的拉应力。④剪力墙在轴心拉、压力反复作用下截面削弱，应控制混凝土的拉应力。

正确的概念是：①钢筋可以承受拉力。混凝土构件的受拉承载力与混凝土的名义拉应力无关，理论上受拉构件的配筋率可不受限制。受拉构件的破坏始于钢筋的屈服，延性很好。②钢筋混凝土小偏心受拉构件可以承担剪力。③一般的钢筋混凝土构件是带裂缝工作的，正截面承载力计算并不考虑混凝土受拉承载力的贡献。控制混凝土构件裂缝宽度的关键因素是控制钢筋的拉应力而不是混凝土的拉应力。④避免轴向拉、压力反复作用下剪力墙截面削弱（混凝土保护层脱落）的关键是控制混凝土的极限压应变而不是其名义拉应力。

从混凝土结构基本理论的概念出发，可以得到如下认识：①全截面混凝土的名义拉应力只表示混凝土构件承受拉力的大小，而构件的安全度、裂缝宽度的大小取决于钢筋的应力水平。②混凝土受拉构件的破坏始于钢筋的屈服，破坏形态是典型的延性破坏，无须要求采用特一级构造。③即使剪力墙全截面受拉，混凝土的名义拉应力大于 $2f_{tk}$，也具有足够的受拉承载力安全度储备和较大的斜截面受剪承载力。④小偏拉钢筋混凝土剪力墙混凝土开裂、钢筋屈服后，其侧向刚度大幅度下降，所分配的水平剪力大幅度减少。

迄今为止，剪力墙受压弯剪作用的试验研究较为充分，对于拉弯剪受力性能的试验研究较少。2015 年 4 月，在华南理工大学亚热带建筑科学国家重点实验室进行了钢筋混凝土剪力墙的拉剪试验，目的除了与钢管混凝土剪力墙拉剪性能做比较外，还包括验证上述观点的正确性，研究偏心受拉剪力墙的受剪性能，为工程应用提供参考。

7.1.1 试件设计

设计了 4 个高强混凝土剪力墙试件，编号为 W1～W4，试件的截面尺寸均为 150mm×800mm，墙面净高 600mm。试件变化参数包括：纵向分布筋配筋率、混凝土的强度、设计拉力值。各个试件的设计参数和截面如表 7-1 和图 7-1、图 7-2 所示。

试件设计参数　　表 7-1

试件编号	截面	混凝土强度等级	墙体分布配筋		暗柱附加筋	N_0/kN	S_s/MPa	N_0/N_t	$N_t/N_{t,W1}$
			水平	竖向					
W1	E-E	C60	Φ6@100	Φ10@100	2Φ18	382	200	0.39	1
W2	F-F	C60	Φ6@100	Φ14@100	2Φ18	696	200	0.54	1.32
W3	F-F	C50	Φ6@100	Φ14@100	2Φ18	1044	300	0.80	1.32
W4	F-F	C50	Φ6@100	Φ14@100	2Φ18	1392	400	1.08	1.32

注：试件剪跨比为 0.75；N_0 为试件设计初始轴拉力；S_s 为设计初始轴拉力下试件竖向钢筋的平均应力；N_t 为试件的轴拉承载力，以实测材料强度依据规范公式计算；$N_{t,W1}$ 为试件 W1 的轴拉承载力。

试件中，墙内水平分布钢筋采用 HPB300 级钢筋，竖向分布筋采用 HRB400 级钢筋，底座及加载梁均采用 HRB400 级钢筋。依据《混凝土结构试验方法标准》GB/T 50152-2012（简称《混凝土试验方法标准》），留取各个等级钢筋 2 个试样，采用《金属材料 拉伸试验 第 1 部分：室温试验方法》GB/T 228.1-2010 中的方法进行材料力学性能试验，所得的钢筋力学性能如表 7-2 所示。

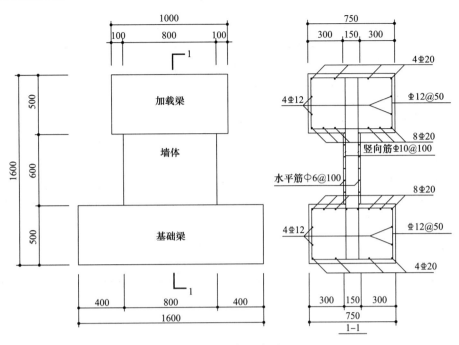

图 7-1　试件示意图

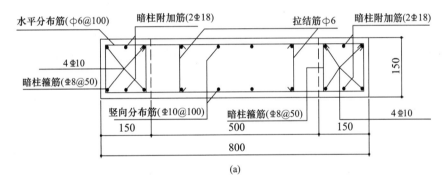

(a)

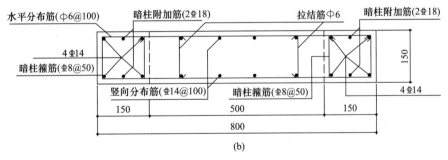

(b)

图 7-2　试件截面示意图

钢筋力学性能实测值

表 7-2

钢筋型号	$f_{y,m}$/MPa	$f_{yk,m}$/MPa	$f_{u,m}$/MPa	$f_{uk,m}$/MPa
Φ6	263	259	392	388
Φ10	540	471	682	593

钢筋型号	$f_{y,m}$/MPa	$f_{yk,m}$/MPa	$f_{u,m}$/MPa	$f_{uk,m}$/MPa
Φ 14	456	368	603	514
Φ 18	435	380	612	556

注：$f_{y,m}$——钢筋的屈服强度平均值；$f_{yk,m}$——根据试验确定的钢筋屈服强度标准值；$f_{u,m}$——钢筋的抗拉强度平均值；$f_{uk,m}$——根据试验确定的钢筋抗拉强度标准值。

试验采用的混凝土强度等级为 C50 和 C60，均为商品自密实混凝土，根据《混凝土试验方法标准》，每一批次浇筑的混凝土均保留两组 150mm×150mm×150mm 的立方体标准试块，按照同时浇筑、同条件养护的原则，以确定其强度。依据《普通混凝土力学性能试验方法标准》GB/T 50081-2002 的要求进行了混凝土试块的立方体抗压试验和劈裂抗拉试验。按《混规》计算的力学性能指标见表 7-3。

混凝土抗拉性能指标   表 7-3

强度等级	$f_{ts,m}$/MPa	$\delta_{ts,m}$/MPa	f_{ts}/MPa	f_{tk}/MPa	$f_{cu,m}$/MPa	$\delta_{cu,m}$/MPa	f_{ck}/MPa
C50	5.59	0.05	5.54	5.08	55.19	3.15	32.23
C60	6.17	0.05	6.09	5.61	58.70	4.33	33.13

注：$f_{ts,m}$、$f_{cu,m}$——分别为实测立方体抗拉、抗压强度；$\delta_{ts,m}$、$\delta_{cu,m}$——分别为 $f_{ts,m}$、$f_{cu,m}$ 的标准差；f_{tk}、$f_{cu,k}$——具有 95% 保证率的立方体抗拉、抗压强度；f_{tk}——混凝土抗拉强度标准值；f_{ck}——考虑脆性系数的混凝土抗压强度标准值。另根据文献 [5] 等的研究成果，取 $f_{tk}=0.921f_{ts}$，此时误差在 ±8% 以内。

7.1.2 试验加载装置及量测内容

试验加载装置如图 7-3 所示，试件放置在反力墙之间，通过限位千斤顶和压梁配合地槽螺栓固定。

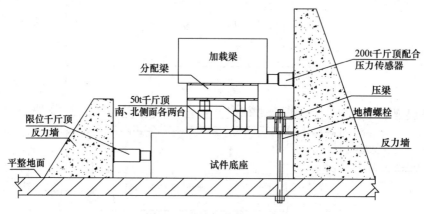

图 7-3　试验加载装置示意

选用 4 台 500kN 的液压千斤顶设备对墙体施加拉力，通过多顶分流阀来均衡各个千斤顶的顶升力。加载时在墙体南、北面各布置两台千斤顶，在加载梁底面设置刚性分配梁，在底座顶面垫 30mm 厚钢板，将顶推力均匀分布到墙体，以使试件的初始受力状态尽可能接近轴心受拉状态。推力加载设备选用一台 2000kN 的千斤顶，千斤顶固定在反力墙上对试件的加载梁施加推力。千斤顶对墙体的推力通过油压传感器进行监测并连入采集系统，进行数据的采集和记录；位移计、应变片的数据通过 DH3816 多测点静态应变测试系统连接计算机进行观测和采集。

结合实验室实际条件，具体加载方案如下：

（1）安装好试验装置和仪表后，先施加 20kN 轴拉力预载，然后保持轴拉力，施加 20kN 水平推力预载。预加载过程中测取读数，检查装置、仪表和试件是否工作正常，如发现问题及时排除，如无异常则先卸除水平力预载，再卸除轴拉力预载，准备正式加载。

（2）正式加载时，先一次性将轴拉荷载加载至设计荷载，然后施加水平荷载。施加水平荷载时先由力控制加载，加载速度控制在 1～2kN/s，按 50kN 一级的荷载进行分级加载，每级荷载停歇时间为 5min，观察和记录墙面裂缝发展情况。试验荷载加至 300kN 后改为由墙顶加载梁水平位移来控制加载速度，加载速度控制在 1～2mm/min，不间断加载。加载过程中由数据采集箱每隔 2s 采集一次数据，直至试件破坏无法继续加载或荷载已经下降至最大荷载的 85%，停止加载。

试验中位移测点布置如图 7-4 所示，共设置了 13 个位移测点以监测加载过程中试件的变形情况；在墙内钢筋和墙面混凝土表面布置应变片测点以监测混凝土、钢筋的受力情况和应力分布，应变片布置如图 7-5 所示。

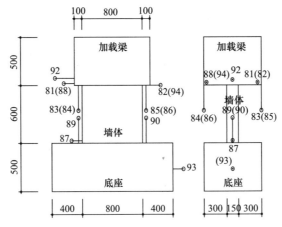

图 7-4　位移测点布置情况

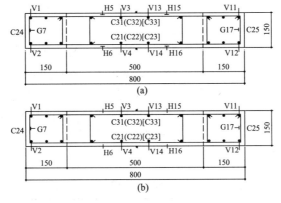

图 7-5　应变片布置情况

注：图中 V1～V4、V11～V14 为竖向钢筋应变片，H5、H6、H15、H16 为水平钢筋应变片，
G7、G17 为箍筋应变片，C21～C25、C31～C33 为混凝土应变片。

7.1.3 破坏过程和破坏形态

　　各个试件的破坏形态相似，均为拉弯剪破坏形态。在轴拉荷载加载至设计荷载时，各个试件表面均已出现分布较为均匀的水平连续裂缝，水平裂缝间距约为10cm，各个试件裂缝宽度如表7-4所示。试件破坏时具有明显的弯曲变形和剪切变形特征，斜裂缝从东侧受拉水平裂缝延伸而来，自东向西，自上而下贯通墙面，破坏时墙面西下方混凝土局部溃碎，如图7-6所示。

轴拉荷载加载至设计荷载时各个试件水平裂缝宽度　　　　表 7-4

试件	W1	W2	W3	W4
裂缝宽度/mm	约0.1	0.1～0.2	0.3～0.4	0.3～0.4

W1 南侧面破坏形态　　W1 北侧面破坏形态　　W2 南侧面破坏形态　　W2 北侧面破坏形态

W3 南侧面破坏形态　　W3 北侧面破坏形态　　W4 南侧面破坏形态　　W4 北侧面破坏形态

图 7-6　试件破坏形态

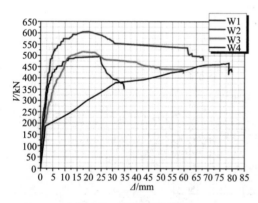

图 7-7　荷载-位移曲线

7.1.4 荷载-位移曲线

　　将试件的荷载-位移曲线汇总在同一坐标系下，得到图7-7所示的荷载-位移曲线图。从试件的荷载-位移曲线图可以得到如下规律：

　　（1）墙面斜裂缝出现前，各个试件的荷载-位移曲线基本为一直线，试件位移较小，抗侧刚度未见退化迹象。

　　（2）墙面斜裂缝出现后，荷载-位移曲线斜率有所下降，试件变形加快，试件抗侧刚度逐渐退化；纵向钢筋初始拉应力越大的试件，抗侧刚度退化越明显。

　　（3）水平荷载达到峰值之后，除试件W4未测得荷载-位移曲线下降段外，其余试件的荷载-位移曲线趋于平缓下降。试件抗侧刚度下降明显，试件变形严重。

　　本次试验的主要试验结果如表7-5所示。

主要试验结果　　　　表 7-5

试件编号	V_{cr}/kN	Δ_{cr}/mm	V_{max}/kN	$V_{max}/V_{max,W1}$	Δ_{max}/mm	V_u/kN	Δ_u/mm
W1	180	0.94	499.47	1	24.28	424.54	27.02

续表

试件编号	V_{cr}/kN	Δ_{cr}/mm	V_{max}/kN	$V_{max}/V_{max,W1}$	Δ_{max}/mm	V_u/kN	Δ_u/mm
W2	150	0.60	605.44	1.21	19.89	514.62	68.33
W3	180	1.34	517.17	1.04	17.26	439.59	49.76
W4	187	1.94	467.74*	0.94	78.67*	—	—

注：V_{cr}—开裂荷载；Δ_{cr}—开裂荷载对应的墙顶位移，墙顶位移根据13个位移测点互相校核计算得到；V_{max}—峰值荷载；Δ_{max}—峰值荷载对应的墙顶位移；V_u—极限荷载，《建筑抗震试验方法规程》JGJ 101-1996（简称《抗震试验规程》）定义其为峰值荷载 V_{max} 的85％；Δ_u—极限荷载对应的墙顶位移。

* 试件W4在加载过程中变形较快且形变量大，试验中其形变量已超出位移计的最大量程，表中的 V_{max} 和 Δ_{max} 为 W4试验终止时的水平荷载和对应的墙顶位移，其 V_u 和 Δ_u 未能测得。

7.1.5 变形能力

试件在试验时同时受到轴拉力和水平力，且初始轴拉力作用下钢筋已具有较高应力，试件W4在轴拉力作用下竖向钢筋已达到屈服应力，沿用《抗震试验规程》的方法，以位移延性系数来衡量试件的变形能力已不合适。

本文以试件的峰值荷载对应的位移角和极限荷载对应的位移角来考察试件的变形能力。各个试件的峰值位移 Δ_{max}、峰值位移角 Δ_{max}/H_w 和极限位移 Δ_u、极限位移角 Δ_u/H_w 如表7-6所示。

试件变形指标 表7-6

试件编号	W1	W2	W3	W4
Δ_{max}/mm	24.28	19.89	17.26	78.67
Δ_u/mm	27.02	68.33	49.76	—
Δ_{max}/H_w	1/25	1/30	1/35	1/7
Δ_u/H_w	1/22	1/9	1/12	—

从表7-6可见，各个试件均具有较强的变形能力，整个试验过程未见脆性破坏现象，高强混凝土剪力墙试件在偏拉剪荷载作用下均表现出良好的延性。

7.1.6 截面应变

（1）竖向钢筋应变

统计各个试件在其开始出现斜裂缝时和水平荷载为2倍斜截面开裂荷载时的竖向钢筋应变如图7-8所示。因试件W4在2倍斜截面开裂荷载时应变片已破坏，仅测得出现斜裂缝时的应变分布。

从图7-8可见，各个试件竖向拉应力自东向西逐渐减小，但除试件W1外，截面均没有压应变。试件W1在2倍斜截面开裂荷载时有压应变，但很小。

（2）混凝土应变

试件上的混凝土应变片由于在初始拉力加载时受混凝土开裂影响，大部分受损无法测得完整数据。选取试件W3西侧数据记录较为完整的一个混凝土应变片，绘制荷载-应变曲线如图7-9所示。

由图7-9可见，随着水平荷载增加，试件西侧将逐渐出现受压区，但受压区混凝土并未达到混凝土极限压应变。试件W3在水平荷载 $V<400kN$ 时全截面混凝土均处于受拉状态，试件整体处于小偏心受拉的荷载工况下；虽然剪力墙的裂缝宽度已达 0.3～0.4mm，

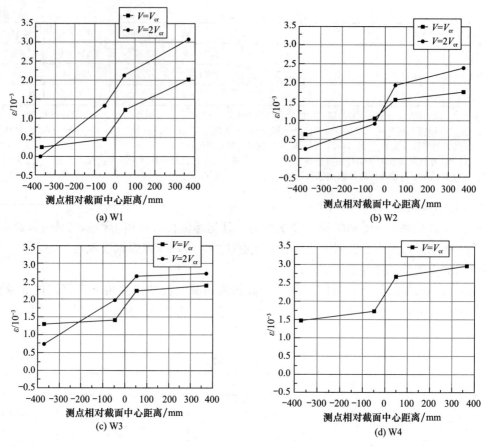

图 7-8　竖向钢筋应变分布

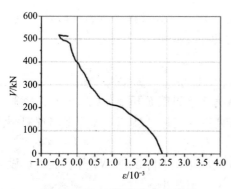

图 7-9　W3 西侧荷载-应变曲线

但仍有较高的受剪承载力，可以继续加载，随剪力的增大，截面的弯矩也相应增大；当水平荷载加大至 $V > 400$ kN 时，西侧边缘混凝土出现受压区，试件转变为大偏心受拉。

其余试件虽未能得到较为完整的混凝土应变数据，但也可推测其受力状态与试件 W3 类似，即试件先是处于小偏心受拉状态，随着水平荷载增大和试件的变形而转变为大偏心受拉状态。

经简单的计算分析，结合试件破坏形态，可知试件在西侧根部混凝土溃碎并非由于混凝土达到极限受压应变而破坏，而是由于在初始轴拉荷载作用下试件混凝土已经被贯通的受拉裂缝所分割，随后在水平荷载作用下，试件发生弯曲和剪切变形，混凝土因试件变形较大而局部挤压剥落、破碎。结合图 7-7 和图 7-9 可知，水平荷载 $V > 400$ kN 时，试件的刚度快速下降，位移迅速增大，试件变形严重。表明试件进入大偏心受拉状态时，试件出现受压区，但由于受压区混凝土已经在小偏心受拉状态时被拉裂而损伤较大，受压区混凝土承载力较低，进入大偏心受拉状态后试件所能承受的荷载增长缓慢，而变形则增长迅速，荷载-

位移曲线斜率降低并趋于平缓。

　　（3）水平钢筋应变

　　绘制各个试件的荷载-水平钢筋应变曲线（数据采集至应变片损坏）如图 7-10 所示，试件 W4 由于初始轴拉力较大，水平钢筋上应变片损坏严重，未能得到其荷载-水平钢筋应变曲线。

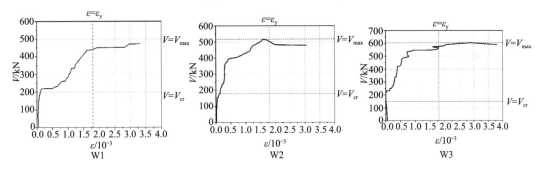

图 7-10　荷载-水平钢筋应变曲线

　　从图 7-10 可见，各个试件的水平钢筋应变均有两个快速增长的阶段，首先是在斜截面裂缝出现后，水平钢筋应变快速增长，其次是在水平钢筋达到屈服应变后，其应变快速增长。此外，试件达到最大水平荷载时，水平钢筋应变均已超过其屈服应变，水平钢筋受拉屈服。

7.1.7　承载力、刚度、延性影响因素

　　对比试件 W1 和 W2，两个试件在初始轴拉荷载作用下竖向钢筋平均应力一致，试验结果显示试件 W2 的刚度及承载力均优于试件 W1。表明增大剪力墙中的竖向钢筋配筋率或者加大竖向钢筋的直径有利于提高试件的拉剪承载力和刚度。

　　对比试件 W3 和 W4，试验结果显示轴拉力对于试件的拉剪承载力和刚度具有重要影响。竖向钢筋的初始拉应力越高，试件的刚度在水平荷载作用下退化越明显，相应的拉剪承载力也较低。

　　轴拉力的存在使得各个试件的受压区混凝土难以达到极限受压应变，受压区混凝土虽有破碎，但均为混凝土受拉开裂后受试件变形影响而局部挤压剥落、破碎，各个试件均未发生脆性的混凝土受压破坏情况。随着剪力的增大，截面的弯矩也相应增大，由于试件的受剪承载力比预期高，控制截面的弯矩也比预期大，试件的破坏形态表现为拉弯剪破坏，破坏始于斜截面水平钢筋及剪力墙边缘暗柱钢筋的受拉屈服。即便剪力较大、弯矩较大的截面出现受压区，但压应力很小，混凝土未发生受压破坏。这是偏心受拉剪力墙之所以有优良延性的主要原因，也是与偏心受压剪力墙受剪破坏形态的重要区别。试验表明，在受拉区竖向钢筋未被拉断的情况下，各个试件均表现出良好的延性。文献［18］制作了 11 片剪跨比为 1.5 的钢筋混凝土剪力墙进行拉剪性能试验，在恒定的轴拉力和低周往复水平力的作用下，试件的位移延性系数达 5.27～11.34，所有试件均表现出良好的延性，与本文得到的结果一致。然而，文献［18］对试件破坏形态的诠释却值得商榷。依据文献中的数据进行简单的计算可知，文献［18］的所谓"压剪"和"滑移"两种破坏形态实际上是"拉弯剪"和"拉弯"破坏，后者是正截面承载力问题。

7.2 受拉剪力墙大、小偏心的界限

偏心受拉钢筋混凝土剪力墙大、小偏心的区别在于截面是否存在受压区。依此不难导出偏心受拉钢筋混凝土剪力墙大、小偏心的判别式。如图 7-11 所示，截取剪力墙水平裂缝处分离体，不失一般性，假定：①剪力墙中竖向钢筋的弹性模量相同；②轴心受拉时钢筋未达屈服；③弯矩引起的拉、压力由剪力墙端部暗柱的钢筋承担。

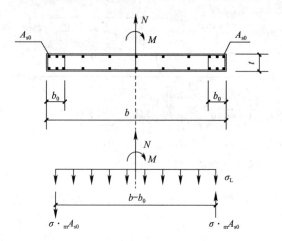

图 7-11 偏心受拉钢筋混凝土剪力墙大、小偏心判别式计算简图

剪力墙竖向钢筋的面积为 A_s，轴拉力引起的竖向钢筋拉应力为 $\sigma_m = \dfrac{N}{A_s}$；截面弯矩 $M = \sigma_m A_{s0}(b - b_0)$，则弯矩引起剪力墙端部暗柱钢筋的应力为：

$$\sigma_m = \frac{M}{A_{s0}(b - b_0)} = \frac{Ne}{A_{s0}(b - b_0)}$$

令 $\sigma_l - \sigma_m = 0$，有 $\dfrac{N}{A_s} - \dfrac{Ne}{A_{s0}(b - b_0)} = 0$，可得受拉钢筋混凝土剪力墙大、小偏心的界限偏心距为：

$$e = \frac{M}{N} = \frac{A_{s0}(b - b_0)}{A_s} \tag{7-1}$$

在需要更准确判断偏拉剪力墙的大、小偏心的场合，可考虑剪力墙中部竖向钢筋抵抗截面弯矩的贡献。本试验中，在一定的轴拉力和水平剪力作用下，剪力墙各水平截面作用的轴力和剪力相同，而弯矩不同，剪力墙顶部截面弯矩为 0，根部截面弯矩达到最大。也就是说，同一片作用相同轴力的剪力墙，大、小偏心随截面的弯矩大小而定，仅当整片剪力墙所有截面均为大、小偏心受拉，或所受弯矩不变的情况下，才可以定义构件大、小偏心受拉，而后者剪力墙除了轴力为纯弯段，剪力为 0。

7.3 受拉剪力墙的受剪承载力

7.3.1 试验结果与《混规》计算公式的比较

在《混规》中，钢筋混凝土剪力墙在偏心受拉时的斜截面受剪承载力计算公式为：

$$V = \frac{1}{\lambda - 0.5}\left(0.5 f_t b h_0 - 0.13 N \frac{A_w}{A}\right) + f_{yv}\frac{A_{sh}}{s_v}h_0 \tag{7-2}$$

式中：V——斜截面受剪承载力；

λ——计算截面的剪跨比，当 λ 小于 1.5 时取 $\lambda = 1.5$，当 λ 大于 2.2 时取 $\lambda = 2.2$；

f_t——混凝土抗拉强度；

b——墙肢厚度；

h_0——截面的有效高度；

N——剪力墙截面轴向拉力设计值；

A——剪力墙截面面积；

A_w——剪力墙腹板的面积；

f_{yv}——箍筋抗拉强度；

A_{sh}——同一截面内箍筋各肢的全部截面面积；

s_v——水平分布钢筋的竖向间距。

按式（7-2）计算各个试件的受剪承载力，比较计算结果与试验实测结果如表 7-7 所示。

受剪承载力对比　　　　　　　　表 7-7

试件编号	$V_{max,c}$/kN	V_{max}/kN	$V_{max} - V_{max,c}$/kN	$V_{max,c}/V_{max}$
W1	387.04	499.47	122.43	0.77
W2	344.91	605.44	260.53	0.57
W3	269.06	517.17	248.11	0.52
W4	223.82	467.74	243.92	0.48

注：$V_{max,c}$——根据材料实测强度按式（7-2）计算得到的受剪承载力；V_{max}——各个试件的试验实测强度。

从表 7-7 的对比结果来看，按《混规》公式计算的混凝土剪力墙偏心受拉斜截面受剪承载力可以满足工程结构设计的安全要求，并具有一定的安全储备。《混规》公式主要考虑通过构造措施防止剪力墙出现剪拉破坏和斜压破坏，考虑轴向拉力的影响，通过计算确定墙中水平钢筋。由于工程结构中的大部分剪力墙竖向钢筋均为按构造配置，式（7-2）没有考虑剪力墙中竖向分布钢筋对于偏心受拉斜截面受剪承载力的贡献并无不妥。但从本文试验研究结果来看，提高竖向钢筋配筋率对于提高钢筋混凝土剪力墙偏心受拉斜截面受剪承载力效果明显，当剪力墙中竖向钢筋配筋率较高时按式（7-2）计算剪力墙偏心受拉斜截面受剪承载力偏保守。

7.3.2　考虑竖向钢筋抗剪作用的拉剪承载力计算式

竖向钢筋受到竖向拉力和水平剪力共同作用，则由 von Mises 屈服准则[9] 在平面应力中有：

$$\sigma_y^2 + 3\tau_{xy}^2 = \sigma_0^2 \tag{7-3}$$

即：

$$\tau_{xy} = \sqrt{\frac{\sigma_0^2 - \left(\frac{N}{A_s}\right)^2}{3}} \tag{7-4}$$

式中：σ_y——竖向钢筋的竖向应力；

τ_{xy}——竖向钢筋的剪应力；

σ_0——竖向钢筋的屈服应力，取 $\sigma_0 = f_{yk,m}$。

假定竖向钢筋在拉力和剪力作用下均达到屈服状态并全部充分发挥抗剪作用，计算各个试件在竖向钢筋屈服时承担的剪应力 τ_{xy} 和剪力 V_s 如表 7-8 所示。

τ_{xy} 和 V_s 计算　　　　　　　　表 7-8

试件	τ_{xy}/MPa	V_s/kN
W1	222	505
W2	180	627
W3	124	435
W4	—	—

由表 7-8 可见，计算结果与试验结果差距较大，表明竖向钢筋并未全部达到屈服状态，未能充分发挥抗剪作用。另由表 7-7 可知，竖向钢筋对于剪力墙偏心受拉承载力具有较大贡献，计算剪力墙偏心受拉承载力时忽略竖向钢筋对于承载力的贡献会导致计算结果过于保守。为考虑竖向钢筋对于剪力墙偏心受拉承载力的贡献，将钢筋混凝土剪力墙在偏心受拉时的斜截面受剪承载力计算式改进为：

$$V = \frac{1}{\lambda - 0.5}\left(0.5f_t bh_0 - 0.13N\frac{A_w}{A}\right) + f_{yv}\frac{A_{sh}}{s_v}h_0 + kf_y A_s \tag{7-5}$$

式中：k——考虑竖向钢筋对于剪力墙偏心受拉承载力贡献的待定系数，计算各剪力墙试件的 k 值如表 7-9 所示。

k 值计算　　　　　　　　　　　　表 7-9

试件编号	$kf_y A_s/\text{kN}$	$f_y A_s/\text{kN}$	k
W1	122.43	714.70	0.16
W2	260.53	1292.52	0.20
W3	248.11	1292.52	0.19
W4	243.92	1292.52	0.19

根据表 7-9 的计算结果，取 k 的平均值，得到钢筋混凝土剪力墙在偏心受拉时的斜截面受剪承载力计算式为：

$$V = \frac{1}{\lambda - 0.5}\left(0.5f_t bh_0 - 0.13N\frac{A_w}{A}\right) + f_{yv}\frac{A_{sh}}{s_v}h_0 + 0.18f_y A_s \tag{7-6}$$

按式（7-6）计算各个试件的受剪承载力，比较计算结果与试验实测结果如表 7-10 所示。

受剪承载力对比　　　　　　　　　　　　表 7-10

试件编号	$V_{\max, s13}/\text{kN}$	$V_{\max}/\text{kN}$	$V_{\max, s13}/V_{\max}$
W1	515.68	499.47	1.03
W2	577.56	605.44	0.95
W3	501.72	517.17	0.97
W4	456.48	467.74	0.98

注：$V_{\max, s13}$——根据材料实测强度按式（7-6）计算得到的受剪承载力；$V_{\max}$——各个试件的试验实测强度。

由表 7-10 可见，式（7-6）由于考虑了竖向钢筋对于剪力墙偏心受拉承载力的贡献，计算结果比规范公式更接近试验结果。由于本文试验的试件数量较少，由上述方法得到的式（7-6）是否具有普遍适用性仍需通过更多的试验进行验证。

7.3.3　受拉剪力墙的受剪承载力计算不区分大、小偏心受拉

由试验结果及上述 7.2 节的讨论可知，剪力墙受剪破坏临界斜裂缝穿过多条轴拉力引起的水平裂缝，这些水平截面所受轴力、剪力相同，而弯矩不同，有小偏心受拉，也有大偏心受拉。从工程应用的角度出发，区分全截面受拉即小偏心受拉和部分截面受拉，比如 90% 截面受拉即大偏心受拉的意义不大，也不能定义小偏心受拉或大偏心受拉剪力墙的斜截面受剪承载力。正因为如此《混规》关于偏心受拉剪力墙的受剪承载力计算式并不区分

大、小偏心受拉，也就是说，偏心受拉剪力墙斜截面受剪承载力与剪力墙的大、小偏心受拉无关。如试验结果所表明的，当剪力墙作用一定的轴拉力（钢筋应力 200～400MPa），已没有发生混凝土受压破坏。偏心受拉剪力墙受剪破坏主要有拉剪及拉弯剪两种破坏形态，主要区别仅在于斜截面破坏时剪力墙边缘构件竖向钢筋是否受拉屈服。而规定水平和竖向钢筋的最小配筋率即可避免发生斜拉破坏。文献［18］的试验观察到试件中部的钢筋有弯折现象，这是因为钢筋直径较小，仅 6mm，而钢筋应力较大，达 400MPa，已经超过钢筋的屈服应力 f_y＝372MPa，进入强化段，因而裂缝较宽。本文试件的竖向钢筋直径14mm，尽管剪力墙的水平裂缝宽达 0.3～0.4mm，已观察不到钢筋的弯折现象，钢筋的销栓作用可靠，剪力墙的受剪承载力得以充分发挥。这表明，设计偏心受拉剪力墙时，不论剪力墙端部或中部，竖向钢筋的直径均不应太小。

7.4　试验结论

（1）轴拉力会影响钢筋混凝土剪力墙在水平荷载作用下的破坏形态。轴拉力的存在避免了试件发生脆性的斜压和剪压破坏，改善了剪力墙的延性。

（2）轴拉力存在可显著降低试件的受剪承载力和侧向刚度，轴拉力越大，受剪承载力下降越多，侧向刚度退化也越明显。

（3）提高剪力墙中的竖向钢筋配筋率可以提高偏心受拉剪力墙的斜截面受剪承载力，延缓剪力墙在受到水平荷载作用时的侧向刚度退化。

（4）《混规》中的偏心受拉剪力墙斜截面受剪承载力计算公式可以满足工程结构设计安全性要求，但该计算公式未考虑剪力墙竖向分布钢筋对于斜截面受剪承载力的贡献，在剪力墙配置较高配筋率的竖向分布筋时计算结果偏保守[19]。

7.5　广东省新《高规》的设计规定

7.5.1　承载力计算及构造要求

（1）剪力墙的正截面、斜截面承载力应符合现行《混规》的有关规定。

（2）广东省新《高规》第 7.2.7 条规定，轴心受拉、偏心受拉剪力墙竖向钢筋的直径不应小于 14mm。轴心受拉、小偏心受拉剪力墙的竖向钢筋最小配筋率按下式计算：

$$\rho_{min} \geqslant \frac{f_t}{f_y} \tag{7-7}$$

水平向钢筋的最小配筋率按下式计算：

$$\rho_{min} \geqslant 0.5 \frac{f_t}{f_y} \tag{7-8}$$

式中：f_t——混凝土抗拉强度设计值；

f_y——钢筋的抗拉强度设计值。

考虑到地震的往复作用，大偏心受拉剪力墙的截面最小配筋率偏安全地也按上述计算式确定。文献［10］、［11］中规定，一级、二级、三级剪力墙竖向分布钢筋最小配筋率不小于 0.25%。此规定仅适用于剪力墙受压弯作用的情况，对于偏拉剪力墙，由表 7-11 可知，如果端部暗柱的钢筋加上中部分布钢筋的总配筋率小于表中的量值，则理论上偏于不安全，是不允许的。

轴心受拉、小偏心受拉剪力墙竖向钢筋的最小配筋率（%）　　　　　　表 7-11

混凝土强度等级	C30	C35	C40	C45	C50	C55	C60	C65	C70	C75	C80
钢筋 HRB400	0.40	0.44	0.48	0.51	0.53	0.55	0.57	0.58	0.59	0.61	0.62
钢筋 HRB500	0.33	0.36	0.39	0.41	0.43	0.45	0.47	0.48	0.49	0.50	0.51

7.5.2　相关说明

（1）小偏心受拉剪力墙指剪力墙肢（包括一字形、L 形、Z 形、T 形、〔形等）全截面受拉的剪力墙，大偏心受拉剪力墙指截面部分受拉、存在受压区的剪力墙。计算时，翼缘宽可按实际取值。

（2）考虑到地震往复作用，大偏心受拉剪力墙的截面最小配筋率偏安全地按式（7-7）、式（7-8）确定。

（3）小偏心受拉剪力墙的竖向钢筋均为受力钢筋。规定竖向钢筋直径不应过小，利于发挥钢筋的销栓作用。

（4）剪力墙的水平向钢筋主要用于提供剪力墙的斜截面受剪承载力。令水平钢筋沿斜截面的受拉承载力不小于斜截面混凝土的受拉承载力，可得剪力墙水平向钢筋的最小配筋率。《混规》规定了偏拉构件水平钢筋的最小配筋率：$\rho_{\min} \geqslant 0.36 \dfrac{f_t}{f_{yv}}$，考虑到剪力墙轴向拉力的存在会降低受剪承载力，此值似偏小，宜适当加大。在钢筋混凝土剪力墙偏心受拉斜截面受剪承载力计算公式 $V = \dfrac{1}{\lambda - 0.5}\left(0.5 f_t b h_0 - 0.13 N \dfrac{A_w}{A}\right) + f_{yv}\dfrac{A_{sh}}{s_v} h_0$ 中，取 $\lambda = 1.5$，令水平钢筋受拉承载力的贡献不小于混凝土受拉承载力的贡献，可得 $f_{yv}A_s \geqslant 0.5 f_t b h_0$，即 $\rho_{\min} = \dfrac{A_s}{b h_0} \geqslant 0.5 \dfrac{f_t}{f_y}$，其中，$A_s = \dfrac{A_{sh}}{S_v} h_0$，$h_0$ 为剪力墙净高。

（5）试验表明，《混规》中的偏心受拉剪力墙的斜截面受剪承载力计算公式可以满足工程结构设计安全性要求，但该计算公式未考虑剪力墙竖向分布钢筋对于斜截面受剪承载力的贡献，在剪力墙配置较高配筋率的竖向筋时计算结果偏保守。

（6）混凝土受拉构件的破坏始于钢筋的屈服，破坏形态是典型的延性破坏，可按其性能水准采用相应的抗震构造。轴拉力的存在避免了试件承受剪力时发生脆性的斜压和剪压破坏，改善了剪力墙的延性。

（7）偏拉钢筋混凝土构件混凝土开裂、钢筋屈服后，其侧向刚度、轴向受拉刚度明显下降，所分配的拉力、水平剪力明显减少。为简化设计，可偏安全地按弹性计算分配的拉力、剪力进行构件截面承载力计算，必要时采用弹塑性方法进行内力分析，此时可考虑小偏心受拉剪力墙刚度退化对其他结构的影响。考虑到弹塑性方法分析时地震动输入的不确定性，也可视具体情况对其他剪力墙做适当的加强。

（8）中震作用下小偏心受拉构件是否需要配置型钢可根据具体受力情况由设计人员确定，配置普通钢筋可满足要求时则配普通钢筋，需要配置型钢时则配置型钢。不控制混凝土的名义拉应力。

（9）在往复荷载作用下构件承受较大压力（压应变大于 0.003）时，应扣除保护层厚度校核其平面外稳定承载力。

（10）轴拉力的存在会显著降低墙体的受剪承载力和侧向刚度，轴拉力越大，受剪承载力下降越多，侧向刚度退化也越明显。

（11）提高剪力墙中的竖向钢筋配筋率可以提高偏心受拉剪力墙的斜截面受剪承载力，延缓剪力墙在受到水平荷载作用时的侧向刚度退化。

8　全框支剪力墙结构的抗震安全性

8.1　全框支剪力墙结构的社会需求

全框支剪力墙结构指转换层及以下为框架及框支框架，转换层以上为剪力墙、框架-剪力墙或框架-筒体结构的带转换层的结构。随着社会经济的快速发展，广州、深圳等地的土地资源日渐紧张。城市中轨道交通的机车维修段为单层建筑，占地面积大，土地利用效率低。利用机车维修段上盖修建住宅等民用建筑对节省土地资源意义重大。

机车维修段有工艺要求，垂直轨道方向不能设置落地剪力墙，因而全框支剪力墙结构便应运而生。

8.2　全框支剪力墙结构的设计原则

由于曾有"上刚下柔、上强下弱"的"鸡腿建筑"在地震中破坏、倒塌，故全框支剪力墙结构的抗震安全性备受质疑。然而，全框支剪力墙结构与地震中破坏严重的"鸡腿建筑"不同，因为全框支剪力墙结构的框支柱截面较大，有较高的受剪承载力和压弯承载力，除竖向荷载外，有能力承担建筑物全部的地震剪力、轴力和弯矩，可以做到"上弱下强"。总结近年来广州市一些工程实例，框支柱的截面尺寸有达 2000mm×2000mm 者，甚至更大。试将柱切成 8 片，就是 8 片 250mm 厚的剪力墙。至于"上刚下柔"，结构底部的刚度小一些，但只要承载力满足要求，对结构抗震可能更有利。如隔震结构，就是"上刚下柔"，人为设置一个刚度很小的软层，将结构的整体侧向刚度变得很小，基本周期加长，远离设计谱的平台段，从而减小地震作用。框支框架只要受剪承载力、考虑重力二阶效应的压弯承载力足够，满足合理的屈服机制，即上部剪力墙先于下部框支框架屈服，结构即可行。广东省新《高规》规定框支框架的抗震性能目标较上部剪力墙提高一个等级，如转换层以上结构的抗震性能目标为 C（D）级，则转换层及以下框架、框支框架为 B（C）级。此规定是保证预先设定的结构屈服机制得以实现的条件之一。按设防烈度地震进行承载力计算，以弹塑性时程分析评估罕遇地震作用下的结构性能，可去除多遇地震设计由于计算地震作用太小而设定的各种限制，如受剪承载力比、上下层刚度比等。底部框架和框支框架可提高抗震设防性能目标，降低承载力利用系数，设置更高的安全度，采取更严格的抗震构造措施来控制、实现预设的屈服机制，首先是剪力墙连梁屈服，其次是剪力墙底部加强区竖向钢筋受拉屈服。一旦框支层以上连梁、剪力墙屈服，地震作用就不再增大，可以实现预设的屈服机制。框支框架除竖向荷载外，还承担大部分风荷载、地震作用引起的轴力、剪力和弯矩，故截面尺寸不应太小，规定柱截面尺寸不小于 1.4m×1.4m，待积累更多工程经验再予以改进。除加强底部框支框架的承载力外，还要求进一步严格抗震构造措施：7 度（0.15g）、8 度抗震设防时按特一级构造；竖向钢筋配筋率边柱、中柱不小于 1.4%，角柱不小于 1.6%；体积配箍率不小于 1.6%；7 度（0.1g）及以下抗震设防区按一级构造；竖向钢筋配筋率边柱、中柱不小于 1.2%，角柱不小于 1.4%；体积配箍率不小于 1.4%。

同济大学土木工程防灾国家重点实验室 2021 年 4 月 20—21 日完成了广州市轨道交通 11 号线赤沙车辆段全框支剪力墙结构模型模拟地震振动台试验。模型缩尺比例为 1：10，模型高 16.15m。抗震设防烈度 7 度（0.1g），按动力相似关系，加速度相似常数为 3，则振动台 7 度设防地震输入 0.3g，罕遇地震 0.6g，8 度罕遇地震 1.2g，加载至 1.5g 已超 8 度罕遇地震，也达到了振动台的最大加载能力。试验模型经历了 7 度多遇、设防、罕遇地震及 8 度、超 8 度罕遇地震，框支柱、转换厚板完好，转换层以上剪力墙部分墙肢端部出现水平裂缝，较多连梁开裂。从最后的白噪声激励得到的基本频率看，结构刚度下降超过 70%，表明地震剪力已不随地震加速度的增加而增加，看不到全框支框架的损坏。试验表明，合理设计的全框支厚板转换剪力墙结构安全可靠。在对底部框支框架和框架采取一系列承载力和抗震构造的加强后，可确保全框支剪力墙结构的抗震安全性。

9　重力柱-核心筒结构的抗震安全性

9.1　重力柱-核心筒结构的优点

重力柱-核心筒是指由承担竖向荷载的重力柱和核心筒组成的结构，楼面梁与重力柱、核心筒铰接，重力柱主要承受重力荷载，水平力及其产生的剪力（包括扭转产生的剪力）、倾覆弯矩由核心筒承担。该结构有如下优点。①理论上柱仅承受轴力，不承受弯矩、剪力，材料得以利用充分。②梁端不承受、不传递弯矩，无须为满足延性需求而加大梁端部钢板的厚度。③整个楼面可考虑混凝土楼板对刚度、承载力的贡献，楼面梁按组合梁设计，没有负弯矩区，无须验算裂缝宽度，简化了设计。④梁柱节点构造简单。⑤现场焊接工作量和焊缝检测工作量大幅减少。⑥施工速度快。

9.2　重力柱-核心筒结构的设计原则

采用重力柱-核心筒结构体系有两个前提：①确保核心筒能够承担全部的风荷载和地震作用，有足够的承载力、刚度和必要的延性。②保证楼盖的面内刚度和受弯、受剪承载力，使核心筒可以通过楼盖系统维持外围重力柱的稳定。

一般的框架-核心筒结构中，相对于核心筒，框架的侧向刚度很小，承担的水平荷载也小。大量的工程实例表明，框架承担的基底剪力通常仅为百分之几到百分之十几，框架要起到"二道防线"的作用，则核心筒已破损严重，刚度退化明显。而让核心筒承担全部水平荷载作用，对某些核心筒高宽比不太大、建筑使用功能可以配合的建筑，通过合理的设计，往往可以做到。

冗余度多的结构对抗震有利。强震作用下，核心筒的连梁首先屈服，可视为第一道防线。核心筒剪力墙底部加强区边缘约束构件或筒体受拉翼缘钢筋的受拉屈服，可视为二道防线。有些结构由于自身的特点，仅设有一道防线，也可以提高结构本身安全度储备来确保其抗震安全性。如结构中的悬臂梁、大跨度桥梁的桥墩、悬索桥的悬索、悬挂结构的拉杆等。

9.3　模拟地震振动台试验和工程应用实例

　　文献［19］中的模拟地震振动台试验以广西南宁 308m 高的九洲国际金融中心为原型，将外框架改为排架，成为重力柱-核心筒结构，按 7 度抗震设防，在 8 度罕遇地震作用下结构最大层间位移角达到 1/27 而未倒塌。林同炎先生 1963 年设计的马那瓜美洲银行大厦，高 61m，采用钢筋混凝土板-柱-核心筒结构，外围柱主要承受竖向荷载引起的轴力，全部水平力由核心筒承担。在 1972 年 12 月 23 日的马那瓜 6.5 级地震中，承受了约 6 倍设计地震作用而未严重损坏，抗震性能良好[20]。理论分析、试验和工程实例均表明，合理设计的重力柱-核心筒结构可以保证结构的抗震安全性，是可行的。

10　区分平面不规则、竖向不规则的目的及扭转位移比分析

10.1　区分规则和不规则结构的主要目的

　　我国《抗规》中关于规则结构和不规则结构的划分及指标参考了美国相关规范。故有必要考究美国规范区分结构平面和竖向不规则的目的。

　　美国学者、工程师塔拉纳特（Taranath）对此做了很好的说明："在使用静力方法之前，必须证实结构是规则的，在平面及竖向布置上，或在其抗侧力体系中均没有大的不连续性。UBC 规范中的静力方法是基于单个振型反应，其荷载沿高度分布是近似的，考虑了高阶振型影响做了修正。这种简化适合于简单规则结构，该方法未考虑复杂结构的全部抗震性能。因此，对于具不规则几何性质的结构，需要采用动力分析。因为动力分析得到的地震反应分布更符合结构实际的质量和刚度分布。如果结构具有表 3.3、表 3.4 和图 3.16 中给出的任何特性，则可认为它是不规则的。根据 UBC 规范，那些未列入可以采用静力分析方法的结构都需采用动力方法。它们包括：高度超过 240ft（73.15m）的高层建筑，要确定高阶振型对内力分布和变形的影响；不规则结构（表 3.3、表 3.4 和图 3.16），因为所提到的不规则性不符合等效静力分析的假定；基本周期超过 0.7s，位于场地剖面类型 S4 的规则或不规则结构。因为在 1985 年墨西哥城地震时观察到，在 S4 类型场地上建造的结构由于共振而遭到严重破坏，人们对此有担心。"[7]

　　单自由度的静力方法（基底剪力法）不能考虑扭转，要求结构沿竖向刚度、质量、承载力分布均匀，要求楼面面内不能有太大的变形，建筑不能太高。美国 UBC 规范中把满足平面和竖向规则性、高度较小、低烈度抗震设防区层数不多的建筑作为使用静力分析法（基底剪力法）进行地震反应分析的前提，如果不满足，则应采用动力分析方法[14]。

　　美国学者威尔逊（Wilson）指出："当实施三维动力分析时，不必区分规则结构与不规则结构。如果建立了一个精确的三维计算机模型，刚度和质量的垂直与水平的不规则性及已知的偏心率将会引起振型的位移和旋转分量进行耦合。基于这些耦合振型上的三维动力分析会产生较大的结构反应且远比一般结构反应更复杂，有可能以规则结构相同的精确度和可靠度对一个非常不规则的结构预测动态力的分布。因此，如果一个不规则的结构设计是基于一个实际的动态力分布，那么在逻辑上就没有理由认为它将会比使用相同的动态荷载设计的规则结构具有任何更低的抗震能力。资料记载表明，许多不规则的结构在地震

期间显示了较差的性能，这是因为它们的设计通常是基于近似二维静力分析的。"[21]

我国《抗规》中关于结构平面、竖向不规则主要类型的划分（表3.4.3及条文说明中的图1~图6）源于UBC规范（上述表3.3、表3.4和图3.16），也规定了不规则结构应采用空间结构计算模型，还要求进行内力调整和构造加强[10]。除此之外，《超限高层建筑工程抗震设防专项审查技术要点》中规定，当不规则项不少于三项时，需要进行"超限"审查，即认为不规则结构超出规范的适用范围，需要进行额外的审查；美国UBC规范中则认为不规则结构不能采用简化的静力分析方法（基底剪力法）计算，而应采用动力分析方法，并不超出规范的适用范围。

10.2 扭转位移比不是衡量结构扭转效应大小的指标

在众多的不规则项中，大部分建筑结构较难满足的是"考虑5%偶然偏心的扭转位移比不大于1.2"。美国规范UBC 1997将其作为是否需要进行扭转耦连计算的判据，我国规范[10-11]则进一步将其作为衡量结构扭转效应大小的指标。

扭转位移比能作为衡量结构扭转效应大小的指标吗？答案是否定的。下面给出简单直白的说明。

扭转位移比的表达式为：

$$\alpha = \frac{\delta_{max}}{\dfrac{\delta_{max} + \delta_{min}}{2}} = \frac{\delta_{max}}{\bar{\delta}} \tag{10-1}$$

式中：δ_{max}、δ_{min}、$\bar{\delta}$——分别为考虑偶然偏心的规定水平力作用下楼层竖向构件的最大、最小和平均水平位移。

可见当平均位移很小时，α可能很大。当平均位移趋于0时，扭转位移比α趋于无穷大。

假定楼层平动位移为δ，扭转角为θ，楼层最大、最小位移点至转动中心的距离为r_1、r_2，则：

$$\delta_{max} = \delta + \theta r_1 \tag{10-2}$$

$$\delta_{min} = \delta - \theta r_2 \tag{10-3}$$

$$\bar{\delta} = \frac{\delta_{max} + \delta_{min}}{2} = \frac{2\delta + \theta(r_1 - r_2)}{2} = \delta + \frac{\theta(r_1 - r_2)}{2} \tag{10-4}$$

$$\alpha = \frac{\delta + \theta r_1}{\delta + \dfrac{\theta(r_1 - r_2)}{2}} \tag{10-5}$$

当$r_1 = r_2 = r$时，有：

$$\alpha = 1 + \frac{\theta r}{\delta} \tag{10-6}$$

式（10-6）表明，当平动位移一定、楼层扭转角一定，即偏心惯性力确定，结构的平动刚度和扭转刚度确定，距离转动中心越远，扭转位移比越大。扭转位移比表达了结构扭转位移与平动位移的相对关系，也间接表达了扭转刚度与平动刚度的相对关系，并不反映结构扭转刚度的大小。扭转刚度具有明确的定义，即产生单位扭转角所需的力矩。结构扭转效应的大小以扭矩和扭转角表达，与结构的扭转刚度相关，与结构的平动刚度无关，因而与扭转位移比无关，扭转位移比不能衡量结构扭转效应的大小。由式（10-6）可知，如

扭转位移比 $\alpha = 1.2$，则 $\dfrac{\theta r}{\delta} = 0.2$；假定 θ 不变，r 不变，平动位移是原来的 0.1 倍，则扭转位移比 $\alpha = 1 + \dfrac{\theta r}{0.1\delta} = 1 + \dfrac{0.2}{0.1} = 3$，但结构的扭矩、扭转角并无改变，楼层竖向构件最大位移 $\delta_{max} = 0.1\delta + \theta r < \delta + \theta r$，位移更小且扭矩在结构中产生的附加剪力不变。显然，不能由扭转位移比达到 3 而判定结构的扭转偏大，因为结构的扭矩、扭转角不变，而楼层竖向构件的最大位移更小。

扭矩在结构抗侧力构件中引起大小相等、方向相反的附加剪力偶，只要构件的承载力可以抵抗叠加扭转效应的地震组合效应，结构就是安全的。

10.3 工程实例

以位于汶川县城威州镇的四川阿坝师专美术楼为例（图 10-1）。该建筑为 4 层钢筋混凝土框架结构，7 度设防，1992 年建成使用。距 2008 年汶川地震震中映秀镇 46km，实际地震烈度约 8.5 度。建筑物 Y 向扭转位移比为 1.87。汶川地震中建筑物损坏情况包括：出屋面钟楼垮塌，斜向移位约 0.6m；部分室内框架填充墙交叉斜裂；局部装饰外墙垮塌。其主体结构完好，所有钢筋混凝土框架梁、柱均没有肉眼可见的裂缝。

尽管建筑物 Y 向的扭转位移比达 1.87，但进一步分析表明，偶然偏心引起的框架柱附加剪力很小，最大仅为不考虑 5% 偶然偏心的柱剪力的 7%。这就解释了实际上扭转效应并不严重。某些地方的某些超限审查专家依据《超限高层建筑工程抗震设防专项审查技术要点》，可能会判定这个简单的结构有多项不规则：扭转不规则、凹凸不规则、竖向收进、竖向构件不连续，可能还有一项超限，即单跨框架，应属特别不规则结构。然而，经历了汶川地震，除设计不当的出屋面钟楼垮塌之外，主体结构几乎没有损伤，证明了规范所定义的不规则结构在强烈地震中同样可以表现良好。

国际上大多数主流抗震规范以考虑 5% 偶然偏心的方法来保证结构必要的扭转承载力，这是简单、明了且有效的方法。如果需要进一步控制结构的扭转效应，则如上述分析可知，扭转位移比并不是衡量结构扭转效应大小的指标。广东省新《高规》保留将扭转位移比 1.2 作为计算中是否考虑扭转耦连效应的判据，拟依据广东省超限高层建筑抗震设防审查专家委员会"东莞会议纪要"，放宽扭转位移比作为超限项的条件，以减少不必要的审查。至于扭转效应的控制，拟增加楼层的层间相对扭转角的限制，以此来控制结构的扭转变形。控制楼层的层间相对扭转角，而不控制扭转位移比，力学概念更为清晰。

11 结语

广东省新《高规》在原规程的基础上进行了以下多方面的改进。

（1）广东省新《高规》遵照《建设工程抗震管理条例》（国务院令第 744 号）的规定，依据《地震动区划图》《设防分类标准》和《抗规》确定抗震设防标准，所采用的基于性能水准和设防烈度地震（中震）的抗震设计方法与现行国家标准《抗规》、行业标准《高规》中的小震设计方法不同，也与美国、欧洲等主流国家的设计方法不同，是结构抗震设计方法的创新。正如广东省新《高规》（送审稿）审查专家委员会的评价："《规程》总结

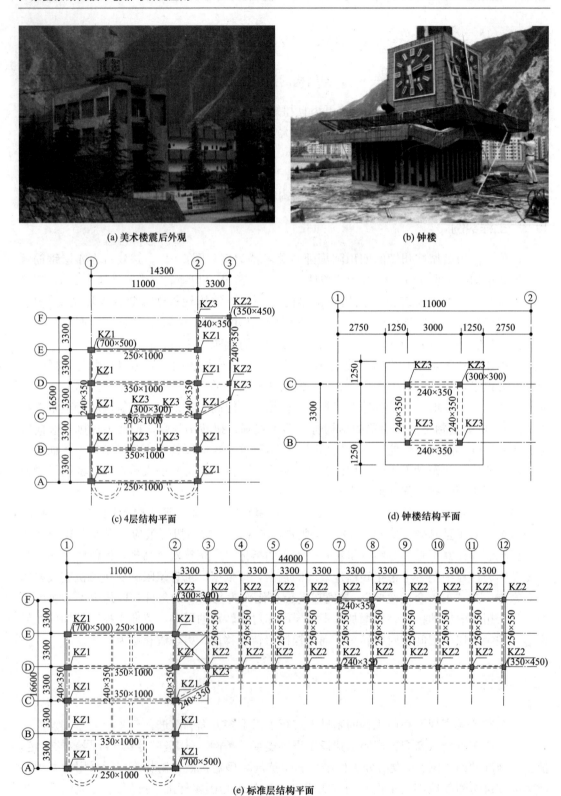

(a) 美术楼震后外观

(b) 钟楼

(c) 4层结构平面

(d) 钟楼结构平面

(e) 标准层结构平面

图 10-1 阿坝师专美术楼

了国内外高层建筑混凝土结构的研究成果和工程实践经验，符合国家技术经济政策，技术内容科学合理，实用性和可操作性强。总体达到国际先进水平。"

（2）采用"二阶段、二水准"的性能设计方法。不同的建筑有不同的规模，不同的价值，不同的重要性，不同的震后维修或重建的费用。因而，应允许业主和设计人员对结构抗震设计有不同的性能要求和目标。采用设防烈度地震作用验算结构构件的抗震承载力，避免了多遇地震设计的一系列缺点，也方便安全度的调整，以可计算验证的方式保证"小震不坏、中震可修""中震不坏、大震可修"等目标的实现。

（3）采用改进后的抗震设计谱，避免了原规程抗震设计谱长周期段的缺陷。部分中、短周期结构的谱值较原来增大；长周期段的谱值则减小较多。但算例分析表明，由改进后抗震设计谱计算得到的结构地震剪力与原设计谱相近或略大。其主要原因是长周期结构的高阶振型分布于中、短周期段，改进后设计谱考虑了场地类别的影响（场地影响系数不同）、增大了 T_g 值，较充分地考虑了长周期结构高阶振型的贡献。设计谱经 5 万多条实际地震动记录的校核，证明其可信、可靠。因此，与原来有缺陷的设计谱相比，不论计算地震效应计算结果较原设计谱略大还是略小，都是合理的。

（4）结构最大层间位移角与结构构件的混凝土是否开裂无关。控制层间位移角的主要目的在于避免非结构构件如玻璃幕墙、内隔墙等因结构过大的变形而损坏。因此，层间位移角限值无须区分结构类型。根据实际工程经验，参考欧洲、日本、美国规范以及我国香港地区规范的做法，修改地震作用下层间位移角限值，风荷载作用则仅控制结构的顶点位移。

（5）偏心受拉钢筋混凝土构件混凝土开裂、钢筋屈服后，其侧向刚度、轴向受拉刚度明显下降，但拉力的存在避免了试件承受剪力时发生脆性的斜压和剪压破坏，改善了剪力墙的延性。在对偏心受拉剪力墙试验研究的基础上，提出了偏心受拉剪力墙的设计方法和构造要求。

（6）将柱轴压比限值仅作为竖向荷载作用下的混凝土允许压应力的控制，与剪力墙轴压比的定义一致，可避免长期荷载作用下框架边柱的压应力小、中柱的压应力大而引起的徐变变形差，也可避免某些柱截面偏大而又构造配筋，成为短柱，延性反而较差。

（7）罕遇地震作用下结构能否满足预设的性能目标需要用合适的弹塑性分析方法来证明。比较了弹塑性分析的两种基本方法——静力推覆法和动力时程法的优缺点，扩大了静力推覆法的应用范围。算例分析表明，满足设防烈度地震性能水准时往往可以满足罕遇地震性能水准。为简化设计，规定 6 度、7 度低烈度设防区，150m 以下，较简单、规则的丙类建筑结构，可不进行罕遇地震作用下的弹塑性计算。

（8）广州、深圳等一线城市的土地资源日益紧张。城市中轨道交通的机车维修段为单层建筑，占地面积大，土地利用效率低。全框支剪力墙结构对利用机车维修段上盖修建住宅等民用建筑，对节省土地资源意义重大。提出全框支剪力墙结构的设计原则为，下部框架和框支框架的抗震性能目标较上部剪力墙提高一个等级，框支框架只要受剪承载力、考虑重力二阶效应的压弯承载力足够，满足合理的屈服机制，上部剪力墙先于下部框支框架屈服，即可保证结构的抗震安全性。按设防烈度地震进行承载力计算，以弹塑性分析验证罕遇地震作用下的结构性能，可去除多遇地震设计由于计算地震作用太小而设定的各种限制，如受剪承载力比、上下层刚度比等。

（9）重力柱-核心筒结构受力明确，在充分利用材料、加快施工速度方面有独特的优势。确保核心筒能够承担全部的风荷载和地震作用，有足够的承载力、刚度和必要延性；保证楼面的面内刚度和受弯、受剪承载力，使核心筒可以通过楼盖系统维持外围重力柱的稳定是确保抗震安全性的基本设计原则。

（10）计算机结构分析技术的发展、进步使设计人员有可能捕捉不规则、复杂结构的地震动惯性力分布及其反应，在此基础上的合理设计可以保证此类结构的抗震安全性。有必要总结经验，清理不正确、过时的抗震设计概念，避免或减少不必要的超限审查，为结构设计和创新营造更好的环境。

参考文献

[1] 方小丹. DBJ/T 15-92-2021《高层建筑混凝土结构技术规程》的修订依据及相关问题说明 [J]. 建筑结构学报，2021，42（9）：175-191.

[2] American Society of Civil Engineers. Minimum design loads for buildings and other structures：ASCE 7-2010 [S]. Reston，Virginia：Structural Engineering Institute，2010.

[3] European Committee for Standardization. Eurocode 8：Design of structures for earthquake resistance：BS EN 1998-1：2004 [S]. Brussels，Belgium：CEN Technical Committee for Standardization，2004.

[4] Australian Building Codes Board. Building code of Australia：BCA-2015 [S]. Canberra，Building Codes Committee，2015.

[5] SHIYAMA Y. Introduction to earthquake engineering and seismic codes in the world [R]. Hokkaido：Hokkaido University，2011.

[6] 建筑工程抗震性态设计通则：CECS 160：2004 [S]. 北京：中国计划出版社，2004.

[7] 本格尼·S·塔拉纳特：高层建筑钢-混凝土组合结构设计 [M]. 罗福午，方鄂华，王娴明，等，译. 北京：中国建筑工业出版社，1999.

[8] 周靖，方小丹，毛威. 长周期抗震设计反应谱衰减指数与阻尼修正系数研究 [J]. 建筑结构学报，2017，38（1）：62-75.

[9] 罗开海，王亚勇. 中美欧抗震设计规范地震动参数换算关系的研究 [J]. 建筑结构，2006，36（8）：103-107.

[10] 住房和城乡建设部. 建筑抗震设计规范：GB 50011-2010（2016 年版）[S]. 北京：中国建筑工业出版社，2016.

[11] 住房和城乡建设部. 高层建筑混凝土结构技术规程：JGJ 3-2010 [S]. 北京：中国建筑工业出版社，2010.

[12] 王晶，刘文峰，吕静. 钢筋混凝土剪力墙位移角统计分析 [J]. 工程抗震与加固改造 2012，34（3）：16-21.

[13] 魏琏，龚兆吉，孙慧中，等. 地王大厦结构设计若干问题 [J]. 建筑结构，2000，30（6）：31-36.

[14] International Core Council Uniform Building Code 1997 [S]. California：International Conference of Building Officials，1997（2）：1629-1631.

[15] NEHRP Recommended Provisions for seismic regulations for new buildings and other structures：FEMA 450 [R] Washington D. C. ：Building Seismic Safety Council，National Institute of Building Sciences，2003，1：97-98.

[16] Hong Kong Buildings Department. Code of Practice for Structural Use of Concrete [S]. Hong

Kong，2013.

[17]　周靖，方小丹，曾繁良. 超高层钢管混凝土重力柱-混凝土核心筒结构振动台试验研究［J］. 建筑结构学报. 2020，41（1）：1-13.

[18]　任重翠，肖从真，徐培福. 钢筋混凝土剪力墙拉剪性能试验研究［J］. 土木工程学报，2018（4）：20-33.

[19]　姚正钦，方小丹，韦宏. 偏心受拉钢筋混凝土剪力墙受剪性能试验研究［J］. 建筑结构学报，2020，40（4）：74-84.

[20]　林同炎，S. D. 斯多台斯伯利. 结构概念和体系［M］. 高立人，方鄂华，钱稼茹，等，译. 2 版. 北京：中国建筑工业出版社，1999：263.

[21]　爱德华·L·威尔逊. 结构静力与动力分析——强调地震工程学的物理方法［M］. 北京金土木软件技术有限公司，中国建筑标准设计研究院，译. 北京：中国建筑工业出版社，2006：180.

附录6　广东省标准《高层建筑混凝土结构技术规程》DBJ/T 15-92-2021 局部修订建议

王松帆

（广州市设计院集团有限公司）

【摘要】　2021 年 1 月 8 日，广东省住房和城乡建设厅批准发布经专家委员会审查通过的广东省标准《高层建筑混凝土结构技术规程》DBJ/T 15-92-2021，并于 2021 年 6 月 1 日起实施。之后住房和城乡建设部陆续批准并实施了《工程结构通用规范》GB 55001-2021、《建筑与市政工程抗震通用规范》GB 55002-2021、《混凝土结构通用规范》GB 55008-2021 等强制性工程建设规范。为全面落实通用规范，更好地执行 2021 年 7 月 19 日国务院颁布的《建设工程抗震管理条例》（国务院令第 744 号），本文对广东省标准《高层建筑混凝土结构技术规程》DBJ/T 15-92-2021 提出局部修订建议。

【关键词】　通用规范；广东省标准《高层建筑混凝土结构技术规程》；设计反应谱；抗震验算

1　前言

在总结广东省的设计经验与工程实践，参考国内、国际相关标准的内容，开展多项专题研究的基础上，在广东省范围内广泛征求建设行政主管部门以及设计、施工、科研和教学单位的意见，形成广东省标准《高层建筑混凝土结构技术规程》DBJ/T 15-92-2021[1]（以下简称"广东《高规》"）。广东《高规》采用设防地震进行构件的抗震承载力验算，修改了抗震设计反应谱等。广东《高规》颁布实施后，住房和城乡建设部陆续批准并实施了《工程结构通用规范》GB 55001-2021（以下简称《工通规》）、《建筑与市政工程抗震通用规范》GB 55002-2021（以下简称《抗震通规》）、《混凝土结构通用规范》GB 55008-2021（以下简称《混通规》）等强制性工程建设规范，国务院也发布了新的《建设工程抗震管理条例》（国务院令第 744 号）。为与这些新的规范、条例相协调，提出广东《高规》局部修订建议。

2　抗震设计反应谱修订

华南理工大学建筑设计研究院根据 6495 条实际地震记录进行了研究，其结果经华南理工大学土木系 49081 条实际地震记录校核。在此基础上，广东《高规》给出了考虑场地效应，采用拟加速度谱标定的抗震设计反应谱：按不同的场地类别给出反应谱水平地震影响系数最大值 α_{max}。《抗震通规》第 4.2.2 条给出了相当于Ⅱ类场地类别的水平地震影响系数最大值，且要求各类建筑与市政工程的水平地震影响系数最大值不应小于该数值。对比可发现，广东《高规》中Ⅰ类场地类别的水平地震影响系数最大值低于《抗震通规》第

4.2.2条的要求。因此建议将广东《高规》Ⅰ类、Ⅱ类场地的水平地震影响系数最大值统一为Ⅱ类场地数值，以符合《抗震通规》的规定。

3　楼面活荷载及重力荷载代表值分项系数取值修订

广东《高规》第4.1.1条明确建筑楼面活荷载应按现行国家标准《建筑结构荷载规范》GB 50009或广东省标准《建筑结构荷载规范》DBJ 15-101的有关规定采用。《工通规》对于部分使用功能的楼面活荷载有新的要求。因此建议广东《高规》第4.1.1修订为建筑楼面活荷载应按现行国家标准《建筑结构荷载规范》GB 50009-2012或广东省标准《建筑结构荷载规范》DBJ 15-101及《工通规》的有关规定采用。

根据《抗震通规》第4.3.2条的规定，框架柱和剪力墙轴压比计算时，重力荷载代表值作用下轴力设计值取 $N = 1.3S_{GE}$。

4　多遇地震作用下结构位移及构件的截面抗震承载力验算修订

多遇地震作用下高层建筑混凝土结构位移及构件的截面抗震承载力验算是《抗震通规》的重要内容。《抗震通规》相关规定主要与基于多遇地震的抗震设计方法相匹配，同时在总则第1.0.3条指出"创新性的技术方法和措施，应进行论证并符合本规范中有关性能的要求"。广东《高规》创新性地采用基于设防地震抗震设计方法，经专家委员会审查通过。逻辑上广东《高规》符合《抗震通规》第1.0.3条相关要求。

针对目前广东《高规》实施时间不长，加之设计方法与传统方法有较大差异，部分设计人员仍然想获知结构在多遇地震作用下抗震性能这一客观事实，建议在条文说明中增加相关内容。即有需要时可按《抗震通规》第4.3.2条进行多遇地震作用下结构构件的截面抗震承载力验算。由于这仅是对多遇地震作用下结构构件的截面抗震承载力进行验算，因此组合内力值不考虑与抗震等级相关的内力调整，地震作用需符合《抗震通规》第4.2.3条的规定；同时，根据工程实践，适当放松多遇地震作用下结构楼层层间弹性位移角限值，不宜大于1/450。

5　抗震构造等级修订

《抗震通规》根据抗震设防分类、设防烈度、结构类型及房屋高度不同，对结构构件采用不同的抗震等级，根据确定的抗震等级，在验算多遇地震作用下的构件抗震承载力时进行内力调整，且采取抗震构造措施，以保证结构在中震、大震作用下实现抗震设防目标。广东《高规》采用中震设计，构件在设防地震作用下的抗震承载力直接通过强度验算得以满足。《抗震通规》根据抗震等级对构件多遇地震作用下相关内力进行调整以实现强柱弱梁、强剪弱弯等抗震概念，广东《高规》通过在构件抗震承载力验算公式中的构件重要性系数，以及压、剪、弯、拉承载力利用系数取值不同来实现同样目的。因此广东《高规》不需依据构件抗震等级对内力进行调整，仅定义抗震构造等级即可。广东《高规》关于结构构件的抗震构造等级是根据抗震设防分类及设防烈度确定的，大部分情况不低于相应结构按照《抗震通规》确定的抗震等级，但也存在低于的情况。为与《抗震通规》协调，建议将广东《高规》第3.10.3条中抗震构造等级低于《抗震通规》第5.2节、第5.3节和第5.4节规定的结构构件抗震等级的结构构件抗震构造等级提高至与《抗震通规》等级一致。当建筑高度超过《抗震通规》第5.2节、第5.3节和第5.4节的规定时，可根据建筑结构受力的具体情况，采取针对性的抗震加强措施。

6 其他一些具体细节的修订

对广东《高规》与《混通规》不协调的部分条款做如下修订：

（1）广东《高规》第6.4.1条，四级抗震设计，矩形截面柱的短边边长改为不应小于300mm、圆形截面柱的直径改为不应小于350mm。

（2）带加强层结构尚应满足《混通规》第4.4.12条的规定，连体结构尚应满足《混通规》第4.4.14条的规定，错层处平面外受力的剪力墙水平和竖向分布钢筋的配筋率不应小于0.5%等。

（3）《工通规》《抗震通规》等通过对分项系数的调整，进一步提高结构抗震安全性。因此，广东《高规》也宜相应修订以适应结构抗震安全性的提高。同时，针对转换构件等受力复杂的重要结构构件，为达到与行业标准《高层建筑混凝土结构技术规程》JGJ 3-2010相当的抗震安全性，根据对比试算，建议重要性系数取1.3~1.5。

7 实施《建设工程抗震管理条例》第十六条相关建议

《建设工程抗震管理条例》第十六条规定：位于高烈度设防地区、地震重点监视防御区的新建学校、幼儿园、医院、养老机构、儿童福利机构、应急指挥中心、应急避难场所、广播电视等建筑应保证发生本区域设防地震时能够满足正常使用要求。为更好地执行该条例，建议广东《高规》明确相应的具体抗震性能目标。

满足正常使用要求，意味着设防地震作用下结构构件的承载力、结构变形等应处在较完好的程度，不应发生较明显的塑性变形。设防地震作用下结构构件的截面抗震承载力，可采用广东《高规》抗震性能水准2，水平耗能构件重要性系数可取0.7；罕遇地震作用下抗震性能水准相应地取3，即相当于采用B级抗震性能目标；结构层间位移角限值可取1/300。

8 结语

结合现行通用规范及《建设工程抗震管理条例》，对广东《高规》提出了局部修订具体建议，以实现广东《高规》满足上位法要求的目的。

参考文献

[1] 广东省住房和城乡建设厅. 高层建筑混凝土结构技术规程：DBJ/T 15-92-2021 [S]. 北京：中国城市出版社，2021.

附录7 广东省标准与《建筑抗震设计规范》反应谱的对比及长周期结构影响分析

徐平辉，倪取佳

（广州宝贤华瀚建筑工程设计有限公司）

【摘要】 对广东省标准《高层建筑混凝土结构技术规程》DBJ/T 15-92-2021[1]（简称"广东《高规》"）、《建筑工程混凝土结构抗震性能设计规程》DBJ/T 15-151-2019[2]（简称《性能规程》）及国家标准《建筑抗震设计规范》GB 50011-2010[3]（简称《抗规》）三本规范抗震设计反应谱的标定方式、反应谱曲线及主要控制参数进行了对比，阐述了三者之间的异同，其中谱值差异最大的是位移段。通过不同算例的对比分析指出，《抗规》反应谱位移段谱值整体抬高是长周期结构低阶振型的谱值及低阶振型对基底剪力的贡献均与广东《高规》差异巨大的根本原因，亦是两者楼层剪力分布形态、倾覆弯矩均差异大的主要原因。基于对比结果探讨了相对《抗规》整体抬高反应谱位移段谱值（辅助小震最小剪力系数规定）的处理方式，广东《高规》中震最小剪力系数规定及楼层剪力的调整方式或与《抗规》避免长周期结构计算剪力过小的出发点更吻合。

【关键词】 抗震设计反应谱；反应谱曲线；位移段；低阶振型；楼层剪力分布

1 引言

以不同的单质点周期（或自振频率）为横坐标、反应最大值为纵坐标绘制的曲线即为反应谱的曲线，故反应谱表征了地面运动的时间过程作用于单自由度弹性体系的最大反应（加速度、速度和位移）随体系的自振特性（周期、阻尼比）变化的函数关系曲线[4]。我国规范采用的抗震设计反应谱，与世界大多数国家一样，在计算结构地震反应时主要采用基于力的设计方法，以加速度谱标定地震作用。加速度反应谱及与之相应的求解结构地震响应的振型分解反应谱法在我国各类结构的抗震设计中发挥着重大作用[5]。

广东《高规》和《性能规程》的抗震设计反应谱整体上较为一致，但相对《抗规》则差异较大，由此带来的计算差异，尤其是长周期结构的差异引起了广泛讨论。本文拟对三本规范反应谱的标定方式、反应谱曲线及主要控制参数进行对比，并着重分析不同反应谱对长周期结构带来的影响。

2 抗震设计反应谱规定对比

2.1 反应谱的标定

考虑黏滞阻尼的线性单自由度体系在地面运动加速度 $\ddot{u}_g(t)$ 作用下的力平衡方程为：

$$c\dot{u}(t)+ku(t)=-m[\ddot{u}(t)+\ddot{u}_g(t)] \tag{2-1}$$

$$f_D + f_S = -f_I \tag{2-2}$$

式中：c、k、m——分别为体系的阻尼系数、刚度和质量；

$u(t)$、$\dot{u}(t)$、$\ddot{u}(t)$——分别为体系的相对位移、相对速度和相对加速度；

f_I、f_D、f_S——分别为体系的惯性力、阻尼力和弹性恢复力。

因反应谱表征的是体系在地震动过程中的最大反应，将惯性力和弹性恢复力表达为反应谱的函数，则基于力的绝对加速度、伪加速度反应谱表达式分别为：

$$|f_I|_{max} = |f_D + f_S|_{max} = m |\ddot{u}(t) + \ddot{u}_g(t)|_{max} = m |S_a|_{max} \tag{2-3}$$

$$|f_s|_{max} = m\omega_n^2 |u(t)|_{max} = m |S_{pa}|_{max} \tag{2-4}$$

式中：S_a、S_{pa}——分别为体系的绝对加速度、伪加速度；

ω_n——体系的无阻尼自振圆频率，$\omega_n = \sqrt{k/m}$。

绝对加速度谱标定的地震作用是体系的最大惯性力$|f_I|_{max}$，伪加速度谱标定的则是相对位移最大时体系真实响应所受的弹性恢复力$|f_s|_{max}$。对有阻尼体系，两者不在地震动时程中的同一时刻出现且前者大于后者（前者包含了体系的阻尼力f_D）。同时，由式（2-4）可知，相对位移谱与伪加速度谱存在$1:\omega_n^2$的理论对应关系，两者可相互转换；而因为阻尼力的存在，相对位移谱与绝对加速度谱则不存在此对应关系，不可直接相互转换。

《抗规》采用绝对加速度谱标定抗震设计反应谱[6-9]，广东《高规》和《性能规程》均采用伪加速度谱（两本规范均定义为"拟加速度谱"）标定抗震设计反应谱，美国规范ASCE（2010年版）[10]、欧洲规范Eurocode 8（2004年版）[11]亦采用伪加速度谱。

根据结构动力学原理[12]，有阻尼体系的自振频率$\omega_D = \omega_n\sqrt{1-\xi^2}$。当阻尼比较小，如$\xi = 0.05$时，$\omega_D = 0.9987\omega_n$，体系接近无阻尼振动，惯性力和弹性恢复力数值上接近；当阻尼比较大，如$\xi = 0.4$时，$\omega_D = 0.9165\omega_n$，体系的动力特性改变，在相同地震动激励下的响应不同，阻尼力不可忽略。我国规范基于振型分解反应谱法求解的弹性内力对结构构件进行相应的配筋，所求内力为结构的弹性恢复力，故概念上应采用伪加速度谱，若以绝对加速度谱替代伪加速度谱（即以惯性力$|f_I|_{max}$替代恢复力$|f_s|_{max}$作为地震动荷载的等效静荷载作用于结构上），求解结构的内力将偏于保守，阻尼比较大时或过于保守。采用《抗规》的绝对加速度谱计算结构的内力时，应注意其小阻尼比的适用条件。

2.2 反应谱曲线

《抗规》反应谱曲线如图2-1(a)所示，广东《高规》和《性能规程》反应谱曲线如图2-1(b)所示。后者相对前者的差异如下：

（1）第一下降段（速度敏感段）与《抗规》相同，按T^{-1}衰减，但取消了衰减指数γ；第二下降段（位移敏感段）按T^{-2}衰减，曲线方程与《抗规》不同。

（2）曲线下降段拐点周期取$T_D = 3.5\text{s}$，与《抗规》取$T_D = 5T_g$不同。

（3）最长周期由《抗规》的6s延长至10s。

《抗规》第5.1.5条的条文说明指出，在$T \geqslant T_g$时，设计反应谱在理论上存在两个下降段，即速度控制段和位移控制段，在加速度反应谱中，前者衰减指数为1，后者衰减指

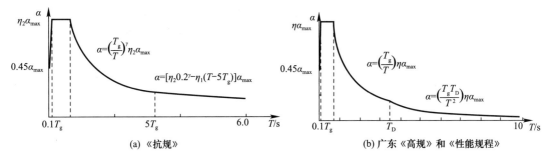

α—地震影响系数；α_{max}—地震影响系数最大值；T_g—特征周期；η、η_2—阻尼调整系数；
η_1—直线下降斜率调整系数；T—结构自振周期；T_D—曲线下降段拐点周期

图 2-1 反应谱曲线

数为 2[3]。鉴于早期采用的是模拟式强震仪，取得的模拟记录数字化后可靠周期通常不超过 3～4s，难以研究地震动的长周期特性[13]，同时，基于大量实际地震记录的反应谱统计并结合工程经验判断，对于基本周期大于 3s 的结构，地震地面运动速度和位移可能对长周期结构的破坏具有更大影响，而振型分解反应谱法尚无法对此作出估计，故《抗规》的位移段采用直线下降加以调整，人为提高了长周期段加速度反应谱值，并增加了对各楼层水平地震剪力最小值的要求[14-15]。

广东《高规》在日本 KiK-net 强震数据库中，选用 1996 年以来观测到的、具有详细台站地勘资料的浅源强震 6495 条水平向加速度数字化记录，这些地震动记录有长周期成分丰富、地震震级以及震中距跨度广等特点[9]。《性能规程》反应谱是基于世界各国和地区地震波库中的 23 万余条地震波，取其中具有明确场地特性的 49000 多条实际记录进行统计分析，并结合工程经验拟合的综合结果[2]。

广东《高规》和《性能规程》在《抗规》及国内外研究成果的基础上，基于更丰富的数字强震记录（其中大量富含长周期成分的地震动记录弥补了早期模拟记录数字化后可靠周期通常不超过 3～4s 的不足），遵循地震波的统计规律，经"平均化""平滑化"处理后，反应谱曲线第一下降段按 T^{-1} 衰减，第二下降段按 T^{-2} 衰减［美国规范 ASCE (2010 年版)[10]、欧洲规范 Eurocode 8（2004 年版)[11]的第一、第二下降段亦分别按 T^{-1}、T^{-2} 衰减］，并统一取曲线下降段拐点周期 T_D 为统计平均值（3.5s）。2000 年前后的研究已表明，对于高质量的数字强震记录，可以选择简单的基线校正代替滤波，其反应谱的可靠周期可达 10s 甚至是 20s[16-17]，广东《高规》和《性能规程》位移段的最长周期延长至 10s，基本可满足目前广东省内超高层的需求。

2.3 场地类别影响

广东《高规》地震影响系数最大值 α_{max} 考虑了场地类别的影响，计算式为：

$$\alpha_{max} = S_i \beta_{max} A / g \tag{2-5}$$

式中：S_i——场地影响系数，场地类别为 Ⅰ 类取 0.9，Ⅱ 类取 1.0，Ⅲ、Ⅳ 类取 1.1；

β_{max}——结构动力反应系数的最大值，取 2.25；

A——地震加速度最大值；

g——重力加速度。

Ⅰ类场地 $S_i=0.9$，反应谱曲线从 0.1s 开始，整体降低；Ⅲ类、Ⅳ类场地 S_i 大于 1，整体抬高。以 7 度（0.1g）、阻尼比 0.05、不同场地为例，反应谱曲线如图 2-2 所示。

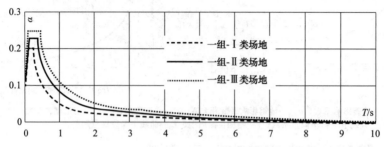

图 2-2　广东《高规》7 度（0.1g）、阻尼比 0.05 的不同场地反应谱曲线

《性能规程》相对广东《高规》进一步区分了Ⅲ类和Ⅳ类场地，其 $S_i\beta_{max}$ 的取值Ⅰ类、Ⅱ类、Ⅲ类、Ⅳ类分别为 2.00、2.25、2.50、2.75。《抗规》取 $\beta_{max}=2.25$，未区分场地类别，即所有场地均取 $S_i=1.0$。

不同场地结构的地震反应不同，一般的规律是软土场地大于硬土场地，广东《高规》和《性能规程》引入的场地影响系数 S_i 考虑了不同场地地震反应的差别。

《抗规》第 3.3.2 条、第 3.3.3 条从抗震构造措施即延性的角度考虑了场地类别差别，广东《高规》第 3.10.1 条、第 3.10.2 条作了类似规定。

2.4　特征周期 T_g 及曲线下降段拐点周期 T_D

广东《高规》第 4.3.9 条的条文说明中指出："研究表明：震中距、震级和场地类别是影响长周期地震动反应谱形态及拐点周期的主要因素。特征周期 T_g 和 T_D 随震中距和震级增大而增大，场地类别对 T_g 有显著影响。"[1]基于此，广东《高规》提高了设计抗震分组第二组、第三组的 T_g 值。《性能规程》场地特征周期 T_g 值的规定与广东《高规》同。

特征周期 T_g 的大小影响反应谱 $0.1\sim T_g$ 平台段和 $T_g\sim T_D$ 速度敏感段的宽窄，如图 2-2 所示。T_g 提高，平台段拉宽，被拉宽段的谱值增大。对处于第二组、第三组的长周期结构，其周期分布于平台被拉宽段的高阶振型地震力增大，故广东《高规》和《性能规程》长周期结构高阶振型的贡献相对高（考虑两者位移段谱值衰减更快、低阶振型谱值相对《抗规》更小的不同后则更高）。同时，综合前文对场地影响系数 S_i 的阐述，T_g 结合 S_i，广东《高规》和《性能规程》相对《抗规》可更充分地考虑远场长周期地震动的影响。

广东《高规》和《性能规程》反应谱的曲线下降段拐点周期 T_D 统一取统计平均值 3.5s，对 $T_g<0.7s$ 的场地，相对《抗规》更慢进入位移段，反之则更快。

2.5　阻尼调整系数 η

《抗规》、广东《高规》和《性能规程》阻尼调整系数 η（《抗规》以 η_2 表示）的计算式分别为式（2-6）、式（2-7）和式（2-8）。

$$\eta_2=1+(0.05-\xi)/(0.08+1.6\xi) \tag{2-6}$$

$$\eta = \begin{cases} 1+(0.05-\xi)/(0.1+1.2\xi) & 0.1\text{s} \leqslant T \leqslant 3.5\text{s} \\ 1+(0.05-\xi)/(0.1+1.45\xi) & 3.5\text{s} < T \leqslant 10.0\text{s} \end{cases} \quad (2\text{-}7)$$

$$\eta = \begin{cases} 1+(0.05-\xi)/(0.1+1.2\xi) & 0.1\text{s} \leqslant T \leqslant 3.5\text{s} \\ 1+\dfrac{0.05-\xi}{0.1+[1.2+1.25(T-3.5)]\xi} & 3.5\text{s} \leqslant T \leqslant 3.7\text{s} \\ 1+(0.05-\xi)/(0.1+1.45\xi) & 3.7\text{s} \leqslant T \leqslant 10.0\text{s} \end{cases} \quad (2\text{-}8)$$

式中：ξ——阻尼比；

T——结构自振周期。

《抗规》尚规定，当阻尼调整系数 η_2 计算值小于 0.55 时，应取 0.55。

广东《高规》通过单自由度（SDOF）结构体系的弹性动力分析，寻求不同结构阻尼比的加速度谱衰减特征以及系统内力变化规律；选用大量浅源强震数字化地震动记录，通过弹性反应谱分析，构建动力放大系数平均谱，研究反应谱中长周期段的统计规律；分析长周期地震动分量对阻尼修正系数谱的影响规律，建立了基于拟加速度的标准抗震设计谱[9]。

《性能规程》阻尼调整系数 η 的计算增加了 3.5～3.7s 的过渡段，其他与广东《高规》相同，两者总体上一致。

2.6 长周期段反应谱曲线比较及直线下降斜率调整系数 η_1

以 7 度（0.1g）、第一组、场地类别Ⅱ类为例，$T_g=0.35$s，α_{max} 均为 0.23，阻尼比 ξ 分别取 0.05 和 0.07，对《抗规》和广东《高规》中震作用下长周期段 3.5～10.0s 的反应谱谱值进行比较。

图 2-3 为按《抗规》长周期段曲线方程计算并延伸至 10s 的谱值图。

图 2-4 为 3.5～6.0s 按《抗规》长周期段曲线方程计算、6.0s 后均按 6.0s 的谱值拉平延伸的谱值图。

图 2-5 为按广东《高规》长周期段曲线方程计算的谱值图。

根据结构动力学原理[12]，在同一动力荷载作用下，体系真实响应所受的弹性恢复力随阻尼比的增大而减小。按图 2-3 所示根据《抗规》长周期段曲线方程计算并延伸至 10s 的方式，6.4s 以后，出现了阻尼比 $\xi=0.07$ 的谱值反超 $\xi=0.05$ 谱值的异常情况。按图 2-4 所示方式，6.0s 后谱值拉平，则破坏了从 T_g 到 6.0s 谱值均随周期增大而衰减的规律，也不吻合刚度趋于 0 的长周期结构弹性恢复力趋于 0 的基本原理[4]。故对周期大于 6.0s 的长周期段，建议《抗规》反应谱做进一步的研究完善工作。

若《抗规》取消长周期段的直线下降斜率调整系数 η_1，即取 $\eta_1=0.02$ 不变，则图 2-3 的谱值改变为图 2-6 所示结果，不再出现 $\xi=0.07$ 反超 $\xi=0.05$ 谱值的异常情况，故直线下降斜率调整系数 η_1 的合理性有待商榷，或因为《抗规》反应谱适用的最长周期为 6.0s，未考虑 6.0s 之后因 η_1 带来的异常情况。

广东《高规》采用伪加速度谱，位移段按 T^{-2} 衰减，长周期段曲线 $\xi=0.05$ 的谱值始终大于 $\xi=0.07$ 的谱值，且随周期的增长，谱值减小，但减小的幅度越来越小，未出现反超的异常情况。

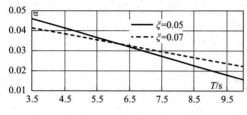

图 2-3 《抗规》长周期段反应谱谱值一

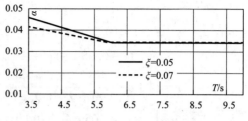

图 2-4 《抗规》长周期段反应谱谱值二

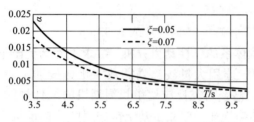

图 2-5 广东《高规》长周期段反应谱谱值

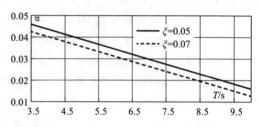

图 2-6 《抗规》长周期段取消 η_1 的反应谱谱值

2.7 反应谱整体对比

以 7 度（$0.1g$）、第一组、场地类别 II 类（$\xi=0.05$）为例，$T_g=0.35s$，$5T_g=1.75s$，小震按《抗规》$\alpha_{max}=0.08$，中震均为 $\alpha_{max}=0.23$。图 2-7 为广东《高规》中震、《抗规》小震及中震的反应谱曲线对比图；表 2-1 为将反应谱周期 $0.0\sim6.0s$ 分为四段，各段地震影响系数 α 的比值，其中 K_1 为广东《高规》中震与《抗规》小震的比值、K_2 为与《抗规》中震的比值；图 2-8 所示为 K_1、K_2、$1/K_2$ 随周期的变化。

综合图 2-7、图 2-8 及表 2-1 的对比结果可知：

（1）I 段——加速度段，两者的曲线方程相同，比值 K_1、K_2 等于 α_{max} 的比值。

（2）II 段——速度段，差异为曲线方程广东《高规》删除了指数 γ，K_1、K_2 均随周期的增大而衰减。

（3）III 段——两者的曲线方程不同，广东《高规》尚在速度段，而《抗规》已进入位移段。K_1、K_2 均随周期的增大而衰减且衰减速度较 II 段快。

（4）IV 段——位移段，广东《高规》α 值按 T^{-2} 衰减，衰减速度远快于《抗规》，周期大于 $4.39s$ 后，广东《高规》中震的 α 值小于《抗规》小震。

（5）由图 2-8 中 "$1/K_2$" 的曲线可知，周期越长，中震 α《抗规》与广东《高规》的比值越大。

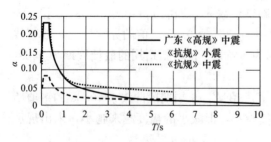

图 2-7 反应谱曲线对比

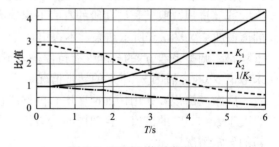

图 2-8 不同比值随周期变化

7度（0.1g）、第一组、Ⅱ类场地各周期段 α 比值　　表2-1

周期段	周期值	K_1	K_2	$1/K_2$
Ⅰ段（0.0～T_g）	0.0～0.35	2.875	1.000	1.000
Ⅱ段（T_g～5T_g）	>0.35～1.75	<2.875～2.448	<1.000～0.8513	>1.000～1.1747
Ⅲ段（5T_g～3.5s）	>1.75～3.50	<2.448～1.438	<0.8513～0.500	>1.1747～2.000
Ⅳ段（3.5～6.0s）	>3.50～6.00	<1.438～0.653	<0.500～0.227	>2.000～4.405

综上，广东《高规》与《抗规》反应谱谱值差异较大的为长周期段，且周期越长，差异越大。下文重点探讨两者的差异对长周期结构的影响。

3　反应谱差异对长周期结构的影响

以7度（0.1g）、第一组、场地类别Ⅱ类（$\xi = 0.05$）为例，$T_g = 0.35s$，小震按《抗规》$\alpha_{max} = 0.08$，中震均为 $\alpha_{max} = 0.23$。为便于对比分析，不考虑广东《高规》与《高层建筑混凝土结构技术规程》JGJ 3—2010 在梁刚度放大系数、连梁刚度折减系数、周期折减系数及阻尼比等规定的不同，以同一结构分别按各自的反应谱计算。

3.1　长周期结构振型基底剪力贡献

【算例1】　某框架-核心筒结构，结构高度175m，结构三维模型如图3-1所示。

表3-1为算例1各周期点对应《抗规》与广东《高规》中震地震影响系数 α 的比值K，其中 T_{13}～T_{16} 位于表2-1的Ⅰ段，$K = 1.0$；T_4～T_{12} 位于表2-1的Ⅱ段，$K = 1.01$～1.16，差异相对均不大；T_1～T_3 位于表2-1的Ⅳ段，K 值分别为4.31、3.15、2.27，差异巨大。

图3-1　算例1
结构三维模型

算例1各周期点中震地震影响系数 α 的比值K　　表3-1

周期		K	周期		K
T_1	5.8938	4.31	T_9	0.6274	1.06
T_2	4.6848	3.15	T_{10}	0.5086	1.04
T_3	3.7755	2.27	T_{11}	0.4588	1.03
T_4	1.5225	1.16	T_{12}	0.3908	1.01
T_5	1.3838	1.15	T_{13}	0.3489	1.00
T_6	1.3148	1.14	T_{14}	0.3235	1.00
T_7	0.7708	1.08	T_{15}	0.2932	1.00
T_8	0.705	1.07	T_{16}	0.263	1.00

【算例2】　某剪力墙结构，结构高度为147.5m，结构三维模型如图3-2所示。
前5阶振型对应的周期分别为4.65s、4.25s、2.68s、1.41s、1.18s（第5阶后的高阶

图 3-2 算例 2
结构三维模型

振型周期均分布在表 3-1 的 Ⅰ 段和 Ⅱ 段），分别采用广东《高规》中震、《抗规》小震的反应谱计算，以计算振型数 60 对应的基底剪力为基准，表 3-2 为该结构 X 向不同计算振型数对应的基底剪力与基准基底剪力的比值。

由表 3-2 可知，广东《高规》与《抗规》X 向不同振型数基底剪力与基准基底剪力的比值，前 3 阶振型分别为 48.9%、81.2%，按《抗规》反应谱计算，前 3 阶振型的贡献基本主导了基底剪力，广东《高规》则不到 50%，差异巨大；而 7～60 振型的总比值分别为 34.5%、11.5%，前者高阶振型所占比例远高于后者。

综合表 3-1、表 3-2 两个算例的计算对比结果可知，对长周期结构，广东《高规》与《抗规》反应谱不同振型对应的谱值存在差异，但周期位于位移段的低阶振型谱值的巨大差异，是导致两者低阶振型与高阶振型对基底剪力贡献比例差异大的主要原因。

算例 2 不同振型数对应的基底剪力与基准基底剪力的比值　　　　表 3-2

规范	广东《高规》			《抗规》		
基本周期	4.65s			4.24s		
振型数	X 向剪力/kN	占比	质量参与系数	X 向剪力/kN	占比	质量参与系数
3	3732	48.9%	65.80%	3744	81.2%	68.83%
6	5003	65.5%	84.44%	4084	88.5%	81.64%
9	5651	74.0%	86.97%	4233	91.8%	87.36%
15	7027	92.0%	93.55%	4505	97.7%	93.99%
21	7395	96.8%	96.35%	4573	99.1%	96.61%
30	7593	99.4%	98.60%	4605	99.8%	98.69%
60	7638	100.0%	99.98%	4613	100.0%	99.98%

3.2　长周期结构楼层剪力分布

广东《高规》与《抗规》反应谱谱值的差异，尤其是低阶振型谱值的巨大差异，必然影响长周期结构的楼层剪力分布。

【算例 3】　某剪力墙结构，结构高度为 150.5m，结构三维模型如图 3-3 所示。

T_1、T_2、T_3 分别为 4.51s、4.08s、3.88s。分别采用广东《高规》、《抗规》、美国规范 UBC 97[18] 反应谱进行中震计算。最小剪力系数 UBC 97 与按广东《高规》调整相同，《抗规》中震计算无最小剪力系数调整规定。

按 UBC 97 B 类场地，地震系数 $C_a = 0.08$，$C_v = 0.08$，其反应谱曲线如图 3-4 所示。各规范的反应谱曲线对比如图 3-5 所示。图 3-6、图 3-7 分别为该结构 X 向未调整及经最小剪力系数调整后的楼层剪力图。

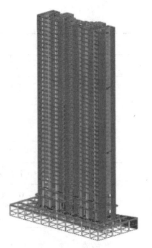

图 3-3　算例 3
结构三维模型

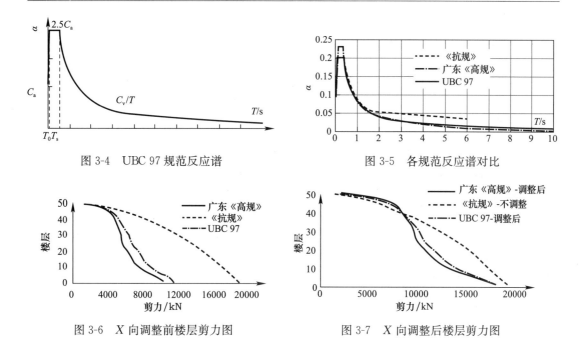

图 3-4　UBC 97 规范反应谱

图 3-5　各规范反应谱对比

图 3-6　X 向调整前楼层剪力图

图 3-7　X 向调整后楼层剪力图

由图 3-6、图 3-7 可知：

（1）《抗规》基底剪力约为广东《高规》计算值的 1.79 倍，差异较大，后者经剪重比调整后，基底剪力比约 1.07，相对接近。

（2）广东《高规》中间楼层的剪力曲线相对《抗规》内凹。

（3）UBC 97 楼层剪力的分布形态与广东《高规》相对接近，均呈现内凹特征。

目前，广东省内采用广东《高规》反应谱设计计算的长周期结构，相对采用《抗规》反应谱，楼层剪力的计算结果基本呈现"中间楼层剪力曲线相对内凹"的特征。

3.3　长周期结构倾覆弯矩

对比【算例 3】剪力墙结构的倾覆弯矩。图 3-8、图 3-9 分别为该结构 X 向剪重比调整前和调整后的弯矩图。

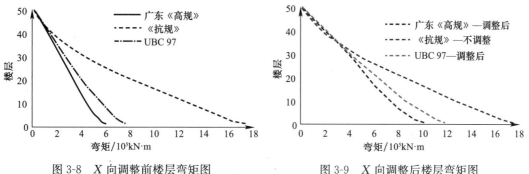

图 3-8　X 向调整前楼层弯矩图

图 3-9　X 向调整后楼层弯矩图

由图 3-8、图 3-9 可知：

（1）因楼层剪力分布形态不同，采用《抗规》反应谱计算的倾覆弯矩约为广东《高规》的 2.92 倍，后者剪力经剪重比调整后，虽然两者的基底剪力接近，但前者的倾覆弯矩依然约为后者的 1.74 倍。

(2) UBC 97 与广东《高规》的倾覆弯矩相对接近。

因广东《高规》反应谱位移段谱值按 T^{-2} 速率衰减，衰减速度远快于《抗规》，可推论，基本周期越长的长周期结构，两者倾覆弯矩计算值的差异越大。

3.4 长周期结构对比结果分析

综合以上三个算例的对比结果可知，《抗规》反应谱位移段谱值整体抬高是长周期结构低阶振型的谱值及低阶振型对基底剪力的贡献均与广东《高规》差异巨大的根本原因，同时也是两者楼层剪力分布形态、倾覆弯矩差异大的主要原因。

鉴于早期的模拟记录数字化后可靠周期通常不超过 3~4s，难以研究地震动的长周期特性，同时考虑地震地面运动速度和位移可能对长周期结构破坏具有更大影响，为满足长周期结构的设计需求并避免长周期结构计算的剪力过小，限于当时的客观条件，《抗规》采用了整体抬高反应谱位移段谱值（辅助小震最小剪力系数规定）的处理方式。但此处理方式带来的问题亦值得探讨：①上述算例表明，抬高位移段谱值实际上只是相对大幅度地放大了处于位移段的低阶振型，并非全部振型的地震力，改变了结构各振型内力的实际贡献，并影响了楼层剪力的分布形态及倾覆弯矩的计算。②《抗规》根据结构基本周期区分加速度控制段、速度控制段及位移控制段进行剪重比调整。工程实践表明，对不满足小震最小剪力系数的长周期结构，其各楼层剪力均需满足本层及其上楼层总质量乘以最小剪力系数的调整方法或使各楼层的剪力调整系数不同，某种程度上导致调整后的楼层剪力取决于楼层质量分布而非结构动力特性，同样影响了结构的楼层剪力分布及倾覆弯矩的计算。

广东《高规》在不改变地震波统计规律的前提下，规定当中震弹性计算的底部剪力不满足最小地震剪力要求时，则全部楼层的地震剪力均应按放大系数等于规定的最小地震剪力/弹性计算的基底剪力统一放大，且放大后的底部总剪力宜不小于按底部剪力法算得的总剪力的 85% [1]，没有改变长周期结构各阶振型的贡献比例，故也不会改变楼层剪力分布形态，同时达到了避免结构计算剪力过小的目的，或与《抗规》的出发点更吻合（注：《抗规》、广东《高规》分别基于小震、中震内力进行构件承载力设计）。

4 结论

(1) 广东《高规》相对《抗规》抗震设计反应谱的差异主要有：①以伪加速度谱非绝对加速度谱标定地震作用；②引入场地效应系数 S_i，考虑了不同场地地震反应的差别；③增大了第二组和第三组的特征周期 T_g；④第一下降段取消了衰减指数 γ，第二下降段按 T^{-2} 衰减，曲线方程不同；⑤曲线下降段拐点周期 T_D 统一取统计平均值 3.5s；⑥阻尼调整系数 η 计算公式不同；⑦最长周期延长至 10s。

(2)《性能规程》除场地效应系数 S_i 进一步细化了Ⅲ类、Ⅳ类场地及阻尼调整系数 η 的计算增加了 3.5~3.7s 的过渡段外，其他规定与广东《高规》相同，两者总体上较为一致。

(3) 采用《抗规》的绝对加速度谱，以惯性力 $|f_I|_{max}$ 替代恢复力 $|f_s|_{max}$ 作为地震动荷载的等效静荷载作用于结构上求解结构内力时，应注意其小阻尼比的适用条件。

（4）对处于第二组、第三组的长周期结构，因 T_g 拉宽了平台段宽度，广东《高规》和《性能规程》长周期结构高阶振型的贡献相对高（考虑两者位移段谱值衰减更快、低阶振型谱值相对《抗规》更小的不同后则更高）。同时，T_g 结合场地影响系数 S_i，广东《高规》和《性能规程》相对《抗规》可更充分地考虑远场长周期地震动的影响。

（5）对周期大于 6.0s 的长周期段，建议《抗规》反应谱做进一步的研究完善工作。

（6）广东《高规》与《抗规》反应谱谱值差异较大的为长周期段，且周期越长，差异越大。

（7）《抗规》反应谱位移段谱值整体抬高是长周期结构低阶振型的谱值及低阶振型对基底剪力的贡献均与广东《高规》差异巨大的根本原因，亦是两者楼层剪力分布形态、倾覆弯矩差异大的主要原因。

（8）鉴于早期客观条件的限制，《抗规》采用整体抬高反应谱位移段谱值（辅助小震最小剪力系数规定）的处理方式以避免长周期结构的计算剪力过小。但此处理方式带来的影响亦值得探讨：抬高位移段谱值实际上只是相对大幅度地放大了处于位移段的低阶振型，并非全部振型的地震力，改变了结构各振型内力的实际贡献，并影响了楼层剪力的分布形态及倾覆弯矩的计算；长周期结构小震最小剪力系数的规定及楼层剪力剪重比的调整方式也影响了楼层剪力的分布及倾覆弯矩的计算。广东《高规》中震最小剪力系数规定及楼层剪力的调整方式与《抗规》避免长周期结构计算剪力过小的出发点或更吻合。

参考文献

[1] 广东省住房和城乡建设厅. 高层建筑混凝土结构技术规程：DBJ/T 15-92-2021：[S]. 北京：中国城市出版社，2021.

[2] 广东省住房和城乡建设厅. 建筑工程混凝土结构抗震性能设计规程：DBJ/T 15-151-2019：[S]. 北京：中国城市出版社，2019.

[3] 住房和城乡建设部. 建筑抗震设计规范：GB 50011-2010（2016 年版）[S]. 北京：中国建筑工业出版社，2016.

[4] 袁一凡，田启文. 工程地震学 [M]. 北京：地震出版社. 2012：69-85.

[5] 谭启迪，薄景山，郭晓云，等. 反应谱及标定方法研究的历史与现状 [J]. 世界地震工程，2017，33（2）：46-51.

[6] 罗开海，王亚勇. 关于不同阻尼比反应谱的研究 [J]. 建筑结构，2011，41（11）：16-21.

[7] 魏琏，王广军. 地震作用 [M]. 北京：地震出版社，1991：19-23.

[8] 张敦元，白羽，高静. 对我国现行抗震规范反应谱若干概念的探讨 [J]. 建筑结构学报，2016，37（4）：110-118.

[9] 方小丹. DBJ/T 15-92-2021《高层建筑混凝土结构技术规程》的修订依据及相关问题说明 [J]. 建筑结构学报，2021，42（9）：175-191.

[10] ASCE. Minimum design loads for buildings and other structures：ASCE/SEI 7-10 [S]. American Society of Civil Engineers，Structural Engineering Institute，2010.

[11] Eurocode 8：Design of structures for earthquake resistance-Part 1：General rules，seismic actions and rules for buildings [S]. European Committee for Standardization，2004.

[12] R. 克拉夫，J. 彭津结构动力学 [M]. 王光远，等，译校. 2 版. 北京：高等教育出版社，2006.

［13］ 俞言祥. 长周期地震动研究综述 ［J］. 国际地震动态，2004，307（7）：1-5.

［14］ 王亚勇. 关于地震作用和结构抗震验算的修订动向——《建筑抗震设计规范》修订简介（四）［J］. 工程抗震. 1999（2）：12-13，47.

［15］ 王亚勇. 关于建筑抗震设计最小地震剪力系数的讨论［J］. 建筑结构学报. 2013，34（2）：37-44.

［16］ BOORE D M. Effect of baseline corrections on displacements and response spectra for several recordings of the 1999 Chi-Chi，Taiwan，earthquake［J］. Bulletin of the Seismological Society of America，2001，91（5）：1199-1211.

［17］ FACCIOLI E，PAOLUCCI R，REY J. Displacement spectra for long periods［J］. Earthquake Spectra，2004，20：347-376.

［18］ Uniform Building Code（UBC 97）［S］. International Conference of Building Officials，Whittier，CA，1997.

附录8　新旧广东省标准《高层建筑混凝土结构技术规程》工程实例试算对比分析结构基底内力、健壮度和抗震性能的变化

姚永革，郑建东，严仕基

（广州瀚华建筑设计有限公司）

【摘要】 通过39个不同设防烈度、设计地震分组、结构体系和高度的钢筋混凝土结构工程实例，分别采用2021年版广东省《高层建筑混凝土结构技术规程》（简称《高规》）和2013年版广东省《高规》进行试算，分析抗震构造等级对结构健壮度的影响；对比研究按新旧《高规》设计因反应谱不同引起的结构宏观内力变化规律；分析结构健壮度控制因素并评估按新旧《高规》设计的结构抗震健壮度。最后选取2个按新《高规》重新设计含钢量明显小于按旧《高规》的算例，对新旧《高规》模型分别采用与新旧《高规》反应谱相符的地震波进行大震弹塑性时程分析，判断能否满足性能目标，并对比其抗震性能的差异。

【关键词】 广东省新《高规》；工程实例试算；新旧广东省《高规》对比；结构健壮度

1　对比分析的目的

新版广东省标准《高层建筑混凝土结构技术规程》DBJ/T 15-92-2021（简称"新规"）相对旧版（2013年版，简称"旧规"）有较大变化，最主要的改变为采用新的设计反应谱和直接采用中震设计，以及简化了抗震构造等级的确定原则等。为了解这些变化因素对结构受力、健壮度及抗震安全性的影响，组织设计人员选取了39个实际工程算例，分别按新规、旧规进行计算对比并分析相关原因，以达到以下研究目的：

（1）对比研究新旧规因设计反应谱不同引起的结构宏观内力变化。

（2）评估按新旧规设计结构以含钢量表征的健壮度，近似代替安全度评估。

（3）选取部分完全按新规设计后含钢量明显减小的算例，进行大震弹塑性分析，以考察按新旧规设计的结构分别遭遇与新旧规反应谱相符的地震波时的抗震性能。

上述"健壮度"相当于英文的"robustness"，在无法准确计算结构安全度的情况下，不得已采用结构含钢量相对基准的比值来表征结构"健壮度"，以替代"安全度"，大致反映结构抗震承载力的高低。

2　选取的实际工程算例的基本情况

实际工程算例均从已完成设计的项目中选取，同时考虑设防烈度、结构体系、高

度和设计地震分组等因素，力求做到涉及的建筑种类广泛；对于在广东地区建造比例较大的建筑，选取的工程算例相应也较多，比如 7 度第一组 A 级高度剪力墙住宅结构等。

由于将 39 个已有工程算例重新按新规完全设计的工作量十分巨大，短时难以组织人员完成，故本文算例暂时为新旧规计算模型相同的对比，只将其中新旧规配筋差异较大的 4 个算例，按新规重新设计后再加入新的对比分析。模型相同的对比虽不能完全反映按新旧规设计的差异，但仍有一定的参考价值。如排除抗震构造等级影响后，通过含钢量指标能较直观地反映新旧规地震作用的变化；当抗震构造等级和竖向构件的轴压比限值相同时，由于大多数合理高宽比的剪力墙结构由剪力墙的轴压比控制而非层间位移角，故按新旧规设计时结构布置差异不大，即旧规模型也基本能反映按新规设计。上述 4 个算例，先取与旧规相同模型进行新规计算，可以直观考察反应谱导致地震力变化的影响，再按新规重新调整模型计算，则又可考察改变刚度后结构内力与性能的变化，这样能对新规在地震力与刚度两方面对结构产生的综合影响有更全面清晰的剖析。

虽然低矮建筑不属于高层建筑，但新规第 1.0.2 条的条文说明指出"对于 10 层以下、高度不大于 28m 的住宅建筑，以及高度不大于 24m 的其他民用建筑，可参照本规程的相关规定进行设计"。考虑新规作为一种新的抗震设计方法，加入若干多层建筑算例，可以全面分析各种不同周期建筑按新旧规设计的变化。

2.1 工程算例基本信息

工程算例的基本信息如表 2-1 所示。其中，"基本信息 1"一栏中各项内容依次为算例编号、设防烈度（设计基本地震加速度）、场地类别、设计地震分组（下文"第 n 组"均指设计地震分组为第 n 组）、地上结构高度（层数）、最大高宽比、建筑主要功能、结构体系；"基本信息 2"一栏中第 1 项"风荷载"指 50 年一遇的基本风压值（kN/m^2）及地面粗糙度类别，第 2 项"旧、新等级"指分别按旧规和按新规的抗震构造等级。所有工程算例均不带地下室。

工程算例基本信息 表 2-1

三维模型图									
基本信息 1	1-7 度 (0.1g)-Ⅲ类-一组-93.1m (30F)-2.98-住宅-剪力墙		2-7 度 (0.15g)-Ⅱ类-一组-141.4m (34F)-4.36-办公楼-框筒		3-8 度 (0.2g)-Ⅲ类-三组-95.7m (33F)-3.23-住宅-剪力墙		4-8 度 (0.2g)-Ⅲ类-三组-137.2m (46F)-5.53-住宅-剪力墙		5-7 度 (0.1g)-Ⅱ类-一组-148.5m (48F)-7.44-住宅-剪力墙	
基本信息 2	风荷载	旧、新等级	风荷载	旧、新等级	风荷载	旧、新等级	风荷载	旧、新等级	风荷载	旧、新等级
	0.5, C类	二、二	0.75, B类	一、二	0.3, B类	一、一	0.3, B类	一、一	0.7, B类	一、二

续表

三维模型图					
基本信息1	6-7度（0.1g）-Ⅱ类—组-144.3m（48F）-10.3-住宅-剪力墙	7-7度（0.1g）-Ⅱ类—组-129.2m（41F）-8.79-住宅-剪力墙	8-8度（0.2g）-Ⅲ类-三组-98.9m（33F）-7.33-住宅-剪力墙	9-8度（0.2g）-Ⅲ类-三组-93.0m（31F）-5.17-住宅-剪力墙	10-7度（0.15g）-Ⅱ类—组-92.4m（30F）-3.82-住宅-剪力墙
基本信息2	风荷载 / 旧、新等级	风荷载 / 旧、新等级	风荷载 / 旧、新等级	风荷载 / 旧新等级	风荷载 / 旧、新等级
	0.6、B类 一、二	0.6、B类 一、二	0.3、B类 一、一	0.3、B类 一、一	0.75、B类 二、二
三维模型图					
基本信息1	11-6度（0.05g）-Ⅱ类—组-96.2m（32F）-3.48-住宅-剪力墙	12-7度（0.1g）-Ⅱ类—组-86.0m（28F）-3.01-住宅-剪力墙	13-7度（0.1g）-Ⅱ类—组-146.6m（45F）-6.75-住宅-部分框支剪力墙	14-6度（0.05g）-Ⅱ类—组-98.4m（32F）-4.24-住宅-剪力墙	15-7度（0.1g）-Ⅱ类—组-187.5m（53F）-6.59-住宅-剪力墙
基本信息2	风荷载 / 旧、新等级	风荷载 / 旧、新等级	风荷载 / 旧、新等级	风荷载 / 旧、新等级	风荷载 / 旧、新等级
	0.45、C类 三、三	0.6、C类 二、二	0.5、C类 一、二	0.5、C类 三、三	0.5、B类 一、二
三维模型图					
基本信息1	16-6度（0.05g）-Ⅱ类—组-23.2m（7F）-3.03-住宅-框剪	17-6度（0.05g）-Ⅱ类—组-57.0m（19F）-2.58-住宅-剪力墙	18-7度（0.1g）-Ⅱ类—组-96.0m（31F）-4.1-住宅-剪力墙	19-7度（0.1g）-Ⅱ类—组-176.1m（49F）-3.12-住宅-部分框支剪力墙	20-7度（0.1g）-Ⅱ类—组-228.6m（59F）-7.78-办公楼-框筒
基本信息2	风荷载 / 旧、新等级	风荷载 / 旧、新等级	风荷载 / 旧、新等级	风荷载 / 旧、新等级	风荷载 / 旧、新等级
	0.3、B类 三、三	0.3、B类 四、三	0.6、B类 二、二	0.5、C类 一、二	0.5、C类 一、二
三维模型图					

续表

基本信息1	21-8度（0.3g）-III类-三组-23.8m（8F）-1.84-住宅-剪力墙		22-7度（0.1g）-II类-一组-97.3m（33F）-4.59-住宅-剪力墙		23-7度（0.1g）-II类-一组-119.3m（37F）-7.04-住宅-剪力墙		24-7度（0.1g）-III类-一组-98.2m（33F）-4.13-住宅-剪力墙		25-7度（0.1g）-II类-一组-98.1m（33F）-3.52-住宅-剪力墙	
基本信息2	风荷载	旧、新等级	风荷载	旧、新等级	风荷载	旧、新等级	风荷载	旧、新等级	风荷载	旧、新等级
	0.3、C类	三、一	0.5、B类	二、二	0.5、C类	二、二	0.55、C类	二、二	0.7、B类	二、二
三维模型图										

基本信息1	26-7度（0.1g）-II类-一组-98.6m（33F）-3.03-住宅-剪力墙		27-7度（0.1g）-III类-一组-146.0m（49F）-6.07-住宅-剪力墙		28-6度（0.05g）-II类-一组-42.2m（14F）-1.97-住宅-剪力墙		29-6度（0.05g）-II类-一组-146.0m（44F）-6.47-住宅-剪力墙		30-7度（0.1g）-III类-三组-97.2m（32F）-4.96-住宅-剪力墙	
基本信息2	风荷载	旧、新等级	风荷载	旧、新等级	风荷载	旧、新等级	风荷载	旧、新等级	风荷载	旧、新等级
	0.7、C类	二、二	0.5、B类	一、二	0.45、B类	四、三	0.3、B类	二、三	0.3、B类	二、二
三维模型图										

基本信息1	31-7度（0.1g）-III类-一组-169.4m（57F）-5.16-住宅-剪力墙		32-7度（0.1g）-II类-一组-178.4m（58F）-6.3-住宅-剪力墙		33-7度（0.1g）-II类-一组-54.0m（16F）-3.41-住宅-剪力墙		34-7度（0.1g）-III类-一组-78.0m（26F）-3.29-住宅-剪力墙		35-6度（0.05g）-II类-一组-18.0m（4F）-0.94-商业楼-框架	
基本信息2	风荷载	旧、新等级	风荷载	旧、新等级	风荷载	旧、新等级	风荷载	旧、新等级	风荷载	旧、新等级
	0.55、B类	一、二	0.5、C类	一、二	0.5、B类	三、二	0.65、B类	三、二	0.65、B类	三、二
三维模型图										

基本信息1	36-7度（0.1g）-III类-一组-12.0m（4F）-0.32-学校-框剪		37-7度（0.1g）-II类-一组-35.0m（10F）-1.06-商业办公-框剪		38-6度（0.05g）-II类-一组-58.0m（21F）-1.77-住宅-剪力墙		39-6度（0.05g）-II类-一组-70.0m（22F）-2.54-住宅-剪力墙	
基本信息2	风荷载	旧、新等级	风荷载	旧、新等级	风荷载	旧、新等级	风荷载	旧、新等级
	0.5、C类	三、二	0.5、C类	三、二	0.45、C类	四、三	0.45、C类	四、三
三维模型图								

2.2 对比模型的参数变化

对于所选取的工程算例，分别按以下不同条件的模型进行计算对比：

（1）模型①——旧规小震模型，即按旧规进行抗震设计，包含竖向荷载和风荷载组合。

（2）模型②——旧规中小震包络，即按旧规分别进行小震、中震计算并包络设计，其中中震不考虑剪重比调整。模拟的情况为：规范未明确中震性能分析需考虑剪重比调整，设计单位实际操作时一般不调整。

（3）模型③——按新规计算竖向荷载＋风荷载，不考虑地震作用。

（4）模型④——按新规计算竖向荷载＋中震作用，不考虑风荷载，构件按非抗震考虑。考察中震受力结构的健壮度。

（5）模型⑤——在模型④的基础上，抗震构造等级按新规执行。考察仅中震设计无风荷载时结构的健壮度。

（6）模型⑥——完全按新规计算，考虑风荷载。

（7）模型⑦——除抗震构造等级按旧规执行外，其余同模型⑥。考察抗震构造等级对结构健壮度的影响。

（8）模型⑧——按新规重新调整和设计。

以上模型③～⑦均与旧规相同，未按新规重新优化设计。

仅对8度区的3号、4号和7度区的15号、31号算例建立模型⑧。计算软件为YJK（3.1.1版），含钢量统计均采用YJK自动生成施工图后软件自动抽算的结果。

2.3　工程算例主要计算参数

工程算例不同模型的主要计算参数如表2-2所示。

工程算例不同模型的主要计算参数　　　　　　　　　　表2-2

参数	模型			
	模型①、②小震	模型②中震	模型③及模型⑥～⑧风荷载	模型④～⑧中震
结构所在地区	广东《高规》DBJ 15-92-2013	广东《高规》DBJ 15-92-2013	广东《高规》DBJ/T 15-92-2021	广东《高规》DBJ/T 15-92-2021
刚性楼板假定	整体指标计算采用强刚，其他计算非强刚			
荷载组合系数	执行《建筑结构可靠性设计统一标准》GB 50068-2018；按通用规范，重力荷载分项系数取1.3，地震作用分项系数取1.4			
地震信息	双向地震/偶然偏心			
全楼阻尼比	0.05	6度0.05，7度0.055，7度（0.15g）～8度0.06	0.05	6、7度0.055，7度（0.15g）～8度（0.3g）0.06
梁刚度放大系数	按《混凝土结构设计规范》GB 50010-2010（2015年版）第5.2.4条取值	中梁1.3，边梁1.0	按《混凝土结构设计规范》GB 50010-2010（2015年版）第5.2.4条取值	中梁6～7度1.3，7度（0.15g）～8度1.2；边梁1.0
周期折减系数	按旧规	1.0	按旧规	1.0
连梁刚度折减系数	6度0.8，7度0.7，7度（0.15g）0.6，8度0.5	6度0.6，7度0.5，7度（0.15g）0.4，8度0.3	0.8	6～7度0.3，7度（0.15g）～8度0.2

续表

参数	模型			
	模型①、②小震	模型②中震	模型③及模型⑥~⑧风荷载	模型④~⑧中震
性能水准	—	6度、7度、7度（0.15g）选3，8度选4	—	6度、7度、7度（0.15g）选3，8度选4
构件重要性系数 η	—	关键构件1.05，普通竖向构件1.0，耗能构件0.7	—	关键构件1.05，普通竖向构件1.0，耗能构件6~7度0.6，7度（0.15g）~8度0.5
地震力折减系数 c	—	—	—	水准3为0.85，水准4为0.7

2.4 算例分类统计

39个工程算例按抗震设防烈度、结构体系、高度和设计地震分组的统计情况如图2-1~图2-4所示。

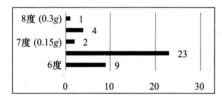

图2-1 按设防烈度的分类统计

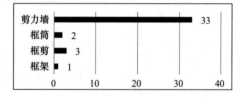

图2-2 按结构体系的分类统计

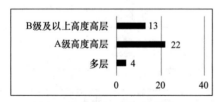

图2-3 按高度的分类统计

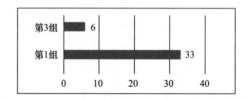

图2-4 按设计地震分组的分类统计

3 工程算例按新旧规计算的对比及分析

3.1 抗震构造等级对健壮度的影响

新规第3.10.3条规定，丙类建筑结构在6度、7度、8度和9度下，其抗震构造等级分别为三级、二级、一级和特一级，即抗震构造等级仅与设防烈度有关，不同于旧规的抗震等级尚与结构高度、结构体系、结构部位及结构构件类型相关。抗震构造等级属于提高结构和构件延性的构造措施。延性指结构和构件的塑性变形能力，提高延性等级，通常可以通过保证构件不发生少筋破坏，减小受弯截面相对受压区高度，适当减小竖向构件轴压比限值，适当提高剪力相对弯矩的增大系数以及竖向构件内力相对梁内力的增大系数，适当增大锚固安全系数等来实现。总体而言，主要是为了使实现先钢后混凝土、先拉弯后压剪、先梁后柱（墙）的延性破坏机制具有更高的保证率。现行规范（包括新规）中，与抗震构造等级相关的最小配筋率已大于避免构件发生少筋破坏的最低要求，故本质上不仅提高了延性，也提高了承载力，并非单纯的延性构造。抗震构造等级变化后，结构最终能否满足延性和抗震性能要求，可通过可靠的大震弹塑性分析予以验证。

抗震构造等级对结构健壮度的影响如表3-1所示，表中以旧规的含钢量为基准（健壮度设为1），新规健壮度以其含钢量相对旧规的倍数表达；抗侧结构健壮度以梁筋＋墙柱筋表征，不计楼板筋，因楼板筋对抗侧结构承载力无贡献。由表3-1可知，当抗震构造等级降低一级时，新规抗侧结构健壮度平均降低10%；当等级提高约一级时，新规抗侧结构健壮度平均提高5%。可见抗震构造等级对结构健壮度影响明显。

新规为不同抗震构造等级时结构相对旧规的健壮度　　　　　表3-1

算例编号	设防烈度	结构高度/m	旧规等级	新规等级	梁筋（新规/旧规）	墙柱筋（新规/旧规）	抗侧结构钢筋（新规/旧规）
2	7度（0.15g）	141.4	一	二	0.90	0.95	0.92
5	7度	148.5	一	二	0.86	0.89	0.88
6	7度	144.3	一	二	0.99	0.86	0.88
7	7度	129.2	一	二	0.84	0.85	0.85
13	7度	146.6	一	二	0.89	0.90	0.89
15	7度	187.5	一	二	0.84	0.91	0.88
19	7度	176.1	一	二	0.89	0.88	0.88
20	7度	228.6	一	二	0.93	0.93	0.93
27	7度	146.0	一	二	0.90	0.90	0.90
29	6度	146.0	二	三	0.97	0.98	0.97
31	7度	169.4	一	二	0.88	0.92	0.91
32	7度	178.4	一	二	0.85	0.90	0.88
以上新规抗震构造等级变小时的平均值					0.90	0.90	0.90
16	6度	23.2	四	三	1.03	1.06	1.04
17	6度	57.0	四	三	1.04	1.03	1.04
21	8度（0.3g）	23.8	三	一	1.15	1.02	1.05
28	6度	42.2	四	三	1.05	1.08	1.06
33	7度	54.0	三	二	1.04	1.18	1.11
34	7度	78.0	三	二	1.03	1.02	1.02
35	6度	18.0	三	二	1.00	1.13	1.03
36	7度	12.0	三	二	1.02	1.01	1.01
37	7度	35.0	三	二	1.01	1.09	1.03
38	6度	58.0	四	三	1.07	1.07	1.07
39	6度	70.0	四	三	1.07	1.07	1.07
以上新规抗震构造等级变大时的平均值					1.05	1.07	1.05

3.2　新旧规反应谱差异对结构内力的影响

新规反应谱与旧规相比，除计算式不同外，还存在以下主要特点：①反映了场地类别

对 $\alpha_{\max}$ 的影响，其中Ⅱ类场地 $\alpha_{\max}$ 与旧谱相同，Ⅰ类乘 0.9，Ⅲ类、Ⅳ类乘 1.1。②增大了第二组和第三组的 T_g 值，使新规水平地震影响系数，在广东常见的Ⅱ类、Ⅲ类场地中，第二组分别提高 25% 和 18.2%，第三组分别提高 55.6% 和 38.5%。③位移敏感段起点特征周期取统计平均值为 $T_D=3.5$s，与旧规反应谱取 $T_D=5T_g$ 不同。④取消对长周期段的调整。⑤取消衰减指数。

上述特点使新规反应谱与旧规存在以下明显差异：①平台段高度，Ⅱ类场地新旧规一致，Ⅲ类、Ⅳ类场地新规增大 10%。②第一下降段（速度敏感），新规下降较快，因取消了衰减指数，但第二、第三组新规曲线一般高于旧规，因 T_g 增大。③第二下降段（位移敏感），新规下降较快，在长周期段明显低于旧规，原因一是旧规为直线下降而新规为二次方下降，二是新规不做调整。④新旧规中震反应谱存在一个交点，地震作用在交点左侧新规大于或等于旧规，在交点右侧新规小于旧规。因新旧规反应谱转折点 T_D 不同，也由于上述①～③项的原因，使不同场地类别、不同地震分组下两条曲线的交点不同。

针对本文算例（仅讨论第一组Ⅱ类、Ⅲ类场地和第三组Ⅲ类场地），第一组Ⅱ类场地，曲线交点在平台段终点（周期为 T_g），过了平台段，新规地震作用均小于旧规，过了旧规曲线转折点 $5T_g=1.75$s 后，两者差异明显增大，如图 3-1 所示；第一组Ⅲ类场地，曲线交点约在 2.1s，接近旧规转折点 $5T_g=2.25$s，交点后两者差异明显增大，如图 3-2 所示；第三组Ⅲ类场地，交点在两曲线的第二下降段，约为 3.9s，地震作用在交点左侧新规明显大于旧规，交点右侧新规明显小于旧规，如图 3-3 所示。

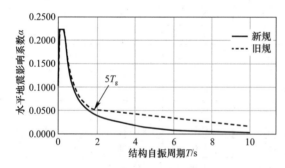

图 3-1　第一组Ⅱ类场地新旧规范中震反应谱对比　　图 3-2　第一组Ⅲ类场地新旧规范中震反应谱对比

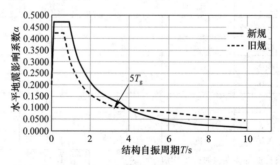

图 3-3　第三组Ⅲ类场地新旧规范中震反应谱对比

对工程算例按不同分组、不同场地、不同周期，分类统计新旧规下基底剪力和倾覆力矩相对比例，以验证上述规律的正确性。由于实际设计考虑剪重比调整，故同时比较调整后的基底内力。统计数据如表3-2所示，剪重比调整后的平均值列在每类最后，原始数据不予列出，以减小篇幅。

新旧规范下结构基底内力的相对比例　　　　　表3-2

算例编号	设防烈度	设计地震分组	场地类别	结构高度/m	基本周期/s	中震基底剪力（新规/旧规）		中震倾覆力矩（新规/旧规）		基底剪力（新规中震/旧规小震）		倾覆力矩（新规中震/旧规小震）	
						X向	Y向	X向	Y向	X向	Y向	X向	Y向
16	6度	一	Ⅱ	23.2	0.97	0.95	0.96	0.90	0.90	2.62	2.73	2.38	2.43
28	6度	一	Ⅱ	42.2	1.58	0.88	0.92	0.85	0.86	2.43	2.55	2.33	2.34
35	6度	一	Ⅱ	18.0	1.03	0.92	0.94	0.91	0.93	1.93	1.91	1.91	1.89
37	7度	一	Ⅱ	35.0	1.38	0.96	0.94	0.88	0.88	2.23	2.24	1.80	2.01
第一组Ⅱ类场地基本周期不大于$5T_g=1.75s$结构的平均值					剪重比调整前	0.93	0.94	0.89	0.89	2.3	2.36	2.1	2.17
					剪重比调整后	0.93	0.94	0.89	0.89	2.3	2.36	2.1	2.17
2	7度(0.15g)	一	Ⅱ	141.4	4.52	0.62	0.46	0.42	0.31	1.60	1.17	1.07	0.81
5	7度	一	Ⅱ	148.5	4.79	0.48	0.70	0.30	0.45	1.19	1.79	0.76	1.21
6	7度	一	Ⅱ	144.3	3.87	0.64	0.76	0.43	0.48	1.62	1.95	1.13	1.31
7	7度	一	Ⅱ	129.2	3.06	0.70	0.80	0.57	0.59	1.88	2.06	1.57	1.59
10	7度(0.15g)	一	Ⅱ	92.4	2.83	0.68	0.70	0.58	0.56	1.81	1.81	1.57	1.47
11	6度	一	Ⅱ	96.2	3.3	0.63	0.68	0.51	0.54	1.78	1.94	1.47	1.59
12	7度	一	Ⅱ	86.0	3.32	0.60	0.74	0.47	0.65	1.65	2.10	1.33	1.88
13	7度	一	Ⅱ	146.6	4.22	0.59	0.67	0.37	0.43	1.60	1.82	1.02	1.19
14	6度	一	Ⅱ	98.4	4.02	0.51	0.65	0.39	0.46	1.40	1.82	1.04	1.32
17	6度	一	Ⅱ	57.0	2.42	0.69	0.86	0.62	0.72	2.04	2.44	1.81	2.08
18	7度	一	Ⅱ	96.0	3.22	0.66	0.70	0.54	0.53	1.86	1.94	1.54	1.49
22	7度	一	Ⅱ	97.3	3.22	0.64	0.72	0.52	0.56	1.67	1.94	1.40	1.57
23	7度	一	Ⅱ	119.3	3.66	0.68	0.69	0.45	0.42	1.80	1.77	1.20	1.13
25	7度	一	Ⅱ	98.1	2.65	0.70	0.79	0.60	0.67	1.91	2.14	1.67	1.86
26	7度	一	Ⅱ	98.6	3.4	0.66	0.71	0.51	0.55	1.79	1.98	1.43	1.60
29	6度	一	Ⅱ	146.0	3.85	0.57	0.62	0.43	0.44	1.63	1.73	1.23	1.24
33	7度	一	Ⅱ	54.0	1.95	0.83	0.86	0.78	0.82	2.06	2.13	1.94	1.99
38	6度	一	Ⅱ	58.0	2.4	0.74	0.80	1.03	0.73	2.10	2.19	2.98	1.98
39	6度	一	Ⅱ	70.0	2.21	0.77	0.84	0.71	0.76	2.18	2.33	2.04	2.13
第一组Ⅱ类场地基本周期大于1.75s且不大于150m结构的平均值					剪重比调整前	0.65	0.72	0.54	0.56	1.77	1.95	1.49	1.55
					剪重比调整后	0.73	0.75	0.60	0.58	2.10	2.12	1.74	1.68
15	7度	一	Ⅱ	187.5	4.59	0.75	0.59	0.51	0.33	2.10	1.65	1.45	0.92
19	7度	一	Ⅱ	176.1	7.88	0.89	0.94	0.31	0.34	2.39	2.40	0.89	0.96
20	7度	一	Ⅱ	228.6	7.12	0.36	0.49	0.20	0.20	0.99	1.38	0.54	0.58
32	7度	一	Ⅱ	178.4	5.72	0.53	0.53	0.31	0.26	1.37	1.34	0.80	0.65

续表

算例编号	设防烈度	设计地震分组	场地类别	结构高度/m	基本周期/s	中震基底剪力（新规/旧规）		中震倾覆力矩（新规/旧规）		基底剪力（新规中震/旧规小震）		倾覆力矩（新规中震/旧规小震）	
						X向	Y向	X向	Y向	X向	Y向	X向	Y向
第一组Ⅱ类场地基本周期大于1.75s且大于150m结构的平均值					剪重比调整前	0.63	0.64	0.33	0.28	1.71	1.69	0.92	0.78
					剪重比调整后	0.76	0.76	0.41	0.34	2.15	2.14	1.16	0.99
36	7度	—	Ⅲ	12.0	0.63	1.06	1.04	1.06	1.04	2.61	2.49	2.59	2.49
第一组Ⅲ类场地基本周期不大于 $5T_g=2.25s$ 结构的平均值					剪重比调整前	1.06	1.04	1.06	1.04	2.61	2.49	2.59	2.49
					剪重比调整后	1.06	1.04	1.06	1.04	2.61	2.49	2.59	2.49
1	7度	—	Ⅲ	93.1	3.34	0.86	0.90	0.75	0.76	2.29	2.39	2.03	2.03
24	7度	—	Ⅲ	98.2	3.13	0.83	0.85	0.74	0.72	2.30	2.25	2.10	1.95
27	7度	—	Ⅲ	146.0	4.18	0.52	0.57	0.40	0.38	1.35	1.56	1.04	1.04
31	7度	—	Ⅲ	169.4	4.85	0.61	0.66	0.41	0.46	1.50	1.67	1.02	1.20
34	7度	—	Ⅲ	78.0	3.33	0.84	0.97	0.68	0.81	2.32	2.67	1.89	2.25
第一组Ⅲ类场地基本周期大于2.25s结构的平均值					剪重比调整前	0.73	0.79	0.59	0.63	1.95	2.11	1.62	1.69
					剪重比调整后	0.82	0.85	0.65	0.66	2.23	2.29	1.83	1.83
3	8度	三	Ⅲ	95.7	2.03	1.31	1.29	1.36	1.33	3.40	3.30	3.49	3.37
4	8度	三	Ⅲ	137.2	3.32	1.21	1.22	1.17	1.20	2.86	2.93	2.70	2.89
8	8度	三	Ⅲ	98.9	2.08	1.27	1.23	1.30	1.30	3.20	3.10	3.25	3.22
9	8度	三	Ⅲ	93.0	1.86	0.98	0.99	0.97	0.98	2.50	2.52	2.46	2.47
21	8度(0.3g)	三	Ⅲ	23.8	0.46	1.11	1.10	1.11	1.10	2.99	2.95	2.99	2.95
30	7度	三	Ⅲ	97.2	2.81	1.29	1.21	1.28	1.30	3.28	3.30	3.27	3.44
第三组Ⅲ类场地基本周期小于3.9s结构的平均值					剪重比调整前	1.19	1.17	1.20	1.20	3.04	3.02	3.03	3.06
					剪重比调整后	1.19	1.17	1.20	1.20	3.04	3.02	3.03	3.06

由表 3-2 可知，统计结果与上文总结规律基本一致，具体如下：

（1）第一组Ⅱ类场地曲线交点在平台段终点，算例基本周期均大于 T_g，在交点右侧，故新规基底内力均小于旧规。当周期不大于 $5T_g=1.75s$ 时，两者相差不大（基底剪力、倾覆力矩新规/旧规平均值双向分别约为 0.94、0.89）；周期大于 $5T_g$ 时，尤其长周期结构，新规内力特别是倾覆力矩明显减小（基底剪力、倾覆力矩新规/旧规，结构高度不大于 150m 时平均为 X 向 0.65、0.54，Y 向 0.72、0.56；结构高度大于 150m 时平均为 X 向 0.63、0.33，Y 向 0.64、0.28），周期大于 4.5s 时，倾覆力矩甚至低于旧规小震。经剪重比调整后，新旧规内力差距有所减小，周期小于 1.75s 时不变，大于 1.75s 且结构高度不大于 150m 时，新规/旧规比例提高 10% 左右；结构高度大于 150m 提高 20% 左右；与旧规小震比，基底剪力平均为 2.2，倾覆力矩平均为 1.6。

（2）第一组Ⅲ类场地曲线交点在第一下降段约 2.1s 处，在周期不大于 $5T_g=2.25s$ 的速度敏感段，两者相差较小，当周期大于 $5T_g$ 时，新规内力则明显减小（基底剪力、倾覆力矩新规/旧规平均值分别为 X 向 0.73、0.59，Y 向 0.79、0.63）。经剪重比调整后，新规/旧规比例提高 10% 左右；与旧规小震比，基底剪力平均为 2.3，倾覆力矩平均为 1.8。

可见内力减小的程度低于第一组Ⅱ类场地，原因是平台段提高了 10%。

（3）第三组Ⅲ类场地曲线交点在第二下降段约 3.9s 处，地震作用在交点前新规明显大于旧规（基底剪力、倾覆力矩新规/旧规平均值分别为 X 向 1.19、1.20，Y 向 1.17、1.20），过交点后则新规明显小于旧规，但无对应算例。因剪重比均不需调整，与旧规小震比，基底剪力、倾覆力矩平均分别约为 3.03、3.05。

总结新旧规反应谱对比的规律为：两曲线存在一个交点，地震作用在交点左侧新规大于旧规，在右侧则新规小于旧规；第一组Ⅱ类场地交点位于平台段终点，随着场地类别和设计地震分组的增大，交点不断往右移动，其中场地类别影响较小，地震分组影响较大，第三组Ⅲ类场地的交点位于 3.9s 左右；第一组在 $5T_g$ 左侧相差甚微，右侧则新规明显减小，150m 以上长周期结构倾覆力矩减小尤甚；第三组地震作用在交点前新规明显增大，在交点后则明显减小；推断第二组的规律介于第一组和第三组之间。

综上可知，在广东常见的Ⅱ类、Ⅲ类场地，结构布置相同时，采用新规反应谱的地震作用，第一组基本周期 2s 以上、第三组基本周期 3.9s 以上的结构比旧规明显减小；第一组基本周期小于 2s 的结构与旧规相差不大；第三组基本周期小于 3.9s 的结构比旧规明显增大。

3.3　结构健壮度控制因素分析

含钢量统计表明，按新规中震设计的含钢量往往与按旧规小震设计接近甚至更小，不考虑刚度退化的情况下，中震作用达到小震的 2.8～3.1 倍，即使考虑分项系数等对小震作用的提高，中震仍明显大于小震。为何在地震力明显增大的情况下，结构含钢量（健壮度）却不明显提高呢？为寻求答案，有必要剖析控制实际结构健壮度的因素。为寻找各因素对结构健壮度的影响，可计算结构在几个单纯工况下的配筋：①竖向荷载＋风荷载，不考虑地震作用，计算结构风控健壮度；②竖向荷载＋中震，抗震构造等级设为非抗震，计算结构中震受力健壮度；③竖向荷载＋中震＋构造，抗震构造等级按新规，综合考虑地震受力和抗震构造的影响。以梁和墙柱含钢量来表征抗侧结构的健壮度，不考虑楼板筋，比较上述 3 种工况下的健壮度，先判断在受力层面是风控还是中震受力控，如果不是中震受力控，再对比风荷载与中震＋构造，如果后者健壮度较大，则可判断主要由抗震构造控制；如果受力层面是中震控，且中震＋构造的结构健壮度明显大于等级相同的小震＋构造，则可判断由中震受力＋抗震构造综合控制。因抗震构造等级相同时，构件的构造配筋无论按中震还是小震都是相同的，增量就是中震受力控制的配筋。

工程算例在 3 种工况下的健壮度如表 3-3 所示，其中风荷载作用下的结构健壮度设为1，其余两种工况的健壮度用其含钢量相对风荷载含钢量的倍数来表达。

抗侧结构健壮度 表 3-3

算例编号	设防烈度	设计地震分组	场地类别	基本风压/(kN/m²)	结构高度/m	基本周期/s	梁健壮度			墙柱健壮度			抗侧结构健壮度			抗震构造等级相同下中震＋构造与小震＋构造的配筋比
							风荷载	中震受力	中震＋构造	风荷载	中震受力	中震＋构造	风荷载	中震受力	中震＋构造	
14	6度	一	Ⅱ	0.5	98.4	4.02	1	0.54	0.66	1	0.78	0.91	1	0.67	0.79	0.94
10	7度(0.15g)	一	Ⅱ	0.75	92.4	2.83	1	0.53	0.65	1	1.01	1.13	1	0.77	0.88	0.95

续表

算例编号	设防烈度	设计地震分组	场地类别	基本风压/(kN/m²)	结构高度/m	基本周期/s	梁健壮度			墙柱健壮度			抗侧结构健壮度			抗震构造等级相同下中震+构造与小震+构造的配筋比
							风荷载	中震受力	中震+构造	风荷载	中震受力	中震+构造	风荷载	中震受力	中震+构造	
18	7度	一	Ⅱ	0.60	96.0	3.22	1	0.58	0.68	1	0.92	1.12	1	0.75	0.89	0.95
34	7度	一	Ⅲ	0.65	78.0	3.33	1	0.58	0.70	1	0.95	1.12	1	0.77	0.91	1.03
26	7度	一	Ⅱ	0.7	98.6	3.4	1	0.51	0.64	1	1.05	1.12	1	0.83	0.93	0.96
25	6度	一	Ⅱ	0.7	98.1	2.65	1	0.56	0.70	1	1.01	1.27	1	0.77	0.97	0.98
11	6度	一	Ⅱ	0.45	96.2	3.3	1	0.64	0.75	1	1.00	1.24	1	0.81	0.98	0.97
22	7度	一	Ⅱ	0.5	97.3	3.22	1	0.66	0.78	1	1.10	1.23	1	0.86	0.99	0.97
13	7度	一	Ⅱ	0.5	146.6	4.22	1	0.68	0.79	1	0.96	1.20	1	0.83	1.00	0.90
20	7度	一	Ⅱ	0.5	228.6	7.12	1	0.72	0.78	1	1.08	1.70	1	0.81	1.00	0.88
6	7度	一	Ⅱ	0.6	144.3	3.87	1	0.64	0.78	1	0.83	1.08	1	0.79	1.01	0.98
27	7度	一	Ⅲ	0.5	146	4.18	1	0.56	0.68	1	1.01	1.27	1	0.82	1.02	0.95
7	7度	一	Ⅱ	0.6	129.2	3.06	1	0.63	0.89	1	0.91	1.12	1	0.82	1.05	0.96
17	6度	一	Ⅱ	0.3	57.0	2.42	1	0.89	0.98	1	1.01	1.17	1	0.94	1.05	1.06
5	7度	一	Ⅱ	0.7	148.5	4.79	1	0.73	0.91	1	0.97	1.11	1	0.90	1.06	0.94
28	6度	一	Ⅱ	0.45	42.2	1.58	1	0.89	0.96	1	1.03	1.18	1	0.95	1.06	1.03
24	7度	一	Ⅲ	0.55	98.2	3.13	1	0.64	0.81	1	1.08	1.31	1	0.87	1.07	0.94
38	6度	一	Ⅱ	0.45	58.0	2.4	1	0.86	0.98	1	1.00	1.18	1	0.93	1.07	1.00
2	7度(0.15g)	一	Ⅱ	0.75	141.4	4.52	1	0.74	0.83	1	1.16	1.60	1	0.88	1.07	0.92
32	7度	一	Ⅱ	0.5	178.4	5.72	1	0.54	0.75	1	0.91	1.28	1	0.77	1.08	1.00
12	7度	一	Ⅱ	0.6	86.0	3.32	1	0.69	0.88	1	1.03	1.31	1	0.86	1.09	0.96
31	7度	一	Ⅲ	0.55	169.4	4.85	1	0.54	0.72	1	1.02	1.37	1	0.82	1.09	0.95
1	7度	一	Ⅲ	0.5	93.1	3.34	1	0.78	0.97	1	0.99	1.22	1	0.89	1.11	0.97
39	6度	一	Ⅱ	0.45	70.0	2.21	1	0.83	1.00	1	1.00	1.21	1	0.92	1.11	1.04
29	6度	一	Ⅱ	0.3	146.0	3.85	1	0.73	0.87	1	1.01	1.27	1	0.90	1.11	0.97
23	7度	一	Ⅱ	0.5	119.3	3.66	1	0.72	0.93	1	1.01	1.24	1	0.89	1.12	0.92
35	6度	一	Ⅱ	0.5	18.0	1.03	1	0.99	1.06	1	1.07	1.63	1	1.01	1.14	0.99
16	6度	一	Ⅱ	0.3	23.2	0.97	1	1.04	1.04	1	1.13	1.43	1	1.07	1.16	1.00
33	7度	一	Ⅱ	0.5	54.0	1.95	1	0.84	0.99	1	1.13	1.35	1	0.98	1.17	1.03
15	7度	一	Ⅱ	0.5	187.5	4.59	1	0.76	0.97	1	1.04	1.38	1	0.90	1.19	0.98
37	7度	一	Ⅱ	0.5	35.0	1.38	1	0.99	1.05	1	1.25	1.85	1	1.05	1.22	1.01

续表

算例编号	设防烈度	设计地震分组	场地类别	基本风压/(kN/m²)	结构高度/m	基本周期/s	梁健壮度			墙柱健壮度			抗侧结构健壮度			抗震构造等级相同下中震+构造与小震+构造的配筋比
							风荷载	中震受力	中震+构造	风荷载	中震受力	中震+构造	风荷载	中震受力	中震+构造	
30	7度	三	Ⅲ	0.3	97.2	2.81	1	0.80	0.99	1	1.50	1.66	1	1.20	1.37	1.09
19	7度	一	Ⅱ	0.5	176.1	7.88	1	0.74	0.90	1	1.00	1.83	1	0.88	1.39	0.94
36	7度	一	Ⅲ	0.5	12.0	0.63	1	0.99	1.07	1	3.67	4.56	1	1.40	1.61	1.41
4	8度	三	Ⅲ	0.3	137.2	3.32	1	0.97	1.95	1	1.51	1.72	1	1.38	1.78	1.05
3	8度	三	Ⅲ	0.3	95.7	2.03	1	0.98	1.69	1	1.84	2.09	1	1.57	1.96	1.11
21	8度(0.3g)	三	Ⅲ	0.3	23.8	0.46	1	0.99	1.70	1	2.77	2.89	1	2.17	2.49	1.15
8	8度	三	Ⅲ	0.3	98.9	2.08	1	0.98	1.86	1	2.60	2.84	1	2.19	2.59	1.58
9	8度	三	Ⅲ	0.3	93.0	1.86	1		1.83	1	2.72	3.00	1	2.31	2.72	1.43

由表 3-3，可得出以下规律：

（1）在纯受力层面，39 个工程算例中仅有 10 个的健壮度由中震受力控制（中震受力健壮度大于 1），占比 25.6%，其余 74.4% 算例均为风控。中震受力控的结构基本为第三组周期小于 3.9s 的建筑，以及第一组高度小于 35m 的建筑，共同特点为地震作用大而风荷载较小。

（2）考虑抗震构造配筋后，结构健壮度完全由风控的算例仅 8 个（表中灰底前 8 行，中震+构造的抗侧结构健壮度小于 1），占比 20.5%；健壮度由中震受力+抗震构造控制的项目为 7 个（表格末部灰底 7 行，中震受力健壮度明显大于 1，且同等级中震设计配筋明显大于小震），占比 17.9%；其余主要由抗震构造控制，占比 61.5%。即 82.1% 算例的健壮度由风或抗震构造控制，由地震受力控制的算例仅占 17.9%，基本为第三组基本周期小于 3.9s 的建筑或第一组高度仅十几米的低矮建筑。

（3）所有 6 度、7 度第一组基本周期在 1s 以上的结构健壮度均由风或抗震构造控制，特点为按中震设计配筋与小震相比，除个别项目外偏差一般不超过 ±5%。这就是中震设计结构配筋（健壮度）不增加的原因。

总结：第一组高层建筑的抗震健壮度基本由风或抗震构造控制，对地震力不敏感，新旧规设计均能保证结构抗震性能；第三组周期小于 3.9s 建筑和第一组周期小于 1s 建筑的抗震健壮度由中震受力控制，采用旧规小震设计不一定能保证中震可修。

4　按新旧规设计的结构抗震健壮度评估

安全度用安全系数来表征，安全系数＝抗力/效应。抗力指材料达到应力峰值即将进入塑性时对应的构件承载力，对于延性构件通常是钢筋屈服时对应的承载力，故钢筋屈服即为安全度的极限状态。构件进入塑性后就没有安全度的概念，只需重点关注是否能实现强柱（墙）弱梁、强剪弱弯、强节点弱构件和先钢后混凝土的合理屈服机制，以及是否有足够大的延性系数来保证其延性变形能力。因此，对于结构和构件的抗震安全度和合理屈服机制，有以下判断：

（1）抗震安全度只适用小震，中震、大震不存在安全度问题。安全度以钢筋屈服为极限状态，对应构件弹性阶段，抗震只有"小震不坏"阶段属于基本弹性，故安全度只适用于小震。"中震可修、大震不倒"阶段部分构件已进入塑性，不存在安全度问题，重点在保证合理的延性屈服机制和延性系数，以达到预期的抗震性能目标。

（2）中震虽不存在安全度问题，但采用等效弹性中震设计有以下优点：①地震力更大，容易保证小震安全度；②可直接实现结构"中震可修"；③大震作用下结构刚度退化后，易使结构内力减小至不大于弹性中震（地震力折减系数小于1/2），故中震设计亦较直观地保证了结构的大震性能；④目前强柱弱梁、强剪弱弯主要通过内力调整实现，若构件配筋非地震受力控，则内力调整不起作用，中震力远大于小震，故中震设计更容易因构件配筋为地震受力控而实现预设屈服机制。

（3）小震作用下构件安全度并非越高越好。合理的小震安全度，保证"小震不坏"的正常使用状态即可。美国对高延性结构，允许地震力取2/3大震的1/8~1/5，甚至低于弹性小震，如果合理，则表明无需强调过高的小震安全度。若耗能构件安全度过高，致使其延迟进入塑性耗能，反而导致竖向构件遭受更大的地震损伤，故耗费更多的材料和成本来提高安全度与保证延性屈服机制并不等同。

（4）新旧规反应谱不同，故地震作用不同，构件效应也不同，需考虑选择小震作用效应的基准问题。文献[1]表明地震作用下结构等效静力对应结构动力方程中的弹性恢复力，即质量乘以拟加速度。新规以拟加速度谱标定的抗震设计谱能更真实地反映结构受力，尤其对于大阻尼、长周期结构，旧规以绝对加速度谱标定的设计谱算出的内力比实际大了一个不可忽略的阻尼力，且长周期段也经人为抬高，增大了偏差。因此小震效应计算选择新规设计谱为基准，抗力与该基准效应的比值即为小震安全度，将该工况称为"基准小震"。

（5）由于旧规采用各种放大系数对效应进行调整，难以准确计算安全系数，故本文以"健壮度"来代替"安全度"，以对应工况含钢量与基准小震之比得到其相应的健壮度，以此粗略反映结构小震安全度。

（6）抗震构造等级对结构抗力影响甚大，在广东地区常见的结构中往往成为控制因素。为消除等级不同的影响，同一结构按新旧规设计时均按两者较低等级取，若健壮度大于1，则表明较高等级也能满足。

总体而言，结构抗震最重要的是保证其延性屈服机制，满足中震、大震的抗震性能，小震满足正常使用状态下"小震不坏"的基本需求即可，不必追求过高的小震安全度，尤其是不满足延性屈服机制的过高安全度弊大于利。

以按新规设计谱并考虑最小剪力调整进行小震弹性性能设计的配筋为基准（健壮度为1），分别计算旧规小震受力、新规中震受力（两者均考虑最小剪力调整，不考虑抗震构造）、旧规小震设计抗震构造等级就低、新规中震设计抗震构造等级就低4个工况（均不考虑风荷载）的含钢量，其与基准小震含钢量的比值即为健壮度，健壮度大于1则满足"小震不坏"的安全度要求。为考察竖向荷载的贡献，同时计算了竖向荷载工况下的结构健壮度。计算结果如表4-1所示。

各算例抗侧结构健壮度 表 4-1

算例编号	设防烈度	场地类别	地震分组	结构高度	基本周期	抗震构造等级	梁健壮度					墙柱健壮度					抗侧结构（梁柱墙）健壮度				
							竖向荷载	旧规小震受力	新规中震受力	旧规小震设计	新规中震设计	竖向荷载	旧规小震受力	新规中震受力	旧规小震设计	新规中震设计	竖向荷载	旧规小震受力	新规中震受力	旧规小震设计	新规中震设计
1	7度	Ⅲ	1	93.1	3.34	二	1.00	1.00	1.00	1.44	1.25	0.95	1.00	1.11	1.29	1.37	0.97	1.00	1.06	1.35	1.32
2	7度 (0.15g)	Ⅱ	1	141.4	4.52	二	1.00	1.0	1.11	1.50	1.23	0.94	1.00	1.16	1.52	1.61	0.98	1.00	1.13	1.51	1.38
3	8度	Ⅲ	3	95.7	2.03	一	1.00	1.00	1.00	2.33	1.72	0.62	0.75	1.28	1.06	1.45	0.71	0.81	1.21	1.37	1.51
4	8度	Ⅲ	3	137.2	3.32	一	1.00	1.00	1.00	2.49	2.02	0.69	0.77	1.15	1.12	1.31	0.75	0.81	1.12	1.37	1.44
5	7度	Ⅱ	1	148.5	4.79	二	1.00	1.00	1.04	1.55	1.87	0.98	1.01	1.10	1.30	1.37	0.99	1.00	1.09	1.36	1.49
6	7度	Ⅱ	1	144.3	3.87	二	1.00	1.00	1.00	1.34	1.23	0.98	1.01	1.00	1.30	1.29	0.98	1.00	1.00	1.30	1.28
7	7度	Ⅱ	1	129.2	3.06	二	1.00	1.00	0.99	1.60	1.41	0.99	1.00	1.02	1.27	1.26	0.99	1.00	1.01	1.34	1.29
8	8度	Ⅲ	3	98.9	2.08	一	1.00	1.00	1.00	2.25	1.90	0.79	0.85	2.23	1.24	2.43	0.84	0.88	1.96	1.46	2.31
9	8度	Ⅲ	3	93.0	1.86	一	1.00	1.00	1.00	2.13	1.84	0.55	0.73	1.50	1.02	1.66	0.62	0.77	1.43	1.42	1.68
10	7度 (0.15g)	Ⅱ	1	92.4	2.83	二	1.00	1.00	1.00	1.58	1.22	0.85	1.01	1.17	1.18	1.30	0.91	1.01	1.10	1.34	1.27
11	6度	Ⅱ	1	96.2	3.3	三	1.00	1.00	1.00	1.28	1.18	1.00	1.00	1.01	1.24	1.25	1.00	1.00	1.01	1.26	1.22
12	7度	Ⅱ	1	86.0	3.32	二	1.00	1.00	1.00	1.40	1.26	0.99	1.00	1.05	1.32	1.33	0.99	1.00	1.03	1.35	1.30
13	7度	Ⅱ	1	146.6	4.22	二	0.86	1.05	0.85	1.24	0.99	0.94	1.02	1.04	1.31	1.30	0.90	1.03	0.96	1.28	1.16
14	6度	Ⅱ	1	98.4	4.02	三	1.00	1.00	1.00	1.40	1.21	1.00	1.03	1.19	1.18	1.19	1.00	1.01	1.14	1.27	1.20
15	7度	Ⅱ	1	187.5	4.59	二	1.00	1.00	1.00	1.36	1.28	0.95	1.04	1.06	1.41	1.42	0.97	1.02	1.03	1.39	1.36
16	6度	Ⅱ	1	23.2	0.97	三	1.00	1.00	1.04	1.04	1.01	0.99	1.00	1.03	1.20	1.23	0.99	1.00	1.04	1.08	1.08
17	6度	Ⅱ	1	57.0	2.42	三	1.00	1.00	0.99	1.00	1.06	0.98	1.00	1.07	1.10	1.20	0.99	1.00	1.03	1.04	1.12
18	7度	Ⅱ	1	96.0	3.22	二	1.00	1.00	1.00	1.43	1.18	1.00	1.00	1.27	1.27	1.33	1.00	1.00	1.18	1.34	1.27
19	7度	Ⅱ	1	176.1	7.88	二	1.00	1.00	1.00	1.58	1.23	1.00	1.00	1.01	1.92	1.85	1.00	1.00	1.01	1.78	1.60
20	7度	Ⅱ	1	228.6	7.12	二	1.00	1.00	1.35	1.06	1.65	0.97	1.00	1.06	1.65	1.67	0.99	1.00	1.06	1.44	1.28
21	8度 (0.3g)	Ⅲ	3	23.8	0.46	一	1.00	1.00	1.00	2.37	1.78	0.48	0.91	1.31	0.97	1.34	0.58	0.93	1.25	1.24	1.43
22	7度	Ⅱ	1	97.3	3.22	二	1.00	1.00	1.00	1.40	1.18	0.96	1.01	1.14	1.17	1.28	0.98	1.00	1.08	1.27	1.23
23	7度	Ⅱ	1	119.3	3.66	二	0.99	1.00	0.99	1.61	1.28	0.97	1.00	1.02	1.26	1.26	0.98	1.00	1.01	1.38	1.27
24	7度	Ⅲ	1	98.2	3.13	二	1.00	1.00	1.00	1.59	1.26	0.97	1.00	1.11	1.27	1.35	0.98	1.00	1.07	1.39	1.31
25	7度	Ⅱ	1	98.1	2.65	二	1.00	1.00	1.00	1.40	1.24	1.00	1.00	1.09	1.31	1.37	1.00	1.00	1.05	1.34	1.32
26	7度	Ⅱ	1	98.6	3.4	二	1.00	1.00	1.01	1.56	1.26	0.89	1.01	1.20	1.24	1.28	0.92	1.01	1.15	1.33	1.27
27	7度	Ⅲ	1	146.0	4.18	二	1.00	1.00	1.00	1.49	1.26	0.99	1.00	1.03	1.29	1.30	0.99	1.00	1.02	1.34	1.28
28	6度	Ⅱ	1	42.2	1.58	三	1.00	1.00	1.00	1.03	1.05	1.00	1.00	1.03	1.06	1.11	1.00	1.00	1.02	1.05	1.08
29	6度	Ⅱ	1	146.0	3.85	三	1.00	1.00	1.00	1.33	1.20	1.00	1.00	1.01	1.30	1.30	1.00	1.00	1.02	1.31	1.27
30	7度	Ⅲ	3	97.2	2.81	二	1.00	1.00	1.01	1.60	1.26	0.98	0.98	1.47	1.24	1.62	0.99	0.99	1.30	1.37	1.49

算例编号	设防烈度	场地类别	地震分组	结构高度	基本周期	抗震构造等级	梁健壮度					墙柱健壮度					抗侧结构（梁柱墙）健壮度				
							竖向荷载	旧规小震受力	新规中震受力	旧规小震设计	新规中震设计	竖向荷载	旧规小震受力	新规中震受力	旧规小震设计	新规中震设计	竖向荷载	旧规小震受力	新规中震受力	旧规小震设计	新规中震设计
31	7度	Ⅲ	1	169.4	4.85	二	1.00	1.00	1.00	1.64	1.32	0.98	1.07	1.07	1.39	1.42	0.98	1.05	1.05	1.46	1.39
32	7度	Ⅱ	1	178.4	5.72	二	1.00	1.00	1.00	1.87	1.40	0.99	1.01	1.01	1.25	1.42	0.99	1.01	1.01	1.42	1.41
33	7度	Ⅱ	1	54.0	1.95	二	1.00	1.00	0.99	1.25	1.22	0.97	1.12	1.12	1.20	1.30	1.00	1.06	1.06	1.22	1.26
34	7度	Ⅲ	1	78.0	3.33	二	1.00	1.00	1.00	1.17	1.20	0.97	0.99	1.20	0.99	1.38	0.98	1.00	1.11	1.00	1.30
35	6度	Ⅱ	1	18.0	1.03	三	1.00	1.00	0.98	1.07	1.04	1.00	1.07	1.07	1.38	1.46	1.00	0.99	0.99	1.11	1.09
36	7度	Ⅲ	1	12.0	0.63	二	1.00	1.00	0.99	1.10	1.21	0.65	0.96	2.34	1.20	2.90	0.92	0.99	1.29	1.13	1.59
37	7度	Ⅱ	1	35.0	1.38	二	1.00	1.00	1.00	1.05	1.05	0.96	1.02	1.02	1.11	1.63	1.00	1.00	1.16	1.16	1.17
38	6度	Ⅱ	1	58.0	2.4	三	1.00	1.00	0.99	1.07	1.05	1.00	1.01	1.01	1.09	1.11	1.00	1.00	1.08	1.08	1.08
39	6度	Ⅱ	1	70.0	2.21	三	1.00	1.00	1.00	1.13	1.14	1.00	1.02	1.02	1.12	1.17	1.00	1.00	1.12	1.12	1.17
					平均值		1.00	1.00	1.00	1.48	1.30	0.92	0.98	1.17	1.26	1.43	0.94	0.98	1.10	1.30	1.33

由表 4-1，可得出以下结论：

（1）总体上看，旧规小震设计和新规中震设计抗侧结构健壮度均不小于1，满足"小震不坏"的要求。抗侧结构平均健壮度新规为 1.33，略高于旧规的 1.30。其中，梁平均健壮度新规为 1.30，小于旧规的 1.48；墙柱平均健壮度新规为 1.43，大于旧规的 1.26，新规更符合强柱（墙）弱梁的特征。

（2）抗侧结构健壮度范围，旧规小震为 1.00~1.78，新规中震为 1.08~2.31。按新规设计，一般四级健壮度低一些，三级及以上健壮度不小于 1.2，第三组、多层结构的健壮度较高。

（3）抗侧结构健壮度，新规大于旧规 5% 及以上的建筑多为第三组和多层建筑，因配筋由中震受力控制，抗侧结构平均健壮度新规为 1.54，旧规为 1.25；健壮度新规小于旧规 5% 及以上的建筑多为 6~7 度高柔建筑，抗侧结构平均健壮度新规为 1.31（梁 1.20，墙柱 1.42），旧规为 1.41（梁 1.49，墙柱 1.38）。可见旧规健壮度较大主要由梁较大引起，墙柱健壮度反而较小，新规更符合强柱（墙）弱梁的特征。其余健壮度新旧规相差小于 5% 的建筑，抗侧结构平均健壮度新规为 1.23（梁 1.19，墙柱 1.31），旧规为 1.26（梁 1.31，墙柱 1.25），也是新规更符合强柱（墙）弱梁的特征。

（4）抗震构造等级按新旧规取低均能满足小震健壮度要求。

（5）从地震受力看，抗侧结构健壮度新规平均为 1.1 且均大于 1，而旧规平均为 0.98，小于 1。其中第三组和多层建筑的健壮度小于 1，因旧规该部分地震作用小于新规，需靠抗震构造补足健壮度。

（6）竖向荷载抗侧结构平均健壮度为 0.94（梁 1.00，墙柱 0.92），可见基准小震效应健壮度，梁基本由竖向荷载控制，墙柱由竖向荷载贡献达 92%，地震力仅贡献 8%。如剔除第三组和多层建筑，竖向荷载的基准健壮度贡献达 98%。故对于广东地区常见高层建筑，地震力对结构健壮度的影响甚微，基本由风荷载或抗震构造控制。

　　总结：结构按新旧规设计均能满足"小震不坏"的健壮度要求；新规更符合强柱
（墙）弱梁的特征；广东地区常见高层建筑的健壮度基本由风荷载或抗震构造控制。

5　新规含钢量明显变化算例的大震弹塑性时程对比分析

5.1　按新规重新设计后的含钢量变化

　　按新规设计时，位移角限值较大，故位移角对结构布置一般不起控制作用，在低烈度
强风区，取而代之的控制指标往往为风振舒适度。即使采用旧规设计，低烈度区建筑的结
构布置也多由竖向构件的轴压比控制而非位移角。当新规抗震构造等级降低时，按新规重
新设计可对剪力墙进行减小厚度的调整；高烈度、高地震分组区高层建筑，采用旧规设计
的结构布置一般由位移角控制，按新规重新设计时，利用新规对位移角限值的放松，可对
剪力墙进行减少数量、缩短长度和减小厚度的调整。

　　对于高烈度、高地震分组区结构，选取算例 3、算例 4 进行重新设计，重新设计后的
模型编号分别为 3a、4a。对低烈度区 B 级以上高度结构，选取算例 15、算例 31 进行重新
设计，重新设计后的模型编号分别为 15a、31a。按新规重新设计后模型的基底内力及含钢
量与旧规模型的比较如表 5-1 所示，表中除"旧规小震设计"外，其余均指按新规中震设
计的结果。

部分结构按新规重新设计后内力及含钢量对比表　　　　　　　　　表 5-1

旧规模型编号/重新设计模型编号	设防烈度	设计地震分组	场地类别	结构高度/m	基本周期/s 同旧规模型、重新设计模型	基底剪力/10^4kN，倾覆力矩/10^6kN·m 同旧规模型		重新设计模型		中震下最大层间位移角 同旧规模型	重新设计模型	墙柱折算厚度/(m/m^2) 同旧规模型、重新设计模型	梁筋 重新设计模型/同旧规模型	墙柱筋 重新设计模型/同旧规模型	总钢筋 重新设计模型/同旧规模型	与旧规小震设计对比 同旧规模型	重新设计模型
						X 向	Y 向	X 向	Y 向								
3/3a	8 度	三	Ⅲ	95.7	2.03，2.49	10.72，6.83	9.61，6.02	7.71，4.64	7.64，4.61	1/275	1/215	0.20，0.14	1.10	0.69	0.85	1.13	0.96
4/4a	8 度	三	Ⅲ	137.2	3.32，4.05	6.73，5.08	7.47，5.46	5.39，4.08	6.16，4.35	1/210	1/187	0.26，0.18	1.18	0.63	0.81	1.05	0.85
15/15a	7 度	一	Ⅱ	187.5	5.12，5.14	1.97，1.27	1.31，0.73	1.63，0.98	1.32，0.70	1/627	1/694	0.22，0.17	1.07	0.92	0.98	0.84	0.82
31/31a	7 度	一	Ⅲ	169.4	4.85，5.08	1.25，0.86	1.55，1.10	1.08，0.74	1.30，0.88	1/410	1/391	0.24，0.19	1.07	0.88	0.96	0.91	0.87

　　由表 5-1 可见，高烈度、高地震分组的算例重新设计后，基底内力减小 20%～30%，
结构含钢量降低 15%～19%。低烈度区超 B 级高度算例重新设计后，基底内力减小 10%
以上，结构含钢量略下降 2%～4%。按新规中震重新设计后，含钢量均低于按旧规小震
设计。

5.2 大震弹塑性分析模型

对于按新规设计含钢量明显减小的算例，有必要考察其在大震作用下的抗震性能，验证其能否达到预期的抗震性能目标。限于篇幅，以下选取 8 度区算例 4 和 7 度区超高层算例 31 进行对比，算例 4、算例 31 按新规设计的模型编号分别为 4a、31a。相关参数、条件和含钢量如表 5-2 所示，表中旧规、新规分别指按旧规设计、按新规设计，算例均属超限建筑，旧规按中小震包络设计。新旧规模型差异如图 5-1、图 5-2 所示，旧规模型中深色填充为新规模型删减的墙肢，此外主要为墙肢厚度的减小。

大震弹塑性分析模型的相关参数、条件和含钢量 表 5-2

模型编号（旧规/新规）	设防烈度	设计地震分组	场地类别	结构高度/m	基本周期（旧规，新规）/s	旧规模型	梁筋 新规/旧规	墙柱筋 新规/旧规	总钢筋 新规/旧规	总混凝土用量 新规/旧规	性能目标等级
4/4a	8 度	三	Ⅲ	137.2	3.32，4.05	中小震包络	0.90	0.51	0.66	0.83	D
31/31a	7 度	一	Ⅲ	169.4	4.85，5.08	中小震包络	0.89	0.73	0.82	0.90	C

由表 5-2 可知，按新规设计后，①算例 4a 含钢量比旧规大幅降低 34%，混凝土用量减少了 17%；②算例 31a 含钢量比旧规降低 18%，混凝土用量减少了 10%。可见结构的材料明显减少。

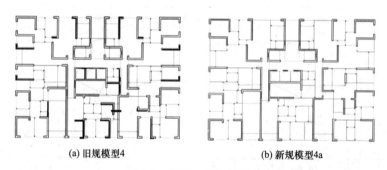

(a) 旧规模型4　　　　　　　(b) 新规模型4a

图 5-1　算例 4 新旧规模型

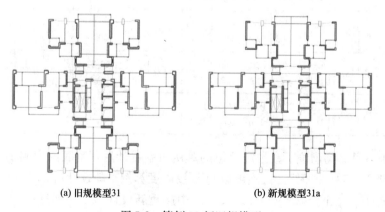

(a) 旧规模型31　　　　　　　(b) 新规模型31a

图 5-2　算例 31 新旧规模型

大震弹塑性分析时，每个算例计算 3 种工况：①新规模型在按新规反应谱所选地震波（简称"新规波"）作用下的响应与损伤，属于正常性能设计的验算步骤；②旧规模型在新规波下的响应与损伤，考察用料较多的旧规模型在与①相同波作用下有何性能优势；③新规模型在按旧规反应谱所选地震波（简称"旧规波"）作用下的响应与损伤，在长周期段旧规波作用更大，考察与①相同模型的损伤情况，以了解结构在超强地震下的性能表现，是否有足够的延性容受能力。

软件采用 PERFORM-3D，损伤判别按广东省标准《建筑工程混凝土结构抗震性能设计规程》DBJ/T 15-151-2019，选取 1 条人工波和 2 条实际记录地震波，取 3 条波的最不利结果。基底内力为方便统计均采用平均值。

5.3 大震弹塑性分析结果

本节表格中的中震 CQC 法均为按新规计算。

5.3.1 8 度区第三组高层算例 4

算例 4 大震弹塑性时程分析的整体指标如表 5-3 所示。

算例 4 大震弹塑性时程分析整体指标 表 5-3

工况模型/波	最大弹塑性层间位移角		基底剪力与弹性大震比		倾覆力矩与弹性大震比		基底剪力 $(10^4 kN)$/与中震 CQC 法比		倾覆力矩 $(10^6 kN \cdot m)$/与中震 CQC 法比		结构滞回耗能比例		滞回耗能占比：梁/剪力墙	
	X 向	Y 向	X 向	Y 向	X 向	Y 向	X 向	Y 向	X 向	Y 向	X 向	Y 向	X 向	Y 向
①新规 4a/新规波	1/111	1/105	0.44	0.42	0.24	0.27	4.52/0.84	4.65/0.75	1.95/0.48	2.29/0.53	52.8%	51.8%	96.8%/3.2%	96.7%/3.3%
②旧规 4/新规波	1/116	1/135	0.37	0.39	0.28	0.34	5.44/0.98	6.68/1.09	2.94/0.67	3.94/0.87	54.7%	54.6%	97.4%/2.6%	97.3%/2.7%
③新规 4a/旧规波	1/93	1/91	0.36	0.42	0.25	0.30	4.09/0.76	4.89/0.79	2.12/0.52	2.61/0.60	56.0%	54.9%	96.3%/3.7%	96.0%/4.0%

由表 5-3 可知。

(1) 总体表现：模型 4 和模型 4a 在大震作用下塑性损伤程度较大，滞回耗能占比达 55% 左右，结构进入强非线性耗能状态；结构刚度退化明显，弹塑性内力仅为弹性内力的 0.24~0.44，且基本小于中震 CQC 法内力。虽结构塑性损伤大，但 96% 左右的损伤发生在耗能梁，剪力墙仅占 3%~4%，损伤甚微。

(2) 旧规模型对比：旧规模型剪力墙较多较厚（见图 5-1）、刚度和配筋较大，与工况①相比，在相同波作用下基底内力明显增大（X 向剪力 20%、弯矩 50%，Y 向剪力 44%、弯矩 72%）。

(3) 旧规波作用对比：因模型 4a 的基本周期为 4.05s，大于 3.9s，根据图 3-3，旧规反应谱法的地震力大于新规，反映在弹塑性大震上，综合塑性内力重分布因素后，旧规波相比新规波，X 向剪力反而略降 10%，Y 向剪力和双向倾覆力矩则增大 5%~15%，结构滞回耗能比例略增大，判断结构损伤差异不大。

各类抗震构件的损伤比例如表 5-4 所示。

算例 4 大震构件损伤统计　　　　表 5-4

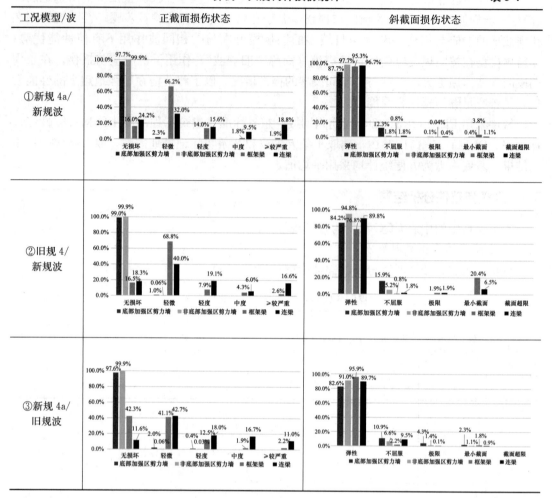

由表 5-4 可知：

（1）工况①性能表现：全部剪力墙正截面不超过轻微损坏，底部加强区斜截面不屈服；构件斜截面均未发生截面超限。结构总体性能满足水准 4，高于预设的水准 5。

（2）工况②性能表现：旧规模型受力大，在新规波下的损伤与工况①比，剪力墙正截面相差不大，斜截面损伤略有增加但未发生截面超限；框架梁斜截面和连梁正、斜截面的损伤略有增加。总体满足水准 4。

（3）工况③性能表现：因旧规波相对新规波地震内力增加不明显，新规模型在旧规波作用下损伤与新规波总体相差不大，剪力墙斜截面损伤略有增加，性能基本达到水准 4。

（4）小结：新规模型在剪力墙用量减少 31％、结构配筋大幅降低 34％ 的情况下，相同大震波下抗震性能与旧规模型基本相同，原因是其刚度变柔，使地震作用大幅降低和具有良好的延性屈服机制，以"以柔克刚"的方式实现了更高的性价比。

5.3.2　7 度区第一组超高层算例 31

算例 31 大震弹塑性分析的整体指标如表 5-5 所示。

算例 31 大震弹塑性时程分析整体指标　　　　　　　表 5-5

工况模型/波	最大弹塑性层间位移角		基底剪力与弹性大震比		倾覆力矩与弹性大震比		基底剪力(10^4kN)/与中震CQC法比		倾覆力矩(10^6kN·m)/与中震CQC法比		结构滞回耗能比例		滞回耗能占比:梁/剪力墙/柱	
	X向	Y向	X向	Y向	X向	Y向	X向	Y向	X向	Y向	X向	Y向	X向	Y向
①新规31a/新规波	1/348	1/390	0.74	0.67	0.74	0.53	2.36/2.19	2.58/1.99	1.51/2.06	1.31/1.49	19.0%	19.9%	94.8%/5.06%/0.11%	94.9%/5.04%/0.09%
②旧规31/新规波	1/344	1/425	0.78	0.73	0.71	0.52	2.49/1.21	3.08/1.32	1.57/0.75	1.55/0.65	22.9%	24.3%	98.4%/1.56%/0.02%	98.2%/1.79%/0.02%
③新规31a/旧规波	1/147	1/120	0.43	0.52	0.49	0.44	2.95/2.73	3.18/2.45	2.74/3.72	2.31/2.62	44.7%	43.9%	95.2%/4.73%/0.09%	95.3%/4.58%/0.13%

由表 5-5 可知:

(1) 总体表现:模型 31 和模型 31a 在大震作用下塑性损伤程度较小,新规波下滞回耗能比例为 20%～25%,处于弱非线性耗能状态,旧规波作用较大,滞回耗能比例明显增加至 44% 左右,达到中等非线性耗能状态,意味着结构损伤相应增大。结构刚度有一定退化,新规波下弹塑性内力为弹性内力的 0.52～0.78,旧规波进一步退化至 0.43～0.52,一般大于中震 CQC 法内力(旧规反应谱下的倾覆力矩除外)。结构损伤约 95% 以上发生在耗能梁,竖向构件损伤较小。

(2) 旧规模型对比:旧规模型墙厚、刚度和配筋有所增大,与工况①相比,在相同波作用下的基底内力,X 向略微增大 4%～6%,Y 向则增大约 20%。

(3) 旧规波作用对比:因模型基本周期为 5.08s,远大于 $5T_g=1.75$s,根据图 3-1,旧规反应谱法的地震力明显大于新规,反映在弹塑性大震上,综合塑性内力重分布因素后,旧规波相比新规波,基底剪力约增大 25%,倾覆力矩则增大约 80%,结构滞回耗能比例明显增大,结构损伤亦相应增大。

各类抗震构件的损伤比例如表 5-6 所示。

算例 31 大震构件损伤统计　　　　　　　表 5-6

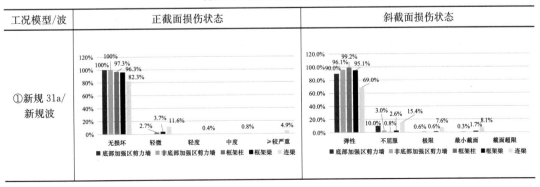

工况模型/波	正截面损伤状态	斜截面损伤状态
①新规31a/新规波		

续表

工况模型/波	正截面损伤状态	斜截面损伤状态
②旧规 31/ 新规波	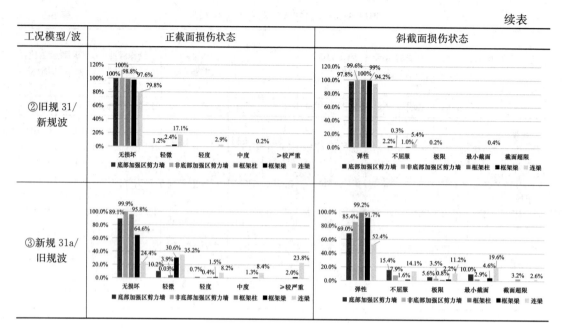	
③新规 31a/ 旧规波		

由表 5-6 可知：

（1）工况①性能表现：全部剪力墙正截面无损坏，斜截面底部加强区不屈服，框架柱正截面仅个别轻微损坏，所有构件斜截面未出现截面超限。结构总体性能满足水准 4。

（2）工况②性能表现：旧规模型受力略有增大，在新规波作用下的损伤与工况①比，竖向构件和框架梁的损伤差别不大，连梁损伤则有所减小。

（3）工况③性能表现：因旧规波内力明显增大，结构的损伤程度有所增加，主要表现为底部加强区剪力墙正截面进入轻微、轻度损坏程度增大，剪力墙斜截面进入塑性的比例增加，且个别发生截面超限；框架梁和连梁的损伤程度明显增大，发挥了耗能作用，个别出现斜截面超限。结构总体抗震性能为正截面满足水准 4，斜截面大致满足水准 5。

（4）小结：新规模型在配筋降低 18%、混凝土用量减少 10% 的情况下，相同大震波下抗震性能与旧规模型差异不大，旧规模型增加的钢筋仅减轻了连梁的损伤程度，原因是旧规的连梁配筋偏大；新规模型在旧规波作用下，主要由框架梁和连梁更多地进入屈服耗能，有效保护剪力墙；构件由塑性变形控制的延性破坏的正截面对超强地震的容受能力较强，而由承载力控制的脆性破坏的斜截面抗剪对超强地震的容受度相对较低，但这也可能与程序未能反映大震作用下构件剪切损伤的塑性重分布有关。

总结：按新规重新设计的结构用料大幅减少后，抗震性能并未降低，满足预设目标，原因在于地震力减小；按旧规设计增加的结构用料并不一定使结构获得更优的抗震性能，原因在于地震力增大；新规设计结构遭遇超强地震时，延性的正截面容受度高，问题不大，而脆性的斜截面则可能出现个别截面超限，偏于安全地，设计宜采取措施适当增强构件的受剪截面和承载力。

6　结论

（1）抗震构造等级对结构健壮度影响明显。

（2）新旧反应谱曲线对比规律：两曲线存在一个交点，在交点左侧地震作用新规大于旧规，在右侧则新规小于旧规。采用新规反应谱，第一组周期 2s 以上结构的地震作用比旧规明显降低，小于 2s 则与旧规相差不大；第三组周期 3.9s 以上结构的地震作用比旧规明显降低，小于 3.9s 时比旧规明显增大。

（3）第一组高层建筑的抗震健壮度基本由风荷载或抗震构造控制，对地震力不敏感，新旧规设计均能保证结构抗震性能；第三组周期小于 3.9s 建筑和第一组周期小于 1s 建筑的抗震健壮度由中震受力控制，采用旧规小震设计不一定能保证"中震可修"。

（4）结构按新旧规设计均能满足"小震不坏"的健壮度要求；新规更符合强柱（墙）弱梁的特征；广东地区常见高层建筑的健壮度基本由风荷载或抗震构造控制。

（5）按新规重新设计的结构用料大幅减少后，抗震性能并未降低，满足预设目标，原因在于地震力减小；按旧规设计增加的结构用料并不一定使结构获得更优的抗震性能，原因在于地震力增大；新规设计结构遭遇超强地震时，延性的正截面容受度高，问题不大，而脆性的斜截面则可能出现个别截面超限，设计宜采取措施适当增强构件的受剪截面和承载力。

参考文献

[1]　Anil K. Chopra. 结构动力学：理论及其在地震工程中的应用［M］谢礼立，吕大刚，等，译. 4版. 北京：高等教育出版社，2018.

附录 9　深圳市标准《高层建筑混凝土结构技术规程》 SJG 98-2021 简介

魏琏，王森

（深圳力鹏工程研究结构设计事务所有限公司）

由深圳市住房和建设局发布的深圳市工程建设标准《高层建筑混凝土结构技术规程》SJG 98-2021（简称《规程》）于 2021 年 7 月 1 日起实施。该规程是按照深圳市住房和建设局《关于发布 2019 年深圳市工程建设标准制订修订计划项目的通知》（深建设〔2019〕40 号）有关要求，在深圳市住房和建设局指导下，由深圳市力鹏工程结构技术有限公司牵头组建规范编制组，认真总结深圳高层建筑结构设计与实践经验，纳入最新研究成果，在广泛征求和吸取各方意见的基础上编制完成。

1　编制《规程》的必要性

在国家改革开放、创新驱动大政方针指引下，深圳高层建筑近二十几年来有了迅猛蓬勃的发展，不仅数量在全国居冠，且涌现出一批建筑创新、功能优越、各具特色的高层建筑，给结构设计带来了难题，也提供了创新机遇。有的高层结构遇到了规范尚没有规定的内容，如复杂体型结构楼盖面内受力和设计，细腰结构弱连接受力和设计等；有的因建筑功能需求，结构需突破规范规定，如框筒结构外框梁不连续，超大高宽比超高层建筑位移控制等；还出现了规范中未有的新的结构形式，如一向少墙剪力墙结构，凹凸不规则平面建筑结构等。这些难题通过深圳广大结构设计人员的勇于创新、奋力拼搏、群策群力及时得到了解决，为丰富、完善和发展规范做出了一定的贡献。

为了确保高层建筑结构设计质量，适应深圳高层建筑不断创新发展的需求，除继续认真执行国家和广东省现行标准的相关规定外，从深圳的实际出发，在遵循国家和广东省现行标准原则规定的基础上，编制一本能反映深圳近年来取得成功经验和科研成果的《高层建筑混凝土结构技术规程》，为广大结构设计人员提供规范指导和设计依据是十分必要的。

2　《规程》的基本情况

由深圳市力鹏工程结构技术有限公司组织，由 4 家主编单位和 7 家参编单位组成规程编制团队，共同编制了深圳市标准《高层建筑混凝土结构技术规程》。2020 年 10 月 27 日，规程送审稿提交专家评审获得通过；2020 年 12 月 14 日，规程报批稿提交深圳市住房和建设局，2021 年 4 月 27 日获得批准，并于 7 月 1 日颁布施行。《规程》包含 10 章，第 1、第 2 章对编制目的、适用范围和通用术语等进行了规定；第 3 章对高层建筑结构设计的基本要求进行了规定；第 4~6 章对风荷载、地震作用、结构抗震性能设计及计算分析等进行了规定；第 7～10 章对复杂高层建筑结构、混合结构、构件构造和基础设计进行了具体规定。后附有规程编制说明。

3　《规程》的编制原则

编制初期即确定以遵循国家现行《建筑抗震设计规范》GB 50011（简称《抗规》）和《高层建筑混凝土结构技术规程》JGJ 3（简称《高规》）的原则规定为基础，以着重总结深圳市高层建筑、超限高层建筑工程实践经验为主的基本编制原则。例如，对现行《高规》中未出现的新结构形式作出补充规定；对《高规》中个别不合理的条款给出具体修正规定，提出相应设计规定；对《高规》中未规定的一些设计方法、设计参数、控制标准等提出具体规定。

4　《规程》的主要特点

（1）提出新的结构类型。《规程》结合深圳高层建筑结构的工程实践，提出一向少墙剪力墙结构、平面凹凸不规则剪力墙结构、框架-边筒结构、单外筒结构等新的结构类型，并给出相应的技术规定和设计方法。

（2）补充完善现有结构类型的设计规定。《规程》根据近年来的工程实践，对带转换层高层建筑结构、大底盘多塔楼结构、连体高层建筑结构、带加强层高层建筑、巨型结构和悬挑结构等复杂高层建筑的设计提供了补充规定。

（3）细化了高层建筑抗震设计的一些规定，如增加了结构抗震性能目标 D^+ 及相应的目标水准，以更好地反映《抗规》大震作用下的抗震设防目标；在"关键构件"与"普通构件"间增加"重要构件"，以释放某些关键构件对抗压弯抗震承载力的过高要求；提出了地震作用下细腰型楼盖罕遇地震面内剪力的计算设计方法，有利于保证弱连接楼盖和整体结构的安全。

（4）补充完善了罕遇地震作用下静力推覆法、动力时程法的有关规定。提出了弹塑性分析中根据构件性能目标要求分别设置构件的承载力控制项和塑性变形控制项，并给出相应控制原则和验算方法。规程还提出了大震作用下的等效弹性法作为结构动力弹塑性分析法的补充，有利于更好地满足结构抗震安全性的要求。

（5）对下列问题提出了建议或补充规定：

1）补充了楼盖结构关于平面不规则中角部重叠、细腰部分的有关规定。

2）提出了楼盖面内应力的计算方法和楼盖结构的抗震性能化设计方法。

3）提供了结构层抗侧刚度新计算方法。

4）提出了带斜撑构件时楼层抗震承载力的验算方法。

5）补充了设防烈度地震作用下的屈服判别验算方法。

6）建议了非超限高层建筑选用一组人工地震波进行弹塑性动力分析的设计方法。

7）补充了连梁内设置抗剪钢板及分段式连梁受剪承载力的设计规定。

8）提出了抗拔桩侧阻力计算参数的折减系数、底板位于岩层时的基础设计方法和龙岗岩溶发育地区的基础设计原则。

（6）对下列问题进行了改进和调整：

1）放松结构扭转周期比的规定，补充结构扭转为第一自振周期时的设计规定；提出了位移比值较大时，宜验算竖向构件截面受扭剪承载力的要求。

2）细化了结构扭转位移比的有关规定。

3）总结了多年来的科研成果，合理调整了结构在风荷载作用下的水平位移限值。

4）细化了剪力墙轴压比限值的规定，补充了剪力墙边缘约束构件轴压比验算的计算方法。

5）补充了框架-核心筒结构外框梁出现缺失的规定。

6）规定了外框柱型钢不需设置到顶。

5 对《规程》的评价

审查会对《规程》的评价是：《规程》总结深圳市高层建筑混凝土结构工程项目实践经验和技术研究成果，技术内容科学合理，实用性和可操作性强，达到国际先进水平。